高等学校"十三五"规划教材

教育部高等学校材料物理与材料化学专业教学指导分委员会
新规范配套教材

材料的物理制备

刘启明　潘春旭　主编

化学工业出版社

·北京·

本书介绍了金属材料、单晶材料、非晶材料、薄膜材料、陶瓷材料、玻璃材料、复合材料的传统制备原理和技术，并介绍了石墨烯、多孔材料、智能材料、梯度功能材料、一维纳米材料、离子束注入材料改性技术、微弧氧化法制备陶瓷薄膜技术、阳极氧化法制备 TiO_2 纳米管技术、静电纺丝技术、自蔓延高温合成技术、脉冲电沉积制备纳米晶薄膜技术、微波烧结技术等新材料和新技术。

本书可作为高等学校本科材料科学与工程、材料学、材料物理等相关专业师生的教学用书。

图书在版编目（CIP）数据

材料的物理制备/刘启明，潘春旭主编. —北京：化学工业出版社，2015.12

高等学校"十三五"规划教材

ISBN 978-7-122-25422-1

Ⅰ.①材… Ⅱ.①刘…②潘… Ⅲ.①材料科学-物理学-高等学校-教材 Ⅳ.①TB303

中国版本图书馆 CIP 数据核字（2015）第 249172 号

责任编辑：陶艳玲　　　　　　　　　　　　文字编辑：向　东
责任校对：边　涛　　　　　　　　　　　　装帧设计：关　飞

出版发行：化学工业出版社（北京市东城区青年湖南街 13 号　邮政编码 100011）
印　　刷：北京永鑫印刷有限责任公司
装　　订：三河市宇新装订厂
787mm×1092mm　1/16　印张 25½　字数 649 千字　2016 年 5 月北京第 1 版第 1 次印刷

购书咨询：010-64518888（传真：010-64519686）　售后服务：010-64518899
网　　址：http://www.cip.com.cn
凡购买本书，如有缺损质量问题，本社销售中心负责调换。

定　　价：59.00 元　　　　　　　　　　　　　　　　版权所有　违者必究

前　言

材料科学是一门交叉学科，其合成与制备涉及物理、化学、光学、生物及机械等众多学科。材料成分、工艺、结构和性能被称为材料的四要素，它们之间从某种意义上讲相互独立，但又相互联系，密不可分。成分的选择基本确定了可行的制备工艺，工艺则决定了材料的结构，而结构又决定了材料的性能。因此，材料的四要素以及它们之间的相互联系都是材料科学研究和工艺生产的重要内容。材料研究，从金属、水泥、玻璃、陶瓷等传统材料发展到现在的生物仿生、新能源材料、纳米技术等新材料，都是伴随着其制备手段及生产工艺不断前进而不断更新的。因此，材料新性能、新结构的出现与材料的新制备手段和工艺密不可分。目前，涉及材料的合成与制备的教材、著作及文献较多，在此基础上编辑本书有一定的难度，很难凸显本书的特色。因此本书在编辑过程中，尽量让较多不同学科的高校老师结合自己和本校的材料研究特色编写，既结合材料的基础科学，同时也融合新材料的进展，并从材料的物理制备角度来编写本教材。

本教材根据教育部高等学校材料物理与化学教学指导分委员会制定的"材料物理本科专业指导性规范"中有关材料物理制备的主要内容和要求编写，可作为高等学校本科材料物理、材料科学与工程等相关专业的教学用书。本书共 10 章，由刘启明和潘春旭统筹整理与编排。具体工作安排如下：本书第 1 章由刘启明编写；第 2 章、第 3 章由吴素君、曹逻炜编写；第 4 章由张国栋编写；第 5 章 5.1～5.4 节由方国家编写，5.5 节由吴昊编写，5.6 节由艾志伟编写，5.7 节由刘启明编写；第 6 章由黄祥平编写（其中 6.5 节由黄祥平、王立世共同编写）；第 7 章由刘曰利编写；第 8 章 8.1～8.6 节由刘启明编写，8.7 节由冯晋阳编写；第 9 章由文胜编写；第 10 章 10.1 节由张豫鹏和潘春旭编写，10.2 节由刘启明编写，10.3 节由余海湖编写，10.4 节由王传彬编写，10.5、10.8、10.11 节由张峻编写，10.6 节由任峰编写，10.7 节由江旭东和潘春旭编写，10.9 节由黎德龙和潘春旭编写，10.10 节由张金咏编写，10.12 节由刘曰利编写。

感谢课题组所有人员在编写过程中的帮助。

时代在快速前进，科学在快速发展，材料的物理制备技术也在突飞猛进、日新月异，新的技术层出不穷。由于学识、能力、知识与工作经历等有限，同时受编写时间和书本、文献阅读的限制，本书难免有不妥之处，敬请读者批评指正。

编者于武汉大学

2015 年 4 月

目 录

第3章　单晶材料的制备　/60

第4章 非晶材料的制备 /111

第5章 薄膜材料的物理制备 /135

第6章 薄膜材料的化学制备 /183

第9章 复合材料的制备 / 272

第 10 章 材料的合成与制备新技术 / 309

第1章
绪　论

材料的合成与制备是一切材料形成的基础和保障，现今的合成与制备工艺是推动材料特别是新材料的发展和创新的动力。为了满足人类快速的生活节奏以及对高性能和高产量化物质的不断追求，材料的合成和制备技术也成为一种新兴的高科技产业。本书内容主要介绍材料制备过程中所涉及的材料物理制备过程。

1.1　材料物理制备的基本原理

材料的物理制备是指通过一定的方法和手段获得材料的过程。具体来说，材料的物理制备是指借助外力促使原子或分子按照一定的方式构成材料的物理过程。材料的制备则是指研究如何控制原子与分子使其构成具有某种功能的材料，这一点与材料合成的概念相同，但是材料制备还包括在更为宏观的尺度上控制材料的结构，使其具备所需的性能和使用效果。了解材料物理制备的原理以及反应过程，则首先需要了解材料物理制备的动力学和热力学知识，本书初步介绍一些材料物理制备的热力学和动力学基础知识。

1.1.1　热力学基础

在材料物理制备过程中，能够熟练自如地运用热力学基础知识是非常重要的，而应用化学热力学原理指导材料物理制备是保证材料成功制备的基础。

我们知道影响热力学过程自发进行方向的因素主要有两个：一个是能量因素；另一个是系统的混乱程度因素。任何自发过程都是倾向于降低系统的能量和增加系统的混乱度。

熵（S）是系统的一个状态函数，一定条件下有一固定的熵值。从物理学意义上讲，熵是衡量系统无序度的函数，也就是说系统混乱度的宏观量度。当系统的混乱度小或者处在有序的状态时，其熵值就小；当系统处在混乱度大或者较无秩序的状态时，对应的熵值就大。根据热力学相关理论，可通过某一化学反应的恒温反应热与温度的比值同反应的熵变进行比较，判断该条件下化学反应能否自发进行。

对于在工业生产中较常遇到的恒温、恒压或恒温、恒容过程，可用吉布斯函数（G）或亥姆霍兹函数（H）来准确判断其过程方向性。这两个函数可理解为系统恒温、恒压或恒温、恒容下向环境提供最大有用功的能力，而所有系统都具有自发降低其做功能力的趋势。以吉布斯函数为例，通常用如下关系式来表示热力学第二定律：$\Delta G = \Delta H - T\Delta S$（常温 T）。

① 如果 ΔG 是负数，则表明反应能够自发进行；

② 如果 ΔG 是正数，则表明反应无法自发进行，但是其逆反应过程可以发生；

③ 如果 $\Delta G = 0$，则表明反应及其逆反应过程都不能自发进行，该系统处于平衡状态，说明该反应过程是可逆的，因为一个非常小的条件变化都会导致 ΔG 是正数或负数。

1.1.2　动力学基础

化学动力学是研究参加反应各物质的浓度、反应温度、压力及催化剂等因素对化学反应速率的影响，是反映反应机理的一门学科。通过动力学研究能很好地解决一个 $\Delta_r G_m(T) < 0$ 的反应在怎样的条件下才能实现反应，其某些具有普遍意义的影响因素将有助于材料物理制备的研究，反应速率首先决定于参加反应各物质的化学性质。此外，还要受到参加反应各物质浓度、反应温度、压力、催化剂等许多因素的影响。动力学研究的直接结果是得到一个速率方程，而最终的目的是要正确地说明速率方程并确定该反应机理，这样可以准确掌握决定反应速率的关键步骤，以便能够主动地控制反应速率，达到事半功倍的效果，更快、更好地制备出所需材料。

1.2　材料物理制备的基本方法

物理制备新材料或用新技术物理制备已知材料等是近些年来人们关注的热点。下面介绍一些常用的材料物理制备方法。

1.2.1　高温高压法

高温高压作为一种典型的极端物理条件，能够有效地改变物质的原子间距和原子壳层状态而经常被用来作为一种原子间距调制和信息探针等特殊的应用手段，是物理、化学及材料合成等方面一种特殊的研究手段。高压合成就是利用外加的高压使物质产生多型相转变或发生不同物质间的化合，从而得到新相、新化合物或新材料。由于施加在物质上的高压卸掉后，大多数物质的结构和行为产生可逆的变化而失去高压状态下的结构和性质，因此，通常的高压合成都采用高压和高温两种条件交加的高压高温合成法，目的是寻求经卸压降温后的高温高压合成物能够在常温下保持其高温高压状态下的特殊结构和性能的新材料。目前，在高科技领域中得到广泛应用的很多无机功能材料，如立方氮化硼、强磁性材料 CrO_2、铁氧体和铁电体等的合成都离不开高压高温技术，并不断推动着该技术的快速发展。

通常，需要高压手段进行合成的有以下几种情况：

① 在大气压（0.1MPa）条件下不能生长出满意晶体；

② 要求有特殊的晶体结构；

③ 晶体结构需要有高的蒸气压；

④ 生长合成的物质在大气压下或在熔点以下会发生分解；

⑤ 在常压条件下不能发生化学反应而只有在高压条件下才发生化学反应；

⑥ 要求有某些高压条件下才能出现的高价态（或低价态）以及其他特殊的电子态；

⑦ 要求某些高压条件下才能出现的特殊性能等情况。

一般意义上的高压合成通常为压力 1GPa 以上，但实际情况是针对不同材料的合成条件可以采用不同的压力范围进行。目前通常所采用的高压固态反应合成范围一般为 $1\sim10$MPa 的低压或几十吉帕的高压。

许多和无机合成有关的化学反应往往都是在高温下进行的，特别是一些新型无机高温材料的合成，要求达到的温度越来越高，也使得高温技术成为无机合成的一个重要手段，主要的合成反应类型如下：

① 高温下的固相合成反应，也叫制陶反应；

② 高温下的固-气合成反应；

③ 高温下的化学转移反应；

④ 高温熔炼和合金制备；

⑤ 高温下的相变合成；

⑥ 高温熔盐电解；

⑦ 等离子体、激光、聚焦等作用下的超高温合成；

⑧ 高温下的单晶生长和区域熔融提纯。

一般固相反应是将两种或多种原料混合并以固态形式直接反应，但是在室温或较低温度下它们并不反应，为了加快反应，必须将它们加热到高温。通常的高温固相反应有如下几种。

(1) 制陶法　所有组分都是固相的反应称为制陶法，它被广泛地应用于固相合成中。在稀土硫族化合物合成中，例如制备 SmS 和 SmSe，首先将反应物在真空的氧化硅管中低温加热到 $870\sim1170$K，然后使反应物均匀，放入密封的钽管中通入大电流，加热到 2300K 制得。镧系元素和其他过渡金属元素的富金属卤化物都可以利用容器合成，碱金属的富金属低氧化物等也可以用制陶法合成出来。

(2) 电弧法　该法中电弧产生于钨阴极到装有合成物质的坩埚阳极之间，阴极能承受大电流密度，但电弧在惰性气体或还原气氛保护下，有微量氧会损坏钨电极，如果用石墨电极代替钨电极，可以在有氧气氛下工作。坩埚用铜制作，在操作中进行水冷却。

(3) 熔渣法　常用这种方法制备金属氧化物和它们的单晶。该方法是利用物质与高频电磁场的相互作用，即把物质放在一套水冷却的冷指构成的容器中，指间的空间大到足以允许电磁场穿过，但小到足以避免熔体外溢。用这种方法可以生成非常大的单晶。

(4) 火焰熔化法　早期人们利用这种方法制备出人造宝石这类高熔点氧化物晶体。该方法是让微细粉末原料通过氢氧焰或其他高温火炬、高温炉等，粉末在火焰中熔化时滴到要生长的晶体或籽晶的表面上，随即凝固并生长成晶体。

(5) 激光法　它是利用激光将原料熔融，变成蒸气，再沉淀到基质上形成晶体膜，也可利用激光加热进行区域熔融制备晶体。

1.2.2　物理气相沉积法

物理气相沉积（Physical Vapor Deposition，PVD）技术具有工艺过程简单、无污染、耗材少、成膜均匀致密、与基体的结合力强等优点。该技术广泛应用于航空航天、电子、光学、机械、建筑、轻工、冶金、材料等领域，可制备具有耐磨、耐腐蚀、装饰、导电、绝缘、光导、压电、磁性、润滑、超导等特性的膜层。

其基本原理为在真空条件下，采用物理方法，将材料源（固体或液体）表面气化成气态原子、分子或部分电离成离子，并通过低压气体（或等离子体）过程，在基体表面沉积具有某种特殊功能的薄膜。具有以下特点：

① 需要使用固态或者熔融态物质作为薄膜沉积的源物质；
② 源物质经过物理过程而进入环境（真空腔）；
③ 需要相对较低的气体压力环境；
④ 在气相中及在衬底表面并不发生化学反应。

物理气相沉积过程可概括为三个阶段：

① 从源物质中发射出粒子；
② 粒子运送到基板；
③ 粒子在基板上凝结、成核、长大、成膜。

物理气相沉积的主要方法有真空蒸镀、溅射镀膜、电弧等离子体镀膜、离子镀膜及分子束外延等。发展到目前，物理气相沉积技术不仅可沉积金属膜、合金膜等，还可以沉积化合物、陶瓷、半导体、聚合物膜等。

(1) 真空蒸镀基本原理 在真空条件下，使金属、金属合金或化合物蒸发，然后沉积在基体表面上。蒸发的方法常用电阻加热，高频感应加热，电子束、激光束、离子束高能轰击镀膜原材料，使其蒸发成气相，然后沉积在基体表面形成薄膜。将原料加热到蒸发温度并使之气化，这种加热装置称为蒸发源。最常用的蒸发源是电阻蒸发源和电子束蒸发源，特殊用途的蒸发源有高频感应加热、电弧加热、辐射加热、激光加热蒸发源等。历史上，真空蒸镀是 PVD 法中使用最早的技术。

(2) 溅射镀膜基本原理 在充氩（Ar）气的真空条件下，使氩气进行辉光放电，这时氩（Ar）原子电离成氩离子（Ar^+），氩离子在电场力的作用下，加速轰击以镀膜原料制作的阴极靶材，靶材会被溅射出来而沉积到工件表面。溅射镀膜中的入射离子，一般采用辉光放电获得，在 $10^{-2}\sim10Pa$ 范围，所以溅射出来的粒子在飞向基体过程中，易和真空室中的气体分子发生碰撞，使运动方向随机，沉积的膜易于均匀。如果采用直流（QC）辉光放电则称为直流溅射，采用射频（RF）辉光放电引起则称为射频溅射，磁控（M）辉光放电引起的则称为磁控溅射。近年发展起来的规模性磁控溅射镀膜，沉积速率较高，工艺重复性好，便于自动化，可进行大型建筑装饰镀膜及工业材料的功能性镀膜，其中 TGN-JR 型多弧或磁控溅射可用于在卷材的泡沫塑料及纤维织物表面镀镍（Ni）及银（Ag）等。

(3) 电弧等离子体镀膜基本原理 在真空条件下，用引弧针引弧，使真空金壁（阳极）和镀材（阴极）之间进行弧光放电，阴极表面快速移动着多个阴极弧斑，不断迅速蒸发，使之电离成以镀膜原料为主要成分的电弧等离子体，并能迅速沉积于基体。

这里指的是 PVD 领域通常采用的冷阴极电弧蒸发，以固体镀膜原料为阴极，采用水冷法使冷阴极表面形成许多亮斑，即阴极弧斑，就是电弧在阴极附近的弧根。在极小空间的电流密度极高，弧斑尺寸极小，估计为 $1\sim100\mu m$，电流密度高达 $10^5\sim10^7 A/cm^2$。每个弧斑存在极短时间，爆发性地蒸发离化阴极改正点处的镀膜原料，蒸发离化后的金属离子，在阴极表面也会产生新的弧斑，许多弧斑不断产生和消失，所以又称多弧蒸发。最早设计的等离子体加速器型多弧蒸发离化源，是在阴极背后配置磁场，使蒸发后的离子获得霍尔（Hall）

加速效应，有利于离子增大能量轰击量体，采用这种电弧蒸发离化源镀膜，离化率较高。

(4) 离子镀膜基本原理　在真空条件下，采用某种等离子体电离技术，使镀膜原料原子部分电离成离子，同时产生许多高能的中性原子，在被镀基体上加负偏压。这样在深度负偏压的作用下，离子沉积于基体表面形成薄膜。离子镀膜的优点如下：

① 膜层和基体结合力强；

② 膜层均匀，致密；

③ 在负偏压作用下绕镀性好；

④ 无污染；

⑤ 多种基体材料均适合于离子镀膜。

1.2.3　化学气相沉积法

化学气相沉积（Chemical Vapor Deposition，CVD）是把含有构成薄膜元素的化合物或单质气体通入反应室内，利用气相物质在工件表面的化学反应形成固体薄膜的工艺方法。化学气相沉积的过程包括反应气体到达基材表面，反应气体分子被基材表面吸附，在基材表面发生化学反应、形核，生成物从基材表面脱落，生成物在基材表面扩散等过程。

化学气相沉积的基本条件如下。

① 反应物的蒸气压：在沉积温度下，反应物必须有足够高的蒸气压。

② 反应生成物的状态：除了需要得到的固态沉积物外，化学反应的生成物都必须是气态。

③ 沉积物的蒸气压：沉积物本身的饱和蒸气压应足够低，以保证它在整个反应、沉积过程中都一直保持在加热的基体上。

化学气相沉积的分类如下。

按激发方式分，有热 CVD、等离子体 CVD、光激发 CVD、激光（诱导）CVD 等；按反应室压力分，有常压 CVD、低压 CVD 等；按反应温度分，有高温 CVD、中温 CVD、低温 CVD 等；按源物质类型分，有金属有机化合物 CVD、氯化物 CVD、氢化合物 CVD 等；按主要特征分，有热激发 CVD、等离子体 CVD、激光（诱导）CVD、低压 CVD、金属有机化合物 CVD 等。

(1) 热化学气相沉积（Thermal Chemical Vapor Deposition，TCVD）　TCVD 是利用高温激活化学反应气相生成的方法，可应用于半导体等材料制备。按其化学反应的形式又可分为化学运输法、热分解法和合成反应法三类。化学运输法主要用于块状晶体生长，热分解法通常用于制备薄膜，合成反应法则两种情况都可用。

(2) 等离子体化学气相沉积（Plasma Chemical Vapor Deposition，PCVD）　PCVD 是将低气压气体放电等离子体应用于化学气相沉积的一种技术，也可称为等离子增强化学气相沉积（PECVD），其可显著降低基材温度，沉积过程不易损伤基材，还能诱使从热力学角度难以发生的反应得以顺利进行，从而开发出常规手段不能制备出的新材料。该技术具有成膜温度低、致密性好、结合强度高等优点，可用于非晶态膜和有机聚合物薄膜的制备。按等离子体形成方式的不同，PCVD 方法主要包括直流法、射频法和微波法等。

(3) 激光（诱导）化学气相沉积（Laser Chemical Vapor Deposition，LCVD）　LCVD 是利用激光束的光子能量激发和促进化学反应，实现薄膜沉积的化学气相沉积技术。使用的设备是在常规的 CVD 基础上，添加激光器、光路系统及激光功率测量装置。与常规 CVD 相比，LCVD 可以大大降低基材的温度，可在不能承受高温的基材上合成薄膜。例如，使用 LCVD，在 $350 \sim 480 ℃$ 的温度下可制备 SiO_2、Si_3N_4 和 AlN 等薄膜；而用 TCVD 制备同样的材料，要将基材加热到 $800 \sim 1000 ℃$ 才行。与 PVCD 相比，LCVD 可以避免高能粒子辐射对薄膜的损伤，更好地控制薄膜结构，提高薄膜的纯度等。

(4) 低压化学气相沉积（Low Pressure Chemical Vapor Deposition，LPCVD） LPCVD 的压力范围一般在 $(1 \sim 4) \times 10^4 Pa$ 之间，适用于形成大面积均匀薄膜（如大规模硅器件工艺中的介质膜外延生长）和复杂几何外形工件的薄膜（如模具的硬质耐磨薄膜）等。在有些情况下，LPVCD 是必须采用的手段，如在化学反应对压力敏感、常压下不易进行时，在低压下则变得容易进行。但与常压化学气相沉积（NPCVD）相比，LPCVD 需增加真空系统，进行精确的压力控制。

(5) 金属有机化合物化学气相沉积（Metal-organic Chemical Vapor Deposition，MOCVD） MOCVD 是利用金属有机化合物热分解反应进行气相外延生长的方法，即把含有外延材料组分的金属有机化合物，通过前驱气体输运到反应室，在一定的温度下进行外延生长。所用的金属有机化合物是具有易合成及提纯，在室温下为液态并有适当的蒸气压、较低的热分解温度，对沉积薄膜污染小和毒性小等特点的碳-金属键的物质。目前应用最多的是 ⅡA ～ ⅦA 族烷基衍生物，如 $(C_2H_5)_2Be$、$(C_2H_5)_3Al$、$(C_2H_5)_4Ge$、$(C_2H_5)_3N$、$(C_2H_5)_2Se$ 等。

除了需要输送前驱体气体外，MOCVD 和普通热 CVD 的反应热力学和动力学原理没有差别。MOCVD 的特点是沉积温度低，可以在不同的基体表面沉积单晶、多晶、非晶的多层和超薄层、原子层薄膜，改变 MOCVD 源的种类和数量可以得到不同化学组成和结构的薄膜，工艺实用性强，成本较低，可以大规模制备半导体化合物薄膜及复杂组分的薄膜。但其沉积速度慢，仅适用于沉积微米级薄膜，而且原料的毒性较大，安全防护要求较高。

1.2.4 软化学合成方法

软化学合成方法是一种在温和条件下的化学合成，对实验设备要求简单，并具有易控制性和可操作性等特点。它是通过化学反应克服固相反应中的反应势垒，在温和的反应条件下和缓慢的反应进程中，以可控制的步骤逐步进行化学反应，主要有溶胶-凝胶法、水热/非水溶剂热合成法、前驱物法、微波辐射法、自组装技术等。

1.2.4.1 溶胶-凝胶法（Sol-gel Synthesis）

一般是以金属有机醇盐或无机盐为原料，均匀溶解于一定的溶剂中形成金属化合物的溶液，经过水解、缩合（缩聚）的化学反应，形成稳定的溶胶液体系。溶胶经过陈化，胶粒间逐渐聚合形成凝胶。凝胶在经过低温干燥，脱去其溶剂而成为具有多孔空间结构的干凝胶或气凝胶，最后经过烧结、固化，制备出致密的氧化物材料。溶胶是否能向凝胶发展取决于胶粒间的相互作用是否能克服凝聚时的势垒。因此，增加胶粒的带电量，利用空间位阻效应和溶剂化效应等都可以使溶胶更稳定，凝胶更困难；反之则容易产生凝胶。由于在凝胶的形成过程中，溶液的酸碱性影响凝胶网状结构的形成，因此溶液的 pH 值对产物的形貌有明显的影响。从凝胶形成干凝胶阶段，凝胶的结构发生了明显的变化，凝胶表面张力所产生的压力使胶粒包围的粒子数增加，诱使胶体网络发生塌陷，随着周围粒子数的进一步增加，反而会产生额外的连接键，从而增强网状结构的稳定性以抵抗进一步塌陷，最终形成刚性的多孔材料。随着网状结构的塌陷以及有机物的挥发，凝胶的烧结过程是决定溶胶-凝胶反应产物尺寸和形貌的关键阶段。该方法制备粉体最突出的创新之处就在于能同时控制粉体的尺寸、形貌和表面结构。

溶胶-凝胶法的制备过程通常可分为以下 5 个阶段。

① 经过源物质分子的聚合、缩合、团簇，胶粒长大成为溶胶；

② 伴随着前驱体的聚合和缩聚作用，逐步形成具有网状结构的凝胶，在此过程中可形成双聚、链状聚合、准二维状聚合、三维空间的网状聚合等多种聚合物结构；

③ 凝胶的老化，在此过程中缩聚反应继续进行直至形成具有坚实的立体网状结构；

④ 凝胶的干燥，同时伴随着水和不稳定物质的挥发，由于凝胶结构的变化使这一过程非常复杂，凝胶的干燥过程又可分为 4 个明显的阶段，即凝胶起始稳定阶段、临界点、凝胶结构开始塌陷阶段和后塌陷阶段（形成干凝胶和气凝胶）；

⑤ 热分解阶段，在此过程中，凝胶的网状结构彻底塌陷，有机物前驱体分解、完全挥发，同时目标产物的结晶度提高。

通过以上 5 个阶段，即可以制得具有指定组成、结构和物理性质的纳米微粒、薄膜、纤维、致密或多孔玻璃、致密或多孔陶瓷、复合材料等。

1.2.4.2 水热法（Hydrothermal Synthesis）

水热法是指在特制的密闭反应器（高压釜）中，采用水溶液作为反应体系，通过将反应体系加热至临界温度（或接近临界温度），在反应体系中产生高压环境而进行无机合成与材料制备的一种有效方法。水热法常用氧化物或氢氧化物或凝胶体作为前驱物，以一定的填充比进入高压釜，它们在加热过程中溶解度随温度的升高而增大，最终导致溶液过饱和，并逐步形成更稳定的新相，反应过程的驱动力是最后可溶的前驱体或中间产物与最终产物之间的溶解度差，即反应向吉布斯焓减小的方向进行。水热法合成的纳米材料纯度高，晶粒发育好，避免了因高温煅烧或球磨等后处理引起的杂质和结构缺陷。该方法一个明显的缺点是往往只适用于制备氧化物和少数对水不敏感的硫化物，因此在水热法的基础上发展起来了一种新型的材料制备方法即溶剂热法。

1.2.4.3 溶剂热法（Solvothermal Synthesis）

溶剂热法是将水热法中的水换成有机溶剂或非水溶媒（如有机胺、醇、氨、四氯化碳或苯等），采用类似于水热法原理，以制备在水溶液中无法长成、易水解、易氧化或对水敏感的材料，如ⅢA～ⅤA族半导体化合物、氮化物、硫族化合物等。它的优点是有效地抑制产物的氧化过程或水中氧的污染；可选择的原料范围大大地扩大；由于有机物沸点低，可达到合成更高的气压，有利于结晶；由于较低的反应温度，反应物中的结构单元可以保留到产物中，同时有机溶剂官能团和反应物或产物作用，生成某些新型的在催化和储能方面具有潜在应用的材料；非水溶剂的种类繁多，其本身的一些特性，如极性与非极性，配位络合作用，热稳定性等，为人们从反应热力学和动力学的角度去认识化学反应的实质与晶体生长的特性，提供了许多值得研究和探索的线索。

水热与溶剂热合成化学有以下特点。

① 在水热与溶剂热条件下，反应物活性的提高，使其不但可以降低反应温度，而且可以代替部分固相反应和完成一些其他制备方法难以进行的反应，如合成低熔点化合物、有较高蒸气压而不能在熔体中生成的物质和高温分解相等；

② 在水热与溶剂热法条件下，存在着溶液的快速对流与溶质的有效扩散，且多数反应物能溶于水或非水溶剂，使反应在液相或气相的快速对流中进行，溶液（相对）低温等压环境有利于生长极少缺陷、热应力小、完美的晶体，并能均匀地进行掺杂以及易于控制产物晶体的粒度；

③ 由于水热和溶剂热合成始终在密闭高压反应釜中进行，可通过控制反应气氛（溶液组分、温度、压力、矿化剂、pH 等）而形成合适的氧化还原反应，使其能合成、开发出一系列介稳结构、特种凝聚态的新物种；

④ 水热与溶剂热合成的密闭条件有利于进行那些对人体健康有害的有毒反应，尽可能减少环境污染；

⑤ 水热与溶剂热合成体系一般处于非理想平衡状态，因此，可以用非平衡热力学研究合成化学问题；

⑥ 水热与溶剂热合成的可操作性和可调性，将使其成为衔接合成材料的化学性质和物理性质之间的桥梁。

1.2.5　电解合成法

该方法是一种使本来不能自发进行的反应能够进行的较便捷的方法。电可以说是一种适用性非常宽广的氧化剂或还原剂，给反应体系通电就是电化学反应，利用电化学反应进行合成的方法即为电化学合成，电化学合成本质上是电解，故称电解合成。电解合成是化学能和电能的相互转化，但必须用到电化学的反应仪器、原电池或电解池。通常的化学反应质点间是直接接触反应，电子的运动路径就不可能长，所以没有电流产生。为了实现电化学反应，电化学的反应器必须包括两组"金属/溶液"体系，这种"金属/溶液"体系称为电极。反应物之间不直接接触，而是与两块金属电极相接触，这两块金属电极再用金属导体与外电路相连，形成电子通路。为使电子的流动连续进行，电流也必须经过反应空间-离子导体（内电路）来实现，通常由参加电化学反应的反应物（处于离子状态的）电解质溶液或者通过加入在此特定条件下能显示高的离子电导的特殊化合物来实现，它们的溶液通过隔膜相互沟通。当电池工作时，电流就必须在电池内部和外部流通，构成回路。为了使一个电化学过程发生就必须使电子沿一定方向运动，而且只有当电子通过的路径与原子的大小相比很大时，电能的利用才有可能。

电解池与一般回路的不同之处是存在着两种不同的导电体：其一是外电路金属导体，在其中可以移动的电荷是电子，电流的方向是和电子流动的方向相反；其二是内电路离子导体，在其中可以移动的电荷是正负离子。

众所周知，电子是不能自由进入水溶液的，要使电流在整个回路中通过，必须在两个电极的金属/溶液界面处发生有电子参与的化学反应，这就是电极反应。有电子参与的电极反应必然引起化学物价态的改变，在与电源正端连接的电极金属上缺乏电子，因此发生反应物价态的增加即氧化反应，这个金属电极即为阳极。在与电源负端连接的电极金属上电子富足，因此发生反应物价态的降低即还原反应，这个金属电极即为阴极。事实上，所有电极上进行的反应都是氧化反应或还原反应。

电解合成其特点如下。

① 在电解中调节电极电位，能提供高电子转移的功能，这种功能可以使之达到一般化学试剂所不具备的氧化还原能力，同时可以改变电极反应速度。根据计算，改变电位 1V，活化能将降低 40kJ，可使反应速率增加 10^7 倍。因此，电合成工业一般都在常温常压下进行，不需要特别的加压、加热设备。

② 控制电极电位和选择适当的电极、溶剂等方法，使反应按人们所希望的方向进行，故反应选择性高、副反应较少，可制备出许多特定价态的化合物，这是其他任何化学方法不能比拟的。

③ 电化学所用的氧化剂或还原剂是靠电极上得电子或失电子来完成的，在反应体系中除原料和生成物外通常不含其他反应试剂。因此产物不会被污染，也容易收集和分离，可得到收率和纯度都较高的产物，对环境污染小。

④ 电化学过程的参数（电流、电压等）便于数据采集、过程自动化与控制，由于电氧化还原过程的特殊性，能制备出许多其他方法不能制备的物质和聚集态，并且电解槽可以连续运转。

正因为这些优点，使得电解合成在材料合成中的作用和地位日益显著，且广泛应用于各种具有特殊性能的新材料的制备，包括各种纳米材料、电极材料、多孔材料、超导材料、复合材料和功能材料等。

1.2.6 纳米材料物理制备

1.2.6.1 惰性气体冷凝法（IGC）制备纳米粉体（固体）

这是目前用物理方法制备具有清洁界面的纳米粉体（固体）的主要方法之一。其主要过程是：在真空蒸发室内充入低压惰性气体（He 或 Ar），将蒸发源加热蒸发，产生原子雾，与惰性气体原子碰撞而失去能量，凝聚形成纳米尺寸的团簇，并在液氮冷棒上聚集起来，将聚集的粉状颗粒刮下，传送至真空压实装置，在数百兆帕至几吉帕压力下制成直径为几毫米、厚度为 $1\sim10mm$ 的圆片。纳米合金可通过同时蒸发两种或数种金属物质得到。纳米氧化物的制备可在蒸发过程中或制得团簇后于真空室内通以纯氧使之氧化得到。惰性气体冷凝法制得的纳米固体其界面成分因颗粒尺寸大小而异，一般约占整个体积的 50%，其原子排列与相应的晶态和非晶态均有所不同，从接近于非晶态到晶态之间过渡。因此，其性质与化学成分相同的晶态和非晶态有明显的区别。

1.2.6.2 高能机械球磨法制备纳米粉体

高能球磨法是利用球磨机的转动或振动，使硬球对原料进行强烈的撞击，研磨和搅拌，将金属或合金粉碎为纳米级颗粒。高能球磨法可以将相图上几乎不互溶的几种元素制成纳米固溶体，为发展新材料开辟了新途径。采用球磨方法，控制适当的条件得到纯元素、合金或复合材料的纳米粒子。该种方法是近年来发展起来的一种制备纳米材料的方法，主要适用于纯金属单质纳米材料的制备，是一种物理粉碎过程，是一个由大晶粒变为小晶粒的过程。该方法操作简便，但产品纯度低，粒度分布不均匀，只适用于对材料要求不高，需求量大的纳米材料的制备。自从 Shingu 等人于 1988 年用这种方法制备出纳米 Al-Fe 合金以来得到了极大关注。它是一个无外部热能供给的、干的高能球磨过程，是一个由大晶粒变为小晶粒的过程。此法可合成单质金属纳米材料，还可通过颗粒间的固相反应直接合成各种化合物（尤其是高熔点纳米材料）：大多数金属碳化物、金属间化合物、ⅢA～ⅤA 族半导体、金属-氧化物复合材料、金属-硫化物复合材料、氟化物、氮化物。

1.2.6.3 非晶晶化法制备纳米晶体

这是目前较为常用的方法（尤其是用于制备薄膜材料与磁性材料）。中科院金属所卢柯等人于 1990 年首先提出利用此法制备大块纳米晶合金，即通过热处理工艺使非晶条带、丝或粉晶化成具有一定晶粒尺寸的纳米晶材料。这种方法为直接生产大块纳米晶合金提供了新途径。近年来 Fe-Si-B 体系的磁性材料多由非晶晶化法制备掺入其他元素，对控制纳米材料的结构具有重要影响。研究表明，制备铁基纳米晶合金 Fe-Si-B 时，加入 Cu、Nb、W 等元素，可以在不同的热处理温度得到不同的纳米结构。比如 450℃时晶粒为 2nm，500～

60℃时约为10nm，而当温度高于650℃时晶粒度大于60nm。

1.2.6.4 深度范性形变法制备纳米晶体

这是由 Islamgaliev 等人于 1994 年发展起来的独特的纳米材料制备工艺，材料在准静态压力的作用下发生严重范性形变，从而将材料的晶粒细化到亚微米或纳米量级。例如：ϕ82mm 的 Ge 在 6GPa 准静压力作用后，材料结构转化为 10～30nm 的晶相与 10％～15％的非晶相共存；再经 850℃热处理后，纳米结构开始形成，材料由粒径 100nm 的等轴晶组成，而当温度升至 900℃时，晶粒尺寸迅速增大至 400nm。

1.2.6.5 低能团簇束沉积法（LEBCD）制备纳米薄膜

该技术也是新近出现的，由 Paillard 等人于 1994 年发展起来。首先将所要沉积的材料激发成原子状态，以 Ar、He 作为载体使之形成团簇，同时采用电子束使团簇离化，然后利用飞行时间质谱仪进行分离，从而控制一定质量、一定能量的团簇束沉积而形成薄膜。此法可有效地控制沉积在衬底上的原子数目。

1.2.6.6 压淬法制备纳米晶体

这一技术是中科院金属所姚斌等人于 1994 年实现的，他们用该技术制备出了块状 Pd-Si-Cu 和 Cu-Ti 等纳米晶合金。压淬法就是利用在结晶过程中由压力控制晶体的成核速率、抑制晶体生长过程，通过对熔融合金保压急冷（压力下淬火，简称"压淬"）来直接制备块状纳米晶体，并通过调整压力来控制晶粒的尺度。目前，压淬法主要用于制备纳米晶合金。与其他纳米晶制备方法相比，它有以下优点：直接制得纳米晶，不需要先形成非晶或纳米晶粒；能制得大块致密的纳米晶；界面清洁且结合好；晶粒度分布较均匀。

1.2.6.7 脉冲电流非晶晶化法制备纳米晶体

这种方法是由东北大学滕功清等人于 1993 年发展起来的。他们用此法制备了纳米晶 Fe-Si-B 合金。这一方法是：对非晶合金（非晶条带）采用高密度脉冲电流处理使之晶化。与其他晶化法相比，这一技术无需采用高温退火处理，而是通过调整脉冲电流参数来控制晶体的成核和长大，以形成纳米晶，而且由脉冲电流所产生的试样温升远低于非晶合金的晶化温度。不过，此法制备的纳米晶与用其他方法制备的纳米晶相比，界面组元有所不同：界面图像（电镜下）不是很清晰并存在一定数量的亚晶界，晶粒内部也存在较多的位错。有关用此法获得纳米晶的晶化机制，目前还不很清楚。

以上介绍了几种常用的纳米材料物理制备方法，这些制备方法基本不涉及复杂的化学反应。因此，在控制合成不同形貌结构的纳米材料时具有一定的局限性。

1.3 材料物理制备的基本表征与分析技术

材料的表征和分析在物理制备中具有重要的指导作用，它既包括对物理制备产物的结构确定，又包括特殊材料结构中非主要成分的结构状态和物化性质的测定。材料结构的表征的任务主要有三个：成分分析、结构测定和形貌观察。下面介绍一下常用的测试表征手段。

1.3.1 X射线衍射分析

固体材料可以描述为晶体型和非晶体型两种结构，所谓晶体型是指原子规则的排列成点阵结构，而非晶体型是指原子呈随机排列，与液相中原子的排列情况相似。当 X 射线照射到晶体表面并发生相互作用时，就能产生衍射花样。每一种晶相都有自己特定的衍射花样，相同的晶相结构具有相似的衍射花样；对于混合晶相，每个晶相都独自地产生各自的衍射花样，即每个晶相的衍射花样互不干扰。某一纯晶相物质的 X 射线衍射花样是独一无二的，于是当我们在分析试样的衍射花样时，就可以断定试样中包含这种结晶物质，而混合物中某相的衍射线强度取决于它在试样中的相对含量。因此，若测定了各种结晶物质的衍射线强度比，还可以推算出它们的相对含量来，这就是 X 射线物相定量分析的理论依据。进行定性分析时，必须先将试样用粉晶法或衍射仪法（也可以是电子衍射法）测定各衍射线条的衍射角，将它换算为晶面间距 d，再用显微黑度计、计数管或肉眼估计等方法，测出各条衍射线的相对强度，然后与各种结晶物质的标准衍射花样进行比较鉴别。

1.3.2　电子显微分析

电子显微分析是利用焦距电子束与试样物质相互作用产生的各种物理信号，分析试样物质的微区形貌、晶体结构和化学组成。它包括用透射电子显微镜进行的透射电子显微分析，用扫描电子显微镜进行的扫描电子显微分析，用电子探针仪进行的 X 射线显微分析。

电子显微分析是材料科学的重要分析方法之一，它与其他形貌、结构、成分分析方法相比具有以下特点：①可以在极高放大倍率下直接观察试样的形貌、结构、选择分析区域；②是一种微分析方法，具有高的分辨率，成像分辨率达到 0.2～0.3mm，可直接分析原子，能进行纳米尺度的晶体结构及化学组成分析；③各种电子显微分析仪器日益向多功能化、综合性方向发展，可以进行形貌、物相、晶体结构和化学组成等综合分析。

因此，电子显微分析在固体科学、材料科学、地质矿物、医学、生物等方面得到广泛的应用。

1.3.3　透射电子显微分析

透射电子显微镜（Transmission Electron Microscopy，TEM）是一种高分辨率、高放大倍数的显微镜，是观察和分析材料的形貌、组织和结构的有效工具。它用聚焦电子束作为照明源，使用对电子束透明的薄膜试样（几十到几百纳米），以透射电子为成像信号。其工作原理如下：电子枪产生的电子束经 1～2 级聚光镜会聚后均匀照射到试样上的某一待观察微小区域上，入射电子与试样物质相互作用，由于试样很薄，绝大部分电子穿透试样，其强度分布与所观察试样区的形貌、组织、结构一一对应。透射出试样的电子经物镜、中间镜、投影镜的三级磁透镜放大透射在观察图像的荧光屏上，荧光屏把电子强度分布转变为人眼可见的光强分布，于是在荧光屏上显出与试样形貌、组织、结构相对应的图像。透射电子显微镜主要由光学成像系统、真空系统和电气系统三部分组成。

透射电子显微镜的应用：

① 利用质厚衬度（又称吸收衬度）像，对样品进行一般形貌观察；

② 利用电子衍射、微区电子衍射、会聚束电子衍射物等技术对样品进行物相分析，从而确定材料的物相、晶系，甚至空间群；

③ 利用高分辨电子显微术可以直接观察到晶体中原子或原子团在特定方向上的结构投

影这一特点，确定晶体结构；

④ 利用衍衬像和高分辨电子显微像技术，观察晶体中存在的结构缺陷，确定缺陷的种类、估算缺陷密度；

⑤ 利用 TEM 所附加的能量色散 X 射线谱仪或电子能量损失谱仪对样品的微区化学成分进行分析；

⑥ 利用带有扫描附件和能量色散 X 射线谱仪的 TEM，或者利用带有图像过滤器的 TEM，对样品中的元素分布进行分析，确定样品中是否有成分偏析。

1.3.4　扫描电子显微分析

扫描电子显微镜（Scanning Electron Microscopy，SEM）是继透射电镜之后发展起来的一种电镜。与透射电镜的成像方式不同，扫描电镜是用聚焦电子束在试样表面逐点扫描成像。试样为块状或粉末状颗粒，成像信号可以是二次电子、背散射电子或吸收电子，其中二次电子是最主要的成像信号。以二次电子的成像过程来说明扫描电镜的工作原理：由电子枪发射能量为 5～35keV 的电子，以其交叉斑作为电子源，经二级聚光镜及物镜的缩小形成具有一定能量、一定束流强度和束斑直径的微细电子束，在扫描线圈驱动下，于试样表面按一定时间、空间顺序作栅网式扫描。聚焦电子束与试样相互作用，产生二次电子发射（以及其他物理信号），二次电子发射量随试样表面形貌而变化。二次电子信号被探测器收集转换成电讯号，经视频放大后输送到显像管栅极，调制与入射电子束同步扫描的显像管亮度，得到反映试样表面形貌的二次电子像。

扫描电镜所具有的特点如下。

① 可以观察直径为 10～30mm 的大块试样，制样方法简单。对表面清洁的导电材料可不用制样直接进行观察；对表面清洁的非导电材料只要在表面蒸镀一层导电层后即可以进行表面观察。

② 场深大，适用于粗糙表面和断口的分析观察；图像富有立体感、真实感、易于识别和解释。

③ 放大倍数变化范围大，一般为 15～200000 倍，最大可达 10～300000 倍，对于多相组成的非均匀材料便于低倍下的普查和高倍下的观察分析。

④ 具有相当高的分辨率，一般为 3～6nm，最高可达 2nm。透射电镜的分辨率虽然更高，但对样品厚度的要求十分苛刻，且观察的区域小，在一定程度限制了其使用范围。

⑤ 可以通过电子学方法有效地控制和改善图像的质量，如通过 γ 调制可改善图像反差的宽容度，使图像各部分亮暗适中。采用双放大倍数装置或图像选择器，可在荧光屏上同时观察不同放大倍数的图像或不同形式的图像。

⑥ 可进行多种功能的分析。与 X 射线谱仪配接，可在观察形貌的同时进行微区成分分析；配有光学显微镜和单色仪等附件时，可观察阴极荧光图像和进行阴极荧光光谱分析；装上半导体样品座附件，可利用电子束和电子生伏特信号观察晶体管或集成电路中的 PN 结及缺陷。

⑦ 可使用加热、冷却和拉伸等样品台进行动态试验，观察各种环境条件下相变及形态变化等。

扫描电镜的主要结构是由电子光学系统（镜筒）、扫描系统、信号探测放大系统、图像显示记录系统、真空系统和电源系统等组成。

1.3.5 电子探针 X 射线显微分析

电子探针 X 射线微区分析（Electron Probe Microanalyzer，EPMA）是用聚焦极细的电子束轰击固体的表面，并根据微区内所发射出 X 射线的波长（或能量）和强度进行定性和定量分析的方法。主要功能是进行微区成分分析。其原理是：用细聚焦电子束入射样品表面，激发出样品元素的特征 X 射线，分析特征 X 射线的波长（或能量）可知元素种类；分析特征 X 射线的强度可知元素的含量。其镜筒部分构造和 SEM 相同，检测部分使用 X 射线谱仪，用来检测 X 射线的特征波长（波谱仪）和特征能量（能谱仪），以此对微区进行化学成分分析。它是在电子光学和 X 射线光谱学原理的基础上发展起来的一种高效率分析仪器。

电子探针显微分析有以下特点。

(1) 采用微区分析 显微结构分析电子探针是利用 $0.5 \sim 1 \mu m$ 的高能电子束激发待分析的样品，通过电子与样品的相互作用产生的特征 X 射线、二次电子、吸收电子、背散射电子及阴极荧光等信息来分析样品的微区内（微米范围内）成分、形貌和化学结合态等特征。电子探针是几个微米范围内的微区分析，微区分析是它的一个重要特点之一，它能将微区化学成分与显微结构对应起来，是一种显微结构的分析。

(2) 元素分析范围广 电子探针所分析的元素范围从硼（B）到铀（U），因为电子探针成分分析是利用元素的特征 X 射线，而氢和氦原子只有 K 层电子，不能产生特征 X 射线，所以无法进行电子探针成分分析，锂（Li）和铍（Be）虽然能产生 X 射线，但产生的特征 X 射线波长太长，通常无法进行检测，少数电子探针用大的面间距的皂化膜作为衍射晶体已经可以检测 Be 元素。能谱仪的元素分析范围现在也和波谱相同，分析元素范围从铍（Be）到铀（U）。

(3) 定量分析准确度高 电子探针是目前微区元素定量分析最准确的仪器。电子探针的检测极限（能检测到的元素最低浓度）一般为 $0.01\% \sim 0.05\%$（质量分数），不同测量条件和不同元素有不同的检测极限，但由于所分析的体积小，所以检测的绝对感量极限值为 $10 \sim 14g$，定量分析的相对误差为 $1\% \sim 3\%$，对原子序数大于 11、含量在 10%（质量分数）以上的元素，其相对误差通常小于 2%。

(4) 不损坏试样、分析速度快 电子探针一般不损坏样品，样品分析后，可以完好保存或继续进行其他方面的分析测试。

1.3.6 原子力显微镜分析

原子力显微镜（Atomic Force Microscope，AFM）是一种利用原子、分子间的相互作用力来观察物体表面微观形貌的新型实验技术，可用来研究包括绝缘体在内的固体材料表面结构的分析仪器。它通过检测待测样品表面和一个微型力敏感元件之间的极微弱的原子间相互作用力来研究物质的表面结构及性质。将一对微弱力极端敏感的微悬臂一端固定，另一端的微小针尖接近样品，这时它将与其相互作用，作用力将使得微悬臂发生形变或运动状态发生变化。扫描样品时，利用传感器检测这些变化，就可获得作用力分布信息，从而以纳米级分辨率获得表面结构信息。根据扫描样品时探针的偏离量或振动频率重建三维图像，就能间接获得样品表面的形貌或原子成分。它主要由带针尖的微悬臂、微悬臂运动检测装置、监控其运动的反馈回路、使样品进行扫描的压电陶瓷扫描器件、计算机控制的图像采集、显示及处理系统组成。微悬臂运动可用如隧道电流检测等电学方法或光束偏转法、干涉法等光学方法检测，当针尖与样品充分接近、相互之间存在短程相互斥力时，检测该斥力可获得表面原子级分辨图像，一般情况下分辨率也在纳米级水平。AFM测量对样品无特殊要求，可测量固体表面、吸附体系等。

相对于扫描电子显微镜，原子力显微镜具有许多优点。第一，不同于电子显微镜只能提供二维图像，AFM提供真正的三维表面图。第二，AFM不需要对样品进行任何特殊处理，如镀铜或碳，这种处理对样品会造成不可逆转的伤害。第三，电子显微镜需要运行在高真空条件下，原子力显微镜在常压下甚至在液体环境下都可以良好工作。这样可以用来研究生物宏观分子，甚至活的生物组织。和扫描电子显微镜（SEM）相比，AFM的缺点在于成像范围太小、速度慢，受探头的影响太大。

材料的表征方法与分析技术随着现代科学技术的进步日新月异，测试手段越来越简单先进，同时精度也越来越高，除以上介绍的常见分析技术外，还包括有质谱、紫外-可见-红外光谱分析、气/液相色谱、拉曼、核磁共振、电子自旋共振、X射线荧光光谱、俄歇与X射线光电子谱、二次离子质谱、原子探针、激光探针等。如此繁多的分析方法，如何选择适当的表征方法很关键，设计合适和巧妙的结构表征和研究方法，对于材料物理制备也是很重要的一个方面。

1.4　材料物理制备的最新进展

材料物理制备在材料研究领域中占有重要的地位，是材料科学发展过程中的基础学科。在材料科学领域，材料的物理制备综合了材料科学、物理、化学、力学和机械等学科的研究内容，本身也自成体系。材料物理制备工艺的发展与材料科学的发展相互促进并相互制约，对材料物理制备学科的系统性和规律性的研究将促进新材料的制备和材料应用的发展，而新材料的需求及相关学科的迅猛发展，又进一步要求新的物理制备方法的提出，改善以往的物理与制备工艺，不断推出新的物理制备路线，研究材料结构和性能之间的关系。

当前科学技术的发展要求材料物理制备技术能够向材料高性能化、复合化、功能化、低维化、低成本化和绿色化的方向发展，高性能材料的制备与合成始终是材料制备工艺者最希望达到的理想目标。在制备材料前，通过优化设计、模拟等方法可以预测材料的性能和基本特征，可以指导制备过程中控制材料的形态结构，并实现高性能化。例如，溶胶-凝胶法可以在制备材料前对反应机理进行预测，并能够在分子尺度上控制反应物的合成，从而达到产物的高性能化。又如传统的无压烧结工艺制备高性能致密陶瓷具有烧结温度高、烧结时间长的特点，而热压烧结工艺的应用不仅大大降低烧结温度、缩短烧结时间，而且能够缓解颗粒长大，从而获得高性能致密陶瓷。

随着高新技术的发展，要求材料领域提供更多、更好的功能化材料，尤其是新科学理论和现象的出现以及工程技术的要求，更加推动了材料向功能化的方向发展，而先进材料物理制备技术的发展也越来越有能力满足这一发展要求。功能材料是指那些具有优良的电学、磁学、光学、热学、声学、力学、化学、生物医学功能或是具有特殊物理、化学、生物学效应，能够完成功能相互转化，主要用来制造各种功能元器件，而被广泛应用于各类高科技领域的高新材料。溶胶-凝胶法、水热合成、气相沉积、定向凝结等制备方法都是为了满足日益发展的功能材料的需求而不断发展的，并为高性能材料的制备提供了有效保障。总之，材料物理制备科学是材料科学的一个重要的分支，了解材料必然需要了解材料的形成过程和制备方法，从而充分了解材料的结构、性质和性能，为各种元器件的制备奠定良好基础。

参 考 文 献

［1］ 朱继平，闫勇，等.无机材料合成与制备.合肥：合肥工业大学出版社，2009.
［2］ 乔英杰.材料合成与制备.北京：国防工业出版社，2010.
［3］ 曹茂盛，徐群，杨郦，王学东.材料合成与制备方法.哈尔滨：哈尔滨工业大学出版社，2001.
［4］ 崔春翔.材料合成与制备.上海：华东理工大学出版社，2010.
［5］ 张联盟，黄学辉，宋晓岚.材料科学基础.武汉：武汉理工大学出版社，2008.
［6］ 张善勇，等.材料分析技术.刘东平，王丽梅，牛金海，于乃森译.北京：科学出版社，2010.
［7］ 杨南如，等.无机非金属材料测试方法.武汉：武汉理工大学出版社，2005.
［8］ 王焕英.纳米材料的制备及应用研究.衡水师专学报，2002，4（2）.
［9］ 林峰.纳米材料的制备方法与应用.广东技术师范学院学报，2007（7）.

第2章
金属材料的制备

2.1 金属材料的冶炼与制备

2.1.1 钢铁材料

钢和铁的区别在于它们的含碳量，小于2.11%的叫钢，大于2.11%的叫铁。钢的熔点在1450～1500℃，而铁的熔点在1100～1200℃。根据生铁里碳存在形态的不同，又可分为炼钢生铁、铸造生铁和球墨铸铁等几种。生铁坚硬、耐磨、铸造性好，但生铁脆，不能锻压。在钢中，碳元素和铁元素形成Fe_3C固熔体，随着碳含量的增加，其强度、硬度增加，而塑性和冲击韧性降低。钢具有很好的物理、化学与力学性能，可进行拉、压、轧、冲、拔等深加工，其用途十分广泛。

(1) 高炉炼铁 高炉炼铁生产是冶金（钢铁）工业最主要的环节，高炉炼铁生产工艺流程及主要设备如图2-1所示。高炉冶炼是把铁矿石还原成生铁的连续生产过程，其目的是将矿石中的铁元素提取出来，生产出铁水，副产品有水渣、矿渣棉和高炉煤气等。高炉生产是连续进行的，一代高炉（从开炉到大修停炉为一代）能连续生产几年到十几年。

高炉生产时，从炉顶（一般炉顶是由料钟与料斗组成，现代化高炉是钟阀炉顶和无料钟炉顶）不断地装入铁矿石、焦炭、熔剂，从高炉下部的风口吹进热风（1000～1300℃），喷入油、煤或天然气等燃料。装入高炉中的铁矿石，主要是铁和氧的化合物。在高温下，焦炭中和喷吹物中的碳及碳燃烧生成的一氧化碳将铁矿石中的氧夺取出来，得到铁，这个过程叫做还原。铁矿石通过还原反应炼出生铁，铁水从出铁口放出。铁矿石中的脉石、焦炭及喷吹物中的灰分与加入炉内的石灰石等熔剂结合生成炉渣，从出铁口和出渣口分别排出。煤气从炉顶导出，经除尘后，作为工业用煤气。

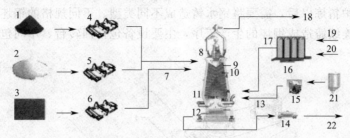

图 2-1　高炉炼铁生产工艺流程及主要设备简图

1—烧结料；2—石灰石；3，9—焦炭；4~6—配料计量称；7—上料皮带（或上料车）；8—炉气体的流向；
10—铁矿；11—热风的流向；12—出铁口；13—喷煤；14—鱼雷式铁水罐车；15—喷吹站；16—高炉热风炉；
17—热风；18—至高炉烟气处理；19—冷风；20—氧气；21—煤粉仓；22—至转炉（或电炉）

（2）转炉炼钢　转炉冶炼目的是将生铁里的碳及其他杂质（如硅、锰等）氧化，产出比铁的物理、化学与力学性能更好的钢。在转炉炼钢过程中，通常是把氧气鼓入熔融的生铁里，使杂质硅、锰等氧化。在氧化的过程中放出大量热量（含 1% 的硅可使生铁的温度升高 200℃），可使炉内达到足够高的温度。因此转炉炼钢不需要另外使用燃料。炼钢的基本任务是脱碳、脱磷、脱硫、脱氧，去除有害气体和非金属夹杂物，提高温度和调整成分。所以整个炼钢过程可以归纳为："四脱"（碳、氧、磷和硫），"二去"（去气和去夹杂）和"二调整"（成分和温度）。

转炉炼钢是在转炉里进行。转炉的外形似梨形，内壁有耐火砖，炉侧有许多通风小孔，压缩空气通过这些小孔吹到炉内，又叫侧吹转炉。开始时，转炉处于水平，向内注入 1300℃ 的液态生铁，并加入一定量的生石灰，然后鼓入空气并转动转炉使它直立起来。这时液态生铁表面剧烈反应，使铁、硅、锰氧化（FeO、SiO_2、MnO）生成炉渣，利用熔化的钢铁和炉渣的对流作用，使反应遍及整个炉内。几分钟后，当钢液中只剩下少量的硅与锰时，碳开始氧化，生成一氧化碳（放热）使钢液剧烈沸腾。炉口由于溢出的一氧化碳的燃烧而出现巨大的火焰。最后，磷也发生氧化并进一步生成磷酸亚铁。磷酸亚铁再跟生石灰反应生成稳定的磷酸钙和硫化钙，一起成为炉渣。当磷与硫逐渐减少，火焰退落，炉口出现四氧化三铁的褐色蒸气时，表明钢已炼成。这时应立即停止鼓风，并把转炉转到水平位置，把钢水倾至钢水包里，再加脱氧剂进行脱氧。整个过程只需 15min。如果氧气从炉底吹入，那就是底吹转炉；氧气从顶部吹入，就是顶吹转炉。

电炉、转炉系统炼钢的生产工艺流程图如图 2-2 所示。

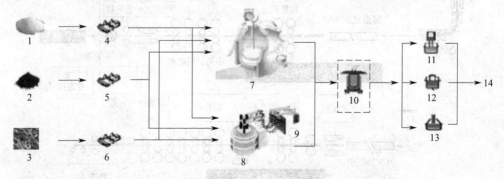

图 2-2　电炉、转炉系统炼钢生产工艺流程图

1—石灰、萤石等；2—烧结矿等；3—废钢等；4~6—计量称；7—转炉；8—电弧炉；
9—变压器；10—精炼炉；11—脱气；12—调质；13—调温；14—至连铸

（3）连铸 连铸的目的是将钢水铸造成钢坯，其工艺流程如图 2-3 所示。转炉生产出来的钢水经过精炼炉精炼以后，需要将钢水铸造成不同类型、不同规格的钢坯。连铸工段就是将精炼后的钢水连续铸造成钢坯的生产工序，主要设备包括回转台、中间包、结晶器、拉矫机等。

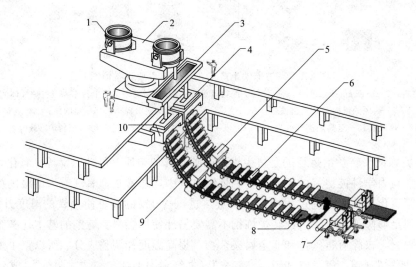

图 2-3　连铸工艺流程图

1—钢水包；2—回转炉；3—中间罐；4—结晶器；5—电磁感应搅拌器；6—支撑导棍；

7—火焰切割器；8—引锭杆；9—冷却喷嘴；10—振动结晶器

（4）轧钢 从炼钢厂出来的钢坯还仅仅是半成品，必须到轧钢厂去进行轧制以后，才能成为合格的产品。因此，连轧的目的是将连铸后的钢坯轧制成客户需要规格的钢材，主要有管材、板材、线材和铁轨。

轧钢生产线工艺流程图如图 2-4 所示。从炼钢厂送过来的连铸坯，首先被送进加热炉，

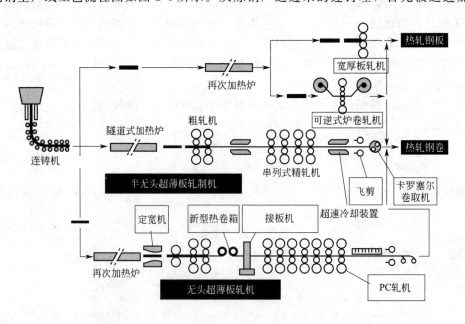

图 2-4　轧钢生产线工艺流程图

然后经过初轧机反复轧制之后，进入精轧机。轧钢属于金属压力加工，在热轧生产线上，轧坯加热变软，被辊道送入轧机，最后轧成用户要求的尺寸。轧钢是连续的不间断的作业，钢带在辊道上运行速度快，设备自动化程度高，效率也高。从平炉出来的钢锭也可以成为钢板，但首先要经过加热和初轧开坯才能送到热轧线上进行轧制，工序改用连铸坯就简单多了，一般连铸坯的厚度为150～250mm，先经过除磷到初轧，经辊道进入精轧轧机，精轧机由7架4辊式轧机组成，机前装有测速辊和飞剪，切除板面头部。精轧机的速度可以达到23m/s。热轧成品分为钢卷和锭式板两种，经过热轧后的钢轨厚度一般在几个毫米，如果用户要求钢板更薄的话，还要经过冷轧。

冷轧的工艺，简单地说就是将热轧来的原料板轧制成用户所要求的尺寸（板凸度）与形状（板形），同时满足性能（热处理）与表面质量（涂镀、精整）要求，是冶金行业的深加工工序，要求很高。

冷轧工艺包括几部分：一般主要分为酸洗、多机架连轧机、热处理线（包括罩式炉和连退），单机架和双机架平整线，表面防腐处理的镀锌线、彩涂线及精整线等，此外依据生产的产品不同还会有镀锌线、冷轧硅钢和彩涂线。冷轧是把热轧的板卷再次加工成具有高附加值的产品。

2.1.2 铝及铝合金

铝是一种比较年轻的金属，其整个发展历史不到300年，而有工业生产规模仅仅是20世纪初才开始的。但由于铝及其合金材料具有一系列优良特性，诸如密度小，比强度和比刚度高、弹性好、抗冲击性能良好、耐腐蚀、耐磨、高导电、高导热、易表面着色，良好的加工成型性以及高的回收再生性等，因此，在工程领域内，铝一直被认为是"机会金属"或"希望金属"，铝工业一直被认为是朝阳工业。发展速度非常快，铝材已广泛用于交通运输、包装容器、建筑装饰、航空航天、机械电气、电子通信、石油化工、能源动力、文体卫生等行业，成为发展国民经济与提高人民物质和文化生活的重要基础材料。在国防军工现代化、交通工具轻量化和国民经济高速持续发展中占有极为重要的地位，是许多国家和地区的重要支持产业之一。特别是当今世界人类的生存和发展正面临着资源、能源、环保、安全等问题的严峻挑战，加速发展铝工业及铝合金材料加工技术更有着重大的战略意义。铝及铝材加工工业进入了一个崭新的发展时期。

纯铝比较软，富有延展性，易于塑性成型。如果根据各种不同的用途，要求具有更高的强度和改善材料的组织和其他各种性能，可以在纯铝中添加各种合金元素，生产出满足各种性能和用途的铝合金。铝合金可加工成铸件、压铸件等铸造材，也可加工成板、带、条、箔、管、棒、型、线、自由锻件和模锻件等加工材。因此，可将铝合金分为两大类：铸造合金与变形合金。

2.1.2.1 铝的生产

铝的生产均采用 Hall-Heroult 法。将从铝土矿制得的氧化铝溶于冰晶石电解液，并加入集中氟化物的盐类以控制电解液的温度、密度、电阻率以及铝的溶解度。然后，通入电流电解已熔的氧化铝。这样，氧在碳阳极上生成并与后者起反应，而铝则在阴极上作为金属液层而聚集。已分离出的金属定时用虹吸法或真空法移出到坩埚中，然后将铝液转移到铸造设备中浇铸成锭。

冶炼出来的铝含有的主要杂质是铁与硅，锌、镓、钛、钒也通常作为微量杂质存在。国际上铝的最低纯度是以确定的成分及其数值作为基本标准的。在美国，将铁与硅的相对浓度作为更重要的标准来考虑。未合金化的金属级别，可由其纯度来决定，如含铝量为 99.7% 的铝，或者由美国铝协会制定的方法来决定，该法规定以 P××× 级别为标准，字母 P 后的数字表明硅与铁各自的最大的千分之几的数值。

现在已有了为达到更高纯度的精炼方法，例如 99.99% 的纯度可通过分步结晶法或 Hoopes 电解槽作业来获得。后一种方法是一个三层次的电解法，它使用比熔融状态纯铝的密度更大的熔盐。在高度专业化的应用中，可将这两种方法结合起来使用，使铝的纯度达到 99.999%。

2.1.2.2 铝合金的成型工艺

(1) 塑性成型法 塑性成型法就是利用轻金属及其合金的塑性，在一定温度、速度下，施加各种形式的外力，克服金属对变形的抵抗，使其产生塑性变形，从而得到各种形状、规格尺寸和组织性能的合金板、带、条、管、棒、型、线和锻件等的加工方法。

塑性成型分为轧制、挤压、拉拔、锻造、成型加工和深加工等。

① 轧制 轧制是锭坯依靠摩擦力被拉进旋转的轧辊间，借助于轧辊施加的压力使其横断面减小、形状改变、厚度变薄而长度增加的一种塑性变形过程。根据轧辊旋转方向不同，轧制可分为纵轧、横轧和斜轧。纵轧时，工作轧辊的转动方向相反，轧制件的纵轴线与轧辊的轴线相互垂直，是轧制板、带、箔平辊常用的轧制方法。横轧时，工作轧辊的转动方向相同，轧制件的纵轴线与轧辊的轴线相互平行。斜轧时，工作轧辊的转动方向相同，轧制件的纵轴线与轧辊的轴线成一定的倾斜角度。按照轧制温度不同，可分为热轧、温轧和冷轧。

② 挤压 挤压是将锭坯装入挤压筒中，通过挤压轴对金属施加压力，使其按给定形状和尺寸从模中挤出，产生塑性变形而获得所需要的挤压产品的一种加工方法。常用挤压方法如图 2-5 所示，按挤压时金属流动方向不同，挤压又可以分为正向挤压、反向挤压和联合挤压。正向挤压时，挤压轴的运动方向与挤出金属的流动方向一致。反向挤压时，挤压轴的运动方向与挤出金属的流动方向相反。按锭坯的加热温度，挤压可分为热挤压和冷挤压。热挤压是将锭坯加热到再结晶温度以上进行挤压，冷挤压在室温进行。

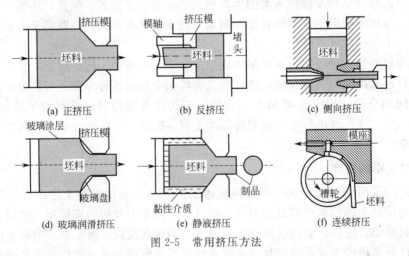

图 2-5 常用挤压方法

挤压件是挤压固体金属通过开孔模而生产出来的。具有轴对称的零件特别适合采用挤压形式生产。现行的工艺也能挤压复杂的、有心轴的和不对称的外形。精密挤压可使工件具有非常严格的尺寸和表面光洁度，通常不需要机加工；挤压后产品的精度可采用简单的切割、钻孔、扩扎和其他少量的机加工来达到。挤压、挤压与拉拔结合生产的无缝管可与机械制造的有缝管和焊接管相匹敌。

③ 拉拔　拉拔是通过夹钳把金属坯料从给定的形状和尺寸的模孔中拉出来，使其产生塑性变形而获得所需的管、棒、型、线材的加工方法。根据所生产的产品品种不同，拉伸可分为线材拉伸、管材拉伸、棒材拉伸和型材拉伸。

④ 锻造　锻造是利用锻锤或压力机通过锤头或压头对金属锭坯或锻坯施加压力，使金属产生塑性变形的加工方法。锻造有自由锻和模锻两种基本方法。

锻件是应用动力、机械力或液压力使金属在封闭模或开口模内做塑性流动变形而生产出来的。手工锻件几何形状简单，可在平板模之间或稍有沟形的开口模诸如矩形、圆柱形（多面的圆形）、拱形（饼形）或这几种形状的简单变化的锻模之间锻成。这种锻造方法经常在工业生产上应用，可满足单件小批量生产的需要，也可生产几根验证样品设计件。

大多数铝锻件是在封闭模内生产出来的，具有良好的表面光洁度、尺寸精度及优良的完好程度与性能。采用精密锻造可得到接近最终形状的、压缩量少及尺寸更精准的锻件。

⑤ 深加工　深加工是指将塑性加工所获得的各种材料，根据最终产品的形状、尺寸、性能或功能、用途的要求，继续进行一次、二次或多次加工，使其成为最终零件或部件的加工方法。

（2）变形铝合金的生产工艺　变形铝合金的各种制品是由铸坯经过塑性变形而获得的，其生产加工方法主要包括轧制、挤压和锻造等。生产变形铝合金制品所需的坯料必须通过变形铝合金的熔炼和铸造获得。变形铝合金制品由于有改进表面质量、增强表面抗氧化能力和表面着色等方面的需要，通常会引入表面处理环节。整个变形铝合金生产工艺包括坯料制备、板带材轧制、型棒材挤压、锻件生产和表面处理共五个方面。

① 铸坯制备　变形铝合金铸坯的组织和性能，对其半成品和成品的组织性能存在遗传性影响，所以熔炼和铸造环节在变形铝合金生产中非常重要。

铸坯制备主要包括：a. 熔体净化。其目的是利用物理化学原理和相应的工艺措施，除掉液态金属中的气体、夹杂和有害元素，以便获得纯净的金属熔体。主要方法有炉内精炼和炉外精炼。b. 变质处理。变质处理也称孕育处理，其目的是为了细化基体相，并希望能改善脆性化合物、杂质和夹渣等第二相的形态和分布状况。c. 铸坯成型。铸坯成型是将金属液铸成形状、尺寸、成分和质量符合要求的锭坯，它应满足化学成分、压力加工和缺陷等级等一系列要求。目前广泛应用的有块式铁模铸锭法、直接水冷半连续铸锭法、连续铸轧法等。

② 板带材轧制　铝合金板带材通常采用轧制的方式生产。轧制方式按金属变形温度的大小可分为热轧和冷轧；按轧机排列方式可分为单机架轧制、半连续轧制和连续轧制。

③ 型材、棒材挤压　目前，铝和铝合金型材、棒材种类繁多，大部分是用挤压方法生产的。通过挤压方法可以生产出各种断面形状复杂的实心和空心型材，其缺点是与轧制相比，产量低、成本高、成品率低、加工费用高。

④ 锻件生产　铝合金的锻造工具较多的是用锻锤、机械压力机等，后者常用开式和闭式锻模两种方法。

⑤ 表面处理　在自然条件下，容易在表面形成一层自然氧化膜，厚度仅 4nm，且不均匀，抗蚀性差，不足以抵抗恶劣环境条件下的腐蚀。同时，铝合金在使用前必须经过相应的表面特殊处理以满足其对环境的适应性和安全性，延长使用寿命。

(3) 铸造铝合金的生产工艺　铸造铝合金作为目前应用较为广泛的一类铝合金材料，其生产工艺过程主要包括合金的熔炼、铸造成型、热处理和表面处理等。

① 铸造铝合金的熔炼　由于炉料和铝合金液在熔炼、运输和浇注过程中吸收了气体，产生了夹杂物，使合金液的纯度降低，流动性变差，浇注后会使铸件（铸锭）产生多种铸造缺陷，影响其力学和加工工艺性能，以及抗腐蚀性能、气密性能、阳极氧化性能及外观质量等，故必须在浇注前对其进行精炼处理，以达到排除气体和夹杂物的目的，从而使合金液的纯净度得到提高。目前，各国已研究和开发了许多铝合金熔炼的精炼方法。综合起来，主要可分为吸附法、非吸附法以及过滤法等。

由于铸造铝硅合金中的共晶硅呈粗大针状或板状，会显著降低合金的强度和塑性，所以一般都要进行变质处理，以达到改变共晶硅外貌和使合金性能得到提高的目的。自发现 Na 对铸造 Al-Si 合金具有变质作用以来，国内外对铸造铝合金的变质剂和变质处理工艺等进行了大量的研究，取得了很大的发展。

② 成型方法　目前铸造铝合金的铸造成型方法主要有：a. 砂型铸造；b. 金属型重力铸造；c. 压力铸造；d. 低压铸造；e. 差压铸造；f. 真空吸铸法；g. 石膏型精密铸造法。低压铸造的装置示意图和原理图如图 2-6 所示。

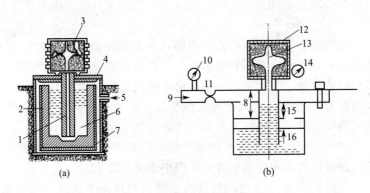

(a)　　　　　　　　　(b)

图 2-6　低压铸造装置示意图（a）和低压铸造装置原理图（b）

1—升液管；2—坩埚；3，12—铸型；4—盖子；5—空气入口；6—合金液；7—加压室；8—H_A；9—压缩空气；10—P_1压力表；11—流量调节；13—型腔；14—P_2压力表；15—ΔH_S；16a—ΔH_A

③ 铸造铝合金的热处理　铝合金铸件的热处理工艺可分为：a. 退火处理；b. 固溶处理；c. 时效处理；d. 循环处理。

④ 铸造铝合金的表面处理　铸造铝合金的表面处理主要包括：a. 机械精整；b. 阳极氧化；c. 镀层；d. 化学抛光和电解抛光；e. 化铣；f. 涂漆；g. 喷丸。

2.1.3　钛及钛合金

1791 年格雷戈尔（William Gregor）于英国康沃尔郡首先发现了钛，并由克拉普洛特（Martin Heinrich Klaproth）用希腊神话的泰坦为其命名为 Titanium。

钛在地壳中各元素中丰度排第十，主要存在于钛铁矿及金红石中，同时也存在于所有生物、岩石、水体和土壤中，但真正认识到钛的真实面目却是直到 20 世纪 40 年代的事了。因为钛在自然界广泛分布但却极难提取，曾被认为是一种稀有金属。

钛在低温为密排六方结构，到 882℃ 以上则转变为体心立方结构。它熔点高、密度低、无磁性、耐低温、抗强酸强碱、强度高，硬度与钢铁相当，相对密度却只有同体积钢铁的一半，能在氮气中燃烧，被称为"太空金属"。

2.1.3.1 钛的制备

（1）还原法 还原法制钛粉有 TiO_2 钙热还原法和 $TiCl_4$ 金属热还原法。TiO_2 钙热还原法采用金属钙为还原剂，在高温下还原 TiO_2 制取钛粉。$TiCl_4$ 金属热还原法包括 Mg 还原法（克劳尔法）和 Na 还原法（亨特法）。

① Kroll（克劳尔法） 从钛矿（金红石、钛铁矿、钛渣）生产 $TiCl_4$，然后用镁还原到钛，工艺步骤多，每一步工序都大幅度增加了成本。克劳尔法不仅生产工艺步骤多，而且高温分批次生产，直到现在此工艺改变很少，这就是其生产成本高、钛产品价格高的原因所在。

② Hunter（亨特法） 类似于 Kroll 法，区别只是用钠还原，其生产成本高，目前只用于少量特种金属高纯粉末的应用领域。此种方法粉末产量大，价格便宜，粉末塑性好，易于冷成型，是生产一般耐腐蚀制品的主要原料。因其含有较高的钠和氯离子，烧结时易污染设备并使材料的焊接性能变坏。

（2）电解法

① 传统电解法 传统电解法是通过电化学方法制取钛金属，即在熔盐（如氯化钠）中溶解钛，在阴极还原钛离子成钛金属。电流在阳极和阴极之间通过，钛金属沉积在阴极处，氯是一种严重的污染物，在阳极放出。但钛的熔点较高，固态钛从熔盐中沉淀困难，且钛在熔盐中常只能够以几种氧化钛形式存在，大大降低了工艺效率。

② 新电解法

a. 熔盐电解"一步法"。海绵钛的熔盐电解法，特别是 TiO_2 直接电解法为钛合金的生产开辟了新的思路。对于 TiO_2 直接电解法制造金属钛，一个值得重视的问题是如果以氯化法或硫酸法制造的高纯度 TiO_2 为原料，TiO_2 电解法的优越性会大打折扣，因为 TiO_2 制造过程是复杂、高消耗和高污染的过程。如果以天然金红石或人造金红石为原料，钛的制造成本会大幅度降低。同时如果把其他合金元素以氧化物形式与含钛物料混合用于电解制备钛合金，将进一步降低成本。因此，提出"一步法"制备钛合金新思路。

利用熔盐电解制取金属及合金是重要的冶金技术，氧化铝熔盐电解制取金属铝就是最典型的例子。"一步法"制备钛合金是基于熔盐电解的原理。在掌握熔盐电解质与合金元素的分解电压的基础上，通过控制阴极电极电势低于熔盐电解质的分解电压，实现合金元素的氧化物阴极脱氧还原与合金化。图 2-7 为氧化物熔盐电解"一步法"制备钛合金的工艺流程示意图。

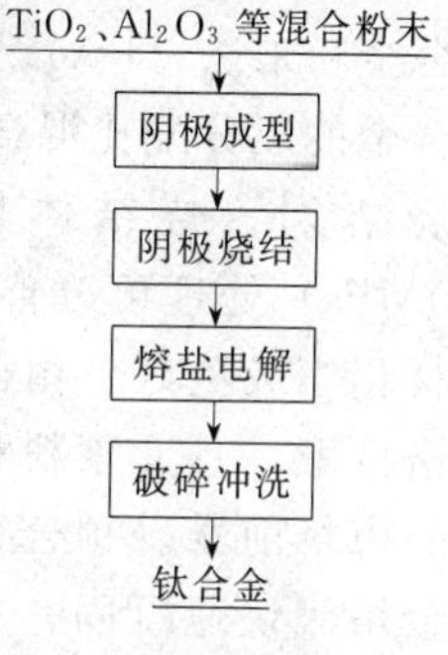

b. FFC 剑桥工艺的原理。FFC 剑桥工艺以多孔粒状 TiO_2 固体为阴极，碳质材料为阳极，熔融的 $CaCl_2$ 为电解质，电解时，阴极 TiO_2 被分解为海绵状的金属钛和氧离子，后者溶解于电解质中并到阳极放电析出氧气，而纯钛则留在阴极上，海绵钛经轻度破碎研磨，再经水洗即得到可销售的钛粉。电解反应为：阴极 $TiO_2 + 4e \Longrightarrow Ti + 2O^{2-}$；阳极 $2O^{2-} - 4e \Longrightarrow O_2$。总反应为 $TiO_2 \Longrightarrow Ti + O_2 \uparrow$。这是固相电解过程。反应过程中，氧离子从电极表面脱嵌而使电极的组成和性质逐渐改变。实验发现，尽管二氧化钛是绝缘体，但在一定电解电压的情况下只要有很少量的氧放出，氧化物电极材料就变成导电体，使电解过程顺利进行。

利用电解的方式加工生产钛金属，将可降低其成本，使之应用在其他工业，特别是汽车

TiO_2、Al_2O_3 等混合粉末

```
    ↓
┌──────────┐
│  阴极成型  │
└──────────┘
    ↓
┌──────────┐
│  阴极烧结  │
└──────────┘
    ↓
┌──────────┐
│  熔盐电解  │
└──────────┘
    ↓
┌──────────┐
│  破碎冲洗  │
└──────────┘
    ↓
   钛合金
```

图 2-7 氧化物熔盐电解"一步法"制备钛合金工艺流程

制造业，如制造排气管或活塞等。提供赞助的企业包括福特汽车公司、大众汽车公司及钛合金使用量极高的 Roll－Royce 航天航空引擎集团等。

（3）氢化脱氢钛粉（HDH） 纯度较高的海绵钛在常温常压下比较软而且韧性较大，要直接将其粉碎制钛粉比较困难，而钛的氢化物容易破碎，因此美国、日本、德国、荷兰等国家利用钛在高温下能快速地吸收大量氢气生产氢化钛，使具有韧性的海绵钛变脆的特性，破碎后经真空高温下脱氢制得钛粉。这种方法就是氢化-脱氢（HDH）法，它特别适用于钛、锆、铌这一类金属，因为这些金属在高温下能大量地吸氢，而常温时的吸氢能力却相当低。氢化过程为放热反应，当温度约为 350℃ 时反应最剧烈，产物增重到大约 4% 时即可停止反应。吸氢后冷却时将生成脆性高的氢化物，常温下这些氢化物极易被破碎。由于粉末状的氢化钛活性很大，为了防止被污染和确保生产安全及防火，粉碎要在惰性气体保护下在密封的装置中进行。在高真空度下将氢化物加热，可以脱出氢气得到钛粉。脱氢过程为吸热反应，一般要把氢化钛加热至 500℃ 以上才能进行。细的氢化钛粉因在高温脱氢过程中容易烧结成块，需根据脱氢原料的粒度选择适当温度。HDH 方法对钛粉没有净化作用，所以要制得高纯度钛粉，要求原料海绵钛的纯度也较高，一般氧含量应小于 0.1%。在生产过程中，为防止氧气和氮气与海绵钛反应，生产装置中应在加温前抽除空气并保证装置不漏气。

采用 HDH 法生产成本较低，制得的钛粉为不规则形状，氯含量较高，但氧含量低。因此在对产品性能要求较高、且生产成本较低的领域，多采用 HDH 法制得钛粉。

（4）离心雾化钛粉 20 世纪 60 年代美国核金属公司首先采用电弧旋转电极法制成钛的预合金粉末，粉末呈球形。这种粉末纯度高、成分均匀、流动性好、装填密度为理论值的 65%。

2.1.3.2 钛合金成型

钛合金的制备方法有多种，有铸造成型、激光快速成型及粉末冶金成型。

（1）粉末冶金成型

① 传统粉末冶金成型（P/M） 钛合金的粉末冶金制备方法包括元素粉末法（BE）和预合金粉末法（PA）。元素粉末混合法成本较低，工艺比较成熟。工艺过程为先将元素粉末按合金的成分配比混合，后经压力机在约 400MPa 压力下冷压成型，然后在 1260℃ 左右真空烧结 3h。烧结体相对密度为 95%～99%。烧结后通过固溶化-HIP（约 1200K，200MPa）处理可改善合金的疲劳性能，烧结体相对密度可达 99.8%，其拉伸强度与熔铸材相当或更好。由此可见，元素粉末法的特点是使用的粉末（如 HDH 粉、海绵钛粉）价格低廉，且元素粉相对预合金钛粉屈服强度要低，容易成型，因此元素粉末法有着广泛的市场前景。预合金化粉末的生产方法主要有旋转电极法和气体雾化法等，大多是将合金熔滴快速凝固，从而获得预合金粉，所以又称"快速凝固法"。预合金粉末适宜于热成型，粒度分布很窄，Ti6Al4V 粉末的平均粒度一般约为 30.1μm。德国 Koupp 公司采用电子束枪或激光对高速旋转（达 25000r/min）的钛合金棒料尖端进行熔化，通过制粉和粉末加工过程中控制净化及合金的显微组织，可以使疲劳强度提高到冶炼锭料的水平。利用预合金化粉加工成的钛合金具有细的晶粒组织，可提高室温性能及高温超塑性的可成型性。目前人们使用预合金粉法生产的粉末冶金钛合金产品性能与铸造和锻造产品的性能相当。

采用传统粉末冶金方法生产钛合金制品主要步骤为：首先是粉末的制备，然后通过对疏松的粉末施加一定的外压使其达到致密化，接着对压坯进行烧结，以得到一定性能的制品。

常用的压制方法有等静压和非等静压两种，可以在常温或高温下对粉末进行压制。为了使最终产品得到较好的机械性能，有时候需要对坯件进行热处理。

② 金属注射成型（MIM） 粉末冶金采用各种近净成型加工技术降低了生产成本，但是这种方法不能生产形状复杂的产品。20 世纪 70 年代发展起来的金属注射成型（MIM）法设计自由，能生产出形状复杂、高性能、结构均匀的零部件，且其生产率高，有着良好的尺寸控制，因而备受瞩目。粉末注射成型（PIM）是粉末冶金技术同塑料注射成型技术相结合的一项新工艺，包括金属注射成型（MIM）和陶瓷注射成型（CIM）。其过程为将粉末与热塑性材料均匀混合使之成为具有良好流动性能的流态物质，而后把混合料在一定的温度和压力下注射成需要的形状。这种工艺能制造出形状复杂的坯块，所得成型经脱脂将黏结剂排除后再进行烧结，得到最终制品。金属注射成型（MIM）方法是美国在 20 世纪 70 年代发明的，是生产形状复杂零件的高精度制造法，可大量生产高密度、高强度的近净成型烧结体。成型坯块受压过程是均匀等静压制过程，所以材料的力学性能是各向同性的。钛及其合金的机加工性能差，因此大量生产形状复杂的钛合金制品相当困难，直到 20 世纪 90 年代中期才出现金属注射成型钛合金的商业产品，典型的产品有手表、眼镜和玩具的零部件、高尔夫球杆头等体育用品。钛的优良性能（低密度、腐蚀和良好的生物兼容性）与 MIM 方法的特点（大量生产形状复杂的金属制品）相结合，使得钛合金 MIM 产品最终具有广泛的适应性。

(2) 铸造成型 钛合金材料生产成本高，并且机械加工、锻造、焊接等比较困难，特别是对于结构复杂的薄壁构件。而采用精密铸造技术则可以提高钛合金材料的利用率，降低生产成本。

钛合金金属型铸造是建立在面向实际应用基础之上的，铸型的设计应在一次成型过程中生产出尽可能多的铸件。在成型过程中还应考虑到铸件的收缩余量，因为钛合金的熔点普遍较高，熔化时又具有一定的过热度，冷却过程中要经过液-液、液-固和固-固三个放热阶段，导致铸件产生较大的收缩。如果在设计铸型的时候忽视了这一点，很可能使铸造出的铸件报废，造成材料的浪费。高温钛合金铸件主要用于发动机结构件，高强钛合金铸件常用作飞机机身结构件。

(3) 激光快速成型技术 激光快速成型技术是在快速原型技术和大功率激光熔覆技术蓬勃发展的基础上于 20 世纪 90 年代中期开始出现并迅速发展起来的一项新的先进的制造技术。该技术借鉴了快速原型技术"离散＋堆积"的增材制造思想，同时将仅在零件表面和局部区域获得的优越的激光熔凝组织通过多层熔覆扩展到整个三维实体零件，从而能够实现具有高性能复杂结构致密金属零件的快速、无模具、近终成型。美国率先将这一先进技术实用化，在 F-22 和 F/A-18E/F 上采用了 TC4 钛合金激光快速成型件。其力学性能超过锻件，尤其是疲劳性能表现优异，加工成本降低 20%～40%，生产周期缩短 80%。

(4) 成型新方法

① 钛合金等温锻造 等温锻造是指自始至终模具与工件保持相同的温度，以低应变速率进行变形的一种锻造方法。为防止锻件和模具的氧化，常在真空或惰性气体保护的条件下进行。采用等温锻造工艺能够生产出锻后不需机加工的净型锻件或是仅需少量二次加工的近净型锻件。钛合金等温锻造技术是一项新的工艺方法，该工艺结合热机械处理能获得综合力学性能最优化的钛合金等温锻件，但在模具材料、模具制造和模具加热装置等方面的成本投入比常规锻造方法要高，因而近年来大多用于制造航空航天工业中飞机的零部件。

② 超塑性成型技术　所谓超塑性，就是某些具有超塑性的细晶粒金属，当加热到一定温度，就像熔融的玻璃那样软化，并具有极高的塑性，在很小的载荷作用下，就产生较大的变形。利用这一特点，在模具里对金属挤压或进行气动吹塑成型。超塑成型可以一次成型复杂的薄壁零部件；而且精度较高，工件在 750m 长度之内，公差为 ±0.1%，工件圆角半径可小于 25mm。产业界逐渐已把超塑成型技术作为解决复杂、大型或用常规成型方法难以加工的材料成型的一个重要途径。并把金属超塑性成型工艺称为 21 世纪的成型技术，特别是在航空航天领域里都在大力发展这种技术。因为这种技术能显著地降低构件成本、减轻质量、节约原材料和解决加工困难的问题。超塑性成型是钛合金零部件的最好成型方法，非常适用于制造导弹零部件，如钛合金导弹外壳、整流罩、容器、梁和框及钛球等。

2.1.4　镁及镁合金

镁是 1808 年英国的戴维用钾还原白镁氧（即氧化镁，MgO）首次制得的，其色泽银白，密度为 $1.738g/cm^3$，熔点为 648.9℃，沸点为 1090℃，是具有良好延展性和热消散性的无磁性轻金属之一。

通过加入其他元素组成的镁合金，具有许多优异的性能，如密度低、比强度高、比弹性模量大、散热好、消震性好等，其能承受的冲击载荷能力比铝合金大，耐有机物和碱的腐蚀性能好。主要的合金元素有铝、锌、锰、铈、钍以及少量锆或镉等。目前市面上使用最多的是镁铝合金，其次是镁锰合金和镁锌锆合金，它们都广泛应用于航空航天、汽车、军工、化工等领域。目前我国已初步形成镁合金高新技术产业，新出台的"十三五"计划中特别强调要研发具有高附加值、未来应用增量很大的变形镁合金材料和镁基功能材料的研发力度和工程化步伐，以及冶金质量控制、铸造、挤压和轧制等共性技术攻关、以取得关键技术突破，为未来规模化生产和应用提供可持续发展。

按照所用原料不同，炼镁可以分为两大类，即电解法和热还原法。前者采用氯化镁作原料；后者采用煅烧后的氯化镁或白云石作原料，所用的还原剂是 75% 硅铁或铝屑。

2.1.4.1　镁的提炼

(1) 电解法炼镁　依所用原料的不同，原料准备方法可分为四种：道乌法（Dow Process）、阿玛克斯法（Amax Process）、氧化镁氯化法和诺斯克法（Norsk Hydro Process）。这些方法都是为了制取氯化镁。

① 道乌法　道乌公司用海水作原料，提取 $Mg(OH)_2$，然后与盐酸起反应，生成氯化镁溶液，脱水后得 $MgCl_2 \cdot 2H_2O$，用作电解的原料，最后电解得镁。此法的主要工序包括：用石灰乳沉淀氢氧化镁；用盐酸处理氢氧化镁，得氯化镁溶液；氯化镁溶液的提纯与浓缩；电解含水的氯化镁 $[MgCl_2 \cdot (1\sim2)H_2O]$，制取纯镁。

② 阿玛克斯法　取美国大盐湖的卤水，在太阳池中浓缩，经进一步浓缩、提纯和脱水后，得到氯化镁，最后电解得镁。

③ 氧化镁氯化法　在此法中利用天然菱镁矿，在温度 700~800℃ 下煅烧，得到活性较好的轻烧氧化镁。80% 的氧化镁要磨细到小于 0.144mm 的粒子，然后与碳素还原剂混合制团。碳素还原剂可选用褐煤，因其活性较好。团块炉料在竖式电炉中氯化，制取无水氯化镁。

④ 诺斯克法　挪威诺斯克水电公司是世界上著名的电解法炼镁企业，该公司所属的帕斯格伦厂为了减少能量消耗并减轻环境污染，建立了新的生产流程，只用氯化镁卤水作原

料，制取无水氯化镁。

（2）热法炼镁 硅热还原法，按照所用设备装置不同，可分三种：皮江法（Pidgeon Process），巴尔札诺法（Balzano Process）和玛格尼法（Magnetherm Process）。分述如下。

① 皮江法 原料是白云石和硅铁。白云石（其中 Mg 的质量分数不低于 20%）在回转窑内煅烧，其煅烧温度为 1350oC。还原剂硅铁（其中 Si 的质量分数为 75%）是从电弧炉中产出的。

往磨细的原料中添加质量分数为 2.5% 的 CaF_2，经混合后压成坚实的团块。团块要在随后的加热过程中不至于碎裂。

蒸馏罐用无缝的不锈钢管制成，卧式。操作温度为 1200℃，从外部加热。罐长 3m，内径 28cm，可容纳 160kg 炉料。

生产方式是间断的。每个生产周期大约为 10h，可分为三个步骤：a. 预热期。装料后，让炉料得到预热，此时炉料中的二氧化碳和水分被排除。b. 低真空加热期。装上蒸馏罐的盖子，在低真空条件下加热蒸馏罐。此时所有的二氧化碳和水分均被排除。c. 高真空加热期。此时罐内真空度保持 13.3～133.3Pa，温度达 1200℃ 左右。时间为 9h。镁蒸气冷凝在钢罐中的钢套上。由于外面水箱的冷却作用，钢套的温度大约为 250℃。最终，切断真空，将盖子打开，取出冷凝着镁的钢套。钢套上的镁呈皇冠状，故称为"镁冠"。这是一种结晶得很好的镁。蒸馏后的残余物为二钙硅酸盐渣和铁。残余物取出后，装入新料，开始下一轮的操作。

在蒸馏罐的末端有一只捕集钾、钠的冷凝器。

生产经验指出，白云石中 SiO_2 或硅酸盐的质量分数不宜超过 2%，因为它们会妨害白云石的反应活性。此外，白云石中碱金属的质量分数也不宜超过 0.15%，以免污染镁冠，而使镁冠在空气中着火燃烧。炉料中添加质量分数为 2% 的 CaF_2（萤石）可起催化作用，提高镁的提取率。改良的还原剂是铝-硅合金或废铝。

② 巴尔札诺法 此法是从皮江法演化而来。其真空蒸馏罐的尺寸加大了，在内部用电加热。所用的炉料同皮江法。但是加料和排渣方式有所不同。每天可产镁 2000kg，此法在意大利应用。

③ 玛格尼法 玛格尼法起源于法国。此法的主要特点如下。

a. 用铝土矿和白云石作原料，硅铁作还原剂，在真空电炉中进行还原反应；反应温度为 1600～1700℃；真空度为 0.266～13.322kPa。

b. 所有炉料均呈液态，产品为液态镁，炉渣亦为液态。

玛格尼法用真空电炉，它有一只圆柱形的钢壳，内部砌筑保温层和耐火砖，最内层是炭砖。炉顶用耐火材料砌筑，有三个孔；其一为下料孔，其二为插入石墨电极的孔，其三为排出镁蒸气的孔，由此连通冷凝器，炉顶是水冷的。炉底用炭块砌筑，其中有 4 根水冷的铜管，用以导电。因此炉底炭块当作对极。单相交流电流导入炉渣层中，用以加热并熔化炉渣，炉渣是电阻体。在炉底有一个流出口，用以排出残余的硅铁和炉渣，此电炉的功率为 4500kW，每日产镁 7t。用计算机控制生产操作。

冷凝器中镁呈液态，每吨镁的电能消耗量约为 9500kW·h。因此，玛格尼法是有发展前途的。此法的另一优点是可用于年产量低于 500t 的镁厂。

2.1.4.2 熔炼法制备镁合金

传统生产镁合金的方法是合金熔炼法，它是通过将精炼后的金属镁和其他金属通过合金化熔炼的方法制得镁合金，这也是合金生产中最常用的方法。

在熔炼镁合金过程中必须有效地防止金属的氧化或燃烧，可以通过在金属熔体表面撒熔剂或无熔剂工艺来实现。通常添加微量的金属铍和钙来提高镁熔体的抗氧化性。熔剂熔炼和无熔剂熔炼是镁合金熔炼与浇注过程的两大类基本工艺。1970年之前，熔炼镁合金主要是采用熔剂熔炼工艺。熔剂能去除镁中杂质并且能在镁合金熔体表面形成一层保护性薄膜，隔绝空气。然而熔剂膜隔绝空气的效果并不十分理想，熔炼过程中氧化燃烧造成的镁损失还是比较大。此外，熔剂熔炼工艺还存在一些问题，一方面容易产生熔剂夹杂，导致铸件力学性能和耐蚀性下降，限制了镁合金的应用；另一方面熔剂与镁合金液反应生成腐蚀性烟气，破坏熔炼设备，恶化工作环境。为了提高熔化过程的安全性和减少镁合金液的氧化，20世纪70年代初出现了无熔剂熔炼工艺，在熔炼炉中采用六氟化硫（SF_6）与氮气（N_2）或干燥空气的混合保护气体，从而避免液面和空气接触。混合气体中SF_6的含量要慎重选择。如果SF_6含量过高，会侵蚀坩埚降低其使用寿命；如果含量过低，则不能有效保护熔体。总的来说，无论是熔剂熔炼还是无熔剂熔炼，只要操作得当，都能较好地生产出优质铸造镁合金。

(1) 熔炼保护工艺

① 熔剂保护熔炼工艺　将熔体表面与氧气隔绝是安全地进行镁合金熔炼的最基本要求。早期曾尝试采用气体保护系统，但效果并不理想。后来，人们开发了熔剂保护熔炼的工艺。在熔炼过程中，必须避免坩埚中熔融炉料出现"搭桥"现象，将余下的炉料逐渐添加到坩埚内，保持合金熔体液面平稳上升，并将熔剂轻轻撒在熔体表面。

每种镁合金都有各自的专用熔剂，必须严格遵守供应商规定的熔剂使用指南。在熔化过程中，必须防止炉料局部过热。采用熔体氯化工艺熔炼镁合金时，必须采取有效措施收集Cl_2。在浇注前，要对熔体仔细撒渣，去氧化物，特别是影响抗蚀性的氯化物。浇注后，通常将硫粉撒在熔体表面以减轻其在凝固过程中的氧化。

② 无熔剂保护工艺　压铸技术中采用熔剂熔炼工艺会带来一些操作上的困难，特别是在热压室压铸中，这种困难更加严重。同时，熔剂夹杂是镁合金铸件最常见的缺陷，严重影响铸件的力学性能和耐蚀性，大大阻碍了镁合金的广泛应用。20世纪70年代初，无熔剂熔炼工艺的开发成功是镁合金应用领域中的一个重要突破，对镁合金工业的发展有着革命性的意义。

无熔剂保护工艺主要包括CO_2、SO_2、SF_6等气体对镁及其合金熔体的保护。目前，人们在镁合金熔炼与生产过程中广泛采用SF_6保护气氛，这是因为SF_6保护气氛是一种非常有效的保护气氛，能显著降低熔炼损耗，在铸锭生产行业和压铸工业中得到普遍应用。但SF_6价格高且存在潜在的温室效应，因此要尽量控制SF_6的排放。

(2) AZ91合金熔炼工艺

① 熔剂法　将坩埚预热至暗红色（400～500℃），在坩埚内壁及底部均匀地撒上一层粉状RJ-2（或RJ-1）熔剂。炉料预热至150℃以上，一次加入回炉料、镁锭、铝锭，并在炉料上撒一层RJ-2熔剂，装料时熔剂用量约占炉料质量的1%～2%。升温熔炼，当熔液温度高达700～720℃时，加入中间合金及锌锭。在装料及熔炼过程中，一旦发现熔液露出并燃烧，应立即补撒RJ-2熔剂。炉料全部熔化后，猛烈搅拌5～8min，以使成分均匀。接着浇注光谱试样，进行炉前分析。如果成分不合格，可加料调整，直至合格。

将熔液升温至730℃，除去熔渣，并撒上一层RJ-2熔剂保温，进行变质处理。即将占炉料总重量0.4%的菱镁矿（使用前破碎成ϕ10mm左右的小块）分作2～3包，用铝箔包好，分批装于钟罩内，缓慢压入熔液深度2/3处，并平稳地水平移动，使熔液沸腾，直至变制剂全部分解（时间为 6～12min）；如采用 C_2Cl_6 和变质处理，加入量为炉料总重量的 0.5％～0.8％，处理温度为 740～760℃。

变质处理后，除去表面熔渣，撒以新的 RJ-2 熔剂，调整温度至 710～730℃，进行精炼。搅拌熔液 10～30min，使熔液自下而上翻滚，不断飞溅，并不断在熔液的波峰撒以精炼剂。精炼剂的用量视精炼结束后，清除合金液表面、坩埚壁、浇嘴及挡板上的熔渣，然后撒上 RJ-2 熔剂。

将熔液升温至 755～770℃，保温静置 20～60min，浇注断口试样，检查断口，以成致密、银白色为合格。否则，需重新变质和精炼。合格后将熔液调至浇注温度（通常为 720～780℃），出炉浇注。精炼后升温静置的目的是减小熔液的密度和黏度，以加速熔渣的沉析，也使熔渣能有效充分的时间从镁熔液中沉淀下来，不致混入铸件中。过热对晶粒细化也有利，必要时间可过热至 800～840℃，再快速冷却至浇注温度，以改善晶粒细化效果。

熔炼好的熔液静置结束后应在 1h 内浇注完，否则需要重新浇注试样，检查断口，检查合格方可继续浇注，不合格需重新变质、精炼。如断口检查重复两次不合格，该熔液只能浇锭，不能浇注铸件。整个熔炼过程（不包括精炼）熔剂消耗约占炉料总质量的 3％～5％。

② 无熔剂熔炼（气体）法　20 世纪 70 年代初，无熔剂熔炼技术的开发与应用引起了人们的关注。其中保护气体（SF_6、CO_2）的应用对于镁合金熔炼技术的发展具有重要意义。无熔剂法的原材料及精炼工具准备基本上与熔剂精炼时相同，不同之处在于：a. 使用 SF_6、CO_2 等保护性气体，C_2Cl_6 变质精炼，氩气补充吹洗，其技术要求如表 2-1 所示。b. 对熔炼工具清理干净，预热至 200～300℃喷涂料。c. 配料是二、三级回炉料总质量的 40％，其中三级回炉料不得大于 20％。

表 2-1　无熔剂熔炼用气体及 C_2Cl_6 的技术要求

气体名称	C_2Cl_6 的技术要求（质量分数）
SF_6	水分≤30×10^{-4}％；CF≤0.1％；酸度（以 HF 表示）≤5×10^{-4}％；可水解氟化物（以 HF 表示）≤15×10^{-4}％；生物试验合格
CO_2	纯度≥99.9％
Ar	纯度≥99.9％
C_2Cl_6	工业一级

首先将熔液坩埚预热至暗红，500～600℃，装满经预热的炉料，装料顺序为：合金锭、镁锭、铝锭、回炉料、中间合金及锌等（如无法一次装完，可留部分锭料或小块回炉料待合金熔化后分批加入），盖上防护罩，通入防护气体，升温熔化（第一次送入 SF_6 气体时间可取 4～6min）。当熔液升温至 700～720℃时，搅拌 2～5min，以使成分均匀，之后清除炉渣，浇注光谱试样。当成分不合格时进行调整，直至合格。升温 730～750℃并保温，其质量分数为 0.1％的 C_2Cl_6 自沉式变质精炼剂进行处理，其配方见表 2-2。

表 2-2　自沉式精炼变质剂配方

编号	成分组成/g		
	C_2Cl_6	石墨	Zn
1	30	3	14～18
2	50	5	23～28
3	100	10	45～55

精炼变质处理后除渣，并在 730～750℃用流量为 1～2L/min 的氩气补充精炼（吹洗）2～4min（吹头应插入熔液下部），通氩气量以液面有平缓的沸腾为宜。吹氩结束后，扒

渣液面熔渣，升温至 760～780℃，保温静置 10～20min，浇注断口试样，如不合格，可重新精炼变质（用量取下限），但一般不得超过 3 次。熔液调至浇注温度进行浇注，并应在静置结束后 2h 内浇完。否则，应重新检查试样断口，不合格时需重新进行精炼变质处理。

浇注前，从直浇道往大型铸型通入防护性气体 2～3min，中小型铸型内为 0.5～1min，并用石棉板盖上冒口。浇注时，往浇包内或液流处连续输送防护性气体进行保护，并允许撒硫黄和硼酸混合物，其比例可取 1∶1，以防止浇注过程中熔液燃烧。

2.1.4.3　熔盐电解法制备镁合金

镁合金作为结构合金最大的用途是铸件，其中 90% 以上是压铸件。而现在镁合金工业上广泛采用含有六氟化硫（SF$_6$）气体对熔炼过程中熔融的镁合金进行保护，然而用含有 SF$_6$ 气体的关键问题是镁合金在熔炼和加工过程中极易氧化燃烧，使得镁合金的生产难度较大，产生的气体的温室效应对环境造成了巨大的威胁。

熔盐电解法制备镁合金是在氯化物或氟化物熔盐体系中，加直流电在阴极沉积合金或合金元素，最终得到镁合金的方法。这种方法规避了熔炼法带来的各种问题。

熔盐电解法制备合金可以分为两种：一种为使用固态或液态的金属或合金作为阴极，其他合金元素在其上沉积，并扩散合金化，得到所需组分的合金；另一种为多种合金元素离子在阴极发生共沉积并合金化。以下按照不同种类的镁合金制备进行分述。

(1) Mg-Al 系　Ram Sharma 提出：向电解液中添加液态铝作为初始阴极，电解 MgO 或部分脱水的 MgCl$_2$，使镁在铝阴极上沉积，从而获得 Mg-Al 合金。其电解槽示意图如图 2-8 所示，电解采用石墨作为阳极，预先向电解槽中加入一定量的金属铝作为初始阴极。通过密度计算可以知道，电解质组成为 NaCl（15%）-KCl（65%）-MgCl$_2$（20%）时，含铝 5% 以上的镁铝合金可以在电解质底部沉积。电解过程中，镁不断在液态铝上沉积，形成合金，等到一定成分时，取出合金，而电解液中的镁含量可以通过与镁析出相同速度加入原料来保持。

一般情况下，镁电解都采用氯化物体系，这一点对原料要求很高，需要预先制备无水氯化镁。为省去氯化镁氯化或六水

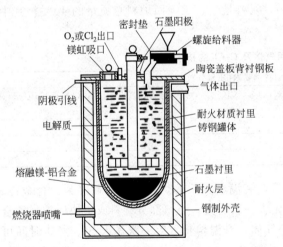

图 2-8　镁铝合金电解槽示意图

氯化镁脱水步骤，很多研究者参考铝电解体系，直接使用 MgO 作为原料在氟化物体系中进行电解。

(2) Mg-Re 系　在镁合金中添加稀土元素可以明显改善合金的微观组织结构，进而改善其力学性能。

2.1.5　铜及铜合金

铜及铜合金熔炼方法有反射炉熔炼、感应熔炼、真空熔炼等多种；铸锭方法有模型铸造、半连续铸造、连续铸造等多种形式。各种成分的铜合金的结晶特征不同，铸造性能不同，铸造工艺特点也不同。

目前主要的铜合金有锡青铜、铝青铜、铝黄铜和硅黄铜等，其结晶温度范围、铸造性能都各不相同。

锡青铜的结晶温度范围大，凝固区域宽，但铸造流动性差，易产生缩松，不易氧化。制备过程中，通常壁厚件是采用定向凝固（顺序凝固）的技术，而复杂薄壁件、一般壁厚件则采取同时凝固。

铝青铜和铝黄铜的结晶温度范围小，为逐层凝固特征，且铸造流动性较好，但易形成集中缩孔，极易氧化。制备过程中，铝青铜浇注系统为底注式，铝黄铜浇注系统为敞开式。

硅黄铜的结晶温度范围介于锡青铜和铝青铜之间，铸造性能最好（在特殊黄铜中）。制备过程中，可以通过顺序凝固工艺获得，它的浇注系统为中注式浇注，暗冒口尺寸较小。

(1) 压力加工 铜合金板带材、管材和棒材是铜合金的主要产品。其中，板带材的生产方式有热轧和冷轧，管材和棒材的生产方式有挤压、拉拔和冷轧。热轧是为了充分地利用金属及其合金在高温下具有良好的塑性和变形抗力，以增大道次变形程度，减少轧制次数，提高生产效率。冷轧通常是指金属及其合金再结晶温度以下的轧制过程。冷轧的产品具有均匀的组织和性能，有较高强度；产品的尺寸精度高，表面品质好。挤压为热变形，拉拔是冷变形。挤压能够充分发挥金属的塑性，可以挤压轧制或锻造难以加工的塑性低的金属，挤压制品表面品质好，尺寸精度高。

(2) 高强度导电铜合金 高强度导电铜基复合材料是一类具有优良综合性能的新型功能材料，既具有优良的导电性，又具有高的强度和优越的高温性能。弥散强化铜复合材料是一类以高稳定性、高强度的陶瓷颗粒作为增强体的高性能铜基复合材料，它是在铜基体中引入了细小弥散分布的弥散相粒子，从而使基体强度，特别是高温强度得到大幅度的提高的一种复合材料。弥散强化铜的制备技术主要有传统粉末冶金法、改进的粉末冶金法（机械合金化法、共沉淀法、溶胶—凝胶法、原位还原法）和其他制备新技术（反应喷射沉积法、复合电沉积法、真空混合铸造法、放热弥散反应合成法）。

传统的粉末冶金法的粉体制备技术为机械混合法，它是把一定比例的 Cu 粉与 Al_2O_3 增强颗粒粉末混合均匀，压制成型后再烧结成烧结体预制件。这种传统方法工艺成熟，但制品性能，尤其是强度和电导率偏低。

① 机械合金化法 主要用于制备氧化物弥散强化（ODS）复合材料。机械合金化采用高能球磨机使铜粉与细小的氧化铝粒子混合、破碎、变形，直至形成 Al_2O_3 与 Cu 的机械混合粉末，并使 Al_2O_3 均匀分布，但所得到的复合粉末容易受到污染，制品晶粒较大，制品性能难以进一步提高。

② 共沉淀法 是用硝酸铜及硫酸铜铝，配制成含有一定体积分数的氧化铝当量值的水溶液，在 20℃ 下搅拌并添加一定物质的量浓度的氨水溶液，经沉淀过滤后再用冷水洗涤沉淀物，随后在 110℃ 下烘干，并引燃成氧化物，最后进行选择性还原处理。此法制得的氧化铝弥散铜复合粉末受还原工艺和原料纯度的影响，烧结制品性能较低。

③ 溶胶-凝胶法 其制取氧化铝弥散铜复合粉末的流程为：取适量 $Al(NO_3)_3 \cdot 9H_2O$ 加入蒸馏水中制得 $Al(NO_3)_3$ 水溶液，将氨水逐滴滴入并剧烈搅拌，使溶液 pH＝9，相当于含有 2.7%（体积分数）的 Al_2O_3 为防止胶体颗粒的凝聚，加入适量的胶体分散剂聚乙醇，则可得到乳白色 $Al(OH)_3$ 溶胶。再将铜粉缓慢加入溶胶，搅拌，静置 30min，过滤得到铜与氢氧化铝湿凝胶的混合物。将该混合物放入球磨机中进行湿粉球磨 4～5h，然后在室

温下干燥即可制得超细 Al_2O_3 弥散强化铜复合粉末。

④ 原位还原法　其工艺过程为：将一定比例的 CuO 和 $Al(NO_3)_3$ 的混合物粉末（粒径 $30\sim100\mu m$）添加至搅拌水中形成浆体，而后加热至 $450℃$，获得 Cu 和 Al 的氧化物；用 H_2 将 Cu 氧化物还原为 Cu；将 Cu 和 Al 氧化物的混合物粉末冷压成型；将原位还原形成的 Cu 和 Al_2O_3 压坯经 $975℃\times2h$ 烧结成型。该法制备的 Al_2O_3/Cu 复合材料组织均匀，性能与内氧化法的相当。

近年来涌现出许多弥散强化铜制备新技术，如反应喷射沉积法、复合电沉积法、真空混合铸造法、XD 法等，其主要目的是在保持传统弥散强化铜制品性能的基础上降低弥散强化铜的生产成本。

① 反应喷射沉积法　其工艺流程为：浇铸 $Cu-Al$ 自身复合材料的铸锭→铸锭重熔→喷射沉积→沉积坯→挤压成型。

② 复合电沉积法　复合电沉积法是将镀液中的氧化铝颗粒与基体金属铜共沉积到阴极表面形成复合镀层。真空混合铸造法是将尺寸为 $0.68\sim2\mu m$ 的氧化物和金属陶瓷颗粒在真空下与 99.99%（质量分数）的纯铜溶液混合，并机械搅拌，以使陶瓷颗粒分散均匀。

③ XD 法　XD 法，又称放热弥散反应合成，是将两个固态反应元素的粉末和金属基体粉末均匀混合压实除气后将压坯快速加热到基体金属熔点以上温度，两固态元素粉末在熔体介质中产生放热化学反应而生成增强体颗粒，然后将熔体进行铸造、挤压加工即可得到颗粒增强金属及复合材料。

2.2　金属材料的铸造、锻压与轧制技术

铸造是将液态金属浇入到预先制好的铸型中，使之冷却、凝固而获得毛坯或零件的一种成型方法。铸造成型的方法根据金属液填充铸型的作用力不同，可分为重力铸造（金属液依靠自身重力填充型腔）、低压铸造、挤压铸造、压力铸造（金属液在一定的压力作用下填充型腔）。根据铸型材料的不同又可以分为砂型铸造、石膏型铸造、陶瓷型铸造、熔模铸造、消失模铸造（一次型）、金属型铸造（永久型）等。此外对于一些特殊的凝固成型件，还可采用连续铸造、离心铸造等。

人们所熟知的铸造方法中使用最多最普遍的是砂型在重力条件下的铸造工艺，称为砂型重力铸造，简称砂型铸造。而把砂型铸造方法以外的所有其他铸造成型方法统称为特种铸造方法。如上所述，常见的特种铸造方法有：金属型铸造、压力铸造、低压与差压铸造、挤压铸造、熔模铸造、消失模铸造、离心铸造、连续铸造、陶瓷型铸造、石膏型铸造、真空吸铸、半固态铸造等。

2.2.1　砂型铸造

砂型铸造——在砂型中生产铸件的铸造方法。

钢、铁和大多数有色合金铸件都可用砂型铸造方法获得。由于砂型铸造所用的造型材料价廉易得，铸型制造简便，对铸件的单件生产、成批生产和大量生产均能适应，长期以来，一直是铸造生产中的基本工艺。

砂型铸造所用铸型一般由外砂型和型芯组合而成。为了提高铸件的表面质量，常在砂型和型芯表面刷一层涂料。涂料的主要成分是耐火度高、高温化学稳定性好的粉状材料和黏结

剂，另外还加有便于施涂的载体（水或其他溶剂）和各种附加物。

（1）砂型　制造砂型的基本原材料是铸造砂和型砂黏结剂。最常用的铸造砂是硅质砂。硅砂的高温性能不能满足使用要求时则使用锆英砂、铬铁矿砂、刚玉砂等特种砂。为使制成的砂型和型芯具有一定的强度，在搬运、合型及浇注液态金属时不致变形或损坏，一般要在铸造中加入型砂黏结剂，将松散的砂粒黏结起来成为型砂。应用最广的型砂黏结剂是黏土，也可采用各种干性油或半干性油、水溶性硅酸盐或磷酸盐和各种合成树脂作型砂黏结剂。砂型铸造中所用的外砂型按型砂所用的黏结剂及其建立强度的方式不同分为黏土湿砂型、黏土干砂型和化学硬化砂型 3 种。

① 黏土湿砂型　以黏土和适量的水为型砂的主要黏结剂，制成砂型后直接在湿态下合型和浇注。湿型铸造历史悠久，应用较广。湿型砂的强度取决于黏土和水按一定比例混合而成的黏土浆。型砂一经混好即具有一定的强度，经舂实制成砂型后，即可满足合型和浇注的要求。因此型砂中的黏土量和水分是十分重要的工艺因素。黏土湿砂型铸造的优点是：a. 黏土的资源丰富、价格便宜；b. 使用过的黏土湿砂经适当的处理后，绝大部分均可回收再用；c. 制造铸型的周期短、工效高；d. 混好的型砂可使用的时间长；e. 砂型舂实以后仍可容受少量变形而不致破坏，对拔模和下芯都非常有利。缺点是：a. 混砂时要将黏稠的黏土浆涂布在砂粒表面上，需要使用有搓揉作用的高功率混砂设备，否则不可能得到质量良好的型砂；b. 由于型砂混好后即具有相当高的强度，造型时型砂不易流动，难以舂实，手工造型时既费力又需一定的技巧，用机器造型时则设备复杂而庞大；c. 铸型的刚度不高，铸件的尺寸精度较差；d. 铸件易于产生冲砂、夹砂、气孔等缺陷。20 世纪初铸造业开始采用辗轮式混砂机混砂，使黏土湿型砂的质量大为改善。新型大功率混砂机可使混砂工作达到高效率、高质量。以震实为主的震击压实式造型机的出现，又显著提高了铸型的紧实度和均匀性。随着对铸件尺寸精度和表面质量要求的提高，又出现了以压实为主的高压造型机。用高压造型机制造黏土湿砂型，不但可使铸件尺寸精度提高，表面质量改善，而且使紧实铸型的动作简化、周期缩短，使造型、合型全工序实现高速化和自动化。气体冲击加压的新型造型机，利用黏土浆的触变性，可由瞬时施以 0.5MPa 的压力而得到非常紧密的铸型。这些进展是黏土湿砂型铸造能适应现代工业要求的重要条件。因而这种传统的工艺方法一直被用来生产大量优质铸件。

② 黏土干砂型　制造这种砂型用的型砂湿态水分略高于湿型用的型砂。砂型制好以后，型腔表面要涂以耐火涂料，再置于烘炉中烘干，待其冷却后即可合型和浇注。烘干黏土砂型需很长时间，要耗用大量燃料，而且砂型在烘干过程中易产生变形，使铸件精度受到影响。黏土干砂型一般用于制造铸钢件和较大的铸铁件。自化学硬化砂得到广泛采用后，干砂型已趋于淘汰。

③ 化学硬化砂型　这种砂型所用的型砂称为化学硬化砂。其黏结剂一般都是在硬化剂作用下能发生分子聚合进而成为立体结构的物质，常用的有各种合成树脂和水玻璃。化学硬化基本上有 3 种方式。a. 自硬：黏结剂和硬化剂都在混砂时加入。制成砂型或型芯后，黏结剂在硬化剂的作用下发生反应而导致砂型或型芯自行硬化。自硬法主要用于造型，但也用于制造较大的型芯或生产批量不大的型芯。b. 气雾硬化：混砂时加入黏结剂和其他辅加物，先不加硬化剂。造型或制芯后，吹入气态硬化剂或吹入在气态载体中雾化了的液态硬化剂，使其弥散于砂型或型芯中，导致砂型硬化。气雾硬化法主要用于制芯，有时也用于制造小型砂型。c. 加热硬化：混砂时加入黏结剂和常温下不起作用的潜硬化剂。制成砂型或型芯后，将其加热，这时潜硬化剂和黏结剂中的某些成分发生反应，生成能使黏结剂硬化的有效硬化

剂，从而使砂型或型芯硬化。加热硬化法除用于制造小型薄壳砂型外，主要用于制芯。化学硬化砂型铸造工艺的特点是：a. 化学硬化砂型的强度比黏土砂型高得多，而且制成砂型后在硬化到具有相当高的强度后脱膜，不需要修型。因而，铸型能较准确地反映模样的尺寸和轮廓形状，在以后的工艺过程中也不易变形。制得的铸件尺寸精度较高。b. 由于所用黏结剂和硬化剂的黏度都不高，很易与砂粒混匀，混砂设备结构轻巧、功率小而生产率高，砂处理工作部分可简化。c. 混好的型砂在硬化之前有很好的流动性，造型时型砂很易春实，因而不需要庞大而复杂的造型机。d. 用化学硬化砂造型时，可根据生产要求选用模样材料，如木、塑料和金属。e. 化学硬化砂中黏结剂的含量比黏土砂低得多，其中又不存在粉末状辅料，如采用粒度相同的原砂，砂粒之间的间隙要比黏土砂大得多。为避免铸造时金属渗入砂粒之间，砂型或型芯表面应涂以质量优良的涂料。f. 用水玻璃作黏结剂的化学硬化砂成本低、使用中工作环境无气味。但这种铸型浇注金属以后型砂不易溃散；用过的旧砂不能直接回收使用，须经再生处理，而水玻璃砂的再生又比较困难。g. 用树脂作黏结剂的化学硬化砂成本较高，但浇注以后铸件易于和型砂分离，铸件清理的工作量减少，而且用过的大部分砂子可再生回收使用。

（2）型芯　为了保证铸件的质量，砂型铸造中所用的型芯一般为干态型芯。根据型芯所用的黏结剂不同，型芯分为黏土砂芯、油砂芯和树脂砂芯几种。黏土砂芯是用黏土砂制造的简单的型芯。油砂芯用干性油或半干性油作黏结剂的芯砂所制作的型芯，应用较广。油类的黏度低，混好的芯砂流动性好，制芯时很易紧实。但刚制成的型芯强度很低，一般都要用仿形的托芯板承接，然后在200～300℃的烘炉内烘数小时，借空气将油氧化而使其硬化。这种造芯方法的缺点是：型芯在脱模、搬运及烘烤过程中容易变形，导致铸件尺寸精度降低；烘烤时间长，耗能多。树脂砂芯用树脂砂制造的各种型芯。型芯在芯盒内硬化后再将其取出，能保证型芯的形状和尺寸的正确。根据硬化方法不同，树脂砂芯的制造一般分为热芯盒法制芯和冷芯盒法制芯两种方法。a. 热芯盒法制芯：20世纪50年代末期出现。通常以呋喃树脂为芯砂黏结剂，其中还加入潜硬化剂（如氯化铵）。制芯时，使芯盒保持在200～300℃，芯砂射入芯盒中后，氯化铵在较高的温度下与树脂中的游离甲醛反应生成酸，从而使型芯很快硬化。建立脱模强度需10～100s。用热芯盒法制芯，型芯的尺寸精度比较高，但工艺装置复杂而昂贵，能耗多，排出有刺激性的气体，工人的劳动条件也很差。b. 冷芯盒法制芯：20世纪60年代末出现。用尿烷树脂作为芯砂黏结剂。用此法制芯时，芯盒不加热，向其中吹入胺蒸气几秒钟就可使型芯硬化。这种方法在能源、环境、生产效率等方面均优于热芯盒法。20世纪70年代中期又出现吹二氧化硫硬化的呋喃树脂冷芯盒法。其硬化机理完全不同于尿烷冷芯盒法，但工艺方面的特点，如硬化快、型芯强度高等，则与尿烷冷芯盒法大致相同。

2.2.2　特种铸造

除了重力下浇注的一次性砂型铸造外，其余铸造方法均属于特种铸造。前苏联学者Н. Н. Рубчов于1940年出版了《特种铸造》专著，随后其在1955年出版的《特种铸造》一书中介绍了冷硬铸造、金属型铸造、连续铸造、离心铸造、压力铸造、熔模铸造等共9种特种铸造方法。30余年后，1989年Н. М. Гадли主编的《有色铸造》手册和1991年В. Д. Ефимов主编的《特种铸造》手册，介绍了近30种采用不同铸型材料、铸型制造方法、金属液制备与浇注方法、铸件成型条件等特种铸造技术（不含变异的特种铸造）。我国姜不居主编的《特种铸造》（2005年版）一书中介绍了12种特种铸造方法。

与砂型铸造相比，特种铸造方法具有如下的特点：a. 铸件的尺寸精度高，表面粗糙度低，更接近于零件的最终尺寸，从而易于实现少切削或无切削加工；b. 铸件的内部质量好，力学性能高；c. 使铸造生产不用砂或少用砂，改善了劳动条件；d. 简化了生产工序（熔模铸造除外），便于实现生产过程的机械化和自动化；e. 对于一些结构特殊的铸件，具有较好的技术经济效果。如圆管件的离心铸造、叶片的熔模铸造、铝合金缸体的压力铸造等。

正是由于上述优点，特种铸造方法得到了越来越广泛的应用，特别是一些具有近、净成型特征的铸造方法。但每一种特种铸造方法都有其局限性，如压力铸造比较适合于没有复杂内腔的有色金属铸件，且其铸件一般不能作为结构受力的保安件。

特种铸造工学的应用及发展如下。

(1) 金属型铸造 金属型铸造是一种古老的特种铸造方法，古代主要用于农具、武器的制作。现代的金属型铸造广泛应用于汽车、航空航天、家电、仪器仪表等行业中零部件的生产。金属型铸造的发展趋势：一是寻求更加理想的金属型用新材料，以提高铸件质量和金属型使用寿命；二是进一步提高金属型铸造的自动化水平，提高生产效率，降低生产成本；三是扩大金属型铸造在黑色金属或铜合金方面的应用及提高技术水平。

(2) 压力铸造 压铸是一种重要的特种铸造方法，已有 100 多年的历史，在铝、锌、镁合金等零件的生产中占有相当大的比例。近十年来，无论是压铸工艺还是压铸设备（压铸机及周边辅助设备）均得到了很大的发展，主要表现为以下几点：a. 压铸理论的研究更加深入，尤其是计算机模拟技术的发展，使金属液在填充型腔时的流动状态、金属液在型腔中的凝固过程、模具的温度场分布、模具的变形等方面均有较好的研究进展；b. 压铸机及其周边设备有了很大的发展，大型压铸机、智能机械手、浇注机械手、取件装置、喷涂装置以及由上述装置组成的柔性压铸单元等得到了越来越多的应用；c. 在压铸产品的检测方面特别是在内部缺陷的无损检测方面，如 X 射线、超声波探测等也得到了快速发展；d. 压铸模模具新材料及其表面处理技术延长了模具的使用寿命；e. 快速成型设计及制造技术在压铸生产中得到应用，缩短了产品的制作周期，提高了产品质量；f. 压铸合金得到了进一步的发展，如镁合金和金属基复合材料。

(3) 低压与差压铸造成型 低压铸造在 20 世纪 20 年代由英国人发明，而差压制作则在 20 世纪 60 年代由保加利亚人在低压铸造的基础上开发而成。现在低压铸造在民用产品领域主要用于汽车铝合金轮毂、发动机缸盖、大型铝合金框架等零件的生产，在军用产品领域，则主要是用于导弹仪器舱，壳体等部件的制作。低压和差压铸造在大型、复杂、薄壁铝合金铸件的制造上具有很强的技术优势，能实现产品的精密、薄壁轻量化，有着良好的发展前途。

(4) 挤压铸造 挤压铸造从 1937 年在前苏联问世到现在已 70 余年，初期主要集中于铜合金的挤压铸造成型工艺研究。我国于 1958 年开始开展挤压铸造的研究工作，20 世纪 70 年代以后进入了一个快速发展的时期。我国大批量生产的挤压铸件品种有各种汽车铝活塞、摩托车前叉及刹车系统零件等，正在开发的零件有空调压缩机涡旋盘、汽车转向节等。挤压铸造的发展趋势是理论在不断完善；挤压合金主要集中在铝、镁合金及其复合材料的成型，应用范围从航空、航天及兵器扩展到民用领域，实现零件制造的轻量化和精密化。

(5) 熔模铸造 熔模铸造的历史非常悠久，又称"失蜡铸造"。通常是在蜡模表面涂上数层耐火材料，待其硬化干燥后，将其中的蜡模熔去而制成型壳，再经过焙烧，然后进行浇注，而获得铸件的一种方法，由于获得的铸件具有较高的尺寸精度和表面光洁度，故又称

"熔模精密铸造"。可用熔模铸造法生产的合金种类有碳素钢、合金钢、耐热合金、不锈钢、精密合金、永磁合金、轴承合金、铜合金、铝合金、钛合金和球墨铸铁等。熔模铸件的形状一般都比较复杂，铸件上可铸出孔的最小直径可达 0.5mm，铸件的最小壁厚为 0.3mm。在生产中可将一些原来由几个零件组合而成的部件，通过改变零件的结构，设计成为整体零件而直接由熔模铸造铸出，以节省加工工时和金属材料的消耗，使零件结构更为合理。

(6) 连续铸造　连续铸造是一种先进的铸造方法，其原理是将熔融的金属，不断浇入一种叫做结晶器的特殊金属型中，凝固（结壳）了的铸件，连续不断地从结晶器的另一端拉出，它可获得任意长或特定的长度的铸件。连续铸造在国内外已经被广泛采用，如连续铸锭（钢或有色金属锭）、连续铸管等。连续铸造和普通铸造比较有下述优点：a. 由于金属被迅速冷却，结晶致密，组织均匀，机械性能较好；b. 连续铸造时，铸件上没有浇注系统的冒口，故连续铸锭在轧制时不用切头去尾，节约了金属，提高了收得率；c. 简化了工序，免除造型及其他工序，因而减轻了劳动强度，所需生产面积也大为减少；d. 连续铸造生产易于实现机械化和自动化，铸锭时还能实现连铸连轧，大大提高了生产效率。

(7) 离心铸造　离心铸造是将液态金属浇入旋转的铸型里，在离心力作用下充型并凝固成铸件的铸造方法。离心铸造所用的铸型，根据铸件形状、尺寸和生产批量不同，可选用非金属型（如砂型、壳型或熔模壳型）、金属型或在金属型内敷以涂料层或树脂砂层的铸型。铸型的转数是离心铸造的重要参数，既要有足够的离心力以增加铸件金属的致密性，离心力又不能太大，以免阻碍金属的收缩。尤其是对于铅青铜，过大的离心力会在铸件内外壁间产生成分偏析。一般转速在每分钟几十转到 1500 转。离心铸造的特点是金属液在离心力作用下充型和凝固，金属补缩效果好，铸件外层组织致密，非金属夹杂物少，机械性能好；不用造型、制芯，节省了相关材料及设备投入。铸造空心铸件不需浇冒口，金属利用率可大大提高。因此对某些特定形状的铸件来说，离心铸造是一种节省材料、节省能耗、高效益的工艺，但须特别注意采取有效的安全措施。

2.2.3　半固态铸造

自 1971 年美国麻省理工学院的 D. B. Spencer 和 M. C. Flemings 发明了一种搅动铸造（Stir Cast）新工艺，即用旋转双桶机械搅拌法制备出 Sr15％ Pb 流变浆料以来，半固态金属（SSM）铸造工艺技术经历了 20 余年的研究与发展。搅动铸造制备的合金一般称为非枝晶组织合金或称部分凝固铸造合金（Partially Solidified Casting Alloys）。由于采用该技术的产品具有高质量、高性能和高合金化的特点，因此具有强大的生命力。除军事装备上的应用外，开始主要集中用于自动车的关键部件上，例如，用于汽车轮毂，可提高性能、减轻重量、降低废品率。此后，逐渐在其他领域获得应用，生产高性能和近净成型的部件。半固态金属铸造工艺的成型机械也相继推出。目前已研制生产出从 600～2000t 的半固态铸造用压铸机，成型件质量可达 7kg 以上。当前，在美国和欧洲，该项工艺技术的应用较为广泛。半固态金属铸造工艺被认为是 21 世纪最具发展前途的近净成型和新材料制备技术之一。

2.2.3.1　工艺原理

在普通铸造过程中，初晶以枝晶方式长大，当固相率达到 0.2 左右时，枝晶就形成连续网络骨架，失去宏观流动性。如果在液态金属从液相到固相冷却过程中进行强烈搅拌，则使普通铸造成型时易于形成的树枝晶网络骨架被打碎而保留分散的颗粒状组织形态，悬浮于剩余液相中。这种颗粒状非枝晶的显微组织，在固相率达 0.5～0.6 时仍具有一定的流变性，从而可利用常规的成型工艺如压铸、挤压、模锻等实现金属的成型。

2.2.3.2　合金制备

制备半固态合金的方法很多，除机械搅拌法外，近几年又开发了电磁搅拌法，电磁脉冲加载法、超声振动搅拌法、外力作用下合金液沿弯曲通道强迫流动法、应变诱发熔化激活法（SIMA）、喷射沉积法（Spray）、控制合金浇注温度法等。其中，电磁搅拌法、控制合金浇注温度法和SIMA法是最具工业应用潜力的方法。

(1) 机械搅拌法　机械搅拌是制备半固态合金最早使用的方法。Flemings等人用一套由同心带齿内外筒组成的搅拌装置（外筒旋转，内筒静止）成功地制备了锡-铅合金半固态浆液；H. Lehuy等人用搅拌桨制备了铝-铜合金、锌-铝合金和铝-硅合金半固态浆液。后人又对搅拌器进行了改进，采用螺旋式搅拌器制备了ZA-22合金半固态浆液。通过改进，改善了浆液的搅拌效果，强化了型内金属液的整体流动强度，并使金属液产生向下压力，促进浇注，提高了铸锭的力学性能。

(2) 电磁搅拌法　电磁搅拌是利用旋转电磁场在金属液中产生感应电流，金属液在洛伦兹力的作用下产生运动，从而达到对金属液搅拌的目的。目前，主要有两种方法产生旋转磁场：一种是在感应线圈内通交变电流的传统方法；另一种是1993年由法国的C. Vives推出的旋转永磁体法，其优点是电磁感应器由高性能的永磁材料组成，其内部产生的磁场强度高，通过改变永磁体的排列方式，可使金属液产生明显的三维流动，提高了搅拌效果，减少了搅拌时的气体卷入。

(3) 应变诱发熔化激活法　应变诱发熔化激活法（SIMA）是将常规铸锭经过预变形，如进行挤压、滚压等热加工制成半成品棒料，这时的显微组织具有强烈的拉长形变结构，然后加热到固液两相区等温一定时间，被拉长的晶粒变成了细小的颗粒，随后快速冷却获得非枝晶组织铸锭。

SIMA工艺效果主要取决于较低温度的热加工和重熔两个阶段，或者在两者之间再加一个冷加工阶段，工艺就更易控制。SIMA技术适用于各种高、低熔点的合金系列，尤其对制备较高熔点的非枝晶合金具有独特的优越性。已成功应用于不锈钢、工具钢和铜合金、铝合金系列，获得了晶粒尺寸 $20\mu m$ 左右的非枝晶组织合金，正成为一种有竞争力的制备半固态成型原材料的方法。但是，它的最大缺点是制备的坯料尺寸较小。

2.2.4　连铸连轧

薄板坯连铸连轧是生产热轧板卷的新一代工艺流程，与传统工艺流程相比，在节约投资、缩短生产周期、提高成材率、降低生产成本等方面有明显优势。

薄板坯连铸连轧技术最初是为电炉短流程小钢厂生产板带而开发的。鉴于它在技术和经济效益方面显示出的巨大优势，逐渐受到了许多大型钢铁联合企业的重视，目前已成功地嫁接到传统的高炉-转炉长流程钢铁生产工艺中。

(1) 主要生产工艺　典型的薄板坯连铸连轧工艺流程由炼钢（电炉或转炉）—炉外精炼—薄板坯连铸—连铸坯加热—热连轧五个单元工序组成。该工艺将过去的炼钢厂和热轧厂有机地压缩、组合到一起，缩短了生产周期，降低了能量消耗，从而大幅度提高经济效益。

① 技术实质　应用先进的近终型连铸技术，将铸出的板坯厚度减薄到一临界区间，省去传统的热轧板带机组中的粗轧机架，在连铸机和连轧机之间给予较小的热量补充，直接通过精轧机组轧成热轧带卷。使从钢液进入结晶器到热轧卷取完毕的时间缩短到 $15\sim30min$。

② 工艺类型　薄板坯连铸连轧技术因众多的单位参与研究开发，形成了各具特色的薄板坯连铸连轧生产工艺，如 CSP、ISP、FTSRQ、CONROLL、TSP、CPRD 等，其中推广应用最多的是 CSP 工艺，由西马克公司开发。

这几种薄板坯连铸连轧工艺的主要特点和差异，主要反映在铸坯厚度、结晶器型式、连铸机机型等方面。但是尽管各自的工艺设计路线不同，所采用的设备也各有特点，但最终目标是一致的，即都是通过结构紧凑、热送热装、连铸连轧的技术来提高经济效益。

③ 关键技术　薄板坯连铸连轧工艺和传统工艺相比，关键在于突破了传统的工艺概念，采用了许多先进的新技术、新装备。

a. 结晶器及相关技术的设计　为提高薄板坯连铸单流产量，提高铸坯质量，扩大品种，结晶器已由传统的平行板形演化成现在的漏斗形乃至全鼓肚形，使上口的面积加大，以利于浸入式水口的插入及保护渣的熔化。

结晶器的形状不同，所采用的浸入式水口也不同。但随着技术的发展，各种类型的浸入式水口也都在不断演变。如 CSP 工艺所采用的长水口，已由传统的板坯连铸机使用的第一代演变到现在的十字状出口的第四代，这种十字状出口可增加钢水流量，稳定拉速，提高使用寿命。

薄板坯连铸机相比传统的板坯连铸机拉速更高，再加上结晶器上口空间的限制，一般连铸机上常用的混合型和预熔型颗粒渣已不适用。现在采用的是黏度更低、流动性更好的中空颗粒渣，加入后可在结晶器壁与坯壳间迅速形成稳定可控的渣膜，起到良好的润滑和吸附作用。

b. 铸轧技术　铸轧技术是薄板坯连铸连轧工艺的关键技术，包括液芯压下和液-固两相轧制两方面。铸坯从结晶器下口出来，经过铸轧其厚度可减少 60%。液芯铸轧对细化晶粒效果明显，可获得良好的韧性，而固相轧制为薄板坯连铸机直接生产中板提供了条件。铸轧技术的成功运用为提高铸坯质量，进一步降低能耗做出了贡献。

c. 拉坯速度　拉坯速度高是薄板坯连铸的特点之一，拉速一般在 5～8m/min。为使薄板坯连铸连轧生产线上的连铸机和连轧机更加匹配，提高铸坯的拉速势在必行。要提高拉速，则要求进一步改善结晶器的传热，所以必须加大冷却强度、减小结晶器铜板厚度、控制保护渣为薄膜状。

d. 加热方式　薄板坯连铸连轧工艺中大都采用均热炉的加热方式，炉内布置内芯冷却的耐热辊道，保温效果好。视薄板坯入炉温度的高低而进行保温或加热，大大降低了能耗。对于薄板坯连铸机及连轧机的流程，均热炉为平移式或摆动式，极大地方便了铸坯的加热和传输。在某些薄板坯连铸连轧工艺中，均热炉还承担了一定的连铸和连轧之间的衔接匹配缓冲作用。

e. 连轧机组　薄板坯连铸机提供的板坯厚度一般为 40～70mm，对于某些不带液芯铸轧的工艺，可设粗轧机组，将铸坯减薄后再送精轧机组，这就为采用尽量少的精轧机架生产较薄的热轧带卷创造了条件。连铸轧机组一般都配备了先进的板型控制技术，如 CVC 技术、RTC 技术、PFC/CFC 技术等。

另外，在薄板坯连铸连轧工艺中的热除鳞技术、在线磨辊技术、宽度自动控制技术、控制冷却技术等相对传统的厚板坯生产工艺都做了大量的技术改进。总之，正是这些新技术的研究应用，使得薄板坯连铸连轧工艺得以成功应用。

(2) 产品种类和质量　薄板坯连铸连轧技术应用于工业生产已有十多年时间，生产的钢种也不断扩大，目前能覆盖传统板带产品的 75％，其中以低碳钢为主，也可生产低合金钢、硅钢、铁素体不锈钢、奥氏体不锈钢等。薄板坯连铸连轧还是一项正在发展的技术，随着技术的不断完善，产品的范围还会进一步扩大。

薄板坯连铸连轧省去了传统的冷装炉工序，属于直接轧制，可以完全发挥微合金化元素的潜在作用，对提高产品的性能有很大影响。另外，因坯料的减薄而产生的快速冷却和凝固的过程，可以减少坯料内部宏观偏析的均匀分布，而且起到细化一次晶粒的作用，但由于坯料的减薄导致了压下率的减小，因此在性能的进一步提高上也存在着一定的困难。

由于薄板坯连铸一般都采用复杂横截面的结晶器，都是在狭窄的空间下浇钢，给浇铸带来一定的困难，坯料容易产生横向角裂和表面纵裂，这是需要进一步解决的问题。总的来说，薄板坯连铸连轧来料的尺寸精度高，温度控制均匀，所以产品质量好，性能更加均匀、稳定。

2.2.5　热机械控制工艺

热机械控制工艺（Thermo Mechanical Control Process，TMCP）就是在热轧过程中，在控制加热温度、轧制温度和压下量的控制轧制（Control Rolling）的基础上，再实施空冷或控制冷却及加速冷却（Accelerated Cooling）的技术总称。由于 TMCP 工艺不添加过多合金元素，也不需要复杂的后续热处理的条件下生产出高强度高韧性的钢材，被认为是一项节约合金和能源、并有利于环保的工艺，故自 20 世纪 80 年代开发以来，已经成为生产低合金高强度宽厚板不可或缺的技术。随着市场对 TMCP 钢的要求不断提高，TMCP 工艺本身也在应用中不断发展。从近几年的研究工作看，重点是放在控制冷却，尤其是加速冷却方面。

通过加快轧制后的冷却速度，不仅可以抑制晶粒的长大，而且可以获得高强度高韧性所需的超细铁素体组织或者贝氏体组织，甚至获得马氏体组织。目前正在研发的在线加速冷却，是在轧制后直接将钢板冷却至常温，可以避免再加热工序。在线冷却的输送方式分为"一步冷却"与"通过型冷却"两种。所谓"一步冷却"就是将冷却水一下子喷射到轧制后的整个钢板上进行冷却。为了使冷却均匀，必须让钢板在冷却装置中振动。该方法需要超过钢板长度的大冷却装置，而且也难以避免冷却不均匀问题，故后来改为"通过型冷却"，即钢板一面通过一面接受冷却，现已成为加速冷却的主流方式。另外，冷却方式又分"约束冷却"与"无约束冷却"两种。所谓"约束冷却"是指用上下辊约束钢板的条件下进行冷却，采用喷雾水口；而"无约束冷却"则是用层流式水口对输出辊道上的钢板进行冷却。

在线加速冷却装置可放在矫直机前、矫直机后，或两台矫直机之间。放在矫直机前可以方便地选择和调整冷却开始温度，但冷却均匀性较差；放在矫直机后，则可进行约束型冷却，但难以控制所需的冷却开始温度；放在两台矫直机之间，可以利用后一台矫直机消除加速冷却所造成的变形，但设备复杂，成本较高。

加速冷却工艺的研发所要解决的最大课题就是要防止冷却过程中产生的钢板变形，其关键在于保证对于宽幅钢板的冷却均匀性。在这方面，还有大量的研究工作需要进行。

通过 TMCP 处理使钢材达到高强度和高韧性，基本上是通过控轧细化奥氏体晶粒、导入加工应变和之后的控冷组合起来的相变组织控制和相变组织细化而实现的。它不仅能提高强度和韧性，而且能降低合金元素的添加量，因此，具有提高焊接性能等很多优点。另外，近年来在造船、建筑等领域中，确立了即使采用高效率大线能量焊接，也能确保焊接热影响区良好的机械性能的综合组织控制技术（JFE EWEL）。该技术作为控制用户现场焊接施工后的显微组织，确保优越的机械性能的技术而被广泛采用。

近年来，热机械控制工艺在应用中有了许多新的形式。比如捷克西波米亚大学的 Jozef Zrnik 和韩国汉阳大学的 Dong Hyuk Shin 都利用模压变形技术（Constrained Groove Pressing，CGP）来制备超细晶金属材料，具体工艺顺序如图 2-9 所示。

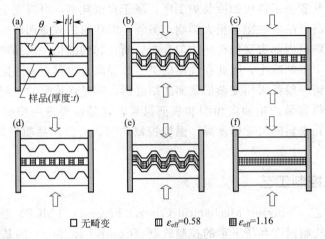

图 2-9　限制模压变形技术的工艺顺序示意图

2.3　快速凝固技术

快速凝固技术起源于 1960 年 Duwez 教授采用独特的急冷技术使金属凝固速度达到 10^6 K/s 而制备出 Au75Si25 非晶合金薄带。他们的发现，在世界的物理冶金和材料学工作者面前展开了一个新的广阔的研究领域。在快速凝固条件下，凝固过程的一些传输现象可能被抑制，凝固偏离平衡。经典凝固理论中的许多平衡条件的假设不再适应，成为凝固过程研究的一个特殊领域。进入 20 世纪 70 年代，非晶态材料领域的研究更为活跃，可制备出连续的等截面长薄带技术得到了发展，金属玻璃非同寻常的软磁性（高饱和磁化强度、非常低的矫顽磁性、零磁颈缩合高电阻率），促进了该领域的研究，同时也推动了这些新型磁性材料的应用和发展；80 年代，可制备 F300、F200 管；90 年代，可制备 F600、长 1m 的管、坯。

快速凝固技术是当前材料科学与工程中研究比较活跃的领域之一，已成为一种挖掘金属材料潜在性能与发展前景的开发新材料的重要手段，也成为凝固过程研究的一个特殊领域。利用快速凝固技术不仅可以显著改善合金的微观组织，提高其性能，而且可以研制在常规铸造条件下无法获得的具有优异性能的新型合金。

快速凝固则是指以 $10^5 \sim 10^6$ K/s 的冷却速率从液相凝固到固相的技术。作为一种非平衡的凝固过程，快速凝固通常生成具有非晶、准晶、无偏析或少偏析的微晶和超细晶粒度的纳米晶等亚稳相，并最终形成具有特殊性能和用途的组织和结构特征。

快速凝固的主要组织特征主要有：a. 细化凝固组织；b. 减小偏析；c. 扩大固溶极限；d. 产生非平衡相；e. 形成非晶态；f. 高的点缺陷密度。相应地，由于具有相比铸态更细化和均匀化的微观结构和尺寸，快速凝固材料拥有的力学性能主要表现为很好的晶界强化和韧化作用，而均匀的成分和偏析的减少也避免了有害相的产生，消除了微裂纹产生的隐患，使得合金整体的强度和韧性得到改善；而固溶度的增大、过饱和固溶体的形成则不仅起到了固溶强化的作用，也为第二相的析出和弥散强化提供了有利条件；位错、层错密度的提高进一步强化了材料。此外，快速凝固过程中形成的亚稳相也起到了很好的强化和韧化作用。除了良好的力学性能外，部分快速凝固材料还能展现出不同于铸造材料的特殊的物理性能。

实现快速凝固的途径主要有三种，它们分别是：动力学急冷法、热力学深过冷法、快速定向凝固法。

2.3.1 快速凝固的基本原理

2.3.1.1 急冷法

动力学急冷快速凝固技术简称急冷法，其原理是通过设法减小同一时刻凝固的熔体体积与其散热表面积之比，并设法减小熔体与热传导性能很好的冷却介质的界面热阻以及加快传导散热。通过提高铸型的导热能力，增大热流的导出速率可以使凝固界面快速推进，从而实现快速凝固。

在忽略液相过热的条件下，单向凝固速率 v_S 取决于固相中的温度梯度 G_{TS}

$$v_S = \frac{\lambda_S G_{TS}}{\rho_S \Delta h} \tag{2-1}$$

式中，λ_S 是固相的热导率；ρ_S 是固相密度；Δh 是结晶潜热。

对凝固层内的温度分布作线性拟合得到

$$v_S = \frac{\lambda_S (T_k - T_i)}{\delta \rho_S \Delta h} \tag{2-2}$$

式中，δ 是凝固层温度；T_k 是液-固界面温度；T_i 是铸件与铸型界面温度。

从式(2-2) 可以发现，一方面，可以降低铸型与铸件的界面温度 T_i 来达到提高凝固速率的目的，而比较合适的方法就是选用热导率大的铸型材料或对铸型强制冷却；另一方面，随着凝固层温度 δ 的增大，凝固速率会大幅下降，所以要避免凝固层厚度的增大。

急冷技术关键是提高凝固过程中熔体的冷却速度，因此在减少单位时间内金属凝固时产生的熔化潜热的同时还需提高凝固过程的传热速度。急冷快速凝固技术可分为模冷技术、雾化技术和表面熔凝与沉积技术三类。通过急冷技术生成的产品通常尺寸较小，常需通过固结成型技术进一步加工。

最常见的急冷法就是冷模法，也就是模冷技术，它利用真空吸注、真空压力浇注、压力浇注等方法将熔融金属压入急冷模穴，以达到快速凝固的目的。当然，由于试样内部热阻的限制，冷模法有时也会达不到预期的效果，但它在生产给定直径或厚度的线材、薄膜上却具有独一无二的优势。

2.3.1.2 深过冷法

过冷熔体处于热力学亚稳状态，一旦发生形核，其晶体的生长速度主要取决于过冷度的大小，基本不受外部冷却条件的控制。深过冷法就是通过各种有效的手段，在避免或消除金属或合金液中的异质晶核的形核作用下，增加临界形核功，抑制均匀形核作用，使得液态金属或合金获得在常规凝固条件下难以达到的过冷度。

深过冷快速凝固主要见于液相微小粒子的雾化法和经过净化处理的大体积液态金属的快速凝固。

深过冷凝固技术的特点是在熔体中形成尽可能接近均匀形核的凝固条件，从而在形核前获得大的过冷度。熔体主要是通过导热性差的介质传热或以辐射传热的方式冷却。按采用深过冷快速凝固技术的具体方法大致分为两类：一类是熔滴弥散法，即在细小熔滴中达到大凝固过冷度的方法，包括乳化法、熔滴水成冰（基底法和落管法等）；另一类是在较大体积熔体中获得大的凝固过冷度的方法，包括玻璃体包裹法、二相区法和电磁悬浮熔化法等。

2.3.1.3　定向凝固法

所谓定向凝固，就是指在凝固过程中采用强制手段，在凝固金属样未凝固熔体中建立起沿特定方向的温度梯度，从而使熔体在气壁上形核后沿着与热流相反的方向，按要求的结晶取向进行凝固的技术。这种技术最初是在高温合金的研制中建立并完善起来的。采用、发展定向凝固技术最初用来消除结晶过程中生成的横向晶界，从而提高材料的单向力学性能。还运用于燃气涡轮发动机叶片的生产，所获得的具有柱状乃至单晶组织的材料具有优良的抗热冲击性能、较长的疲劳寿命、较高的蠕变抗力和中温塑性，因而提高了叶片的使用寿命和使用温度。

各种热流能被及时导出是定向凝固过程得以实现的关键，也是凝固过程成败的关键，获得并保持单向热流是定向凝固成功的重要保证。

实现定向凝固：金属熔体中的热量严格地按单一方向导出，并垂直于生长中的固/液界面，使金属或合金按柱状晶或单晶的方式生长。如图 2-10 所示。

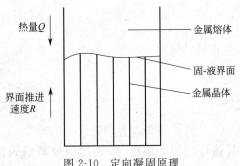

图 2-10　定向凝固原理

定向凝固的目的是为了使铸件获得按一定方向生长的柱状晶或单晶组织。定向凝固铸件的组织分为柱状、单晶和定向共晶三种。要得到定向凝固组织需要满足的条件，首先要在开始凝固的部位形成稳定的凝固壳，凝固壳的形成阻止了该部位的型壁晶粒游离，并为柱状晶提供了生长基础，该条件可通过各种激冷措施达到。其次，要确保凝固壳中的晶粒按既定方向通过择优生长而发展成平行排列的柱状晶组织。同时，为使柱状晶的纵向生长不受限制，并且在其组织中不夹杂有异向晶粒，固/液界面前方不应存在生核和晶粒游离现象。这需要满足以下三个条件：

① 严格的单向散热，要使凝固系统始终处于柱状晶生长方向的正温度梯度作用下，并且要绝对阻止侧向散热，以避免界面前方型壁及其附近的生核和长大。

② 要有足够大的液相温度梯度与固/液界面向前推进速度比值，以使成分过冷限制在允许的范围内。

③ 要避免液态金属的对流、搅拌和振动，从而阻止界面前方的晶粒游离。

2.3.2　快速凝固制备技术

2.3.2.1　表面熔凝技术

表面熔凝技术的特点是用高密度能束扫描工件表面，使其表层熔化，熔体通过向下面冷的工件基体迅速传热而凝固，该技术主要应用在材料表面改性方面。

(1) 激光熔凝技术　自 20 世纪 70 年代大功率激光器问世以来，在材料的加工制备过程中得到了广泛的应用。在激光表面快速凝固时，凝固界面的温度梯度可高达 $10^6 \mathrm{K/m}$，凝固速度高达每秒数米。

激光能量高度集中的特性，使它具备了在作为定向凝固热源时可能获得比现有定向凝固方法高得多的温度梯度的可能性。激光束作为热源，加热固定在陶瓷衬底上的高温合金薄片，激光束使金属表面迅速熔化，达到很大的过热度。一般的激光表面熔凝过程并不是定向凝固，因为熔池内部局部温度梯度和凝固速度是不断变化的，且两者都不能独立控制；同时，凝固组织是从基体外延生长的，界面上不同位置的生长方向也不相同。

由于具备了短流程、低能耗、高柔性、环境友好以及成形与组织控制一体化等诸多优良的特性，激光快速凝固成型技术在短短 10 年间得到了材料加工界的青睐，并逐渐展示出十分光明的前景。该技术尤其适用于高温合金、钛合金等贵重金属零件的整体化和轻量化的精密制造，同时也适用于在制造过程中误加工和服役过程中失效零件的快速修复。

激光快速凝固与成型技术的基本原理是：a. 在计算机中生成零件的三维 CAD 模型；b. 将模型按一定厚度切片分层，从而将零件的三维几何信息转换成二维轮廓信息；c. 在计算机控制下，用同步送粉（或送丝）激光熔覆的方法将粉末（或丝）材料按照二维轮廓信息逐层堆积，最终形成三维实体零件。

采用近于聚焦的激光束照射材料表面层，使其熔化，依靠向基材散热而自身冷却、快速凝固在熔凝层中形成的铸态组织非常细密，能使材料性能得到改善，增强材料表层的耐磨性和耐蚀性。

激光表面熔凝技术的应用基本上不受材料种类的限制，可获得较深（可达 $2\sim3mm$）的高性能敷层易实现局部处理，对基体的组织、性能、尺寸的影响很小，而且操作工艺方便应用激光表面熔凝技术对可锻铸铁的摩托车凸轮轴表面进行处理，可获得熔层厚 $0.2mm$、硬化层厚 $0.7mm$、宽 $3.4\sim3.6mm$、表面硬度为 $895HV$ 的耐磨性很高的熔凝层。对耐磨铸铁活塞环进行处理后，其寿命提高一倍，且与气缸的匹配效果良好。对珠光体＋铁素体基的铸铁梳棉机梳板进行处理后，其耐磨性和抗崩裂性明显提高。且保持了低的表面粗糙度。国外对 Al-8Fe（Al 含量为 1%）合金进行激光熔凝硬化处理后的熔区枝晶进行微观计算机模拟及测量，得出了枝晶细胞头部半径与凝固速度的关系式和凝固速度对枝晶分布的影响规律。利用晶体生长的最小过冷度判据，对单晶合金激光重熔区组织的生长速度进行分析，建立了枝晶尖端生长速度与激光束扫描速度和固液面前进速度的关系。根据分析，发现激光熔池中枝晶组织生长方向强烈地受基材晶粒取向和激光束扫描方向的影响。

(2) 激光超高温度梯度快速凝固　激光能量高度集中的特性，使它具备了在作为定向凝固热源时可能获得比现有定向凝固方法高得多的温度梯度的可能性。利用激光表面熔凝技术实现超高温度梯度快速定向凝固的关键是在激光熔池内获得与激光扫描速度方向一致的温度梯度，根据合金凝固特性选择适当的激光工艺参数，以获得胞晶组织。由于它要求的检测手段更为高超，因而设备昂贵，还没能在实际生产中得到广泛的应用。

2.3.2.2　喷射成型技术

喷射成型技术是一种快速凝固近终成型材料的制备新技术。喷射成型工艺的基本过程是把金属原料置于坩埚中，在大气或真空中熔炼，达到一定过热度后（典型值为 $50\sim200℃$），释放金属流进入雾化室。在雾化室中金属流被惰性气体分散成液滴飞向沉积器，沉积成致密的坯体。沉积器为板状或棒状，通常采用水冷或不冷却。根据沉积器形状及运动方式的不同，沉积坯可以为板状、棒状、管状或带状。喷射沉积工艺已广泛应用于铝、铜、镁合金及特种钢的成型制备中。由此可见，喷射成型最突出的特点在于把液体金属的雾化（快速凝固）与雾化熔滴的沉积（动态致密固化）自然地结合起来，以一步冶金操作的方式，用最少的工序直接从液态金属制取整体致密、具有快速凝固组织特征的接近零件实际形状的大块高性能材料（坯料）。从而彻底解决了传统工艺生产高性能材料一直很难解决的成分偏析、组织粗大及热加工困难等难题。同时也避免了粉末冶金工序复杂、成本较高及易受污染等弊端，为新材料的研制和发展提供了一个崭新的技术手段，有广阔的发展前景。

2.3.2.3　表面沉积技术

表面沉积技术的特点主要是使通过雾化技术制得的粉末或已雾化的金属熔滴喷射到工件表面上，让其迅速冷凝沉积，形成与基体结合牢固、致密的喷涂层。主要有等离子喷涂、电火花沉积等技术。

(1) 等离子喷涂技术　等离子喷涂是利用等离子火焰来加热、熔化喷涂粉末，使之形成涂层。等离子喷涂工作气体常用 Ar 或 N_2 和 $5\% \sim 10\%$ 的 H_2，工作气体通过电弧加热离解形成等离子体，其中心温度高达 1500 K 以上，经孔道高压压缩后呈高速等离子体射流喷出。喷涂粉末被送粉气载入等离子焰流，很快呈熔化或半熔化状态，高速地打在经过预处理的零件表面并产生塑性变形，黏附在零件表面上。各熔滴之间通过塑性变形而相互钩接，从而获得良好的层状致密涂层。由于等离子喷涂具有形成的涂层结合强度高、孔隙率低及效率高、使用范围广等优点，故在航空、冶金、机械等领域中得到广泛的应用。

(2) 电火花沉积技术　金属表面电火花沉积技术是近期发展起来的新技术，是在传统工艺基础上发展起来的新工艺，它具有较强的实用性。电火花沉积工艺是将电源存储的高能量电能在金属电极（阳极）与金属母材（阴极）间瞬间高频释放，通过电极材料与母材间的空气电离形成通道，使母材表面产生瞬间高温、高压的微区，同时离子态的电极材料在微电场的作用下融渗到母材基体中，形成冶金结合。由于电火花沉积工艺是瞬间的高温-冷却过程，金属表面不仅会因迅速淬火而形成马氏体，而且在狭窄的沉积过渡区还会得到超细奥氏体组织。该工艺具有沉积层与基体结合非常牢固、不会使工件退火或变形、设备简单及造价低等优点，已在实际生产中得到广泛应用。

2.3.2.4　深过冷凝固技术

深过冷凝固技术的核心是利用金属本身的特点实现快速凝固的方法之一。其主要有快速蒸气冷凝技术、快速卸压淬火等。

(1) 蒸气快速冷凝法（ERC 法）　ERC 法是借助于低温液体将蒸发的金属蒸气快速冷凝，在其聚结之前沉积到捕集器中或旋流收集器中。利用此法制得的金属粉末颗粒尺寸极细，而且粒度分布非常均匀。

(2) 快速卸压淬火　快速卸压淬火是一种有效的新的快速凝固方法，在适当的初始温度和压力下对熔体快速卸压达到固化，由于不受材料自身的热传导性质的限制，因而可获得大块亚稳材料甚至非晶，实现了快速凝固的原理，并对亚稳相的产生及非晶化成因提供了热力学上的合理解释。深过冷凝固技术的特点是在熔体中形成尽可能接近均匀形核的凝固条件，从而在形核前获得大的过冷度。熔体主要是通过导热性差的介质传热或以辐射传热的方式冷却。目前，采用此技术制取的合金的尺寸、数量都很小，而且不能连续生产。因此，要使其不仅在理论上和实验研究中得到广泛应用，而且像急冷凝固技术那样应用于实际生产还需要做进一步的改进。

2.3.2.5 定向凝固技术

(1) 发热剂法（EP） 基本原理：将铸型预热到一定温度后，迅速放到水冷铜底座上并立即进行浇注，顶部覆盖发热剂，侧壁采用隔热层绝热，水冷铜底座下方喷水冷却，从而在金属液和已凝固金属中建立起一个自下而上的温度梯度，实现定向凝固。

(2) 功率降低法（PD） 铸型加热感应圈分两段，铸件在凝固过程中不动，在底部采用水冷激冷板。加热时上下两部分感应圈全通电，在加入熔化好的金属液前建立所要的温度场，注入过热的合金液。然后下部感应圈断电，通过调节输入上部感应圈的功率，在液态金属中形成一个轴向温度梯度。热量主要通过已凝固部分及底盘由冷却水带走。由于热传导能力随着离水冷平台距离的增加而明显降低，温度梯度在凝固过程中逐渐减小，所以轴向上的柱状晶较短。并且柱状晶之间的平行度差，合金的显微组织在不同部位差异较大，甚至产生放射状凝固组织。

(3) 高速凝固法（HRS） 装置和功率降低法相似，多了拉锭机构，可使模壳按一定速度向下移动，改善了功率降低法温度梯度在凝固过程中逐渐减小的缺点；另外，在热区底部使用辐射挡板和水冷套，挡板附近产生较大的温度梯度，局部冷却速度增大，有利于细化组织，提高力学性能。

(4) 液态金属冷却法（LMC） 合金在熔炼炉内熔炼后，浇入保温炉内的铸型，保温一段时间，按选择的速度将铸型拉出保温炉，浸入金属液进行冷却。在加热系统和冷却系统之间有辐射挡板，确保将加热区和冷却区隔开，使固液界面保持在辐射挡板中心附近，以实现定向凝固。

(5) 流化床冷却法 液态金属冷却法采用低熔点合金冷却，成本高，可能使铸件产生低熔点金属脆性。流化床冷却法是以悬浮在惰性气体中的稳定的陶瓷颗粒代替金属液作为冷却介质，对熔体进行热交换，进行定向凝固的一种方法。与液态金属冷却法相比，流化床冷却法的激冷能力有所下降。在冷却介质保持相同的温度下，液态金属冷却法与流化床冷却法两者的凝固速率和糊状区高度相同，流化床冷却法得到的温度梯度要略小于液态金属冷却法得到的温度梯度。此种方法没有大多数液体金属冷却剂所固有的污染之害，是非常经济和具有广阔应用前景的定向凝固技术。

(6) 区域熔化液态金属冷却法 在液态金属冷却法的基础上发展的一种新型的定向凝固技术。其冷却方式与液态金属冷却法相同，但改变了加热方式，利用电子束或高频感应电场集中对凝固界面前沿液相进行加热，充分发挥过热度对温度梯度的贡献，从而有效地提高了固液界面前沿温度梯度，可在较快的生长速率下进行定向凝固，可以使高温合金定向凝固一次枝晶和二次枝晶间距得到非常明显的细化。但是，单纯采用强制加热的方法以求提高温度梯度从而提高凝固速度，仍不能获得很大的冷却速度，因为需要散发掉的热量相对而言更多了，故冷却速度提高有限。

(7) 连续定向凝固 将结晶器的温度保持在熔体的凝固温度以上，绝对避免熔体在型壁上形核，熔体的凝固只在脱离结晶器的瞬间进行。随着铸锭不断离开结晶器，晶体的生长方向沿热流的反方向进行。可以得到完全单方向凝固的无限长柱状组织；铸件气孔、夹渣等缺陷较少；组织致密，消除了横向晶界。但它的局限性在于依赖于固相的导热，所以只适用于具有较大热导率的铝合金及铜合金的小尺寸铸锭。

(8) 电磁约束成型定向凝固 利用电磁感应加热直接熔化感应器内的金属材料，利用在金属熔体表层部分产生的电磁压力来约束已熔化的金属熔体成型。无坩埚熔炼、无铸型、无污染的定向凝固成型，可得到具有柱状晶组织的铸件，同时还可实现复杂形状零件的近终成型。但对某些密度大、电导率小的金属，实现完全无接触约束时，约束力小，不容易实现稳定的连续的凝固。

（9）深度过冷定向凝固　装有试样的坩埚装在高频线圈中循环过热，使异质核心通过蒸发与分解去除；或通过净化剂的吸附消除和钝化异质核心，获得深过冷的合金熔体。再将坩埚的底部激冷，底部先形核，晶体自下而上生长，形成定向排列的树枝晶骨架，残余的金属液向已有的枝晶骨架上凝固，最终获得了定向凝固组织。

2.3.3　快速凝固技术在金属材料中的应用

2.3.3.1　定向凝固技术在金属材料中的应用

目前，定向凝固技术的最主要应用是生产具有均匀柱状晶组织的铸件，特别是在航空领域生产高温合金的发动机叶片，与普通铸造方法获得的铸件相比，它使叶片的高温强度、抗蠕变和持久性能、热疲劳性能得到大幅度提高。对于磁性材料，应用定向凝固技术，可使柱状晶排列方向与磁化方向一致，大大改善了材料的磁性能。定向凝固技术也是制备单晶的有效方法。

在镁合金材料中，大部分成品都是采用铸造方法得到的。对于一些结构相同的产品，其他材料可以使用塑性加工成型，而对于镁合金在现有的水平下却只能用铸造的方法得到。铸件由于铸造缺陷的存在使其力学性能大打折扣。所以应加大对变形镁合金的研究力度。

在常规的变形镁合金的研究过程中，人们主要通过合金化、精炼、变质处理、电磁搅拌、熔体净化等工艺或方法来改变合金的凝固组织。定向凝固是指在凝固过程中采用强制手段，在凝固金属和未凝固金属熔体中建立起特定方向的温度梯度，从而使熔体沿着与热流相反的方向凝固，最终得到具有特定取向柱状晶的技术。

晶体长大的速度与晶向有关，镁合金系是密排六方结构，$\langle 10\bar{1}0 \rangle$ 为晶体长大的优先方向，其他晶向次之。因而，在定向凝固时那些 $\langle 10\bar{1}0 \rangle$ 取向的晶体若与轴向温度梯度一致，则长大速度最快，在具有一定拉出速度的铸型中形成的温度场内，各取向晶体竞相生长，生长速度最快的晶体抑制了大部分晶体的生长，保留了与热流方向大体平行的单一取向的柱状晶的继续生长。

定向凝固方法得到的自生复合材料消除了其他复合材料制备过程中增强相与基体间界面的影响，使复合材料的性能大大提高。

2.3.3.2　快速凝固技术在不锈钢中的应用

快速凝固技术在不锈钢中的应用。这些技术的应用源于西方国家的研究，所以在这领域西方国家具有极大的主导权。尤其技术引领发现的新型材料在他们手中得到了非常好的应用。近几年来，由于我国经济飞速的发展，城市化程度的提高，对不锈钢的需求日益激增，不锈钢的铸造数量、质量也不断提高。类似现在大型城市的高楼大厦的建造构架，很多都应用了快速凝固技术铸造不锈钢。

快速凝固具有操作简单，工艺流程短，成本低等特点。通过快速凝固技术制备不锈钢产品，可以显著地改善其组织结构，提高其力学性能，通过技术研究更可以得到具有高效性能的新型材料。正因为快速凝固技术在不锈钢制造中有如此之好的发展前景，所以，不论是国外还是国内，都在加紧对其技术研发。

2.3.3.3 快速凝固铝合金材料的制备

快速凝固铝合金的制备主要有快速凝固粉末冶金（RS/PM）和快速凝固喷射沉积（SD）两种方法。

(1) 快速凝固粉末冶金法（RS/PM） 快速凝固粉末冶金法的主要工序是雾化制粉和粉坯热挤压或热锻。粉末的制备最常用的方法是超音速气体雾化法。该方法是利用由 Hartmann 管产生高频、高速的脉冲气流冲击金属液流，并把它粉碎成细小、均匀熔滴，经强制气体对流冷却凝固成细小粉末。超音速雾化法获得的粉末表面光滑，球化效果好，尺寸更为细小。热挤压或热锻是通过压头（冲头）对预压粉坯产生静水压力（冲压力），使粉末在热和力作用下发生变形，通过咬合和黏结而牢固地结合在一起。在挤压时选用较大的挤压比，尽可能打碎粉末中的粗大脆性相及粉末表面氧化物层，使其成为细小的弥散相。采用粉末锻造方法时，应尽量消除自由表面，避免表面缺陷产生。

目前采用粉末冶金法制造的超高强铝合金，虽然成本较高，产品尺寸小，但可以生产铸锭冶金法无法生产的高综合性能合金。国外已开发的粉末冶金法超高强铝合金有 7090、7091 和 CW67 合金等，它们强度均达到了 600MPa 以上，其强度和抗 SCC 性能均比铸锭冶金法合金好，特别是 CW67 合金的断裂韧性最高。现在美国可生产重达 350kg 的坯锭，加工出来的挤压件和模锻件，已应用到飞机、导弹以及航天器具上。

(2) 快速凝固喷射沉积法（SD） 快速凝固喷射沉积法是在雾化的基础上发展起来的，它是把雾化后的熔滴直接喷射到冷金属基底，在基底沉积并依靠金属基底的热传导，使熔滴迅速凝固形成高度致密的预制坯。喷射沉积法最突出的特点是把液体金属的雾化制粉过程和固结成型结合起来，直接从液态金属制取整体致密、接近零件实际形状的大块高性能材料。从而有效地避免了粉末的污染，解决了传统工艺制备高性能材料时存在的组织粗大、成分偏析及热加工困难等问题，简化了工序，降低了生产成本。

喷射沉积法是一种新型的快速凝固技术，其特点介于铸造法和粉末冶金法之间。喷射沉积法与粉末冶金法比，生产工艺简单，成本较低，金属含氧化物少，仅是粉末冶金法的 1/7~1/3，制锭质量大（可达 1000kg 以上），可批量生产，与铸锭冶金法比，喷射沉积法最大的优点是可以制备铸锭冶金法无法生产的高合金化铝合金，而且还可以生产颗粒复合材料。即使是生产普通合金，也还有铸造锭晶粒极其细微，加工材综合性能好等特点。所以采用此方法开发制造具有高性能的超高强铝合金，有着非常好的发展前景。

2.3.3.4 快速凝固镁合金材料的制备

快速凝固是镁合金的微观组织热稳定性有很大的提高，可用于开发新型耐热镁合金。这与相应合金内析出热稳定性高的弥散相有关。快速凝固镁合金的大气腐蚀行为相当于新型高纯常规镁合金 AZ91E 及 WE43，比其他镁合金的腐蚀速率小近 2 个数量级，这是成型过程中稀土化合物与快速冷却的洗净组织的共同作用结果。Mukhopadhyay N. K. 等对 Mg12(Al,Zn)49 采用快速凝固和机械合金法分别制得准晶相和非晶相，且快速凝固法制得的合金硬度是 MA 法制得的 2 倍多。C. Shaw 等定量评估了 Si、Ce、Li 和 Ca 的加入对熔体旋铸 Mg-Al-Zn 合金的硬化作用。有研究表明快速凝固 Mg-Al-Zr 合金形成的弥散 Al3Zr 沉淀相钉扎了晶界，阻止了晶粒的长大，使热稳定性大大提高。日本利用快速凝固粉末冶金法开发出了室温强度和高温强度高，延性良好并呈现高应变速率超塑性的 Mg70Al20Ca10 和 Mg85Al10Ca5 等合金。

2.4 机械合金化技术

机械合金化技术早期主要是利用高能球磨的方法，最初是用来制备 Ni 基 ODS（Oxid Dispersion Strengthehed）强化合金，使 ThO_2 等高熔点氧化物能均匀分散到合金基体中。合金化过程中将欲合金化的元素粉末混合，在高能球磨设备中高速运行，将回转机械能传递给粉末，并在回转过程中冷态条件下冲击、挤压、反复破断，使之成为弥散分布的超细粒子，实现固态下合金化。目前机械合金化已实现工业化生产。

机械合金化粉末并非像金属或合金熔铸后形成的合金材料那样，各组元之间充分达到原子间结合，形成均匀的固溶体或化合物。在大多数情况下，在有限的球磨时间内仅仅使各组元在那些相接触的点、线和面上达到或趋近原子级距离，并且最终得到的只是各组元分布十分均匀的混合物或复合物。当球磨时间非常长时，在某些体系中也可通过固态扩散，使各组元达到原子间结合而形成合金或化合物。

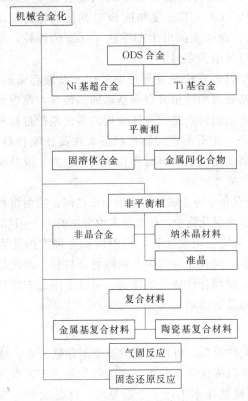

图 2-11　机械合金化技术应用

机械合金化技术已被广泛应用于制备各种先进材料，包括平衡相、非平衡相和复合材料。图 2-11 给出了机械合金化技术的应用框图。由图可见，机械合金化技术是制备复合材料的一种重要方法，机械合金化通过机械混合、弥散强化、自蔓燃烧结、原位反应合成等多种方式制备出了性能优异的复合材料，特别是 20 世纪 80 年代一些材料科学家提出了纳米复合材料的概念后，机械合金化技术被用于制备纳米复合材料，这种材料中的纳米增强相粒子与基体界面清晰、无污染、有很强的界面强度。机械合金化技术已经成为纳米复合材料的一种重要制备方法。

机械合金化技术在新材料研制中已经成为有力的工具之一，虽然很多研究刚刚起步，技术本身还存在效率低、易污染等一系列缺点，但是它已经在人们面前展现出极其诱人的前景。

2.4.1　机械合金化的概念

机械合金化（Mechanical Alloying，MA）是指金属或合金粉末在高能球磨机中通过粉末颗粒与磨球之间长时间的激烈冲击、碰撞，使粉末颗粒反复产生冷焊、断裂，导致粉末颗粒中原子扩散，从而获得合金化粉末的一种粉末制备技术。

20 世纪 70 年代初期机械合金化技术首先被用于制备弥散强化高温合金，20 世纪 80 年代国际镍公司和日本金属材料技术研究所等又推出第二代弥散强化高温合金。除了制备高温合金外，机械合金化技术还被广泛应用于制备结构材料。

1975 年 Jangg 等人提出了"反应球磨"的类似方法，即通过球磨化学添加物与金属粉末，诱发低温化学反应，生成分布均匀的弥散粒子。近年来，机械合金化弥散强化钛合金、镍合金和钼合金以及机械合金化弥散强化金属间化合物的研究日益增多，估计将有更多的新型弥散强化材料问世。

1979 年 White 在用机械合金化法合成 Nb_3Sn 超导材料时第一个提出机械合金化可能导致材料的非晶化，此后材料科学工作者才对机械合金化制备非晶粉末的方法产生了极大兴趣。由于采用机械合金化制备非晶的方法避开了金属玻璃形成对熔体冷却速度和形核条件较为苛刻的要求，因而具有很多优点。

从 20 世纪 80 年代初期到 90 年代初期机械合金化技术主要被用于制备非平衡态材料，几乎所有的非平衡材料都可以采用机械合金化技术来制备。非平衡材料的制备研究使机械合金化技术的研究又掀起一个高潮。随着机械合金化的发展，采用该技术制备磁性材料、超导材料、储氢材料、热电材料及功能梯度材料等方面的研究也取得了巨大进展。

2.4.2 金属粉末的球磨过程

一般来说金属粉末在球磨时，有四种形式的力作用在颗粒材料上：冲击、摩擦、剪切和压缩。冲击是一物体被另一物体瞬时撞击。在冲击时，两个物体可能都在运动，或者一个物体是静止的。脆性物料粉末在瞬间受到冲击力而被破碎。摩擦是由于两物体间因相互滚动或滑动而产生的，摩擦作用产生磨损碎屑或颗粒。当材料较脆和耐磨性极低时，摩擦起主要作用。剪切是切割或劈开颗粒。通常，剪切与其他形式的力结合在一起发挥作用。两物体斜碰可以产生剪切应力，剪切有助于通过切断将颗粒破碎成单个颗粒，同时产生的细屑极少。压缩是缓慢施加压力于物体上，压碎或挤压颗粒材料。

如图 2-12 所示，球磨机运动时，将一定容积的粉末夹挤在两冲撞球之间。夹挤在两球之间粉末的数量和容积大小取决于许多因素，如粉末粒度、粉末松装密度、球体的速度及其表面粗糙度等。

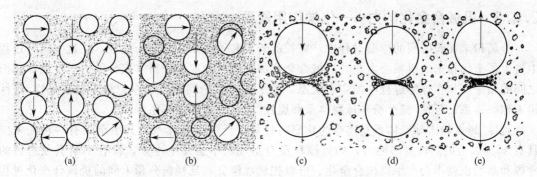

图 2-12 在随机搅动装填的球体和粉末中，夹挤两球间粉末容积的变化过程
（a）～（c）颗粒的夹挤和压缩；（d）团聚；（e）由于弹性能，团聚颗粒的释放

球体相互接近时，大部分颗粒被排出，只有剩余的少量颗粒在球体碰撞的一瞬间，被夹挤在减速球体之间，并且受到冲撞 [图 2-12(a)、(c)]，若冲击力足够大，则粉末的夹挤容积将受到压缩，以至形成团聚颗粒或丸粒 [图 2-12(d)]，当弹性能促使球体离开时，则释放出团聚颗粒或丸粒 [图 2-12(e)]。若接触颗粒的表面间因焊接相结合或机械咬合在一起，并且结合力足够大时，则团粒不会分裂开。

碰撞压缩过程可分为三个阶段，第一阶段是粉末颗粒的重排和重新叠置。粉末颗粒间相互滑动，这时颗粒只产生极小变形和断裂。在这一阶段颗粒形状起着重要作用。流动性最好和摩擦力最小的球形颗粒，几乎全部从碰撞体间被排出；流动性最差和流动摩擦阻力最大的饼状和鳞片状颗粒，很容易被夹挤在球体表面之间。表面不规则的颗粒因机械连接也趋向于形成团粒。碰撞压缩的第二阶段为颗粒的弹性和塑性变形以及金属颗粒发生冷焊，塑性变形和冷焊对硬脆粉末的粉碎几乎没有什么影响，但可以强烈改变塑性材料的球磨机理。在第二阶段大多数金属发生加工硬化。碰撞压缩的第三阶段是颗粒进一步变形、密实或者被压碎破裂。对于硬脆粉末多为直接碎裂，对于延性粉末则为变形、冷焊、加工硬化或者断裂。

不能进一步被破碎的微小压坯的大小（最终破碎的程度），取决于颗粒间结合强度以及粉末颗粒的形状、大小、粗糙度和氧化程度。在球磨过程中，对于单一粉末颗粒来说发生了一系列的变化，如微锻、断裂、团聚和反团聚。

微锻是指在最初的球磨过程中，由于磨球的冲击，延性颗粒被压缩变形。颗粒反复地被磨球冲击压扁，同时单个颗粒的质量变化很小或没有变化。脆性粉末一般没有微锻过程。

断裂是指球磨一段时间后，单个颗粒的变形达到某种程度，裂纹萌生、扩展并最终使颗粒断裂。颗粒中的缝隙、裂纹、缺陷及夹杂都会促进颗粒的断裂。

团聚是指颗粒由于冷焊，海绵状或具有粗糙表面的颗粒机械联结或自黏结产生的聚合。自黏结是颗粒间分子相互作用，具有范德华力的特性。

反团聚是一种由自黏结形成团粒的破碎过程，但对单个粉末颗粒来说，并没有进一步破碎。

金属粉末的破碎机理为，金属粉末在球磨过程中的第一阶段为微锻过程，在这一阶段，颗粒发生变形，但没有发生因焊接而产生的团聚和断裂，最后，由于冷加工，颗粒的变形和脆裂非常严重。第二阶段，在无强大聚集力情况下，由于微锻和断裂交替作用，颗粒尺寸不断减小。当颗粒（特别是片状颗粒）被粉碎得较细时，相互间的联结力趋于增加，团粒变得密实。最后阶段，反团聚的球磨力与颗粒间的相互联结力之间达到平衡，从而生成平衡团聚颗粒，这种平衡团聚颗粒的粒度也就是粉碎的极限粒度。

2.4.3　机械合金化的力——化学作用原理

金属粉末在长时间的球磨过程中，颗粒的碎裂和团聚贯穿整个过程。在这一球磨过程中发生了金属粉末的机械合金化。机械合金化的球磨机理取决于粉末组分的力学性质、它们之间的相平衡和在球磨过程中的应力状态。为了便于讨论问题，可以把粉末分成延性/延性粉末球磨体系、延性/脆性粉末球磨体系和脆性/脆性粉末球磨体系。

延性/延性粉末球磨体系是迄今为止研究得最广泛的合金体系，其中至少有一种粉末应具有15％以上的塑性变形能力，如果颗粒没有塑性就不会发生冷焊，没有不断重复进行的冷焊和断裂也就不会产生机械合金化。可以把延性组分和延性组分粉末间的机械合金化过程划分为五个阶段：第一阶段为球与粉碰撞产生微锻，延性粉末颗粒变成片状和碎块状，少量的粉末（通常1～2颗粒厚）被冷焊到磨球表面，焊合层阻止了球磨介质表面的过度磨损，同样也减少了污染。由于微锻和断裂过程交替进行，粉末的粒度随球磨时间的延长不断减小。第二阶段为发生广泛冷焊的过程，片状粉末被焊合在一起形成层状的复合组织，随着断裂和冷焊的交替进行，复合粒子发生加工硬化，硬度和脆性均增加，颗粒尺寸进一步细化，层间距减小，且呈卷曲状。第三阶段开始合金化，合金化是在诸多因素共同作用下进行的，如由球磨产生的热效应，塑性变形产生的晶体缺陷所形成的易扩散路径，层状组织更微细和更弯曲引起的扩散距离缩短等。第四阶段，随球磨过程的继续进行，层间距逐渐减小到连光学显微镜也无法分辨。第五阶段，继续球磨，完全互溶的组分之间在原子尺度上实现合金化，即形成了金属粉末的机械合金化。

延性组分和脆性组分的粉末机械合金化球磨机理大体上和延性/延性粉末体系的相同，金属和陶瓷组成的体系就是这类体系的代表。此外，金属与类金属（Si、B、C）以及金属与金属间化合物也属于延性/脆性体系。在这类材料的机械合金化过程中，延性组元同样有微锻变平和破碎断裂过程，而脆性组元很快被粉碎。第一阶段仍然为破碎过程，磨球与粉末之间的碰撞使塑性金属粉末变平，成为片状或饼状，脆性组元则发生破碎。第二阶段是片状延性粉末和硬脆的粒状粉末形成层状复合组织，硬脆粉末集中在两层延性粉末的交界处。第三阶段，随着球磨过程的继续，粉末反复焊合、断裂，延性粉末发生加工硬化，片状组织发生弯曲、断裂和细化，延性粉末和脆性粉末之间越来越接近，最终混合并且呈卷曲状。如果脆性相与基体不相溶，则导致脆性相的进一步细化且弥散分布，如 ODS（氧化物弥散强化）合金。

脆/脆系粉末在球磨过程中，某些组分间能够发生扩散传输。塑性变形是对这种扩散传输过程有贡献的可能机制之一。球磨时脆性组分能够发生塑性变形的原因为：a. 局部温度升高；b. 具有无缺陷区的微变形；c. 表面变形；d. 球磨过程中粉末内部的静水应力状态。一般地，脆性材料的球磨存在一个粒度极限，当达到这一极限值时，进一步球磨粉末颗粒的尺寸不再减小，这时球磨提供的能量有可能改变粉末的热力学状态，引起合金化。摩擦磨损也可能是脆/脆粉末实现机械合金化的机制之一。在球磨脆性材料时，具有低粗糙度和锋利边缘的脆性不规则尖锐粒子可嵌入到其他粒子中，并引起塑性流变-冷焊，而不是断裂，因此使得机械合金化能够进行。

2.4.4 机械合金化制备弥散强化合金

机械合金化技术可以用于通常熔炼技术难以或不可能使合金元素产生合金化的场合。该技术在弥散强化合金的制备中得到了广泛而成功的应用。弥散强化合金按其弥散相的种类大体可分为氧化物弥散强化合金（ODS 合金）和碳化物弥散强化合金（CDS 合金）。机械合金化技术最初应用于制备 Ni 基和 Fe 基弥散强化超合金，近年又发展到铝基、铜基等其他合金体系。

2.4.4.1 ODS 合金

由 Benjamin 发明的机械合金化方法生产的 ODS 合金是把一种或数种金属粉末在高能球磨机中混合，反复进行压合和破碎，从而实现合金化和氧化物颗粒的均匀弥散分布。采用机械合金化生产的 ODS 合金是在传统的固溶强化或析出强化的基础上进一步利用氧化物颗粒的弥散强化效果，以获取更优异的高温强度。氧化物弥散强化的机理为：细小粒子能够阻碍位错的运动，增大合金的蠕变抗力。弥散相粒子还可以阻碍再结晶过程，从而在最终退火期间可以促进稳定的大晶粒生成。在高温加载期间，这种粒子可以阻碍晶粒转动和晶界滑移，使合金的高温强度提高。

早期用于航空工业的 ODS 合金主要是 TD 镍和 TD 镍铬（用 ThO_2 作为弥散强化相），随着航空工业的发展，对耐热材料的高温强度、抗氧化能力等性能指标提出了更高要求，Fe 的熔点可达 1536℃，比 Ni 的熔点（1453℃）高，所以此后发展了铁基弥散强化合金。

2.4.4.2 CDS 合金

从 20 世纪 80 年代才开始研究和发展的新型弥散强化材料，材料中含有碳，碳随后转变成 Al_4C_3 而成为弥散强化相，同时起弥散相强化作用的还有 Al_2O_3 粒子，合金具有良好的综合性能，此外还包括有弥散强化铜合金。

1977 年奥地利的 Jangg 教授和国际镍公司的 Benjamin 分别报道了 Al-C 系弥散强化合金。瑞士学者 Irmann 发明的 SAP 材料，具有良好的中子吸收能力、优异的抗冷却液和核燃料腐蚀的能力，在 400～450℃ 的工作温度下具有足够高的力学性能，抗蠕变性能好。为了找到一种强度与硬铝（LY12）相当，而且抗腐蚀性能又特别好的合金，国际镍公司采用 MA 方法制备了一系列 Al-Mg ODS 合金，典型的 Al 基弥散强化合金是 Al9052 和 Al9021。由于高温铝合金在机械合金化过程中形成了大量的热稳定性较高的弥散第二相颗粒，使得机械合金化高温铝合金的耐热性能优于快速凝固铝合金。用快速凝固（RS）和机械合金化（MA）双重工艺制备各种耐热铝合金的技术愈来愈引起重视。快速凝固粉末在进行 MA 处理后，粉末颗粒之间出现了氧化物和碳化物的弥散粒子（约 30nm）。经热加工后，它们均匀分布在基体-金属间化合物界面上及亚晶界上或铝基体中。这种弥散粒子抑制了金属间化合物的粗化和晶粒的长大，提高了材料的蠕变性能。

Cu 基 ODS 合金的开发和研制是弥散强化领域中一个重要课题。它首先着眼于在不降低铜的导电性和导热性的前提下，提高铜的强度和耐热性。与传统的铜合金相比，它具有高强度、高导电性、高热导率和高的热稳定性，更适合在高温下使用。为了使铜粉表面的微细 Al_2O_3 粒子均匀、弥散地分布在基体中，采用机械合金化方法制备 Cu 基 ODS 合金。

2.4.5　机械合金化制备

2.4.5.1　机械合金化制备非平衡相材料

机械合金化和快速凝固、能量束加工与气相沉积技术一样是一种制备非平衡材料的重要加工方法。机械合金化主要是通过塑性变形储存机械能，然后在非平衡状态下合成材料；而快速凝固、能量束加工、气相沉积主要是通过液相或气相转变为固相时产生的结构冻结状态，形成非平衡相材料。不同制备技术获得亚稳结构的能力可以根据其远离平衡态的程度来估计。一般来说，气相沉积和离子注入所得到的材料结构远离平衡态的程度最大，而机械合金化与快速凝固相比，前者的结构更加远离平衡态，在发展非平衡态材料方面具有更大的潜力。

2.4.5.2　机械合金化制备非晶和准晶合金

Shechtman 等人在 1984 年首次发现快速凝固 Al-Mn 合金表现出明显的五次对称衍射花样。这一发现在材料研究领域引起了人们对这类准晶相的极大兴趣。制备准晶合金可采用快速冷凝、溅射、气相沉积、离子束混合、非晶相热处理、固态扩散反应及熔铸等多种方法。Ivanov 等人用机械合金化制得了成分为 $Mg_3Zn_{5-x}Al_x$（其中 $x=2～4$）和 $Mg_{32}Cu_8Al_{41}$ 的二十面体准晶相，其结构和快冷法制备的二十面体准晶相相同。

2.4.5.3　机械合金化制备亚稳相和高压相

通过机械合金化合成了一些亚稳态的金属间化合物和固溶体，这些亚稳相和通过快冷形成的亚稳相之间存在较大差别。机械合金化过程产生压力据估计可高达 6GPa，这也是能够将高压相保持到常压下的原因。通过机械合金化，高压多晶相 Dy_2S_7 和 Y_2S_3 在常压下仍然存在，同样其他一些高压相如 $Cu_{2-x}S_x$ 和 $CuCe_2$ 在常压下也能通过机械合金化合成出来。

2.4.5.4　机械合金化制备纳米晶材料

纳米材料是当今材料领域的研究热点，由于其具有小尺寸效应、表面和界面效应、量子尺寸效应和宏观量子隧道效应，因此引起材料在力学、电学、磁学、热学、光学和化学活性等特性上的变化。制备纳米晶的方法主要有固相法、液相法、气相法三大类。

2.4.5.5 机械合金化制备功能材料

自从 1976 年美国 Duwez 教授率先开发出 Fe-P-C 系非晶软磁合金以来，非晶软磁合金由于其独特性能日益受到重视。其主要性能特点为：具有较高的强度和硬度，无晶界和位错等晶体缺陷；良好的耐腐蚀性能；电阻率较一般软磁合金的大。通常制作这类合金的方法是溅射法和熔体快凝法，但这两种方法都有一定的局限性，近年来通过机械合金化方法已成功地制备出一些非晶软磁合金。

机械合金化在制备永磁材料方面具有广阔的应用前景，自从 1983 年发现了 Nd-Fe-B 永磁体后，人们通常都用粉末冶金法和快淬法来制造 Nd-Fe-B 粉末磁体。1987 年德国西门子公司的 Schultz 最先用机械合金化方法制备了 $Nd_{15}Fe_{77}B_8$ 永磁体。

机械合金化制备材料的方法，给超导材料的开发开创了新的思路。实际上最早应用机械合金化开发超导材料的是 1977 年 Larson 等人合成了 A15 型超导体 Nb_3Al，1979 年 White 合成的 Nb_3Sn。这类材料由于组元熔点相差很大且凝固反应具有包晶性质，用传统的熔炼技术很难制备出这类化合物。还有一类材料是互不固溶的合金，这类材料即使在液相也会发生相分离。另外，具有高临界温度的 A15 型超导化合物的脆性很大，难以冷加工变形，而通过机械合金化能够制备出均匀的合金材料，并易于后续加工。

储氢材料作为一种新型功能材料，在能源日益短缺，环境污染日益严重的今天，受到人们越来越多的重视。储氢材料的制备方法一般有熔融法、烧结法、共沉淀、还原扩散法、急冷非晶化法和机械合金化法。

热电材料不仅用于敏感器件，而且还广泛用于温差发电和制冷器件，温差发电和制冷的工作原理不同，但它们的材料相类似，因此常常考虑把它们统一做成一个既能作为发电器或热泵又可作为制冷的装置。用半导体热电材料做成的温差发电机，其效率不如火力发电机，但它常用于火力发电不方便的地方，也可用于废热利用方面。半导体制冷器的性能价格比（制冷能量/价格）不如压缩式制冷机，但它的体积可做得极小并且具有无振动、无噪声、无摩擦以及温度控制容易等特点，因此在航空航天、医院、科研及仪器上应用很广。

金属基和金属氧化物基难熔化合物具有理想的性能，如极高的硬度、高温稳定性、高导热性和良好的抗腐蚀性。难熔化合物通常是通过金属在高温高压环境下反应直接合成得到的，而且制备过程一般是在等温条件下进行，得到的最终产物往往是不均匀的，还残余一些未反应的金属。相对于传统的制备方法来说，机械合金化是制备难熔化合物粉末经济、快速的方法。通过机械合金化方法制备的难熔化合物主要有碳化物、氮化物和硼化物。

电触头是电器开关、仪器仪表等的接触元件，主要承担接通、断开电路及负载电流的作用。制备电触头的材料主要有 Ag 基、Cu 基两大类，制备方法主要是粉末冶金法和熔炼法两类。目前应用的各系列电触头材料的组元在基体中的溶解度是十分有限的，有时在液态下也不互溶，因此常常采用粉末冶金方法制备。然而，粉末冶金法常常由于混合不均匀、粉末易团聚等因素，严重地影响电触头烧结材料的物理性能和电性能。而机械合金化相对于机械混合来说可以在原子级水平进行合金化，因此机械合金化可以用来制备混合均匀、性能更高的电触头材料。

2.5 半固态金属加工技术

半固态金属加工技术（Semi-solid Metal Forming，SSM），它是利用半固态金属相当低的剪切应力以及很好地流动性的特点，将这种既非完全液态也非完全固态的金属浆料加工成型的一种新型加工方法，半固态成型工艺示意图如图 2-13 所示。

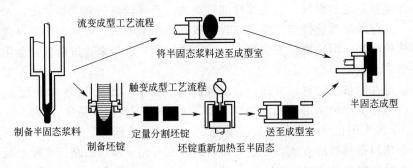

流变成型工艺流程

将半固态浆料送至成型室

触变成型工艺流程

制备半固态浆料

制备坯锭

定量分割坯锭

坯锭重新加热至半固态

送至成型室

半固态成型

图 2-13　半固态成型工艺示意图

20 世纪 70 年代初，Flemings 等研究者们发展了一种搅动铸造新工艺。随后此法被美国麻省技术研究院（MIT）定义为流变铸造、触变铸造或搅动铸造——即半固态金属成型技术。70 年代以来，美国、日本等国针对铝、镁、铅、铜等的合金进行了研究，其重点主要放在成型工艺的开发上。与铸造相比，它成型温度低、流动性与液态金属接近；与锻造相比，它成型力低，力学性能接近锻造水平。因此当前研究者认为，这是一种潜在的大有发展前景的近净成型技术的金属加工技术。

SSM 技术应用范围很广，存在固液两相区的合金均可实现，并能适用于铸造、挤压、锻压、焊接等多种加工工艺。其充型平稳，加工温度低，凝固收缩小，因而铸件尺寸精密度高，表面平整光滑，铸件内部组织致密，气孔、偏析等缺陷少，晶粒细小，力学性能高。另外，半固态合金流动应力低、成型速度快，由于成型温度低，对模具的热冲击低，因此铸模寿命大幅度提高，并且与普通铸造相比可节约能源。

目前，国外进入工业应用的半固态金属主要是铝、镁合金，这些合金最成功的应用主要集中在汽车领域，如半固态模锻铝合金制动总泵体、挂架、汽缸头、轮载、压缩机活塞等。铝合金半固态加工技术（触变成型）已经成熟并进入规模生产，主要应用于汽车、电气、航空航天领域。

半固态金属加工工艺的工艺路线通常有两条：一条是经搅拌获得的半固态金属浆料在保持其半固态温度的条件下直接进行半固态加工，通常被称为流变铸造（Rheocasting）；另一条是将半固态浆料冷却凝固成坯料后，根据产品尺寸下料，再重新加热到半固态温度，然后进行成型加工，这称为触变成型（Thixoforming）。另外，还有美国威斯康星触变成型发展中心开发的射铸成型，它是通过加热源和特殊的螺旋桨推进系统将具有枝晶组织的合金锭在传输过程中加热剪切，使其具有流变性后射入模具型腔成型的工艺。

半固态成型工艺主要包括浆料制备与成型工艺。

2.5.1　半固态浆料的制备

SSM 中的一个关键问题就是如何制备优质的半固态棒坯。浆料的制备主要是在金属液凝固的过程中通过电磁搅拌、超声波搅拌等借助外力的方式破碎枝晶从而达到细化晶粒的目的。通常，半固态金属浆料的制备方法有机械搅拌法、电磁搅拌法和应变激活法。此外还有液相线铸造法、紊流效应法、粉末冶金法和斜管法等。

（1）机械搅拌法　机械搅拌法是制备半固态金属最早使用的方法，它可以通过控制搅拌温度、搅拌速度和冷却速度等工艺参数，使初生树枝状晶破碎而成为颗粒结构。采用机械搅拌法可以获得很高的剪切速率，有利于形成细小的球微观结构。通常有两种类型：一种是由两个同心带齿的圆筒所组成，装浆料的内筒保持静止，外筒旋转；另一种是在熔融的金属中插入一根搅拌棒进行搅动。机械搅拌法设备简单，但操作困难，搅拌腔体内部往往存在搅拌不到的死区，影响了浆料的均匀性，而且搅拌叶片易被腐蚀，搅拌棒污染合金，生产效率低。

（2）电磁搅拌法　电磁搅拌法是利用电磁感应在凝固的金属液中产生感应电流，在外加旋转磁场的作用下促进金属固液浆料激烈地搅动，成涡流运动，使传统的枝晶组织转变为非枝晶的搅拌组织。一般地，影响电磁搅拌效果的因素有搅拌功率、冷却速度、金属液温度、浇注速度等。电磁搅拌的突出优点是不用搅拌器，不会污染金属浆料，也不会卷入气体。电磁参数控制方便灵活，尤其适用于高熔点金属的半固态制备。但设备投资大、工艺复杂、成本较高，由于"集肤"效应，该技术只运用于直径小于 150mm 的锭坯。在众多制备方法中，电磁搅拌法是一种较好的方法。

（3）应变激活法　应变激活法就是预先连续铸造晶粒细小的金属锭，再将其热挤压达到一定变形，在组织中储存部分变形能量，最后按需要将变形后的金属锭分切成一定大小，加热到半固态。在加热过程中，首先发生再结晶，然后部分熔化，使固相晶粒分散在液相基体中，得到半固态坯料。该法制备的金属坯料纯净、产量大，对制备较高熔点的非枝晶组织合金具有其独特的优越性，但成本高。

（4）液相线铸造法　液相线铸造法就是将合金熔体在液相线温度附近保温一定时间后，进行浇铸，以获得适合触变成型的半固态金属。液相线铸造合金熔体温度低、温度场均匀，在浇铸过程中大量晶核在熔体中均匀产生，形成细小、均匀、等轴的半固态浆料。该方法简单高效、节能节材。

（5）紊流效应法　紊流效应法的原理是让金属液通过特制的紊流装置，利用金属液的紊流效应抑制枝晶生长。该方法对紊流装置的结构和材料以及加工技术要求很高。目前尚未见工业应用报道。

（6）喷射成型法　此方法是金属熔化成液态金属后，雾化为熔滴颗粒，在喷射气体作用下部分凝固的微滴直接沉积在收集基板上。当每个熔滴的冲击能够产生足够的剪切力打碎熔滴内部形成的枝晶时，凝固后便成为颗粒状组织，加热到局部熔化时，也可得到具有球形颗粒固相的半固态金属浆料。

（7）粉末冶金法　粉末冶金法是将不同熔点的固态粉末按一定比例均匀混合，并压制制成试样，随后快速加热到低熔点合金的熔点以上，低熔点合金的粉末熔化而高熔点的合金仍以颗粒状保持在液相基体中，再加以适当的保温，形成固液混合的半固态坯料的方法。粉末冶金法制备的半固态浆料组织细微，且具有良好的流动性，但制作工艺较复杂，成本高，难于实用，与喷射成形法一样，只适于用来制备具有特殊用途的产品。

（8）斜管法　斜坡法是使金属熔体流经一个冷却斜坡，借助斜坡的冷却作用来增加晶核的数目，从而达到细化晶粒，获得理想的非枝晶组织的目的。而斜管法是在斜坡法的基础上改进的制坯工艺，斜管法采用的是封闭的斜管，可以扩大其应用范围，例如可以应用于镁合金的生产方面。影响该坯料组织的主要因素为浇注条件、斜管的冷却能力、结晶器的冷却速度，斜管的材料、倾角和长度等。

2.5.2　半固态成型工艺

目前，半固态成型技术按其工艺方案主要可分为流变成型和触变成型两大类。

(1) 流变成型　在金属凝固过程中，通过施加搅拌或扰动、或改变金属的热状态、或加入晶粒细化剂等手段，改变合金熔体的凝固行为，获得一种液态金属母液中均匀地悬浮一定球状初生固相的固-液混合物（半固态浆料），并利用此浆料直接成型加工的方法。

流变成型工艺中，半固态浆料中固相颗粒的尺寸和形状与冷却速度、搅拌方法、搅拌速度等显著相关，并且易于维持在低固相分数状态，通过搅拌可用于凝固区间小甚至共晶的合金或纯金属。

流变成型在半固态发展初期就被认为是最具发展潜力的工艺过程，它具有工艺流程短、设备简单、节省能源、适用合金不受限制等特点，是未来金属半固态成型的一个重要发展方向。但是由于半固态金属浆料的保存和输送很不方便，严重制约这种成型方法的实际应用。

(2) 触变成型　获得半固态浆料后，将其进一步凝固成坯料（通常采用连铸工艺），根据需要将坯料切分，然后把切分的坯料重新加热至固-液两相区形成半固态坯料，利用这种半固态坯料进行加工成型的方法。触变成型工艺中，半固态浆料中固相粒子由母材晶粒未熔化的部分构成，颗粒尺寸与形状依赖于母材，并且易于维持在高固相状态，适合用于凝固区间大的合金。与流变成型相比，触变成型解决了半固态浆料制备与成型设备相衔接的问题，易于实现自动化操作。因此，触变成型工艺已成功实现了工业应用，目前国外已形成了一定的商业生产规模。但是，随着触变成型工艺的不断推广和应用，其主要缺陷也逐渐暴露出来，如浆料制备成本高、设备投资大、坯料的成分和微观结构不均匀、浆料制备过程控制难度大等，成为制约触变成型工艺发展的主要瓶颈，也成为近年来半固态成型技术的研究重点。

2.5.3　半固态加工的应用

半固态加工技术对于铝、镁、锌、铜、镍和钢铁等有较宽固液共存区的合金体系均适用。尤其是低熔点的铝合金和镁合金最为适用。因此目前铝合金和镁合金利用半固态加工技术，大批量生产其零部件已获得广泛应用。

在交通运输行业，半固态加工技术是 21 世纪被关注的一项热点。特别是在汽车行业，许多零部件利用半固态成形技术来生产具有十分理想、性能好、成本低又能轻量化的优点。

在家用电器行业，目前日本、欧美一些国家和地区已经开始通过半固态加工技术生产电视机、电话机、手机和笔记本电脑的外壳，计算机、数码相机及电视摄像机等的零部件。尤其是镁合金和铝合金的这些部件，使各类家庭产品轻量化、长寿化，还有诱人的金属光泽。最让世人关注的是镁铝合金回收再生性强的特点，如替代塑料对环保非常有利。

2.6　纳米金属材料制备技术

在金属材料的生产中利用纳米技术，有可能将材料成分和组织控制得极其精密和细小，从而使金属的力学性能和功能特性得到质的飞跃。纳米金属材料是当今新材料研究领域中最具活力、对未来经济和社会发展有着十分重要影响的研究对象，也是纳米科技中最活跃、最接近应用的组成部分。纳米金属材料是 20 世纪 80 年代开发的一种高新材料，是指晶粒尺寸小于 100nm 的金属材料，包括纳米金属粉末和纳米金属结构材料。

2.6.1　纳米技术的特性

纳米金属的特性主要有：a. 表面效应。由于纳米粒子的表面原子数增多，极不稳定，很容易与其他原子结合趋于稳定，因此，纳米粒子具有很高的化学活性。b. 小尺寸效应。当超细微粒的尺寸减小到与光波波长、德布罗意波长以及超导态的相干长度或透射深度等物理特征尺寸相当或更小时，晶体周期性的边界条件被破坏；非晶态纳米颗粒的颗粒表面附近原子密度减小，导致声、光、电、磁、热、力学等特性呈现新的小尺寸效应，材料的宏观物理、化学性能将会发生很大变化。c. 量子尺寸效应。d. 宏观量子隧道效应。

因此，纳米金属材料不但具有块体金属所具有的特性，还具有块体金属所不具有的许多特性。纳米固体材料还具有许多既不同于块体金属又不同于纳米金属颗粒的新特性，如协同效应等。纳米金属粒子由于颗粒体小，表面原子数目显著增大，量子尺寸效应、体积效应（小尺寸效应）、表面效应和宏观量子隧道效应明显，因而呈现出特异的物理、化学、光学、力学、电学与磁学性能。

2.6.2　纳米金属的制备方法

(1) 气相法　气相法制备金属纳米粉体始于 20 世纪 60 年代初期，1984 年西德 Searlands 大学材料系 H. Gleiter 教授的研究小组在气相法制备金属纳米粉体的基础上首次采用惰性气体保护原位加压成型法成功制备出了高性能的块体金属纳米 Fe、Pd 等材料，随后，气相法制备金属纳米粉体、固体材料在世界范围内掀起高潮，现已进入产业化阶段。气相法是直接利用气体，或通过各种手段将原料变成气相，使之在气体状态下发生物理变化或化学反应，最后在冷却过程中凝聚长大形成纳米微粒的方法。用该方法制得的纳米粉纯度高、颗粒分散性好、粒径分布窄。

(2) 液相法　液相法是当前实验室及工业上广泛采用合成高纯微粒纳米粉体的方法，其原理是：选一种或几种合适的可溶性金属盐类，按所制备的材料的成分计量配制成溶液，使各元素呈离子或分子态，再加入一种合适的沉淀剂采用或蒸发、或升华、或水解等方法进行操作，将金属离子均匀沉淀或结晶出来，最后将沉淀或结晶物脱水或加热分解而制得纳米粉。液相法特别适合制备组成均匀、纯度高的复合氧化物纳米粉体，但其缺点是溶液中形成的粒子在干燥过程中，易发生相互团聚，导致分散性差，粒子粒度变大。应用于液相法制备纳米微粒的设备比较简单，其生成的粒子大小可以通过控制工艺条件来调整，如溶液浓度、溶液的 pH 值、反应压力、干燥方式等。

(3) 固相法　固相法是一种比较传统的粉末制备工艺，用于粗颗粒微细化。由于该方法成本低、产量高，制备工艺简单，再加上近年来又涌现了高能球磨、气流粉碎和分级联合等新方法，因而在一些对粉体纯度和粒度要求不太高的场合仍然适用，但由于该方法效率低、能耗大、设备昂贵、粉不够细、有杂质、颗粒易变形或氧化等，在高科技领域中较少采用此方法。

(4) 机械粉碎法　该法是将大块物料放入微粉粉碎机（高能球磨机或气流磨机）中，利用介质和物料之间相互研磨和冲击使物料细化，通过控制适当的研磨条件以制得纳米级晶粒的纯元素、合金或复合材料。该法制备纳米晶粉末的机理目前尚不清楚。通常认为在中低应变速率下，塑性变形由滑移及孪生产生。而在高应变速率情况下，产生剪切带，由高密度位错网构成。

机械粉碎法的优点是工业化较易实行，工艺简单，制备效率高，能粉碎高熔点金属或合金；缺点是晶粒尺寸不均匀，易引入某些杂质，使颗粒表面和界面发生污染，纯度不高。

(5) 电爆法　电爆法是利用高压放电，使得金属丝熔融气化，金属蒸气在惰性气体碰撞下形成纳米金属粒子。该方法适用于工业上连续生产纳米金属粉末。

电爆法是美国 Argonide 公司的专利技术，并于 20 世纪 90 年代应用该法进行纳米铝粉的商业生产。即在惰性气体中，脉冲大电流（兆安级）作用于金属丝，将产生 10000～20000℃ 高温，同时形成金属等离子体。在等离子体弧柱中，金属的蒸气压非常高，从而能克服电磁场的束缚，产生爆炸，在其周围形成含有粒径为 100nm 左右的金属微粒蒸发区，冷凝后形成纳米粒子。

(6) 金属喷雾燃烧法　喷雾燃烧法是一种将金属熔体直接雾化燃烧以获得纳米级金属氧化物的新方法。由于金属氧化燃烧反应是氧原子与各个金属原子间的化合反应，则合金熔体在经雾化、燃烧后可获得复合的金属氧化物粉末。此工艺国外已经用于工业生产，但国内用于工业化生产还比较少。

喷雾燃烧法的显著特点是反应速度快，生产效率高，整个工艺过程中除氧气外，没有其他任何酸、碱、盐及水等物质参与反应，对环境不构成任何污染，尤具吸引力的是能够制备均匀混合的多相氧化物纳米粉体，即所谓复合粉体。此工艺的缺点是要求金属熔体过热度较高，目前仅限于制备低熔点金属的氧化物粉体，即使是低熔点金属，为了使金属熔体在雾化后能着火燃烧，也必须将其过热到数倍于熔点的温度。且对高压氧气加热的操作具有一定的危险性。

参 考 文 献

[1] 蒋国昌. 钢铁冶金及材料制备新技术. 北京：冶金工业出版社，2005.

[2] 刘静安，谢水生. 铝合金材料的应用与技术开发. 北京：冶金工业出版社，2004.

[3] 张玉龙，赵中魁. 实用轻金属材料手册. 北京：化学工业出版社，2006.

[4] 肖亚庆，谢水生，刘静安. 铝加工技术实用手册. 北京：冶金工业出版社，2005.

[5] 周尧和，胡壮麟，介万奇. 凝固技术. 北京：机械工业出版社，1998.

[6] 李月珠. 快速凝固技术和新型合金. 北京：宇航出版社，1990.

[7] 程天一，章守华. 快速凝固技术和新型合金. 北京：宇航出版社，1990.

[8] 董翠粉，米国发. 快速凝固技术及在铝合金材料中的应用. 航天制造技术，2008，4：43-46.

[9] 谢壮德，沈平，董寅生. 快速凝固铝硅合金材料及其在汽车中的应用. 材料科学与工程，1999，17（4）：102.

[10] 林钢，林慧国，赵玉涛. 铝合金应用手册. 北京：机械工业出版社，2006.

[11] 潘复生，张丁非. 铝合金及应用. 北京：化学工业出版社，2006.

[12] 喻岚，李益民，邓忠勇，等. 粉末冶金钛合金的制备. 轻金属，2003，9：43-47.

[13] 王志，袁章福，郭占成. 熔盐电解法直接制备钛合金新工艺探讨. 有色金属，2003，55：32-43.

[14] 郭景杰，盛文斌，贾均. 钛合金金属型铸造工艺研究现状. 特种铸造及有色合金，1999，1：125-127.

[15] 李大成. 钛冶炼工艺. 北京：化学工业出版社，2009.

[16] 陈静，杨海欧，杨健，等. 高温合金与钛合金的激光快速成形工艺研究. 航空材料学报，2003，10：100-103.

[17] 陈静，杨海欧，杨健，等. TC4 钛合金的激光快速成型特性及熔炼组织. 稀有金属快报，2004，4.

[18] 邱竹贤. 冶金学（下卷）：有色金属冶金. 沈阳：东北大学出版社，2001.

[19] 王艳丽，等. 快速凝固技术在镁合金制备中的应用. 材料导报，2010，24（16）：505-514.

[20] 张振亚. 粉末热挤压制备高性能镁合金研究. 济南：山东大学，2010.

[21] 李冰. 纳米晶镁合金制备及性能研究. 哈尔滨：哈尔滨工业大学，2010.

[22] 梁莉. 微波加热白云石与金属镁制备的实验研究. 重庆：重庆大学，2008.

[23] 刘平，任凤章，贾淑果. 铜合金及其应用. 北京：化学工业出版社，2007.

[24] 王碧文，王涛，王祝堂. 铜合金及其加工技术. 北京：化学工业出版社，2007.

[25] 汪礼敏. 铜及铜合金粉末与制品. 长沙：中南大学出版社，2011.

[26] 许春香. 材料制备新技术. 北京：化学工业出版社，2010.

[27] 陈振华，陈鼎. 机械合金化与固液反应球磨. 北京：化学工业出版社，2006.

[28] 李群. 纳米材料的制备与应用技术. 北京：化学工业出版社，2008.

[29] 陈洪杰，李志伟，赵彦保，等. 纳米合金的制备进展. 化学进展，2004，16（5）：682.

[30] 朱红. 纳米材料化学及其应用. 北京：清华大学出版社，2009.

[31] 毛卫民. 半固态金属成形技术. 北京：机械工业出版社，2004.

[32] 逯允龙，吉泽升，洪艳. 钢铁材料半固态研究现状及展望. 金属热处理，2006，8（31）：27-31.

[33] 毛卫民，赵爱民，钟雪友. 半固态金属成形应用的新进展与前景展望. 特种铸造及有色合金，2002（压铸专刊）：245-248.

[34] Willis TC. Spray Deposition Process for Matal Matrix Composite Manufacture. Metals & Materials，1998，4：485-492.

[35] Sharma R. An electrolytic process for magnesium and its alloys production. Light Metals，1996：1113-1122.

[36] Dong HS，Jong JP，Yong SK，Kyung TP. Materials Science and Engineering A，2002，328（1-2）：98-103.

第3章

单晶材料的制备

随着计算机技术、激光技术和航空航天技术的发展，人类已经走进了一个崭新的空天地一体化的时代，而实现这一巨大变化的物质基础正是硅单晶、激光晶体和单晶叶片等人工晶体材料。单晶材料是新材料开发的一个重要组成部分，它已经在许多高新技术领域得到广泛应用，甚至在半导体、激光、航空航天、光电子等工业中起着日益重要以至关键的作用。

单晶材料的制备也称为晶体的生长，是将物质的非晶态、多晶态或能够形成该物质的反应物通过一定的物理或化学的手段转变为单晶的过程。单晶材料品种繁多，不同的晶体往往需要采用不同的晶体生长方法，这就造成了晶体生长方法与相应设备的多样性和复杂性。

本章将根据晶体生长平衡相界面为划分依据，通过固-固平衡晶体生长、液-固平衡晶体生长、气-固平衡晶体生长三大类，各大类里再细分若干小类，来详尽地阐述晶体生长技术中常用的晶体生长方法和工艺，并介绍其原理、特点和应用。

3.1 固-固平衡晶体生长

固-固平衡晶体生长是利用再结晶、同素异构转变等方法得以实现，其主要优点如下：a. 实施温度较低；b. 生长晶体的形状事先可知；c. 取向比较容易控制；d. 杂质和其他添加组分的分布在生长前就被固定下来，在生长过程中不会改变。其主要缺点就是单晶尺寸难以预测，且不能控制成核得到大尺寸单晶。但相对其他方法简便易行，且易控制取向，比较适合实验室研究用。

固-固平衡晶体生长主要有应变退火法、烧结法和同素异构转变法。

3.1.1 形变再结晶理论

3.1.1.1 再结晶驱动力

当使用应变退火法制备单晶时，首先要对原材料进行塑性变形，然后在适当条件下加热进行等温退火，使晶粒尺寸得以增大。

原材料经受应变后，储存了应变能

$$\Delta E = w - q \tag{3-1}$$

式中，w 为外加应变产生的功；q 为释放的热量，这里 $w - q > 0$。

由于应变前后材料的体积变化可以忽略不计，所以应变前后的焓变为

$$\Delta H = \Delta E + \Delta(PV) \cong \Delta E \tag{3-2}$$

式中，P 为压强；V 为材料的体积。

因为

$$\Delta G = \Delta H - T\Delta S \tag{3-3}$$

式中，T 为工作温度；ΔS 为应变前后熵的变化（$\Delta S > 0$）。

于是，其吉布斯自由能的变化为

$$\Delta G = w - q - T\Delta S \tag{3-4}$$

材料经受应变后再经历退火，其状态变化如下

$$状态\ 1 \xrightarrow[\Delta G_{1\to 2}]{应变} 状态\ 2 \xrightarrow[\Delta G_{2\to 3}]{退火} 状态\ 3$$

式中，1→2 的状态变化不是自发的，2→3 的状态变化却可以是自发的，其吉布斯自由能的变化为

$$\Delta G_{2\to 3} = G_3 - G_2 \cong -(w - q) - T\Delta S_{2\to 3} \tag{3-5}$$

由状态 2 到状态 3 是从应变后的无序变为退火后的有序，所以 $\Delta S_{2\to 3} < 0$。最后 $\Delta G_{2\to 3}$ 的正负还要视应变的大小和退火温度而定。尽管提高温度会使得 $\Delta G_{2\to 3}$ 的绝对值减小，但提高温度能提高溶质原子扩散，提高转变速度。

塑性变形使得材料储存了大量的应变能，$\Delta G_{1\to 2}$ 近似等于外加应变做功减去应变过程中释放的热量，同时也是应变退火过再结晶过程中的主要推动力。

塑性变形后，大部分应变能储存在晶界或亚晶界的位错、空位等缺陷中。小晶粒的表面自由能高，大晶粒的表面自由能低，所以在等温退火过程中，能量低的大晶粒倾向于吞噬能量高的小晶粒而长大。进一步分析可知，应变退火再结晶过程中的推动力 ΔG 由以下三个部分给出：一是外界应变做功除去热释放的部分（$w - q$）；二是晶粒的表面自由能差（ΔG_S）；三是不同晶粒取向之间的自由能差（ΔG_o）。所以，ΔG 可表示为

$$\Delta G = w - q + \Delta G_S + \Delta G_o \tag{3-6}$$

经过塑性变形的材料在热力学上是不稳定的，但是室温下无论是位错运动速度和溶质原子的迁移速度都很慢，所以应变的消除也很漫长。但在高温下，不仅原子迁移速度能得到大大提高，点阵的振荡也远胜在室温的时候，应变的消除速度也将显著提高。所以，退火的目的就是加速消除应变。而在退火过程中，应变能的存在又为一次再结晶提供了数量多且优质的形核位置，有利于再结晶的进行。

3.1.1.2 晶粒长大

退火过程中的晶粒长大有两种方式：a. 现存晶粒在退火过程中通过吞噬周围小晶粒长大；b. 退火过程中成核的晶粒生长并吞噬周围小晶粒长大，如图 3-1 所示。为制造单晶，

实际操作中通常是在试样上焊接上一颗大晶粒作为籽晶，并使该大晶粒成为目标单晶不停吞噬邻近小晶粒而长大。

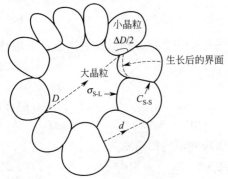

图 3-1　晶粒长大示意图

固-固平衡晶体长大是通过溶质原子在晶粒间界的迁移而不是如液-固或气-固平衡生长中通过捕获原子或分子而实现的，其推动力是储存在晶粒间界的过剩的自由能。

3.1.2　应变退火法

通过对多晶体样品局部施加临界应变，然后在高真空密闭容器中进行长期退火，使材料晶界发生界面迁移并逐渐长出大尺度单晶体，这种使用热机械工艺制造单晶的方法被称作应变退火法。

应变退火法工艺简便，成本低廉，但一般需要较长时间的真空退火。通过这种方法获得的单晶尺寸较小，一般为几毫米（1972 年，Irmer 和 Feller-Kinepmeier 等人通过结合临界应变和真空退火的方法首先得到毫米级的棒状 Fe 单晶）。

应变退火法生长单晶是建立在晶粒异常长大的理论基础之上的。我们知道，如果没有细小的粒子（如析出物）阻止晶界迁移，则晶粒长大仅仅由晶界表面的自由能控制，随着温度升高，大晶粒通过吞噬小晶粒逐渐连续均匀地长大，这种类型的晶粒长大被称为正常晶粒长大。而有时候，将再结晶完成后的金属继续加热至某一温度以上，或更长时间的保温，正常晶粒长大过程被分散相粒子或织构等强烈阻碍，同时会有少数几个晶粒优先长大，成为特别粗大的晶粒，而其周围较细的晶粒则逐渐被吞噬掉，整个金属出现比正常再结晶后晶粒大几十倍甚至几百倍的特大晶粒，这样的情况通常被称为晶粒异常长大，如图 3-2 所示。

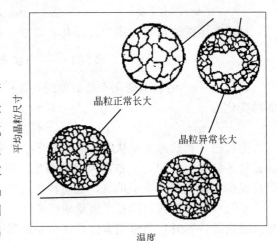

图 3-2　晶粒异常长大示意图

试样在第一次再结晶退火后，为增加晶粒长大期间晶界移动的驱动力，应选择适当的临界应变。在一定温度下，过大的应变将同时促使多个晶粒长大，而不利于单独长出较大的单晶。相反，过小的应变将没有足够的驱动力，也长不出较大的晶粒。另外，若应变速率太快，则容易出现 Lüders 带，产生不均匀应变，也不利于单晶的生长。对于经历不同工艺处理的试样，可利用长条楔形片状试样经再结晶退火处理后进行缓慢拉伸来确定最佳临界应变条件（因楔形样各处截面积不同，试样应变连续变化），一般采用 1%～10% 的应变。

3.1.2.1　应变退火需要的设备

应变退火法制备单晶所需的设备相对比较简单。有两者是必备的：一是能在不同气氛中产生梯度和各种冷却速度及加热速度的退火炉；二是借助压缩、拉伸和扭转等方法能使材料产生应变的设备，如轧制、拉丝等设备。

对金属的冷加工处理，往往会影响该材料与晶体生长有关的性质，通常采用的方法如下。

① 铸造 铸造时把熔融金属注入铸模内然后冷却使其凝固的过程。铸造件晶粒的大小和取向取决于材料的化学纯度、铸件形状、冷却速度和冷却时的热流图样等。铸造出来的材料并不包含加工硬化引起的应变，但由于冷却时的温度梯度和铸造模型固定的形状导致的收缩变形则可能产生一定的应变。这一应变对金属很小，对非金属却可能很大。由于借助塑性变形很难使非金属产生应变，所以这种应变往往成为后来再结晶的主要动力。

② 锻造 锻造是利用落锤、压机和锻压机械对铸锭进行热加工和冷加工获得的。主要使用的是压缩力。锻造会引入应变，大部分时候还会引起加工硬化。当然，其应变一般是不均匀的。锻打时，受锻打表面的整个面积往往不是均匀被加工。即使工作人员小心均匀地进行锻打加工，也会存在一个从锻打表面开始的压缩梯度。锻造产生的不均匀应变适合局部区域的成核需求，通常会造成异常晶粒长大而获得一定的单晶。

③ 滚轧 滚轧是利用两个以相反方向运动的滚子压缩金属的过程，如图 3-3 所示。大部分金属片材都是滚轧而成，滚轧分为热滚轧和冷滚轧。滚轧过程中，金属材料的变形是相对均匀的。为使厚度减小到所需要的数值，可能会经过几个道次的滚轧（滚轧次数）。这是应变退火法最常用的应变方式之一。

④ 拉拔 图 3-3 也给出了拉拔过程。拉拔多为冷拉拔，一般用来制备金属丝。拉拔制备的材料均经受相当均匀的张应变。晶体生长工作者常用该过程引进应变。

⑤ 挤压 图 3-3 同样给出了挤压过程。挤压也分为热挤压和冷挤压，其应变是不均匀的，晶体生长工作者不常使用该过程。

⑥ 弯曲 也有实验工作者通过缺口三点弯曲试验来得到缺口附近比较大的塑性变形，但是这个变形也是不均匀的，可以利用非均匀的塑性变形得到异常晶粒的长大并进而获得所需要的单晶。

应变退火法最终产生的往往是拥有较大尺寸晶粒的多晶体，要获得单晶还需借助一些切割工具。比如使用聚焦离子束显微镜就可以在显微条件下对晶粒进行切割，进而将其他杂晶剔除出去，得到一定取向的单晶。

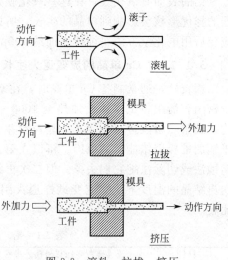

图 3-3 滚轧、拉拔、挤压

3.1.2.2 Fe 单晶和 Fe-Ti 合金的应变退火生长

高纯的 Fe（99.5%）单晶生长需要进行渗氮处理。一般认为：在高纯 Fe 的退火过程中，极易出现回复的多边化，会抑制再结晶，而适当的间隙杂质原子（如 C，N 等）能阻止这样的回复，而且在晶体长大过程中，也能起到一定的稳定大角度晶界的作用。

对于 Fe-Ti 稀固溶体，当 Ti 含量较低时，可以使用普氢气氛获得较大的晶粒。但随着 Ti 含量的进一步增加，Fe-Ti 在高温退火时的表面氧化也随之加剧，含有 Ti 的氧化物将严重阻止 Fe-Ti 合金的晶粒长大。孙体忠等人通过实验发现，晶体生长的气氛对于晶粒长大是很重要的因素。当使用超纯氢气氛后，晶粒长大就明显得到改善，因为在这样纯的氢气中氧含量极低，阻止了氧化物的形成，使合金中的 Ti 不参加氧化而是利于长晶。还有一种方法是将样品和消气剂在高真空下一起密封到石英管内（见图 3-4），在高温时，样品释放出来的气体将被消气剂有效地吸附，从而减小氧化。

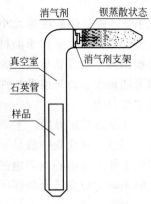

消气剂　钡蒸散状态

真空室

石英管

样品

消气剂支架

图 3-4　晶体生长高真空
封装示意图

3.1.2.3　Al 单晶的应变退火生长

铝单晶常用应变退火法来制备，即先对铝材施加临界应变然后进行退火。使晶粒长大产生单晶。实践表明，若初始晶粒尺寸在 0.1mm，应变退火产生单晶的效果特别好。

在 550℃ 使铝退火，以消除应变的影响并提供大小合乎要求的晶粒。在初始退火后，在较低温度下回复退火，以减少晶粒数目，使晶粒在后期退火时更快地长大，在 320℃ 退火 4h 得以回复，加热至 450℃，并在该温度下保温 2h，可以获得 15cm 长、直径为 1mm 的丝状单晶。强烈织构有助于铝单晶的生长，若将多晶铝在液氮温度附近冷轧，然后在 640℃ 退火 10s 并在水中淬火，得到用于再结晶的铝，此时样品中还有 2mm 大小的晶粒和强烈的织构，再经历一个温度梯度，然后加热至 640℃ 保温，可得到 1m 长的单晶。更进一步，使用不会促使新晶粒成核的应变并对材料施加 650℃ 的退火处理，采用交替施加应变和退火的方法，可以最终得到 2.5cm 的高能单晶铝带。

铝的表面有氧化膜，在这些氧化膜处容易堆积位错，是极佳的形核点，退火过程中在表面的择优形核会影响到单晶的生长，所以，为保证应变退火单晶的成功率，应该在施加临界应变后用电化学方法腐蚀掉表面约 $100\mu m$ 厚的氧化膜以防止退火过程中的表面成核。

3.1.2.4　Cu 单晶的应变退火生长

铜较软，通常制备 Cu 单晶时，在室温下辊轧已经退火的铜片，减厚约 90%，然后在真空密闭容器中将试样缓慢加热至 1000～1400℃，保温 2～3h。第一阶段可以得到强烈的织构，到第二阶段被一个或几个晶粒吞并。当然，若第二阶段中加热太快会形成孪晶，这是由于铜的堆垛层错能低的原因。可以在第二阶段前检验试样是否产生了有取向差的晶粒，并用腐蚀法或切除法把它们去掉。但二次再结晶可以获得很好的铜单晶，二次再结晶是在高于一次再结晶的温度下使受应变试样退火引起的。表 3-1 为铝、铜、铁等材料单晶制备工艺的比较。

表 3-1　铝、铜、铁等材料单晶制备工艺

材料	预应变和其他预处理	百分临界应变	生长退火条件
铝 （质量分数 99.6%）	在 550℃ 退火重加工的铝达几小时（主要杂质为 Fe 和 Si；铝片厚 3mm、宽 2.5cm 或者为直径 2.5cm 的圆柱体）	伸长 1%～3%（控制应变在 ±0.25%；用电解抛光除去厚 $75\mu m$ 的表面层	按 15～20℃/d 的速度缓慢加热到 450～550℃
铜	退过火的铜片在室温下平辊轧减薄 90%	不采用临界应变，主要靠二次再结晶生长	缓慢加热至 1000～1040℃，加热几个小时
铁 （质量分数 99.99%）	必须通过湿 H_2 中脱碳退火，把碳减至小于 0.1%；要求晶粒度 ≈ 0.1mm；减薄 50%，冷加工的棒加热至 700℃，水淬	3% 的拉伸应变，体积小的材料宜采用临界应变，慢应变速率约为 0.01%/h，以防止不均匀变形产生。如果超过屈服点，将难得到均匀应变。用电解抛光或腐蚀法除去表面层	910℃ 以下退火，然后在 880℃ 于 H_2 中退火 72h，温度梯度退火很有帮助

3.1.2.5　其他材料

用平希过程很方便地生长出钨丝单晶来。钨丝从一个卷轴展开后，经过一管式炉缠到另一个卷轴上，炉温约为 2500℃。结果发现用喷的丝比拉的丝更合适，而且不需要特别外加的应变。高达 3m/h 的移动速度在退火的钨丝中产生生长单晶区。

3.1.3　烧结生长

烧结就是加热压实的多晶体，烧结时晶体长大的主要驱动力有残余应变、取向效应和晶体维度效应。后两者在无机材料中很重要，因为它们不可能产生大的应变（不超过断裂强度时）。

烧结主要是描述非金属晶粒长大的过程，而金属的晶粒长大则是应变退火的一种特殊情况，所以本节主要讨论非金属的烧结，利用烧结制备单晶在非金属中也较为有效。

陶瓷烧结法相比于其他晶体生长法（主要是 Czochralski 法）有很多优点。以激光陶瓷为例，首先将高纯度的 YAG 纳米粉末形成所要求的形状，然后在真空中烧结成陶瓷，整个过程只需要 24h。此外，陶瓷产品的尺寸只受生产设备的限制。

利用烧结法，BeO、Al_2O_3 和 Zn 都能生长到相当大的晶粒尺寸。伯克发现，无机陶瓷中的气孔比金属中多，所以他认为：气孔能阻止除少数晶粒之外的所有晶粒的长大。因而，在多孔材料中容易出现大尺寸晶粒。而在 Al_2O_3 中添加 MgO，在 Au 中添加 Ag 可以阻碍烧结作用的进行。添加物也可以加速晶粒长大，如在 Zn 中添加 ZnO。晶粒的原始尺寸也对晶粒长大有影响，比如，在 Al_2O_3 中，细晶粒不受烧结的影响，而籽晶生长的尝试也已获得成功。

一般情况下，在陶瓷的制作中是不希望产生大晶粒的。但是，在陶瓷烧结过程中，通过在热压中升高温度，烧结引起的晶粒长大会比较显著，甚至能得到有用的单晶。劳迪斯曾观察到在压缩退火时 $ZnWO_4$ 中的晶粒长大，赛勒斯等人则采用这一技术生长出 $7cm^3$ 的 Al_2O_3 晶体。

一般地说，很多晶体并不是有意用烧结法生长的，用烧结法生长晶体被用来研究烧结过程。在陶瓷形成过程中总会无意形成或多或少的单晶体。

3.1.4　同素异形体相变法

从无用多型体向有用多型体的同素异形转变的生长中就包含了做成单晶的技术。为了实现有用的相变则必须改变温度和压力，或者有些时候两者都需要改变。

在对称性变化小的情况下，往往可能使无用多型体的一个单晶通过同素异形转变形成有用多型体的一个单晶，而不形成多晶、孪晶、严重的应变或其他缺陷。在对称性变化大的情况下，经常产生堆垛层错和多样性；在结构变化大的情况下几乎不可能保持单晶性；若没有溶剂，亚稳态是常见的。两相的结构差别越大，产生单晶的转变就越困难。常用的方法是把晶体保持等温，然后升高或降低整个炉子的温度。其结果是新相在基体的很多基点上成核，导致孪生和多晶的形成。倘若能使新相在一个基点上成核并使一个晶核在固-固生长界面上占据优势，则在单晶生成过程中会比较有利。所以，通常的情况是先生长出高温多型体，然后小心地使炉温降至室温形成室温多型体。但有时低温多型体转变为高温稳定多型体，是借助于淬火把高温变体"冻结"成稳定的。如果高温多型体的转变速度很慢，它可以在室温下无限地保持下去，金刚石就是这样一个例子。

3.1.4.1　铁的多型性转变生长

在大气压力下 Fe 的相转变是

$$\alpha \stackrel{910℃}{\rightleftharpoons} \gamma \stackrel{1400℃}{\rightleftharpoons} \Delta \stackrel{1539℃}{\rightleftharpoons} 液态$$

因此，利用温度在 910℃ 以上的过程形成 α-Fe 是不可能的。冷却高温变体使其经历相转变并保持其单晶性也是困难的。麦基恩以及安德雷德和格林兰等按照能发生 $\gamma \to \alpha$ 转变的速率使一个温度梯度通过铁丝制备了 α-Fe 的单晶。

3.1.4.2 铀的多型性转变生长

在大气压下 U 的相转变是

$$\alpha \xrightleftharpoons{660℃} \beta \xrightleftharpoons{1132℃} 液态$$

默西埃等人令 β-U 试样通过一个温度梯度炉，制备了低质量的 α-U 晶体。使不完整的 α-U 晶体经受临界应变并在低于转变点的温度下退火，得到了高度完美的晶体。

3.1.4.3 石英的多型性转变生长

在大气压下，SiO_2 的相转变是

$$\alpha(低温石英) \xrightleftharpoons{573℃} \beta(高温石英) \xrightleftharpoons{870℃} 鳞石英 \xrightleftharpoons{1470℃} 方英石 \xrightleftharpoons{1723℃} 液态$$

石英有多种亚稳多型体，其中某些形式的鳞石英和方英石，倾向于呈现亚稳性。此外，至少有两种 SiO_2 的高压多型体，如柯石英和斯石英，它们能在高温高压下形成亚稳态，而当淬火至平常条件时将保持其在高温高压下的亚稳结构。在大多数情况下，特别是在跨越转变临界点时，如果不采取防御措施，所得到的将不是好的单晶体而是高度孪生的晶体，甚至常常是多晶体。

为消除固-固转变中 α-石英的孪生，学术界和工程界曾做出很大努力。克拉森-尼克里乌多娃讨论了石英的孪晶模型，并评论了消除孪生的步骤。岑泽林、佛朗德尔、伍斯德、托马斯等人都研究了孪生消除的问题。

一种办法是在 $\alpha \to \beta$ 转变点以上加热孪生晶片，然后缓冷 β-石英通过转变点，希望 α-石英在一个基点上成核并且形成大的无孪生晶体。更好的办法是，在 $\alpha \to \beta$ 转变点以下当孪生晶片经受扭转应力时使其退火，然后缓冷至室温，这种办法能够百分百消除孪生。

石英晶片上消除孪生的能力与方向有关，通常的方法是围绕孪生晶片的长轴施加一定的扭矩。扭矩在消除孪生的效果大小取决于晶体取向，而与施加扭矩的符号（顺时针或逆时针）无关。因此，每逢多型体之间在结构上密切相关，相变时不需要键的断裂或形成，而且两种结构形式的弹性能的差值足够大，这时借扭矩消除孪生和由其他应力引导固-固多型性转变是可能的。

法伊和布兰德尔指出，丘克拉斯基法生长的 $LaAlO_3$ 是在 435℃附近经过立方→三方转变时成为孪生的。占优势的孪生面是〈100〉面系中的那些平面。借助在〈111〉方向上压缩六角形的晶体能够消除孪生。在非线性光学材料中具有极大意义的 $Ba_2NaNb_5O_{15}$，在通过260℃的四方→正交转变时容易产生孪生。在250℃沿正交晶胞的〈100〉方向施加大约6.9MPa 的压力时，孪生则能被轻易消除。

3.1.4.4 铁电体的多型性转变生长

在普通的电介质中，极化强度和电场呈线性关系。晶体由很多不同方向的电畴组成，提高外加电场强度能使所有电畴倾向于有相同或相近的取向。因此，铁电畴的运动是一种作为多型性转变考虑的特殊的固-固转变，它与消除孪生有许多相似之处。在铁电居里温度时，铁电性消失，真正的多型性转变相应发生。

高温下，使铁电畴规则排列只需要较低的电场，通过观看正交起偏振镜之间的晶体经常可以观察到。对某些非铁电晶体，电场内生长有可能阻止电学孪生，而在铁电体中，适当施加应力可以使电畴规则排列。这与通过磁场使铁磁畴规则排列在某些方面是相似的。

3.1.4.5 高压多型性转变

对于大多数高压多型性转变，相变进行得很快，并以一种不可控制的方式发生。因为对高压设备而言，要产生可控的成核并不容易。

以金刚石为例，如果温度接近室温，金刚石在约 10000atm（1atm＝101325Pa）的压力下是稳定的。也就是说，金刚石在低温下的转变是非常缓慢的。因此，为加速转变，必须提高温度，而同时还必须提高压力以保证金刚石结构的稳定，但这种足以位于金刚石稳定区内的高压力设备的制造并不容易。目前市面上流行的大金刚石的合成大多需要添加一种碳溶剂催化剂，催化剂是熔融的，实际上起着两相间薄膜过渡介质的作用，所以实际上实用的金刚石是从溶液中生长的。

氮化硼和碳是等电子的，该化合物有两种层状变体，在 45000atm 和 1700℃时转变为坚硬的致密立方相（闪锌矿型结构）。通用电气给这个相起名叫"波拉松"（Borazon），是一种很好的研磨和切削材料，某些方面的应用甚至优于金刚石。

3.2 液-固平衡晶体生长

3.2.1 熔体生长

从熔体中生长晶体的方法是最早的研究方法，也是广泛应用的合成方法。从熔体中生长单晶体的最大优点是生长速率大多快于在溶液中的生长速率，二者速率的差异在 10～1000 倍。从熔体中生长晶体的方法主要有籽晶提拉法、坩埚下降法、泡生法、区域熔炼法、焰熔法和热交换法、温梯法等其他熔体生长方法。

3.2.1.1 籽晶提拉法

提拉法又称丘克拉斯基（Czochralski）法，简称 CZ 法，是丘克拉斯基在 1917 年发明的从熔体中提拉生长高质量单晶的方法，也是生长半导体单晶硅的主要方法。20 世纪 60 年代，提拉法进一步发展为一种更为先进的定型晶体生长方法——熔体导模法。它是控制晶体形状的提拉法，即直接从熔体中拉制出具有各种截面形状晶体的生长技术。它不仅免除了工业生产中对人造晶体所带来的繁重的机械加工，还有效地节约了原料，降低了生产成本。

提拉法的基本原理是将构成晶体的原料放在坩埚中加热熔化，在熔体表面接籽晶提拉熔体，在受控条件下，使籽晶和熔体的交界面上不断进行原子或分子的重新排列，随降温逐渐凝固而生长出单晶体。

提拉法的合成装置如图 3-5 所示，首先将待生长的晶体的原料放在耐高温的坩埚中加热熔化，调整炉内温度场，使熔体上部处于过冷状态；然后在籽晶杆上安放一粒籽晶，让籽晶接触熔体表面，待籽晶表面稍熔后，提拉并转动籽晶杆，使熔体处于过冷状态而结晶于籽晶上，在不断提拉和旋转过程中，生长出圆柱状晶体。

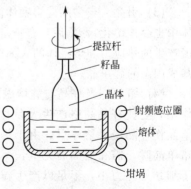

图 3-5 提拉法装置

提拉法是从熔体中生长晶体常用的方法。用此法可以拉出多种晶体，如单晶硅、白钨矿、钇铝榴石和均匀透明的红宝石等。

提拉法制单晶主要具有以下优点：a. 完整性好，生长速率高，可以较快速度获得大直径的单晶；b. 可采用"回熔"和"缩颈"工艺；c. 可观察到晶体生长情况，能有效控制晶体生长。缺点是用坩埚作容器，容易导致不同程度的污染，特别是对于一些化学性活泼或熔点极高的材料，由于没有合适的坩埚，不能用此法制备单晶体，而要改用区熔法晶体生长或其他方法。

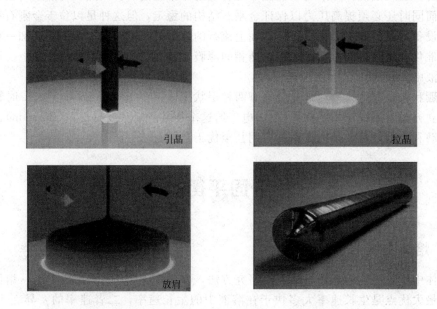

图 3-6　提拉法生长硅单晶基本过程

提拉法生长硅单晶基本过程如图 3-6 所示，在提拉法单晶生长工艺流程中，最为关键的是单晶生长或称拉晶过程，它又分为：润晶、缩颈、放肩、等径生长、拉光等步骤。

(1) 掺杂　将多晶硅和掺杂剂置入单晶炉内的石英坩埚中。掺杂剂的种类应视所需生长的硅单晶电阻率而定。

(2) 熔化　当装料结束关闭单晶炉门后，抽真空使单晶炉内保持在一定的压力范围内，驱动石墨加热系统的电源，加热至大于硅的熔化温度（1420℃），使多晶硅和掺杂物熔化。

(3) 引晶　当多晶硅熔融体温度稳定后，将籽晶慢慢下降进入硅熔融体中（籽晶在硅熔融体中也会被熔化），然后具有一定转速的籽晶按一定速度向上提升，由于轴向及径向温度梯度产生的热应力和熔融体的表面张力作用，使籽晶与硅熔体的固液交接面之间的硅熔融体冷却成固态的硅单晶。

(4) 缩颈　当籽晶与硅熔融体接触时，由于温度梯度产生的热应力和熔体的表面张力作用，会使籽晶晶格产生大量位错，这些位错可利用缩颈工艺使之消失。即使用无位错单晶作籽晶浸入熔体后，由于热冲击和表面张力效应也会产生新的位错。因此制作无位错单晶时，需在引晶后先生长一段"细颈"单晶（直径 2～4mm），并加快提拉速度。由于细颈处应力小，不足以产生新位错，也不足以推动籽晶中原有的位错迅速移动。这样，晶体生长速度超过了位错运动速度，与生长轴斜交的位错就被中止在晶体表面上，从而可以生长出无位错单晶。无位错硅单晶的直径生长粗大后，尽管有较大的冷却应力也不易被破坏。

（5）放肩　在缩颈工艺中，当细颈生长到足够长度时，通过逐渐降低晶体的提升速度及温度调整，使晶体直径逐渐变大而达到工艺要求直径的目标值，为了降低晶棒头部的原料损失，目前几乎都采用平放肩工艺，即使肩部夹角呈 180°。

（6）等径生长　在放肩后当晶体直径达到工艺要求直径的目标值时，再通过逐渐提高晶体的提升速度及温度的调整，使晶体生长进入等直径生长阶段，并使晶体直径控制在大于或接近工艺要求的目标公差值。在等径生长阶段，对拉晶的各项工艺参数的控制非常重要。由于在晶体生长过程中，硅熔融液面逐渐下降及加热功率逐渐增大等各种因素的影响，使得晶体的散热速率随着晶体的长度增长而递减。因此固液交接界面处的温度梯度变小，从而使得晶体的最大提升速度随着晶体长度的增长而减小。

（7）收尾　晶体的收尾主要是防止位错的反延，一般讲，晶体位错反延的距离大于或等于晶体生长界面的直径，因此当晶体生长的长度达到预定要求时，应该逐渐缩小晶体的直径，直至最后缩小成为一个点而离开硅熔融体液面，这就是晶体生长的收尾阶段。

随着近年来提拉法基础理论与工艺改进的发展，一些新的技术使得提拉法有了全新的前景，其中包括如下几个技术。

（1）晶体直径的自动控制技术——ADC 技术　随着晶体生长向优质大尺寸方向发展以及坩埚内投料量的加大，对晶体直径测量和精度控制的要求也越来越高。在这些要求的刺激下应运而生的晶体直径的自动控制技术，又称 ADC 技术，不仅使生长过程的控制实现了自动化，而且提高了晶体的质量和成品率。

自动控制提拉生长晶体，主要问题聚焦在如何自动控制晶体直径这一点上。实际中，自动控制直径的方法主要有以下几种：a. 光圈控径法。在生长晶体周围液面上存在一个随晶体直径的变动而变动的光圈，晶体生长过程中通过光学系统对光圈取样，利用光敏元件对光圈边缘进行控制，从而达到控制晶体直径的目的。b. 光反射法。晶体生长时，熔体表面张力使晶体外延与熔体交界处形成弯月面，弯月面随晶体直径变化，其曲率半径也随之变化。当一束经聚焦的激光照射到熔体弯月面上会发生发射，若晶体直径发生改变，弯月面曲率也会随之变化，发射光就偏离原先的光路，光反射法就是根据这一信号控制加热功率，使发射光沿原路返回，晶体就恢复原来直径，从而达到控制直径的目的。c. 称重法。晶体生长过程中，晶体质量不断增加，坩埚质量不断减少。通过称取晶体质量或坩埚质量，利用传感器将它变成电信号，再将此电信号与预先设定的信号相对比，一旦出现偏差，则会有一个适当的信号变更传递给加热系统，调整炉温修正偏差，以达到控制直径的目的。

对硅半导体单晶，可通过检测晶体固、液界面的光环来测量晶体的生长直径。但对于激光晶体或光学晶体的生长过程，由于晶体生长的固、液界面不存在可见光环，通常只能采用称重法间接地测量晶体生长直径及其变化量。

（2）液相封盖技术——LEC 技术　液相封盖技术又称 LEC 技术，用这种技术可以生长那些具有较高蒸气压或高离解压的材料。

这种技术是格里迈尔梅尔和梅茨等人通过找到一种漂浮在熔体上面既不与之溶混又不挥发的材料以防止熔体挥发而达成的。他们在提拉 PbTe 和 PbSe 时，成功地将 B_2O_3 用于这一方法。之后，皇家雷达公司又将这种方法推广至 GaAs、GaP 等材料的生长。

LEC 技术的优点是：a. 密度小于熔体、透明、具有较大黏度；b. 熔点低、饱和蒸气压低、不与熔体混溶；c. 对熔体、坩埚和保护气氛是化学惰性；d. 不与晶体材料发生反应，对晶体性能无影响；e. 可浸润晶体，性能稳定。

（3）导模法——EFG 技术   EFG 法是 20 世纪 60 年代由 LaBelle 等提出。该方法不要求导模的内腔与所生长的晶体形状一致，而是利用熔体对导模材料的润湿作用，使其通过一个小孔输送到导模上表面，并沿着上表面铺开，形成薄膜，然后由该熔体薄膜提拉出一定形状的晶体。因此，只需要对导模上表面的形状进行控制即可实现对晶体形状的控制。

EFG 法可以生长圆柱形单晶，经过一定的导模结构设计，还可以生长板状单晶。若采用环形的缝隙升液，则可形成环形的晶体，该方法又称 CS（Closed-shaping）法。

Garcia 等采用 EFG 法生长了直径 500mm、壁厚仅为 75～300μm 的薄壁单晶 Si 管，长度到 1.2m。Kurlov 等则采用图 3-7 所示的 EFG 法进行了直径仅为 1.2mm、掺稀土的 YAG 晶体线材的生长。

导模法的优点是：a. 多组生长技术和很高的一维生长速率；b. 可得到成分均匀的晶体；c. 生长异形晶体，简化加工程序，节约原料及能源；d. 模具可能存在一定的污染。

（4）差径提拉   差径提拉法可以看成提拉法、悬浮区熔法或者维尔纳叶生长的一种改型。图 3-8 描绘了这种技术，在需要无坩埚时，它很有用。它为能量的输入提供了比悬浮区熔法更大的固体角，并提供了比维尔纳叶式技术控制更好的可能性。

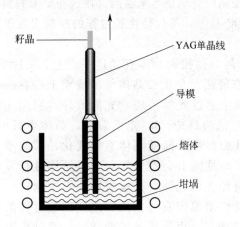

图 3-7　EFG 法生长 YAG 线材的工作原理

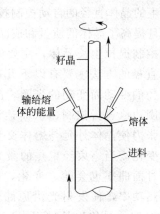

图 3-8　差径提拉法

（5）冷坩埚技术   人工合成氧化锆即采用冷坩埚法，因为氧化锆的熔点高（约 2700℃），找不到合适的坩埚材料。此时，用原料本身作为"坩埚"进行生长，装置如图 3-9 所示。原料中加有引燃剂（如生长氧化锆时用的锆片），在感应线圈加热下熔融。氧化锆在低温时不导电，到达一定温度后开始导热，因此锆片附近的原料逐渐被熔化。同时最外层的原料不断被水冷套冷却保持较低温度，而处于凝固状态形成一层硬壳，起到坩埚的作用，硬壳内部的原料被熔化后随着装置往下降入低温区而冷却结晶。

冷坩埚技术的关键是熔化原料。因为常见的无机非金属难熔化合物绝大多数在常温下是电绝缘体，只有在熔化后才能导电。因此，想用射频加热来熔化这些原料，必须首先产生少量能导电的熔体，然后才能感受射频功率。

产生少量熔体的方法很多，如可用电弧、高功率激光器等将原料局部熔化，也可采用直接利用火焰加热的方法，如用氢氧焰、乙炔氧焰等离子喷管等。由于后一种方法容易引入污染，只有在不得已的情况下使用。

冷坩埚法的特点是无坩埚，污染小，易得到大晶粒。

3.2.1.2 坩埚下降法

坩埚下降法是从熔体中生长晶体的一种方法，它是 1925 年由 Bridgman 提出的，后来苏联学者 Stockbarger 又于 1936 年提出了类似的方法，因此该方法便被称为 Bridgman-Stockbarger 法。

传统 Bridgman 法晶体生长的基本原理如图 3-10 所示。将晶体生长的原料装入合适的容器（通常称为坩埚或安瓿，以下统一称为坩埚）中，在具有单向温

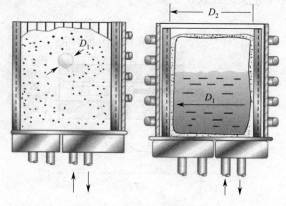

图 3-9　冷坩埚生长示意图

度梯度的 Bridgman 长晶炉内进行生长。Bridgman 长晶炉通常采用管式结构，并分为 3 个区域，即加热区、梯度区和冷却区。加热区的温度高于晶体的熔点，冷却区低于晶体熔点，梯度区的温度逐渐由加热区温度过渡到冷却区温度，形成一维的温度梯度。首先将坩埚置于加热区进行熔化，并在一定的过热度下恒温一段时间，获得均匀的过热熔体。然后通过炉体的运动或坩埚的移动使坩埚由加热区穿过梯度区向冷却区运动。坩埚进入梯度区后熔体发生定向冷却，首先达到低于熔点温度的部分发生结晶，并且随着坩埚的连续运动而冷却，结晶界面沿着与其运动相反的方向定向生长，实现晶体生长过程的连续进行。

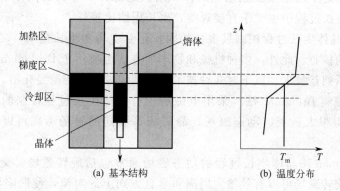

(a) 基本结构　　　　　　　　　(b) 温度分布

图 3-10　Bridgman 法晶体生长的基本原理

注：T_m 为晶体的熔点

图 3-11 所示坩埚轴线与重力场方向平行，高温区在上方，低温区在下方，坩埚从上向下移动，实现晶体生长。该方法是最常见的 Bridgman 法，称为垂直 Bridgman 法（Vertical Bridgman method，VB 法）。除此之外，另一种应用较为普遍的是图 3-11（a）所示的水平 Bridgman 法（Horizontal Bridgman Method，HB 法），其温度梯度（坩埚轴线）方向垂直于重力场。垂直 Bridgman 法利于获得圆周方向对称的温度场和对流模式，从而使所生长的晶体具有轴对称的性质；而水平 Bridgman 法的控制系统相对简单，并能够在结晶界面前沿获得较强的对流，进行晶体生长行为控制。同时，水平 Bridgman 法还有利于控制炉膛与坩埚之间的对流换热，获得更高的温度梯度。此外，也有人采用坩埚轴线与重力场成一定角度的倾斜 Bridgman 法进行晶体生长，如图 3-11（b）所示。而垂直 Bridgman 法也可采用从上

向下生长的方式。

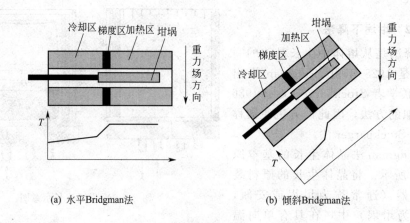

(a) 水平Bridgman法　　　　　(b) 倾斜Bridgman法

图 3-11　其他方式的 Bridgman 晶体生长

　　采用下降法生长晶体时，结晶过程是靠温度梯度的局部过冷来推动的，因此，坩埚的选材与结构设计、温度场的控制方法、生长速率的控制方法以及其他气氛及压力控制的技术问题，都直接影响着晶体的生长速度和晶体质量。

　　与提拉法比较，该方法可采用全封闭或半封闭的坩埚，成分容易控制；又由于该法生长的晶体留在坩埚中，因而适于生长大块晶体，也可以一炉同时生长几块晶体。另外由于工艺条件容易掌握，易于实现程序化、自动化。

　　该方法的缺点是不适于生长在结晶时体积增大的晶体，生长的晶体通常有较大的内应力。同时在晶体生长过程中也难于直接观察，生长周期比较长。

　　Bridgman 法晶体生长过程控制最重要的因素是温度场和生长速率，二者合理配合是晶体生长过程控制的核心。此外，多种机械和物理的方法也被用于 Bridgman 法晶体生长过程控制，形成了一系列新技术。以下对几种技术的原理和方法进行简要介绍。

　　(1) 电磁场控制 Bridgman 法　采用电磁场进行晶体生长过程控制的技术已经受到广泛关注，并已取得很大进展。动态磁场、静磁场等不同的磁场形式可以产生不同的控制效果。

　　施加于 Bridgman 法晶体生长过程的动态磁场通常包括旋转磁场、交变磁场和行走磁场。研究表明，旋转磁场可以有效增大周围和垂直方向上的对流，使凹陷界面转变为平面，而交变磁场对 GaAs 生长过程的影响与静磁场相似，行走磁场会改变对流方式、界面形貌和掺杂分布，具体效果随磁场施加方式的变化差异很大。

　　对于静态磁场，当磁场强度大于 2T 时，由于电磁制动作用，液相中的对流被抑制，液相中的溶质传输是一个纯扩散控制的过程。磁场强度大于 0.5T 开始，在微米至亚毫米尺度内出现了微观成分波动；当磁场强度达到 2T 时，该微观偏析达到最大，随着磁场强度的进一步增大，微观偏析减弱。结晶界面附近温度及成分产生的 Seebeck 电势与磁场交互作用决定了微区的液相流动，这一对流称为热电磁对流。

　　(2) 水平 Bridgman 法　将 Bridgman 控温炉及其坩埚水平放置，使晶体宏观的生长方向与重力场垂直则可实现水平 Bridgman 法晶体生长。在水平 Bridgman 法晶体生长过程中，如果不存在蒸气压控制的问题，坩埚的上半部分可以切去，制成舟型坩埚。与垂直 Bridgman 法相比，水平 Bridgman 法晶体生长过程的特点在于以下四个方面：a. 重力场与温度梯度和成分梯度垂直，因此热对流更为剧烈；b. 熔体的自由表面与梯度场垂直，熔体表面存在较大的温度梯度和浓度梯度，易形成 Marangoni 对流；c. 在表面存在着固-液-气三相的交点；d. 晶体的传热、传质和对流条件是非轴对称的，因此，晶体生长界面也是非轴对称的。从而，对于成分偏析倾向大或晶体的性能对成分及掺杂敏感的晶体，不易保证晶体性能的一致性。

(3) 微重力条件下的 Bridgman 法　在 Bridgman 法晶体生长过程中，对流始终是晶体生长过程控制的核心内容，而在微重力条件下进行晶体生长是控制对流的有效手段。由于 Bridgman 法生长过程时间相对较长，需要提供长时间稳定的晶体生长条件。因此，微重力条件下的 Bridgman 法晶体生长过程通常是在太空条件下进行的，如空间站、航天飞机、空间轨道飞行器等，还要考虑熔体的约束及其挥发等问题，需要在密封的条件下生长。此外，微重力条件下重力可以忽略，因此已没有垂直或水平之说，其生长条件更接近水平 Bridgman 法生长过程。

在微重力条件下，$g \to 0$，因此，对流对传热和传质的影响可以忽略，而溶质的再分配也变为纯扩散控制的过程。在主液相区内的对流是由温度梯度决定的，而在结晶界面附近的对流则是由溶质传输条件引起的对流决定的。在 $1\mu g$ 的微重力条件下，溶质的传输以扩散条件控制为主；而当重力水平达到 $50\mu g$ 时，对流传输的作用变得更为重要。而事实上，即使在空间实验室内，重力加速度的作用仍是不可忽略的。

除此之外，将微重力条件与电磁场控制相结合，可以进行电磁场控制的 Bridgman 法微重力晶体生长。另外，也可以利用微重力条件实现晶体与坩埚非接触生长的 Bridgman 生长技术。

但是，在微重力条件下进行 Bridgman 法晶体生长仅仅是初步的尝试，鉴于其高昂的成本和尚不确定的技术优势，其工程化应用前景尚待探讨。

(4) 高压 Bridgman 晶体生长　高压 Bridgman 法晶体生长技术是针对高蒸气压材料的晶体生长开发的。高蒸气压材料在熔体法生长的高温条件下会发生大量挥发，不仅造成原料的损失和环境的污染，而且由于不同元素挥发速率的差异导致熔体成分偏离标准化学计量比。高压 Bridgman 法是将 Bridgman 生长设备放置在高压容器内进行的。该方法可以有效控制熔体的挥发。高压 Bridgman 法晶体生长方法中有一种是由苏联学者发明的用于 HgCdTe 等高挥发性材料的方法。该方法仍然采用传统的石英坩埚密封生长技术，将合成的 HgCdTe 原料密封在石英坩埚内进行 Bridgman 法生长。生长过程中采用气体加压方式在石英坩埚外施加高压，以平衡坩埚内原料的挥发形成的高蒸气压，使得石英坩埚内壁和外壁受到的压力基本平衡，从而避免坩埚内的高蒸气压对坩埚材料本身施加的张应力。而在常压 Bridgman 法晶体生长过程中，坩埚内的高压可能导致坩埚的爆炸。对于 HgCdTe，采用石英坩埚的常压 Bridgman 法只适合生长直径小于 15 mm 的晶锭，而采用图 3-12 所示的高压 Bridgman 法晶体生长设备在约 40 atm 的平衡压力下可生长直径达 40 mm 的 HgCdTe 单晶。

在控制挥发方面，除了密封以外，还有采用多孔的高纯石墨坩埚的高纯惰性气体平衡方法，以有效地防止晶体的污染。另外，除了熔体表面气体总压控制外，还可以进行单一组元的蒸气分压控制。

(5) 其他 Bridgman 晶体生长方法　由于所生长的晶体材料物理化学性质千变万化，基于 Bridgman 法衍生出多种晶体生长技术。以下对几种 Bridgman 生长新方法作一简要介绍。

① 旋转温度场法　旋转温度场法是俄罗斯 Kokh 等提出的一种改进的 Bridgman 法晶体生长技术。该技术在 Bridgman 法晶体生长界面附近沿圆周方向布置多组加热器，如图 3-13（a）所示，其横截面如图 3-13（b）所示。在截面上共有 7 组加热器，当任意一组加热器通电时开始加热，则该侧温度升高，如图 3-14（a）中的温度分布曲线 1，而当其关闭时温度降低，如图中的温度分布曲线 2。如果在坩埚一侧加热器通电加热，而另一侧关闭，则形成非对称的温度分布，使得结晶界面的位置也是非对称的，如图 3-14（b）所示。如果使各组加热器沿圆周方向按顺序断电，则形成旋转变化的温度场，控制结晶界面按顺序生长或重熔，形成结晶界面的波动。Kokh 等采用该方法成功生长了直径为 30mm、长度为 90mm 的高质量 $AgGaS_2$ 单晶。

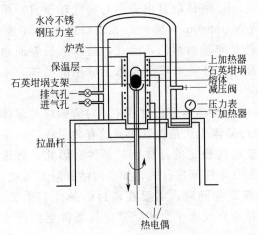

图 3-12　一种高压 Bridgman 法晶体
生长设备的工作原理图

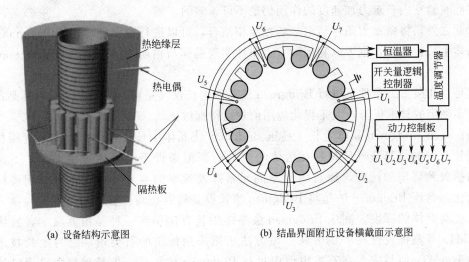

(a) 设备结构示意图　　　(b) 结晶界面附近设备横截面示意图

图 3-13　旋转温度场的 Bridgman 法晶体生长原理

② 多坩埚晶体生长方法　多坩埚法是在一个 Bridgman 法晶体生长设备中同时放置多个坩埚，实现多根晶锭同时生长的技术，其设备的工作原理如图 3-15 所示。在生长炉内采用隔热板形成两个温区，高温区的温度高于晶体的熔点，而低温区的温度则低于晶体熔点。在隔热板上加工出多个稍大于坩埚直径的孔，坩埚通过这些孔从上向下抽拉，实现晶体生长。所有坩埚共用一个抽拉系统。可以看出，采用多坩埚法可以大大提高晶体生长的效率。

③ 无接触 Bridgman 法　通常坩埚材料和熔体接触界面容易在高温发生化学作用，造成晶体的污染，或与坩埚粘连，影响晶体的结晶质量。坩埚的内表面处理成为一项重要技术。Zhang 等发明了一种在坩埚内表面制备碳纳米管的技术，在坩埚内表面形成密排的碳纳米管，并与坩埚内表面垂直，可以有效阻止坩埚与熔体的接触，实现无接触 Bridgman 法晶体生长。

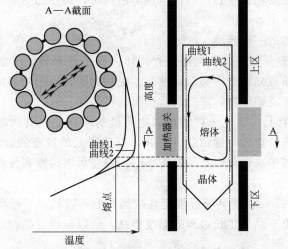

(a) 加热器的工作状态与温度分布   (b) 结晶界面形貌随温度场的变化

图 3-14   旋转温度场的 Bridgman 法晶体生长过程的温度变化

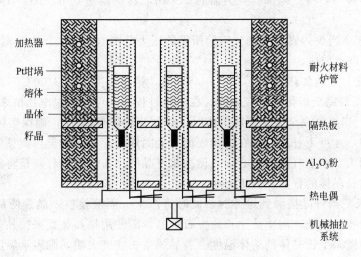

图 3-15   多坩埚晶体生长法原理图

3.2.1.3 泡生法

泡生法是 Kyropoulos 于 1926 年首先提出并用于晶体生长的方法,其原理与提拉法类似。该方法用于大尺寸卤族晶体、氢氧化物和碳酸盐等晶体的制备和研究。20 世纪 60～70 年代,经苏联的 Musatov 改进,将此方法应用于蓝宝石单晶的制备。该方法生长的单晶,外形通常为梨形,晶体直径可以生长到比坩埚内径小 10～30mm 的尺寸。

泡生法的基本原理是:首先原料熔融,再将一根受冷的籽晶与熔体接触,如果界面温度低于凝固点,则籽晶开始生长。为了使晶体不断长大,就需要逐渐降低熔体的温度,同时旋转晶体以改善熔体的温度分布,也可以缓慢地(或分阶段地)上提晶体,以扩大散热面。晶体在生长过程中或结束时均不与坩埚壁接触,可大大减少晶体的应力。晶体与剩余熔体脱离时,通常会产生较大的热冲击。

泡生法和提拉法最大的区别在于，泡生法是利用温度控制晶体生长，生长时只拉出晶体头部，晶体部分依靠温度变化来生长，而拉出颈部的同时，调整加热电压以使得熔融的原料达到最合适的生长温度范围。

（1）泡生法生长晶体的一般步骤

① 前置作业　在实验开始前必须彻底检查炉体内部是否有异物或杂质，因为在晶体生长过程中，炉体内的杂质或异物会因高温而使晶体受到污染，而影响晶体的质量，因此在实验开始之前，必须将炉体清理干净，降低杂质析出的可能性。

② 填充原料及架设籽晶　以电子秤称取固定质量的原料并装填到坩埚内，由块料与粉料依预定的比例组合而成。摆放时缝隙愈少愈好，以达到充填致密的效果。原料填充好后，将坩埚放进炉体内加热器中央，此时必须非常小心，避免坩埚碰撞到加热器而造成加热器产生裂缝或断裂。

架设籽晶（籽晶棒，seed）是将籽晶固定在拉晶杆上，以利于下籽晶或取出晶体时可用拉晶装置来控制高度，由于晶体生长过程的温度很高，所以架设籽晶时，须以耐高温的钨钼合金线来固定籽晶。

③ 炉体抽真空　将炉体上盖紧密盖于炉体上方并转紧密封螺栓，启动电源，使机器运转并开始抽真空，抽真空时，先开启机械泵，于 1h 后再启动扩散泵，当扩散泵启动 1～2h 后，再开启炉体阀门，将炉体抽真空。需时 2～4h，真空度达到 6×10^{-3} Pa 时，才能进入加热程序。

④ 加热程序　当炉内真空度抽到实验所需的压力范围（6×10^{-3} Pa）时，就开始加热，以 2V/h 的速率自动加热。

⑤ 原料熔化　大约加热到电压 10～10.5V 时，推算温度达到 2100℃（蓝宝石的熔点约 2040℃），可使原料完全熔化，形成熔体。在实验过程中，可以通过电压值来推断温度。

⑥ 下籽晶　当原料完全熔化形成熔体时，必须让熔体保温 1h，确保熔体内部温度分布均匀且温度适中，才可下籽晶，若在熔体表面有凝固浮岛存在，则需再调整电压使凝固浮岛在一段时间内消失。在下籽晶前，必须先做净化籽晶的动作，净化籽晶是将籽晶底端熔化一部分，使预定生长晶体的籽晶表面更干净，以提高晶体生长的质量。

⑦ 缩颈生长　当籽晶接触到熔体时，此时将产生一固液接口，晶颈便从籽晶接触到熔体的固液接口处开始生长。泡生法生长蓝宝石单晶，需使用拉晶装置来拉晶颈部分，这个阶段主要是判断并微调生长晶体的熔体温度。若晶颈生长速度太快，则表示温度过低，必须调高温度；若晶体生长速度太慢，或是籽晶有熔化现象，则表示温度过高，必须调降温度。由缩颈的速度来调整温度，使晶体生长速度达到最适化。

⑧ 等径生长　当温度调整到最适化时，就停止缩颈程序，并开始生长晶身，生长晶身时不需要靠拉晶装置往上提拉，此时只需要以自动方式调降电压值，使温度慢慢下降，熔体就在坩埚内从籽晶所延伸出来的单晶接口上，从上往下慢慢凝固成一整个单晶晶锭。

⑨ 晶体脱离坩埚程序　从重量传感器显示的数据变化，可得知晶体是否沾黏到坩埚内壁，当熔体在坩埚中凝固形成晶体后，晶体周围会黏着坩埚内壁，必须在晶体生长完成后使晶体与坩埚内壁分离，以利后续的晶体取出。使用的方式是瞬间加热，使黏住坩埚部分的晶体熔化，从重量传感器显示的数据可以得知晶体与坩埚是否分离，当晶体与坩埚分离后，必须继续降温，否则会使晶体重新熔化回去。

⑩ 退火　晶体生长完毕又完成与坩埚脱离程序后，必须让晶体在炉内缓慢地降温

冷却，利用冷却过程来使晶体进行退火，以消除晶体在生长时期内部所累积的内应力，避免所残留的内部应力，造成晶体在降温时因释放应力而产生龟裂。待完成退火后，关掉加热电压，继续冷却，当炉内温度降至室温后再取出蓝宝石晶体以继续后续的分析程序。

⑪ 冷却　经过一整天的降温冷却，待晶体完全冷却至室温后，再打开炉盖，取出晶体。

⑫ 晶体检测程序　首先以强光照射整个晶体，观察晶体内部的宏观缺陷。接着从侧面选择 c 平面（c 轴）位置钻取晶圆棒，切取晶圆片，再针对晶圆片进行微观缺陷检测，并计算单位面积所含的差排密度。

泡生法的主要特点是：a. 在整个晶体生长过程中，晶体不被提出坩埚，仍处于热区，这样就可以精确控制它的冷却速度，减小热应力；b. 晶体生长时，固液界面处于熔体包围之中，这样熔体表面的温度扰动和机械扰动在到达固液界面以前可被熔体减小以致消除；c. 选用软水作为热交换器内的工作流体，相对于利用氦气作冷却剂的热交换法可以有效降低成本；d. 晶体生长过程中存在晶体的移动和转动，容易受到机械振动影响。

泡生法最大的难点首先是气泡问题，通常从顶部生长晶体很容易引入气泡造成晶体质量缺陷；其次钼系统的损耗和高温下的变形也提高了生长成本和生长难度。图 3-16 是晶体泡生法的示意图。

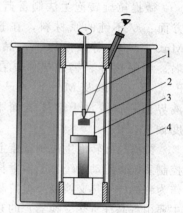

图 3-16　晶体泡生法示意图
1—籽晶杆；2—晶体；
3—铂金坩埚；4—发热体

（2）微提拉旋转泡生法在蓝宝石制备中的应用　微提拉旋转泡生法制备蓝宝石晶体方法是在对泡生法和提拉法改进的基础上发展而来的用于生长大尺寸蓝宝石晶体的方法，主要是在乌克兰顿涅茨公司生产的 Ikal-220 型晶体生长炉的基础上改进和开发。晶体生长系统主要包括控制系统、真空系统、加热体、冷却系统和热防护系统等。晶体直径可以生长到比坩埚内径小 10～30mm 的尺寸。籽晶被加工成劈形，利用籽晶夹固定在热交换器底部。热交换器可以完成籽晶的固定、晶体的转动和提拉，以及热交换器、晶体和熔体之间热量的交换作用。加热体、冷却系统和热防护系统协同作用，为晶体生长提供一个均匀、稳定、可控的温场。根据晶体生长所处的引晶、放肩、等径和退火及冷却阶段的特点，通过调节热交换器中工作流体的温度、流量，加热温度（加热体所能提供的坩埚外壁环境温度）可以精确控制晶体/熔体中温度梯度，热量传输，完成晶体生长。该方法主要特点：a. 通过冷心放肩，保证了大尺寸晶体生长，整个结晶过程晶向遗传特性良好，晶体品质优良；b. 通过高精度的能量控制配合微量提拉，使得在整个晶体生长过程中无明显的热扰动，缺陷可能萌生的概率较其他方法明显降低；c. 由于只是微量提拉，减少了温度场扰动，使温度场更均匀，从而保证了晶体生长的成品率；d. 在整个晶体生长过程中，晶体不被提出坩埚，仍处于热区可以精确控制它的冷却速度，减少热应力；e. 适合生长大尺寸晶体，材料综合利用率是泡生法的 1.2 倍以上；f. 选用水作为热交换器内的工作流体，晶体可以实现原位退火，较其他方法能够缩短试验周期、降低成本；g. 在晶体生长过程中，可以方便地观察晶体的生长情况；h. 晶体在自由液面生长，不受坩埚的强制作用，可降低晶体的应力；i. 可以方便地使用所需取向籽晶和"缩颈"工艺，有助于以比较快的速率生长较高质量的晶体，晶体完整性较好。

为了保证晶体能够稳定地生长，热场设计必须要具有适当的轴向和径向温度梯度，即保证适当的相变过冷度和热量输运条件。温度梯度的存在必然会使晶体内部产生热应力，如果热应力值超过晶体材料的临界应力，位错将成核、增殖和延伸。渗透力作用下位错的成核与增殖：在高温下蓝宝石晶体的空位浓度很高，随着温度的下降，点缺陷的平衡浓度按指数律迅速下降。如果晶体中没有足够的点缺陷尾闾，或是降温速率太快，就会在晶体内形成过饱和点空位。过饱和的点空位有聚集成片以降低系统吉布斯自由能的趋势。当晶体中的空位片足够大时，两边晶体塌陷下来，在周围形成位错环。微提拉旋转泡生法生长大尺寸蓝宝石晶体过程中，固液界面浸没于熔体之中，各晶面受到的约束比较松弛，外界的轻微热波动或机械波动都会引起结晶过程中原子的错误排列，造成晶格畸变，形成位错源，因此设备工艺上一定要减低震动。

微提拉旋转泡生法制备蓝宝石晶体，生长的蓝宝石晶体中杂质原子的主要来源有两方面：a. 不纯的原材料，在选用熔焰法生长的碎晶作为原料时，由于原料内含有Mn、Cr、Ti等杂质原子，晶体略显淡红色；b. 环境污染，晶体生长炉内采用的钼坩埚、钼隔热屏、钨加热体，在高温下将挥发出钼和钨原子。晶体中存在氧空位（F、F^+、F^{2+}）以及 Mn^{4+}、Cr^{3+}、Ti^{4+} 等杂质离子。另外，由于在晶体生长过程中固液界面一直浸没于熔体液面下，晶体凸界面生长具有的排杂效应使晶体底部杂质浓度偏大。

微提拉旋转泡生法制备蓝宝石晶体，生长设备集水、电、气于一体，主要由能量供应与控制系统、传动系统、晶体生长室、真空系统、水冷系统及其他附属设备等组成。传动系统作为籽晶杆（热交换器）提拉和旋转运动的导向和传动机构，与立柱相连位于炉筒之上，其主要由籽晶杆（热交换器）的升降、旋转装置组成。提拉传动装置由籽晶杆（热交换器）的快速及慢速升降系统两部分组成。籽晶杆（热交换器）的慢速升降系统由稀土永磁直流力矩电机，通过谐波减速器与精密滚珠丝杠相连，经滚动直线导轨导向，托动滑块实现籽晶杆（热交换器）在拉晶过程中的慢速升降运动。籽晶杆（热交换器）的快速升降系统由快速伺服电机经由谐波减速器上的蜗杆、蜗杆副与谐波的联动实现。籽晶杆的旋转运动由稀土永磁式伺服电机通过楔形带传动实现。该传动系统具有定位精度高、承载能力大、速度稳定、可靠，无振动、无爬行等特点。采用精密编织的钨电极棒电阻加热，其具有方法简单、容易控制的特点。在热防护系统方面，采用钼套筒外包氧化铝泡沫保温隔热层设计。该设计具有保温罩防辐射性能好，保温隔热层热导率小，材料热稳定性好，长期工作不掉渣、不起皮，对晶体生长环境污染小，便于清洁等优点。选用金属钼坩埚，并依据设计的晶体生长尺寸、质量来设计坩埚的内径、净深、壁厚等几何尺寸，每炉最大可制备 $D200mm \times 200mm$，质量25kg 蓝宝石单晶体。Al_2O_3 晶体生长原料采用纯度为 5N 的高纯氧化铝粉或熔焰法制备的蓝宝石碎晶。

3.2.1.4 区域熔炼法

悬浮区熔法（Float Zone Method，FZ 法）是在 20 世纪 50 年代提出并很快被应用到晶体制备技术中，即利用多晶锭分区熔化和结晶来生长单晶体的方法。在悬浮区熔法中，使圆柱形硅棒用高频感应线圈在氩气气氛中加热，使棒的底部和在其下部靠近的同轴固定的单晶籽晶间形成熔滴，这两个棒朝相反方向旋转。然后将在多晶棒与籽晶间只靠表面张力形成的熔区沿棒长逐步移动，将其转换成单晶。

区熔法可用于制备单晶和提纯材料，还可得到均匀的杂质分布。这种技术可用于生产纯度很高的半导体、金属、合金、无机和有机化合物晶体（纯度可达 $10^{-9} \sim 10^{-6}$）。在区熔法制备硅单晶中，往往是将区熔提纯与制备单晶结合在一起，能生长出质量较好的中高阻硅单晶。

自1952年发表第一篇关于区域熔化原理的文献以来，到现在已过去了60多年。区熔法显著的特点是不用坩埚盛装熔融硅，而是在高频电磁场作用下依靠硅的表面张力和电磁力支撑局部熔化的硅液，因此区熔法又称为悬浮区熔法。

区域熔化提纯法的最大优点是其能源消耗比传统方法减少60%以上，最大的缺点是难以达到高纯度的电子级多晶硅的要求。目前，区域熔化提纯法是最有可能取代传统工艺的太阳能级多晶硅材料的生产方法。REC公司已在2006年新工厂中开始使用了区域熔化提纯法。

区熔法制单晶与直拉法很相似，甚至直拉的单晶也很相像。但是区熔法也有其特有的问题，如高频加热线圈的分布、形状、加热功率、高频频率，以及拉制单晶过程中需要特殊注意的一些问题，如硅棒预热、熔接。

区熔单晶炉主要包括：双层水冷炉室、长方形钢化玻璃观察窗、上轴（夹多晶棒）、下轴（安放籽晶）、导轨、机械传送装置、基座、高频发生器和高频加热线圈、系统控制柜真空系统及气体供给控制系统等。

区域熔化法是按照分凝原理进行材料提纯的。杂质在熔体和熔体内已结晶的固体中的溶解度是不一样的。在结晶温度下，若一杂质在某材料熔体中的浓度为 c_L，结晶出来的固体中的浓度为 c_S，则称 $K = c_L/c_S$ 为该杂质在此材料中的分凝系数。K 的大小决定熔体中杂质被分凝到固体中去的效果。$K < 1$ 时，则开始结晶的头部样品纯度高，杂质被集中到尾部；$K > 1$ 时，则开始结晶的头部样品集中了杂质而尾部杂质量少。

晶体的区熔生长可以在惰性气体如氩气中进行，也可以在真空中进行。真空中区熔时，由于杂质的挥发而更有助于得到高纯度单晶。

(1) 基本原理 在进行区域熔炼过程中，物质的固相和液相在密度差的驱动下，物质会发生输运。因此，通过区域熔炼可以控制或重新分配存在于原料中的可溶性杂质或相。利用一个或数个熔区在同一方向上重复通过原料烧结以除去有害杂质；利用区域熔炼过程有效地消除分凝效应，也可将所期望的杂质均匀地掺入到晶体中去，并在一定程度上控制和消除位错、包裹体等结构缺陷。浮区熔炼法合成装置如图3-17所示。

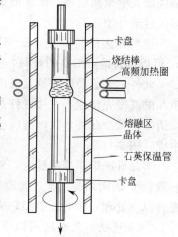

图 3-17　浮区熔炼法合成装置

（图中标注：卡盘、烧结棒、高频加热圈、熔融区、晶体、石英保温管、卡盘）

(2) 工艺条件 浮区熔炼法的工艺过程是：把原料先烧结或压制成棒状，然后用两个卡盘将两端固定好。将烧结棒垂直地置入保温管内，旋转并下降烧结棒（或移动加热器）。烧结棒经过加热区，使材料局部熔化。熔融区仅靠熔体表面张力支撑。当烧结棒缓慢离开加热区时，熔体逐渐缓慢冷却并发生重结晶，形成单晶体。

浮区熔炼法通常使用电子束加热和高频线圈加热（或称感应加热）。电子束加热方式具有熔化体积小、热梯度界限分明、热效率高、提纯效果好等优点，但由于该方法仅能在真空中进行，所以受到很大的限制。目前感应加热在浮区熔炼法合成晶体中应用最多，它既可在真空中应用，也可在任何惰性氧化或还原气氛中进行。

（3）几种区熔法介绍

① 水平区熔法　水平区熔法与水平 B-S 方法大体相同，但熔区被限制在一段狭窄的范围内，绝大部分材料处于固态，水平区熔法原理示意图如图 3-18 所示。将原料放入一长舟之中，其应采用不沾污熔体的材料制成，如石英、氧化镁、氧化铝、氧化铍、石墨等。舟的头部放籽晶。加热可以使用电阻炉，也可使用高频炉。熔区沿着料锭由长舟的一端向另一端缓慢移动，晶体生长过程也就逐渐完成。

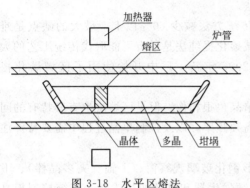

图 3-18　水平区熔法

这种方法的特点是：a. 减小了坩埚对熔体的污染（减小了接触面积），但因与舟接触，难免有舟成分的沾污，不易制得完整性高的大直径单晶；b. 降低了加热功率；c. 区熔过程可反复进行，可得到纯度很高和杂质分布十分均匀的晶体。

水平区熔法主要用于材料的物理提纯，但也常用来生长晶体。

② 垂直区熔法　垂直区熔法又称浮区法。在这种晶体生长方法中，生长的晶体和多晶原料棒之间有一段熔区，由表面张力所支持，熔区自上而下移动，便完成结晶过程。

用此法拉晶时，先从上、下两轴用夹具精确地垂直固定棒状多晶锭。用电子轰击、高频感应或光学聚焦法将一段区域熔化，使液体靠表面张力支持而不坠落。移动样品或加热器使熔区移动 ［图 3-19(a)］。

这种方法的特点是：a. 不需要坩埚，能避免坩埚污染，因而可以制备很纯的单晶；b. 可以生长熔点极高的材料，如熔点为 3400℃的钨单晶。

此外，大直径硅的垂直区熔是靠内径比硅棒粗的"针眼型"感应线圈实现的。为了达到单晶的高度完整性，在接好籽晶后生长一段直径为 2～3mm、长为 10～20mm 的细颈单晶，以消除位错。此外，区熔硅的生长速度超过 5～6mm/min 时，还可以阻止所谓漩涡缺陷的生成 ［图 3-19(b)］。

多晶硅区熔制硅单晶时，对多晶硅质量的要求比直拉法高：a. 直径要均匀，上下直径一致；b. 表面结晶细腻、光滑；c. 内部结构无裂纹；d. 纯度要高。区熔前要对多晶硅材料进行以下处理：滚磨；造型；去油、腐蚀、纯水浸泡、干燥。

③ 基座法　基座法可以看成是浮区法和提拉法结合而成的，其生长装置示意图如图 3-20 所示。在基座法中，多晶原料棒的直径远大于晶体的直径。具体生长步骤是将一块大直径的多晶材料上部熔化，降低籽晶使之与熔体部分接触，然后再向上旋转提拉籽晶以生长出晶体。

基座法也是一种无坩埚技术，它既保持了浮区法的优点，又引入了提拉法的长处，可生长较浮区法直径更大的晶体，用这种方法曾成功生长了无氧单晶硅。

④ 焰熔法　最早是 1885 年由弗雷米（E. Fremy）、弗尔（E. Feil）和乌泽（Wyse）一起，利用氢氧火焰熔化天然的红宝石粉末与重铬酸钾而制成了当时轰动一时的"日内瓦红宝石"。后来弗雷米的助手法国的化学家维尔纳叶（Verneuil）于 1902 年改进并发展这一技术使之能进行商业化生产。

焰熔法是从熔体中生长单晶体的方法。其原料的粉末在通过高温的氢氧火焰后熔化，熔滴在下落过程中冷却并在籽晶上固结逐渐生长形成晶体。

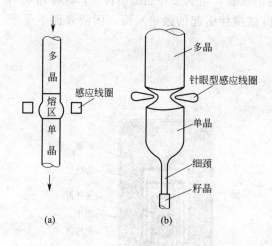

图 3-19　垂直区熔法示意图 (a) 和
大直径硅单晶区熔生长法 (b)

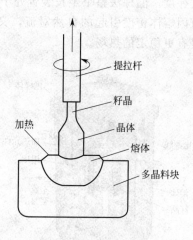

图 3-20　基座法示意图

焰熔法的合成装置如图 3-21，振动器使粉料以一定的速率自上而下通过氢氧焰产生的高温区，粉体熔化后落在籽晶上形成液层，籽晶慢慢向下移动而使液层结晶，晶体就慢慢增长。使用此方法生长的晶体可长达 1m。由于生长速度较快，利用该法生长的红宝石晶体应力较大，只适合做手表轴承等机械性能方面。

3.2.1.5　其他熔体生长方法

(1) 热交换法　热交换法（HEM）是由 D. Viechnicki 和 F. Schmid 于 1974 年发明的一种长晶方法，其生长结构示意图如图 3-22 所示。其原理是定向凝固结晶法，晶体生长驱动力来自固液界面上的温度梯度。特点：a. 热交换法晶体生长中，采用钼坩埚，石墨加热体，氩气为保护气体，熔体中的温度梯度和晶体中的温度梯度分别由发热体和热交换器（靠 He 作为热交换介质）来控制，因此可独立地控制固体和熔体中的温度梯度；b. 固液界面浸没于熔体表面，整个晶体生长过程中，坩

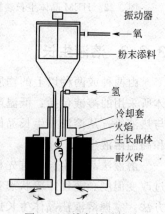

图 3-21　维尔纳叶焰熔
法合成装置

埚、晶体、热交换器都处于静止状态，处于稳定温度场中，而且熔体中的温度梯度与重力场方向相反，熔体既不产生自然对流也没有强迫对流；c. HEM 法最大优点是在晶体生长结束后，通过调节氦气流量与炉子加热功率，实现原位退火，避免了因冷却速度而产生的热应力；d. HEM 可用于生长具有特定形状要求的晶体。

由于这种方法在生长晶体过程中需要不停地通以流动氦气进行热交换，所以氦气的消耗量相当大，如 ϕ30mm 的圆柱状坩埚就需要每分钟 38L 的氦气流量，而且晶体生长周期长，He 气体价格昂贵，所以长晶成本很高。

(2) 温梯法　导向温度梯度法（TGT）是中国科学院上海光学精密机械研究所的专利技术，结构示意图如图 3-23 所示。其结晶原理与上述热交换法相似，也是采用石墨发热体、Mo 保温屏、Mo 坩埚，氩气保护气氛。温梯法和热交换法的主要不同在于前者采用水冷却技术而后者采用 He 气冷却；而且 TGT 的温场主要靠调整石墨发热体、Mo 保温屏、Mo 坩

埚的形状和位置，发热体的功率以及循环冷却水的流量来调节，使之自下向上形成一个合适的温度梯度。温梯法整个生长装置处于相对稳定的状态，坩埚和籽晶都不转动，这样坩埚中既没有因熔体密度引起的自然对流，又没有因机械搅拌引起的强迫对流，固液界面不受干扰，具有更稳定的热场。

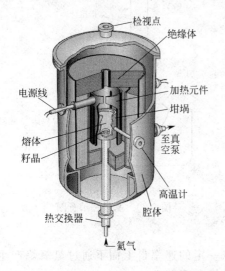

图 3-22　HEM 晶体生长装置结构示意图

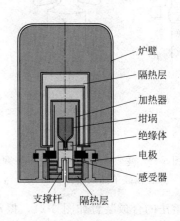

图 3-23　TGT 晶体生长装置结构示意图

3.2.2　溶液生长

由两种或两种以上的物质组成的均匀混合物称为溶液，溶液由溶剂和溶质组成。合成晶体所采用的溶液包括：低温溶液（如水溶液、有机溶液、凝胶溶液等）、高温溶液（即熔盐）与热液等。从溶液中生长晶体的方法按溶液温度的不同主要有低温溶液生长、水热溶液生长和高温溶液生长。

溶液法晶体生长是首先将晶体的组成元素（溶质）溶解在另一溶液（溶剂）中，然后通过改变温度、蒸气压等状态参数，获得过饱和溶液，最后使溶质从溶液中析出，形成晶体的方法。掌握溶液法晶体生长原理和技术应该先从溶液分析开始。

溶液的宏观性质是其微观结构，特别是溶质元素与溶剂或溶液中其他元素之间的相互作用决定的。这些相互作用决定了溶质元素在溶液中的存在状态，并对晶体生长行为具有重要的影响。对于实际晶体生长过程，拟生长的元素及其成分是确定的，但溶剂是可以选择的。选择合适的溶剂决定着晶体生长的成败和晶体的结晶质量优劣。综合溶液的所有宏观性质和微观性质均取决于溶剂和溶质的匹配情况，在晶体材料确定后，则主要由溶剂性质决定。

针对不同的晶体材料，选择溶剂的一般原则如下。

(1) 化学性能稳定　应用于晶体生长的溶剂必须具有较高的化学稳定性，不会在晶体生长过程中分解、挥发或者与溶质形成新的化合物，并且不会与容器以及其他环境介质发生化学作用，引起腐蚀或产生其他影响。

(2) 对溶质的溶解度　溶剂对溶质必须有一定的溶解度，如果溶解度太低则会制约晶体生长过程，导致生长速率太低。同时，该溶解度必须是随着温度等可控条件变化的，否则晶体生长过程也难以实现。

（3）合适的熔点　应用晶体生长的溶剂一般要求具有较低的熔点，以便于晶体生长温度的控制，同时有利于晶体结晶质量的提高。

（4）蒸气压　在溶液法晶体生长过程中通常要控制溶液蒸发，如果蒸发太快则不利于晶体生长过程。

（5）溶质扩散　要求溶质在溶剂中具有较高的扩散系数，以利于晶体生长过程中溶质的传输。

（6）黏度　液相对流通常是溶液法晶体生长的主要控制手段之一，较低的黏度有利于晶体生长过程中强制对流的实现。

（7）环境影响　不产生有毒有害物质而对环境产生影响。

3.2.2.1　低温溶液生长

（1）降温法　降温法是从溶液中生长晶体的一种最常用的方法。这种方法适用于溶解度和温度系数都比较大的物质，并需要一定的温度区间。这一温度区间温度下限太低，对晶体生长也不利。一般来说，比较合适的起始温度是 50～60℃，降温区间以 15～20℃为宜，典型的生长速率为 1～10mm/d，生长周期为 1～2 个月。

降温法的基本原理是利用物质较大的溶解度温度系数，在晶体生长的过程中逐渐降低温度，使析出的溶质不断在晶体上生长。用这种方法生长的物质溶解度温度系数最好不低于 1.5g/(kg·℃)。

降温法生长晶体的装置多种多样，基本原理都是一样的，典型的降温法晶体生长装置如图 3-24 所示。但不管用哪种装置，都必须严格控制温度，按一定程序降温。实验证明：微小的温度波动都会造成某些不均匀区域，影响晶体的质量。目前，温度控制精度已达±0.001℃。另外，在降温法生长晶体过程中，由于不再补充溶液或溶质，因此要求育晶器必须严格密封，以防溶剂蒸发和外界污染，同时还要充分搅拌，以减少温度波动。

表 3-2 是适宜于降温法生长的几种材料的溶解度及其温度系数。

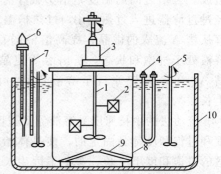

图 3-24　典型的降温法晶体生长
装置：水浴育晶装置
1—掣晶杆等；2—晶体；3—转动密封装置；
4—浸没式加热器；5—搅拌器；6—控制器
（接触温度计）；7—温度计；8—育晶器；
9—有孔隔板；10—水槽

表 3-2　40℃ 时一些溶解度高和温度系数大的材料的溶解度及其温度系数

材　　料	溶解度/(g/kg 溶液)	温度系数/[g/(kg·℃)]
明矾[$K_2SO_4 \cdot Al_2(SO_4)_3 \cdot 24H_2O$]	240	+9.0
ADP[$(NH_4)H_2PO_4$]	360	+4.9
TGS(硫酸三甘肽)	300	+4.6
KDP(KH_2PO_4)	250	+3.5
EDT(乙二胺酒石酸)	598	+2.1

降温法的优点是：a. 晶体可在远低于其熔点的温度下生长。有许多晶体不到熔点就分解或发生不希望有的晶型转变，有的在熔化时有很高的蒸气压（高温下某种组分的挥发将使熔体偏离所需要的成分），在低温下使晶体生长的热源和生长容器也较易选择。b. 降低黏

度。有些晶体在熔化状态时黏度很大，冷却时不能形成晶体而成为玻璃。溶液法采用低黏度的溶剂可避免这一问题。c. 容易长成大块的、均匀性良好的晶体，且有较完整的外形。d. 在多数情况下，可直接观察晶体生长过程，便于对晶体生长动力学的研究。

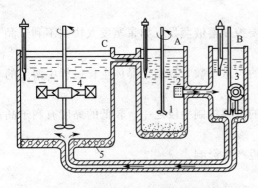

图 3-25 流动法生长晶体装置示意图：
循环流动育晶装置

1—原料；2—过滤器；3—泵；4—晶体；
5—加热电阻丝

降温法的缺点也同样明显，这种方法中溶液组分多，影响晶体生长的因素比较复杂，从而导致晶体生长速度慢，周期长（一般需要数十天乃至一年以上）。同时这种方法对控温精度要求高，经验表明：为培育高质量的晶体，温度波动一般不宜超过百分之几甚至千分之几度。

（2）流动法 流动法生长晶体装置如图 3-25 所示，由饱和槽 A、过热槽 B 和生长槽 C 组成。三槽之间的温度是槽 B 高于槽 A，槽 A 又高于槽 C。原料在饱和槽 A 中溶解后经过过滤器进入过热槽 B，过热槽温度一般高于生长槽温度约为 $5\sim10℃$，可以充分溶解从槽 A 流入的微晶，提高溶液的稳定性。经过过热的溶液用泵打入生长槽 C，此时溶液处于过饱和状态，析出溶质使晶体生长。析晶后变稀的溶液从生长槽 C 流入饱和槽 A，重新溶解原料至溶液饱和，再进入过热槽，溶液如此循环流动，晶体便不断生长。

流动法的生长速度受溶液流动速度和 A、C 两个槽温差的控制。此法的优点是生长温度和过饱和度都是固定的，使晶体始终在最有利的温度和最合适的过饱和度下生长，避免了因生长温度和过饱和度变化而产生的杂质分凝不均和生长带等缺陷，使晶体完整性更好。此法的另一个突出优点是能够培养大尺寸单晶。目前已用该法生长出重达 20kg $ADP[(NH_4)H_2PO_4]$ 优质单晶。此外，这种装置还可以用来研究晶体生长动力学研究。流动法的缺点是设备比较复杂，调节三槽之间的温度梯度和溶液流速之间的关系需要有一定的经验。

（3）恒温蒸发法 蒸发法生长晶体的基本原理是将溶剂不断蒸发减少，从而使溶液保持在过饱和状态，晶体便可以不断生长。这种方法比较适合于溶解度较大而溶解度温度系数较小或为负值的物质。蒸发法生长晶体是在恒温下进行的。

蒸发法的装置和降温法的装置基本相同，不同的是在降温法中，育晶器重蒸发的冷凝水全部回流（因为是严格密封的），而在蒸发法中则是部分回流，有一部分被取走了。降温法是通过控制降温来保持溶液的过饱和度，而蒸发法则是通过控制溶剂的蒸发量来保持溶液的过饱和度。

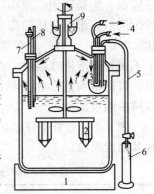

图 3-26 蒸发法生长晶体的装置示意图：蒸发育晶装置

1—底部加热器；2—晶体；3—冷凝器；4—冷却水；5—虹吸管；6—量筒；7—接触控制器；8—温度计；9—水封

蒸发法生长晶体的装置也有许多种，图 3-26 所示是一种比较简单的装置。

蒸发法关键需要仔细控制蒸发量，使溶液始终处于亚稳过饱和状态，并维持一定的过饱和度，使析出的溶质不断在籽晶上长成单晶。由于温度保持恒定，晶体的应力较小。另外，晶体在溶液中最好能做到既能自转也能公转，以避免晶体发育不良，需正确调整溶液的酸碱度（pH值），使晶体发展完美，同时生长速度不宜过大，随时防止晶体以外其他地方的成核现象。

表3-3是适宜于蒸发法生长的几种材料的溶解度和温度系数。

表 3-3　具有高溶解度和低温度系数的材料在 60℃ 时的溶解度和温度系数

材　　料	溶解度/(g/kg 溶液)	温度系数/[g/(kg·℃)]
K_2HPO_4	720	+0.1
$Li_2SO_4 \cdot H_2O$	244	−0.36
$LiIO_3$	431	−0.2

(4) 凝胶法　凝胶法又称扩散法或化学反应法。它是以凝胶（最常用的是硅胶）作为扩散和支持介质，使一些在溶液中进行的化学反应，通过凝胶扩散缓慢进行，使溶解度较小的反应产物在凝胶中逐渐形成晶体。对于不同晶体的生长，可选择不同的容器，一般多采用玻璃试管或 U 形管（图 3-27）。

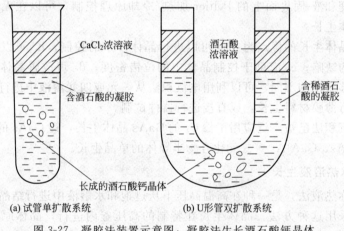

图 3-27　凝胶法装置示意图：凝胶法生长酒石酸钙晶体

这种方法的晶体生长过程中，所使用的起始原料（前驱物）一般为金属醇盐，其主要反应步骤都是前驱物溶于溶剂中形成均匀的溶液，溶质与溶剂产生水解或醇解反应，反应生成物聚集成 1nm 左右的粒子并组成溶胶，最终形成一种非溶性的结晶反应产物而在凝胶中析出。凝胶的主要作用在于抑制涡流和成核数量。

溶胶-凝胶法的工艺过程可以简单地描述为溶胶的制备、凝胶化和凝胶的干燥。溶胶的制备是将金属醇盐或无机盐经过水解、缩合反应形成溶胶，或经过解凝形成溶胶；凝胶化是使具有流动性的溶胶通过进一步缩聚反应形成不能流动的凝胶；凝胶的干燥可分为一般干燥和热处理干燥，主要目的是使凝胶致密化。

凝胶法的突出优点在于可用十分简单的方法，在室温环境下生长一些难溶的或是对热敏感的晶体。此外，由于在这种生长方法中，晶体的支持物是柔软的凝胶，使得生长的晶体完整性较好，应力较小。而且，由于在凝胶过程中是不发生对流的，生长环境比较稳定。其缺点是生长速度小、周期长、晶体的尺寸小、难以获得大块的晶体。但由于这个方法和化学、矿物学联系比较密切，因此在今天仍有不可忽视的实用价值。

表 3-4 中列出了一些在硅酸凝胶中的晶体生长参数。

表 3-4 在硅酸凝胶中的晶体生长参数

晶 体	体 系	生长时间	晶体尺寸/mm
酒石酸钙($CaC_4H_4O_6$)	$H_2C_4H_4O_6+CaCl_2$	—	8~11
方解石($CaCO_3$)	$(NH_4)_2CO_3+CaCl_2$	6~8 周	6
碘化铅(PbI_2)	$KI+Pb(Ac)_2$	3 周	8
氯化亚铜($CuCl$)	$CuCl+HCl(稀)$	1 个月	8
高氯酸钾($KClO_4$)	$KCl+NaClO_4$		20×10×6

(5) 液相电沉积法 液相电沉积法（或简写为 LPEE）是利用电场进行溶液法晶体生长过程控制的一种方法。

在原料-溶液-生长衬底构成的串联电路中通入电流，在电场作用下，带电荷的离子在衬底表面沉积，实现晶体生长。以富 Ga 的 Ga-As 溶液中生长 GaAs 为例，如果将衬底设为正极，该生长系统可以看作是以 Ga 为溶剂，带负电荷 As 在电场作用下，向衬底表面迁移，并在表面附近形成过饱和的 As，从而 As 和 Ga 反应生成 GaAs。可以看出，在该方法晶体生长过程中，溶质的迁移以及生长界面过饱和条件的形成是通过外加电场实现的，整个生长过程利用电泳原理和液-固界面上的 Peltier 加热/冷却原理控制，可以在无温度梯度的均匀温度场中进行晶体生长。

液相沉积法晶体生长的优点为：a. 可以进行晶体掺杂的控制；b. 可以改善晶体生长界面形貌并控制结构缺陷；c. 有助于控制晶体中的位错密度；d. 可改善晶体的电子结构；e. 根据不同元素迁移特性的不同，可以利用电沉积法从三元或四元溶液中进行晶体生长。采用该方法还可以进行薄膜材料生长，或直接进行器件试制。

目前，液相沉积法已被广泛应用于掺 Cr 的 GaAs 晶体生长，镀 GaAs 的 Si 衬底上 GaAs 生长，以及 InGaAs、GaAlAs 等三元化合物半导体的单晶生长。

3.2.2.2 水热溶液生长

水热法，又称热液法，是一种在高温高压下从过饱和水溶液中进行结晶的方法。工业化批量生长水晶即采用这种方法。晶体生长在特制的高压釜内进行，晶体原料放在高压釜底部，釜内添加溶剂。加热后上下部溶液间有一定的温度差，使之产生对流，将底部的高温饱和溶液带至低温的籽晶区形成过饱和溶液而结晶。

美国人最初生长的 KTP 晶体线度约 10mm，是在 3000atm、800℃下于内径仅 38mm 的高压釜内生长的。KTP 晶体非线性系数大，透光波段宽，化学性质稳定，机械性能优良，是一种综合性能非常优良的非线性光学晶体。美国曾在较长时间内，将 KTP 晶体列为该国会控制下的军需物质，对我国实行禁运。在我国科技工作者不懈的努力下，成功地利用高温溶液法生长出高光学质量、大尺寸的 KTP 晶体，打破了美国的垄断并返销到美国。

(1) 水热溶液晶体生长的原理 水热法实质上是一种相变过程，即生长基元从周围环境中不断地通过界面而进入晶格座位的过程，水热条件下的晶体生长是在密闭很好的高温高压水溶液中进行的。利用釜内上下部分的溶液之间存在的温度差，使釜内溶液产生强烈对流，从而将高温区的饱和溶液放入带有籽晶的低温区，形成过饱和溶液。

根据经典的晶体生长理论，水热条件下晶体生长包括以下步骤：a. 营养料在水热介质里溶解，以离子、分子团的形式进入溶液（溶解阶段）；b. 由于体系中存在十分有效的热对流及溶解区和生长之间的浓度差，这些离子、分子或离子团被输运到生长区（输运阶段）；

c. 离子、分子或离子团在生长界面上吸附、分解与脱附；d. 吸附物质在界面上的运动；e. 结晶（c、d、e 统称为结晶阶段）。同时利用水热法生长人工晶体时由于采用的主要是溶解—再结晶机理，因此用于晶体生长的各种化合物在水溶液中的溶解度是采用水热法进行晶体生长时必须首先考虑的。

它的特点主要有：a. 高温和高压可使通常难溶或不溶的固体溶解和重结晶；b. 晶体在非受限条件下生长，晶体形态各异、大小不受限制、结晶完好；c. 适合制备高温高压下不稳定的物相；d. 水处在密闭体系中，并处于高于沸点的温度，体系处在高压状态。

水热法与其他几种方法比较，它的缺点主要是：a. 需要特殊的高压釜和安全保护措施；b. 需要适当大小的优质籽晶；c. 整个生长过程不能观察；d. 生长一定尺寸的晶体，等待时间较长。

（2）水热条件下影响晶体生长的因素

① 温度对晶体成长的影响　温度影响化学反应过程中的物质活性，影响生成物质的种类。如采用水热法合成 α-Al_2O_3 时，矿化剂为 $0.1mol/L$ KOH 和 $1mol/L$ KBr，填充度为 35%，以 $Al(OH)_3$ 为前驱物，在 380℃，只生成薄水铝石，而同样条件下在 388℃ 生成薄水铝石和 α-Al_2O_3 的混合物；当温度升到 395℃ 以上时，完全转化为 α-Al_2O_3。这是因为温度改变了晶体生长基元的激活能，在较高温度 OH 要比低温下的 OH 活泼，所以在 395℃ 以上，$Al(OH)_3$ 分子的全部羟基脱水生成 α-Al_2O_3，而在较低温度时，$Al(OH)_3$ 分子的部分羟基脱水而生成 AlOOH。在温差和其他物理、化学条件恒定的情况下，晶体的生长速率一般随着温度的提高而加快。人造水晶在 $1mol/L$ 的 NaOH 溶液中，温差为 304℃，填充度为 85% 时，其生长速率对数与绝对温度的倒数呈线性关系。

② 溶剂填充度对晶体生长的影响　在高压釜中水的临界填充度为 32%，在初始填充度小于 32% 的情况下，当温度升高时，气液相的界面上升，随着温度的继续增加到一定温度时，界面就转而下降，直到升至临界温度 374℃ 时液相完全消失，如果初始填充度大于临界值（32%），温度高于临界温度时，气液相界面就升高，直到容器全部被液相充满。这说明系统的气液相界面高度的变化不仅与温度有关，而且随初始填充度的不同而异，可通过提高填充度来增大压力，使得溶解度提高，加快溶质质量的传输，提高晶体生长速率。

③ 溶液浓度对晶体生长的影响　适合的矿化剂浓度能使结晶物质有较大的溶解度和足够大的溶解度温度系数，提高晶体的生长速率。但浓度的加大也有一定的限度，过高的矿化剂浓度使溶液的黏度增加到一定程度，影响溶质的对流，不利于晶体的生长。例如红宝石在 Na_2CO_3 溶液中生长时，当矿化剂浓度增加到 $1.5mol/L$ 时晶体的生长速率逐渐减慢，并有下降的趋势。

④ 溶液 pH 值对晶体生长的影响　改变溶液的 pH 值，不但可以影响溶质的溶解度，影响晶体的生长速率，更重要的是改变了溶液中生长基元的结构、形状、大小和开始结晶的温度。施尔畏等从微观动力学角度研究了晶体的成核机理，并合理解释了溶液 pH 值对氧化物粉末的晶粒粒度的影响，发现 pH 值为强酸性时，可以在较低的温度下合成金红石晶体，而在强碱条件下，合成金红石晶体需要达到 200℃。

（3）水热法晶体生长的应用　许多工业上重要的单晶都可通过水热法生长，具体工艺参数如表 3-5 所示。

表 3-5　水热法生长具体工艺参数

材　料	温度/℃	压强/GPa	矿化剂	材　料	温度/℃	压强/GPa	矿化剂
Al_2O_3	450	0.2	Na_2CO_3	TiO_2	600	0.2	NH_4F
Al_2O_3	500	0.4	K_2CO_3	GeO_2	500	0.4	
ZrO_2	600~650	0.17	KF	CdS	600	0.13	

① 水热法合成高档宝石　水热法是由意大利科学家 Spezia 于 19 世纪末发明的，早期主要用于地球化学的相平衡研究及人工晶体的生长研究。1930 年德国的 IGFaben 在此基础上合成出了第一块祖母绿晶体。水热法合成的祖母绿晶体质量高于助熔剂法合成的祖母绿晶体的质量。绿柱石是一种结构复杂的硅酸盐矿物，含铬的绿柱石晶体即为祖母绿晶体，它是一种具有宽带辐射的优秀可调谐激光材料。采用温差水热法，以复杂的盐酸混合溶液为矿化溶剂，在较低温度压力条件下，可生长出无色透明的绿柱石晶体。水热法目前只能生长祖母绿、红宝石、蓝宝石，由于水热法的生长机理与蓝宝石等的自然产出环境极为相似，所以水热法生长的宝石晶体的宝石学特征、包裹体特征等与天然宝石相同或相似，更容易为宝石学家和消费者所接受。因此水热法合成祖母绿、红宝石、蓝宝石，比其他合成方法更具优越性。

② 水热法合成氧化锌晶体　氧化锌是重要的工业原料，在塑料和橡胶添加剂、传感器和发光显示器件等领域有广泛的应用。氧化锌还是良好的光催化材料，可用于环境中的生物降解、光触媒杀菌等。采用低温水热法可以合成氧化锌微晶和纳米粉体。但要合成大的氧化锌单晶，则必须采用高温水热合成法。为了提高晶体的生长速率，水热法一般采用双温区高压反应釜。高温区的溶解度高于低温区，通过对流作用，在低温区产生过饱和浓度，提高晶体生长速度。T. Sekiguchi 报道了采用 3mol/L KOH 和 1mol/L LiOH 作矿化剂，生长区的温度在 363~384℃，温差为 104℃，经过 14d，晶体生长 10mm。

③ 合成 KTP 晶体　磷酸钛氧钾简称 KTP 晶体是优良的非线性光学晶体材料，广泛应用于激光倍频，和频及差频，光参量振荡与放大以及电光调制，Q 开关和声光调制等领域。水热法是最早生长出 KTP 单晶的方法，此过程在高压釜中进行，控制工艺条件使温度维持在 400~540℃，体系压力为 120~150MPa。水热法生长 KTP 晶体的周期为 20~40d，生长速率为 0.15~0.17mm/d，生长到的晶体最大尺寸为 55.76mm×22.24mm×16.48mm。水热法生长 KTP 晶体整体基本无色透明，在生长区域内质量均匀，无明显开裂、包裹等缺陷。

3.2.2.3　高温溶液生长

高温溶液生长方法又称助熔剂法，它适用性强，几乎对于所有的材料，都能找到一些相应的助熔剂或助熔剂组合；同时由于这种方法生长温度低，对这些材料的单晶生长却显示出独特的能力，所以特别适用于难溶化合物和在熔点极易挥发、高温有相变、非同成分熔融化合物。

有时一些本来能用熔体生长的晶体或层状材料，为获得高品质也改用助熔剂法来进行生长，尤其是一些在技术上很重要的（如砷化镓晶体），其晶块是用熔体法生长的，但用得最多的器件却是从金属作助溶剂的溶液中生长出来的层状材料。在较低温度生长的层状晶体的点缺陷浓度和位错密度都较低，化学计量和掺质均匀性好，因此在结晶学上比熔体法生长的晶体更为优良。

该法的主要缺点是晶体生长是在一个不纯的体系中进行的，而不纯物主要是助溶剂本身，因为想要避免生长晶体不出现熔融包裹体，生长必须在比熔体生长慢得多的速度下进行，导致生长速率极为缓慢。助溶剂法生长晶体的基本技术包括缓冷法、溶剂蒸发法、温差法、助溶剂反应法等。

(1) 缓冷法 缓冷法是指晶体从加助溶剂的溶液中生长，采用缓慢冷却溶液来获得生长所必需的过饱和度的方法。由于这种方法所使用的设备简单廉价，因而应用最为广泛。加热炉可采用康太丝绕制发热体自行制作，也可到市场购买现成的硅碳棒炉或硅钼棒炉，这主要应根据出发物质的熔点而定。温度控制要有良好的可靠性和稳定性。如要生长完整性好的优质单晶，控制精度也必须有较高要求，至少应在 1℃ 以内。坩埚可用高温陶瓷或难熔贵金属制作。前者如氧化铝坩埚，后者如通常使用的铂坩埚。采用何种材料制作，要根据体系的物化特性而定。原则是坩埚材料的熔点必须比出发物质的熔点高很多，同时坩埚不应与体系物质反应。

将配制好的出发物质装入坩埚，不要装得太满，一般以不超过坩埚体积的 3/4 为好。为防止在高温下溶剂蒸发，可将坩埚密封或加盖。装好料后立即将它放入炉内升温。应设法使坩埚底部温度比顶部低几摄氏度到几十摄氏度，以使得溶质有优先在底部成核的倾向。首先应将炉温升至熔点以上十几摄氏度至 100℃，并保温几小时，让材料充分反应、均化。保温时间应视助溶剂溶解能力和挥发特性而定。然后，为节省时间，迅速降温至熔点，最好是成核温度。由于成核温度既不易测量，又很不稳定，其值常常与材料的纯度等因素有关。因此，成核温度估计得偏高一些，继之再行缓慢降温，降温速度一般在 $0.11\sim5℃/h$。用这种方法生长的物质溶解度系数最好不低于 $1.5g/(kg \cdot ℃)$。

(2) 溶剂蒸发法 获得过饱和溶液的途径除了采用缓冷法之外，还可以通过溶剂的蒸发实现。在溶质 B 和溶质 A 形成的简单二元溶液中，溶质 B 的浓度的基本表达式为

$$w_B = m_B/(m_A + m_B) \tag{3-7}$$

式中，m_A 和 m_B 分别为溶剂 A 和溶质 B 的质量。

溶剂蒸发法通过减小 m_A 实现溶质浓度 w_B 的增大，获得过饱和溶液。对于图 3-28 所示的饱和溶液 1（溶质浓度为 w_{B1}），假定通过溶剂的蒸发使溶质浓度增大为 w_{B2}，则获得的固态过饱和度为

$$s = (w_{B2} - w_{B1})/w_{B2} \tag{3-8}$$

在该过饱和度的驱动下实现晶体的生长。晶体生长进一步消耗溶质，使溶液中的溶质含量 m_B 减少，又导致溶液中溶质浓度降低，过饱和度减小。为了维持生长过程的连续进行，需要进一步进行溶剂的蒸发，以增大 m_B 和 s。在实际晶体生长过程中，持续地进行溶剂的蒸发，即维持 m_A 和 m_B 的同步减小，可获得恒定的 m_B 和 s，使生长过程在图 3-28 中示意的恒定状态 b 下进行。

溶剂蒸发法晶体生长设备的工作原理图如图 3-29 所示。该生长系统同样采用液体介质进行传热控制，以维持温度的稳定性。对传热介质和生长槽中的溶液均采用叶片搅拌可以获得均匀的温度场。蒸发的溶剂在生长槽的上部内表面冷凝后沿着壁面向下流动，进入另一个容器收集。生长槽上部的加热器对生长槽加热，可以提高溶剂的溶解度，防止溶剂中残留溶质在其表面结晶。

在溶剂蒸发法晶体生长过程中，溶液的基本成分是恒

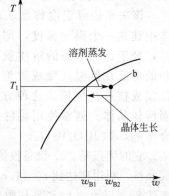

图 3-28 溶剂蒸发法晶体生长的基本原理

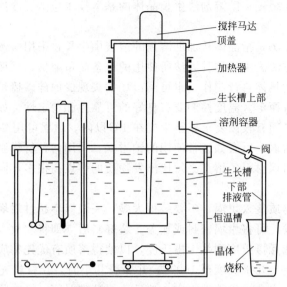

图 3-29 溶剂蒸发法晶体生长设备的工作原理图

定的，不随时间发生变化，可以维持晶体生长自始至终在相同的环境介质中进行，同时不需要进行温度的变化，只要控制恒定的溶液温度即可。但是，如果溶液中含有杂质，则随着晶体生长过程的进行，溶液中残留的杂质含量将不断增大，从而导致晶体中杂质含量的升高。

溶剂蒸发法的优点主要有以下几点：a. 适用性强，对某种材料，只要能找到一种适当的助溶剂或助溶剂组合，就可以用此方法将这种材料的单晶生长出来，而几乎对于所有的材料，都能找到一些相应的助溶剂或助溶剂组合；b. 助溶剂法生长温度低，对这些材料的单晶生长却显示出独特的能力，所以特别适用于难溶化合物和在熔点极易挥发、高温有相变、非同成分的熔融化合物；c. 晶体生长慢，有少量杂质缺陷；d. 比较容易得到大的晶体；e. 液相的存在利于晶体的生长，故没有太多的晶核，更有利于生成单晶；f. 可以降低单晶生长的温度。

(3) 温差法　温差法，又称 TD 法，主要是通过加热热场温度梯度，来达到生长晶体的环境，同时直接用 C 相籽晶静态引晶，长出 c 轴方向的单晶，而不需要进行掏棒。世界上第一个人造石英就是意大利人在 1905 年通过水热温差法制造出来的。

该法是依靠温度梯度从高温向低温区输送溶质的方法，通常使用的一种是在整个液体中建立一个温度梯度，即在原料区和局部过冷区或晶体生长区之间维持一温度。这样，处于饱和状态的溶质就可由通常的对流从高温区输送至低温区，原来在高温区饱和的溶液在低温区变成过饱和溶液，过剩的溶质就会在籽晶上沉析出来，或在低温区自发成核进行生长。这种方法由于是在恒温下进行，生长的晶体均匀性好。它最适于固溶体晶体。通常使用黏滞性较低的试剂作助溶剂，有时为达到综合效果往往采用混合溶剂，如 BaO/B_2O_3。

它的优点是：a. 设备投资小，设备国产化率高；b. 直接 C 相长晶，不用掏棒直接滚磨成晶棒，利用率达到 80%；c. 静态生长，自动化程度高，装料后全部自动控制完成，良品率达 80% 以上；d. 产品品质高，由于 C 相长晶速度低于 A 相，位错密度小于 500/cm² 。

(4) 籽晶降温法　降温法是通过对多组分溶液进行降温的方式来得到某溶质的过饱和溶液，并在此过饱和度下驱动晶体生长的一种方法。此时，如果溶液中存在籽晶，该籽晶就会生长。在晶体生长过程中，晶体生长消耗了溶液中的溶质，导致该温度下的溶质过饱和度降低，为使晶体生长得以持续，需进一步降温，重新获得晶体生长所需的过饱和度。因此，在实际晶体生长过程中，往往采取连续冷却的方法，使得晶体生长过程得以持续。

图 3-30 所示为典型降温法晶体生长设备的结构图。图中最内层的容器为盛放溶液的生长槽。生长槽放置在用于温度控制的加热液体中，籽晶在生长槽内的溶液中生长。该加热液体通常具有较大的热容量和很低的蒸气压，不会因受热而挥发。图中采用了 3 组加热器对加热液体进行温度控制。在溶解过程中加热器对加热液进行加热，并通过加热液向生长槽中的溶液传热，实现对溶液温度的控制。在晶体生长过程中，溶液降温以及晶体生长释放的结晶潜热也通过该加热液体向环境释放。采用液体作为传热介质的优点是可以利用其热惯性提高温度控制的稳定性。因此，与直接采用加热器进行晶体生长溶液的温度控制相比，采用加热液这一液体介质进行溶液法晶体生长温度的控制可以避免温度的波动，获得恒定的温度场。

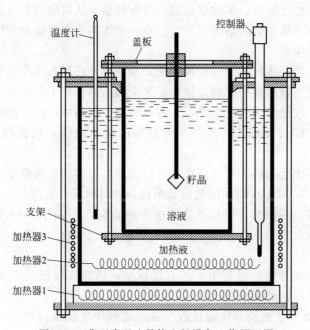

图 3-30 典型降温法晶体生长设备工作原理图

降温法晶体生长过程温度控制的要点是：a. 温度稳定性控制，即避免温度的波动；b. 降温速率控制，即获得晶体生长所需要的降温速率；c. 温度场均匀性的控制，即根据晶体生长要求，使得溶液内部温度均匀分布。

在降温法晶体生长过程中，温度和溶质浓度是变化的，即生长是在非等温非等浓度的条件下进行的。不同的生长条件可能导致晶体结晶质量和性质的变化，形成非均匀的晶体。

(5) 助溶剂反应法　溶液法晶体生长过程要求溶质在溶剂中具有一定的溶解度，并且该溶解度是随着温度或者压力的变化而发生改变的。但某些晶体材料在常用的溶剂中溶解度太低而无法实现溶液法生长。人们发现向溶剂中加入合适的第三种辅助组元可以提高溶质在溶剂中的溶解度，从而利于溶液法晶体生长的实现。在某些情况下，助溶剂可以降低溶质的溶解度，利于晶体材料的析出。这种通过向溶剂中加入辅助组元改变其溶解度，实现溶液法晶体生长的方法称为助溶剂法，所添加的辅助组元则称为助溶剂。在某些体系中，助溶剂的加入不但可以提高溶质的溶解度，而且可能改变溶剂的熔点、沸点、蒸气压等参数，从而拓宽溶液法晶体生长的温度范围。当助溶剂能够降低溶剂的熔点时则可以在更低的温度下进行晶体生长，而当助溶剂可以提高溶剂的沸点，或降低其蒸气压时则可以在更高的温度下进行晶体生长。

对助溶剂的要求除了应该具备上述作用之外，还应该具备如下性质：a. 助溶剂不影响晶体的结构，并且在晶体中的固溶度很低，不对晶体造成污染；b. 助溶剂本身具有稳定的性质，不与溶液中的任何元素反应而形成新的化合物；c. 助溶剂具有较低的蒸气压，不发生快速挥发以致难以控制；d. 助溶剂本身具有无毒、无害的性质，不会造成环境污染；e. 助溶剂不会对溶液的黏度、导热、导电、光学等性质产生不利影响。

除了利用助溶剂调整溶质的溶解度外，还可以利用助溶剂实现以下目标：a. 调整溶液的黏度，改善结晶质量；b. 调整溶液的 pH，控制晶体生长过程；c. 降低溶液的溶解度，促使晶体析出；d. 通过缓慢挥发或分解，控制晶体生长。

(6) 熔盐法 熔盐生长法，简称熔盐法，是在高温下从熔融的盐溶剂中生长晶体的一种方法。与溶液中培养晶体类似，溶质溶于熔盐中，助熔剂的高温熔剂可以使溶质相在远低于其熔点的温度下进行生长。

熔盐法是一种生长晶体的古老的经典方法，发展至今已经有 100 多年的历史。并且，熔盐法生长晶体的过程与自然界中矿物晶体在岩浆中的结晶过程十分相似。随着生长技术的不断进步，用熔盐法不仅能够生长出金红石、祖母绿等宝石晶体，而且能够生长出大块优质的 YIG、KTP、BBO、KN、$BaTiO_3$ 等一系列重要的技术晶体，从而使这种方法显得更为重要。

熔盐法胜过熔体法生长的主要优点在于可以借助高温熔剂来降低晶体生长温度。采用熔盐法的理由通常有：a. 对于可以采用的设备来说，材料的熔点太高；b. 材料非同成分熔化，或在某一较低的温度出现相变，引起严重的应力和破裂；c. 由于一种或几种组分有高蒸气压，使得材料在熔点时成为非理想配比；d. 用这种方法长出的晶体比用任何其他方法长出的质量都较好。

熔盐法生长的缺点是生长过程中不能直接观察，精确控温比较困难，有腐蚀性蒸气排出，对设备和环境有一定的影响。

① 生长机理 熔体法生长晶体的过程与从水溶液中生长晶体相类似，并且在所有情况下都将应用同样的理论。在没有籽晶的加助溶剂熔体中生长晶体的过程，仍然是在较高的过饱和度优先成核，晶核长大，随着生长的进行和溶质的消耗，过饱和度就降低，达到平衡时，晶体稳定生长。根据 BCF 理论处理，晶体的生长速率 v 和相对过饱和度 σ 的关系可表示为

$$v = \frac{C\sigma^2}{\sigma_1} \tanh \frac{\sigma_2}{\sigma} \tag{3-9}$$

式中，C 为常数；σ_1 是临界过饱和度。

当 $\sigma \ll \sigma_1$ 时，上式可以近似为

$$v = \frac{Cv^2}{\sigma_1} \tag{3-10}$$

当 $\sigma \gg \sigma_1$ 时，上式可以近似为

$$v = C\sigma \tag{3-11}$$

由于 C 和 σ_1 的复杂性，二者都包含有难以估算的因素，即使是数量级大小也难以估计，所以目前要验证上述公式对熔盐法生长的正确性只能依靠经验数据。

② 助熔剂的选择　能用的助熔剂种类非常多，对一种给定的材料生长挑选最合适的助熔剂的详细理论还未建立。由于缺乏相图数据和诸如黏滞度和蒸汽压这样一类重要参量的数据，使对能够使用的助熔剂的挑选变得困难。

选择助熔剂时必须首先考虑助溶剂的物理和化学性质。理想的助熔剂应具备下述的物理化学特性。

a. 对晶体材料必须具有足够大的溶解度。一般应为 $10\%\sim50\%$（质量分数）。同时，在生长温度范围内，还应有适度的溶解度的温度系数。该系数太大时，生长速率不易控制，温度稍有变化则会引起大量的结晶物质析出，这样不但会造成生长速率的较大变化，还常常会引起大量的自发成核，不利于大块优质单晶的生长。该系数太小时，则生长速率很小。一般而言，在 10%（质量分数）左右的范围内较为合适。

b. 在尽可能大的温度压力等条件范围内与溶质的作用是可逆的，不会形成稳定的其他化合物，而所要的晶体是唯一稳定的物相，这就要求助熔剂与参与结晶的成分最好不要形成多种稳定的化合物。但经验表明，只有两者组分之间能够形成某种化合物时，溶液才具有较高的溶解度。

c. 助熔剂在晶体中的固溶度应尽可能小。为避免助溶剂作为杂质进入晶体，应选用那些与晶体不易形成固溶体的化合物作为助熔剂，还应尽可能使用与生长晶体具有相同原子的助熔剂，而不使用性质与晶体成分相近的原子构成的化合物。

d. 具有尽可能小的黏滞性，以利于溶质和能量的输运，从而有利于溶质的扩散和结晶潜热的释放，这对于高完整性的单晶极为重要。

e. 有尽可能低的熔点，尽可能高的沸点。这样，才有较宽的生长温度范围可供选择。

f. 具有很小的挥发性和毒性。由于挥发会引起溶剂的减少和溶液浓度的增加，从而使体系的过饱和度增大，生长难于控制。此外，助熔剂多少都有些毒性，挥发度较大的助熔剂会对环境造成污染，对人体造成损害。

g. 对铂或其他坩埚材料的腐蚀性要小。否则，助熔剂不仅会对坩埚造成损坏，还会对溶液造成污染。

h. 易溶于对晶体无腐蚀作用的某种液体溶剂中，如水、酸或碱性溶液等，以便于生长结束时晶体与母液的分离。

i. 在熔融态时，助熔剂的浓度应与结晶材料相近，否则上下浓度不易均一。

实际上，要找到同时满足上述所有条件要求的助熔剂是很困难的。在实际使用中，一般采用复合助熔剂来尽量满足这些要求，因为复合助熔剂成分可以变化，可以进行协调，例如在溶解度和挥发性之间进行协调。倘若所需要的材料要结晶成稳定相，最合适的选择常常是低共熔成分。但复合助熔剂的组分又不宜过多，否则容易使溶液体系的物相关系变得复杂化，扰乱待长晶体的稳定范围。因此，对复合助熔剂的使用也必须慎重考虑。为一些新材料选择助熔剂时，一方面是依据上述原则并参考已发表的相图，挑选出适当的成分；另一方面则是查阅已经成功地使用在与所需要的化合物相类似的化合物生长的助熔剂文献。实际上已有几种助熔剂被用在多种材料的生长上，如生长 YAG，使用的助熔剂为 PbO/PbF_2，熔点 $494℃$，溶质是 $Y_3Al_5O_{12}$。目前使用最广泛的是以 PbO 和 PbF_2 为主的助熔剂。表 3-6 给出了一些常用的助熔剂和生长的晶体。

表 3-6 常用的助熔剂和生长的晶体

助熔剂	熔点(低共熔点/℃)	室温时的溶剂	溶质的例子
BaO/B_2O_3	870	HNO_3	$Ba_2Zn_2Fe_{12}O_{22}$, YIG
$BaO/Bi_2O_3/B_2O_3$	600	HNO_3	$NiFe_2O_4$, $ZnFe_2O_4$
$Bi_6Y_3O_{17}$	大约 900	HNO_3	Cr_2O_3 , Fe_2O_3
Li_2O/MoO_3	532	H_2O	BaO , $ZnSiO_4$
$Na_2B_4O_7$	741	HNO_3	$NiFe_2O_4$, Fe_2O_3
$Na_2W_2O_7$	620	H_2O	$CaWO_4$, CoV_2O_4
PbF_2	840	HNO_3	Al_2O_3 , $MgAl_2O_4$
PbO/B_2O_3	500	HNO_3	In_2O_3 , $YFeO_3$
PbO/PbF_2	494	HNO_3	$GdAlO_3$, $Y_3Fe_5O_{12}$
$PbO/PbF_2/B_2O_3$	大约 494	HNO_3	Al_2O_3 , $Y_3Al_5O_{12}$
$Pb_2P_2O_7$	824	HNO_3	Fe_2O_3 , $CaPO_4$
$Pb_2V_2O_7$	720	HNO_3	Fe_2TiO_5 , YVO_4

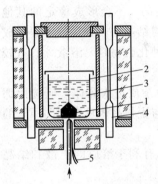

图 3-31 熔盐法生长装置示意图
1—晶体；2—坩埚；3—高温溶液；
4—加热器；5—热电偶

③ 设备及操作方法 熔盐法生长的炉子一般是长方形或立式圆柱形的马弗炉，设计比较简单。发热元件是碳化硅一类的导电陶瓷材料。炉子设计的主要标准是保温好，坩埚进出方便，对助熔剂蒸汽侵蚀发热元件有防护作用等。图 3-31 是熔盐法生长装置示意图。

坩埚材料比较满意的是铂。铂的寿命在氧化性气氛下比较长，但是要特别注意避免一定量的金属铅、铋、铁的影响，它们会与铂生成低共熔物。当使用铅基助熔剂时，加入少量 PbO_2 可以增加坩埚的寿命。

熔盐法生长中精确控制温度是稳定生长所必须的条件。

熔盐法生长晶体，在停止生长后，如何把晶体与残余物的溶液分离开，是个值得注意的问题。一般采用的方法：一种方法是如果晶体生长在坩埚壁上，就在固化前把过量的溶液倾倒出来，留下晶体再立刻放回炉中慢慢降至室温；另一种方法是把晶体和溶液连同坩埚一起冷却到室温，然后将溶剂溶解在某些含水的试剂中，而晶体在这些试剂中是不溶解的，这种溶解过程可能要几星期，特别是对于大坩埚。以上两种方法都会使晶体产生应力，因此有人采用在坩埚底部开孔，让溶液自动流出而不将坩埚从炉子中取出的方法。还有的采用将坩埚倒转过来的方法和使晶体与余液分离的倾斜坩埚法。但这两种方法的操作比较复杂，而且是趁热操作，应特别细心。

④ 熔盐法在 $Bi_4Ti_3O_{12}$ 晶体生长中的应用 目前，熔盐法制备片状 $Bi_4Ti_3O_{12}$ 粉体中熔盐体系主要选用 NaCl-KCl 或者 Na_2SO_4-K_2SO_4 复合熔盐，由于两种熔盐体系的低共熔点分别为 657℃ 和 831℃，因此合成片状的 $Bi_4Ti_3O_{12}$ 粉体的温度大部分在 900～1100℃。

3.3 气-固平衡晶体生长

块体材料的晶体生长以熔体晶体生长和溶液晶体生长为主。然而，对于某些晶体材料，由于其高熔点、低溶解度等特殊的性质，使得以液相为介质的生长方法难以实现。因此，以气相为母相或传输介质的气相生长方法受到人们的关注，并在近年来得到更大的发展。采用等离子体、分子束等非凝聚态介质进行晶体生长的方法也有某些与之相近的特点，常常被归为气相生长方法。

由于气相生长法包含有大量变量使生长过程较难控制，所以用气相法来生长大块单晶通常仅适用于那些难以从液相或熔体生长的材料。例如ⅡA族-ⅥA族化合物和碳化硅等。除此之外，气相生长方法因其生长温度低、生长速率小、易于控制等特点，成为薄膜等低维材料的主要生长方法。

气相生长过程主要由气源的形成、气相输运、晶体生长和尾气的处理或再利用这四个环节构成。因此，气相法实现晶体生长的第一个步骤就是获得晶体生长所需要的气体。该气体可以通过固态物质的加热升华或液态物质的加热蒸发获得，也可以通过化学反应获得或直接将气态物质通入反应系统中。采用单质或化合物的升华或蒸发获得生长气源的方法属于物理气相生长方法，而利用化学反应获得生长气源的方法对应于化学气相生长方法。

气相的输运是通过气体的扩散或者外助气体的对流将气相的生长元素输运到晶体生长表面。该输运过程和方式与具体的晶体生长工艺密切相关。

气相生长是通过对气体的冷凝或使气体在固体表面上发生化学反应，使得气相中的分子或原子在固体表面上沉积实现的。除了生长初期的形核过程以外，气相生长所依附的固体即是所要生长的晶体。固体表面附近气相的温度、成分、压力是决定晶体生长能否实现，以及晶体生长速率、晶体成分和结晶质量的三个主要控制因素。其中温度是由固体表面温度（即生长温度）控制，而成分和压力则是由上述气源的形成和气相输运两个环节控制。

在借助化学反应进行的晶体生长过程中，在晶体生长表面能排出其他气体。这些气体在生长表面的富集将制约后续的晶体生长，因此需要通过扩散或气体强制对流使其从生长表面逸出。该气体可以通过循环再次应用于晶体生长过程的输运。在无法利用的条件下将从生长系统排出，成为"尾气或废气"。在某些情况下该废气会对环境造成有害的影响，需要进行无害化处理。因此，尾气或废气的处理也是某些晶体气相生长过程的一个重要的辅助环节。

对上述四个环节进行协调控制才能实现晶体生长。晶体生长工艺的优化也应从以上各环节入手。在上述四个环节中，第三个环节是控制晶体生长过程的核心环节，而其他三个环节则是晶体生长环境条件的控制环节。

气相晶体生长方法已经获得很大的发展，演变出多种晶体生长技术。基本上可以按照如下方法归纳为物理气相生长方法和化学气相生长方法两大类。

a. 物理气相生长包括升华法、物理气相输运法、分子束法、阴极溅射法。

b. 化学气相生长包括气体分解法、气体合成法、多元气相反应法（如金属有机物化学气相沉积法等）、化学气相输运法、气-液-固生长法（VLS）。

3.3.1　物理气相生长

物理气相生长的界面过程如图 3-32 所示。气相分子或原子在进行 Brown 运动的过程中以一定的概率碰撞固体表面。碰撞到固体表面上的原子可以是单原子，也可能是由双原子或多个原子形成的原子团。通常随着温度的升高，形成多原子团的概率降低。

碰撞在固体表面上的一部分原子可能通过弹性碰撞被反弹，重新回到气相，而另一部分则被固体表面吸附，成为表面吸附原子。被吸附在表面上的原子结合力较弱，很不稳定。这些原子将沿着晶体表面向更稳定的台阶或者扭折处扩散。在扩散过程中仍有一定的概率脱附，重新回到气相中。当这些原子扩散到台阶或扭折处后将变得更加稳定，脱附的概率大大减小，从而实现生长。这些原子在扩散过程中也可能遇到其他沉积的原子而发生结合变得更

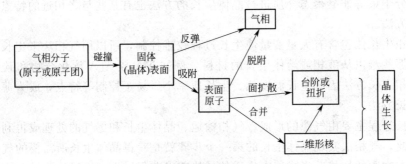

图 3-32　物理气相生长的界面过程

稳定，并不断吸收其他沿表面扩散的原子，从而发生二维形核。二维形核本身就是一个晶体生长过程。同时，二维晶核的形成将产生更多的台阶和扭折，加速晶体生长。

　　在物理气相生长过程中，除了用作输运剂的惰性气体以外，气相中所有参与反应的元素均是晶体的组成元素。这可以作为定义物理气相生长的依据之一。尽管某些化合物的晶体生长，在气相中化合物分子可能发生分解，但在生长界面上会重新化合。

3.3.1.1　升华法

　　升华法是气相法生长晶体的一种，其装置示意图如图 3-33 所示。氩气为输运介质，热端原料与掺杂剂加热后挥发，在氩气的输运下到达冷端重新结晶。升华法生长的晶体质量不高，为薄片状。

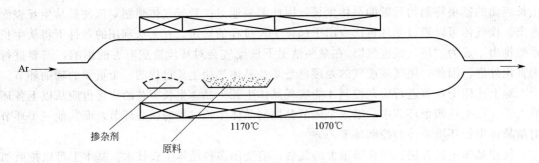

图 3-33　升华法晶体生长示意图

(1) 脉冲激光沉积

　　脉冲激光沉积法（PLD）是利用高能脉冲激光作用于源物质表面，源物质局部发生融化气化升华，进一步与激光作用生成等离子体羽辉，并向衬底做等温绝热膨胀，在沉底表面生成薄膜的方法。此法具有能够实现同组分沉积，制备与靶材成分一致的膜层；由于是高能等离子沉积，可引入各种气体如 O_2、H_2 等实现反应沉积制备以前难以制备的多组元薄膜等优点。Ji Nan Zeng 等人以纯度为 99.999% 的多晶 ZnO 为靶材，利用 PLD 法在硅片和石英衬底上制备了单晶 ZnO 薄膜，并研究了衬底温度、氧气气氛、激光频率对 ZnO 膜层的影响；随着衬底温度的升高，膜层结晶质量提高；光学和电学性能随着脉冲频率的增加而呈现不同的变化；在高频激光条件下，氧气气氛能够有助于化学计量比失配而引起的缺陷浓度的降低。Myung-Bok Lee 等预先运用脉冲激光沉积技术在 Si(100) 面沉积 TiN 缓冲层，然后用脉冲激光沉积技术在 TiN 表面外延生长了单晶 $BaTiO_3$ 薄膜。XRD 图谱显示 $BaTiO_3$ 薄膜沿 (100) 方向择优生长，而且对 $TiN/BaTiO_3/TiN$ 的金属-绝缘体-金属结构进行介电性能测量，结果显示膜层具有很高的介电常数，而非常小的漏电流，显示了很好的介电性能。

（2）电子束沉积

电子束沉积技术是运用电子束作为蒸发源，高能电子束撞击靶材使靶材局部温度升高并发生气化，随后形成等离子体向衬底方向移动，在衬底表面沉积形成薄膜。该法克服了电阻丝加热蒸发等必须运用坩埚而引入污染和难于对高熔点物质进行蒸发的缺点，所以特别适用于高纯度和高熔点膜层的制备。S. Tricot 等运用脉冲电子束沉积技术在蓝宝石衬底上制备了沿（0001）方向择优生长的六角纤锌矿结构的 ZnO 单晶膜层，对膜层进行霍尔效应测量显示，ZnO 膜层导电类型是 n 型，载流子密度为 3.4×10^{19} 个/cm^3，膜层的电学性能优良。

（3）原子束沉积

原子束沉积（ABD）是由分子束外延（MBE）技术变化发展而来的。S. Guha 等在真空室内引入射频放射电源用以激发 O_2 而转化为 O 原子束，结果在预先用 HF 处理的硅片（100）面上制备了结晶状况良好的单晶钇基氧化物薄膜。测试表明这种薄膜在高频下具有很高的响应频率，因此在门电路中具有很好的应用前景。

3.3.1.2　物理气相输运

物理气相输运法（Physical Vapor Transportation，PVT）的基本原理是原料在表面升华获得气体，原料与籽晶之间存在温度梯度，通过气相传输将升华出的气体输送到处于低温区的籽晶，并在籽晶表面凝华以实现单晶的生长。气象生长过程中的原料输运则是通过被气化的生长元素的气相扩散或者借助外来流动气体的携带实现的。在使用PVT 制备单晶时，原料杂质含量、原料的升华速率、温差及生长温度对晶体的生长速度和最终晶体质量起到重要作用。物理气相输运法是目前制备碳化硅晶体最常用的方法。图 3-34 为制备碳化硅单晶的一种装置的剖面图。设备的外围分布着感应加热线圈及外围的圆圈，从外往里依次是石英管、隔热层、坩埚。坩埚则使用高纯度、高密度、各向同性石墨坩埚。籽晶衬底固定在坩埚的盖上，原料采用高纯SiC 粉末或者多晶置于坩埚底部。采用此种方法可以避免原料下落到生长表面，从而保证单晶可靠的生长。生长腔内开始前要抽真空，生长过程中通入稀有气体，由气体自由程与腔内压力成反比的关系可以控制反应速度。另外，籽晶与原料之间的距离也对晶体的生长速率有直接的影响。生长速率随着距离的增大而减小。

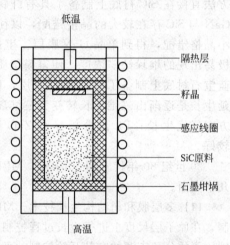

图 3-34　一种应用于 SiC 晶体生长的设备工作原理图

另外，晶体生长系统除了可以竖直放置外，还可以水平放置。图 3-35 为水平物理气相输运晶体生长过程原理图。在此过程中，气相的对流会产生变化，可能会出现环流。虽然环流的出现有利于气相的输运，但却同时出现了晶体生长表面附近物质输运的不对称，致使晶体结晶质量在不同部位出现质量上的差异。Fujiwara 等在此基础通过修改坩埚形状上进行改进，提高了气相传输效率和气相成分的均匀程度。

3.3.1.3　分子束外延生长

分子束外延是一种在超高真空条件下，将原料通过热蒸发等方式气化升华，并运动致衬底表面沉积形成薄膜的方法。配合仪器自带的原位分析仪器（如 RHEED 等）可以精确控制膜层的成分和相结构。分子束外延存在生长膜层速度太慢的缺点，每秒钟大约生长一个原

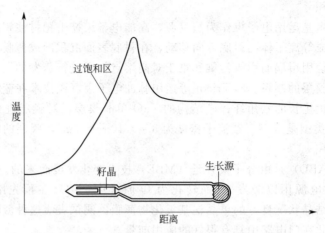

图 3-35　水平物理气相输运晶体生长过程原理图

子层厚度，但可以精确控制膜层厚度。David 等运用等离子体增强的分子束外延（PEMBE）方法直接在 SiC 衬底上制备了具有纤锌矿结构的、膜层质量较好的 GaN 单晶薄膜。由于 GaN 与 SiC 存在较大的晶格错配，以往的研究往往预先在 SiC 表面制备 AlN 缓冲层，来减小晶格错配，得到单晶 GaN 膜层。生长过程中引入等离子体大大降低了由于晶格错配而极易出现的堆垛缺陷浓度，使得膜层质量有较大改善。Yefan Chen 等同样运用 PEMBE 在蓝宝石衬底上制备了单晶 ZnO 膜层，RHEED 模式照片显示 ZnO 在蓝宝石衬底表面的外延生长是逐渐由二维生长转变为三维岛状模式生长的；且 XRD 分析表明 ZnO 沿（0001）方向择优生长；PL 谱分析显示 ZnO 膜层内部的污染和本征缺陷浓度较低，晶体质量较好。

20 世纪 80 年代末到 90 年代，MBE 技术得到了迅速发展，其主要技术进步体现在以下几个方面。

(1) 多层膜和超结构生长技术　MBE 最重要的特点是，通过对分子束源的精确开关控制，在原子层尺度上进行生长过程控制，实现单原子层的生长。利用这一特点，采用多个不同元素的分子束源的交替开关控制，可进行不同成分（或结构）的多层薄膜生长。由两种或多种不同结构与成分的薄膜交替生长，每层薄膜控制在若干原子层的厚度，则可获得超结构复合膜。由ⅢA 族-ⅤA 族或ⅡA 族-ⅥA 族化合物半导体形成的这种超结构通常具有特殊的电学、光学和光电子特性，是发展量子阱器件的基础。正是这一重要的应用背景，使得分子束外延技术获得强大的生命力，成为材料科学领域的一项前沿技术。

图 3-36 所示为多分子束源的 MBE 设备工作原理图。当将两个或两个以上的分子束源同时打开时可以外延生长多组元的薄膜。如果按照设定的程序对不同束源进行开关控制，则可以获得任意的多层薄膜结构。

(2) 高能电子束衍射原位监测技术　采用高能电子衍射技术对 MBE 过程进行实时观

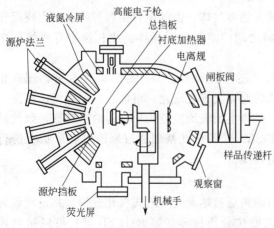

图 3-36　多分子束源的 MBE 设备工作原理图

察，可以获得外延薄膜精细结构的信息。在设备的一侧安装高能电子枪发射电子束，电子束以小角度投射到生长中的外延薄膜表面，衍射的信息在设备另一侧监测，则可获得生长过程中原子层逐层生长的信息。每生长一个原子层，就可以检测出一个衍射峰。同时，由于不同成分或结构的薄膜衍射特性不同，在不同薄膜的过渡界面处衍射图谱发生阶跃。因此，采用该技术可以确定出每一层薄膜的原子层数。根据分子束源的温度和开关时间与生长的原子层数之间的对应关系，可以进行生长工艺条件的选择与优化，实现多层薄膜结构与原子层数的精确控制。

(3) 分子束源的发展　分子束源是 MBE 技术发展的核心技术之一。分子束源开关阀的开关性能对生长过程的影响是至关重要的。理想的开关应该具有极快的开关速度。典型的ⅢA族-ⅥA族化合物和ⅡA族-ⅥA族化合物生长过程要求的生长源的温度在数十至数百摄氏度，需要对分子束源进行加热并进行精确的温度控制。而对于蒸气压很高的材料，如含 Hg 材料，需要对其制冷才能获得适合于生长的蒸气压。采用制冷分子束源在技术上的难度将更大。这一问题已经得到很好的解决，并已经开发出工程化的设备。

分子束源的另一个重要进展是发展气体分子束源。采用气体分子束源最初的设想是为了解决ⅢA族-ⅤA族化合物在生长过程中ⅤA族元素 As 及 P 等容易形成双原子或多原子分子而影响结晶质量的问题提出来的。实验证明，4 原子分子 As$_4$ 在生长表面沉积时会在晶体中引入大量的点缺陷。Calawa 等和 Panish 等采用金属有机物束源 AsH$_3$ 和 PH$_3$ 代替固体 As 和 P 源，形成了所谓金属有机物分子束外延技术（即 MOMBE）。然而，由于该技术生长界面存在化学反应过程而影响晶体的完整性，因而并未显示出优越性，没有得到发展。近年来，气体分子束源的发展则是与氮化物的生长技术相关的。GaN 和 AlN 成为近年来材料科学领域研究的热点课题，人们尝试采用 MBE 技术进行单层或多层氮化物薄膜的生长，而采用气相分子束源是提供 N 源的唯一途径。

(4) 离子束流的调控　MBE 生长的另外一个技术是分子束流调节技术，该技术通过对化合物晶体生长过程中阴离子和阳离子束流通量的调控，提高沉积离子在生长表面上的迁移速率。在化合物晶体外延生长过程中，当表面阳离子含量较低时，阴离子的迁移速率将明显加快，而阴离子的含量较低时，阳离子的迁移速率加快。原子迁移速率的提高有利于生长表面原子位置的调整，从而提高晶体材料的结构完整性。比如，Kawaharazuka 等在 GaAs 晶体的 MBE 生长中，交替地进行 Ga 和 As 的沉积，衬底温度控制为 590℃。每个生长周期先打开 Ga 源沉积 1s，再进行 1.5s 的退火，使 Ga 原子在界面上充分迁移。然后，打开 As 源进行 2s 的沉积，再进行 0.5s 的退火使 As 充分迁移。每个生长周期可以生长 0.3 个原子层的距离。采用这种分别沉积的方法可以大大提高沉积层的结晶质量。这一方法被称为迁移强化外延技术（Migration Enhancedpitaxy，MEE），并在实际中得到广泛应用。

(5) 工业化 MBE 技术　实现 MBE 技术的工业化生产需要大幅度提高其工作效率。在 MBE 生长过程中，消耗时间最长的是高真空度建立的过程。如果采用单一的样品室，则在完成一次实验后，样品的更换过程需要破真空，而真空度的重新建立将是一个很长的周期。因此，典型的 MBE 生长设备都有若干个样品室。除了生长室以外，通常有一个准备室。准备室通过阀门与生长室连接。在准备室内存放大量的外延衬底，并维持一个较高的真空度。每完成一个样品的外延生长后，将生长室与准备室的阀门打开，将样品退回到准备室，并将另外一个外延衬底送入生长室准备生长。当样品送入生长室后，再次将生长室与准备室之间的阀门关闭。此时,生长室内的真空度与准备室相同。然后,在此真空度的基础上,仅需要较短的时间则可将生长室抽真空到外延生长所需要的真空度,可以大大节省生长室高真空建立所需要的时间。

3.3.1.4 射频溅射法

溅射法是利用荷电离子在加速电场作用下轰击靶材,使靶材中的原子被溅射出来,并如图 3-37 描述的溅射法晶体生长的基本原理,在衬底上沉积,实现晶体生长的技术。溅射装置的工作原理如图 3-37 所示,将被沉积的原料制成阴极靶材,而将沉积生长的衬底固定在阳极。在两极之间加上高电压,使两极间的气体被击穿,发生辉光放电。气体电离形成的带正电荷的离子被加速,撞向阴极靶材,使靶材表面的原子(或分子)被溅射出来。被溅射出来的原子(或分子)以一定的速度和方向在阳极衬底表面沉积、生长。溅射法生长过程中原子沉积的速率相对较小,因此其更适合于薄膜材料的生长。

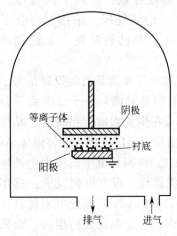

图 3-37 溅射法晶体
生长及装置的基本原理

当衬底表面温度较低而溅射速率较大时,沉积在阳极表面的原子来不及进行位置的调整,可能形成非晶态或者亚稳定相的沉积层。而当衬底表面温度较高、沉积速率较小时,则可能直接结晶成为晶体。非晶态相或亚稳定相沉积层可以通过后续的热处理进行晶化。

评价溅射速率的参数是溅射率,又称为溅射系数,定义为正离子轰击靶材时平均每个正离子能从靶材中轰击出的原子数,常用 S 表示。影响溅射率的主要因素如下。

① 溅射电压 在电压很低时,荷电离子的速率太小,其能量不足以使靶材中的原子被轰击出来。通常把溅射率为零时的离子最大能量称为界限能。高于界限能时,随着入射电压的增大,溅射速率增大。但当溅射电压超过一定数值时,荷电离子的能量过大,将会嵌入靶材中而不会将靶材溅射出来,从而使得溅射率减小。

② 溅射离子入射方向 通常当溅射离子与靶材表面的夹角为 $60°\sim70°$ 时,溅射率最大。

③ 溅射原子 随着入射原子序数的增大,溅射率呈周期性变化,惰性气体的溅射速率较大,通常采用 Ar 离子作为入射离子。

采用多种控制技术可以进行不同材料的溅射生长,并提高沉积效率。

(1) 溅射靶材结构的设计 通过改变靶材结构以及与沉积衬底之间的位向关系,可以实现不同的沉积方式。图3-38所示为几种应用实例。图 3-38(a) 中,靶材位于中间,而将两个相向的沉积衬底放置在其两侧,靶材两侧同时被溅射,并分别在两侧的衬底上沉积、生长。图 3-38(b) 则是将衬底放置在中间,而将靶材放置在两边,在沉积衬底的两个侧面同时形成沉积层。图 3-38(c) 则采用倾斜放置的靶材进行溅射原子方向的控制,实现沉积速率和沉积层质量的控制。

(2) 射频溅射 在溅射靶上施加射频电压进行溅射的技术称为射频溅射。它适合于各种金属和非金属元素的溅射。采用射频电压可以使阴极和阳极之间的电子在被阳极吸收之前在阳极和阴极之间振荡,从而有更多的机会与两个极板之间的气体发生碰撞,使其充分电离,提高电离效率,使溅射速率增大,溅射效率提高。溅射过程中采用的射频电源的频率一般在 $5\sim30MHz$,而采用最多的是美国联邦通信委员会建议的 13.56MHz。

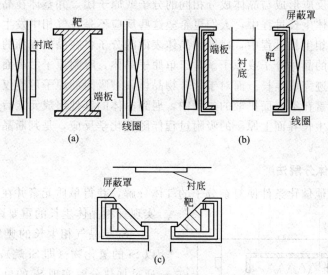

图 3-38　几种溅射生长方法

采用射频溅射可以在低至 2×10^{-2} Pa 的低气压下进行溅射。低气压下溅射可以减少被溅射的原子（或分子）与气体原子或离子在空间的碰撞概率，有利于提高溅射效率。

（3）磁控溅射　磁控溅射是采用外加的、与电场方向正交的磁场对电子运动进行控制的技术，其结构如图 3-39 所示。溅射产生的二次电子在阴极附近被加速为高能电子，但它们不能直接飞向阳极，而是在电场和磁场的联合作用下进行近似摆线的运动。在该运动过程中不断与气体分子碰撞，发生电离。这些电子可以漂移到阴极附近的辅助阳极，

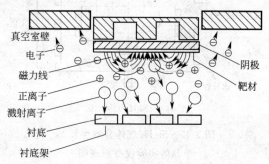

图 3-39　磁控溅射技术的工作原理

避免对阳极衬底表面的直接轰击。因此，采用磁控技术不仅可以提高溅射率，还可以避免电子对阳极表面的轰击而引起表面的加热。

（4）多组元及化合物材料的沉积　沉积多组元材料时，可以直接按照沉积体的成分要求合成多组元的靶材，在沉积过程中使各组元同时被溅射并沉积。但由于不同材料的溅射特性不同，不能保证所沉积的材料与靶材的成分完全一致。应用最多的方式是采用多个靶材进行沉积。典型溅射设备采用 4 个均匀分布的靶材，每个靶材可选用不同的单质材料，通过转动沉积衬底托盘在靶材上沉积不同的材料。通过控制沉积率和在各个靶材上沉积的时间，可以进行沉积层平均成分的控制，并获得不同材料构成的多层结构。该多层结构也可以通过随后的热处理实现互扩散，获得均匀的多组元材料。

当拟沉积的化合物材料中，其中一个或多个组元为气体时，可以采用向沉积室通入气体的方式，使气体与由靶材溅射出的元素在沉积表面反应，获得化合物沉积层。

3.3.2　化学气相生长

在许多情况下，采用成分更加复杂的多组元气体，利用气体之间的化学反应实现晶体生长，称为化学气相生长。在化学气相生长过程中，不同分子或原子在空间进行 Brown 运动

的过程中可能发生反应形成与晶体成分相同的分子或原子团，并整体在晶体表面沉积，实现生长。而在实际晶体生长过程中，人们更希望这些反应不是在气相中发生，而是在生长表面上发生。在化学气相生长过程中，碰撞到晶体表面的分子将在晶体表面的催化作用下发生化学反应，形成吸附的晶体分子或原子。对于单原子晶体，吸附原子沿表面扩散，并按照上述物理气相生长的轨迹完成生长。而对于化合物晶体，被吸附的原子可能仅仅是构成晶体的一个组成元素，该元素在沿表面扩散的过程中，遇到晶体的其他组成元素后，将与之化合，实现晶体生长。晶体生长界面上原子的吸附过程伴随着化学反应，是判断晶体生长过程为化学气相生长的标准之一。

3.3.2.1 气体分解法

通过加热或其他催化条件使复杂分子的气体分解，获得单质元素并在生长界面沉积，是实现气相晶体生长的重要途径之一。

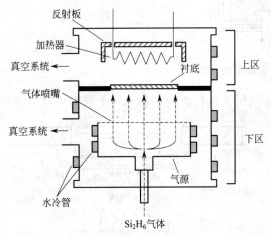

图 3-40 Si_2H_6 气体分解生长 Si 单晶的实验设备原理图

Si 单晶气相生长的典型生长方法之一是以 Si 的氢化物（即 Si 烷），如 Si_2H_6 为原料，通过加热分解实现 Si 的单晶生长。Nakahata 等以 Si 单晶为衬底，在 600~700℃ 的不同温度下分解 Si_2H_6，并研究了 Si 的气相生长形态。所用实验设备如图 3-40 所示，上炉的加热器从 Si 晶片（衬底）的背面进行加热，控制生长温度。Si_2H_6 气体由底部通入生长炉内，经过加热器预热后，通过多孔喷嘴向生长表面输送。在衬底表面上发生 Si_2H_6 气体的分解反应，外延生长出 Si 晶体。采用该方法进行 Si 气相外延生长时，Si 的生长特性与温度和气体流量密切相关。采用（311）晶面和（100）晶面生长速率的比值 $V_{(311)}/$
$V_{(100)}$ 表征晶体生长的各向异性。当气体流量较小、生长温度偏高（接近于 700℃）时，生长界面的扩散较充分，晶体生长各向异性表现得很明显，（100）晶面上的生长速率明显大于（311）晶面，$V_{(311)}/V_{(100)} < 1$。而当气流量大或生长温度偏低（接近 600℃）时，（311）晶面上的生长速率增大，$V_{(311)}/V_{(100)}$ 接近或大于 1。

Akazawa 认为，Si_2H_6 分解生长 Si 的过程可以表示为

$$SiH_x(g) \rightarrow SiH_x(a) \rightarrow (-SiH_x-) \rightarrow c\text{-}Si$$

气相中的硅烷 $SiH_x(g)$ 首先转变为晶体最外层的吸附气体 $SiH_x(a)$，进而在靠近 Si—Si 键的表面形成（$-SiH_x-$）网状结，最后转变为 Si 晶体 c-Si。

Zhou 等分别以 Si_2H_6 为气源控制 Si 的晶体生长，以 GeH_4 为气源控制 Ge 单晶的生长。首先在 750℃ 下，在（100）晶面的 Si 单晶表面生长 Si 缓冲层。然后，采用 Si_2H_6 和 GeH_4 的混合气体为气源在 450℃ 下生长 $Si_{0.77}Ge_{0.23}$ 缓冲层，再在 330℃ 的温度下生长 Ge 晶体。在上述缓冲层的基础上，采用 GeH_4 气源，最后在 600℃ 生长出高质量的 Ge 单晶。

在合适的条件下，采用甲烷（CH_4）气体分解可以生长金刚石晶体。如 Yang 等分别采用 Ti_3SiC_2 和 Si 单晶为衬底，以 CH_4 和 H_2 混合气体为生长源，借助于微波加热，在 480℃ 下生长出金刚石颗粒。

Zhang 等将 $Pb(CH_3COO)_2 \cdot 3H_2O$ 与 $(C_2H_5)_2NCS_2Na \cdot 3H_2O$ 混合并合成单一气源，在 $150\sim180℃$ 下加热分解，成功进行了 PbS 晶体的生长。

Pfeifer 等采用 2.45GHz 微波加热 $(NH_4)_{10}H_2W_{12}O_{42} \cdot 4H_2O$，成功生长了 $W_{18}O_{49}$ 晶体。

Yang 等采用 Si(111)、Si(001) 以及表面覆盖 100nm 的 SiO_2 的 Si(001) 等为衬底，在 $400\sim900℃$ 加热分解 $Hf(BH_4)_4$，获得了 HfB_2 晶体。

通过对 CH_3SiCl_3 的气相分解可以获得 SiC 化合物，化学反应如下

$$CH_3SiCl_3 \longrightarrow SiC + 3HCl \tag{3-12}$$

3.3.2.2 气相合成法

气相合成晶体生长方法是采用两种或者两种以上的简单气体作为生长气源，通过合成反应形成化合物，并同时控制晶体结构与成分，获得高质量晶体的技术。

Urgiles 等采用 I_2 和 Ge 为原料，通过气相合成生长 GeI_2 晶体的基本方法。生长过程在密封的石英坩埚内进行，将固体的生长原料 Ge 和 I_2 混合放在一起作为生长源，生长温度控制在 $330\sim336℃$ 之间。

该生长过程中涉及的化学反应如下

$$Ge(s) + 2I_2(g) \Longleftrightarrow GeI_4(g) \tag{3-13a}$$
$$Ge(s) + GeI_4(g) \Longleftrightarrow 2GeI_2(g) \tag{3-13b}$$
$$Ge(s) + I_2(g) \Longleftrightarrow GeI_2(g) \tag{3-13c}$$
$$GeI_2(s) \Longleftrightarrow GeI_2(g) \tag{3-13d}$$

括号中的 g 和 s 分别表示气相和固相。研究表明，反应(3-13d)是生长 GeI_2 晶体的控制环节。其中，GeI_2 分子的合成是在气相中完成的，晶体生长过程是 GeI_2 分子向生长界面沉积的过程。

Urgiles 等采用该方法生长，在生长区形成了不同成分与形态的晶体。其中，在距生长源较近的部位形成了 GeI_2 树枝晶及多晶，在靠近外延石英管末端形成了 GeI_4 沉淀，仅在靠近外延管的位置形成高质量的 GeI_2 单晶。采用该方法可生长出直径达 15mm 的 GeI_4 单晶体。

采用不同的单质为气源，根据各种逆反应可以进行各种化合物晶体的化学合成生长。

不同元素的气体分压随温度变化的规律不同，将两种元素混合在一起时两者的温度相同，而气体分压则按照各自规律变化，因此无法按照晶体生长对各生长元素的气体分压要求进行精确控制。为了克服这个问题，需要将不同的生长原料隔离放置，并对其温度分别控制。

3.3.2.3 复杂体系气相反应合成

采用单质直接通过化合反应合成化合物晶体的方法受到其热力学反应条件的约束，特别是狭小的反应窗口，使得反应过程难以控制。如果使反应原料与其他元素形成化合物，则可以大大改善其反应的热力学条件，利于化合物晶体的合成。以下分别以 GaN、AlN、SiC 等化合物晶体的合成反应过程为例进行分析。

Miura 等在 GaN 的合成过程中，采用 Ga_2O_3 与 NH_3 原料并借助碳热反应进行 GaN 生长，其主要设备的工作原理如图 3-41 所示。将 Ga_2O_3 与炭粉混合，在一定的温度条件下 Ga_2O_3 与 C 通过如下反应，形成 Ga_2O 气体。

$$Ga_2O_3 + 2C \Longrightarrow 2CO(g) + Ga_2O(g) \tag{3-14a}$$
$$Ga_2O_3 + C \Longrightarrow CO_2(g) + Ga_2O(g) \tag{3-14b}$$

所形成的 Ga_2O 与副产物 CO 及 CO_2 气体在 Ar 气流的携带下向反应坩埚流动。这一环节利用了碳热还原技术。

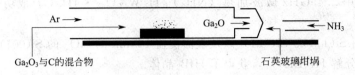

图 3-41　一种 C 热法生长 GaN 单晶的工作原理图

从另外一个方向向坩埚中通入 NH_3 气体，Ga_2O 与 NH_3 两种气体在坩埚中发生如下氮化反应，形成 GaN 晶体，同时排出水蒸气和氢气

$$Ga_2O + 2NH_3 \Longrightarrow 2GaN\ (s) + H_2O\ (g) + 2H_2(g) \tag{3-15}$$

在 Miura 等的实验中，Ga_2O_3 与 C 的反应温度控制为 970℃，而 Ga_2O 与 NH_3 的合成反应生长温度控制为 1200℃。经过 2h 的生长，在坩埚的内表面形成尺寸为毫米级，具有斜方结构的 GaN 单晶。

3.3.2.4　化学气相输运法

(1) 化学气相输运法晶体生长过程的基本原理和方法　化学气相输运法（简写为 CVT）是利用固相与气相的可逆反应，借助于外加的辅助气体进行生长元素的输运和控制生长的技术。化学气相输运法生长过程由以下 3 个环节构成：a. 输运气体在源区与生长原料发生化学反应，形成包含生长元素的复杂气体；b. 借助其他气体的流动或气相的热扩散，将携带生长元素的气体输运到晶体生长表面；c. 在生长表面，发生与源区相反的逆反应，形成晶体，并按照一定的结构和形态生长，同时，将输运气体置换出来。该输运气体被排出生长系统，或者通过扩散，再回到源区，重新与生长原料反应，再次进行原料的输运。

在化学气相输运生长过程中，除了晶体的主要组成元素之外，输运气体是控制生长过程的关键因素。以下以 I_2 为输运剂，进行 ZnSe 化学气相输运生长。该生长系统中在源区通过如下反应形成 ZnI_2 和 Se_n（$n=1,2,3,\cdots$，其中以 $n=2$ 的气体为主）气体。

$$nZnSe(s) + nI_2(g) \longrightarrow nZnI_2(g) + Se_n(g) \tag{3-16}$$

而在生长表面再通过式(3-16)的逆反应生长出 ZnSe 晶体，同时放出 I_2。在封闭体系中生长时，所释放的 I_2 再次扩散到生长源区，与 ZnSe 反应。

采用化学气相输运法生长晶体的优点主要在于：a. 在较低温度下获得较大的气体分压，从而降低晶体生长温度；b. 可以避开化合物晶体物理气相生长对气相成分的标准化学计量比的苛刻要求，增大适合于气相生长的成分窗口；c. 增加了晶体生长过程的可控因素，利于进行晶体生长过程、形态及晶体结构完整性的控制。

但由此也会带来如下新的问题：a. 输运气体包含多种组元，不同组元的扩散系数存在差异，给生长界面附近的成分控制带来一定困难；b. 输运气体通常不是晶体的组成元素，但有可能固溶到晶体中成为杂质，影响晶体的性能；c. 可能排出有害气体。

因此，在化学气相输运生长过程中，输运气体的选择是至关重要的。

可以看出，化学气相输运生长过程的三个环节（即生长源的反应过程、气相输运过程和生长界面的合成反应过程）是串联的。在实际生长过程中，某一个或两个环节的反应速率决定着整体的速率。在化学气相输运法生长过程中，其特殊性主要在于源区的反应控制和气相输运过程控制。由于输运气体的引入，系统中的化学组成更加复杂，不同因素之间的化学平衡条件以及输运过程也将变得复杂。

(2) 化学气相输运法生长过程的热力学分析　以采用 C 作为输运剂的 ZnO 化学气相输运过程为例，将固体的 C 和多晶 ZnO 放置封闭生长系统的源区。当将其加热到一定温度时，C 与 ZnO 反应形成 CO 及 CO_2，同时形成 Zn 气体。通常 C 和 ZnO 的气体分压很低，可以忽略。气氛中主要包含 O_2、CO、CO_2 及 Zn 这 4 种气体元素。所涉及的化学反应如下

$$ZnO(s) + CO(g) \rightleftharpoons Zn(g) + CO_2(g)$$
$$ZnO(s) + C(s) \rightleftharpoons CO(g) + Zn(g) \tag{3-17}$$
$$ZnO(s) \rightleftharpoons Zn(g) + \frac{1}{2}O_2(g)$$

对应于式(3-17) 的平衡常数分别为

$$\left.\begin{aligned} K_1 &= \frac{p_{Zn} p_{CO_2}}{p_{CO}} \\ K_2 &= p_{Zn} p_{CO} \\ K_3 &= p_{Zn} p_{O_2}^{1/2} \end{aligned}\right\} \tag{3-18}$$

根据氧原子的守恒条件

$$p_{Zn} = p_{CO} + 2p_{CO_2} + 2p_{O_2} \tag{3-19}$$

由式(3-18) 及式(3-19) 可以导出

$$p_{Zn}^3 - K_2 p_{Zn} - 2(K_1 K_2 + K_3^2) = 0 \tag{3-20}$$

可以看出，只要确定出各个化学反应的平衡常数，则可以由式(3-19) 计算出 Zn 的平衡气体分压 p_{Zn}。然后将 p_{Zn} 代入式(3-18) 中，可以进一步确定出气体组元的平衡气体分压 p_{O_2}、p_{CO} 及 p_{CO_2}。由于化学反应的平衡常数是随温度变化的，因此，各组元的平衡气体分压也是温度的函数。

(3) 化学气相输运法生长过程的扩散动力学　气相输运是控制 CVT 法晶体生长的关键环节。在总压很低的情况下，分子的平均自由程等于或大于容器的特征尺寸，几乎不发生分子碰撞，即输运是分子流控制的。当总压高于 10^{-3} atm 时，气体运动主要由扩散控制，而当总压高于 3atm 时，除扩散外还需考虑对流的作用。

仍以 C 作为输运剂的封闭体系 ZnO 晶体生长过程为例，根据 Mikami 等的计算结果，在该生长系统中，气相中的其他气体含量很低，以 Zn 和 CO 气体为主。Zn 和 CO 二元耦合扩散速率可以表示为

$$J_D = N \frac{\Delta \ln K_2}{\Delta l} D_{Zn,CO} \frac{p_{Zn} p_{CO}}{(p_{Zn} - p_{CO})^2} \tag{3-21}$$

式中，N 为气体的摩尔密度；Δl 为生长源与生长界面的距离；$D_{Zn,CO}$ 为双原子气相扩散系数，可表示为

$$D_{Zn,CO} = \frac{0.0043 T^{3/2}}{p(\bar{V}_{Zn}^{1/3} + \bar{V}_{CO}^{1/3})} \sqrt{\frac{1}{M_{Zn}} + \frac{1}{M_{CO}}} \tag{3-22}$$

式中，$V_{Zn} = 20.4 \text{cm}^3/\text{mol}$ 和 $V_{CO} = 30.7 \text{cm}^3/\text{mol}$，分别为 Zn 和 CO 的摩尔体积；$M_{Zn} = 65.39 \text{g/mol}$ 和 $M_{CO} = 28.01 \text{g/mol}$，分别为 Zn 和 CO 的摩尔质量。

在源区和生长区温差较大时，在大直径的闭管系统或开放生长系统中，需要考虑对流的

作用。根据对流产生的原因，可分为热对流、溶质对流和强制对流。对于闭管生长系统，只考虑热对流的作用就足够了。

Klosse 等在 1973 年提出了所谓的 K-U 模型。他们将热对流对晶体生长速率的贡献归纳为一个比例系数 K。考虑热对流时晶体生长总的速率（J_t）可表示为

$$J_t = (1+K)J_D \tag{3-23}$$

式中，J_D 为由扩散机制决定的生长速率，而系数 K 由下式确定

$$K = \left[\frac{A}{(S_c \times G_r)^2} + B \right]^{-1} \tag{3-24}$$

式中，A、B 为两个无量纲的常数；S_c 为 Schmid 常数；G_r 为 Grashof 常数。

(4) 生长速率控制技术　气相生长的速率通常很低，晶体生长工作者希望通过改进工艺，在保证生长界面稳定的前提下获得较高的生长速率。从气相生长动力学角度分析，制约速率提高的因素有源区与生长区的温差和气相的化学比。

① 温差的控制　维持一定的生长速率，需要系统能够保持稳定的温度差。维持温差的技术有气相提拉技术和变温控制技术（见图 3-42）。

气相提拉法晶体生长过程中，必须维持温度场恒定，同时移动坩埚，使生长界面保持在一个固定的位置。只要使坩埚提拉速率与晶体生长速率一致就可以维持稳定的温差和恒定的生长温度 [见图 3-42(a)]。

在变温控制技术中，坩埚位置固定不变。随着晶体的生长，不断降低控温点的温度，使温差保持稳定，如图 3-42(b) 中的温度变化曲线。在生长初期，生长界面位于坩埚尖端，采用曲线 1 所示的温度场。随着生长过程的进行，结晶界面向下移动，与之对应，使控温按照曲线 2 和曲线 3 所示的规律变化，则可保持生长界面温度的恒定。

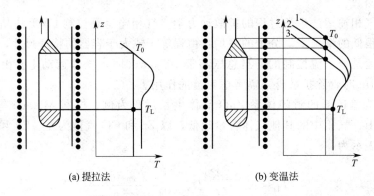

(a) 提拉法　　　　　　　　　(b) 变温法

图 3-42　提拉法与变温法控制温差技术基本原理示意图

② 相化学比的控制　气相中组分化学比是影响晶体生长速率的主要因素。动力学分析表明，随着气相中的化学比逐渐偏离标准化学计量比，晶体生长速率明显降低。对于 $A^I B^{VI}$ 型化合物半导体晶体气相生长而言，若采用 PVT 技术，分解-化合反应如下

$$AB(s) \longrightarrow A(g) + \frac{1}{2}B_2(g)$$

AB 晶体生长时，晶体是按 A、B_2 分子比为 2:1 的关系从气相中"吸取"A 和 B 组分的。当某一组分过量，即偏离化学比时，少量的组分要穿过过量组分扩散才能到达生长界面。因此，气相组分偏离化学比会导致生长速率降低，严重偏离时甚至无法实现晶体生长。

在化学气相输运过程中存在同样的问题。为了减小化学比偏离对生长速率的影响，主要采用"外源"调节气相组成和"溢出"过量组分的方式调控系统内的化学比，从而使系统具有较高的生长速率。

"外源"调节气相组成包括三种方式：其一是直接进行气体成分的独立控制；其二是采用所谓的"补偿源"方式，即在生长系统中放置温度独立控制的某种元素，通过挥发增加该元素在气相中的气体分压；其三是采用"溢出"过量组分的方式调节气相组成，过量的元素将从体系中排出，或过量的元素将在冷凝室凝结。

3.3.2.5 金属有机物化学气相沉积

金属有机物化学气相沉积（MOCVD）主要用于 ⅡA 族-ⅥA 族和ⅢA 族-ⅤA 族化合物半导体薄膜的制备，它是运用载气将金属有机化合物气体运输至衬底处，金属有机化合物在输运过程中发生热分解反应，在衬底表面发生反应并沉积形成薄膜的技术。该法具有沉积温度低、对衬底去向要求低、沉积过程中不存在刻蚀反应、可通过稀释载气调节生长速率和适用范围较广的优点，但所使用的原料大部分剧毒且易燃，在试样过程中应该予以注意。J. Nishizawa 等运用 MOCVD 法，以三甲基镓（TMG）为镓源，AsH_3 为砷源，H_2 为载气，成功制备了 GaAs 单晶薄膜，并系统研究了薄膜沉积过程中的反应机制：当以 $TMG+H_2$ 的混合气体为镓源时，$500\sim550℃$ 条件下，TMG 迅速分解；温度高于 $580℃$ 时，余气中只含 CH_4；温度高于 $930℃$ 时，反应过程中有其他碳水化合物生成。Y. LIU 等以二乙基锌（DEZn）为锌源，O_2 为氧源，运用 MOCVD 方法在蓝宝石衬底上制备了可用于紫外探测的 ZnO 单晶薄膜，并在反应气体中引入 NH_3 尝试进行 ZnON 掺杂。XRD 图谱表明 N 掺杂 ZnO 择优取向生长，虽然随着生长温度的升高，ZnO 薄膜的电阻率下降，但其导电类型仍然是 n 型，并没有因为 N 的引入而发生导电类型的转变，这是因为随着处理温度的升高，膜层中的 O 空位和 Zn 填隙原子浓度升高，抵消了 N 引入引起的 p 型导电性能（自补偿效应）。

MOCVD 晶体生长的核心技术包括以下四个方面。

（1）气源的制备与混合气体成分控制　在 MOCVD 法晶体生长中，首先需要设计并合成出携带不同生长元素的合适气源。每一种气源采用独立的容器储存和控制。通过调节气源的温度可以进行气体分压的控制，而控制阀门的开关时间可进行气体组成元素的调节。

（2）气体合成反应过程控制　在晶体生长室内放置气相沉积的衬底，并通过加热器对其温度进行精确控制。将按照一定的比例混合的气体通入生长室，该混合气体在衬底表面被加热而发生化学反应，生成化合物晶体材料。

与 MBE 技术不同，在 MOCVD 法晶体生长界面除了形成晶体材料之外，还要形成气态副产物。这些副产物（废气）必须被适时地排出才能维持晶体生长的继续进行。否则，这些废气会将未反应的气源与生长界面隔断，阻止生长过程的继续进行。而这些废气仅仅靠扩散排出需要较长的时间，不能保证对生长界面附近气体成分的实时控制，通常需要借助气流造成强制对流加快废气的排出速率。

（3）其他辅助生长技术　在 MOCVD 法生长过程中，在生长表面附近加速气体分子的分解有利于气相反应的进行。Yoshida 等在 MOCVD 法生长 GaNP 的实验中，采用 193nm 波长的 Ar-F 激光器对气体进行辐照，以加速气体的分解。生长过程以 TMGa、NH_3 及 TBP 为气源，生长温度为 $850\sim950℃$。结果表明，采用激光辐照时，$GaN_{1-x}P_x$ 晶体的带边辐射增强，晶体的结晶质量得到提高。

（4）尾气的处理 由于在 MOCVD 法晶体生长过程中，保证气体的完全反应几乎是不可能的，生长过程排出的尾气中除了反应产生的废气外，还夹带着尚未反应的原料气体。同时，反应产物的气体构成也可能不是单一的，而是多种气体的混合物，其中可能包含有害气体。因此，MOCVD 法生长过程形成的尾气不能直接排入大气，而需要进行净化处理和可能的回收。

3.3.2.6 气-液-固法生长机制（VLS法）

气-液-固法是通过控制气相、液相和固相的三相平衡条件实现气相原子向液相中溶解，形成过饱和溶液，再从溶液中生长出晶体的过程。

以单质的气-液-固法生长过程为例，可以采用图 3-43 说明其生长过程的原理。A 为拟生长的晶体元素，B 为与晶体接触的、适合于该晶体生长的溶剂，其厚度为 δ。在溶剂的表面是晶体生长原料形成的气氛，成分仍为 A。在平衡条件下，与晶体平衡的 A 组元的平衡气体分压为 p_{A0}。同时，液膜中 A 组元的浓度 w_A 恒等于与气体分压 p_{A0} 平衡的溶解度 w_{A0}，如图 3-43(a) 所示。设 J_A 为通过液膜向生长界面传输的溶质流，在平衡条件下 $J_A = 0$，即不发生晶体生长。此时，可以通过如下两种途径形成过饱和溶液，实现晶体生长。

途径一：如图 3-43(b) 所示，维持温度的恒定，增大气相中的 A 组元分压，从而使液相与气相界面上的实际气体分压 p_{A1} 大于其平衡气体分压 p_{A0}，使得 A 组元在液膜中气相一侧的溶解度增大，记为 w_{A1}。从而在液膜中形成溶质 A 的浓度梯度，组元 A 向生长界面扩散，实现晶体生长。扩散通量可表示为

$$J_A = D_A \frac{w_{A1} - W_{A0}}{\delta} \tag{3-25}$$

根据相平衡原理，通过调整气体分压 p_{A1} 则可改变 w_{A1}，同时控制液膜厚度 δ，则可实现对溶质通量的控制，从而控制生长速率。

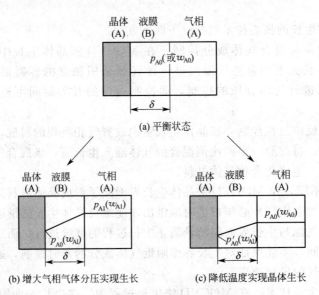

图 3-43 气-液-固法晶体生长的原理

途径二：如图 3-43(c) 所示，维持气相的气体分压 p_{A0} 不变，降低系统的温度（设降至 T'），与晶体平衡的气体分压随之降低至 p'_{A0}。此时，在液膜中气相一侧的溶质浓度不变，维持为 w_{A0}，但生长界面上的溶质浓度处于过饱和状态，而发生生长，使其浓度降低到温

度 T' 下的平衡浓度 w'_{A0}。随后，在液膜中形成稳定的浓度梯度，导致溶质的扩散，实现晶体生长。控制生长的扩散通量可表示为

$$J' = D_A \frac{w_{A1} - w'_{A0}}{\delta} \tag{3-26}$$

通过以上分析可以看出，气-液-固法晶体生长过程实际上是由 3 个环节控制的，即气相原子或分子向溶液（即液膜）中的溶解过程，溶质在液膜中的扩散过程和溶质在结晶界面上的生长过程，其中溶质在结晶界面生长是一个溶液法生长过程。气相的溶解过程是由气体分子运动行为控制的，在气体分压不是很高的情况下，气体分子按照 Brown 运动的原理控制。可以认为碰撞到液膜表面的原子或分子均会被液相俘获。

在液膜中的扩散通常是气-液-固法晶体生长过程的控制性环节。由于在实际应用中的液膜厚度较小，可以近似认为溶质在其中的分布是线性的，则可以按照扩散方程分析。可以看出，与其他溶液法晶体生长过程相似，液膜选用的溶剂是实现气-液-固法晶体生长的一个关键因素。液膜的厚度相对较小，溶剂的总体积很小，溶剂的少量挥发则会明显改变液膜厚度，因此对溶剂低蒸汽压的要求更加苛刻。

参 考 文 献

[1]　师昌绪. 材料大词典. 北京：化学工业出版社，1994.

[2]　张克丛，张乐惠. 晶体生长科学与技术. 北京：科学出版社，1997.

[3]　劳迪斯 R A. 单晶生长. 刘光照译. 北京：科学出版社，1979.

[4]　曾汉民. 高技术新材料要览. 北京：中国科学技术出版社，1993.

[5]　陈光华，邓金祥. 新型电子薄膜材料. 北京：化学工业出版社，2002.

[6]　姚连增. 晶体生长基础. 合肥：中国科技大学出版社，1995.

[7]　金原粲. 薄膜的基本技术. 杨希光译. 北京：科学出版社，1982.

[8]　唐伟忠. 薄膜材料制备原理、技术及应用. 北京：冶金工业出版社，1998.

[9]　孙体忠，蔡培新. 用应变退火法生长 Fe-Ti 合金晶体. 上海金属（有色分册），1987，8（2）：41-43.

[10]　孙体忠，葛庆林，陈源. Fe 和 Fe-Ti 稀固溶体合金的晶体生长. 金属学报，1985，21（1）：A47-A52.

[11]　武红磊，郑瑞生，孙秀明，等. 坩埚预处理技术在氮化铝晶体生长工艺中的应用. 人工晶体学报，2007，2（1）：1-4.

[12]　刘晓华，郭喜平，介万奇. 定向凝固工程中的径向溶质分凝. 材料研究学报，1998，12（2）：123-127.

[13]　刘长友，ZnSe 晶体的化学气相输运生长研究 [D]。西安：西北工业大学，2008.

[14]　李宇杰. $Cd_{1-x}Zn_x$ Te 晶体的缺陷研究及退火改性 [D]. 西安：西北工业大学，2001.

[15]　李焕勇. ZnSe 晶体的气相生长与光电特性研究 [D]. 西安：西北工业大学，2003.

[16]　Buckley HE. Crystal Growth. New York：John Wiley and Sons Inc.，1951.

[17]　Scheel HJ. Historical aspects of crystal growth technology. Journal of Crystal Growth，2000，211：1-12.

[18]　Wang Y，Li QB，Han QL. Growth and properties of 40mm diameter $Hg_{1-x}Cd_x$ Te using the two-stage pressurized Bridgman method. Journal of Crystal Growth，2005，273：54-62.

[19]　Lan CW. Three-dimensional simulation of floating zone crystal growth of oxide crystals. Journal of Crystal Growth，2003，247：597-612.

[20]　Lan CW，Yeh BC. Three-dimensional simulation of heat flow，segregation，and zone shape in floating-zone silicon growth under axial and transversal magnetic fields. Journal of Crystal Growth，2004，262：59-71.

[21]　Orvig C. A simple method to perform a liquid diffusion crystallization. Journal of Chemical Education，1985，62：84-87.

[22]　Souptel D，Loser W，Behr G. Vertical optional floating zone furnace：Principles of irradiation profile formation. Journal of Crystal Growth，2007，300：538-550.

[23]　Bridgman PW. Gertain physical properties of single crystals of tungsten，antimony，bismuth，tellurium，cadmium，zinc，and tin. Proceedings of the American Academy of Arts and Sciences，1925.

[24] Stockbarger DC. The production of large single crystal of lithium fluoride. Review of Science Instruments, 1936, 7: 133-136.

[25] Pfann WG. Principles of zone melting. Journal of Metals, 1952, 4: 747-753.

[26] Kim DH, Brown RA. Modeling of the dynamics of HgCdTe growth by the vertical Bridgman method. Journal of Crystal Growth, 1999, 114: 411-434.

[27] Brown AI, Marco SM. Introduction to Heat Transfer. New York: McGraw-Hill, 1958.

[28] Haddad FZ, Garandet JP, Henry D. Solidification in Bridgman configuration with solutally induced flow. Journal of Crystal Growth, 2001, 230: 188-194.

[29] Zawilski KT, Claudia M, Custodio C. Control of growth interface shape using vibroconvectivestirring applied to vertical Bridgman growth. Journal of Crystal Growth, 2006, 282: 236-250.

第4章
非晶材料的制备

非晶材料大量地存在于人类的生活中，在很早就被人类熟知并运用。例如，玻璃就是最常见的、人类使用最多的一种非晶材料。通常认为，按照原子排列进行分类，可以将自然界存在的物质划分为晶体和非晶体。晶体往往有着规则的原子排列，这些原子在空间上呈现出某些周期性位相关系，例如普通金属、氯化钠等无机盐，石英、钻石等矿石都是晶体。而非晶体的原子排列是混乱无规则的，就好像随意堆放的圆球般存在，例如气体、液体、玻璃等固体都是非晶体。由此可见，如果能够从气态或者液态，保持某物质原子排列的混乱无规则状态一直持续到固态，就能够使得该物质成为非晶体。然而，对于不同的材料而言，这个过程实现的难易程度是不同的。普通的玻璃从液态缓慢冷却到凝固，就能直接形成非晶体，而常规金属单质要经历这一过程形成非晶体，则需要超过 $1 \times 10^9 \text{℃/s}$ 的极高冷却速度才能实现，这在目前的技术手段上，是难以实现的。因此，为了获得非晶态的金属，人们开始向金属单质中加入其他元素形成合金，通过改变材料性质，来降低其形成非晶体所必需的冷却速度。

事实上，早在 1960 年，Duwez 等就采用喷枪法首先在 Au-Si 合金中获得了非晶合金薄带。随后的几十年来，非晶材料的成型状态由单一的带状向粉体、纤维、块体等多元化发展，具有优异物理、化学和力学性能的新型非晶材料也不断被研发出来，并在电力、电子、计算机、通信等高新技术领域得到广泛应用。比如在电子技术中，非晶合金替代传统的硅钢、坡莫合金和铁氧体等材料，以其高效、低损耗、高导磁等特性促进了电子元器件向高频、高效、节能、小型化方向的发展。又如在电力技术中，采用非晶合金作为铁芯材料的配电变压器，其空载损耗可比同容量的硅钢芯变压器降低 $60\% \sim 80\%$，在使用过程中降低了发电的燃料消耗，减少了诸如 CO_2、SO_2、NO_x 等有害气体的排放量。因此，非晶合金被称为跨世纪的新型功能材料、绿色环保材料、新型材料领域的"金娃娃"。

本章首先对非晶材料的基本概念和微观特征进行描述，然后以非晶合金为重点介绍不同形态非晶材料的合成和制备工艺，按照非晶粉末、非晶薄带和大块非晶顺序分别进行阐述。

4.1 非晶材料的特点

非晶材料也叫无定形或玻璃态材料，这是一大类刚性固体，具有和晶态物质相当的高硬度和高黏滞系数（一般是典型流体的黏滞系数的 10 倍）。目前已知的非晶材料主要包括非晶合金、非晶半导体、传统玻璃和有机高分子聚合物这四类。这些非晶材料处于热力学亚稳态，在合适的外部环境下可以克服能垒转变为相应的晶态材料。同时，这些非晶材料在物理化学特性上往往有着各向同性的特点，有时甚至会随着一定的温度场、应力场等变化而呈现连续变化。非晶材料之所以具有这些特性，究其原因在于其原子空间排布的长程无序，即非晶材料的基本组成单元（主要是原子或分子）在空间排布上，不具有晶体材料所有的可平移性和周期对称性，即长程有序受到破坏，只是由于原子间的相互关联作用，使其在几个原子（或分子）直径的小区域内具有短程序。同时，非晶材料在微观结构上不存在位错、晶界、亚晶界、层错等缺陷，使得非晶材料不仅具有优良的力学性能，如高强度、高韧性、优异的耐磨性和耐蚀性等，还有着特殊的功能特性，如超导性、软磁性、低磁损性等。正是这些特性，使得自 1960 年以来，越来越多的科研工作者加入到非晶材料的合成和制备之中。

为了便于更好地理解关于非晶材料微观特点的描述，我们需要先来简单了解一些结构参数或者科学定义。

（1）长程有序与短程有序　长程有序与短程有序是指整体性的有序现象。例如在一个单晶体的范围内，质点的有序分布延伸到整个晶格的全部，亦即从整个晶体范围来看，质点的分布都是有序的。在晶体中若每种质点（原子、分子、基团或者团簇）在空间排列中各自都呈现规律的周期性重复，把周期重复的点用直线连接起来，可获得平行四边形网格。可以想象，在三维空间，这种网格将构成空间格子，这种在图形中贯彻始终的规律称为远程规律或长程有序。晶体中既存在短程有序又存在长程有序，但在非晶体如玻璃体中，质点虽然可以是近程有序的，但不存在长程有序。在气体中则既不存在长程有序，也不存在近程有序。准晶体质点的排列应是长程有序，但不体现周期重复，即不存在格子构造。

在非晶态结构中，原子排列没有规律周期性，原子排列从总体上是无规则的，但是，近邻的原子排列是有一定的规律的，这就是"短程有序"。如在一个单晶体的范围内，在其晶格的一个个局部区域内，质点均呈有序分布，形成许多局限于一个个小区域内的有序结构畴，但在畴与畴之间，亦即从整个晶体范围来看，质点的分布是无序的或只是部分有序的。再如在非晶的硅酸盐玻璃内，如果从每一个硅氧四面体的局部区域来看，离子分布的方式和间距都是一致的，这也是一种有序，即只延伸到每个配位四面体的很短的距离内的短程有序。而这里所谓的长程有序则是相对于玻璃等非晶体来说的，因为根据玻璃的晶子学说和 X 射线衍射图可以知道，玻璃是短程有序长程无序的。

（2）理想非晶体　理想非晶体是一种由连续无规则网络构筑的完全短程有序而长程无序的完美非晶结构。这理想非晶体中每个原子距离最近邻原子的距离是固定的或者基本固定，即毗连原子之间的化学键键长为一常数或者十分接近某一固定数值，也就是说该非晶体内部原子均为三重配位，并且整个内部网络是连续不间断的，即该非晶体内部不存在断键、悬空键等。但是该非晶体内化学键之间的键角不具有一致性，其数值是分散无规则的，使得此结构具有明显的长程无序特征。正如传统晶体学的研究一样，有了理想非晶体这一概念，便能够很好地定义非晶材料的结构缺陷，即认为结构上有异于理想非晶体的非晶态结构，便成为非晶结构缺陷，或者说非晶结构上但凡与理想非晶的这种完美连续无规则网络特征不相一致的位置，便称为该非晶材料的结构缺陷。同样的，与传统晶体材料学研究类似，由于非晶体的缺陷基本源自于化学键的畸变，因此，缺陷的存在会产生相应的定域态，同时，由于非晶结构特性所引发的性能连续性也将在缺陷处发生改变，因而极大地影响材料的物理化学特性和光、电性能。所以，对非晶材料结构缺陷的研究，对于非晶材料性能的发掘、调控、改变具有重大意义。

(3) 结构弛豫 结构弛豫是指非晶态结构在适当温度下的渐变过程。在高于软化温度时，结构的变化几乎是瞬时的，以致非晶体总是保持着平衡状态。在低于转化温度时，结构变化又非常缓慢，以致非晶体总是处于非平衡状态。只是在这段转变温度范围内，随着时间的增加非平衡状态逐步趋向于平衡态。这种结构状态变化与时间的关系是非晶体内部某些原子或分子局部重排的结果，称为结构弛豫。它是存在于非晶材料（包括非晶合金、非晶半导体、传统玻璃和有机高分子聚合物）中的一个普遍现象，发生在非晶的形成过程、热处理过程以及使用和保存过程之中。由于结构弛豫现象，非晶体的物理化学性质在很大程度上依赖于其热历史。在非晶体快速冷却到室温后，它经常保持着非晶体在这段转变温度范围内某一温度的性质。A. Q. Tours 在 20 世纪 40 年代，首先把这一温度称作假想温度，并由假想温度引入与它相对应的物理-化学态来描述玻璃的结构。Tours 认为玻璃假想温度的变化速率正比于它对实际温度的偏离，反比于玻璃的黏度，而玻璃的黏度是实际温度和假想温度的函数，并提出一个与结构弛豫有关的方程以定性地解释热历史对许多玻璃性质的影响。实际非晶结构的弛豫过程是比较复杂的。应用一个单一的参量（假想温度）还不能完全确定非平衡态非晶体的结构。实际非晶材料的结构弛豫过程常呈现出较复杂的非指数式弛豫行为。20世纪 70 年代初，有人应用应力弛豫的数学处理来分析结构弛豫，提出了"多参量结构模型"，以定量地描述不同历史玻璃性质的时间依从性。

在微观结构方面，非晶态材料，只存在小区间内的短程序，而没有任何长程序；波矢 k 不再是一个描述运动状态的好量子数。

任何体系的非晶态固体与其对应的晶态材料相比，都是亚稳态。当连续升温时，在某个很窄的温区内，会发生明显的结构变化，从非晶态转变为晶态，这个晶化过程主要取决于材料的原子扩散系数、界面能和熔解熵。

由于非晶材料处于热力学亚稳态，在合适的外部环境下可以克服能垒嬗变为相应的晶态材料，因此，稳定非晶材料存在的前提条件便是材料由非晶态转化为晶态能垒的高低，即材料由非晶态转化为晶态所需的能垒越高，则该材料的非晶态越稳定，或者说该材料越容易以非晶态存在。而物质结晶意味着空间结构的改变，所以往往涉及材料内旧的化学键断裂，新的化学键生成这一过程。因此，探究材料的化学键特性，对于研究非晶材料的稳定性而言至关重要。

一般而言，材料内的化学键主要包括离子键、共价键、金属键、范德瓦尔斯键、氢键等。离子键是阴离子、阳离子间通过静电作用形成的化学键。离子键的作用力强、无饱和性、无方向性，所以含有离子键的材料，往往在空间排列上具有紧密堆积的趋势，容易呈现出规则的空间排布，以晶体的形式稳定存在，换而言之，离子键的存在利于材料获得晶态结构。共价键的本质则是原子轨道重叠后，高概率地出现在两个原子核之间的电子与两个原子核之间的电性作用，也因此，共价键与离子键之间没有严格的界限。通常认为，两元素电负性差值远大于 1.7 时，成离子键；远小于 1.7 时，成共价键；在 1.7 附近时，它们的成键具有离子键和共价键的双重特性，离子极化理论可以很好地解释这种现象。然而，在共价键的形成过程中，因为每个原子所能提供的未成对电子数是一定的，因此一个原子的一个未成对电子与其他原子的未成对电子配对后，就不能再与其他电子配对，即每个原子能形成的共价键总数是一定的，所以共价键具有饱和性；而核外电子中，除 s 轨道是球形的以外，其他原子轨道都有其固定的延展方向，所以共价键在形成时，轨道重叠也有固定的方向，因此共价键具有方向性。因而，与离子键不同，共价键的存在利于促成短程有序长程无序的空间结构，加之其键强较强，所以由共价键构成的材料便有着成为稳定非晶体的可能，换而言之，共价键的存在利于材料获得非晶态结构。金属键，主要存在于金属中，由自由电子及排列成晶格状的金属离子之间的静电吸引力组合而成，因此金属材料的内部结构往往倾向于紧密的规则化排列。也因为电子的自由运动，金属键没有固定的方向，所以金属原子间的位置相对容易变化，利于形成晶体，因此，金属键的存在也利于材料获得晶态结构。

通常来说，当材料内的基本化学结构单元（基团、分子、离子或原子）电负性增加时，材料的类别属性往往呈现由金属特质向化合物特质过渡的趋势，因而形成非晶态的能力增强，相应地，当材料内的基本化学结构单元（基团、分子、离子或原子）电负性减弱时，形成非晶态的能力减弱。值得注意的是，同时含有离子键和共价键的材料，由于离子键的存在使得其具有无方向性，利于晶体键角变化，进而使得材料结构有长程无序化趋势，同时，由于共价键的存在使得键长稳定，一定范围内键角不宜变化，进而使得材料结构有短程有序化趋势。因此，同时含有离子键和共价键的材料往往极具形成非晶态的能力。

4.2 非晶粉末的制备

制备非晶态材料的方法有很多，但是所制备的非晶合金的尺寸都比较小，因而造成非晶材料在工程上应用受到限制。但是，用非晶态粉末压制或黏结的方法就有可能实现制造更多的形状和尺寸的非晶态材料。同时，超细非晶粉末兼备有原子排列长程无序而短程有序的非晶结构和表面原子数量多的纳米结构两者的优点，越来越多地在磁流体、磁记录和催化剂等领域得到实际的运用。

非晶合金粉末具有优异的磁特性：非晶合金无晶粒晶界存在，磁各向同性，磁导率高，损耗小，在金属材料中具有最高的软磁特性。

(1) 电磁离合器用粉末 磁粉式电磁离合器要求将磁性粉末夹在驱动处与被驱动之间，不论相对转速如何，都能转动一定转矩。非晶合金粉的流动性良好，不但振实密度高，而且磁导率、硬度、韧性都很好，可以满足良好的软磁性和高的磁通密度、耐磨性、耐腐蚀性的要求。由于非晶合金磁导率高，能缩减磁化电流，使装置小型化。

(2) 磁性研磨用粉末 非晶合金粉在磁极之间放置以形成磁刷，从而对被加工件进行镜面抛光。非晶合金粉除具有优异的软磁特性外，还具有高硬度（HV600～800）、高韧性，因此可以作为研磨用的磁性粉末。非晶合金粉由于无锋利刃带，在研磨中工件无深的伤痕，适用于最终精加工。

非晶合金粉末具有催化性：超细非晶粉末具有很高的比表面积和较大的表面位能，在结构上长程无序、短程有序，是良好的集非晶态和超细粒子于一体的纳米级非晶合金催化材料，因其表面积大，表面活性增高，因而催化活性、吸附能力也较传统的催化剂有很大的提高。

新型的金属-类金属 Ni-M(M＝B,P) 非晶态合金粉具有优良的催化加氢性能并且可以显著地增进催化效率。非晶合金粉末有可能替代现有工业生产中的 Pt、Pd 等高效率贵金属加氢催化剂及传统的镍系加氢催化剂。例如，含 P 和 B 的 Fe-Ni 系非晶合金催化剂，对于 CO 加氢反应比同组分的晶态催化剂高几倍到几百倍，且催化剂具有较高的稳定性。日本东京大学工学部与东北大学金属材料研究所共同开发的 Ni-B 系非晶合金，对于 CO 加氢反应催化活性比晶态催化剂高 500 倍，催化剂经 200h 运转仍保持稳定。此外，镍系非晶态合金催化剂已应用于重要化纤原料己内酰胺的加氢的工业化生产、胺类物质的合成晶态合金催化剂的改性等。目前的镍系非晶态合金催化剂有较高的加氢催化活性和选择性，但其稳定性、抗中毒能力和寿命仍需要提高。

另外，将非晶粉末采用压制成型或者黏结等固结成型，可形成块体非晶。此法只需制备低维形状的非晶粉末，可以在一定程度上突破现有技术制备块体非晶合金的尺寸上的限制。这样统一了非晶粉末和块体的应用。

因此，非晶粉末的制备技术很重要。根据非晶粉末的制备技术原理，大致可以分为物理方法、化学方法和机械合金化三大类。物理方法是借助物理的作用，由气相或液相直接将二维或者三维的大尺寸的原材料制成一维的粉末，这与通常的非晶薄膜的制备方法相近；化学方法是借助于化学还原的作用，直接制备非晶态的超细粉末的过程；机械合金化法制取的粉末是将原材料机械地粉碎而化学成分基本上不发生变化，在合金化过程中合金的结构发生变化而致的非晶态合金粉。

4.2.1 物理方法

(1) 热蒸发技术 非晶粉末的物理制备方法也可以称为淬冷法，大都与制备非晶薄膜的方法类似，例如热蒸发技术与传统的薄膜工艺——真空蒸发沉积的方法与设备都大体相似。

热蒸发技术是首先在超高真空（10^{-6}Pa）室中充入低压氦气（0.05~1kPa），加热制备的原材料使其气化，控制材料气化速度使蒸发出来的颗粒的粒度在 515nm 左右。蒸发出来的纳米粒子与氦原子碰撞，动能降低，随后在用液氮冷却的冷凝壁上冷凝成为非晶态。在液氮温度下粒子即使相碰也不会长大。一般来说，设备由充有氦气或氢气的真空室中的蒸发源和由液 N_2 或水冷却的收集器构成。直接从蒸气制备非晶粉末是最早的非晶的制备方法，它的优点是：设备相对来说比较简单；可以制备多种元素的非晶粉末，并通过控制气化速度可以获得 1~100nm 范围尺寸的纳米粒子；易于操作和易于对粒子进行分析。但它的缺点是：制备工作时温度受到坩埚材料的限制；原材料可能与作为热源的材料发生化学反应；此外，成本较高，能耗较大，效率较低。

(2) 雾化法 雾化法根据其使用的冷却介质的不同，可分为气体雾化法，液体雾化法，气-液联合雾化法。

① 气体雾化 基本原理是用一高速超声气流将液态金属细流粉碎成小液滴并冷却凝固成非晶粉末的过程。如图 4-1 所示，高速超声气流的频率为 80kHz，气流本身起到熔融液滴破碎和淬火冷却剂的作用，冷却速度取决于金属液滴的尺寸和雾化用的气体的种类，尺寸越小得到的非晶态粉

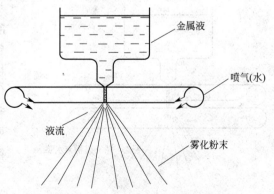

图 4-1 气体雾化法制备非晶粉末

末比例越高，用氮气比用氩气雾化得到的非晶粉末的效果好。曾用压力为 8.1MPa 的氮气制成了 $Cu_{60}Zr_{40}$ 粉末，颗粒为球状，直径小于 $50\mu m$，完全是非晶态。当颗粒尺寸增大到 $125\mu m$ 时，则颗粒内包含有部分结晶区。当颗粒尺寸超过 $125\mu m$ 时，则得到完全结晶粉末。估计当颗粒尺寸为 $20\mu m$ 时，冷却速度为 $10^5 K/s$。也可以利用冷却板代替一般雾化法制备非晶粉末中所用的氮气，在雾化同时高速冷却形成非晶态粉末，但较难获得球状粉末。

气体雾化的核心部件是喷嘴，喷嘴控制喷出的高速气体对金属液流的作用，使气流的动能能最大限度地转化为新生粉末表面能，因此，喷嘴的结构和性能决定了雾化的非晶粉末的性能和效率。国外对喷嘴这一部件进行了大量的研究，如美国、英国和德国相继研究出了许多新型的雾化技术，如紧耦合雾化技术、层流雾化技术等，使雾化制粉技术向微细粉末方面跨进了一大步。这些雾化技术有的已成功地应用于工业化生产，有的正在进入工业化领域，极大地促进了雾化工业生产技术的发展。

在紧耦合气体雾化器中，与自由落体式喷嘴不同，紧耦合喷嘴的气流出口与金属液流的导液管口距离很短，从导液管流出的熔化金属液流随即与高速雾化气体相互作用，破碎后冷却成细小的粉末颗粒。紧耦合雾化技术中的气体与金属液流之间的能量转换率高，因此获得的粉末冷却速率高，具有快速冷凝的特征，可以形成非晶态。

在紧耦合气体雾化中，获得雾化非晶粉末的关键是理解和掌握熔滴冷却的基本规律和主要影响因素。因为非晶态的形成取决于合金的非晶形成能力（Glass Forming Ability，GFA）和冷却速率，对于确定成分合金，达到临界冷却速率是获得非晶粉末的前提。熔滴的冷却速率与获得的非晶粉末直径成反比，当直径小于一定值时，熔滴达到临界冷却速率实现非晶化；当直径大于它时，熔滴无法获得非晶化临界冷却速率，只能发生形核结晶。熔滴的非晶化还与雾化过程相关，由于熔滴破碎时的位置和温度不同，获得的冷却速率将不同，出现了相同直径的颗粒同时存在非晶和结晶两种状态。

气体雾化技术制备的雾化粉具有球形度高、粉末粒度可控、氧含量低、生产成本低以及可以制备多种金属及合金粉末等优点，已成为高性能非晶合金粉末制备技术的主要发展方向。

② **液体雾化法** 也可用液体（如水、液氮等）代替一般雾化法制备非晶粉末中所用氮气作为淬火介质，这样冷却速度较高，但得到的颗粒形状很不规则。曾用这种方法制成了 $Fe_{69}Si_{17}B_{14}$ 和 $Fe_{74}Si_{15}B_{11}$ 非晶粉，颗粒尺寸小于 $20\mu m$，但尺寸不均匀。

③ **气-液联合雾化法** 气体和液体同时为冷却淬火剂，如图 4-2 所示，小颗粒（10～$15\mu m$）由气体淬火，而大颗粒则由高速喷射的液体提供较高的冷却速度淬火，平均淬火冷却速率可达 $10^5 \sim 10^6 K/s$，目前，用 4.2MPa 的氩气和 1.6MPa 的水联合雾化淬火，已得到 $Cu_{60}Zr_{40}$，$Fe_{75}Si_{15}B_{10}$，$Fe_{81.5}Si_{14.5}B_4$ 非晶粉。这种气-液雾化法的优点是：由于气-液雾化时的冷却速率较高，大尺寸颗粒仍可保持非晶态，因此制造的颗粒的尺寸可调范围广；可以改变气、液流的相对喷出量，以控制颗粒的形状。

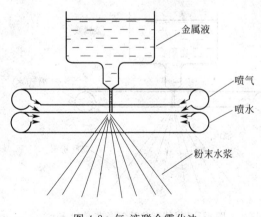

金属液

喷气

喷水

粉末水浆

图 4-2 气-液联合雾化法

（3）旋转液中喷射法 旋转液中喷射法又称离心法，如图 4-3 中所示熔融金属液喷射到一个高速旋转的冷却体，其内表面在离心力作用下附着一层冷却液，熔融合金喷射到冷却液中，在高速的冷却速度下获得非晶态粉末。

(4) 双辊法 从图 4-4 可以看到，非晶粉末的双辊法和非晶薄带的双辊法相近，是在其基础上进行了改造使其适合制造粉末。非晶粉末的双辊法主要有两种：一种是如图 4-4(a)所示，熔融的液态合金流出，与双辊表面接触，液体快速固化而形成非晶态薄带，当辊速达到一定的速度时，在带与辊分离区之间形成了较大的负压，已固化的非晶态合金在此压力下被粉碎成为细小的非晶态粉末；另一种方式是如图 4-4(b) 所示在带辊分离处设置一个高速破碎轮，已固化的非晶态薄带从辊中出来后，在破碎轮的作用下破碎成粉末，但是这种方法实际上获得的是片状粉末。

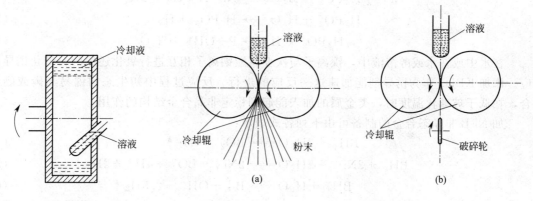

图 4-3　旋转液中喷射法　　　　　　　　图 4-4　双辊法

(5) 其他方法 非晶粉末可以采用把非晶薄膜或者薄带等当作原材料通过多种制备手段制成。下面我们简要介绍一下破碎法和火花电蚀法。

① **破碎法** 由于制备的非晶态薄带的厚度和宽度都比较小，因而在工程上应用受到限制，通过将非晶薄带破碎制成非晶粉末，采用压制成型的方法就很有可能实现制造大块非晶态材料。首先将非晶薄带在氮气气氛中退火进行脆化处理，然后球磨进行粉碎或者先采用破碎机破碎，然后再球磨或气流磨。破碎法虽然方法简单，但是粉末尺寸较大，约为几十到几百微米。

② **火花电蚀法** 用火花电蚀的方法制备的非晶粉末的颗粒大小为 $0.5\sim50\mu m$。原理是将非晶薄带制成电极，放置在用来作冷却液的介质中，电极之间产生放电现象，两极之间的电火花击中电极，产生的热量将电极的被击点熔化或者气化，熔化或者气化的材料随即在电极所在的介质溶液中淬火，这样，电极的一小点就变成了一个和母材成分相同的小颗粒，放电完成后，非晶薄带就被制成了非晶粉末。

4.2.2 化学方法

相对于物理方法的熔体骤冷机制来说，化学法制备超细非晶粉体具有可在常温下进行、工艺流程短、产物比表面积大、悬浮性好、易于批量制备以及成分范围宽、易于被压制成所要求的形状等优点。化学法制备非晶态合金可分为化学还原法和浸渍还原法。

(1) 化学还原法 化学还原法本质上是一种还原反应，它是利用含磷或硼的强还原剂将过渡族金属盐水溶液中的金属离子还原而得到过渡金属-非金属的非晶态超细沉淀物，该沉淀物经多次洗涤和真空干燥而得到超细非晶合金粉末（Ultrafine Amorphous Alloy

Particles，UAAP）或称纳米非晶合金粉末（Nano amorphous alloy powder，NAAP）。

常规的熔体骤冷法所得非晶态合金催化剂比表面积小，因此采用化学还原法获得高比表面积的非晶态合金催化剂的方法应运而生。1986 年由 Van Wonterghem 等人首先提出了用化学还原法制备非晶态合金，原理是采用亚磷酸二氢盐或硼氢化物作为还原剂，得到超细金属-硼或金属-磷非晶态合金颗粒。近年来，越来越多的人研究用化学还原制备的纳米级镍系非晶合金。化学还原法的制备方法简单，颗粒直径达纳米级，比表面积大（$10 \sim 70 m^2/g$），且表面原子所占比例大（一般不少于 5%），表面能量高，是适合制备高比表面积和高活性催化剂的一种较好的方法。

Ni-P 非晶态合金的制备反应方程如下：

$$Ni^{2+} + H_2PO_2^- + H_2O \longrightarrow Ni + H_2PO_3^- + 2H^+ \tag{1}$$

$$H_2PO_2^- + H_2O \longrightarrow H_2PO_3^- + H_2 \tag{2}$$

$$H_2PO_2^- + H \longrightarrow P + OH^- + H_2O \tag{3}$$

在水中或在水或醇溶液中，镍离子与次亚磷酸钠离子相互进行氧化还原的自催化诱导反应。添加 KBH_4 作为诱导剂能加速这一反应的进行。反应过程中初生态的镍易与磷或硼结合，在低于玻璃化温度时，类金属的加入能起到稳定非晶合金结构的作用。

如 Ni-B 非晶态合金的制备可由下列各式表示：

$$BH_4^- + 2H_2O \Longleftrightarrow BO_2^- + 4H_2 \uparrow \tag{4}$$

$$BH_4^- + 2Ni^{2+} + 2H_2O \Longleftrightarrow 2Ni \downarrow + BO_2^- + 4H^+ + 2H_2 \uparrow \tag{5}$$

$$BH_4^- + H_2O \Longleftrightarrow B \downarrow + OH^- + 2.5H_2 \uparrow \tag{6}$$

所得非晶态合金的组成受反应（5）、（6）快慢的决定，如反应（6）快而反应（5）慢的话，非晶态合金中 B 的含量就增大。在负载型非晶态合金催化剂的制备中，即浸渍还原法制备非晶合金，各个反应速度的快慢除与金属离子及反应条件有关外，还与载体的性质密切相关。例如载体 Al_2O_3 的酸性有助于反应（6）而阻碍反应（5）；另外载体的孔结构和大小等也会对传质过程产生影响，从而影响非晶态合金的组成。

采用化学还原法制备的超细粒子非晶态合金催化剂具有很高的催化活性和选择性，其催化活性比骤冷法所得催化剂高出 $50 \sim 100$ 倍。因为超细粒子表面原子多、表面积大和表面能高，而非晶态合金的短程有序、长程无序结构特点，超细非晶态合金具有这两种粒子的所有的特点。超细 Ni-B 非晶态合金用于环戊二烯选择性加氢为环戊烯，转化率 100%、产率为 98%，转化率和产率均优于骨架镍和 Pd/C 催化剂；超细 Ni-Co-B 合金（10nm）用于苯加氢制环己烷，在相同反应条件下，其催化活性比骨架镍大 8 倍。

化学成分对化学还原法制备的非晶粉末的性能和成分有很大的影响，温鸣等人利用化学还原法制备了 Co-Fe-B-P 和 Co-Fe-V-B-P 非晶粉末，得到的非晶粉末的平均粒度为 15nm。Co-Fe-B-P 合金的饱和磁化强度为 0.99T，添加了 V 元素后，结果发现合金的饱和磁化强度从 0.99T 提高到 1.22T，矫顽力从 20A/m 提高到 40A/m，硬磁性能有了很大的提高。张邦维等人在制备 Fe-Ni-P-B 时发现和 $Ni^{2+}/(Ni^{2+}+Fe^{2+})$ 的比例由 Ni/(Ni+Fe) 控制，然后通过调整初始溶液中 $Ni^{2+}/(Ni^{2+}+Fe^{2+})$ 的比例可控制样品的软磁性及饱和磁性能。这个比例对产物成分也有显著的影响，当比例小于 0.5 或大于 0.7 时，产物呈非晶形态，而在 $0.5 \sim 0.7$ 之间时则呈晶体和非晶体的混合物。

制备条件对超细非晶态合金的粒度和均匀度等方面同样有很大影响。金属盐和还原剂的加入次序、滴加速率、所使用溶剂的性质和 pH 值对超细非晶态合金的粒径均有明显的影响。如将 KBH_4 滴加到 $NiCl_2$ 溶液中制备的试样的粒径明显大于 $NiCl_2$ 溶液滴加到

KBH$_4$ 溶液中制得的 Ni-B 超细非晶态合金。制备过程中使用的溶剂对超细非晶态合金的粒径的明显影响，如在体积分数为 95％的乙醇溶液中制备的 Ni-B 和 Co-B 超细非晶态合金的粒径比在水溶液中制备的同类合金的粒径小，且类金属 B 含量高。在柠檬醛加氢反应中，在乙醇中制备的超细非晶态合金催化剂的活性比在水溶液中制备的超细非晶态合金催化剂的活性高。同时还原温度对超细非晶态合金的粒径和催化性能有较大的影响。

Deng 等在 1988 年首先研制成负载型非晶态合金催化剂，即浸渍还原法，成功地将非晶态合金以高分散形式负载在载体上，不仅降低了催化剂的制造成本，而且大大改善了催化剂的性能，提高了催化剂的热稳定性，为非晶态合金催化剂的工业化提供了一条有效的途径。

(2) 浸渍还原法 同化学还原法类似，区别在于浸渍还原法是先通过将一定颗粒大小的载体在含有所需负载量的溶液中浸渍，经过烘干、焙烧后，然后在一定温度下用化学还原剂还原（常用的还原剂有 KBH$_4$、NaH$_2$PO$_3$ 等），得到的产物经过洗涤，即得到粉末型的负载型非晶态合金催化剂。

在浸渍还原法中，非晶态合金能高度分散在载体上，因此大大的改善非晶态合金催化剂性能。一方面，负载化可提高催化活性，因为负载增加了非晶态合金催化剂的比表面积和活性中心的数目，从而能降低活性金属组分的用量和催化剂的制备成本；另一方面，由于非晶态合金高度分散在载体上及其与载体之间的相互作用，可提高非晶态合金的热稳定性，使其在较高温度和较长时间的反应过程中能保持非晶态结构。

化学法制备的超细非晶态合金催化剂同样存在着不足之处：①储存条件非常苛刻，因为催化剂活性很高，很容易被空气中的氧气氧化失活；②同骤冷法制备非晶态合金催化剂相比，成本较高；③超细非晶态合金催化剂的高分散性、高表面活性导致其热稳定性差，受热易晶化。

由于非晶态合金存在着上述缺陷，到目前为止化学还原法制备非晶合金催化剂的方法还没有在工业上得到应用。但对于现有类型催化剂的改进研究取得了一定的进步。

4.2.3 机械合金化法

机械合金化高能球磨技术是 20 世纪 60 年代末由 J. S. Benjamin 及其合作者发展起来的一种制备合金粉末的技术，其工艺方法是将不同材料的混合粉末在高能球磨机中经过高速搅拌、振动、旋转等运动方式球磨，粉末在球磨时相互碰撞，在球磨初期，粉末产生塑性变形冷焊合而形成复合粉，经进一步球磨，复合粉组织结构细化并发生扩散和固态反应形成合金粉。高能球磨与传统筒式低能球磨的不同之处在于磨球的运动速度较大，使粉末产生塑性变形及固相相变，而传统的球磨工艺只对粉末起混合均匀的作用。

在非晶合金的制备研究领域，1983 年，Koch 教授采用机械合金化法（Mechanical Alloying，简称 MA）通过球磨 Ni、Nb 金属粉末混合物合成了 Ni$_{60}$Nb$_{40}$ 非晶合金，两年之后，Schwarz 等用热力学方法预测了 Ni$_2$Ti 二元系的机械合金化非晶形成能力，在世界范围内掀起了机械合金化制备非晶粉末的研究高潮。

与液态急冷的非晶制备方法相比，高能球磨技术具有以下独特的优点。

首先，高能球磨可以扩大非晶的成分范围，高能球磨制备的非晶合金有较宽的连续成分形成范围，这有利于改善非晶合金的电学、热学性能等。

其次，一些用急冷法难以得到的非晶合金材料，如通过高能球磨熔融态不互溶的两金属或高熔点金属，均可获得非晶合金。高能球磨除可以制备金属-金属型的非晶合金外还可以制备金属-类金属型的非晶合金，并且已经发展到两个组元以上的金属与类金属乃至纯元素的非晶合金。

此外，高能球磨制备的非晶粉末表面清洁、活性好、易于固结，可降低对成型工艺和设备的要求。用此方法制备的非晶粉末经过低温高压成型之后可制备大块非晶材料，在非晶态合金的制备上有着广泛的应用。

目前，高能球磨制备非晶合金的方法，可分两类：a. 有组分传输的球磨，基元混合或不同合金的混合粉的机械合金化（Mechanical Alloying，MA）；b. 无组分传输的球磨，单一组分材料的机械研磨（Mechanical Milling 或 Mechanical Grinding，MM 或 MG），一般是金属间化合物的机械研磨。

无论是机械合金化 MA 还是机械研磨 MG，实现合金的非晶化，都必须在热力学条件下是可能的，且动力学条件是允许的。图 4-5 为 MA 和 MG 两种途径实现非晶合金的自由能变化，机械合金化时，A 和 B 混合物球磨合金化产生放热反应，由 1→2 状态自由能降低。而 MG 实现非晶化必须使稳定金属间化合物的自由能态 3 升高到 2 以上，这要靠球磨使其自由能升高。

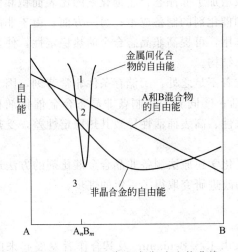

图 4-5　二元 AB 合金成分-自由能曲线

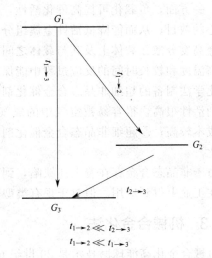

$$t_{1\to2} \ll t_{2\to3}$$
$$t_{1\to2} \ll t_{1\to3}$$

图 4-6　机械合金化形成非硅合金的动力学条件

然而金属或合金的平衡态结晶体的自由能始终低于非晶体这种亚稳定相，非稳态的结构可经多种途径使其自由能降低，如图 4-6 所示。然而反应的路径、方向、速度和进度都极大地取决于动力学条件，处于较高自由能态 G_1 的不稳定 A 和 B 的混合物可以转变成自由能态为 G_2 的亚稳非晶相，也可直接转变为自由能为 G_3 态的金属间化合物，同时非晶亚稳相也可能发生晶化而转变为金属间化合物，只有当 $G_1 \to G_2$ 转变的反应特征时间 $t_{1\to2}$ 远小于 $G_1 \to G_3$ 及 $G_2 \to G_3$ 反应的特征时间 $t_{1\to3}$ 和 $t_{2\to3}$ 时，A 和 B 混合的不稳定结构才可能直接转变成非晶相。最终形成何种产物是由热力学和动力学决定的，是各种相相互竞争的结果。

机械合金致非晶化反应分三种类型：第一种为微晶极度碎化直接导致的非晶化，表现为 XRD 衍射峰的连续宽化，尺寸达几个纳米；第二种为首先形成金属间化合物的中间产物，进一步球磨将金属间化合物转化为非晶合金；第三种为由于多层膜固相扩散反应导致的非晶化，表现为晶体衍射峰的移位和衍射强度的降低及独立非晶漫散峰的出现。

MA 法制备非晶合金粉末的重要因素包括球磨条件和原料化学成分。在 $Co_{75}Ti_{25}$ 非晶粉末的球磨制备过程中，发现在高能球磨条件下合金粉末首先转变成非晶相，随着球磨时间的延长，该非晶相变的不稳定，转变成纳米晶 bcc-Co_3Ti 相。然而当球磨时间继续延长时，晶体相又转变成非晶相，发生循环非晶化晶化非晶化现象。而且还发现球磨时间和球磨速度都对球磨粉末的结构演化产生重要的影响。在 $Ni_{60}Nb_{20}Zr_{20}$ 的非晶反应过程，首先是 Ni 和 Zr 受强烈的热力学驱动力发生非晶反应；然后，随着球磨时间的延长，Ni 和 Nb 间发生非晶反应，促使 Ni-Nb 非晶相的形成，最后，这两种非晶相在随后的球磨过程中产生均匀化，形成 Ni-Nb-Zr 三元非晶合金。

4.3 非晶薄带

20 世纪 80 年代初，Perepezko 等证实了非晶形成的临界条件不是冷却速度本身，而是过冷液体达到亚稳态的程度。早期已经有人制备出非晶态金属粉末，但由于尺寸等因素的限制，极大地约束了其应用范围。1944 年苏联 Векшинский 院士蒸镀二元金属膜时，发现在成分对应于二元低共晶点的区域往往出现非晶态薄膜，为非晶薄膜的制备奠定了基础。同时，这一发现对于非晶薄带的研究也具有重要意义。

4.3.1 非晶薄膜的制备

(1) 快淬法 快淬法又称急冷法，指的是将液态金属以非常大的速度（一般指大于 $10^5 ℃/s$）冷却，致使液态金属中比较紊乱的原子排列保留到固态中。通常采用良好的导热体作为基板使薄层液体以尽可能短的时间凝固。急冷法制备非晶薄膜主要有喷枪法和锤砧法。

① **喷枪法** 喷枪法制备非晶材料最早是由 Duwez 和 Willens 提出的。这种技术的基本要点是将液体加速到很大的速度，然后在一定条件下沿着合适的方向喷出铺展到冷却基体上。受到金属液量的限制，快淬得到的薄膜厚度在 $50\mu m$ 以下。冷却速率会随着薄膜的厚度发生明显变化，而平均冷却速率在 $10^6 \sim 10^8 ℃/s$。有文献指出，在底部小孔直径约为 1mm 的石墨坩埚中装入金属，加热熔化后，利用金属的高表面张力，使金属液不会自动溢出。随后用冲击波使熔体由小孔中很快地喷出，在铜板上形成薄膜。如果有需要，可将基板浸入液氮中。冲击波由于高压室内惰性气体的压力增加到某一定值时冲破塑料薄膜而产生，波速为 $150 \sim 300m/s$。后来，为了提高熔化速度，减少熔体的污染，Willens 等人对喷枪法的装置进行了改进，将金属材料悬浮熔融。这样制得的样品，宽约 10mm，长为 $20 \sim 30mm$，厚度为 $5 \sim 25\mu m$。但所得的样品形成不规则，厚度不均匀，且疏松多孔，所以它不适用于测量物理性质和力学性质。

② **锻造法** 锻造法又称为锤砧法，指的是采用两个快速相对运动的冷却基体挤压落入它们之间的金属液珠，金属液珠被压成薄膜，并急冷成非晶合金。在底部小孔直径为 $0.8 \sim 1mm$ 的石英坩埚中装入少量金属，在氢气气氛保护下用高频感应加热到熔融状态。熔融的合金被高压氩气的压力推出喷嘴，合金液滴自由下落时将信号输给锻锤。水平放置的锤头向砧座打击，此时合金液滴刚好落入锤头与砧座之间，被锻造成接近圆形的薄片，厚度比较均匀。合金液滴的热量被锤头与砧座吸收，达到急冷的目的。相比喷枪法而言，利用锤砧法制得的薄膜最大的优点就是尺寸以及均匀程度大大增加，薄膜的两面相对光滑。其缺点主要是冷却速率一般比喷枪法低两个数量级。后来有人又发展出一种锤砧法与喷枪法相结合的装

置，它综合了上述两种方法的优点，所制得的薄膜厚度均匀，且冷却速率又快，这样获得的薄膜宽约为 5mm、长为 50mm、厚度为 $70\mu m$。

尽管如此，由于制备出的材料尺寸有限，而且只能挨个单独生产，效率极低，喷枪法和锤砧法制备的非晶材料的使用前景依然非常有限。

(2) 沉积法 沉积法是指在固体表面直接沉积得到非晶材料的方法。目前，主要有高速溅射、电解、化学气相沉积、真空蒸发等。高速溅射的冷却速率极大，可达 10^{14} K/s，蒸发法的冷却速率也较高，约为 10^8 K/s。因此许多急冷法无法实现非晶化的材料如纯金属、半导体等均可以采用这两种方法。

① **高速溅射法** 高速溅射是高能粒子轰击靶，引起表面原子发射，被溅射原子沉积凝结在靶附近的冷基底上，形成薄膜。可以约 $1\mu m/min$ 的速率沉积。与通常制备晶态薄膜的溅射方法基本相同，但对底板冷却要求更高。一般先将样品制成多晶或研成粉末，压缩成型，进行预烧，以作溅射用靶，抽真空后充氩气到 1.33×10^{-1} Pa 左右进行溅射。目前，大部分含稀土元素的非晶态合金大都采用这种方法制备，同时也用于制备非晶态的硅和锗。因为是采用氩离子轰击，所以样品中常含有少量的氩，通常薄膜厚度约在几十微米以下。

② **电解法** 电解法是一种传统的制备薄膜的方法，工艺简便、成本低廉，由于电解法技术较为成熟，可用于制备大面积非晶态薄层。1947 年，美国标准计量局的 A. Brenner 等人，首先采用这种方法制备出 Ni-P 和 Co-P 的非晶态薄层，并将此工艺推广到工业生产。20 世纪 50 年代初，G. Szekely 又采用电解法制备出非晶态锗，其后，J. Tauc 等人加以发展，他们用铜板作为阴极，$GeCl_4$ 和 $C_3H_6(OH)_2$ 作为电解液，获得了厚约 $30\mu m$ 非晶薄膜层。

③ **真空蒸发沉积法** 由于纯金属的非晶薄膜晶化温度很低，因此，目前常用真空蒸发技术配以液氨或液氦冷底板加以制备，非晶材料的生长速度一般为每小时几微米，最终制得的薄膜厚度一般不超过 $50\mu m$，这是由于厚度增加到一定值后，非晶薄膜会因受内应力的作用而破碎。1954 年，西德哥廷根大学的 Buckel 和 Hilsch 就是采用这种方法，辅之以液氦冷底板，首先获得具有超导特性的非晶态金属铋和镓的薄膜。

④ **辉光放电法** 辉光放电法首先是被 R. C. Chittick 等发展起来的，是目前用于制备非晶半导体锗和硅的最常见的方法。将锗烷或硅烷放进真空室内，用电场加以分解，分解出的锗或硅原子沉积并快速冷凝在衬底上而形成非晶态薄膜。这种方法与一般的方法相比，其突出特点是：在所制成的非晶态锗或硅样品中，其电性活泼的结构缺陷低得多。1975 年英国敦提大学的 Spear 及其合作者又掺入少量磷烷和硼烷，成功地实现了非晶硅的掺杂效应使电导率增大了 10 个数量级，从而引起全世界的广泛注意。

⑤ **激光表面玻璃化** 激光器高度聚焦的激光束在材料表面移动，激光能量的高度集中使金属表面局部快速熔化成薄层，基体不受影响。选择激光功率密度和激光扫描速度要经过综合考虑，既要保证熔池有足够大的冷却速度以防止晶化，又要保证熔池内难熔质点和原始晶体完全熔化并使成分均匀以防止非均质形核。在材料表面形成非晶层，使材料表面具有高硬度、耐磨蚀和耐腐蚀等优异性能。

⑥ **离子注入法** 对于离子注入法，主要存在两种观点，一种是认为重离子的注入，微区产生热熔体，很快冷却，相似高速淬火；另一种是认为注入离子密度大，产生高应力，使晶体产生滑移，并随后产生大的位错密度，成为无序排列。由于离子注入不受被注入样品固溶度的影响，注入金属元素在基体中会因为扩散而成核，并在一定条件下生长为纳米颗粒，所以离子注入法特别适合在样品表面附近形成过饱和固溶体。同时该法具有注入的元素

可以任意选取，注入或添加元素时不受温度的限制，可以在高温、室温、低温下进行，可精确控制掺杂浓度和深度等优点。

4.3.2 非晶薄带制备

目前用来制备非晶薄带的方法主要有三种，即离心法、单辊法和双辊法。此外，还有熔体沾出，熔滴法等。

（1）离心法 离心法是将母合金装入石英坩埚内，调整好工艺参数后，经高频感应加热设备加热熔化，以一定的加热速率升温到预定的过热温度，经保温数分钟后，液态合金在一定的氩气压力下从石英坩埚的下端喷嘴喷射到高速旋转的铜制辊轮表面，熔体在与辊轮接触的瞬间凝固，形成具有一定厚度的连续条带。根据坩埚的放置方向分为立式和卧式离心法，如图 4-7 所示。

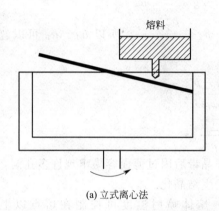
(a) 立式离心法

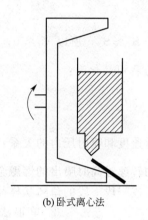
(b)卧式离心法

图 4-7 离心法示意图

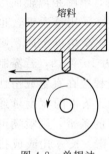

图 4-8 单辊法

（2）单辊法

① 单辊法的基本原理及装置 单辊法是把熔融金属喷到高速旋转的辊面上，由于辊的传热作用，把熔融金属急剧冷却，从液相温度 T_s 不发生结晶化地冷却到玻璃温度 T_g 以下而得到非晶态，如图 4-8 所示。

单辊法试样的冷却过程是极其复杂的，此过程可分为两个阶段：第一阶段是从液态金属脱离喷嘴到达辊面之前，因距离短，速度快，热量的散失还不足以导致熔融金属凝聚，为了保证这一点，可以适当提高熔融金属的过热温度来弥补这一段的热量损失。为了使问题简化，我们可以把金属的熔融温度 T_s 作为和辊面接触时金属液体的温度。第二阶段是熔融金属和辊面接触被冷却而凝成固体的阶段，这一段热的传输是借助热传导进行的，且垂直于辊面方向是主要传热方向，平行接触面方向的热传导可以忽略，我们可把单辊冷却这一复杂过程简化为一维的热传导问题来处理。冷却过程按界面上的传热系数 h 的大小可分为下面三种。

a. 理想冷却 也叫传导型冷却，即界面上的传热系数 $h \rightarrow \infty$，试样内温度是不均匀的，冷却速度决定于试样及冷却体内热流的大小。

b. 牛顿冷却 从试样里传走热量的速度决定于界面上的传热系数 h 的冷却叫牛顿冷却，这时试样里的温度是均匀的。是否满足牛顿冷却条件，一般用无量纲的毕奥模数 N 的值来衡量：

$$N = \frac{h\delta}{k} \tag{4-1}$$

式中，δ 为试样的厚度；h 为界面上的传热系数；k 为试样的热导率。

当 $N < 0.02$ 时发生牛顿冷却；当 $N > 30$ 时就发生理想冷却；$0.02 < N < 30$ 即为中间冷却。

c. 理想冷却和中间冷却的冷却速度都不超过牛顿冷却的冷却速度 在单辊法里，界面上的传热系数 h 因接触压力、表面光洁度等不同而有变化，但大体上是在 $0.2 \sim 3$ 之间。

熔融金属的喷射速度和喷射压力互相影响，同时，对制备出的试样的厚度有极大作用。把熔融金属当作一液柱，设喷口处压力、截面积、速度、水平高度分别为 p_2、S_2、V_2、h_2；液柱上部这些量分别为 p_1、S_1、V_1、h_1，由 Bernoulli 方程

$$\frac{V_2^2}{2g} + h_2 + \frac{p_2}{\rho g} = \frac{V_1^2}{2g} + h_1 + \frac{p_1}{\rho g} \tag{4-2}$$

可知，由于 $S_1 \approx S_2$，所以 $V_1 \approx 0$；又因 $h_1 - h_2 \ll \dfrac{p_1 - p_2}{\rho g}$，所以 $h_1 - h_2$ 可以忽略，这样 Bernoulli 方程可简化为：

$$\frac{V_2^2}{2g} + \frac{p_2 - p_1}{\rho g} = 0 \tag{4-3}$$

即喷射速度和喷射压力的关系：$V_2 = \sqrt{\dfrac{2\Delta p}{\rho}}$。

当辊的转速过高时喷出的熔融金属形成非晶带后因过薄而容易出现许多孔洞，当辊转速太慢时则形成一段一段的鱼鳞状样品，以致发生结晶化。

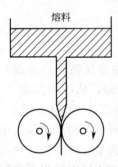

② 单辊法的应用 熔体喷射温度可控制在熔点以上的 $100 \sim 200℃$；喷射压力为 $(0.5 \sim 2) \times 10^4 \mathrm{Pa}$（表压）；喷管与辊面的法线约成 $14°$ 角；辊面线速度一般为 $10 \sim 35 \mathrm{m/s}$。当喷射时，喷嘴距离辊面应尽量小，最好小到与条带的厚度相近。辊子材料最好采用铍青铜，也可用不锈钢或滚珠钢。通常用石英管做喷嘴，如熔化高熔点金属，则可用氧化铝或碳、氮化硼管等。此法的冷却速度约为 $10^6℃/s$，若需制备活性元素（如 Ti、Re 等）的合金条带，则整个过程应在真空或惰性气氛中进行。对工业性连续生长，辊子应通水冷却。条带的宽度可通过喷嘴的形状和尺寸来控制；若制备宽度小于 2mm 的条带，则喷嘴可

熔料

图 4-9 双辊法示意图

用圆孔；若制备大于 2mm 的条带，则应采用椭圆孔、长方孔或成排孔。条带的厚度与液体金属的性质及工艺参数有关。

(3) 双辊法 双辊法又称压延法，如图 4-9 所示。将熔化的金属流经石英管底部小孔喷射到一对高速旋转的辊子之间而形成金属玻璃条带。由于辊间有一定的压力，条带从两面冷却，并有良好的热接触，故条带两面光滑，且厚度均匀，冷却速度约为 $10^6℃/s$。

喷出的熔体温差应控制在 $\pm5℃$ 的范围内，否则将导致薄带沿长度方向出现厚度不均匀现象。对于孔径为 d 的单圆孔喷嘴，设熔体高度为 H，喷射气压为 p_e，熔体密度为 ρ_1。假定熔体为理想液体，则根据 Bernoulli 方程可得喷嘴处熔体喷出速度 V_1 为：

$$V_1 = \sqrt{2(p_e/\rho_1 + gH)} \tag{4-4}$$

式中，g 为重力加速度。

对于偏离理想液体较大的熔体，可用下式计算出，熔体喷出速度为：

$$V_1 = \sqrt{2(p_e + \rho_1 gH - \sigma/R)/\rho_1 + [8\eta L/(\rho_1 R^2)]^2} - 8\eta L/(\rho_1 R^2) \tag{4-5}$$

式中，σ 为熔体表面张力；R 为喷嘴孔半径；η 为熔体动力黏度；L 为喷嘴孔长度。

为了获得快速凝固效果，需采用导热性好的辊套材料，并在辊内壁通水强制冷却，采用的辊套材料有紫铜、铍铜合金等。冷却水槽可采用多种结构形式，其设计原则应保证辊面沿其轴向和圆周方向能迅速而均匀地冷却。根据无量纲 Nusselt 数计算，可判定熔体冷却特性。对本文情况，熔体传热介于牛顿冷却与理想冷却之间，但接近于牛顿冷却。为简化计算，假定熔体传热属于牛顿冷却。根据文献合金熔体在凝固过程中热流平衡方程为：

$$h(T - T_A) = C_p \rho_1 Z_0 \mathrm{d}T/\mathrm{d}t + \Delta H_m \rho_1 \mathrm{d}x/\mathrm{d}t \tag{4-6}$$

式中，T 为熔体温度；T_A 为辊面温度；C_p 为熔体定压比热容；Z_0 为薄带厚度的一半；ΔH_m 为释放的熔化潜热；h 为界面传热系数。

假定凝固过程中熔化潜热的释放是均匀的，则可得：

$$h = [\rho_1 Z_0 (C_p + \Delta H_m/\Delta T_1)]/[(T - T_A)\mathrm{d}T/\mathrm{d}t] \tag{4-7}$$

式中，ΔT_1 为合金凝固温度范围。

薄带厚度 t 随着辊面线速度 V_r 的增大而减少。当辊面导热条件确定时，薄带厚度主要决定于辊面线速度，即熔体结晶凝固时间。薄带是依靠紧贴辊面形成的稳定凝固壳相遇融合而形成的，如果辊面线速度大，即熔体结晶凝固时间短，则形成的凝固壳厚度就小，紧贴辊面的两凝固壳相遇融合后所得薄带的厚度随之变小。根据质量守恒定律，应有 $\rho_1 A V_1 = \rho_s t V_r B$，故有：

$$B = \rho_1 A V_1/(\rho_s t V_r) \tag{4-8}$$

式中，B 为薄带宽度；ρ_1 为熔体密度；ρ_s 为薄带密度，A 为喷嘴孔横截面积；V_1 为熔体喷速；V_r 为辊面线速度；t 为带厚。

用双辊法制造的薄带宽度误差为 $\pm 5\mu m$，厚度误差为 $\pm 1\mu m$。目前，用这种方法可以制造各种非晶态钎料、铁磁合金、耐腐蚀合金等。双辊法的优点是试样两个面光洁度好，厚度均匀。但辊的消耗很严重，是个很大的缺点。工艺参数要求也很苛刻：射流应有一定长度的稳流；射流方向要控制准确；流量与辊子转数要匹配恰当，否则不是因凝固太早而产生冷轧，就是因凝固太晚而使部分液体甩出。关于辊子的选材，既要求导热性能良好，又要求表面硬度高，而且还要适当考虑有一定的耐热腐蚀性。

对于离心法：单辊法和双辊法以上三种方法而言，主要部分都是一个熔融金属液熔池和一个旋转的冷却体。金属或合金用电炉或高频炉熔化，并用惰性气体加压使熔料从坩埚的喷嘴中喷到旋转冷却体上，在接触表面凝固成非晶态薄带。在实际使用的设备上，当然还要附加控制熔池温度、液体喷出量及旋转体转速等的装置。三种工艺方法的对比如表 4-1 所示。在离心法中，液体和旋转体都是单面接触冷却，故应注意产品的尺寸精度及表面光洁度。在单辊法中，熔融金属由于离心力作用，附着冷却在金属单辊上，保持良好的冷却。尽管是单面接触冷却，但由于附着区域较长，接触辊面的时间也较长，冷却效果较好，较为有利于宽试样的形成。试样的厚度与下列因素有关：辊的转速、熔液的黏度、供给量、熔液和辊的润湿性以及喷嘴和轧辊的距离。其缺点主要是：宽的试样连续生产时取出困难等。双辊法是两面接触的，尺寸精度较好，但调节比较困难，只能使制作宽度在 10mm 以上，而长度可达100mm 以上。由于熔融金属喷射到高速转动的轧辊对之间，为压延式轧制冷却，尽管是双面接触，但附着区域较小，冷却效果不够好，对于轧制较宽试样，边缘与中心部分有明显的不同光泽现象出现，中心部分有热影响区的暗色区，弯折试验时中心部分较脆，体现中央冷却不好，而且易产生不是非晶部分。熔融金属的喷入位向也给结果产生微妙的影响，要求制造条件控制较为严格。试样的厚度与辊的转速、辊间压力、供给量等因素有关。单辊法和双辊轧制法是 20 世纪 70 年代初非晶合金制造突飞猛进发展的重要标志，从而使对非晶材料进行全面的试验和研究成为可能。

表 4-1　三种制法的对比

制　　法	离心法	单辊法	双辊法
试样厚度	不均匀	不均匀	均匀
试样宽度	容易做宽	容易做宽	不易做宽
试样表面状态	粗糙	粗糙	光滑
冷却效果	良好	稍差	良好
辊的消耗	轻微	轻微	严重
试样取出容易程度	不易	容易	容易
工艺条件调节	容易	容易	很难
浸润性对成型影响	大	大	不影响

　　用上述方法制备非晶态合金薄带时，辊子的转速、材料、熔料的性质和喷出量等因素对于薄带的形状和性能都有很大的影响。有人分析了薄带的宽度 W、厚度 t、熔料的喷出量 Q 及辊子线速度 V 之间的关系，得到以下的关系式：

$$W = c(Q^n / V^{1-n}) \tag{4-9}$$

$$t = (Q^n / V^{1-n})/c \tag{4-10}$$

式中，c、n 为和薄带及辊子材料有关的常数。

(4) 熔体沾出法　如图 4-10 所示，当金属圆盘紧贴熔体表面高速旋转时，熔体被圆盘沾出一薄层，随之急冷而成条带。此法不涉及上述几种方法中的喷嘴的孔形问题，可以制备不同断面的条带。其冷却速度不及上述方法的高，所以很少用于制备金属玻璃，而常用于制备急冷微晶合金。

(5) 熔滴法　如图 4-11 所示，合金棒下端由电子束加热熔化，液滴接触到转动的辊面，随即被拉长，并凝固成丝或条带。这种方法的优点是：不需要坩埚，从而避免了坩埚的污染问题；不存在喷嘴的孔形问题，适合于制备高熔点的合金条带。

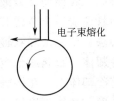

电子束熔化

<table>
<tr><td>图 4-10　熔体沾出法示意图</td><td>图 4-11　熔滴法示意图</td></tr>
</table>

4.4　大块非晶合金

　　1975 年，贝尔实验室的 Chen 以及其后的 Turnboll 等人用石英管水淬法抑制材料的非均质形核获得了直径 1～3mm 级的大块非晶，但是仅限于 Pd、Pt 等贵金属。其价格昂贵，无法作为工程材料而加以推广应用。20 世纪 80 年代末，日本东北大学材料研究所的井上明久教授制备出具有较大尺寸的 La 基合金非晶材料。经过二十余年的发展，大块非晶合金已经在 Fe、Co、Zr、Ni、Mg、Pd、Tl、Cu、Nd 及 La 系合金等合金系中制备出来。

关于具有极低临界冷却速度和宽过渡区合金系列非晶态的研究，可以追溯到 20 世纪 80 年代发现合金的过冷区 $\Delta T_x = T_x - T_g$（T_x 为晶化温度）可达 70K。20 世纪 80 年代末，A. Inoue 等开发了临界冷却温度在 $10\sim100$K 之间的镁基合金、锆基合金，并归纳出直接凝固法形成大块非晶态合金的三条规则：a. 由三个以上组元构成的多组元系；b. 主要组元间的原子尺寸差异较大（大于 12%），且符合大、中、小的关系；c. 主要组元间的混合热为适当的负值。符合这三条规则的合金具有大的玻璃形成能力和宽的过冷液相区 ΔT_x，并且形成一种与传统非晶态合金不同的新型的非晶态组织，其特点为：a. 原子呈高度密堆排列；b. 产生新的区域原子组构；c. 存在相互吸引的长程均匀性。图 4-12 分析了合金具有高的玻璃形成能力的原因。Takeuchi 等计算了 351 种三元非晶态合金系及其二元子系统的混合焓（ΔH_{chem}）和错配熵（S_α / k_B），进一步完善了 Inoue 准则。Inoue 准则被普遍接受，并依据它发现了许多能形成大块非晶的合金系，如 Mg 基、Al 基、Fe 基、Zr 基、La 基、Ti 基、Cu 基等。

1993 年 Peker 等用铸造的方法制备了 Zr-Ti-Cu-Ni-Be 系列合金，其非晶成型能力已经接近传统氧化物——玻璃，其中大块非晶棒的直径可达十几厘米，临界冷却速率在 1K/s 左右，远远低于非晶急冷法的 10^6K/s 的限制，这为非晶合金的理论研究和实际应用注入了新的动力。

进入 21 世纪，关于大块非晶的合金的研究又有了巨大的进步。2004 年发现了高强度的 Cu 基和 Co 基大块非晶合金。美国橡树岭国家实验室的 Lu 等人将铁基非晶合金的尺寸从过去的毫米级推进到厘米级，他们研究的 Fe 基非晶合金的最大直径已达到 12mm。哈尔滨工业大学的沈军又将这个尺寸扩大到 16mm。中科院的王伟华等制备出来 Ce 基和 Ho 基大块非晶合金。

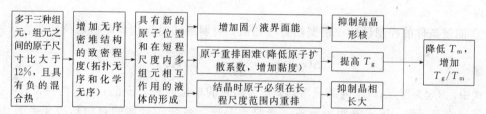

图 4-12　Inoue 准则提高合金玻璃形成能力的机制

4.4.1　大块非晶合金的形成机制与条件

大块非晶的成功合成，必须从本质上研究分析其形成机理。由于晶态合金在热力学上处于稳态，而非晶合金在热力学上处于亚稳态，因此对于一定温度下的过冷液体，将倾向于发生结晶化转变，这就与期望的非晶转变发生了矛盾。然而热力学仅仅预言了某种转变的趋势，具体的转变过程还取决于动力学因素，因此非晶合金的成分设计和制备思路是：使得凝固过程在极短的时间内完成，从而使结晶转变成为动力学上不可能实现的转变。简单地讲就是：均匀形核的推迟和非均匀形核的避免。

（1）非均匀形核的避免　非均匀形核和均匀形核的形核功之比：

$$S(\theta) = \frac{2 - 3\cos\theta + \cos^3\theta}{4} \tag{4-11}$$

式中，θ 为接触角；$0 \leqslant S(\theta) \leqslant 1$。当 $0 < \theta < \pi$ 的时候，$S(\theta) < 1$，也就是说非均匀形核功小于均匀形核功。所以可以在较小过冷度下获得较高的形核率，非均匀形核的最大形核率

小于均匀形核，与最大形核率相对应的过冷度也较小。可见非均匀形核可以容易、迅速地发生，大块非晶的制备必须首先尽量避免非均匀形核。为此在合金设计与制备中采取的相应措施主要有以下几点：

① 减少污染、熔炼提纯　由于非均匀形核是晶核依附系统中某些现成的固相形成的，因此在各个工序中必须注意减少外来高熔点杂质颗粒对合金的污染，同时在熔炼中采用提纯技术，比如加入类似于炼钢时的造渣剂。

② 选用与晶核的晶体结构和点阵常数差别大的冷却模材料　特恩布尔等于1952年提出，晶核与其所依附的冷却模壁的晶体结构和点阵常数越相近，它们的原子在接触面上越容易吻合，模壁与晶核之间的界面能越小，从而可以减小形核时体系自由焓的增值，这样的冷却模壁将促进非均匀形核，应避免使用。因此冷却模设计时，除了选用高热导率的模壁材料外，还应考虑到晶体结构和点阵常数的影响。比如快速凝固法制备大块非晶合金时，一般采用低熔点的氧化物 B_2O_3 作包覆剂，其目的就是：一方面作为熔体内杂质颗粒的吸附剂；另一方面就是将合金熔体与冷却器壁隔离开，从而避免非均匀形核。

③ 冷却模材料导电性的影响　Tiller 的静电作用理论认为表面能中含有一项恒为负值的静电能，当模壁基底导电性较高时，静电能的绝对值也较大，从而可使基底-晶核间的界面能减小，这种模壁将促进非均匀形核。但是由于材料的电导率和热导率呈正比关系，为了获得尽可能快的冷却速度，将优先选择高热导率，即高电导率的冷却模。

④ 惰性气氛中熔炼和冷却　为了避免由于合金元素的氧化，甚至氮化而生成非均匀形核核心，非晶合金的制备需要使用惰性气氛保护，比如高纯 Ar，但不宜采用真空条件。这是因为真空条件会促进合金熔体对冷却模壁和熔体内杂质的润湿，从而加速非均匀形核。

(2) 均匀形核的推迟　形核只有能量条件、成分条件和结构条件同时得到满足时，才能够实现。

① 能量条件的控制设计　根据热力学知识，材料凝固时候临界晶核形核功的表达式为：

$$\Delta G_k = \frac{16\pi\sigma^3 T_m^2}{3(L_m \Delta T)^2} = \frac{1}{3} A_k \sigma \tag{4-12}$$

式中，T_m 为熔点；L_m 为结晶潜热；σ 为晶胚的单位面积表面能；ΔT 为过冷度；A_k 为临界晶核的表面积。该式表明每形成一个临界晶核，系统所增加的自由焓等于其表面能的 $1/3$，液固两相自由焓的差值只能补偿另外的 $2/3$，这 $1/3$ 的能量增加要靠系统微区的能量起伏来满足。

由式(4-12)可知，首先，增大过冷度，可减小形核功和临界晶核半径，有利于结晶形核。但是高冷速、大 ΔT 的实现又是非晶化的必由之路。从 ΔT 对晶化非晶化转变的影响看，ΔT 似乎是一个矛盾的控制因素，但关键仍取决于 ΔT 的大小。因为非晶转变期望尽可能大的 ΔT，而晶化转变则期望适中的过冷度，超过一定的 ΔT 会抑制结晶倾向。

其次，增大 σ，减小 L_m，可增大形核功和临界晶核半径，抑制形核。研究认为，多组元、大原子半径差和元素间大的负混合热将使过冷液体具有更紧密的无序堆积结构，从而有效地增加液固界面能；同时大的负混合热又使得过冷液体在凝固前的微区中原子间就已经形成了较强的键合，从而减小了结晶潜热 L_m。两方面的综合作用将大大提高形核功和临界晶核半径，有效地抑制结晶形核。

② 成分条件的控制设计　从能量条件分析，一方面降低 T_m 将减小形核功，有利于形核。但另一方面，降低 T_m 一般可缩短至 $T_g \sim T_m$ 温区和 $T_c \sim T_m$ 温区（T_g 为玻璃化温度；T_c 为临界结晶温度），使得过冷液体的黏度随温度的降低而急剧增大，从而给原子扩散

带来困难，使得结晶形核的成分条件难以满足；同时，冷却通过 $T_c \sim T_m$ 温区的时间也将缩短。因此对于大块非晶合金的成分除了满足 Inoue 实验规律外，还至少应有一种低熔点主要组元（根据稀溶液凝固点下降原理，这将有效降低合金熔点），或者高熔点组元间存在低熔点共晶。对于多组元系统，形核需要各组元成分的重新分配，这要通过各组分的协同、长程扩散才能够完成，因此这种情况下的形核将更困难。

③ 结构条件的控制设计　结晶形核需要微区有序的结构条件的满足，组元间原子尺寸的差异和大的负混合热，将增大过冷液体的原子密堆程度，并提高原子移动的激活能，从而达到抑制结晶形核和长大的目的。

可见，非均匀形核的避免和均匀形核的抑制是大块非晶合金成功制备的充分必要条件，非均匀形核的避免要通过外部熔炼条件的有效控制来实现，包括熔炼提纯、合理的冷却介质和惰性气氛保护等；均匀形核的抑制要通过合理的元素和成分设计来实现，包括多组元、高原子尺寸比、大负混合热、低熔点组元或低熔点共晶。

4.4.2　大块非晶合金的制备方法

4.4.2.1　水淬法

该方法首先选择合适成分的合金放在石英管中，在真空（或保护气氛）中使母合金加热熔化，合金熔化后连同石英管一起淬入流动水中，以实现快速冷却，形成大块非晶合金。这种方法可以达到较高的冷却速度，有利于大块非晶合金的形成。所得的非晶合金棒材表面光亮，有金属光泽。该方法主要用于制备 Zr 基、Pd 基等非晶形成能力较强的大块非晶合金，目前已成功制备出直径为 8mm、15mm、12mm 的 Zr-Ti-Be-Co、Zr-Ti-Cu-Be-Co、Zr-Ti-Cu-Ni-Be-Co 以及直径为 10mm 的 Pd-Ni-Cu-P 等大块非晶合金。

水淬法操作简单，但有一定的局限性。对于那些与石英管壁有强烈反应的合金熔体不宜采用此方法，因为石英管和合金可能发生反应造成污染，这是一个难以解决的问题，而且反应物的反应热也影响冷却速度。此外该方法的冷却速度也不如铜模。

4.4.2.2　非均匀形核抑制技术

(1) 磁悬浮熔炼　当导体处于如图 4-13 所示的线圈中时，线圈中的高频梯度电磁场将使导体中产生与外部电磁场相反方向的感生电动势，该感生电动势与外部电磁场之间的斥力与重力抵消，使导体样品悬浮在线圈中。同时，样品中的涡流使样品加热熔化。向样品吹入惰性气体，样品便冷却、凝固。样品的温度可以用非接触法测量。由于磁悬浮熔炼时样品周围没有容器壁，避免了引起的非均匀形核，因而临界冷却速度更低。该方法目前不仅用来研究大块非晶合金的成型，还广泛地用来研究金属熔体在非平衡凝固过程中的热力学和动力学参数，如研究合金溶液的过冷，利用枝晶间距来推算冷却速度，均匀形核率和晶体长大速率等。

(2) 静电悬浮熔炼　当样品置于如图 4-14 所示的负电极板上的时候，在正负电极板上加上直流电压，两电极之间产生一个梯度电场（中央具有最大的电场强度），同时样品也被充上负电荷。当电极板之间的电压足够高的时候，带负电荷的样品便在电场的作用之下悬浮于两极板之间。用激光照射样品，便可以使样品加热熔化。停止照射，样品便冷却。该方法的优点在于样品的悬浮和加热是通过样品中的涡流实现的。样品在冷却的过程中也必须处于悬浮状态，所以样品必须要克服悬浮涡流带给样品的热量，冷却速度也不可能很快。

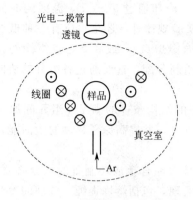

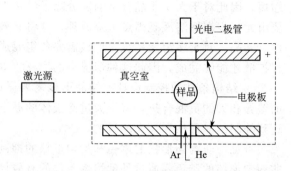

图 4-13　磁悬浮熔炼装置原理图　　　　　　图 4-14　静电悬浮熔炼装置示意图

(3) 落管技术　如图 4-15 所示，样品在密封的石英管中，内部抽成真空或者填充保护气。先将样品在石英管上端熔化，然后让其在管中自由下落（不与管壁接触），并在下落过程中完成凝固过程。与悬浮法类似，落管过程可以实现无器壁凝固，可以用来研究非晶相的成型动力学和过冷液体的非平衡过程。

(4) 低熔点氧化物包裹　如图 4-16 所示，将样品用低熔点氧化物（如 B_2O_3）包裹起来，然后置于容器中熔炼，氧化物的包裹起到两个作用：a. 吸取合金熔体中的杂质颗粒，使合金净化，这类似熔炼过程中的造渣；b. 将合金熔体与容器壁分离开来，由于包裹物的熔点低于合金熔体，因而合金凝固的时候包裹物仍处于熔化状态，不能作为合金非均匀形核的核心。这样，经过熔化、纯化之后冷却，可以最大限度地避免非均匀形核。

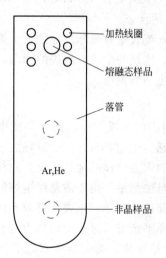

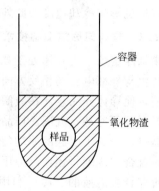

图 4-15　落管技术示意图　　　　　　图 4-16　低熔点氧化物包裹熔炼示意图

4.4.2.3　金属模铸造法

(1) 铜模铸造法　该方法是制备金属玻璃块材料通常采用的方法，与普通的金属模铸造法一样，将母合金熔体从坩埚中吸铸到具有一定形状和尺寸的水冷铜模中，即可形成外部轮廓与模具内腔相同的块体非晶合金。母合金熔化可以采用感应加热法或电弧熔炼方法。

该工艺所能获得的冷却速度与水淬法的相近，为 $10^2 \sim 10^3 \, \text{K/s}$，但是用于 Zr-Al-Ni-Cu 系非晶合金时，其最大厚度却远远小于水淬法所制得的最大厚度（如后者为 16mm 时，前者只有 7mm），这大概是由于这种合金熔体的黏度高。相比之下，低熔点、低黏度的 Mg-La-TM 和 La-Al-TM（如 $La_{55}Al_{25}Ni_{20}$）合金系更适于用此工艺制备。该工艺的关键是要尽量抑制在铜模内壁上生成不均匀晶核并保持良好的液流状态。熔体的熔炼次数对所能获得的临界冷却速度影响很大，即重复熔炼数次后，RC 明显下降，这是因为反复熔炼提高了熔体的纯度，消除了非均匀形核点。已用该工艺制成了直径约 7mm 的 La-Al-Ni 系和 Mg-La-Cu 系非晶合金，以及直径约 10mm 的 Zr-Al-Ni 系非晶合金。

应用此方法的难题是合金熔体在铜模中快速凝固后出现的样品表面收缩现象，造成与模具内腔形成间隙的结果，导致样品冷却速率下降或者样品表面不够光滑。

（2）吸入铸造法　为了解决传统的铜模铸造法熔体注入铜模时易发生凝固的缺点，发明了吸入铸造法。图 4-17 是该工艺的装备示意图。利用非自耗的电弧加热预合金化的铸锭，待其完全熔化后，利用油缸、气缸等的吸力驱动活塞以 $1\sim50mm/s$ 的速度快速移动，由此在熔化室 1 与铸造室（铜模的空腔 2）之间产生压力差把熔体快速吸入铜模，使其得到强制冷却，形成非晶合金。由于该工艺的控制因素比较少，只有熔体温度、活塞直径、吸入速度等，所以能非常简便地制备块体非晶合金。日本东北大学的井上明久等人先后用吸入铸造法制备出了直径为 16mm 和 30mm 的圆柱形 $Zr_{55}Al_{10}Ni_5Cu_{30}$ 非晶体。

（3）高压铸造　这是一种利用 $50\sim200MPa$ 的高压使熔体快速注入铜模的工艺。其主要特点是：a. 整个铸造过程只需几毫秒即可完成，因而冷却速度快并且生产效率高；b. 高压使熔体与铜模紧密接触，增大了两者界面处的热流和热导率，从而提高了熔体的冷却速度并且可以形成终态合金；c. 可减少凝固过程中因熔体收缩造成的缩孔之类的铸造缺陷；d. 即使熔体的黏度很高，也能直接从液态制成复杂的形状；e. 产生高压所需要的设备体积大，结构较复杂，技术难度大，维修费用高。

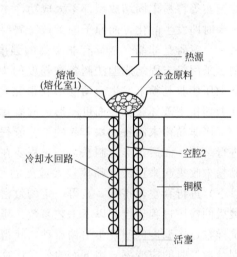

图 4-17　吸入铸造法示意图

4.4.2.4　单向熔化法

以上介绍的这些工艺均属于分阶段进行的、不连续的工艺，用它们制备的棒材长度较短，不适于作为生产大型部件用的原材料。为此，开发了单向熔化法（亦称单向凝固法或区域熔化法）。图 4-18 是该工艺的示意图，把原料合金放入呈凹状的水冷铜模内，利用高能量热源使合金熔化。由于铜模和热源至少有一方移动（移动速度大于 10mm/s），所以加热后在形成的固化区之间产生大的温度梯度 G 和大的固-液界面移动速度 V，从而获得高的冷却速度，使熔体快速固化，形成连续的块体非晶合金。这种方法要控制定向凝固速率和固-液界面前沿液相温度梯度，定向凝固所能达到的理论冷却速度可以通过两个参数乘积估算，即 $R_e=GV$，可见温度梯度 G 越大，定向凝固速率 V 越快，冷却速率 R_e 则越大，可以制备的非晶的截面尺寸也越大，这种方法适于制作截面积不大但比较长的样品。目前，用该工艺已能制备长 300mm，宽 12mm，高 10mm 的 Zr-Al-Ni-Cu-Pd 系块体非晶体。

4.4.2.5　固结成型法

目前，大块非晶主要是通过将液态金属迅速冷却制备的，但是这种方法只能应用在那些

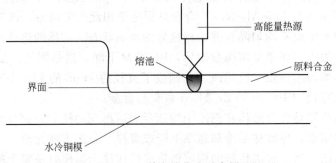

図 4-18　単向熔化法示意图

具有高非晶形成能力的合金体系中，并且样品的尺寸受到很大的限制。利用大块非晶特有的过冷液相区的超塑性成型能力来制备大块非晶，可以消除凝固法在尺寸上所受到的限制，因此是一种极有前途的大块非晶的制备方法。

最常见的是粉末固结成型法，采用该方法制备大块非晶材料首先要制备非晶粉末，然后通过热挤压或者是冷挤压将粉末固结成型为大块的非晶合金。用传统的方法如热等静压、爆炸压实等将粉末固结成型都不太成功，主要的问题是传统的粉末冶金工艺在大约熔点温度的一半时即发生晶化，而原子的扩散又需要在较高的温度下才能进行。采用传统的粉末工艺的另一个障碍是非晶合金具有非常高的强度，室温下一般为 1～3GPa，对压力的要求比较苛刻。采用粉末固结成型法制备高强度的大块非晶合金必须满足以下要求：a. 在晶化温度以下加压使非晶粉末发生流动变形获得完全的密实化；b. 在晶化温度以下利用粉末之间的相互剪切作用破坏颗粒表面可能形成的氧化膜，从而使粉末相互之间完全弥合。

用非晶粉末制备大块非晶的工艺流程一般是，将预先配置好的合金在惰性气体的保护下进行熔化，而后是雾化制粉，该过程要在高真空或者是惰性气体的保护下进行。将获得的非晶粉末收集起来过筛，筛掉较大粒度的可能发生晶化的颗粒。将过筛之后的颗粒（150μm 以下）进行真空热挤压，获得一定的致密度，然后将预挤压的试样进行包套、除气、焊合。最后的挤压过程要控制以下工艺参数：压头的压力、压头的速度以及挤压温度，确保被挤压试样在过冷温度区间发生牛顿流动，获得超塑性能，使粉末能够完全弥散混合在一起。粉末固结成型时的应变率 ε 用下面的公式计算：

$$\varepsilon = \frac{6V_e}{D} \cdot \ln r \cdot \tan\theta \tag{4-13}$$

式中，ε 为应变率；V_e 为压头的速度；D 为模具的内腔直径；r 为挤压比（$r = D^2/d^2$）；θ 为模具的半圆锥角。

采用非晶粉末固结成型法，可以在临界冷速较高的合金系中制备大块非晶，与直接浇注的各种方法相比，可以在更广的合金系中获得几何尺寸更大的试样。例如目前在 Al 基合金系中很难获得较大尺寸的非晶，但是通过将非晶粉末固结成型，就可以获得尺寸在几十毫米的大块非晶样品。对粉末固结成型后的大块非晶样品进行拉伸试验，几乎在断厄的各处都获得了韧窝状的断口形貌。这说明粉末已经完全弥散混合在一起，固结成形后的试样的机械性能跟用直接浇注获得的非晶试样及旋淬法获得的非晶薄带的性能几乎完全一致。粉末挤压后的试样具有高的拉伸强度是因为：a. 粉末几乎完全密实化，粉末颗粒之间完全地熔化在一起；b. 在一定的挤压比下，过冷液相区的非晶粉末在挤压之后保留了原来的韧性。采用合适的挤压比，可以获得几乎完全致密的 99% 以上的致密度，这说明非晶粉末已经完全熔化到一起，形成单一的非晶相。

粉末固结成型制备大块非晶由于具有可以制备大尺寸的非晶，而且具有可以大量制备的优点，是一种极有前途的制备大块非晶的方法。如果过冷温度区间较窄的话，获得非晶粉末完全弥合而不发生晶化的玻璃态是很困难的，所以该工艺的关键还是要寻找具有较大过冷温度区间的合金系列。目前对粉末固结成型制备大块非晶的工艺主要集中在对 Zr 基和 Al 基合金的研究上，对别的合金系的研究不多。同时，如何获得比较洁净的非晶粉末以减少在固结成型时的非均质形核核心，如何控制合金在过冷温度区间的固结成型工艺参数以获得完全的大尺寸非晶样品等诸多问题还需要进一步研究。但是，由于非晶合金硬度高，粉末压制的致密度受到限制。压制后的烧结温度又不可能超过其晶化温度（一般低于 600℃），因而烧结后的块体强度无法与非晶颗粒本身的强度相比。黏结成型的时候，由于黏结剂的加入使得大块非晶材料的致密度下降，而且在黏结之后的性能很大程度上取决于黏结剂的性质，使得非晶颗粒的优良性能受到很大的损失。这些问题使得目前大块非晶材料的粉末冶金制备技术面临着很大的难题。

现在，出现了如下一些非常规的固结成型方法。

（1）高压放电 首先将一定厚度的非晶合金薄带进行冲裁和叠层，在进行高压放电结合前，先将电容器充电至规定的能量，然后通过开关对试样进行放电。日新制钢公司用此法制造了厚度达原始薄带 100 倍以上的高密度块状结合体。

（2）爆炸焊接 基本原理是在地面基础上的多层金属板以一定的间隙、距离支持起来，当均匀放在复板上的炸药被地雷管引爆后，爆炸波将一部分能量传给复板，由于基板和复板的高速、高压和瞬时的撞击，在它们的接触面发生许多物理和化学变化过程，使它们焊接在一起。爆炸焊接制备块体非晶体合金时，尤其是将多层非晶条带直接焊接在一起，保证块体的非晶态是该技术的关键，因为爆炸复合过程，界面热能会迅速传入基体内部，在界面形成较高的的降温速率，同时整体升温也很低，能保证其非晶态。目前，爆炸焊接技术用于制备非晶合金块及涂层已引起世界各国学者的重视。

（3）放电等离子烧结 放电等离子烧结是利用放电等离子烧结技术（Spark Plasma Sintering，SPS）将非晶粉末致密化来制备块体非晶合金。SPS 是利用外加脉冲强电流形成的电场清除粉末颗粒表面氧化物和吸附的气体，并活化粉末颗粒表面，提高颗粒表面的扩散能力，再在外加压力下利用强电流短时加热粉体进行快速烧结致密化，其消耗的电能仅为传统烧结工艺的 1/5～1/3。SPS 具有如下优点：烧结温度低、烧结时间短、单件能耗低；烧结机理特殊，赋予材料新的结构和性能；烧结体密度高，纤维组织均匀，是一种近净成型技术；操作简单。由于其具有烧结温度低、烧结时间短的特点，能够快速固结粉末制备致密的块体材料，因此 SPS 技术可以应用于制备需要抑制晶化形核的非晶。其烧结机理是在极短的时间内，粉末间放电，快速熔化，在压力作用下非晶粉末还没有来得及晶化就已经发生烧结，然后通过快速凝固就得到非晶态结构，从而得到致密的块体非晶。

参 考 文 献

[1] Duwez P，Willens R H. Continuous series of metastable solid solution in silver-copper alloys. J. Appl. Phys.，1960，31，1136-1137.

[2] 章熙康. 非晶态材料及其应用. 北京：北京科学技术出版社，1987：3-12.

[3] 王焕荣，石志强，滕新营，等. 合金非晶形成能力的研究进展. 功能材料，2002，33：357-359.

[4] 蔡安辉，潘冶，孙国雄. 大块金属玻璃非晶形成能力表征参数探讨. 特种铸造及有色合金，2004，2：18-19.

[5] 黄胜涛. 非晶态材料的结构和结构分析. 北京：科学出版社，1987：17-29.

[6]   He Y, Poon S J, Shiflet G J. Synthesis and properties of metallic glasses that contain aluminum. Science, 1988, 241, 1640-1642.

[7]   曹茂盛，徐群，杨郦，等．材料合成与制备方法．哈尔滨：哈尔滨工业大学出版社，2001：97-131.

[8]   屈冬冬．非晶合金的结构和玻璃形成能力研究［D］．哈尔滨：哈尔滨工业大学，2008：98-141.

[9]   唐华生．非晶粉末的制造及多种应用方法．电子工艺技术，1989（2）：16-19.

[10]   陈金妹．钴基非晶合金粉末的制备及性能研究［D］．兰州：兰州理工大学，2007：23-28.

[11]   曹茂盛，徐群，杨郦，等．材料合成与制备方法．哈尔滨：哈尔滨工业大学出版社，2001.

[12]   王一禾，杨膺善．非晶态合金．北京：冶金工业出版社，1989：67-74.

[13]   杨建明，吕剑．非晶合金镍系催化剂研究进展．工业催化，2000，8（5）：18-24.

[14]   熊中强，米镇涛，张香文．非晶态合金催化剂研究．化学进展，2005，17（4）：614-621.

[15]   罗阳，张传历，马鸿良．金属非晶材料开发的 12 年．钢铁，1989（9）：60-65.

[16]   庄有德．非晶材料制造及应用．上海有色金属，1980（5）：10-18.

[17]   Luo Q, Zhao D Q, Pan M X. Hard and fragile holmium-based bulk metallic glasses. Appl Phys Lett，2006，85（1）：61-63.

[18]   周飞，卢柯．非晶态合金条带高压复合法制备大块非晶态合金．材料研究学报，1997（2）：127-130.

第5章
薄膜材料的物理制备

　　生物体存在许多肉眼看不见的微观表面，如细胞膜和生物膜，生物体生命现象的重要过程就是在这些表面上进行的。细胞膜是由两层两亲分子--脂双层膜构成，它好似栅栏，将一些分子拦在细胞内，小分子如氧气、二氧化碳等，可以毫不费力从膜中穿过。磷脂双分子层中间还夹杂着蛋白质，有的像船，可以载分子，有的像泵，可以把分子泵到膜外。细胞膜具有选择性，不同的离子须走不同的通道才行，比如有 K^+ 通道、Cl^- 通道等。细胞膜的这些结构和功能带来了生命，带来了神奇。人们在惊叹细胞膜奇妙功能的同时，也在试图模仿它，仿生一直以来就是材料设计的重要手段，这就是薄膜材料。

　　薄膜是由离子、原子或分子的沉积过程形成的二维材料。可以这样理解，采用一定的方法，使处于某种状态的一种或几种物质（原材料）的基团以物理或者化学方式附着于某种物质（衬底材料）表面，在衬底材料表面形成一层新的物质，这层新的物质就称为薄膜。薄膜材料一般具有二维延展性，其厚度方向的尺寸远小于其他两个方向的尺寸；不管是否能够形成自支撑的薄膜，衬底材料是必备的前提条件，即只有在衬底表面才能获得薄膜；厚度是薄膜的一个重要参数，它不仅影响薄膜的性能，而且与薄膜的质量有关。薄膜厚度的范围尚没有确切的定义，一般认为小于几十微米，通常在 $1\mu m$ 左右。在科学发展日新月异的今天，大量具有各种不同功能的薄膜得到了广泛的应用，薄膜材料是 21 世纪技术革新的基础材料之一。其基本功能是选择性地将电子、离子或分子等进行定向渗透、输送或反应。其基本特点是操作简便，节约能源，干净无污染。

　　薄膜材料的一个很重要的应用就是海水的淡化。随着人口增长和工业发展，当今世界几乎处于水荒之中，因此将浩瀚的海水转为可以饮用的淡水迫在眉睫。淡化海水的技术主要有反渗透法和蒸馏法，反渗透法用到的是具有选择性的高分子渗透膜，在膜的一边给海水施加高压，使水分子透过渗透膜，达到膜的另一边，而把各种盐类离子留下来，就得到了淡水。反渗透法的关键就是渗透膜的性能，目前常用的有醋酸纤维素类、聚酰胺类、聚苯砜对苯二甲酰胺类等膜材料。这种淡化过程比起蒸发法，是一种清洁高效的绿色方法。利用膜两边的浓度差不仅可以淡化海水，还可以提取多种有机物质。工业生产中，可用膜法过滤含酚、苯胺、有机磺酸盐等工业废水，膜法过滤大大节约了成本。膜的应用还体现在表面化学上面。在日常生活中，我们会发现在树叶表面，水滴总是呈圆形，是因为水不能在叶面铺展。喷洒农药时，如果在农药中加入少量的润湿剂（一种表面活性剂），农药就能够在叶面铺展，提高杀虫效果，降低农药用量。更重要的，研究人员还将膜材料用于血液透析，透析膜的主要功能是移除体内多余水分和清除尿毒症毒素，大大降低了肾功能衰竭患者的病死率。

薄膜材料种类繁多，应用广泛，目前常用的有以下几种。

a. 广义上　气态薄膜、液态薄膜、固体薄膜。

b. 按结晶状态　非晶体、晶体（单晶薄膜、多晶薄膜）。

单晶薄膜：在单晶衬底上进行的同质或异质外延，是一种定向生长。

多晶薄膜：在一个衬底材料上生长的由许多取向相异的单晶集合体组成的薄膜。

非晶薄膜：在薄膜结构中原子的空间排列表现为短程有序和长程无序。

c. 从化学角度　有机薄膜、无机薄膜。

d. 依元素分　金属薄膜、非金属薄膜。

e. 按物理性能　硬质薄膜、声学薄膜、热学薄膜、金属导电薄膜、半导体薄膜、超导薄膜、介电薄膜、磁阻薄膜、光学薄膜等。

目前很受人们注目的主要有以下几种薄膜。

① 金刚石薄膜　金刚石薄膜的禁带宽、电阻率和热导率大、载流子迁移率高、介电常数小、击穿电压高，是一种性能优异的电子薄膜功能材料，应用前景十分广阔。

近年来，发展了多种金刚石薄膜的制备方法，比如离子束沉积法、磁控溅射法、热致化学气相沉积法、等离子化学气相沉积法等，成功获得了生长速度快、具有较高质量的膜，从而使金刚石膜具备了商业应用的可能。

金刚石薄膜属于立方晶系，面心立方晶胞，每个晶胞含有 8 个 C 原子，每个 C 原子采取 sp^3 杂化与周围 4 个 C 原子形成共价键，牢固的共价键和空间网状结构是金刚石硬度很高的原因。金刚石薄膜有很多优异的性质：硬度高、耐磨性好、摩擦系数小、化学稳定性高、热导率高、热膨胀系数小，是优良的绝缘体。

利用它的高热导率，可将它直接沉积在硅材料上成为既散热又绝缘的薄层，是高频微波器件、超大规模集成电路最理想的散热材料。利用它的电阻率大，可以制成高温工作的二极管、微波振荡器件和耐高温高压的晶体管以及毫米波功率器件等。

金刚石薄膜的许多优良性能有待进一步开拓，我国也将金刚石薄膜纳入 863 新材料专题进行跟踪研究并取得了很大进展。金刚石薄膜制备的基本原理是：衬底保持在 $800 \sim 1000 ℃$ 的温度范围内，化学气相沉积的石墨是热力学稳定相，而金刚石是热力学不稳定相，利用原子态氢刻蚀石墨的速率远大于金刚石的动力学原理，将石墨去除，这样最终在衬底上沉积的是金刚石薄膜。

② 铁电薄膜　铁电薄膜的制备技术和半导体集成技术的快速发展，推动了铁电薄膜及其集成器件的实用化。铁电材料已经应用于铁电动态随机存储器（FDRAM）、铁电场效应晶体管（FEET）、铁电随机存储器（FFRAM）、IC 卡、红外探测与成像器件、超声与声表面波器件以及光电子器件等十分广阔的领域。铁电薄膜的制作方法一般采用溶胶-凝胶法、离子束溅射法、磁控溅射法、有机金属化学蒸气沉积法、准分子激光烧蚀技术等。已经制成的晶态薄膜有铌酸锂、铌酸钾、钛酸铅、钛酸钡、钛酸锶、氧化铌和锆钛酸铅等，以及大量

的铁电陶瓷薄膜材料。

③ 氮化碳薄膜   1985 年美国伯克利大学物理系的 M. L. Cohen 教授以 b-Si_3N_4 晶体结构为出发点，预言了一种新的 C-N 化合物 b-C_3N_4，Cohen 计算出 b-C_3N_4 是一种类似于 b-Si_3N_4 的晶体结构，具有非常短的共价键结合的 C-N 化合物，其理论模量为 4.27Mbar（1Mbar＝10^{11}Pa），接近于金刚石的模量 4.43Mbar。随后，不同的计算方法均显示 b-C_3N_4 具有比金刚石还高的硬度，不仅如此，b-C_3N_4 还具有一系列特殊的性质，引起了科学界的高度重视，目前世界上许多著名的研究机构都集中研究这一新型物质。b-C_3N_4 的制备方法主要有激光烧蚀法、溅射法、高压合成、等离子增强化学气相沉积、真空电弧沉积、离子注入法等多种方法。在 CN_x 膜的诸多性能中，最吸引人的当属其可能超过金刚石的硬度，尽管现在还没有制备出可以直接测量其硬度的 CN_x 晶体，但对 CN_x 膜硬度的研究已有许多报道。

④ 半导体薄膜复合材料   20 世纪 80 年代科学家们研制成功了在绝缘层上形成半导体（如硅）单晶层组成复合薄膜材料的技术。这一新技术的实现，使材料器件的研制一气呵成，不但大大节省了单晶材料，更重要的是使半导体集成电路达到高速化、高密度化，也提高了可靠性，同时为微电子工业中的三维集成电路的设想提供了实施的可能性。

这类半导体薄膜复合材料，特别是硅薄膜复合材料已开始用于低功耗、低噪声的大规模集成电路中，以减小误差，提高电路的抗辐射能力。

⑤ 超晶格薄膜材料   随着半导体薄膜层制备技术的提高，当前半导体超晶格材料的种类已由原来的砷化镓、镓铝砷扩展到铟砷、镓锑、铟铝砷、铟镓砷、碲镉、碲汞、锑铁、锑锡碲等多种。组成材料的种类也由半导体扩展到锗、硅等元素半导体，特别是今年来发展起来的硅、锗硅应变超晶格，由于它可与当前硅的前面工艺相容和集成，格外受到重视，甚至被誉为新一代硅材料。半导体超晶格结构不仅给材料物理带来了新面貌，而且促进了新一代半导体器件的产生，除上面提到的可制备高电子迁移率晶体管、高效激光器、红外探测器外，还能制备调制掺杂的场效应管、先进的雪崩型光电探测器和实空间的电子转移器件，并正在设计微分负阻效应器件、隧道热电子效应器件等，它们将被广泛应用于雷达、电子对抗、空间技术等领域。

⑥ 多层薄膜材料   多层薄膜材料已成为新材料领域中的一支新军。所谓多层薄膜材料，就是在一层厚度只有纳米级的材料上，再铺上一层或多层性质不同的其他薄层材料，最后形成多层固态涂层。由于各层材料的电、磁及化学性质各不相同，多层薄膜材料会有一些奇异的特性。目前，这种制造工艺简单的新型材料正受到各国关注，已从实验室研究进入商业化阶段，可以广泛应用于防腐涂层、燃料电池及生物医学移植等领域。

通常，研究人员将带负电的天然衬材如玻璃片等，浸入含有大分子的带正电物质的溶液，然后冲洗、干燥，再采用含有带负电物质的溶液，不断重复上述过程，每一次产生的薄膜材料厚度仅有几纳米或更薄。由于多层薄膜材料的制造可采用重复性工艺，人们可利用机器人来完成，因此这种自动化工艺很容易实现商业化。目前，研究人员已经或即将开发的多层薄膜材料主要有以下几种：a. 制造具有珍珠母强度的材料；b. 新型防腐蚀材料；c. 可使燃料电池在高温条件下工作的多层薄膜材料。

5.1 薄膜的形成与生长及影响因素

在薄膜的生长过程中，由于沉积过程处于热力学非平衡状态，因此材料的成核和生长是一个动力学过程。正因为如此，薄膜生长导致了非平衡状态下一系列丰富的表面形貌。生长薄膜的方法很多，包括真空沉积、电解沉积、气相沉积、液相沉积、溅射沉积和分子束外延（MBE）等。在制备薄膜时，沉积原子落在基底上，它们首先通过一定的方式相遇结合在一起，形成原子团。然后新的原子不断加入这些已经生成的原子团，使它们稳定长大成为较大的粒子簇（这种薄膜生长过程中形成的粒子簇通常叫做"岛"）。随着沉积过程的继续进行，原子岛不断长大，并在这个过程中会发生岛之间的接合，形成通道网络结构。再继续沉积，原子将填补通道间的空隙，形成连续薄膜。这是一个一般意义上的生长概念。在薄膜生长过程中，沉积原子的形核和生长初期阶段的性质直接影响着将要形成的整个薄膜的质量。因此，在讨论薄膜结构和性能之前，先研究薄膜的形成与生长是十分必要的。

5.1.1 薄膜的形成与生长

薄膜的形成过程是指形成稳定核之后的过程；薄膜生长模式是指薄膜形成的宏观形式。薄膜的生长模式大体上可分为三种：岛状生长模式、层状生长模式和层-岛结合生长模式。

5.1.1.1 薄膜的三种生长方式

（1）岛状生长模式 被沉积物质的原子或分子更倾向于自己相互键合起来，而避免与衬底原子键合，即被沉积物质与衬底之间的浸润性较差；金属在非金属衬底上生长大都采取这种模式。对很多薄膜与衬底的组合来说，只要沉积温度足够高，沉积的原子具有一定的扩散能力，薄膜的生长就表现为岛状生长模式（图5-1）。即使不存在任何对形核有促进作用的有利位置，随着沉积原子的不断增加，衬底上也会聚集起许多薄膜的三维核心。

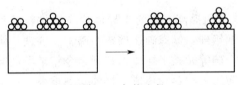

图5-1 岛状生长

（2）层状生长模式 当被沉积物质与衬底之间浸润性很好时，被沉积物质的原子更倾向于与衬底原子键合。因此，薄膜从形核阶段开始即采取二维扩展模式，沿衬底表面铺开。在随后的过程中薄膜生长将一直保持这种层状生长模式（图5-2）。只要在随后的过程中，沉积物原子间的键合倾向仍大于形成外表面的倾向，则薄膜生长将一直保持这种层状生长模式。层状生长模式的特点是每一层原子都自发地平铺于衬底或者薄膜的表面，降低了系统的总能量。

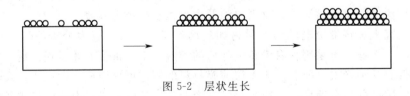

图5-2 层状生长

（3）层状-岛状结合生长模式 在层状-岛状结合生长模式中，在最开始一两个原子层厚度的层状生长之后，生长模式转变为岛状模式（图5-3）。导致这种模式转变的物理机制比较复杂，但根本的原因应该可以归结为薄膜生长过程中各种能量的相互消长。

层状-岛状生长模式的三种解释如下。

① 虽然开始时的生长是外延式的层状生长，但是由于薄膜与衬底之间的晶格常数不匹配，因而随着沉积原子层的增加，应变逐渐增加。为了松弛这部分能量，薄膜生长到一定厚度之后，生长模式转变为岛状模式。

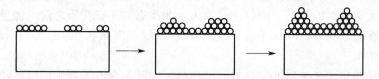

图 5-3   层状-岛状结合生长

② 在 Si、GaAs 等半导体材料的晶体结构中，每个原子分别在四个方向上与另外四个原子形成共价键。但在 Si(111) 面上外延生长 GaAs 时，由于 As 原子自身拥有 5 个价电子，它不仅可提供 Si 晶体表面三个近邻 Si 原子所要求的三个键合电子，而且剩余的一对电子使 As 原子不再倾向与其他原子发生进一步的键合。这时，吸附了 As 原子的 Si(111) 面已经具有了极低的表面能，这导致其后 As、Ga 原子的沉积模式转变为三维岛状的生长模式。

③ 在层状外延生长表面是表面能比较高的晶面时，为了降低表面能，薄膜力图将暴露的晶面改变为低能晶面。因此薄膜在生长到一定厚度之后，生长模式会由层状模式转变为岛状模式。

在上述各种机制中，开始时层状生长的自由能较低，但其后岛状生长在能量方面反而变得更加有利。

5.1.1.2   非晶薄膜的生长特性

非晶态是一种近程有序结构，就是在 2～3 个原子距离内原子排列是有秩序的，大于这个距离其排列是杂乱无规则的。例如，非晶硅的每个原子仍为四价共价键，并且与最近邻原子构成四面体，仍是有规律的。非晶态的另一个特点是，其自由能比同种材料晶态的自由能高，即处于一种亚稳态，有向平衡态（稳定态）转变的趋势。但是从亚稳态转变为自由能低的平衡态，必须克服一定的势垒。因此，非晶态及其结构具有相对的稳定性。这种相对稳定性直接关系着非晶态材料的使用寿命和应用。典型的非晶态材料是玻璃，此外，由蒸发、溅射、CVD 等方法在基片温度较低时制得的许多薄膜都属于非晶态。

相当于晶体材料来讲，在制备薄膜材料时，比较容易获得非晶态结构。这是因为薄膜制备方法可以比较容易地造成非晶态结构的外界条件，即较高的过冷度和低的原子扩散能力，这两个条件也正是提高相变过程的过冷度，抑制原子扩散，从而形成非晶态结构的条件。可以通过降低基片温度、引入反应性气体和掺杂方法实现上述条件。例如，对于硫化物和卤化物薄膜在基片温度低于 77K 时可形成无定形薄膜。有些氧化物薄膜（TiO_2、ZrO_2、Al_2O_3 等），基片温度在室温时都有形成无定形薄膜的趋向。引入反应性气体的实例是在 10^{-3}～$10^{-2}Pa$ 氧分压中蒸发铝、镓、铟和锡等薄膜，由于氧化层阻挡了晶粒生长而形成无定形薄膜。在 83% ZrO_2-17% SiO_2 和 67% ZrO_2-33% MgO 的掺杂薄膜中，由于两种沉积原子尺寸的不同也可形成无定形薄膜。

除了制备条件之外，材料形成非晶态的能力主要取决于其化学成分。一般来说金属元素不容易形成非晶态结构。这是因为金属原子间的键合不存在方向性，因而要抑制金属原子间形成非晶态结构和有序排列，需要的过冷度较大。合金或化合物形成非晶态结构的倾向明显高于单一组元，因为化合物的结构一般较复杂，组元间在晶体结构、点阵常数、化学性质等方面存在一定差别，而不同组元之间的相互作用又大大抑制了原子的扩散能力。在单一组元之中，Si、Ge、C、S 等非金属元素形成非晶态结构的倾向性较大。这是因为这类元素形成共价键的倾向大，只要近邻原子配位满足要求，非晶态与晶态物质之间的能量差别较小。例如，在有氢存在的条件下，Si 原子将形成大量的 H 键，因而在 800K 沉积出的 Si 薄膜仍可能具有非晶态结构。

无定形结构薄膜在环境温度下是不同结构的。它既包含有不规则的网络结构（玻璃态），也包括随机密堆积的结构。前者主要出现在氧化物薄膜、半导体薄膜和硫化物薄膜之中，后者主要出现在合金薄膜之中。可以认为，不规则的网络结构是由两种相互贯通的随机密堆积结构组成的。用衍射法研究时，这种结构在 X 射线衍射谱图中呈现很宽的散射峰，在电子衍射图中则显示出很宽的弥散形光环。

非晶态薄膜材料的薄膜生长也可以采取柱状的生长方式。如 Si、SiO₂ 等材料在较低的温度下，都可以形成非晶的柱状结构。对 Ge、Si 等薄膜材料进行深入研究时，发现这类材料的柱状形貌的发育可以被划分为纳米级的、显微的，以及宏观的三种柱状组织。

5.1.2　影响薄膜生长特性的因素

薄膜的生长特性受沉积条件的影响，其中主要的因素有沉积速率、基片温度、原子入射方向、基片表面状态及真空度等。

对于不同类型的金属，沉积速率的影响程度是不同的，这是由于真空沉积的金属原子在基片上的迁移率与金属的性质和表面状况有关。即使是同一种金属，在不同的工艺条件下，沉积速率对薄膜结构的影响也不完全一致。一般说来，沉积速率会影响膜层中晶粒的大小与晶粒分布的均匀度以及缺陷等。

在低沉积速率的情况下，金属原子在基片上迁移的时间比较长，容易到达吸附点位置，或被处于其他吸附点位置上的小岛所俘获而形成粗大的晶粒，使得薄膜的结构粗糙，薄膜不致密。同时由于沉积原子到达基片后，后续原子还没有及时到达，因而暴露在外时间比较长，容易受残余气体分子或沉积过程中引入的杂质的污染，以及产生各种缺陷等，因此，沉积速率高一些好。高沉积速率可以使薄膜晶粒细小，结构致密，但由于同时凝结的核很多，在能量上核处于能量比较高的状态，所以薄膜内部存在着比较大的内应力，同时缺陷也较多。

低沉积速率使膜层结构疏松，电子越过其势垒产生电导的能力弱，加上氧化和吸附作用，所以电阻值较高，电阻温度系数偏小，甚至为负值。随着沉积速率的增大，电阻值也由大到小，而温度系数却由小到大、由负变正。这是由于低沉积速率的薄膜因氧化而具有半导体特性，所以温度系数出现负值；而高沉积速率薄膜趋向金属的特性，所以温度系数为正值。因此，一般情况下，也希望有较高的沉积速率。但对特定的材料要从具体的实验中正确选择最佳的沉积速率。

基片温度对薄膜结构也有较大影响（图 5-4）。基片温度高，使吸附原子的动能随着增大，跨越表面势垒的概率增大，容易结晶化，并使薄膜缺陷减少，同时薄膜内应力也会减小。基片温度低，则易形成无定形结构的薄膜。基片温度的选择要视具体情况而定。一般说来，如果沉积的膜层比较薄，当基片温度比较低时，沉积室内的金属原子很快失去动能，并在基片表面上凝结，这时的膜层比较均匀致密，当基片温度过高时反而会出现大颗晶粒，使膜层表面粗糙。如果沉积比较厚的膜层，一般要求基片温度适当高一些，可以减少膜的内应力。

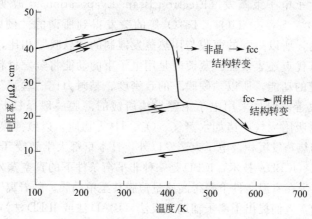

图 5-4　合金薄膜的电阻率随温度的变化

薄膜结构与沉积原子的入射方向也有关。原子入射角的大小对薄膜结构有很大影响，使薄膜产生各向异性。随着结晶颗粒的增大，而入射的沉积原子就逐渐沿着原子的入射方向长大，于是会产生所谓的自身影响效应，从而使薄膜表面出现凹凸不平，缺陷较多，并出现各向异性。这种沿原子入射方向生长的倾向，在入射角越大时，表现得越严重。

沉积的薄膜，经过热处理可以改善其结构和性能。对于单一金属薄膜，经过热处理可使晶格排列较整齐些。对于合金材料和氧化物材料，经过热处理会使各组分相互扩散，获得所需的固溶体。热处理可以部分地消除晶格缺陷，改善薄膜热稳定性，又可消除内应力，增强薄膜与基片的附着力，同时还可消除膜层中气体分子的吸附，在薄膜表面生成一层氧化保护层，从而保护膜层免受侵蚀和污染。

基片的表面状态对薄膜的结构质量也有很大影响。如果基片表面粗糙度低、表面清洁，则所获得的膜层结构致密，容易结晶，否则相反，而且附着力也差。真空度的高低也直接影响薄膜的结构和性能，真空度低，材料受残余气体分子污染严重，薄膜性能变差，即使在高真空的情况下，薄膜中也免不了吸附气体分子，提高温度有利于气体分子的解吸。

5.2　物理气相沉积概述

目前的薄膜制备方法主要有物理方法和化学方法两大类。我们对物理方法进行介绍。

物理气相沉积（Physical Vapor Deposition，PVD）是指通过蒸发或溅射等物理方法提供部分或全部的气相反应物，经过传输过程在基体上沉积成膜的制备方法。其基本过程有气相物质的提供、传输及其在基体上的沉积。

常用的制备方法有蒸发沉积、溅射沉积、脉冲激光沉积和分子束外延等。

5.2.1　蒸发沉积

真空蒸发沉积是制备光学薄膜最常用的方法，目前也被广泛地用作制备光电子薄膜。真空蒸发沉积是在真空环境中，将蒸发材料加热到蒸发温度，使其原子或分子从表面气化逸出，蒸发到衬底上凝结形成所需要的薄膜。初期的方法是用热蒸发法（R 法）来制备金属膜或介质膜，常用的只有 ZnS、MgF_2 等极限的几种材料，其机械性能较差，不耐磨、抗激光损伤强度低，很大程度地限制了它的使用。

经过发展，产生了电子束蒸发（Electron Beam Evaporation），改变了蒸发材料，利用氧化物材料，如 ZrO_2、SiO_2、TiO_2、Ta_2O_5 等的蒸发得到所谓的"硬膜"。由于这些氧化物材料熔点高且耐磨，所以得到的薄膜与用热蒸发镀制的"软膜"相比，有着更稳定的化学性能和物理性能。其优点还表现在：蒸镀时是用电子束的动能将蒸发材料熔化，使被蒸发的气体分子获得了一定的动能，所以"硬膜"的致密度、黏附力比"软膜"有所提高，抗激光破坏的阈值也得到改善。但是采用电子束蒸发法所镀的薄膜一般呈柱状结构，致密性不够高，所以薄膜很容易吸附大气中诸如水蒸气、O_2、H_2 等物质，以致薄膜性能发生改变。

除了上述传统的热蒸发沉积及电子束蒸发以外，日本京都大学教授 Takagi 等在 1972 年发明了离化团簇束沉积（ICBD）技术，ICBD 是一种非平衡条件下的真空蒸发与离子束相结合的薄膜沉积方法，可实现在室温条件下获得高质量薄膜甚至单晶膜。随着离子束技术的应用，为了改善薄膜的微结构，人们提出了离子辅助蒸发法（IBAD 法或 IBED 法），即在蒸发膜料的同时，用一个离子源来产生离子束，如 Ar^+、O^+ 等，在薄膜形成的过程中，离子把自身所携带的能量、动量、电荷等传递给膜料和衬底，在其提供能量、溅射、成核、扩散、离子注入及加热等综合效应下，薄膜的附着力、填充密度、表面粗糙度、结晶状态等性质得到改善。此外，人们还提出"闪蒸"法（Flash Evaporation）和多元共蒸法来获得化学计量的薄膜。

蒸发沉积的优点有：设备比较简易，操作简单；薄膜的生长机理较简单；薄膜厚度控制较精确，纯度高；成膜速率较快，效率高；可利用掩膜获得特定图形等。蒸发沉积方法也存在不足：较难获得高结晶度的薄膜；薄膜与基底的结合力较小；工艺重复性不好等。

5.2.2 溅射沉积

溅射沉积的基本原理是：利用在电场中加速的高能离子轰击靶材表面，在离子能量满足一定条件的情况下，使靶材表面的分子或原子喷射在衬底表面，形成致密薄膜。溅射过程中，靶材射出的粒子大多呈原子状态，一般称为溅射原子。用于轰击靶的荷能粒子可以是电子、离子或中性粒子，因为离子在电场下易于加速并获得所需动能，因此大多采用离子作为轰击粒子，称为入射离子。这种镀膜技术又称为离子溅射镀膜或淀积。

溅射镀膜的方式有很多种，具有代表性的几种方法如下。

① 直流二极溅射 它的特点是构造简单，在大面积基底上可制取均匀薄膜，放电电流随压强和电压的改变而变化。

② 三极或四极溅射 它可实现低气压、低电压溅射，可独立控制放电电流和轰击靶的离子能量。可控制靶电流，也可进行射频溅射。

③ 磁控溅射 这种方法是在与靶表面平行的方向上施加磁场，利用电场与磁场正交的磁控管原理，减少电子对基底的轰击，可以在较低工作压强下得到较高的沉积率，也可以在较低基片温度下获得高质量的薄膜。

④ 对向靶溅射 即两个靶对向放置，在垂直于靶的表面方向加磁场，可以实现对磁性材料等进行高速低温溅射。

⑤ 射频溅射 这种方法可制取 SiO_2、Al_2O_3、玻璃膜等绝缘薄膜，也可以溅射金属。

⑥ 反应溅射 反应溅射可制作阴极物质的化合物薄膜，如 TiN、SiC、Al_2O_3 等。

⑦ 偏压溅射 这种方法可实现在镀膜过程中同时清除基底上轻质量的带电粒子，使基板中不含有不纯气体（如残留 H_2O、N_2 等）。

⑧ 非对称交流溅射 其原理为：在振幅大的半周期使靶进行溅射，在振幅小的半周期内对基底进行离子轰击，清除吸附的气体，可以获得高纯薄膜。

⑨ 离子束溅射　它是采用了进一步加大离子束能量的方法，使其能直接将膜料溅射到衬底上，其关键是要有一个能产生等离子体的离子源，在强大的离子流的轰击下，膜料被溅射到衬底上而形成薄膜。由于离子轰击的能量较大，因此得到的薄膜堆积密度高，微观结构极细致，而且折射率接近块状材料，因此薄膜具有高的光学稳定性和低的散射、吸收损耗。

⑩ 吸气溅射　即利用对溅射粒子的吸气作用，除去不纯物气体，从而获得纯度高的薄膜。

相比于蒸发沉积，溅射沉积具有如下特点。

a. 可以溅射任何材料薄膜。只要是固体，不论是金属、半导体、绝缘体、化合物以及混合物，或者是块材、颗粒材料，都可以作为靶材。另外可以制备与靶材组分相近的薄膜和组分均匀的合金膜。

b. 薄膜与基底的附着性好。由于溅射原子的能量比蒸发原子高 1～2 个数量级，因此高能粒子沉积在基底上时产生更高的热能，增强了溅射原子与基底的附着力。溅射过程中，一部分高能溅射原子会产生对基底不同程度的注入，形成一层伪扩散层。此外，在溅射原子轰击过程中，等离子体会清除基底上附着不牢的沉积原子，基底表层被净化并活化。

c. 溅射沉积薄膜纯度高，致密度好，针孔和污染少。

d. 膜厚可控性好、制膜可重复性高。可以通过控制放电电流和靶电流来控制薄膜厚度。

e. 溅射沉积可获得较大面积厚度较均匀的薄膜。

但是，溅射沉积法也有其缺点：设备复杂，占用空间大；需要电压高；成膜速率较低；易受杂质气体影响，需要的真空度高。

5.2.3　脉冲激光沉积

脉冲激光沉积（PLD）是 20 世纪 80 年代后期发展起来的一种新型薄膜制备技术。PLD是将准分子脉冲激光器所产生的高功率脉冲激光束聚焦作用于靶材料表面，使靶材料表面产生高温及熔蚀，并进一步产生高温高压等离子体，这种等离子体定向局域膨胀发射并在衬底上沉积而形成薄膜。目前所用的脉冲激光器中以准分子激光器能量效果最好。准分子激光器的工作气体为 ArF、KrF、XeCl 和 XeF，其波长分别为 193nm、248nm、308nm、351nm，光子能量相应为 6.40eV、5.00eV、4.03eV、3.54eV。准分子激光器一般输出脉冲宽度为20ns 左右，脉冲重复频率为 1～20Hz，靶面能量密度可达 2～5J/cm^2，功率密度可达 $1 \times 10^8 \sim 1 \times 10^9$ W/cm^2，而脉冲峰值功率可高达 1×10^8 W。

同其他制备技术相比，PLD 具有如下优点：a. 可以生长和靶材成分一致的多元化合物薄膜，甚至是含有易挥发元素的多元化合物薄膜；b. 激光能量高度集中，PLD 可以蒸发几乎所有的材料，蒸发速率快，有利于解决难熔材料（如硅化物、氧化物、碳化物、硼化物等）的薄膜沉积问题；c. 易于在较低温度（如室温）下原位生长取向一致的织构膜和外延单晶膜；d. 能够沉积高质量纳米薄膜，高的粒子动能具有显著增强二维生长和抑制三维生长的作用，促使薄膜的生长沿二维展开，因而能够获得极薄的连续薄膜而不易出现岛化；e. 生长过程可以原位引入多种气体，烧蚀物能量高，容易制备多层膜和异质结，工艺简单，灵活性大；f. 灵活的换靶装置，便于实现多层膜及超晶格薄膜的生长，多层膜的原位沉积便于产生原子级清洁的界面。但是，在 PLD 方法形成的薄膜中及表面存在微米、亚微米尺度的颗粒，所制备的薄膜面积小，以及某些材料的靶膜成分不一致。

5.2.4　分子束外延

分子束外延（MBE）是在真空蒸发的基础上发展起来的一种单晶薄膜的制备技术，是把所需要外延的膜料放在喷射炉中，在超高真空条件下使其加热蒸发，并将这些膜料组分的分子（或原子）按一定的比例喷射到加热的衬底上外延沉积成膜。由于一般薄膜要求的高纯度，所以这种技术主要依赖于真空技术的发展。随着超高真空技术的发展、源控制技术的进步、衬底表面处理技术以及生长过程实时监测技术的改进，这种方法已经成为比较先进的薄膜生长技术。目前，采用外延生长最常见的纳米硅基半导体薄膜有绝缘体上硅（Si）材料、锗硅（SiGe）异质材料等。MBE的突出优点在于实现生长极薄的单晶膜层，并能够精确控制膜厚和组分以及掺杂。

在MBE基础上发展起来了激光分子束外延（LMBE）技术。这种技术是分子束外延与脉冲激光沉积技术的结合，它的主要特点是用高能激光脉冲烧蚀固体靶材来代替束源炉使其蒸发然后淀积在衬底上。LMBE集中了MBE和PLD方法的主要优点，具有以下独特优点：a. 可以人工设计和剪裁不同结构，制备具有特殊功能的多层膜；b. 即使靶材成分很复杂也可以原位生长与靶材成分相同化学计量比的薄膜；c. 使用范围广，沉积速率高，可以在同一台设备上制备多种材料的薄膜。

MBE方法要求对成膜分子进行化学修饰，使其带有特定的基团，因而限制了分子材料的研究范围。有机分子外延（OMBE）技术，也称超薄有机分子薄膜真空生长技术或有机分子束沉积（OMBD）技术，其优点在于无需对材料进行修饰，外延层的厚度可控，基片及环境的清洁度可达到原子级，在沉积超薄膜的过程中能够原位实时地监控膜的结构生长情况。OMBE技术为了解超薄有机膜系统的基础结构和光、电、磁性质提供了全新的可行性操作。

MBE的特点有：a. MBE并不以蒸发温度为控制参数，而是以系统中的精密仪器精确地控制分子束的种类和强度，从而能够精确控制薄膜生长过程；b. MBE是超高真空的物理沉积过程，残余气体杂质极少，可保持膜表面清洁，而且不需考虑中间化学反应，也不受质量传输影响，并且可以对生长过程严格控制，因此薄膜的组分和掺杂可随蒸发源的变化而瞬时变化；c. MBE的衬底温度低，能够降低界面因热膨胀引起的晶格失配效应和衬底杂质对薄膜的扩散；d. MBE的生长速率低，利于精确控制膜厚；e. MBE是动力学过程生长薄膜，将入射粒子堆积于衬底，可以生长普通热平衡生长法难以生长的薄膜；f. MBE可以把分析测试设备，如反射式高能电子衍射仪、四极质谱仪等与生长系统相结合以实现薄膜生长的原位监测。

5.3　真空蒸发镀膜法

真空蒸发镀膜法（简称真空蒸镀）是在真空室中，加热蒸发器中待形成薄膜的原材料，使其原子或分子从表面气化逸出，形成蒸气流，入射到固体（称为衬底或基片）表面，凝结形成固态薄膜的方法。由于真空蒸发法或真空蒸镀法主要物理过程是通过加热蒸发材料而产生，所以又称热蒸发。采用这种方法制造薄膜，已有几十年的历史，用途十分广泛。近年来，该法的改进主要是在蒸发源上。为了抑制或避免薄膜原材料与蒸发加热器发生化学反应，改用耐热陶瓷坩埚。为了蒸发低蒸气压物质，采用电子束加热源或激光加热源。为了制造成分复杂或多层复合薄膜，发展了多源共蒸发或顺序蒸发法。为了制备化合物薄膜或抑制薄膜成分对原材料的偏离，出现了反应蒸发法等。

随着薄膜技术的广泛应用，对膜的种类和质量提出了更多更严的要求。而只采用电阻加热蒸发源已不能满足蒸镀某些难熔金属和氧化物材料的需要，特别是要求制膜纯度很高的需要。于是发展了将电子束作为蒸发源的方法。将蒸发材料放入水冷铜坩埚中，直接利用电子束加热，使蒸发材料气化蒸发后凝结在基板表面成膜，是真空蒸发镀膜技术中的一种重要的加热方法和发展方向。电子束蒸发克服了一般电阻加热蒸发的许多缺点，特别适合制作高熔点薄膜材料和高纯薄膜材料。

电子束加热原理是基于电子在电场作用下，获得动能轰击到处于阳极的蒸发材料上，使蒸发材料加热气化，而实现蒸发镀膜。若不考虑发射电子的初速度，则电子动能 $\frac{1}{2}mv^2$，与它所具有的电功率相等，即

$$\frac{1}{2}mv^2 = eU \tag{5-1}$$

式中，U 为电子所具有的电位，V；m 为电子质量，9.1×10^{-28} g；e 为电荷，1.6×10^{-19} C。因此得出电子运动速度 v(m/s) 为

$$v = 5.93 \times 10^5 \sqrt{U} \tag{5-2}$$

假如 $U=10$ kV，则电子速度可达 6×10^4 km/s。这样高速运动的电子流在一定的电磁场作用下，汇聚成电子束并轰击到蒸发材料表面，使动能变为热能。若电子束的能量

$$W = neU = IUt \tag{5-3}$$

式中，n 为电子密度；I 为电子束的束流，A；t 为束流的作用时间，s。因而其产生的热量 Q 为

$$Q = 0.24Wt \tag{5-4}$$

在加速电压很高时，由上式所产生的热能可足以使蒸发材料气化蒸发，从而成为真空蒸发技术中的一种良好热源。

电子束蒸发源的优点为：

a. 电子束轰击热源的束流密度高，能获得远比电阻加热源更大的能量密度，可在一个不太小的面积上达到 $10^4 \sim 10^9$ W/cm^2 的功率密度，因此可以使高熔点（可高达 3000℃以上）材料蒸发，并且能有较高的蒸发速率，如蒸发 W、Mo、Ge、SiO$_2$、Al$_2$O$_3$ 等；

b. 由于被蒸发材料是置于水冷坩埚内，因而可避免容器材料的蒸发，以及容器材料与蒸镀材料之间的反应，这对提高镀膜的纯度极为重要；

c. 热量可直接加到蒸镀材料的表面，因而热效率高，热传导和热辐射的损失少。

电子束加热源的缺点是电子枪发出的一次电子和蒸发材料发出的二次电子会使蒸发原子和残余气体分子电离，这有时会影响膜层质量。但可通过设计和选用不同结构的电子枪加以解决。多数化合物在受到电子轰击会部分发生分解，同时，残余气体分子和膜料分子会部分地被电子所电离，这将对薄膜的结构和性质产生影响。更重要的是，电子束蒸镀装置结构较复杂，因而设备价格较昂贵。另外，当加速电压过高时所产生的软 X 射线对人体有一定伤害，应予以注意。电子束蒸发的特点：能准确而方便地通过调节电子束的加速电压和束电流控制蒸发温度，并且有较大的温度调节范围。因此它对高、低熔点的膜料都能适用，尤其适合蒸镀熔点高（2000℃左右）的氧化物；不需直接加热坩埚，又可通水冷却，蒸发仅仅发生在材料的表面，有效地抑制了坩埚与蒸发材料之间的反应，避免了坩埚材料对膜料的沾污。

5.4 溅射镀膜原理、特点及应用

5.4.1 溅射概述

被荷能粒子轰击的靶材处于负电位，所以一般称这种溅射为阴极溅射。关于阴极溅射的理论解释，主要有如下三种。

(1) 热蒸发论 热蒸发论认为溅射是由气体正离子轰击阴极靶，使靶表面受轰击的部位局部产生高温区，靶材达到蒸发温度而产生蒸发。

(2) 级联碰撞论 级联碰撞论认为溅射现象是弹性碰撞的直接结果。轰击离子能量不足，不能发生溅射；轰击离子能量过高，会发生离子注入现象。

(3) 混合论 混合论认为溅射是热蒸发论和碰撞论的综合过程。当前倾向于混合论。

5.4.2 辉光放电

溅射离子都来源于气体放电，不同的溅射技术采用不同的辉光放电技术，比如直流二次溅射利用的是直流辉光放电；三级溅射采用的是热阴极支持的辉光放电；射频溅射采用的是射频辉光放电；磁控溅射是利用环状的磁场控制下的辉光放电；因此辉光放电是溅射镀膜的基础。溅射镀膜基于高能粒子轰击靶材时的溅射效应。整个溅射过程是建立在辉光放电的基础上，使气体放电产生正离子，并被加速后轰击靶材的离子离开靶，沉积成膜的过程。

① 直流辉光放电指当两电极加上直流电压时，由于宇宙线产生的游离离子和电子是很有限的，所以开始时电流非常小，产生"无光"放电。随着电压升高，带电离子和电子获得了足够能量，与中性气体分子碰撞产生电离，使电流平稳地增加，但是电压却受到电源的高输出阻抗限制而呈一常数，然后发生"雪崩点火"。离子轰击阴极，释放出二次电子，二次电子与中性气体分子碰撞，产生更多的离子，这些离子再轰击阴极，又产生出新的更多的二次电子。一旦产生了足够多的离子和电子后，放电达到自持，气体开始起辉。

② 射频辉光指在一定气压下，当阴阳极间所加交流电压的频率增高到射频频率时，即可产生稳定的射频辉光放电。射频辉光放电有两个重要的特征：第一，在辉光放电空间产生的电子，获得了足够的能量，足以产生碰撞电离，因而，减少了放电对二次电子的依赖，并且降低了击穿电压；第二，射频电压能够通过任意一种类型的阻抗耦合进去，所以电极并不需要是导体，因而，可以溅射包括介质材料在内的任何材料。因此，射频辉光放电在溅射技术中的应用十分广泛。

③ 电磁场中的气体放电与上面类似，只是在放电电场空间加上磁场，放电空间中的电子就要围绕磁力线作回旋运动，其回旋半径为 $eB/(mv)$，磁场对放电的影响效果，因电场与磁场的相互位置不同而有很大的差别。

5.4.3 溅射过程

(1) 靶材的溅射 辉光放电产生的正离子在电场的作用下高速轰击阴极靶材表面，溅射出原子或分子。

(2) 溅射粒子向基片的迁移过程 靶材受到轰击所放出的粒子中，正离子由于逆向电场的作用是不能到达基片上的，其余粒子均会向基片迁移。压强为 $10^{-1} \sim 10\mathrm{Pa}$，粒子平均自

由程为 $1\sim10\,\mathrm{cm}$，因此靶至基片的空间距离应与该值大致相等。否则，粒子在迁移过程中将发生多次碰撞，既降低靶材原子的能量又增加靶材的散射损失。虽然靶材原子在向基片迁移的过程中，因碰撞（主要与工作气体分子）而降低其能量，但是，由于溅射出的靶材原子能量远远高于蒸发原子的能量，所以溅射镀膜沉积在基片上的靶材原子的能量较大，其值相当于蒸发原子能量的几十倍至上百倍。

(3) 粒子入射到基片后的成膜过程应考虑的问题

① 沉积速率　沉积速率指从靶材上溅射出来的材料，在单位时间内沉积到基片上的厚度，与溅射速率成正比。在选定镀膜环境以及气体的情况下，提高沉积速率的最好方法只有提高离子流。在不增加电压条件下增加离子流只有提高工作气体压力。当气体压力增高到一定值时，溅射率开始明显下降。其原因是靶材粒子的背反射和散射增大，导致溅射率下降。所以由溅射率来考虑气压的最佳值是比较合适的，当然应当注意由于气压升高影响薄膜质量的问题。

② 沉积薄膜的纯度　沉积到基片上的杂质越少越好。这里所说的杂质专指真空室残余气体。解决的方法是：提高本底真空度、提高氩气量。为此，在提高真空系统抽气能力的同时，提高本底真空度和加大送氩量是确保薄膜纯度必不可少的两项措施。就溅射镀膜装置而言，真空室本底真空度应为 $10^{-4}\sim10^{-3}\,\mathrm{Pa}$。

③ 沉积成膜过程中的其他污染

a. 真空室壁和室内构件表面所吸附的气体　采用烘烤去气方法。

b. 扩散泵返油　配制涡轮分子泵或冷凝泵等比较好。

c. 基片清洗不彻底　应尽可能保证基片不受污染和不带有颗粒状污染物。

④ 成膜过程中的溅射条件　溅射气体的选择应具备溅射率高、对靶材呈惰性、价格便宜、来源方便、易于得到高纯度的气体。一般采用氩气。溅射电压及基片电位（即接地、悬浮或偏压）对薄膜特性的影响严重。溅射电压不但影响沉积速率，而且严重影响薄膜的结构。基片电位直接影响入射的电子流或离子流。基片接地处于阳极电位，则它们受到等同电子轰击。基片悬浮，在辉光放电空间取得相对于地电位稍负的悬浮电位 V_f。而基片周围等离子体电位 V_P 高于基片电位为 $V_\mathrm{f}+V_\mathrm{P}$，将引起一定程度的电子和正离子的轰击，导致膜厚、成分或其他特性的变化。假如基片有目的地施加偏压，使其按电的极性接收电子或离子，不仅可以净化基片增强薄膜附着力，而且还可以改变薄膜的结晶结构。

⑤ 高纯度的靶材　必须具备高纯度的靶材和清洁的靶表面，溅射沉积之前对靶进行预溅射，使靶表面净化处理。由于溅射装置中存在多种参数间的相互影响，并且综合地决定溅射薄膜的特性，因此在不同的溅射装置上，或制备不同的薄膜时，应该对溅射工艺参数进行试验选择为宜。

5.4.4　溅射镀膜的分类及原理

具体的溅射工艺很多，如二极溅射、三极（四极）溅射、磁控溅射、对向靶溅射、离子束溅射、射频溅射、吸气溅射、反应溅射等。下面分别进行介绍。

5.4.4.1　二极溅射

被溅射的靶（阴极）和成膜的基板及其固定架（阳极）构成了溅射装置的两个极，所以称为二极溅射，其结构原理见图 5-5。使用射频电源时称为射频二极溅射，使用直流电源则称为直流二极溅射，因为溅射过程发生在阴极，故又称阴极溅射。靶和基板固定架都是平板状的称为平面二极溅射，若二者是同轴圆柱状布置就称为同轴二极溅射。用膜材制成阴极靶，并接上负高压，为了在辉光放电过程中使靶表面保持可控的负高压，靶材必须是导体。

工作时，先将真空室预抽到高真空（如 10^{-3}Pa），然后，通入氩气使真空室内压力维持在 $1\sim10$Pa，接通电源使在阴极和阳极间产生异常辉光放电，并建立起等离子区，其中带正电的氩离子受到电场加速而轰击阴极靶，从而使靶材产生溅射。直流二极溅射放电所形成电回路，是依靠气体放电产生的正离子飞向阴极靶，一次电子飞向阳极而形成的。而放电是依靠正离子轰击阴极时所产生的二次电子，经阴极暗区被加速后去补充被消耗的一次电子来维持的。因此，在溅射镀膜过程中，电离效应是必备的条件。

为了提高淀积速率，在不影响辉光放电前提下，基片应尽量靠近阴极靶。但从膜厚分布来看，阴极遮蔽最强的中心部位膜厚最薄。因此，有关资料指出：阴极靶与基片间的距离以大于阴极暗区的 $3\sim4$ 倍较为适宜。

直流二极溅射的工作参数为溅射功率、放电电压、气体压力和电极间距。溅射时主要监视功率、电压和气压参数。当电压一定时，放电电流与气体压强的关系如图 5-6 所示。气体压力不低于 1Pa，阴极靶电流密度为 $0.15\sim1.5\text{mA/cm}^2$。

直流二极溅射虽然结构简单，但是可获得大面积、膜厚均匀的薄膜。这种装置存在着以下缺点：

a. 溅射参数不易独立控制，放电电流易随电压和气压变化，工艺重复性差；

b. 溅射装置的排气系统，一般多采用油扩散泵，但在直流二极溅射的压力范围内，扩散泵几乎不起作用，主阀处于关闭状态，排气速率小，所以残留气体对膜层污染较严重，薄膜纯度较差；

c. 基片温升高（达数百摄氏度左右）、淀积速率低；

d. 靶材必须是良导体。

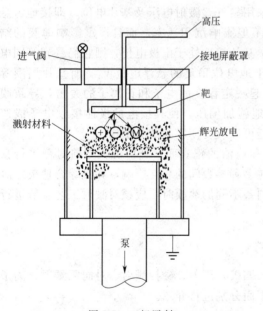

图 5-5 二极溅射

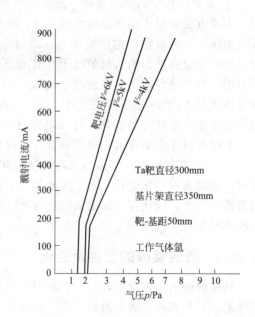

图 5-6 直流二极溅射电流与气体压强关系

为了克服这些缺点，可采取如下措施。

a. 设法在 10^{-1}Pa 以上的真空度下产生辉光放电，同时形成满足溅射要求的高密度等离子体；

b. 加强靶的冷却，在减少热辐射的同时，尽量减少或减弱由靶放出的高速电子对基板的轰击；

c. 选择适当的入射离子能量。

5.4.4.2 偏压溅射

直流偏压溅射的原理示意如图 5-7 所示。它与直流二极溅射的区别在于基片上施加一固定直流偏压。若施加的是负偏压，则在薄膜淀积过程中，基片表面都将受到气体离子的稳定轰击，随时清除可能进入薄膜表面的气体，有利于提高薄膜的纯度。并且也可除掉黏附力弱的淀积粒子，加之在淀积之前可对基片进行轰击清洗，使表面净化，从而提高了薄膜的附着力。此外，偏压溅射还可改变淀积薄膜的结果。图 5-8 示出了基片加不同偏压时钽膜电阻率的变化。偏压在 −100~100V 范围，膜层电阻率较高，属 β-Ta 即四方晶结构。当负偏压大于 100V 时，电阻率迅速下降，这时钽膜已从 β 相变为正常体心立方结构。这种情况很可能是因为基片加上正偏压后，成为阳极，导致大量电子流向基片，引起基片发热所致。

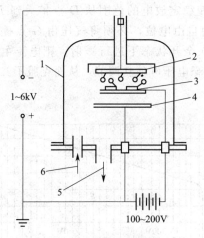

图 5-7　直流偏压溅射

1—溅射室；2—阴极；3—基片；4—阳极；
5—排气系统；6—氩气入口

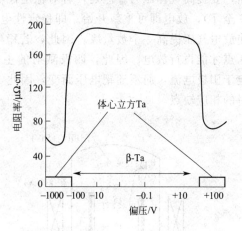

图 5-8　钽膜电阻率与基片偏压关系

在氩气中含不同杂质（O_2）浓度时，淀积钽膜的电阻率与偏压关系如图 5-9 所示。由图可见，在负偏压大于 20V 以上时，电阻率迅速下降，这表明杂质（O_2）已从钽膜中被溅射出来。而当负偏压较高时，电阻率逐渐上升，这是由于 Ar 渗入钽膜的浓度增加引起的。另外，偏压溅射技术已有效地用于制造高纯度的铁镍合金膜、钼膜等。

5.4.4.3 三极或四极溅射

二极直流溅射只能在较高气压下进行，因为它是依赖离子轰击阴极所发射的次级电子来维持辉光放电。如果气压降到 1.3~2.7Pa（10~20mTorr；1Torr=130Pa），则阴极暗区扩大，电子自由程增加。等离子体密度降低，辉光放电便无法维持。三极溅射克服了二极溅射的缺点，它在真空室内附加一个热阴极，由它发射电子并和阳极产生等离子体。同时使靶相对于该等离子体为负电位，用等离子体中的正离子轰击靶材而进行溅射。如果为了引入热电子并使放电稳定，再附加第四电极——稳定化电极，即称为四极溅射。其原理如图 5-10

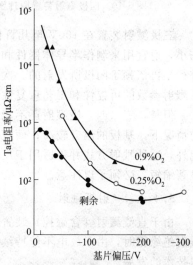

图 5-9　溅射气体中氧含量不同时，
淀积钽膜的电阻率与偏压的关系

所示。

热阴极发射电子流密度可表示为

$$j = AT^2 \exp\left(-\frac{e\phi}{kT}\right) \tag{5-5}$$

式中，T 为阴极温度；ϕ 为阴极金属的功函数；A 为常数。一般在阳极上加上 20V 左右的电压，就可把阴极发射的电子全部吸引过来。

稳定电极的作用在于使放电趋于稳定。图 5-11 表示出阳极电流与气体压力的关系，从图看出，若从 E 点降低气压，放电电流逐渐减小，到 F-G 点放电停止，为使放电重新开始，要提高气体压力。但是，若对稳定性电极加 +300V 电压，只要稍微的高一点气压（由 G 至 T），放电即可重新开始。即稳定性电极的作用使稳定放电的范围从 D 点扩大到 T 点，使放电气压提高一个数量级。因此，若稳定性电极为自由电位，必须将气压由 G 点提高到 D 点才能再行放电。因此，四极溅射的主阀几乎可在全开状态下进行溅射。靶电流主要决定于阳极电流，而不随靶电压而变，因此，靶电流和靶电压可独立调节，从而克服了二极溅射的相应缺点。

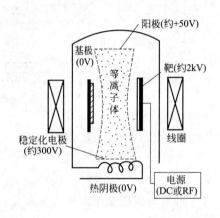

图 5-10　四极溅射装置原理图

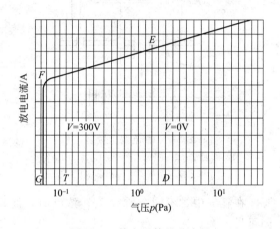

图 5-11　等离子体的稳定性

三极溅射装置在 100V 至几百伏的靶电压下也能工作。由于靶电压低，对基片的溅射损伤小，适宜用来制作半导体器件和集成电路，并已取得良好效果。另外，还因为三极溅射的进行不再依赖于阴极所发射的二次电子，所以溅射速率可以由热阴极的发射电流控制，提高了溅射参数的可控性和工艺重复性。

但是，三（四）极溅射还不能抑制由靶产生的高速电子对基板的轰击，特别在高速溅射的情况下，基板的温升较高；而且灯丝寿命短，也还存在灯丝的不纯物使膜层沾污等问题。此外，这种溅射方式并不适用于反应溅射，特别在用氧作反应气体的情况下，灯丝的寿命将显著缩短，必须予以注意。

5.4.4.4　射频溅射

由于直流溅射（含磁控）装置需要在溅射靶上加一负电压，因而就只能溅射导体材料，溅射绝缘靶时，由于放电不能持续而不能溅射绝缘物质。为了淀积介质薄膜，出现了射频溅射技术的发展。

射频溅射装置如图 5-12 所示。相当于直流溅射装置中的直流电源部分改由射频发生器、匹配网络和电源所代替，利用射频辉光放电产生溅射所需正离子。

射频电源之所以对绝缘靶能进行溅射镀膜，主要是因为在绝缘靶表面上建立起负偏压的缘故。因此，对于直流溅射来说，如果靶材不是良导体材料，而是绝缘材料的话，正离子轰击靶面时靶就会带正电，从而使电位上升，离子加速电场就要逐渐变小，以致发展到离子不可能溅射靶材，于是辉光放电和溅射就停止了。如果在靶上施加的是射频电压，当溅射靶处于上半周时，由于电子的质量比离子的质量小得多，故其迁移率很高仅用很短时间就可以飞向靶面，中和其表面积累的正电荷，从而实现对绝缘材料的溅射。并且在靶面又迅速积累大量的电子，使其表面因空间电荷呈现负电位，导致在射频电压的正半周时也吸引离子轰击靶材，从而实现了在正、负半周中，均可产生溅射。

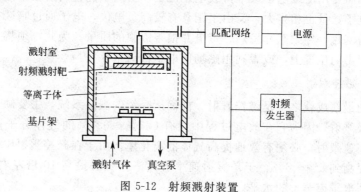

图 5-12　射频溅射装置

射频溅射的机理和特性可以用射频辉光放电解释。在射频溅射装置中，等离子体中的电子容易在射频场中吸收能量并在电场内振荡，因此，电子与工作气体分子碰撞并使之电离的概率非常大，故使得击穿电压和放电电压显著降低，其值只有直流溅射时的 1/10 左右。

如射频电场强度为：

$$E = E_m \cos\omega t \tag{5-6}$$

式中，E_m 为电场幅值；$\omega = f/2\pi$，f 为射频频率。在真空中的自由电子，由于射频电场的作用，所受到的力为：

$$F = m_e \frac{\mathrm{d}^2 x}{\mathrm{d}t^2} = -eE_m \cos\omega t \tag{5-7}$$

电子速度为：

$$\frac{\mathrm{d}x}{\mathrm{d}t} = \frac{-eE_m}{m_e\omega} \sin\omega t \tag{5-8}$$

速度比电场滞后 90°。

电子运动方程为：

$$x = \frac{eE_m}{m_e\omega^2} - \cos\omega t = A\cos\omega t \tag{5-9}$$

式中，$A = eE_m/(m_e\omega^2)$ 为电子运动的振幅，即真空中的自由电子在交变电场作用下，以振幅为 A 作简谐运动。由于在溅射条件下有气体分子存在，电子在振荡过程中与气体分子碰撞的概率增加，其运动方向也从简谐运动变为无规则的杂乱运动。因为电子能从电场不断吸收能量，因此，在不断碰撞中有足够的能量来使气体分子离化，即使在电场较弱时，电子也能积累足够能量来进行离化，所以射频溅射可比直流溅射在更低的电压下维护放电。

射频溅射的另一个特点，如前所述，是能淀积包括导体、半导体、绝缘体在内的几乎所有材料。表 5-1 是射频二极溅射淀积速率的一例。

表 5-1　几种材料射频二极溅射的可能溅射速率

靶材	Au	Cu	Al	不锈钢	Si	SiO$_2$	ZnS	CdS
溅射速率/(nm/min)	300	150	100	100	50	25	1000	60

注：Ar 气压强 2Pa，射频功率 1kW。

射频溅射不需要用次级电子来维持放电。但是，当离子能量高达数千电子伏时，绝缘靶上发射的次级电子数量也相当大，又由于靶具有较高负电位，电子通过暗区得到加速，将成为高能电子轰击基片，导致基片发热、带电并损害镀膜的质量。为此，须将基片放置在不直接受次级电子轰击的位置上，或者利用磁场使电子偏离基片。

5.4.4.5　磁控溅射

溅射技术的最新成就之一是磁控溅射。前面所介绍的溅射系统，主要缺点是淀积速率较低，特别是阴极溅射，因为它在放电过程中只有 0.3%～0.5% 的气体分子被电离。为了在低气压下进行高速溅射，必须有效地提高气体的离化率。由于在磁控溅射中引入了正交电磁场，使离化率提高到 5%～6%，于是溅射速率可比三极溅射提高 10 倍左右。对许多材料，溅射速率达到了电子束蒸发的水平。

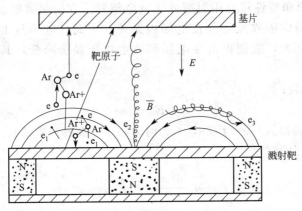

图 5-13　磁控溅射工作原理

(1) 工作原理　磁控溅射的工作原理如图 5-13 所示。电子 e 在电场 E 作用下，在飞向基板过程中与氩原子发生碰撞，使其电离出 Ar$^+$ 和一个新的电子 e，电子飞向基片，Ar$^+$ 在电场作用下加速飞向阴极靶，并以高能量轰击靶表面，使靶材发生溅射。在溅射粒子中，中性的靶原子或分子则淀积在基片上形成薄膜。二次电子 e$_1$ 一旦离开靶面，就同时受到电场和磁场的作用。为了便于说明电子的运动情况，可以近似认为：二次电子在阴极暗区时，只受电场作用；一旦进入负辉区就只受磁场作用。于是，从靶面发出的二次电子，首先在阴极暗区受到电场加速，飞向负辉区。进入负辉区的电子具有一定速度，并且是垂直于磁力线运动的。在这种情况下，电子由于受到磁场 B 洛仑兹力的作用，而绕磁力线旋转。电子旋转半圈之后，重新进入阴极暗区，受到电场减速。当电子接近靶面时，速度即可降到零。以后，电子又在电场的作用下，再次飞离靶面，开始一个新的运动周期。电子就这样周而复始，跳跃式地朝 E（电场）$\times B$（磁场）所指的方向漂移（见图 5-14），简称 $E \times B$ 漂移。

电子在正交电磁场作用下的运动轨迹近似于一条摆线。若为环形磁场，则电子就以近似摆线形式在靶表面作圆周运动。

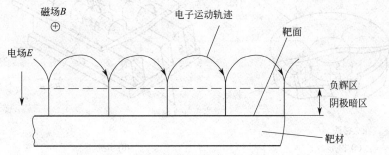

图 5-14　电子在正交电磁场下的 $E \times B$ 漂移

二次电子在环状磁场的控制下，运动路径不仅很长，而且被束缚在靠近靶表面的等离子体区域内，在该区中电离出大量的 Ar^+ 用来轰击靶材，从而实现了磁控溅射淀积速率高的特点。随着碰撞次数的增加，电子 e_1 的能量消耗殆尽，逐步远离靶面。并在电场 E 的作用下最终沉积在基片上。由于该电子的能量很低，传给基片的能量很小，致使基片温升较低。另外，对于 e_2 类电子来说，由于磁极轴线处的电场与磁场平行，电子 e_2 将直接飞向基片，但是在磁极轴线处离子密度很低，所以 e_2 电子很少，对基片温升作用极微。

综上所述，磁控溅射的基本原理，就是以磁场来改变电子的运动方向，并束缚和延长电子的运动轨迹，从而提高了电子对工作气体的电离概率和有效地利用了电子的能量。因此，使正离子对靶材轰击所引起的靶材溅射更加有效。同时，受正交电磁场束缚的电子，又只能在其能量要耗尽时才沉积在基片上。这就是磁控溅射具有"低温"、"高速"两大特点的道理。

磁控溅射源主要有三种类型，如图5-15、图5-16 所示。最早发展起来的是柱状磁控溅射源，如图5-15(a)、（c）所示。同轴圆柱形磁控溅射源的原理和结构都比较简

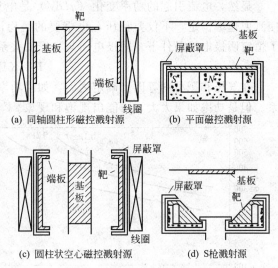

(a) 同轴圆柱形磁控溅射源　　(b) 平面磁控溅射源

(c) 圆柱状空心磁控溅射源　　(d) S枪溅射源

图 5-15　各种不同的磁控溅射源

单，它适合于制作大面积溅射膜，在工业上应用较广泛。第二类型是平面磁控溅射源，如图5-15(b) 和图5-16所示，圆形的可以制成小靶，适合于贵重的靶材；矩形的适合制成大靶和一般材料的靶材。平面磁控溅射源的结构简单，造价不高，通用性强，应用最广。第三类是溅射枪（S枪），如图 5-15(d) 所示。S枪结构较复杂，一般配合行星式夹具使用。它不仅具有磁控溅射共同的工作原理和"低温""高速"的特点，而且由于其特殊的靶形状与冷却方式，还具有靶材利用率高、膜厚分布均匀、靶功率密度大和易于更换靶材等优点。

上述各种磁控溅射源尽管结构上各有差异，但都具备两个条件：a. 磁场与电场正交；b. 磁场方向与阴极表面平行。

（2）平面磁控溅射的工作特性　不同气压下，矩形平面磁控溅射的电流-电压特性如图5-17(a) 所示。在最佳的磁场强度和磁力线分布条件下，溅射时电流与电压之间的关系基本

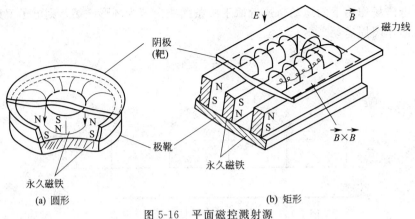

图 5-16 平面磁控溅射源

遵循下面的公式

$$I = KV^n \qquad (5\text{-}10)$$

式中，K 和 n 为与气压、靶材料、磁场和电场有关的常数。气压高，阻抗小，伏安特性曲线较陡，溅射功率的变化可表示成

$$dP = d(IV) = IdV + VdI = IdV + nIdV \qquad (5\text{-}11)$$

显然，电流引起的功率变化（$nIdV$）是电压引起的功率变化（IdV）的 n 倍，所以要使溅射速率恒定，不仅要稳压，更重要的是稳流，或者说必须稳定功率。图 5-17（b）示出了恒定阴极电流条件下，阴极电压与气压的关系曲线，此时功率 P 为

$$P = KV^{n+1} \qquad (5\text{-}12)$$

在气压和靶材料等因素确定之后，如果功率不太大，则溅射速率基本上与功率成线性关系。但是功率如果太大，可能出现饱和现象。

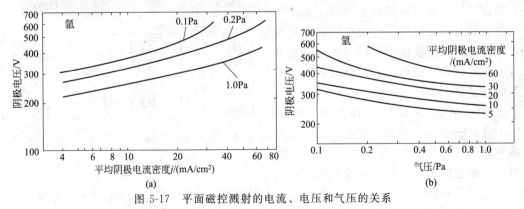

图 5-17 平面磁控溅射的电流、电压和气压的关系

通常，平面磁控溅射的工作参数为：溅射电压 $300 \sim 800\text{V}$、电流密度 $4 \sim 50\text{mA/cm}^2$、氩气压力 $0.13 \sim 1.3\text{Pa}$、功率密度 $1 \sim 36\text{W/cm}^2$、基片与靶的距离为 $4 \sim 10\text{cm}$。在上述工艺条件下，一般单元素材料的淀积速率为 $10 \sim 10^3 \text{Å/(kW·min)}$，比一般溅射的淀积速率提高了一个数量级，达到蒸发镀膜的离子镀的水平。

磁控溅射不仅可得到很高的溅射速率，而且在溅射金属时还可避免二次电子轰击而使基板保持接近冷态，这对使用单晶和塑料基板具有重要意义。磁控溅射电源可为 DC 也可为 RF 放电工作，故能制备各种材料。但是磁控溅射存在三个问题：第一，不能实现强磁性材料的低温高速溅射，因为几乎所有磁通都通过磁性靶子，所以在靶面附近不能外加强磁场；

第二，使用绝缘材料靶会使基板温度上升；第三，靶子的利用率较低（约 30%），这是由于靶子侵蚀不均匀的原因。

5.4.4.6 对向靶溅射

对于 Fe、Co、Ni、Fe_2O_3、坡莫合金等磁性材料，要实现低温、高速溅射镀膜，有特殊的要求。采用前述几种磁控溅射方式都受到很大的限制。这是由于靶的磁阻很低，磁场几乎完全从靶中通过，不可能形成平行于靶表面的使二次电子作圆摆线运动的强磁场。若采用三极溅射和射频溅射时，基板温升非常严重。

采用对向靶溅射法，即使用强磁性靶也能实现低温高速溅射镀膜。这是一种设计新颖的溅射镀膜技术，其原理如图 5-18 所示。两只靶相对安置。所加磁场和靶表面垂直，且磁场和电场平行。阳极放置在与靶面垂直部位，和磁场一起，起到约束等离子体的作用。二次电子飞出靶面后，被垂直靶的阴极位降区的电场加速。电子在向阳极运动过程中受磁场作用，作洛仑兹运动。但是由于两靶上加有较高的负偏压，部分电子几乎沿直线运动，到对面靶

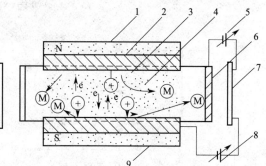

图 5-18 对向靶溅射原理

1—N 极；2—对靶阴极；3—阴极暗区；4—等离子体区；
5—基板偏压电源；6—基板；7—阳极
（真空室）；8—靶电压；9—S 极

的阴极位降区被减速，然后又向相反方向加速运动。加上磁场的作用，这样由靶产生的二次电子就被有效地封闭在两个靶极之间，形成柱状等离子体。电子被两个电极来回反射，大大加长了电子运动的路程，增加了和氩气的碰撞电离概率，从而大大提高了两靶间气体的电离化程度，增加了溅射所需氩离子的浓度，因而提高了淀积速率。

二次电子除被磁场约束外，还受很强的静电反射作用。把离子体紧紧地约束在两个靶面之间，避免了高能电子对基板的轰击，使基板温升很小。

对靶可用于溅射磁性靶材，垂直靶面的磁场可以穿过靶材，在两靶间形成柱状的磁封闭。而一般磁控靶的磁场是平行于靶面，易形成磁力线在靶材内短路，失去了"磁控"的作用。

对靶溅射具有溅射速率高、基板温度低、可淀积磁性薄膜等优点。

5.4.4.7 反应溅射

利用溅射技术制备介质薄膜除可采用射频溅射法外，另一种方法是采用反应溅射法。即在溅射镀膜时，引入某些活性反应气体，来改变或控制淀积特性，可获得不同于靶材的新物质薄膜。例如在 O_2 中溅射反应而获得氧化物，在 N_2 或 NH_3 中获得氮化物，在 $O_2 + N_2$ 混合气体中得到氮氧化合物，在 C_2H_2 或 CH_4 中得到碳化物，在硅烷中得到硅化物和在 HF 或 CF_4 中得到氟化物等。

反应物之间产生反应的必要条件是，反应物分子必须有足够高的能量以克服分子间的势垒。势垒 ε 与能量之间关系为

$$E_a = N_A \varepsilon \qquad (5\text{-}13)$$

式中，E_a 为反应活化能；N_A 为阿佛伽德罗常数。根据过渡态模型理论，两种反应物的分子进行反应时，首先经过过渡态——活化络合物，然后再生成反应物，如图 5-19 所示。

图中 E_a 和 E'_a 分别为正、逆向反应活化能；x 为反应物初始态能量；W 为终态能量；T 为活化络合物能量；ΔE 是反应物与生成物能量之差。由图可见，反应物要进行反应必须要有足够的能量去克服反应活化能。

如前所述，蒸发粒子的平均能量只有 0.1～0.2eV，而溅射粒子可达 10～20eV，比蒸发高两个数量级左右。蒸发和溅射粒子的能量分布如图 5-20 所示。其中能量大于反应活化能 E_a 的粒子数分数可近似地表示为：

$$n = \exp\frac{-E_a}{kT} \tag{5-14}$$

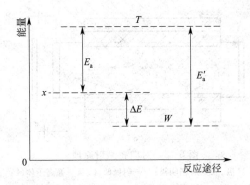

图 5-19 反应中反应能量变化示意图　　　　　图 5-20 蒸发和溅射粒子的能量分布

由于粒子的平均能量 $\overline{E} = 3kT/2$，因此溅射粒子的能量大于 E_a 的分数

$$n_s \approx \exp\frac{-3E_a}{2\overline{E}_s} \tag{5-15}$$

同理，蒸发粒子能量大于 E_a 的分数

$$n_e \approx \exp\frac{-3E_a}{2\overline{E}_e} \tag{5-16}$$

式中，$\overline{E}_s$ 和 $\overline{E}_e$ 分别为溅射和蒸发粒子的平均动能。由图 5-20 可看出，能量 $E > E_a$ 的溅射粒子远多于蒸发粒子，其倍数

$$M = \frac{n_s}{nn_e} = \exp\left[\frac{3}{2}E_a\left(\frac{1}{\overline{E}_e} - \frac{1}{\overline{E}_s}\right)\right] \tag{5-17}$$

假设只有能量大于 E_a 的粒子才参与反应，则溅射粒子的反应度必然远大于蒸发粒子的反应度。

例如 Ti 和 Zn 与 O_2 反应，反应方程式为：

$$Ti + O_2（空气）\xrightarrow{1200℃} TiO_2$$

$$2Zn + O_2 \xrightarrow[\text{燃烧}]{1000℃} 2ZnO$$

若两种反应物处于同一能量状态，则 Ti 和 O_2、Zn 和 O_2 的反应活化能 E_a 大约分别为 0.2eV 和 0.17eV，但在室温基板表面的氧分子完全处于惰性钝化状态（可能只有百分之几的离子氧），因此膜料粒子最小的反应阈值能至少增加一倍，即 Ti、Zn 与 O_2 反应至少要有 0.4eV 和 0.34eV 的能量。设溅射原子的平均动能为 15eV，由式(5-15) 和式(5-16) 可知，则大约有 98% 的溅射 Ti 原子和 Zn 原子能量大于 E_a，而蒸发 Ti 原子和 Zn 原子分别只有 10% 和 0.5% 左右。

参与反应的高能粒子数越多，反应速率越快。反应速率与反应活化能 E_a 的关系为

$$\tau = A \exp \frac{-E_a}{RT} \tag{5-18}$$

式中，τ 为反应速率常数；R 为气体常数；A 为有效碰撞的频率因子。若用平均能量 $\overline{E}$ 代替温度 T，则式(5-18) 可改写成

$$\tau = A \exp \frac{-3E_a}{2N_A\overline{E}} \tag{5-19}$$

由于 $\overline{E}_s > \overline{E}_e$，故溅射的反应速率要比蒸发快。

如同蒸发一样，反应过程基本上发生在基板表面，气相反应几乎可以忽略。另一方面，溅射时靶面的反应也不可忽视，这是因为受离子轰击的靶面金属原子变得非常活泼，加上靶面升温，使得靶面的反应速率大大增加。这时，在靶面同时存在着溅射和反应生成化合物两个过程。如果溅射速率大于化合物的生成速率，则靶就可能处于金属溅射态；反之，反应气体压强增加或金属溅射速率减小，靶就可能发生化合物生成的速率超过溅射除去的速率而使溅射停止。这一机理有三种可能：第一，在靶面生成了溅射速率比金属低得多的化合物；第二，化合物的二次电子发射要比相应的金属大得多，更多的离子能量用于产生和加速二次电子；第三，反应气体离子的溅射速率比惰性 Ar 离子低。为了解决这一问题，常将反应气体和溅射气体分别送到基板和靶附近，以形成压强梯度。

为了保证反应充分，必须控制入射在基板上的金属原子与反应气体分子的速率。在一定的反应气压下，溅射功率越大，反应可能越不完全。通过调节功率可得到较小的薄膜吸收，或者恒定溅射功率，调节反应气体压强，以获得低吸收薄膜。

反应溅射的过程如图 5-21 所示。通常的反应气体有氧、氮、甲烷、一氧化碳、硫化氢等。如前所述，根据反应溅射气体压力的不同，反应过程可以发生在基片上或发生在阴极反应后以化合物形式迁移到基片上。一般反应溅射的气压都很低，气相反应不显著。但是，等离子体中流通电流很高，在反应气体分子的分解、激发和电离等过程中，该电流起着重要作用。因此，反应溅射中产生一股强大的由载能游离原子团组成的粒子流伴随着溅射出来的靶原子从阴极靶流向基片，在基片上克服与薄膜生长有关的激活能且形成化合物。这就是反应溅射的主要机理。

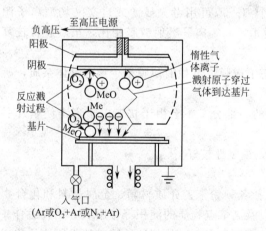

图 5-21　反应溅射过程

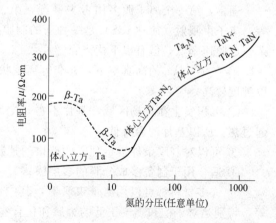

图 5-22　钽膜特性与掺入氮量的关系

在很多情况下，只要简单地改变溅射时反应气体与惰性气体的比例，就可改变薄膜的性

质，如可使薄膜由金属改变为半导体或非金属。图 5-22 示出了钽膜特性与氮气掺入量的关系。可见，随着氮气分压的增加，薄膜结构改变，并且其电阻率亦随之变化。

大量实验结果表明，金属化合物的形成几乎全都发生在基片上。并且，基片温度越高，淀积速率也往往越快。

在很多氧化物溅射实验中发现，用纯氧作为溅射气体是不必要的，通常 Ar 中只要有 $1\%\sim2\%$ O_2 就可获得与用纯氧一样的效果。就是说，只要保持足以使膜完全氧化的最少量氧就可以了。

5.4.4.8　离子束溅射

上述各种溅射方法，都是直接利用辉光放电中产生的离子进行溅射，并且基片也处于等离子体中。因此，基片在成膜过程中不断地受到周围环境气体原子和带电粒子的轰击，以及快速电子的轰击。而且淀积粒子的能量随基板电位和等离子体电位的不同而变化。因此，在等离子状态下镀制的薄膜，性质往往差异较大。而且，溅射条件，如溅射气压、靶电压、放电电流等不能独立控制，这使得对成膜条件难以进行精确而严格的控制。

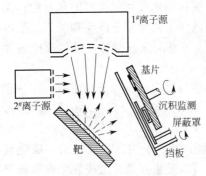

图 5-23　离子束溅射原理图

离子束溅射又称离子束沉积，它是在离子束技术基础上发展起来的新的成膜技术。按用于薄膜沉积的离子束功能不同，可分为两类：一类为一次离子束沉积，这时离子束由需要沉积的薄膜组分材料的离子组成，离子能量较低，它们在到达基片后就沉积成膜，又称低能离子束沉积；另一类为二次离子束沉积，离子束系由惰性气体或反应气体的离子组成，离子的能量较高，它们打到由需要沉积的材料组成的靶上，引起靶原子溅射，再沉积到基片上形成薄膜。因此，又称离子束溅射。

离子束溅射沉积原理如图 5-23 所示，由大口径离子束发生源（1#离子源）引出惰性气体离子（Ar^+、Xe^+ 等），使其照射在靶上产生溅射作用，利用溅射出的粒子沉积在基片上制得薄膜。在大多数情况下，沉积过程中还要采用第二个离子源（2#离子源）使其发出的第二种离子束对形成的薄膜进行照射，以便在更广范围控制沉积膜的性质。上述第二种方法又称双离子束溅射法。

通常，第一个离子源多用考夫曼源，第二个离子源可用考夫曼源或自交叉场型离子源等。离子束溅射（简称 IBS）是一种新的制膜技术，和等离子溅射镀膜相比，虽然装置较复杂，成膜速率低，但有以下优点：

① 在 10^{-3} Pa 的高真空下，在非等离子状态下成膜，沉积的薄膜很少掺有气体杂质，所以纯度较高；

② 沉积发生在无场区域，基片不再是电路的一部分，不会由于快速电子轰击使基片引起过热，所以基片的温升低；

③ 可以对制膜条件进行独立的严格的控制，重复性较好；

④ 适合用于制备多成分膜的多层膜；

⑤ 许多材料都可以用离子束溅射，其中包括各种粉末、介质材料、金属材料和化合物等，特别是对于饱和蒸气压低的金属和化合物以及高熔点物质的淀积等，用 IBS 比较适合。

离子束溅射技术中所用离子源可以是单源、双源和多源。虽然这种镀膜技术所涉及的现象比较复杂，但是，通过合适地选择靶及离子的能量、种类等，可以比较容易地制取各种不同的金属、氧化物、氮化物及其他化合物等薄膜。特别适合制作多组元金属氧化物薄膜。目前这一技术已在磁性材料、超导材料以及其他电子材料的薄膜制备方面得到应用。另外，由于离子束的方向性强，离子流的能量和通量较易控制，所以也可用于研究溅射过程特性，如高能离子的轰击效应、单晶体的溅射角分布以及离子注入和辐射损伤过程等。

5.4.5　溅射薄膜的特点

溅射镀膜与真空蒸发镀膜相比，有如下的特点。

① 任何物质均可以溅射，尤其是高熔点、低蒸气压元素和化合物。不论是金属、半导体、绝缘体、化合物和混合物等，只要是固体，不论是块状、粒状的物质都可以作为靶材。

由于溅射氧化物等绝缘材料和合金时，几乎不发生分解和分馏，所以可用于制备与靶材料组分相近的薄膜和组分均匀的合金膜，乃至成分复杂的超导薄膜。

此外，采用反应溅射法还可制得与靶材完全不同的化合物薄膜，如氧化物、氮化物、碳化物和硅化物等。

② 溅射膜与基板之间的附着性好　由于溅射原子的能量比蒸发原子能量高 1～2 个数量级，因此，高能粒子沉积在基板上进行能量转换，产生较高的热能，增强了溅射原子与基板的附着力。加之，一部分高能量的溅射原子将产生不同程度的注入现象，在基板上形成一层溅射原子与基板材料原子相互"混溶"的所谓伪扩散层。此外，在溅射粒子的轰击过程中，基板始终处于等离子区中被清洗和激活，清除了附着不牢的沉积原子，净化且活化基板表面。因此，使得溅射膜层与基板的附着力大大增强。

③ 溅射镀膜密度高，针孔少，且膜层的纯度较高，因为在溅射镀膜过程中，不存在真空蒸镀时无法避免的坩埚污染现象。

④ 膜厚可控性和重复性好。由于溅射镀膜时的放电电流和靶电流可分别控制，通过控制靶电流则可控制膜厚。所以，溅射镀膜的膜厚可控性和多次溅射的膜厚再现性好，能够有效地镀制预定厚度的薄膜。此外，溅射镀膜还可以在较大面积上获得厚度均匀的薄膜。

溅射镀膜（主要是二极溅射）的缺点是：溅射设备复杂、需要高压装置；溅射淀积的成膜速率低，真空蒸镀淀积速率为 $0.1\sim5\mu m/min$，而溅射速率则为 $0.01\sim0.5\mu m/min$；基板温升较高和易受杂质气体影响等。但是，由于射频溅射和磁控溅射技术的发展，在实现快速溅射淀积和降低基板温度方面已获得了很大的进步。

5.4.6　溅射应用范围简介

溅射技术经历了一个漫长的发展过程才达到了实用化的程度，如今镀膜工艺在各行各业已经得到了广泛的应用，在电镀行业中有人称之为"干镀"，在电子光学领域人们常称之为真空镀膜技术或者薄膜沉积技术。溅射镀膜应用非常广，表 5-2 为溅射镀膜的应用举例。

表 5-2　溅射镀膜的应用举例

工业部门	应用实例	备注
电子工业	半导体材料、电介质材料、导电材料、超导材料、太阳能电池、集成线路及电路元件等	低基片温度
机械工业	耐蚀、耐热、耐摩擦性能保护性材料等	厚膜
光学工业	反射膜、选择性透光膜、光集积回路、反射镜保护膜	低基片温度
装饰	塑料涂层、陶瓷涂层、彩虹包装等	厚膜
航天及交通	导电玻璃	挡风玻璃

5.5 分子束外延技术

5.5.1 分子束外延的发展及特点

分子束外延（Molecular Beam Epitaxy，MBE）是一种在晶体衬底上外延生长高质量晶体薄膜的一项新的真空沉积技术。MBE 一般是在超高真空的条件下，通过加热装在源炉的原材料而产生分子或者原子的蒸气，这些蒸气经过源炉口小孔准直之后形成分子束或者原子束流喷射出来，直接喷射到有一定温度的晶体衬底上，或者交替喷射在衬底上，分子或原子按晶体的结构排列，一层层地有规律地"生长"在衬底上，从而形成晶体薄膜。实际上，外延生长就是在单晶材料上，沿着它的某个特定晶面向外延伸生长一层晶体薄膜，犹如原来的晶体向外延伸了一段。如果 MBE 配备必需的仪器和设备，就能用许多测试技术对外延生长材料进行原位质量评估。从 20 世纪 40 年代起，真空沉积技术已广泛应用于制备半导体薄膜器件。1964 年，Schoolar 和 Zemel 成功采用泄流盒方法产生的分子束在 NaCl 晶体上外延生长出 PbS 薄膜，这是现代 MBE 技术的前奏。1968 年，阿尔瑟（Arthur）对镓和砷原子与 GaAs 表面相互作用的反应动力学进行了研究。20 世纪 70 年代初，美国贝尔实验室的卓以和在真空沉积法和反应动力学研究的基础上，研制了 MBE。所以说 MBE 技术是在真空沉积技术的基础上改进而来，其改进程度取决于研究工作想要达到的技术目标要求。因为是高真空沉积，所以 MBE 的生长主要是由分子束和晶体表面的反应动力学所控制的，它同液相外延（LPE）和化学气相沉积（CVD）技术不同，后两者是在接近于热力学平衡条件下进行沉积的。随着 MBE 技术的发展，出现了迁移增强外延技术（MEE）和气源分子束外延（GS-MBE）技术。MEE 技术是自 MBE 问世以来最大的改进，例如在砷化镓的生长过程中，使镓原子到达表面后不直接与砷原子发生表面反应生长砷化镓层，而是使镓原子在衬底表面迁移较长的距离，达到表面台阶处成核生长。MEE 在很低的温度下（200℃）也能生长出高质量的外延层，其关键点是控制镓和砷的束流强度。气源迁移增强外延的出现，为低维材料的制备开辟了新的工艺研究方向；气源 MBE 技术的发展是为了解决砷和磷束流强度比率难以控制的问题，其特点是继续采用固态ⅢA族元素和杂质源，再用砷烷和磷烷作为ⅤA族元素的源，从而解决了用 MBE 方法生长 InP 系的困难。

MBE 推动了以超薄层微结构材料为基础的新一代半导体科学技术的发展。MBE 是一种可以在原子级别尺度上精确控制外延薄膜厚度、掺杂以及表界面平整度的超薄层薄膜制备技术。该技术的最大优点是：使用的衬底温度低，膜层生长速率慢，束流强度易于精确控制，膜层组分和掺杂浓度可随着源温度变化而快速调整。用这种技术已能制备出薄至几十个原子层的单晶薄膜，以及交替生长不同组分、不同掺杂的薄膜而形成的超薄层量子阱微结构材料。MBE 是三温度法外延的进一步发展，所谓三温度法就是将ⅢA族和ⅤA族元素的源分别升温到 T_1 和 T_2，形成的分子或者原子束喷射到温度为 T_S 的衬底表面，选择合适的衬底温度 T_S，能够让过剩的ⅤA族元素从衬底表面蒸发掉，以达到按一定化学比例来生成晶体的目的。MBE 可以被看作是一种超高真空蒸发系统。在超高真空条件下，蒸发出来的原子或分子的平均自由程超过蒸发距离，从而使得沉积率高，生长外延薄膜致密，外延层缺陷密度低，薄膜纯度高。分子束外延与其他外延方法相比具有如下的特点。

(1) 生长速率慢 一般情况下，1h 生长薄膜厚度不超过 $1\mu m$，几乎相当于每秒只生长一个单原子层，因此有利于实现精确控制薄膜的厚度、结构和组分等。MBE 实际上是一种原子级加工技术，特别适于生长超晶格材料。

（2）外延生长温度低　衬底温度低。低的生长温度有利于降低在界面上因为不同的热膨胀系数而引起的晶格失配效应以及衬底中杂质对外延层的自扩散掺杂所带来的影响。

（3）超高真空情况下生长　整个生长过程都是在超高真空环境下进行的，衬底表面经过一系列的前期处理可以视为完全清洁的表面，在外延的过程中可避免杂质的影响，因此能够生长出高质量的外延层薄膜。MBE 是在超高真空中的物理沉积过程，因此不需要考虑原材料在过程中间可能发生的化学反应，也不受质量传输的影响。在生长过程中原位掺杂很容易实现；利用快门可以对生长和中断进行瞬时控制，实现对掺杂种类和浓度的迅速调整。

另外，在生长过程中，表面处于真空中，利用附加的设备可以进行原位（即时）观测，分析和研究生长过程、组分及表面状态等。

MBE 的生长过程是一个动力学的过程，即入射的中性粒子（原子或者分子）是一个一个地堆积在衬底表面上从而进行生长的。MBE 生长不是在热平衡条件下进行的，因此可以生长在一般热平衡条件下难以生长的晶体薄膜材料。

分子束外延作为已经成熟的技术早已应用到微波器件和光电器件的制作中。但由于分子束外延设备昂贵，而且真空度要求很高，所以要获得超高真空以及避免蒸发器中的杂质污染需要大量的液氮，因而提高了日常维持费用。

5.5.2　分子束外延生长原理

分子束外延生长时，加热产生的各组分的原子或分子束喷射到一定温度的衬底表面，在衬底表面进行反应，它是一种物质从气相再到凝聚相的过程，再经过一系列表面过程的生长模式。图 5-24 为生长过程的示意图，也可以简单地分为四个过程：

a. 来自气化的分子或原子运动到衬底表面而且被衬底吸附在表面的过程；

b. 被衬底吸附的分子或原子在衬底表面发生分解和迁移等运动的过程；

c. 原子进入外延层的晶格位置最终形成外延生长层的过程；

d. 未进入晶格的物质因热作用再次蒸发并脱离衬底表面的过程。

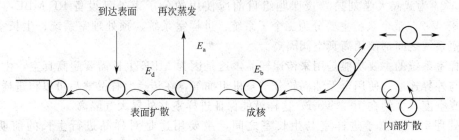

图 5-24　分子束外延生长过程示意图

5.5.3　分子束外延设备结构

MBE 的生长温度一般控制在 $500\sim800℃$ 之间，而作为氮源的 N_2 或者 NH_3 在这个温度范围内化学性质比较稳定。通常情况下 N_2 是以气态的形式存在，如果想直接从 N_2 中获得氮原子比较困难。而采用高温热裂解 NH_3 获得氮原子的方法也存在缺点，因为 NH_3 对真空系统有一定的腐蚀作用，而且裂解过程中产生的 H 原子对于实现 GaN 的 p 型掺杂非常不利。

这是传统的以普通气源为氮源的 MBE 系统所遇到的困难。现在有多种方法来为 MBE 提供氮原子：第一种方法是 RF-MBE，是采用了射频（Radio-Frequency，RF）氮气源技术，如使用 13.56 MHz 的射频等离子体（Plasma）在高温放电腔中裂解氮气分子，得到氮原子和离子，然后将离子通过偏转电压过滤掉，留下氮原子束；第二种方法是 ECR-MBE，用电子回旋共振（Electron Cyclotron Resonance）微波等离子体方法来产生低能量的氮流，它是采用的 2.45 GHz 微波与静磁场中电子共振频率的耦合来实现的；第三种方法就是前面提到的直接使用氨气（NH_3）在衬底表面高温热裂解来得到氮原子的普通 MBE 系统。

图 5-25 所示是以射频提供氮源的 MBE 系统的基本结构示意图。

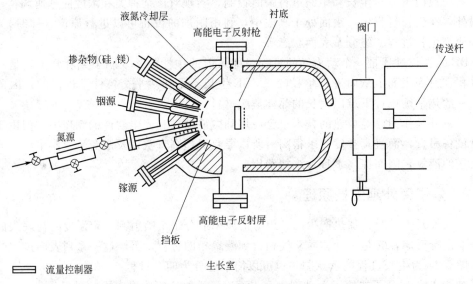

图 5-25　以 RF 提供氮源的 MBE 系统结构示意图

　　MBE 外延生长过程由三个发生不同物理现象的部分组成：第一部分是蒸发固态源中分子束在高真空环境中被加速的过程；第二部分是分子束混合区域，在混合区域分子束相互交叠过程；第三部分是在衬底表面外延生长过程。

　　图 5-26 为武汉大学刘昌教授课题组目前所使用的分子束外延设备 RF-MBE，型号为 SVTA 35 V-2。整个系统主要分为三个子系统：进样室系统、预处理室系统、生长室系统。每个腔室系统之间都使用高真空阀隔离。

　　进样室系统的主要功能是用来传递样品，这是因为 MBE 生长需要超高真空，生长室不能直接与外界连通。使用全无油涡轮分子泵机组抽气，在传递完样品之后可以将进样室抽到较高的真空度，大约在 10^{-8} Torr。这样就能保证进样室与外界大气隔离。

　　预处理室系统位于进样室与生长室之间，主要用途是对样品进行生长的前期处理。主要部件包括样品储存架、样品预加热台、样品传送装置等。样品传送装置可以将样品在生长室系统、预处理室系统、进样室系统之间传送。样品储存架一次可以存放多个样品，从而减少了预处理室系统与进样室系统之间连通的次数。预处理加热台可以将样品加热到 $400 \sim 500 \, ℃$ 进行热清洗，最大限度地除去样品在清洗过程中所吸附的杂质，既可以提高后续外延薄膜的质量，又能减少对系统的污染。预处理室系统与生长室系统之间用超高真空阀门隔离开，并用一台离子泵保持其高真空状态，减少在连通时对生长室真空的影响。

　　生长室系统是 MBE 系统的核心部分。它的基本结构包括底部的六个对称分布分子束源

图 5-26　SVTA 35 V-2 型分子束外延设备

炉及其相应的快门组件、样品控制台、分布在四周的原位监测仪器以及保持超高真空所需要的冷泵。分子束源炉用来放置原材料并产生分子或原子束流。如图 5-27 所示，可以通过它来控制源的蒸发温度以达到控制束流大小的目的，还可以通过控制源炉出口附近的快门来精确控制材料的生长顺序，这也是分子束外延的一大特点。样品控制台除了能够控制生长过程中衬底的温度外，还能通过自身的升降来调节衬底所处的束流路径上的区域。另外，在外延生长过程中还必须保持连续旋转来改善外延薄膜的厚度、组分甚至掺杂浓度的均匀性和重复性。

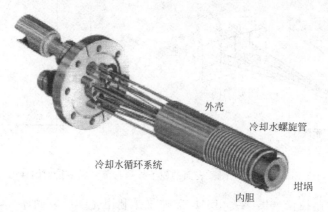

外壳

冷却水螺旋管

冷却水循环系统

坩埚

内胆

图 5-27　分子束源炉结构示意图

5.5.4　分子束外延原位监测

MBE 系统中可以有多种原位监测手段，如反射式高能电子衍射仪（RHEED），扫描隧道电子显微镜（STM），Auger 电子能谱（AES），光电子能谱（XPS）等。在我们所使用的 MBE 系统中主要有以下两种原位监测手段。

（1）反射式高能电子衍射仪（RHEED）　如图 5-28 所示，RHEED 是原位观察单晶表面结构信息的一种非常有效的手段，是分子束外延系统中最为重要的原位监测工具。一般的 RHEED 主要由电子枪、荧光屏、信号接收与处理三个部分等组成。当电子枪产生的一束电子束以很小的角度入射到样品表面时，会受到晶体表面原子的散射。由于晶体表面的原子是有序排列的，对于入射的电子束来说相当于一个衍射的光栅，被散射的电子束在某些出射方向上如果满足 Laue 方程的衍射条件就会出现衍射强度增强，在荧光屏上就会出现一些衍射的花样。RHEED 所产生的花样其实是 Eward 球与晶体倒易点（或者说倒易棒）的交点在荧光屏上面的投影。

由于电子束的能量范围在 5~40keV，而且以很小的角度（1°~3°）入射到样品的表面，这些电子对应的德布罗意波长非常短（0.17~0.06Å），穿透到晶体的深度仅限于表面几个原子层，因此反射式高能电子衍射只能反映出表面原子排列的信息。在薄膜的生长过程中，利用 RHEED 花样可以实时了解到样品表面的一些情况。当生长的晶体表面变得粗糙不平时，衍射花样是斑点图案；如果是锐利的条状衍射花样则表明此时的晶体为二维生长，表面比较平整。通过 RHEED 花样的样式，研究者可以判断晶体的结晶性和表面重构，例如环状图案表明多晶的形成。另外，根据 RHEED 的强度振荡曲线还可以精确测定材料的生长速率，其一个振荡周期对应恰好生长了一个原子层。

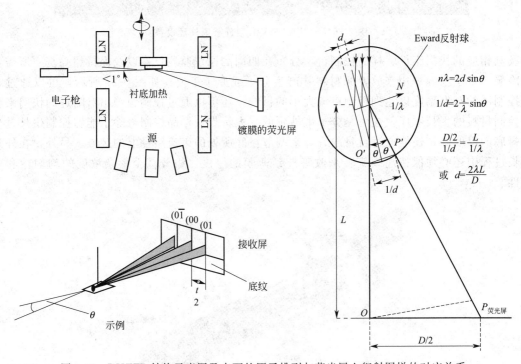

图 5-28　RHEED 结构示意图及表面的原子排列与荧光屏上衍射图样的对应关系

（2）光学反射监控仪（IS4K）　IS4K 监控仪是利用光学反射的原理，具有无接触实时观测样品本身的特点。它可以提供ⅢA 族-VA 族氮化物薄膜生长过程中衬底的温度、薄膜的生长速率以及薄膜厚度等信息。它所采用的测温原理并不适用于透明的衬底。因为：a. 如果采取的是辐射加热方法，加热丝的光学辐射就会穿透过衬底到达传感器，导致不能具体分辨出是衬底辐射的温度还是加热丝的辐射温度；b. 一般来说透明衬底的受热发射率较小，即使在高温情况下也服从黑体辐射定律。解决这个问题的方法是在透明的衬底背面镀上一层不透明的钛金属，这层金属薄膜的厚度应该足够不透明以便于阻挡加热丝辐射到传感器上。镀钛的另外一个好处就是这层金属薄膜有助于提高衬底各部分温度的均匀性。IS4K 另外一个用途是利用薄膜生长厚度的变化所引起的光强度周期振荡的方法来实时监测 MBE 薄膜生长的厚度，如图 5-29 所示。其基本工作原理就是光学中的干涉现象（如图 5-30 所示），当一束特定波长的激光束以接近于垂直的方向入射到外延层薄膜上时，一部分激光会在外延层表面发生反射，而由于衬底和外延层有着不一样的折射率，还有一部分激光折射入外延层，在衬底与外延层之间的界面发生反射。图 5-31 为 IS4K 系统结构图，当两束反射线具有与外延层相关的光程差时，就会发生干涉，干涉信号沿着原光路返回 IS4K。

图 5-29　IS4K 外观图

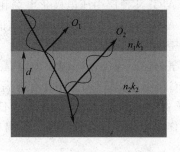

图 5-30　IS4K 光学原理图

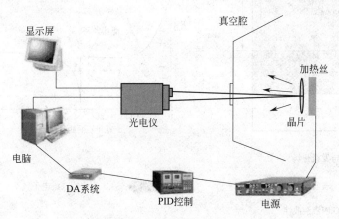

图 5-31　IS4K 系统结构图

根据监测到的曲线就可以获得外延层实时的厚度、生长速率等信息，这对研究氮化物的生长工艺提供了非常有价值的信息。其生长速率计算公式为：

$$V = \frac{\lambda/2n}{\Delta t/3600} \tag{5-20}$$

式中，V 为生长速率；Δt 为振荡曲线时间；n 为反射系数；λ 为入射光束的波长。

5.5.5　分子束外延技术的应用

MBE 技术的出现极大地推动了新一代半导体材料与技术的发展。MBE 作为一种高真空蒸发形式，因其在材料化学组分和生长速率控制等方面的优越性，非常适合于各种化合物半导体及其合金材料的同质结和异质结外延生长，并在金属半导体场效应晶体管（MESFET）、高电子迁移率晶体管（HEMT）、异质结构场效应晶体管（HFET）、异质结双极晶体管（HBT）等微波、毫米波器件及电路和光电器件制备中发挥了重要作用。近几年来，随着对器件性能要求的不断提高，器件设计正向尺寸微型化、结构新颖化、空间低维化、能量量子化方向发展。MBE 作为不可缺少的工艺和手段，正在二维电子气（2DEG）、量子阱（QW）和量子线、量子点等新型结构研究中建立奇功。MBE 的未来趋势就是进一步发展和完善 MBE，使得 MBE 在ⅢA 族-ⅤA 族砷化物和氮化物的制备生长方面得到广泛应用。下面仅以ⅢA 族-ⅤA 族氮化物为例介绍几种应用。

(1) AlGaN/GaN 基 HEMT   AlGaN/GaN 基 HEMT 有着先天的优势（图 5-32）。在未掺杂的 AlGaN/GaN HEMT 结构中，各层之间应力的作用来源于晶格失配和热膨胀失配。应变的 AlGaN 顶层中压电极化电场和自发极化电场可分别达 2MV/cm 和 3MV/cm（压电极化电场 AlGaAs/GaAs 结构中相应值的 5 倍多）。高的极化电场在ⅢA 族氮化物界面和表面上产生高密度的极化电荷，强烈调制了 AlGaN/GaN 异质结的能带结构，加强了对 2DEG（二维电子气）的二维空间限制，进而提高了 2DEG 的面电荷密度。

AlGaN/GaN HEMT 在具有较高的 2DEG 浓度的同时，由于 AlGaN/GaN 界面可以利用 MBE 技术生长达到原子级平整，使得其界面电子迁移率得到很大的提升，进而使 HEMT 具有工作温度高、工作偏压高、输出功率高、抗辐照能力强等优点。

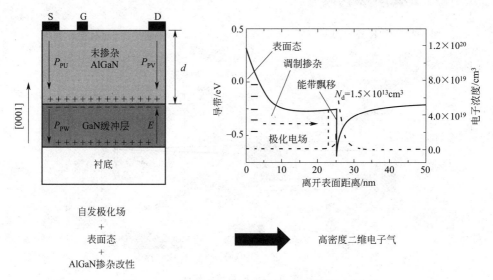

图 5-32   AlGaN/GaN 基 HEMT 特性结构示意图

(2) InGaN/GaN 纳米 LED   自从 Sánchez-García 首次报道用分子束外延方法制备出 GaN 纳米杆以来，关于ⅢA 族氮化物纳米杆制备方面的文章数量就以指数级增长，利用 MOCVD、HVPE、MBE 等方法已经在硅衬底及蓝宝石衬底上制备出高质量的 GaN 纳米材料。图 5-33 为 InGaN/GaN 纳米杆 LED 结构示意图。

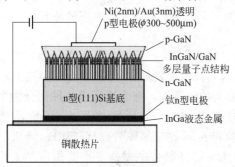

图 5-33   InGaN/GaN 纳米杆 LED 结构示意图

利用传统方法在衬底上异质外延的薄膜中含有很高数量级的位错和层错，而对于纳米杆生长而言，由于 MBE 是一种自组装方式的生长，失配导致的位错会起始于衬底和ⅢA 族氮化物界面而终止于随后生长的纳米杆的自由表面，整个纳米杆是基本没有位错的。纳米杆完整的晶体结构也带来了其优异的光学性质，在同样设备同样衬底上生长的 GaN 纳米杆的光致发光强度是 GaN 薄膜发光强度的 20 倍甚至 30 倍。

（3）AlGaN/AlN 基紫外探测器　使用 MBE 生长 AlN/AlGaN 超晶格可以降低由 AlN 模板穿透入 AlGaN 外延薄膜的位错密度，但是由于 AlN 与 AlGaN 之间晶格失配也会产生位错，为了更好地降低位错密度，可依据 MBE 精密生长特点采用组分渐变 $Al_xGa_{1-x}N$/AlN 多缓冲层结构，力图使渐变 $Al_xGa_{1-x}N$ 组分逐渐逼近 $Al_{0.45}Ga_{0.55}N$ 外延薄膜，从而减少它们之间由于晶格失配产生的位错，因此能更好地生长高质量的 $Al_{0.45}Ga_{0.55}N$ 外延薄膜，以便提高器件的光学电学性质。图 5-34 为 AlGaN/AlN 基紫外探测器结构示意图。

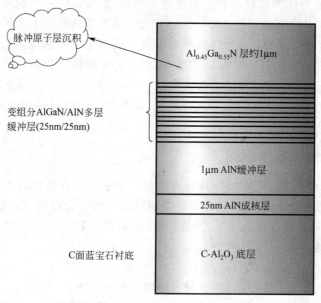

图 5-34　AlGaN/AlN 基紫外探测器结构示意图

目前世界上有许多国家和地区都在研究 MBE 技术，包括美国、日本、英国、法国、德国和我国台湾。具体的研究机构有日本的东京工学院电学与电子工程系，日本东京大学，日本理化研究所半导体实验室，日本日立公司，日本 NTT 光电实验室，美国佛罗里达大学材料科学与工程系，美国休斯敦大学真空外延中心，英国利沃浦大学材料科学与工程系，英国牛津大学物理和理化实验室，牛津大学无机化学实验室，德国薄膜和离子技术研究所，德国乌尔姆大学半导体物理实验室，德国西门子公司，韩国的电子和通信研究所，法国的汤姆逊 CFS 公司，台湾大学电子工程系等。

5.6　原子层沉积技术原理、特点及应用

5.6.1　原子层沉积技术简介

原子层沉积技术（Atomic Layer Deposition，ALD）也是一种将物质以单原子膜的形式一层一层沉积在基底表面形成薄膜的技术。原子层沉积与金属有机化学气相沉积（Metal-Organic Chemical Vapor Deposition，MOCVD）方法有相似之处，同样采用多种不同的前驱体源，一般是金属有机源之间发生化学反应生成薄膜，可以视为 CVD 方法的一种拓展。但是与 MOCVD 反应不同的是，ALD 反应在沉积时是把每个前驱体分别通入，每个反应过程只有一种前驱体发生反应，所以具有其独特的优点和性能。原子层沉积技术又称作原子层外

延技术（Atomic Layer Epitaxy），一般认为最早是在 1970 年由芬兰科学家 Dr. Suntola 和 J. Anston 等人在制备 ZnS 薄膜电致发光器件时提出的。最近也有人把 ALD 技术的第一步归功于前苏联的 Aleskovskii 教授，他的小组在 1965 年报道了使用 $TiCl_4$ 和水作为前驱体生长 TiO_2 的工作。最初发展 ALD 技术的动力是当时制备薄膜电致发光平板显示材料的需求，这一类应用要求在大尺度衬底上生长高质量的介电和电致发光材料薄膜。在接下来 30 年时间里，ALD 技术逐步得到发展。在 1980 年 ALD 技术开始用来制备化合物半导体薄膜，主要是ⅢA 族-VA 族半导体薄膜材料。但是在这个领域内，ALD 技术相对于成熟的 MOCVD 和 MBE 方法来说，并没有特别的优势，所以在接下来几年内并不太受到关注。

从 20 世纪最后几年开始，半导体技术的发展，尤其是硅基微电子器件，要求器件的加工精度向深亚微米乃至纳米尺度发展。这就对新型的薄膜沉积方法提出了更高的要求。ALD 技术被认为是生长那些超薄的、高保形性、同时具有精确的厚度控制的薄膜的最佳方法，又重新得到了广泛关注和发展，尤其是在制备各种晶体管材料的电介质层材料薄膜时，目前均使用的 ALD 方法。

5.6.2 原子层沉积技术原理

原子层沉积技术可以认为是 MOCVD 方法的一类进化。在传统的 MOCVD 方法制备薄膜时，两种或多种原料，一般称为前驱体，是同时通入到反应腔里的。以制备 Al_2O_3 为例，前驱体通常采用的是金属有机源 $Al(CH_3)_3$（三甲基铝，TMA）及超纯水。这两种前驱体同时通入反应腔，发生如下的化学反应：

$$Al(CH_3)_3 + H_2O \longrightarrow Al_2O_3 + CH_4 \uparrow$$

从而在衬底上生成了 Al_2O_3 薄膜，另一种副产物甲烷则挥发掉了。

而 ALD 反应时，同样采用这两种前驱体，但是并不是同时通入两种前驱体材料，而是分别交替通入每一种前驱体源。同样以制备 Al_2O_3 为例，ALD 反应就有四个步骤。分别如下。

(1) 通入第一种前驱体，比如三甲基铝 通常采用高纯氮气或者惰性气体作为载气，让三甲基铝蒸气跟着载气一起进入反应腔。三甲基铝在反应腔内的衬底材料上发生化学反应。一般来说，当衬底材料置于空气中时，其表面悬挂键会吸附空气中的水分子，这些吸附的水分子在衬底表面形成了羟基，三甲基铝就与这些羟基发生化学反应，三甲基铝中的一个甲基与一个羟基中的氢原子合成一个甲烷分子，这个甲烷分子挥发掉，而剩下的铝原子与羟基中剩下的氧原子结合成键。其结果就是一个铝原子带着两个甲基沉积到了衬底上，如图 5-35 所示。

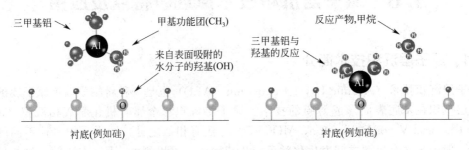

图 5-35　ALD 反应中的第一步

持续通入三甲基铝，最后可以保证衬底上的每个羟基都与一个三甲基铝分子发生反应，从而每个羟基的氧原子都与一个铝原子成键。这时就达到了一个化学反应饱和状态，如图5-36 所示。达到这个化学饱和状态所需要的时间其实是非常短的，一般简单的衬底表面，反应通常在几十到几百毫秒的时候就已经达到饱和了。而复杂的三维结构表面，就需要更长一些的反应时间。当反应饱和后，当我们再继续通入三甲基铝时，已经没有多余的羟基能够与它发生反应了，于是这个反应过程就停止了，宏观上看来，就是在衬底上生长了一次铝原子以后，反应就自动限制进行了。所以 ALD 反应是一种单原子层生长的自限制过程。

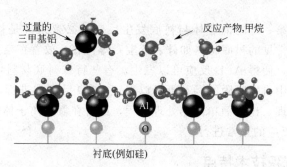

图 5-36　所有的羟基都发生反应后，ALD 反应出现自限制过程

（2）清扫反应腔，去除多余的前驱体　第一步反应的前驱体比如三甲基铝，尽管由于化学反应的自限制过程，在饱和后不会再发生化学反应，但是可以由物理吸附的途径连接到衬底表面，这些吸附的多余的前驱体会影响下一步反应，在很大程度上影响衬底的薄膜质量，所以需要清除掉这些多余的前驱体材料。另外第一步反应时产生的副产物甲烷也需要从反应腔里清除出去。通常的清扫方法是使用惰性气体如氩气，或者高纯的氮气对反应腔进行清扫，把多余的前驱体和副产物去除。

（3）通入第二种前驱体，比如超纯水　这些水分子与第一步结束时，生长在衬底表面的三甲基铝上剩下的两个甲基发生反应，水分子中的氢原子与甲基结合成甲烷挥发掉，而氧原子代替了甲基，与铝原子成键。同时氧原子上还剩下一个氢原子。总的效果就是，前面一层铝原子通过氧原子彼此成键，另外还有剩下的羟基连接在上面。如图 5-37 所示。当我们持续通入水分子以后，最后可以让所有的铝原子上的甲基都被形成甲烷而挥发掉，只剩下氧原子和羟基连接在铝原子上。这时再通入水分子，它也不能与氧原子或羟基发生反应，于是第二步的反应也达到了饱和，过程被自限制了。这时宏观上看，就是在衬底上又生长了一层氧原子。或者说，在衬底上生长了一层 Al_2O_3 分子。

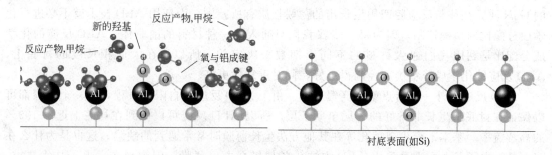

图 5-37　通入第二种前驱体以后，形成了一层 Al_2O_3 薄膜

（4）再次吹扫反应腔，除去反应腔中多余的第二种前驱体和副产物　接下来重复步骤一。继续通入第一类前驱体，三甲基铝又可以和第三步时形成的羟基发生反应，从而继续生

长第二层铝原子。

总的来说，一个典型的 ALD 生长周期就包括这四个步骤：第一类前驱体的自限制反应；清扫反应腔；第二类前驱体的自限制反应；清扫反应腔。持续进行这四个步骤的循环，就可以长出若干层铝原子和氧原子交叠的结构，或者说是若干层厚度的 Al_2O_3 分子薄膜。由于一个循环只可能生长一层 Al_2O_3 分子，多余的材料由于化学反应的自限制过程不能生长上去，所以 ALD 反应可以通过控制循环次数从而精确地控制生长的材料的层数，也就是控制材料的厚度。

我们可以看到，第一步的前驱体与衬底发生反应的必要条件是衬底上吸附有羟基功能团。一般来说，对于常见的衬底材料如硅、蓝宝石等衬底，放置在空气中就可以保证衬底上面吸附有足够的羟基，使得 ALD 反应可以发生。有些特殊衬底材料，或者衬底具有复杂的三维结构时，在空气中自发吸附的羟基不足以保证 ALD 反应的进行，这时可以采用一定的手段对衬底进行预处理，比如简单的热处理过程，或者在氧等离子体中轰击一段时间等。这样就足够保证 ALD 反应的正常进行了。

5.6.3　原子层沉积技术特点

如前所述，ALD 反应是一个有自限制过程的化学反应，这就使得这种方法具有一个最大的优点，就是自限制的单原子层逐层生长。因为每一层原子生长上去后，达到化学反应饱和时反应就停止了，所以每一步只能生长一个单原子层，不会出现一步中生长出几层原子层的情况；又因为每一步达到饱和的时间非常短，我们通入前驱体的时间相对是较长的，所以不会出现一个原子层没有生长完全的情况。换句话说，ALD 反应通常可以保证近乎完美的二维生长过程。我们可以精确地控制每一层生长的材料，可以精确控制薄膜生长的厚度、周期数以及薄膜最后一层原子是什么材料。此外，这种自限制过程还使得 ALD 反应相对于MOCVD 反应而言，更加节省原料。在 MOCVD 过程中，持续通入的前驱体实际上绝大部分都被抽出了反应腔，或者在衬底以外发生了反应，真正用来在衬底上生成薄膜的前驱体只占所加入原料的极少部分。而 ALD 反应交替通入两种前驱体的方法，就可以在很大程度上避免这种原料的浪费。

此外，在利用 MOCVD 技术生长薄膜时，我们必须精确控制每种前驱体通入的化学成分配比。当我们在大面积衬底上生长薄膜时，由于通入的前驱体成分配比可能在某些地方发生波动，从而使得生长出的薄膜化学成分不均匀。比如目前工业上常见的，使用 MOCVD生长 GaN 薄膜，一个反应腔内通常会放置 30 片以上的蓝宝石衬底，这时反应腔中心生长出的 GaN 薄膜往往与反应腔四周生长出的薄膜性质有所差别。而使用 ALD 技术就不必进行化学成分配比的精确控制，因为每一步骤我们只通入了一种材料的前驱体。ALD 反应的化学成分配比是利用我们通入材料的不同周期数来决定的。所以，在大面积尺度的衬底上，ALD 反应的化学成分精确度控制得更好，同时重复性更好。

ALD 反应另外一个特点就是高覆盖率。由于 ALD 反应的自限制过程，每一个步骤都可以保证在衬底上生长非常好的一层单原子层。所以 ALD 反应可以做到在衬底上近乎 100% 的高覆盖率。基本不会出现针孔等在其他方法生长薄膜时常常遇到的缺陷。这也是为什么在当今的微电子行业中大量采用 ALD 方法生长栅极介电层薄膜。因为现在微电子技术要求，栅极介电层通常都是纳米尺度厚度的，别的薄膜生长方法往往会产生针孔，从而降低介电层的绝缘性，而 ALD 方法就能很好地保证高覆盖率，提高介电层的绝缘性。图 5-38 对几种常见薄膜生长方法的覆盖率给出了一个对比。

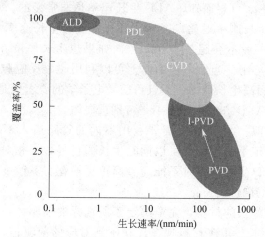

图 5-38　几种常见薄膜生长方法生长速率与衬底覆盖率的对比

　　ALD 方法还有一个重要的优点就是高保形性，也就是说生长出来的薄膜材料基本可以保证和衬底材料的表面形状完全一致。这个优点在复杂的三维衬底结构上生长薄膜时特别明显。比如衬底上如果有三维的沟道和孔洞时，大部分薄膜生长方法都很难在孔洞内生长薄膜，或者生长的薄膜会把孔洞填满抹平，使得薄膜不再具有衬底的表面形状，尤其是孔洞尺度在纳米量级时更是如此。而 ALD 反应可以在很高的深径比（孔深：孔直径）时，生长出均匀厚度的薄膜覆盖整个衬底，而且保证薄膜的形状和衬底形状一致。目前一般来说，ALD 反应可以在直径在微米级别的孔洞上，深径比接近 100：1 时还能生长很好的薄膜。而普通方法深径比在 10：1 左右就很难生长薄膜材料了。而衬底的三维结构在纳米尺度时，更是只有 ALD 反应才能很好地生长薄膜材料。这在如今的微电子行业中也是非常重要的，因为现在的场效应晶体管要求沟道尺度很小，在这种小尺度的复杂结构上只有 ALD 反应能很好地生长介电材料薄膜。图 5-39 给出了使用 ALD 方法在复杂的三维沟槽衬底上生长高保形性的多晶与单晶材料的例子。

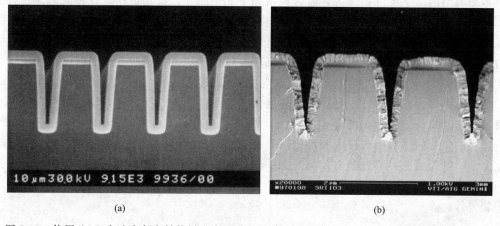

(a)　　　　　　　　　　　　　　　　　(b)

图 5-39　使用 ALD 方法在复杂结构衬底表面生长的多晶氧化铝薄膜（a）和单晶钛酸锶薄膜（b）

　　ALD 方法也有它的一些缺点。首先就是生长速率非常慢。在一个 ALD 生长周期中，每次通入前驱体的时间一般在一秒到数秒，而每次通入惰性气体清扫的时间往往在几十秒到几分钟。所以 ALD 生长一个周期的时间都在几分钟以上，而一个周期只能生长一个分子层的厚度，也就是几个埃左右。可想而知，ALD 生长速率是非常慢的。从图 5-38 也可以看到几种常见薄膜生长方法的生长速率对比。因为这种非常慢的生长速率，ALD 方法往往用来生长比较薄的薄膜，厚度一般不会超过 100nm，而如果想生长厚度在微米级别的薄膜器件，ALD 方法就有点力不从心了。当然，在工业上可以利用一个反应腔里面同时在数十片衬底上生长薄膜的方法变相提高生长速率，而且目前微电子学的要求也是让薄膜越来越薄，所以生长速率这个缺点对于 ALD 方法来说并不是特别重要的。

与 MOCVD 方法类似，ALD 方法需要利用不同的管路通入不同的前驱体，所以一台 ALD 设备的管路数就决定了这台设备可以同时生长的材料数。相对于脉冲激光衬底或者磁控溅射等方法来说，ALD 生长薄膜时不能通过简单更换靶材就改变生长的材料，所以在生长材料种类上有一定的局限性。

另外，ALD 方法能生长的材料，完全决定于所选择的前驱体，所以并不是所有的薄膜材料都能用 ALD 方法生长。很多材料现在还找不到对应的前驱体，就没有办法用 ALD 方法生长。此外，有很多材料尽管可以用 ALD 方法生长，但是由于对应前驱体的昂贵，在经济上并不合算。比如半导体工业中常见的硅、锗等材料，对应的前驱体非常昂贵，采用 ALD 方法生长远远不如使用普通的 MBE 方法生长薄膜经济。

ALD 方法一个最大的缺点，就是来源于它是一种化学反应。所以在生长过程中，总是存在化学杂质残留的可能性的，尽管我们使用惰性气体在每个周期清扫了腔体。在一个典型的生长氧化物薄膜材料过程中，使用 ALD 方法可能会带来 $0.1\%\sim1\%$ 原子比的杂质。载气也会带来一定的化学杂质。这些残余的杂质在薄膜中通常是均匀分布的，会对薄膜的性能，尤其是电学性能带来很大的影响。比如说在采用 ALD 方法生长 ZnO 薄膜时，往往会发现 ZnO 薄膜的电导率特别高，一个可能就是生长 ZnO 时用的水残留的氢原子会带来高浓度的 n 型掺杂。相比之下，采用物理方法生长薄膜时往往使用高真空，而且除了需要生长的薄膜材料成分外基本不包括其他杂质，这样在薄膜中残留的杂质元素就非常少。

5.6.4　原子层沉积设备结构

一套典型的原子层沉积设备，通常包括如下几个部分。首先是存放各种前驱体原料的钢瓶及相应的管路。由于原料的不同，有些钢瓶可能会附带相应的加热或者恒温装置。管路上会有高精度的阀门，通常这些阀门可以在毫秒量级上控制管路的开闭。然后是载气和清洁气体的管路，同样由高精度阀门控制；一个反应腔体，前驱体交替通入反应腔内发生反应。通常反应腔是一个封闭的真空腔体，但是真空度要求并不太高，可以认为是一个低真空的腔体。在反应的每一步进行时，除了前驱体管路入口外，腔体本身封闭，让前驱体在里面充分停留，这一步反应完成后，腔体出口打开，通过相应的真空泵，抽走每一步反应多余的气体。这样的结构叫做封闭式反应腔结构。也有采用开放式结构的反应腔，在每一步反应进行时腔体出口并不封闭，不过非常少见。除了这些主要部分外，一套 ALD 设备还应该包括相应的控制系统、电气系统，以及可以添加的各种附件，比如离子源系统、臭氧发生器、尾气处理装置等。

5.6.5　原子层沉积反应前驱体

前驱体在一个 ALD 反应中占有最重要的作用，可以说一种薄膜能不能使用 ALD 方法生长，生长出来的质量好不好，极大程度上取决于相应的前驱体的选择。

从 ALD 反应的原理可以知道，它的前驱体必须是气体、或者是能挥发的液体或者固体。通常前驱体蒸气的蒸气压在 0.1Torr（13Pa）到 1Torr（130Pa）之间。前驱体蒸气不能在管路中发生凝结，以免堵塞管路。最好不具有腐蚀性或者有较低的腐蚀性，以免腐蚀管路。前驱体要能够与衬底表面的功能基团反应，反应速率应该比较快，从而提升生长速率，而且反应副产物最好是气体，这样可以挥发掉。应该能具有一定的热稳定性，这样前驱体在达到衬底表面上开始反应之前不会自行分解。一般来说，能够用在 MOCVD 方法中的前驱体材料都能用在 ALD 方法中，不过由于 ALD 的自限制过程，对于前驱体的蒸发性上，ALD 相对于 MOCVD 而言要宽松得多，许多在 MOCVD 中不能使用的前驱体，比如固态的前驱体，也能用在 ALD 反应中。

ALD 方法通常用来生长氧化物、氮化物材料，也可以用来生长硫化物或者金属单质等材料薄膜。图 5-40 给出了目前可以使用 ALD 方法生长的薄膜材料的种类。常见的金属材料的前驱体主要是金属卤化物，特别是氯化物；金属的烷基化合物或者醇盐以及各种复杂的金属有机化合物。用来作为非金属源的前驱体，比如氧的前驱体可以是超纯水、双氧水、臭氧或者离子源产生的原子氧；硫源一般采用 H_2S；氮源可以使用氨气、氮离子源、联氨或者胺；ⅤA 族元素都可以用对应的氢化物作为前驱体。

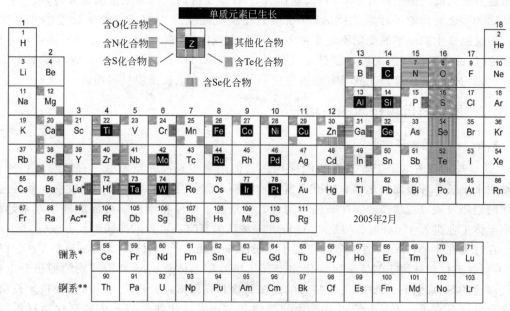

图 5-40　目前 ALD 方法可以生长材料种类

要生长一种材料的薄膜，往往可以选择不同的前驱体组合，但是不同的前驱体生长工艺要求往往不同，得到的薄膜性能或多或少也有所差别，主要是因为残留的化学杂质不同的关系。所以生长一个材料时要选择哪种前驱体，需要具体情况具体考虑。通常来说，对于最常见的使用 ALD 方法生长金属氧化物而言，采用金属的烷基化合物与水反应是最佳选择。这不仅是因为金属的烷基化合物与水的成本较低，容易得到，还因为这两类前驱体热稳定性较好，而彼此间反应强烈。这两类前驱体间的化学反应也是现在研究最为透彻的。

当然，对于 ALD 反应的前驱体的研究也是在不断进行中的。越来越多新的前驱体被人们合成出来，使得很多以前不能生长的材料现在也可以生长出来了。比如单质银薄膜，从图 5-40 可以看到，在 2005 年之前是无法生长的，但是在 2011 年报道芬兰科学家已经合成了对应的前驱体 $Ag(fod)(PEt_3)$，从而生长出单质银薄膜。

5.6.6　原子层沉积反应温度

　　ALD 反应是一种化学反应，我们知道，化学反应是需要一定活化能的，也就是需要一定的反应温度。所以 ALD 反应具有一定的窗口温度，如图 5-41 所示。当一个 ALD 反应温度太低时，前驱体与衬底反应很慢，使得化学反应很难达到饱和，反应不完全；或者前驱体可能会发生冷凝，大量冷凝的前驱体很难用惰性气体清扫干净，从而使得前驱体用量增大，自限制反应难以维持，影响薄膜生长的均匀性。而

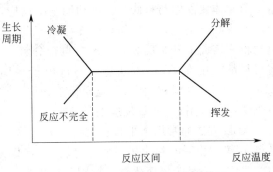

图 5-41　ALD 反应温度区间示意图

如果一个 ALD 反应温度过高，前驱体分子可能发生化学键断裂，部分反应产物分解；或者生长的薄膜由于温度过高而脱离吸附挥发，影响生长速率。所以，一个 ALD 反应温度不能太高也不能太低。但是相对于 CVD 反应而言，ALD 反应的窗口温度范围要大得多，一般在 $200 \sim 400 \degree C$ 之间都能很好地发生 ALD 反应。在反应温度窗口中，薄膜生长速率和温度有关，不过通常生长速率的变化不是非常大。ALD 的反应温度相对于许多物理薄膜生长方法，比如 PLD 或者磁控溅射来说，都是比较低的，所以 ALD 方法可以在较低的温度下生长薄膜，也是它的一种优势，尤其是对最近发展的柔性衬底上生长薄膜材料而言。

5.6.7　原子层沉积技术的应用

5.6.7.1　微电子工业

　　ALD 技术在微电子工业具有广泛应用。它被用来生长高介电常数（高 k）材料薄膜，还被用来生长多种金属氧化物材料或者氮化物材料。随着当今半导体技术的发展，器件向小型化的趋势发展，对超薄薄膜生长的均匀性、保形性、厚度精确控制方面的要求越来越高。在半导体工业进入 45nm 时代以后，ALD 方法被认为是唯一可行的薄膜生长方法。

　　在过去几年中，ALD 方法广泛应用于生长高 k 金属氧化物材料，如 Al_2O_3、ZrO_2 以及 HfO_2。这类材料被用于制备金属氧化物半导体场效应晶体管（MOSFET）的栅极介电层，取代以前的 SiO_2 材料。ALD 方法特有的高覆盖率、高保形性、高均匀性可以使得生长出的栅极介电层具有更小的漏电流以及更快的器件开关速度。此外，高 k 金属氧化物材料薄膜在电容器方面也有广泛应用。作为存储结构主要部分的电容器件，经常是三维结构的，所以就要求生长的薄膜具有很好的保形性。而随着器件密度增大，尺寸减小，结构内沟槽的深径比越来越大，绝缘层薄膜越来越薄。为了保证器件的漏电性能，只能采用 ALD 方法来制备其中的绝缘层薄膜。目前 ALD 方法可以在复杂的三维结构上生长高介电常数的 $SrTiO_3$ 作为绝缘氧化层。

　　ALD 方法还被用来在半导体工业中制备电气连接层。主要是 TiN 等导电的过渡金属氮化物薄膜。现在半导体技术中广泛使用铜代替铝导线实现互联，主要是因为铜具有更低的电阻率和更高的抗电子迁移能力。但是为了防止铜扩散到电介质上，提高它的黏着力，要求在制备铜膜之前先制备极薄的、而且厚度均匀的阻挡层。所以目前采用 ALD 技术生长超薄的 TiN、TaN 等阻挡层。

　　此外，在半导体领域，ALD 技术还被用来制备光电元件的涂层，晶体管中的扩散势垒

层和互联势垒层（阻止掺杂剂的迁移），有机发光显示器的反湿涂层和薄膜电致发光（TFEL）元件，集成电路中的支撑层，电磁记录头的涂层，以及有机半导体材料薄膜等。

5.6.7.2 纳米材料领域

由于 ALD 技术的高保形性、高覆盖率，它也被广泛应用在纳米材料领域。使用 ALD 技术可以在各种复杂的纳米结构上包裹生长薄膜材料，进行材料的表面改性；或者利用纳米结构作为模板，生长诸如光子晶体等特定的器件结构。如图 5-42 所示，在蝴蝶的翅膀上用 ALD 方法生长了 Al_2O_3 薄膜，从而形成了光子晶体结构。

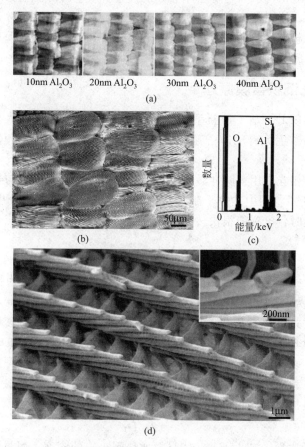

图 5-42　使用蝴蝶翅膀作为模板，生长光子晶体结构

此外，ALD 技术还被用来生长燃料电池的阳极催化层。目前燃料电池采用具有超大表面积的纳米结构作为阳极，在上面生长 Pt 等金属单质作为催化层。其他方法很难做到在这样复杂的纳米结构上生长材料，ALD 方法是最佳的解决方案。

5.7 脉冲激光沉积镀膜

1960 年第一台红宝石激光器的问世，开启了激光与物质相互作用的全新领域。人们发现当用激光照射固体材料时，有电子、离子和中性原子从固体表面"跑"出来，并在其附近形成一个发光的等离子区，其温度估计在几千摄氏度到上万摄氏度之间，随后有人想到，若能使这些粒子在衬底上凝结，就可得到薄膜，这就是激光镀膜的概念。1965 年 Smith 等第一次尝试用激光制备了光学薄膜，但经分析发现，这种方法类似于电子束打靶蒸发镀膜，未显示出很大的优势，所以一直不为人们所重视。直到 1987 年，美国 Bell 实验室首次成功地利用短波长脉冲准分子激光制备了高质量的钇钡铜氧（YBCO）超导薄膜，脉冲激光沉积（Pulsed Laser Deposition，PLD）技术才成为一种重要的制膜技术受到国际上广大科研工作者的高度重视。当前，PLD 技术在铁电、半导体、金刚石（类金刚石）等多种功能薄膜以及生物陶瓷薄膜的制备上显示出广阔的应用前景。这种方法已经发展为最好的制备薄膜方法之一。

所谓"脉冲激光沉积技术"是将脉冲准分子激光所产生的高功率脉冲激光束聚焦作用于真空室内的靶材表面，使靶在极短的时间内加热熔化、气化直至使靶材表面产生高温高压等离子体，形成一个看起来像羽毛状的发光团——羽辉；等离子体羽辉垂直于靶材表面定向局域膨胀发射从而在衬底上沉积形成薄膜。

5.7.1 脉冲激光沉积镀膜原理

脉冲激光沉积（PLD）是一种新型的制膜技术，PLD 制备薄膜大体可分为三个过程：激光与靶材相互作用产生等离子体；等离子体在空间的输运；等离子体在基片上沉积形成薄膜。

(1) 激光与靶材相互作用 脉冲激光沉积薄膜的物理基础是激光与物质的相互作用。其沉积装置如图 5-43 所示，图中准分子激光器从窗口射入超高真空系统中的靶上，当激光辐射能到达靶面被吸收时，电磁能很快转变为等离子体形式的电子激发能，电磁波的电场强度大小由下式表示：

$$E = (2\Phi/nc\varepsilon_0)^{1/2} \tag{5-21}$$

式中，Φ 为能量密度；ε_0 为自由空间的介电常数；c 为光速；n 为折射率。例如折射率为 2、辐射能量密度为 $2\times10^8 \, \text{W/cm}^2$ 的材料可产生电场为 $2\times10^5 \, \text{V/cm}$，足以在很多材料中引起介电击穿。由上式可知，发生介电击穿所需临界电场正比于能量密度平方根，即正比于激光通量，反比于激光脉冲宽度 τ。一般地，临界能量密度取决于靶的材料及其形态结构，还与激光波长有关。多数情况下，材料的溅射由通过晶格点阵的热导率控制，被激发的电子将它们的能量在几皮秒内转移到晶格点阵，在光学吸收深度 $1/\alpha$ 内材料开始升温，其中 α 是光学吸收系数，设热扩散长度为：

$$l_T = 2\sqrt{D\tau} \tag{5-22}$$

式中，D 为扩散常数。若 $l_T < \alpha$，体材料加热到 $1/\alpha$ 的深度，而与脉冲无关。对于多元素靶材进行消融，只有这个条件满足时才能得到同组分的等离子体，因而需要使用紫外激光源。激光与靶材相互作用过程对所沉积薄膜的成分、结构和均匀性影响至关重要。

(2) 等离子体的产生 高强度脉冲激光照射靶材时，靶材吸收激光束能量并使焦点处靶材温度迅速上升到蒸发温度以上产生高温及消融，使靶材汽化蒸发，瞬时蒸发汽化的气化物质与光波继续作用，使绝大部分电离并形成区域化的高浓度等离子体，等离子体一旦形成后，又会吸收激光能量而使温度升高，表现为一个具有致密核心的闪亮的等离子体火焰。等离子体沿着靶面法线方向传播，但由于离子与电子的重新结合，使得在激光脉冲消失后，电离度会迅速降低，为得到高的电离度，可取一个非常高的初始温度 10000K，而这是不合理的。因此，在靶材开始蒸发时，只有通过非加热方法电离才能在初期羽辉云中产生局部高电子浓度。初期羽辉云形成后，其后面的体材料不会被进一步直接消融，但羽辉本身对它有影响。脉冲消失瞬间，局部羽辉云温度可超过 20000K，经 ns 脉冲消融后，羽辉厚度约为零点

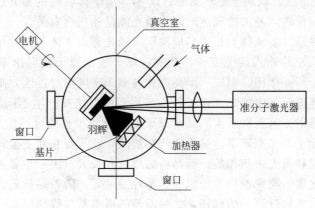

图 5-43 脉冲激光沉积装置

几毫米，当接触到靶时，初期羽辉的部分内能热耦合到靶物质中，使在激光焦点面上约 $1\mu m$ 厚的靶材进一步消融，这个过程称为激光支持吸收。对于金属的消融，大部分光子能量最终都热耦合进了靶材中。

靶材表面附近形成了一种复杂的层状结构，如图 5-44 所示。

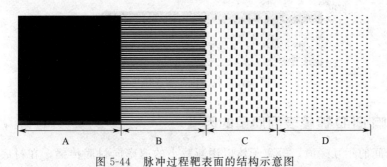

图 5-44　脉冲过程靶表面的结构示意图

A—固态靶；B—熔化的液态层；C—气态和等离子体层；D—膨胀后的等离子体

（3）等离子体在空间的运输　现在我们再来讨论等离子体向真空中或周围气体中的扩散过程。靶表面等离子体火焰形成后，这些等离子体的温度和压力迅速上升，并在靶面法线方向形成很大的温度和压力梯度，使其沿靶面法线方向向外作等温（激光作用时）和绝热膨胀（激光停止后）发射。这种膨胀发射过程极短，在数十纳秒，具有瞬间爆炸的特性及沿靶面法线方向发射的轴向约束性，可形成一个沿法线向外的细长等离子体区，即等离子体羽辉。其空间分布形状可用高次余弦函数 $\cos^n\theta$ 来表示，θ 为相对靶面法线的夹角，其典型值为 $5\sim10$，随靶材而异。等离子体的膨胀过程可用流体力学模型来分析，等离子体形成后，在击穿区产生瞬时高温，压力迅速增大，等离子体膨胀引起超声冲击波，波前的传播使其周围气体温度上升，引起电离。在脉冲消失前，等离子体吸收激光能量在靶面法线上的传播速度很大，在激光作用时，可得焦点区的等离子体传播速率 U 表达式：

$$U = 2(\gamma^2 - 1)P(t)f/\rho_0\pi d^2\tan^2\theta \qquad (5\text{-}23)$$

式中，$P(t)$ 为输出激光功率；θ 为常数；γ 为绝热指数，取决于温度和能量密度；d 为 z 轴上距离；f 为激光能量的吸收系数。膨胀的等离子体呈椭圆形状，激光中止后，等离子体膨胀过程满足

$$d = Y(\gamma)(W/\rho_0)t^\alpha \qquad (5\text{-}24)$$

式中，$Y(\gamma)$ 为常数，取决于绝热指数；W 为等离子体吸收的激光能量；α 与冲击波形状有关，在相同空间位置，冲击波到达时间与激光能量和压强有关。

（4）等离子体在基片上成核、长大形成薄膜 激光等离子体与基片相互作用的机理如图 5-45 所示，开始时向基片输入高能离子，其中一部分表面原子溅射出来，由于输入离子流和从表面打出的原子相互作用，形成一个高温和高离子密度的对撞区，阻碍了落入离子流直接通向基片。激光等离子体中的高能粒子轰击基片表面，使其产生不同程度的辐射式损伤，其中之一就是原子溅射。入射粒子流和溅射原子之间形成了热化区（溅射区），一旦粒子的凝聚速率大于溅射原子的飞溅速率，热化区就会消散，粒子在基片上生长出薄膜。这里薄膜的形成与晶核的形成和长大密切相关。而晶核的形成和长大取决于很多因素，诸如等离子体的密度、温度、离化度、凝聚态物质的成分、基片温度等。随着晶核超饱和度的增加，临界核开始缩小，直到高度接近原子的直径，此时薄膜的形态是二维的层状分布。

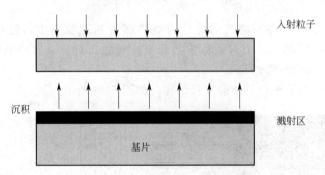

图 5-45　粒子流的相互作用图

5.7.2　影响 PLD 镀膜表面质量的因素

由于粒子间的相互碰撞，等离子体以逐渐减小的速率向衬底传播，在衬底上生长薄膜。薄膜的沉积过程实际上是等离子体中粒子束和基片表面的相互作用过程。因此等离子体的能量、粒子飞行速度、激光束对等离子体的进一步作用规律是控制薄膜沉积过程与质量的基础与关键。因此，分析研究 PLD 过程中各项工艺参数对薄膜质量的影响很有意义。首先必须要了解 PLD 镀膜工艺的流程。PLD 镀膜基本工艺流程为：衬底清洗——靶材安装——衬底放置——靶基距调节——光路准直——抽真空——衬底加热——沉积薄膜——退火。影响工艺流程的因素也必将影响成膜的表面质量，脉冲激光沉积薄膜质量的好坏与入射激光的波长、激光能量密度、衬底溅射温度、靶基距等工艺参数的选取是否合理有关。Ong C. K 等科学家给出了 PLD 制膜工艺的最佳沉积条件经验公式

$$\frac{E-E_0}{d^3 p}=8.78\times10^{-5}\text{J/cm}^5 \tag{5-25}$$

式中，E_0 为激光能量密度阈值；E 为激光能量密度；p 为生长压力；d 为靶基距。

（1）衬底温度 决定薄膜质量好坏的最关键因素是衬底溅射温度，给衬底加热有利于颗粒在膜上加快迁移与结晶。若衬底温度低，沉积原子还来不及排列好，又有新的原子到来，则往往不能形成单晶膜；若温度甚低，原子很快冷却，难以在衬底上迁移，这样会形成非晶薄膜。若衬底温度过高，则热缺陷大量增加，也难以形成单晶膜。实验得出 800℃ 是最好的沉积温度。

（2）靶材与基底的距离 当靶材与基片的距离太远时，等离子体羽辉尾部的离子能量

低，容易复合生成大颗粒；当它们距离太近时，等离子体羽辉内部能量大、速度快的离子，使薄膜表面产生孔洞或裂痕，破坏薄膜的表面形貌。实验表明距离为 4cm 时，效果较好。

（3）氧压与退火温度　等离子羽辉中的氧离子会结合成氧气跑掉，充氧压的目的就是为了补充薄膜中缺失的氧。但氧压不宜过高，过高的氧压会使溅射产生的粒子经受大量的碰撞而散射，使其失去大部分能量。由于硅化铁材料随温度变化存在相变化，因此退火温度严重影响薄膜的结晶质量。退火时温度太低不利于薄膜重新结晶且氧不能很好地补充进去；温度太高时，已形成的薄膜会分解。实验得出氧压取 30Pa 比较理想。

（4）靶材的致密度　靶材致密度直接影响等离子体羽辉质量，如果靶材太疏松，等离子体中就会存在一些大颗粒和靶材碎片，造成薄膜表面粗糙，颗粒分布不均，严重影响薄膜质量。

（5）激光能量　脉冲激光能量的高低会影响溅射和沉积速率并会影响等离子体羽辉的产生质量。能量过低则难以产生等离子体，沉积速度非常慢，激光能量增加时，粒子流密度增大，等离子体内部粒子的空间分布也随之改变，当能量过高时也会有大颗粒产生，影响薄膜表面形貌。实验中取 400mJ 比较好。

（6）激光频率　频率太高时沉积在膜上的颗粒还未运动开来，下一批溅射的颗粒已落下来，这样就会造成堆积从而形成不均匀膜；频率太低时，间隔时间长杂质就会进入薄膜，降低膜的质量。实验中一般取 4Hz。

由以上各方面可以看出，合理控制溅射工艺是制备优质薄膜的关键。另外，靶材和基片晶格匹配程度和基片的表面处理情况均会影响到薄膜与基片之间的结合力强度和薄膜表面的粗糙度。由于激光照射到靶材表面后产生一些没有完全离化的分子或原子团，甚至颗粒物和小液滴，这些物质沉积在基片上后会形成表面缺陷，严重影响薄膜的质量和性能。为了减少薄膜中的颗粒物，许多研究者通过对现有的 PLD 沉积设备和工艺进行改进，提出了一些可行的方法，主要分为两种：一是从源头上减少液滴的产生；二是在等离子体输运过程中减少基片上液滴的沉积。美国的 P. K. Schenck 等分析了 PLD 法沉积薄膜过程中减少液滴的各种方法，在此基础上综合其他的一些资料，归纳起来，主要有如下几个方面：

a. 采用双光束法，将激光分成两束对靶材进行多角度扫描；

b. 根据靶材特性，通过控制激光入射的能量密度减少激光溅射出更多能量不均匀粒子；

c. 采用高密度靶材，对其进行原位重熔和凝固处理，改变靶材表面状态或使用短波激光束，增加靶材对激光的吸收；

d. 采用圆盘或圆柱形靶材使激光在靶材表面上充分扫描；

e. 通过改变沉积过程中的环境气压改善薄膜的质量。

上述方法，虽然可以一定程度地减少薄膜表面的颗粒物，但要牺牲 PLD 技术的某些优点。要想从根本上解决这一问题，需要从激光与靶材的相互作用的物理过程进行研究，深入研究颗粒物的产生机理，通过调整沉积工艺参数和改变靶材聚集状态等方面提出可行办法，推动 PLD 技术不断发展。

5.7.3　脉冲激光沉积镀膜特点

与其他制膜技术相比，PLD 具有以下特点和优势。

① 所沉积形成的薄膜可以和靶材成分保持一致。由于等离子体的瞬间爆炸性发射，不存在成分择优蒸发效应以及等离子体发射的沿靶轴向的空间约束效应，因此膜与靶材的成分保持一致。由于同样的原理，PLD 可以制备出含有易挥发元素的多元化合物薄膜。

② 可在较低温度下原位生长织构膜或外延单晶膜。由于等离子体中原子的能量比通常蒸发法产生的离子能量要大得多，原子沿表面的迁移扩散更剧烈，故在较低温度下也能实现外延生长，而低的脉冲重复频率也使原子在两次脉冲发射之间有足够的时间扩散到平衡的位置，有利于薄膜的外延生长。PLD 的这一特点使之适用于制备高质量的高温超导、铁电、压电、电光等多种功能薄膜。

③ 能够获得连续的极细薄膜，制备出高质量纳米薄膜。由于高的离子动能具有显著增强二维生长和抑制三维生长的作用，故 PLD 促进薄膜的生长沿二维展开，并且可以避免分离核岛的出现。

④ 生长速率较快，效率高。比如，在典型的制备氧化物薄膜的条件下，1h 即可获得 $1\mu m$ 左右的膜厚。

⑤ 生长过程中可原位引入多种气体，包括活性和惰性气体，甚至它们的化合物。气氛气体的压强可变范围较大，其上限可达 1Torr 甚至更高，这点是其他技术难以比拟的。气氛气体的引入，可在反应气氛中制膜，使环境气体电离并参与薄膜沉积反应，对于提高薄膜质量具有重要意义。

⑥ 由于换靶位置灵活，便于实现多层膜及超晶格薄膜的生长，这种原位沉积所形成的多层膜具有原子级清洁的界面。

⑦ 成膜污染小。由于激光是一种十分干净的能源，加热靶时不会带进杂质，这就避免了使用坩埚等加热镀膜原材料时对所沉积的薄膜造成污染的问题。

正因为脉冲激光沉积技术具有上述突出优点，再加上该技术设备较简单，操作易控制，可采用操作简便的多靶台，灵活性大，故适用范围广，并为多元化合物薄膜、多层膜及超晶格膜的制备提供了方便。目前，该技术已被广泛运用于各种功能性薄膜的制备和研究，包括高温超导、铁电、压电、半导体及超晶格等薄膜，甚至可用于制备生物活性薄膜，显示出广泛的应用前景。

但 PLD 技术也存在一些缺点，主要包括以下两点。

① 小颗粒的形成。它主要由亚表面沸腾、反弹溅射和脱落三个现象产生。在激光辐射期间，接近靶面的初期羽辉受到一个很大的弹力（达 104N），如果激光能转化为热量并传输到靶的时间比蒸发表面层所需时间更少，就会发生亚表面沸腾，激光焦点下的熔融态物质受到膨胀羽辉所施反向弹力时，会被溅射出来，这些溅射出来的颗粒尺寸较大，会以大的团簇形状存留在膜中，影响膜的质量。

② 薄膜厚度不够均匀。融蚀羽辉具有很强的方向性，在不同的空间方向，等离子体羽辉中的粒子速率不尽相同，使粒子的能量和数量的分布不均匀，因此只能在很窄范围内形成均匀厚度的膜。

5.7.4 脉冲激光沉积镀膜的应用

5.7.4.1 半导体薄膜

宽禁带 ⅡA 族-ⅣA 族半导体薄膜一直被认为是制作发射蓝色和绿色可见光激光二极管和发光二极管的材料。目前，ⅡA 族-ⅣA 族化合物薄膜主要是通过分子束外延和金属有机化学气相外延合成。由于实验设备昂贵，以及一些问题难以克服，限制了其研究和应用，因此人们尝试用 PLD 方法合成这种薄膜。1999 年黄继颇等采用 ArF 脉冲准分子激光沉积法并结合退火后处理工艺，在 Si(111) 衬底上成功地制备了 AlN 薄膜，利用 X 射线衍射，扩展电阻测量技术（SRP）和原子力显微镜（AFM）等测试手段研究了薄膜结构、性质和微观形貌。

用 SRP 技术测量表明，薄膜具有优异的介电性；薄膜与衬底界面清晰、陡直，薄膜厚度约为 150nm。由其 AFM 三维图可知，薄膜呈柱状结构。

5.7.4.2 高温超导薄膜

超导体在电子学上有着巨大的应用前景。1987 年 Dijkkamp 等用准分子激光器成功制备高温超导薄膜，使这种方法在短短几年内发展成为最好的薄膜生长方法之一。由于 PLD 技术在沉积高温超导薄膜中取得巨大成功，在促进高温超导体研究同时，也推动了 PLD 技术的发展。目前，几种比较成熟的高温超导体是 YBaCuO 系列，BiSrCaCuO 系列，TiBaCaCuO 系列。这几种材料都是混合氧化物，由于在制备过程中各元素组成比对薄膜超导性能有影响，而 PLD 技术能实现同组分沉积，使其备受人们重视。

5.7.4.3 金刚石和类金刚石薄膜

金刚石薄膜以其在热学、力学、光学以及电子学方面的优良特性，作为保护薄膜和电子材料，应用很广而潜力巨大，是薄膜材料研究中的重点。以四重配应为主的非晶碳具有可与结晶金刚石相当的力学性能，这类非晶碳称"类金刚石"。脉冲激光沉积因其可以控制材料的成分和成膜速度快，被广泛采用。Jayatissa 等用 XeCl 准分子激光器在 Si 面上沉积出类金刚石薄膜，分析表明，制备出的薄膜含有 C—H 振动键以及含有 sp^3 键的类金刚石成分和 sp^2 键的类碳成分。Mamoru Yoshimoto 等首次尝试在纯 O_2 气氛下用 PLD 法制备不含 H 等杂质的金刚石薄膜，并取得成功。

5.7.4.4 铁电、压电和光电薄膜

铁电薄膜在铁电记忆、压电、热释电和介电等集成器件中有十分重要的应用。由于铁电薄膜成分的复杂性，传统方法难以制备出满足要求的薄膜。采用 PLD 技术能比较容易地控制薄膜成分，通过对 $Bi_4Ti_3O_{12}$（BiT）和 $SrBi_4Ti_4O_{15}$（SBTi）混合物的消融沉积，得到厚度为 18nm 的薄膜，其介电常数高达 250。光电薄膜最近研究的较多的是氧化锌膜，ZnO 以其优越的光电性能得到了广泛的应用。目前主要用于平面显示、异质结太阳能电池方面及作为透明导电薄膜。

5.7.4.5 生物陶瓷涂层

生物陶瓷羟基磷灰石 $Ca_{10}(PO_4)_6(OH)_2$，简称 HA，与人体骨骼中的无机物磷灰石的晶体结构相同，植入体内无毒，并具有良好的生物相容性，是理想的人体骨骼替代材料。由于纯的 HA 材料力学性能较差，脆性大，强度低，大大地限制了它作为植入体的使用。因此，采用有效方法在金属表面涂覆以生物活性 HA 涂层从而得到金属基体复合生物材料，其兼备金属的强度、韧性和 HA 的表面活性及生物相容性。传统的羟基磷灰石薄膜制备方法有等离子体喷涂、物理气相沉积和烧结等。传统的方法具有一定的局限性，如涂层的结晶度低，存在不希望的相，涂层和基体的结合强度太低等。而脉冲激光沉积技术可以克服这些缺点，得到高质量的羟基磷灰石薄膜。

5.7.4.6 PLD 技术的最新研究方向

为了解决沉积过程中的 3 个问题：a. 薄膜表面有大的颗粒存在；b. 制备的薄膜面积小，均匀性差；c. 还不能有效地在非平面衬底上沉积均匀的薄膜。除了继续通过改进实验设备、优化工艺参数和增加外场来提高薄膜质量外，主要发展集中于将 PLD 技术和其他技术相结合，研制出新的薄膜制备技术，体现在以下 3 个方向。

(1) 超快脉冲激光沉积（Ultra-fast PLD）技术 该技术采用低脉冲能量和高重复频率

的方法达到高速沉积优质薄膜的目的。因为每个低能量的超短脉冲激光只能蒸发出很少的原子，可以相应地阻止大颗粒的产生。高达几十兆赫兹的重复频率可以使产生的等离子体和基片相互作用，可以补偿单脉冲的低蒸发率而在整体上得到极高的沉积速率。由于重复频率达几十兆赫兹，使每个脉冲在空间上很近，这样可以通过使激光束在靶材上扫描、快速连续蒸发组分不同的多个靶材制得复杂组分的连续薄膜，可以用来生长高效优质的多层薄膜、混合组分薄膜、单原子层薄膜。故该技术对克服传统方法制备的薄膜表面存在大颗粒的缺点很有效。

(2) 脉冲激光真空弧（Pulsed Laser Vacuum Arc）技术　该技术是结合脉冲激光沉积和真空弧沉积技术而产生的。其基本原理是：在高真空环境下在靶材和电极之间施加一高电压，脉冲激光由外部引入并聚焦到靶材表面使之蒸发，从而在电极和靶材之间引发一个脉冲电弧；该电弧作为二次激发源使得靶材表面再次激发，从而使基片表面形成所需的薄膜。

(3) 双光束脉冲激光沉积（DBPLD）技术　该技术采用 2 个激光器或对一束激光分光的方法得到两束激光，同时轰击 2 个不同的靶材，并通过控制两束激光的聚集功率密度，以制备厚度、化学组分可设计的理想梯度功能薄膜。这可以加速金属掺杂薄膜、复杂化合物薄膜等新材料的开发。

参 考 文 献

[1]　[日] 金原集，藤原英夫．薄膜．王力衡，郑海涛译．北京：电子工业出版社，1988.

[2]　杨邦朝．薄膜物理与技术．成都：电子科技大学出版社，1994.

[3]　吴自勤，王兵．薄膜生长．北京：科学出版社，2001.

[4]　陈国平．薄膜物理与技术．南京：东南大学出版社，1993.

[5]　王力衡，黄运添，郑海涛．薄膜技术．北京：清华大学出版社，1991.

[6]　肖定全．薄膜物理与器件．北京：国防工业出版社，2011.

[7]　邱爱叶．超高真空技术．杭州：浙江大学出版社，1991.

[8]　曲喜新．薄膜物理．北京：电子工业出版社，1994.

[9]　薛增泉．薄膜物理．北京：电子工业出版社，1991.

[10]　李谟介．薄膜物理．武汉：华中师范大学出版社，1990.

[11]　曲喜新．薄膜物理．上海：上海科学技术出版社，1986.

[12]　张以忱．真空镀膜技术．北京：冶金工业出版社，2009.

[13]　Venables J A, Spiller G D T, Hanbucken M. Nucleation and growth of thin films. Reports on Progress in Physics, 1984, 47 (4): 399.

[14]　Reichelt K. Nucleation and growth of thin films. Vacuum, 1988, 38 (12): 1083-1099.

[15]　Mattox D M. Particle bombardment effects on thin-film deposition: A review. Journal of Vacuum Science & Technology A, 1989, 7 (3): 1105-1114.

[16]　Rossnagel S M. Energetic particle bombardment of films during magnetron sputtering. Journal of Vacuum Science & Technology A, 1989, 7 (3): 1025-1029.

[17]　Maissel L I, Schaible P M. Thin films deposited by bias sputtering. Journal of Applied Physics, 1965, 36 (1): 237-242.

[18]　Huang J, Wang X, Wang Z L. Nano Lett, 2006, 6 (10): 2325.

[19]　邓国联，江建军．脉冲沉积技术在磁性薄膜制备中的应用．材料导报，2003，17 (2)：66-68.

[20]　黄继颜，王连卫，等．脉冲准分子激光沉积 AlN 薄膜的研究．中国激光，1999，26 (9)：815-817.

[21]　Mamoru Yoshimoto, Kenji Yoshida. Epitaxial diamond growth on sapphire in an oxidizing environment. Nature, 1999, 399: 340-342.

[22]　戢明，宋全胜，曾晓雁．脉冲激光沉积（PLD）薄膜技术的研究现状与展望．真空科学与技术，2003，2 (23)：1.

第6章

薄膜材料的化学制备

6.1 薄膜的形成机理

在第 5 章薄膜材料的物理制备里已经简要介绍了薄膜的三种生长方式，这里我们从形态学角度来分析薄膜的制备过程，可分为以下三种生长模式：二维生长（Frank Vander Merwe，F-M）模式或层生长型；三维生长（Volmer Veber，V-W）模式或核生长型；二维生长后的三维生长（Straski Krastanov，S-K）模式或层核生长型。三种生长模式的示意图见图 6-1。

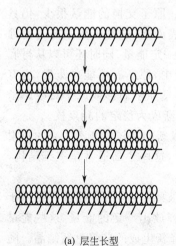

(a) 层生长型

(b) 核生长型

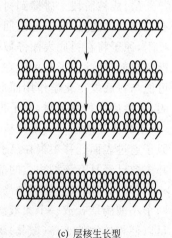

(c) 层核生长型

图 6-1　薄膜生长三种模式示意图

在薄膜的三种生长方式中，核生长型最为普遍，在理论上也较为成熟，我们主要讨论这种类型的形成机理。

6.1.1 薄膜的二维生长模式

F-M 模式也称为层生长模式。这种生长模式的特点是，蒸发原子首先在衬底表面以单原子层的形式均匀地覆盖一层，然后再在三维方向上生长第二层、第三层直至多层，即所谓逐层（Layer-by-Layer，LBL）生长（图 6-1）。这种生长模式多数发生在衬底原子与蒸发原子间的结合能接近于蒸发原子间的结合能的情况下，即湿润角（薄膜与衬底之间的张角）接近为零的情形，所生长薄膜的晶向基本上由第一层的晶向所决定。最典型的例子是同质外延生长以及在薄膜与衬底材料的晶体结构相同且晶格失配度极小情况下的分子束外延。逐层生长的过程大致如下：入射到衬底表面上的原子，经过表面扩散并与其他原子碰撞后形成二维的核，二维核俘获周围的吸附原子便生长为二维小岛。这类材料在表面上形成的小岛浓度大体是饱和浓度，即小岛间的距离大致等于吸附原子的平均扩散距离。在小岛成长过程中，小岛的半径均小于平均扩散距离，因此，到达小岛上的吸附原子在岛上扩散以后都被小岛边缘所俘获。在小岛表面上吸附原子的浓度很低，不容易在三维方向上生长。也就是说，只有在第 n 层的小岛已长到足够大，甚至小岛已相互结合，即第 n 层已接近完全形成时，第 $n+1$ 层的二维晶核或二维小岛才有可能形成，因此薄膜是呈层状的形式生长。

图 6-1 为薄膜生长三种模式的过程示意图：a. 二维生长（层生长型）模式；b. 三维生长（核生长型）模式；c. 单层二维生长后的三维生长（层核生长型）模式。

6.1.2 薄膜的三维生长模式

V-W 模式也称为核生长模式或岛状生长模式。其特点是湿润角不为零，到达衬底上的气相原子首先淀积在裸露的衬底表面并凝聚成核，后续飞来的原子不断集聚在核附近，使核在三维方向上不断成长，逐步形成小岛并最终形成薄膜。这种成膜方式发生在薄膜与衬底材料属于不同种类的晶体结构或其中一个为非晶结构的场合，大部分薄膜的形成过程都属于这一类型。理论分析和电子显微镜的观察结果都表明，核生长型的薄膜其生长过程大致可分为如下四个阶段。

(1)成核阶段 碰撞到衬底上的气相原子，其中一部分与衬底原子交换的能量很少，仍具有相当大的能量，所以能返回气相；而另一部分则被吸附在衬底表面上，这种吸附主要是物理吸附，原子将在衬底表面停留一定的时间。由于原子本身还具有一定能量，同时还可以从衬底得到热能，因此原子有可能在表面进行迁移或扩散。在这一过程中，原子有可能再蒸发，也有可能与衬底发生化学作用而形成化学吸附，还可能遇到其他的蒸发原子而形成原子对或原子团，发生后两种情况时，原子再蒸发与迁移的可能性极小，从而逐渐成为稳定的凝聚核。

(2)小岛阶段 当凝聚核达到一定浓度，继续蒸发就不再形成新的晶核。新蒸发来的吸附原子通过表面迁移集聚在已有的晶核上，使晶核生长并形成小岛，这些小岛通常是三维结构，并多数已经具有该种物质的晶体结构，即已形成微晶粒。

(3)网络阶段 随着小岛的生长，相邻的小岛会互相接触并彼此结合，结合的过程类似于两个小液滴结合成一个大液滴的情况。这是因为小岛在结合时释放出一定的能量，这些能量足以使相接触的小岛（微晶）瞬时熔化，在结合以后，由于温度下降新生成的岛将重新结晶。随着小岛的不断结合，将形成一些具有沟道的网络状薄膜。

(4)成膜阶段 连续薄膜继续蒸发时，吸附原子将填充这些空沟道，有时也有可能在空沟道中生成新的小岛，由小岛的生长来填充空沟道，最后形成连续薄膜。

6.1.3　薄膜的二维生长后的三维生长模式

　　S-K 模式也称为层核生长模式或混合（层状＋岛状）生长模式。这种生长模式只有在衬底和薄膜原子相互作用非常强的情况下才会发生，即发生在薄膜与衬底材料属于同种晶体结构但存在较大晶格失配的场合。其特点是，首先在衬底表面生长一层或若干层单原子层，这种二维结构强烈地受衬底晶格的影响，晶格常数由于应变的产生而有大的畸变。当外延层厚度达到某一临界值（该临界值由"外延层-衬底"材料体系所决定）时，外延层内的应变能也积聚到某一阈值。一旦厚度超过该临界值，外延层将由于应力的部分释放而弛豫，形成晶核状结构。然后再在这些晶核状生长层上吸附入射原子，并以核生长的方式形成小岛，最终形成薄膜。在半导体衬底表面形成金属或合金化合物薄膜时，通常是按该模式生长。上述三种薄膜生长模式在几十年前就已经被提出，虽然实际情况并不是如此简单，但许多复杂的薄膜生长过程常常可以把它分解成这三种基本模式进行讨论，而且还可以通过改变试验条件实现生长模式间的相互转化。人们为了得到光滑均匀的薄膜，采用了许多方法来实现二维生长，如减小原子层间跳跃的 Ehrilich-schwoebel（ES）势，提高岛的密度（降低生长温度或提高沉积速率），提高原子在岛上的运动速度等。最近十几年的研究发现在同质或异质外延体系中可以通过添加表面活性剂来实现层状生长模式。

6.2　化学气相沉积

　　化学气相沉积是一种材料表面强化技术，是在相当高的温度下，混合气体与工件表面相互作用，使混合气体中的某些成分分解，并在工件表面形成一种金属或化合物固态薄膜或镀层。它可以利用气相间的反应，在不改变工件基体材料的成分和不削弱基体材料强度的条件下，赋予工件表面一些特殊的性能。化学气相沉积相对于其他薄膜沉积技术具有许多优点：它可以准确地控制薄膜的组分及掺杂水平使其组分具有理想化学配比；可在复杂形状的基片上沉积成膜；由于许多反应可以在大气压下进行，系统不需要昂贵的真空设备；化学气相沉积的高沉积温度会大幅度改善晶体的结晶完整性；可以利用某些材料在熔点或蒸发时分解的特点而得到其他方法无法得到的材料；沉积过程可以在大尺寸基片或多基片上进行。

　　化学气相沉积的明显缺点是：化学反应需要高温，沉积速率较低（一般每小时只有几微米到几百微米），难以局部沉积；反应气体会与基片或设备发生化学反应，参与沉积反应的气源和反应后的余气一般有毒性；在化学气相沉积中所使用的设备可能较为复杂，且有许多变量需要控制。

6.2.1　热化学气相沉积

　　在化学气相沉积中，气体与气体在包含基片的真空室中相混合，在适当的温度下，气体发生化学反应将反应物沉积在基片表面最终形成固态膜。CVD 反应器的类型很多，但是都必须满足以下条件：a. 在沉积温度下，反应物必须有足够高的饱和蒸气压，并以适当的流量引入反应室；b. 反应中除生成固态薄膜外，其他反应产物应是挥发性的，可被抽除；c. 基片材料在沉积温度下的蒸气压必须足够低，不会蒸发；d. 反应室器壁的温度足够低，不会产生污染。

典型装置一般包括进气系统、反应室、排气和尾气处理系统、加热器等。它通常在常压下开口操作，装卸方便。

原料可以是气体，若是液体或固体原料，需加热使其产生蒸气，再由载流气体携带入炉。沉积区一般采用感应加热，反应器壁加热是为防止反应物的沉积。这种装置往往工作压强低于一个大气压，由于低气压下气体的扩散系数增大，使气态反应剂与副产物的质量传输速度加快，生长薄膜的速度增加，也有利于生长厚度均匀的薄膜，提高生产效率。

6.2.2　等离子体化学气相沉积

等离子体化学气相沉积又称为等离子体增强化学气相沉积（PCVD），它是在低真空条件下，利用直流电压、交流电压、射频、微波或电子回旋共振等方法实现气体辉光放电在沉积反应器中形成的。由于等离子体中正离子、电子和中性反应分子相互碰撞，可以大大降低沉积温度，如氮化硅的沉积，在等离子体增强反应的情况下，反应温度由通常的 1100K 降到 600K，这样就可以拓宽 CVD 技术的应用范围。

在常规的等离子体化学气相沉积中通常采用直流或射频电容耦合放电方式来形成等离子体，等离子体密度在 $10^8 \sim 10^{10}/cm^3$，等离子体密度低。近年来发展了几种高密度等离子体放电技术，它们的一个共同特征是射频或微波功率过介质窗或介质壁耦合给等离子体，无需像电容耦合放电等离子体那样穿过插入反应室内部的电极将功率耦给等离子体。这种功率传输方式使得等离子体鞘层电压较低，典型值仅有 $10 \sim 40eV$，因而仅有少量的功率消耗于鞘层区的粒子加速，大部分功率耦合给了体等离子体中的电子，从而高效率地将能量用于电离反应气体，而提高等离子体密度。另外，放置基本的电极还可以由另外一个射频电源来驱动，产生的负偏压可以控制轰击基片的离子能量。因此，这些高密度等离子体系统可以独立地控制轰击基片的离子通量和离子能量，而这两个参量对于沉积薄膜具有十分重要的意义。

PCVD 最早是利用有机硅化合物在半导体基材上沉积 SiO_2，后来在半导体工业上获得了广泛的应用，如沉积 Si_3N_4、Si、SiC、磷硅玻璃等。近年来这项技术显得尤为重要，因为在常规 CVD 技术中需要用外加热使初始气体分解，而在 PCVD 技术中是利用等离子体中电子的动能去激发气相化学反应。所以，它不仅有效地降低了化学反应温度（一般低于约 600℃），还拓宽了基底和沉积薄膜的种类。目前，PCVD 主要用于金属、陶瓷、玻璃等基材上，做保护膜、强化膜、修饰膜和功能膜。其应用的重要新进展是类金刚石膜的沉积，它一般是用射频等离子体碳氢化合物气体分解以及离子束沉积相结合制备，这类陶瓷薄膜在用作切削刀具的耐磨涂层以及激光反射镜、光导纤维薄膜等领域中具有独特的应用前景。

6.2.3　激光化学气相沉积

激光化学气相沉积（LCVD）是在真空室内放置基体，通入反应原料气体，在激光束作用下与基体表面及其附近的气体发生化学反应，在基体表面形成沉积薄膜。

从本质上讲，由激光触发的化学反应有两种机制：一种为光致化学反应；另一种则为热致化学反应。光致 LCVD 是利用反应气体分子或催化分子对特定波长的激光共振吸收，反应气体分子受到激光加热被诱导发生离解的化学反应，在合适的制备工艺参数如激光功率、反应室压力与气氛的比例、气体流量以及反应区温度等条件下形成薄膜。光致 LCVD 原理与常规 LCVD 主要不同在于激光参与了源分子的化学分解反应，反应区附近极陡的温度梯度可精确控制，能够制备组分可控、粒度可控的超微粒子。国内外应用这种方法制备 Si、Si_3N_4、SiC 等超细粉末均有较多报道，其在高温、高韧陶瓷材料，催化剂，烧结助燃剂等方面也有广泛的应用前景。

热致 LCVD 主要利用基体吸收激光的能量后在表面形成一定的温度场，反应气体流经基体表面发生化学反应，从而在基体表面形成薄膜。热致 LCVD 过程是一种急热急冷的成膜过程，基材发生固态相变时，快速加热会造成大量形核，激光辐照后，成膜区快速冷却，过冷度急剧增大，形核密度增大。同时，快速冷却使晶界的迁移率降低，反应时间缩短，可以形成细小的纳米晶粒。

尽管激光化学气相沉积的反应系统与热化学气相沉积系统相似，但薄膜的生长特点在许多方面是不同的，这其中有很多原因。激光化学气相沉积中的加热非常局域化，因此其反应温度可以达到很高，还可以减少能耗和污染问题。在激光化学气相沉积中可以对反应气体预加热，而且反应物的浓度可以很高，来自于基片以外的污染很小。对于成核，表面缺陷不仅可起到通常意义下的成核中心作用，而且也起到强吸附作用，因此当激光加热时会产生较高的表面温度。由于激光化学气相沉积中激光的点几何尺寸性质增加了反应物扩散到反应区的能力，因此它的沉积率往往比传统化学气相沉积高出几个数量级。激光化学沉积可用作成膜的材料范围广，几乎任何材料都可进行沉积。注意到激光化学气相沉积中局部高温在很短时间内只局限在一个小区域，因此它的沉积率由反应物的扩散以及对流所有效限制。这些限制沉积率的参数为反应物起始浓度、惰性气体浓度、表面温度、气体温度、反应区的几何尺度等。

激光化学气相沉积如今在国外微电子工业应用广泛。诸如集成电路的互连和封装，制备欧姆接点、扩散屏障层、掩膜、修补电路以及非平面三维图案制造等，以上所列的加工制造用其他技术来加工非常困难，如高为几毫米宽仅几微米的图案，又深又窄的沟槽和小孔的填充等，使用激光化学气相沉积很方便、快捷。

6.2.4　光化学气相沉积

光化学气相沉积是一种非常吸引人的气相沉积技术，它可以获得高质量、无损伤薄膜，有很多实际应用。其他优点是：沉积在低温下进行、沉积速率快、可生长亚稳相和形成突变结（Abrupt junction）；与等离子体化学气相沉积相比，光化学气相沉积没有高能粒子轰击生长膜的表面，而且引起反应物分子分解的光子没有足够的能量产生电离，薄膜与基片结合良好。

如前所述，在光化学气相沉积过程中，当高能光子有选择性地激发表面吸附分子或气体分子而导致键断裂、产生自由化学粒子形成膜或在相邻的基片上形成化合物时，光化学沉积便发生了。这一过程强烈地依赖于入射线的波长。光化学气相沉积的光源有 Hg 灯、TEA（横向激励大气压激光器）、CO_2 激光器、短波激光器以及紫外光源等。除了直接的光致分解过程外，也可由汞敏化（Mercury sensitized）光化学气相沉积获得高质量薄膜。值得注意的是在光化学气相沉积中的分解和成核皆由光子源控制，因此基片温度可以作为一个独立变量来选择。

6.2.5　有机金属化学气相沉积

有机金属化学气相沉积（MOCVD）是一种利用有机金属化合物的热分解反应进行气相外延生长薄膜的 CVD 技术，目前主要用于化合物半导体薄膜的气相生长。

MOCVD 法中用作原料的化合物必须满足常温下稳定且容易处理。通常可选用金属的烷基或芳基衍生物、烃基衍生物、乙酰丙酮基化合物、羟基化合物等为原料。不仅金属烷基化合物，而且非金属烷基化合物都能作为 MOCVD 原料，因此可用作原料化合物的物质相当多。例如，对 GaAs、$Ga_{1-x}Al_xAs$，作为 Ga、Al 的原料可选择 $(CH_3)_3Ga$（三甲基镓 TMG）、$(CH_3)_3Al$（三甲基铝 AlTMA）；作为 As 原料可选择 AsH_3 气体。

MOCVD 是近几年迅速发展起来的新型外延技术，成功地用于制备超晶格结构、超高速器件和量子阱激光器等。MOCVD 之所以得到迅速发展，主要是其独特的优点所决定。MOCVD 的特点如下。

① 沉积温度低。由于沉积温度低，因而减少了自污染（舟、衬底、反应器等的污染），提高了薄膜的纯度；许多宽禁带材料有易挥发组分，高温生长易产生空位，形成无辐射跃迁空位，且空位与杂质存在是造成自补偿的原因。所以低温沉积有利于降低空位密度和解决自补偿问题，对衬底的取向要求低。

② 由于不采用卤化物原料，因而在沉积过程中不存在刻蚀反应，以及可以通过稀释载气来控制沉积速率等，有利于沉积沿膜厚度方向成分变化极大的膜层和多次沉积不同成分的极薄膜层（几纳米厚），因而可用来制备超晶格材料和外延生长各种异质结构。

③ 反应装置容易设计，较气相外延简单。生长温度范围较宽，生长易于控制，适宜于大批量生产。

④ 使用范围广，几乎可以生长所有化合物和合金半导体。而且 MOCVD 是非平衡的生长过程，能沉积卤族 CVD 和液相外延（LPE）不能制取的混合晶体。

用 MOCVD 技术生长的多晶 SiO_2 是良好的透明导电材料；用 MOCVD 得到的 TiO_2 结晶膜也用于太阳能电池的抗反射层、水的光电解及光催化等方面。MOCVD 技术最有吸引力的应用是制备新型高温超导氧化物陶瓷薄膜。MOCVD 容易控制镀膜成分、晶相等品质，可在形状复杂的基材、衬底上形成均匀镀膜，结构致密，附着力良好，因此 MOCVD 已成为工业界主要的镀膜技术。MOCVD 近来也在触媒制备和其他方面得到应用，如制造超细晶体和控制触媒有效深度等。清华大学微电子所的阮勇、谢丹等人使用 MOCVD 技术已经成功地制备了 PZT 薄膜。在可预见的未来，MOCVD 工艺的应用与前景是十分光明的。

MOCVD 的主要缺点有如下两点。

① 虽然采用有机金属化合物取代普通 CVD 中常用的卤化物，排除了卤素的污染和腐蚀性带来的危害，但许多有机金属化合物有毒和易燃，给有机金属化合物的制备、存储、运输和使用带来了困难，必须采用严格的防护措施。

② 由于反应温度低，有些金属有机化合物在气相中就发生反应，生成固态颗粒再沉积到衬底表面，形成薄膜中的杂质颗粒，破坏膜的完整性。

6.2.6 其他气相沉积

6.2.6.1 超高真空化学气相沉积法

超高真空化学气相沉积法，其生长温度低（425～600℃），但要求真空度小于 1.33×10^{-8} Pa，系统的设计制造比分子束外延（MBE）容易。其优点是能够实现多片生长，反应系统的设计制造也不困难。与传统的外延完全不同，这种技术采用低压和低温生长，特别适合于沉积 Sn∶Si、Sn∶Ge、Si∶C、$Ge_x∶Si_{1-x}$ 等半导体材料。浙江大学叶志镇、刘国军等人采用该技术对较低温度（<600℃）下锗硅薄膜生长及器件制备进行了研究，并成功地生长出高质量的 SiGe/Si 单层、多层外延层。测试结果表明，获得的多层外延 SiGe/Si 界面清晰、陡峭，各层组分和厚度均匀，从而为该薄膜在微电子、光电子领域内的应用打下了良好

的基础。

6.2.6.2　热丝化学气相沉积法（HWCVD）

热丝化学气相沉积法（HWCVD），是一种新近发展起来的薄膜制备方法。它采用高温热丝分解前驱气体，通过调节前驱体组分对比和热丝温度而获得大面积的高质量沉积膜。热丝化学气相沉积法具有装置简单、沉积温度低、不引入等离子体等优点。南昌大学的戴文进、欧阳慧平等人采用热丝化学气相沉积法在 Si（100）衬底上，于较低的衬底温度（400℃）下制备出良好结晶的薄膜。经对样品进行的 X 射线衍射（XRD）分析，以及傅里叶变换红外光谱（FTIR）检测，证实该沉积薄膜为立方碳化硅。原子力显微镜（AFM）测试结果表明，所获样品晶粒大小为纳米尺度。同时还得出在高气压条件下，能够提高薄膜的沉积速率，但两种主要前驱物平均自由程的不一致，使得晶化程度下降。沉积气压对薄膜的生长存在一个最佳值，在高沉积气压时，SiH_4 的分压应该大于 CH_4 的分压，才有利于晶化。近年来，HWCVD 技术发展较快，但仍然存在没有解决的问题。

6.2.6.3　低压化学气相沉积（LPCVD）

LPCVD 的压力范围一般在 $1 \times 10^4 \sim 4 \times 10^4 Pa$ 之间。由于低压下分子平均自由程增加，气态反应剂与副产品的质量传输速度加快，从而使形成沉积薄膜材料的反应速度加快。同时，气体分子分布的不均匀在很短的时间内可以消除，所以能生长出厚度均匀的薄膜。此外，在气体分子运输过程中，参加化学反应的反应物分子在一定的温度下吸收了一定的能量，使这些分子得以活化而处于激活状态，这就使参加化学反应的反应物气体分子间易于发生化学反应，也就是说 LPCVD 的沉积速率较高。现利用这种方法可以沉积多晶硅、氮化硅、二氧化硅等。

6.2.6.4　超声波化学气相沉积（UWCVD）

超声波化学气相沉积是在找寻起动 CVD 的不同于电磁波的辐射形式的高能量能源要求形势下出现的。超声波能够提高 CVD 的沉积速度，形成传统 CVD 无法获得的平滑均匀的沉积膜。据有关报道，适当调节超声波的频率和功率，可以使 CVD 沉积膜晶粒细化，强韧性提高，增强沉积膜与基材的结合力，沉积膜具有强的方向性等。目前，UWCVD 法在国际上已有了一定的研究，然而国内有关这方面的报道甚少。由于 UWCVD 具有某些其他 CVD 方法无法获得的优点，如沉积膜组织细小、致密，沉积膜与基材结合牢固，沉积膜有良好的强韧性等，故对此种新工艺的探讨研究是很有必要的，同时将其有效地应用到工业生产中也是很有可能的。

6.3　化学溶液镀膜法

6.3.1　概述

在没有外电流的情况下，通过溶液中适当的还原剂使金属离子在基体表面的自催化作用下进行还原金属沉积的过程叫化学镀（Electroless Plating），也叫无电解镀，自催化镀。被镀的基体可以采用金属材料也可以是非金属材料。在反应过程中，镀液中没有电流通过，但是化学镀过程中有电子转移，其实质是一个氧化还原反应过程，如公式（6-1）所示：

$$R^{n+} \longrightarrow R^{(n+z)+} + ze \qquad 还原剂氧化$$

$$M^{z+} + ze \longrightarrow M \qquad \text{金属离子还原} \qquad (6-1)$$

　　化学镀溶液的成分包括金属盐、还原剂、络合剂、缓冲剂、pH 调节剂、稳定剂、加速剂、润湿剂和光亮剂等。常用还原剂包括：次磷酸钠、硼氢化钠、二甲基胺硼烷、肼、甲醛等。化学镀的特色在于它可以实施于任何基体上，包括金属、半导体以及绝缘体，而且化学镀镀层厚度比较均匀，无论工件如何复杂，都可以得到均匀的镀层。通过化学镀方法得到的镀层具有优良的化学、机械和磁性能。

　　化学镀是一种新型的金属表面处理技术，该技术以其工艺简便、节能、环保而受到人们的关注。化学镀使用范围很广，镀层均匀、装饰性好。在防护性能方面，能提高产品的耐蚀性和使用寿命；在功能性方面，能提高加工件的耐磨导电性、润滑性能等特殊功能，因而成为全世界表面处理技术的一个新发展。

6.3.2　化学镀的发展过程及研究现状

　　化学镀的发展史主要就是化学镀镍的发展史。1844 年，Wurtz 通过次亚磷酸盐得到了金属镍的镀层。1911 年，Bretean 发表了有关化学镀镍的研究报告，认为沉积过程是 Ni 在次亚磷酸盐上的催化反应，这一结论标志着对化学镀认识的一次突破。1916 年，Roux 注册了第一份化学镀液。1920 年，Federichi 着重研究了 Ni 盐和碱金属次亚磷酸盐的相互作用，同时用 PD 作为催化剂。

　　而促使化学镀技术真正应用于实际生产中的荣誉应归功于美国国家标准局的 Brenner 和 Riddell。1946 年，他们利用镍盐与次亚磷酸盐组成的溶液首次得到了化学镀镍层，结果于 1947 年发表，并于 1950 年申请了专利，肯定了次亚磷酸盐的还原作用。人们在 Brenner 和 Riddell 研究的基础上，围绕化学镀镍这一课题，进行了广泛而深入的研究，所以人们认为 Brenner 和 Riddell 是化学镀镍技术的发明者。

　　自 Brenner、Riddell 研究之后，人们研究化学镀镍的发展过程分为以下几个时期。

　　a. 化学镀镍的起步，研制和学术交流时期（1844～1943 年）。

　　b. 化学镀镍的第一代发展：初期的应用和酸性槽液的开发（1944～1950 年）。

　　c. 化学镀镍的第一代工业化：设备研制，工艺确定，镀层应用的扩大（1950～1959 年）。

　　d. 化学镀镍的第二代工业化：槽液各组分的筛选，镀层合金组分的更换（1959～1973 年）。

　　e. 快速发展时代：化学镀镍技术趋于成熟，镀层种类增加，成为竞争力强的表面处理技术，应用场合不断扩大（1973～1980 年）。

　　f. 应用领域不断扩大：强调对生产者和使用者进行必要的教育、培训，镀层质量控制及管理成为必然（1980 年至今）。

　　化学镀镍技术的核心是镀液的组成及性能，所以化学镀镍发展史中最值得注意的是镀液本身的进步。在 20 世纪 60 年代之前由于镀液化学知识贫乏，只有中磷镀液配方，镀液不稳定，往往只能稳定数小时，因此为了避免镀液分解只有间接加热，在溶液配制、镀液管理及施镀操作方面必须十分小心，为此制定了许多操作规程给以限制。此外，还存在沉积速度慢、镀液寿命短等缺点。为了降低成本，延长镀液使用周期，只好使镀液“再生”，再生的实质就是除去镀液中还原剂的反应产物，次磷酸根氧化产生的亚磷酸根。当时使用的方法有弃去部分旧镀液添加新镀液、加 $FeCl_3$ 或 $Fe_2(SO_4)_3$ 以沉淀亚磷酸根｛形成 $Na_2[Fe(OH)(HPO_3)_2] \cdot 20H_2O$ 黄色沉淀｝、离子交换法等，这些方法既麻烦又不适用。20 世纪 70 年代以后多种络合剂、稳定剂等添加剂的出现，经过大量的试验研究、筛选、复配以后，新发展的镀液均采用"双络合、双稳定",甚至"双络合、双稳定、双促进"配方,这样不仅使镀液稳定性提高、镀速加快,更主要的是大幅度增加了镀液对亚磷酸根容忍量,最高达 $600\sim800g/L\ Na_2HPO_3\cdot5H_2O$,这就使镀液寿命大大延长,一般均能达到 $4\sim6$ 个周期,甚至 $10\sim12$ 个周期,镀速达 $17\sim25\mu m/h$。这样,无论从产品质量和经济效益角度考虑,镀液已不值得进行"再生",而直接做废液处理。目前,化学镀液均已商品化,根据用户要求有各种性能化学镀的开缸及补加浓缩液出售,施镀过程中只需按消耗的主盐、还原剂、pH 调节剂及适量的添加剂进行补充,使用十分方便。

迄今为止,化学镀的研究焦点由当初的化学镀镍已经辐射到了多种金属与合金的镀覆工艺及原理的研究,如化学镀 Cu、Co、Pa、Au、Fe-W-B 等。化学镀液中采用的还原剂种类已由单一的次亚磷酸钠发展到甲醛、硼氢化物、联氨、乙酚酸、氨基硼烷及它们的衍生物等。化学镀液在使用过程中由于存在杂质、固体微粒,所以很容易自然分解而失效,为了很好地解决这类问题,从而激起了许多研究者寻找及研制稳定剂的兴趣。

随着科技的发展,各种新材料层出不穷,为了适应这种发展的需要,化学镀所涉及的基体材料已由钢铁扩展到了不锈钢、铝及铝合金、塑料、玻璃、陶瓷等,而且应用的基体形状由比较规则的块体、板材发展到了各种不规则的微粒,从而进一步地拓宽了化学镀的研究领域。对化学镀镀层的前期研究主要着眼于耐磨及耐蚀性能,而现在有不少研究是针对其电学、磁学性能。随着化学镀在工业上的应用范围和生产规模不断扩大以及人们环保意识的日益增强,化学镀废液所导致的环境污染已经越来越受到人们的重视,所以研究化学镀液的净化和再利用就成了一个比较时新的研究方向,并且已取得了一些研究成果。

6.3.3 化学镀的生长机理

化学镀的过程是使用还原剂还原溶液中的络合金属离子,在催化活化表面获得所需要的金属镀层的过程,它使得基底材料获得本身并不具有的表面性能。

化学镀过程所需的仪器:电热恒温水浴锅、8522 型恒温磁力搅拌器、增力电动搅拌机。

化学镀镀液一般由主盐、还原剂、络合剂、缓冲剂组成,对某些特殊材料的镀件施镀时镀液中还需要添加稳定剂、表面活性剂等功能添加剂。主盐与还原剂是获得镀层的直接来源,主盐提供镀层金属离子,还原剂提供还原主盐离子所需要的电子。

(1) 主盐 主盐即含镀层金属离子的盐。一般情况下,主盐含量低时沉积速度慢、生产效率较低;主盐含量高时沉积速度快,但含量过大时反应速度过快,易导致表面沉积的金属层粗糙,且镀液易发生自分解现象。

(2) 还原剂 还原剂是提供电子以还原主盐离子的试剂。在酸性镀镍液中采用的还原剂主要为次磷酸盐,此时得到磷合金;用硼氢化钠、氨基硼烷等硼化物作还原剂时可得硼合金;用肼作还原剂,可获得纯度较高的金属镀层。正常情况下,次磷酸钠的加入量与主盐存在下列关系:$\rho(Ni^{2+})/\rho(H_2PO_2^-)=0.3\sim1.0$。还原剂含量增大时,其还原能力增强,使得溶液的反应速度加快;但是含量过高则易使溶液发生自分解,难以控制,获得的镀层外观也不理想。

(3) 络合剂 络合剂的作用是通过与金属离子的络合反应来降低游离金属离子的浓度,从而防止镀液因金属离子的水解而产生自然分解,提高镀液的稳定性。但需要注意的是,络合剂含量增加将使金属沉积速率变慢,因此需要调整较适宜的络合剂浓度。化学镀常用的络合剂有柠檬酸、乳酸、苹果酸、丙酸、甘氨酸、琥珀酸、焦磷酸盐、柠檬酸盐、氨基乙酸等。一般碱性化学镀镍溶液使用的络合剂有焦磷酸盐、柠檬酸盐和铵盐等,采用柠檬酸钠和氯化铵作为络合剂,其添加量为镍盐总量的 1.5 倍左右。碱性化学镀铜溶液一般采用酒石酸钾钠作为络合剂，生成 $[Cu(C_4H_4O_6)_3]^{4-}$ 络合离子，阻止了铜离子在介质中生成 $Cu(OH)_2$ 沉淀及 $Cu(OH)_2$ 在镀层中的夹杂，从而保持镀液稳定，提高镀层质量。

(4) 缓冲剂 缓冲剂的作用是维持镀液的 pH 值，防止化学镀过程中由于大量析氢所引起的 pH 值下降。

(5) 稳定剂 稳定剂的作用是提高镀液的稳定性，防止镀液在受到污染、存在有催化活性的固体颗粒、装载量过大或过小、pH 值过高等异常情况下发生自发分解反应而失效。稳定剂加入量不能过大，否则镀液将产生中毒现象失去活性，导致反应无法进行，因此需要控制镀液中稳定剂的含量在最佳添加量范围。常用的稳定剂有重金属离子，如 Pb^{2+}、Bi^{2+}、Pd^{2+}、Cd^{2+} 等；含氧酸盐和有机酸衍生物，如钼酸盐、六内亚甲基四邻苯、二甲酸酐、马来酸等；硫脲；KIO_3。一般对酸性化学镀镍溶液 Pd^{2+} 作为稳定剂时，其添加量为每升只有几毫克，而碱性化学镀镍中它的添加量较大。

(6) 表面活性剂 粉末、颗粒、纤维状的镀件材料单体质量差异较大，加入到化学镀溶液中后，轻质的漂浮于镀液表面，较重的沉降于底层，即使充分搅拌也难以充分分散于镀液中，影响施镀效果，需要在镀液中添加适量的阴离子或非离子表面活性剂。加入表面活性剂可提高镀液对基体的浸润效果，使粉末、颗粒、纤维状镀件很好地分散于镀液中，形成比较稳定的悬浮液。表面活性剂的浓度在一定程度上直接影响粉末、颗粒、纤维状镀件表面上金属镀层的性能。表面活性剂含量过高时生产成本较高，且会产生较大的泡沫，较大的泡沫会吸附粉末、颗粒、纤维状的镀件材料导致化学镀难以进行，尚需再适当加入消泡剂；表面活性剂含量过低则会影响其在粉体表面的吸附，达不到充分浸润的效果，导致镀件表面活化程度降低，使金属难以沉积在镀件表面。一般情况下，表面活性剂添加量为镀液总质量的 $0.1\% \sim 0.15\%$ 为宜。常用的表面活性剂有 6501 净洗剂、烷基苯磺酸盐、烷基磺酸盐、十二烷基脂肪酸盐、十二烷基脂肪酸盐、AES、TX-9 和 TX-10 等。表面活性剂的类型和混合比例对粉末、颗粒、纤维状的镀件材料表面化学镀的效果也有很大的影响。

6.4 溶胶-凝胶法制备薄膜材料

6.4.1 溶胶-凝胶法的基本概念

通常情况下，溶胶（Sol）和凝胶（Gel）都属于胶体（Colloid），胶体是一种分散相粒径很小的分散体系，分散相粒子的重力可以忽略，粒子之间的相互作用主要是短程作用力。

溶胶是具有液体特征的胶体体系，分散的粒子是固体或者大分子，分散的粒子大小在 $1 \sim 100nm$ 之间。

凝胶是指内部呈网络结构，网络间隙中含有液体的固体。当溶胶受到某种作用（如温度变化、搅拌、化学反应或电化学平衡等）而导致体系新黏度增大到一定程度，可得到一种介于固态和液态之间的冻状物，它有胶粒聚集成的三度空间网状结构，网络了全部或部分介质，是一种相当黏稠的物质，即为凝胶。表 6-1 为溶胶与凝胶的比较。

表 6-1　溶胶与凝胶的比较

项目	形状	特点
溶胶	无固定形状	固相粒子自由运动
凝胶	固定形状	固相粒子按一定网架结构固定,不能自由移动

简单地讲，溶胶-凝胶法就是用含高化学活性组分的化合物作前驱体，在液相下将这些原料均匀混合，并进行水解、缩合化学反应，在溶液中形成稳定的透明溶胶体系，溶胶经陈化胶粒间缓慢聚合，形成三维空间网络结构的凝胶，凝胶网络间充满了失去流动性的溶剂，形成凝胶。凝胶经过干燥、烧结固化制备出分子乃至纳米亚结构的材料。过程如图 6-2 所示。

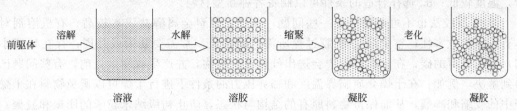

图 6-2　溶胶-凝胶法过程简易图

6.4.2　溶胶-凝胶法的发展历程

古代中国人做豆腐可能是最早的且卓有成效地应用 Sol-Gel 技术之一。现代溶胶-凝胶技术的研究始于 19 世纪中叶，利用溶胶和凝胶制备单组分化合物。由于用此法制备玻璃所需的温度比传统的高温熔化法低得多，故又称为玻璃的低温合成法。1846 年，J. J. Ebelmen 发现 $SiCl_4$ 与乙醇混合后在湿空气中水解并形成了凝胶，制备了单一氧化物（SiO_2），但未引起注意，而真正将溶胶-凝胶技术用于材料的湿化学制备则是 20 世纪 20 年代以后的事情。30 年代 W. Geffcken 利用金属醇盐水解和胶凝化制备出了氧化物薄膜，从而证实了这种方法的可行性，但直到 1971 年德国联邦学者 H. Dislich 利用 Sol-Gel 法成功制备出 SiO_2-B_2O-Al_2O_3-Na_2O-K_2O 多组分玻璃之后，Sol-Gel 法才引起科学界的广泛关注，并得到迅速发展。80 年代为溶胶-凝胶技术发展的第一高峰期，关于它的基础和应用研究的文献大量出现；90 年代兴起的纳米技术把溶胶-凝胶技术推向一个高潮；近几年，溶胶-凝胶技术广泛用于制备铁电材料、超导材料、冶金粉末、陶瓷材料、薄膜的制备及其他材料的制备等诸多领域。

6.4.3　溶胶-凝胶法的基本原理和特点

6.4.3.1　Sol-Gel 法的基本反应步骤

(1) 溶剂化　金属阳离子 M^{z+} 吸引水分子形成溶剂单元 $M(H_2O)_n^{z+}$，为保持其配位数，具有强烈释放 H^+ 的趋势

$$M(H_2O)_n^{z+} \longrightarrow [M(H_2O)_{n-1}(OH)]^{z-1} + H^+$$

(2) 水解反应　非电离式分子前驱物，如金属醇盐 $M(OR)_n$ 与水反应

$$M(OR)_n + xH_2O \longrightarrow M(OH)_x(OR)_{n-x} + xROH \cdots\cdots M(OH)_n$$

(3) 缩聚反应　按其所脱去分子种类，可分为两类

① 失水缩聚

$$—M—OH + HO—M \longrightarrow —M—O—M— + H_2O$$

② 失醇缩聚

$$—M—OR + HO—M \longrightarrow —M—O—M— + ROH$$

6.4.3.2　溶胶-凝胶法的特点

溶胶-凝胶法与其他方法相比具有许多独特的优点：a. 由于溶胶-凝胶法中所用的原料首

先被分散到溶剂中而形成低黏度的溶液，因此，就可以在很短的时间内获得分子水平的均匀性，在形成凝胶时，反应物之间很可能是在分子水平上被均匀地混合；b. 由于经过溶液反应步骤，那么就很容易均匀定量地掺入一些微量元素，实现分子水平上的均匀掺杂；c. 与固相反应相比，化学反应将容易进行，而且仅需要较低的合成温度，一般认为溶胶-凝胶体系中组分的扩散在纳米范围内，而固相反应时组分扩散是在微米范围内，因此反应容易进行，温度较低；d. 选择合适的条件可以制备各种新型材料。

溶胶-凝胶法也不可避免存在一些问题，例如：原料金属醇盐成本较高；有机溶剂对人体有一定的危害性；整个溶胶-凝胶过程所需时间较长，常需要几天或几周；存在残留小孔洞；存在残留的碳；在干燥过程中会逸出气体及有机物，并产生收缩。目前，有些问题已经得到解决，例如：在干燥介质临界温度和临界压力的条件下进行干燥可以避免物料在干燥过程中的收缩和碎裂，从而保持物料原有的结构与状态，防止初级纳米粒子的团聚和凝聚；将前驱体由金属醇盐改为金属无机盐，有效地降低了原料的成本；柠檬酸-硝酸盐法中利用自燃烧的方法可以减少反应时间和残留的碳含量等。

6.4.3.3　溶胶-凝胶法的工艺过程

溶胶-凝胶法的工艺过程如图 6-3 所示。

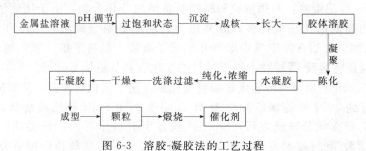

图 6-3　溶胶-凝胶法的工艺过程

(1) 首先制取含金属醇盐和水的均相溶液　这一步主要是为了保证醇盐的水解反应在分子的水平上进行。由于金属醇盐在水中的溶解度不大，一般选用醇作为溶剂，醇和水的加入应适量，习惯上以水/醇盐的摩尔比计量。催化剂对水解速率、缩聚速率、溶胶凝胶在陈化过程中的结构演变都有重要影响，常用的酸性和碱性催化剂分别为 HCl 和 NH$_4$OH，催化剂加入量也常以催化剂/醇盐的摩尔比计量。为保证前驱溶液的均相性，在配制过程中需施以强烈搅拌。

(2) 第二步是制备溶胶　制备溶胶有两种方法：聚合法和颗粒法，两者间的差别是加水量多少。所谓聚合溶胶，是在控制水解的条件下使水解产物及部分未水解的醇盐分子继续聚合而形成的，因此加水量很少；而粒子溶胶则是在加入大量水，使醇盐充分水解的条件下形成的。金属醇盐的水解反应和缩聚反应是均相溶液转变为溶胶的根本原因，控制醇盐的水解、缩聚的条件，如加水量、催化剂和溶液的 pH 值以及水解温度等，是制备高质量溶胶的前提。

(3) 第三步是将溶胶通过陈化得到湿凝胶　溶胶在敞口或密闭的容器中放置时，由于溶剂蒸发或缩聚反应继续进行而导致向凝胶的逐渐转变，此过程往往伴随粒子的 Ostwald 熟化，即因大小粒子溶解度不同而造成的平均粒径增加。在陈化过程中，胶体粒子逐渐聚集形成网络结构，整个体系失去流动特性，溶胶从牛顿型流体向宾汉型流体转变，并带有明显的触变性，制品的成型如成纤、涂膜、浇注等可在此期间完成。

(4) 第四步是凝胶的干燥　湿凝胶内包裹着大量溶剂和水，干燥过程往往伴随着很大的体积收缩，因而很容易引起开裂，防止凝胶在干燥过程中开裂是溶胶-凝胶工艺中至关重要而又较为困难的一环，特别对尺寸较大的块状材料，为此需要严格控制干燥条件，或添加控制干燥的化学添加剂，或采用超临界干燥技术。

（5）最后对干凝结胶进行热处理 其目的是消除干凝胶中的气孔，使制品的相组成和显微结构能满足产品性能要求。在热处理时发生导致凝胶致密化的烧结过程，由于凝胶的高比表面积、高活性，其烧结温度比通常的粉料坯体低数百摄氏度，采用热压烧结等工艺可以缩短烧结时间，提高制品质量。

溶胶-凝胶法可以用来制备块体材料、纤维材料、纳米粉体、有机-无机复合材料、薄膜和涂层材料。在此我们主要研究的是溶胶-凝胶法制备薄膜材料。

6.4.3.4　溶胶-凝胶法制备薄膜材料

溶胶-凝胶法制备薄膜材料的基本原理是：将金属醇盐或无机盐作为前驱体，溶于溶剂（水或有机溶剂）中形成均匀的溶液，溶质与溶剂产生水解或醇解反应，反应生成物聚集成几个纳米左右的粒子并形成溶胶，再以溶胶为原料对各种基材进行涂膜处理，溶胶膜经凝胶化及干燥处理后得到干凝胶膜，最后在一定的温度下烧结即得到所需的涂层。其过程如图6-4所示。

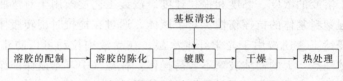

图 6-4　溶胶-凝胶法制备薄膜材料的流程图

（1）溶胶的配制 在溶胶-凝胶薄膜技术中，溶胶的配制可分为有机途径和无机途径。有机途径是通过有机醇盐的水解与缩聚而形成溶胶；无机途径则是通过某种方法制得的氧化物小颗粒稳定悬浮在某种溶剂中而形成溶胶。

① 有机醇盐水解法是 Sol-Gel 技术中应用最广泛的一种方法。该法将金属醇盐或金属无机盐溶于溶剂（水或有机溶剂）中形成均匀的溶液，再加入各种添加剂，如催化剂、水、络合剂或螯合剂等，在合适的环境温度、湿度条件下，通过强烈搅拌，使之发生水解和缩聚反应，制得所需溶胶。

水解反应是金属醇盐 $M(OR)_n$（n 为金属 M 的原子价）与水反应，其化学反应式为：

$$M(OR)_n + xH_2O \longrightarrow M(OH)_x(OR)_{n-x} + xROH \text{------} M(OH)_n$$

缩聚反应可分为失水缩聚或失醇缩聚，其化学反应式为：

$$—M—OH + HO—M— \longrightarrow —M—O—M— + H_2O$$
$$—M—OR + HO—M— \longrightarrow —M—O—M— + ROH$$

② 无机盐水解法是指以无机盐（如硝酸盐、硫酸盐、氯化物等）作为前驱物，通过胶体粒子的溶胶化而形成溶胶。其形成过程为，通过调节无机盐水溶液的 pH 值，使之产生氢氧化物沉淀，然后对沉淀长时间连续冲洗，除去附加产生的盐，得到纯净氢氧化物沉淀，最后采用适当的方法如利用胶体静电稳定机制等使之溶胶化而形成溶胶。Fe_3O_4、$Ni(OH)_2$、SnO_2、NiO、In_2O_3 等陶瓷薄膜均可采用无机盐水解法制备。

（2）基板的性质及清洗方法

① 基板的性质 基板的种类与性质会直接影响所制备薄膜的结构和性能，基本材料有玻璃、Si(100)、Si(111)、蓝宝石（Al_2O_3）、瓷片以及树脂等。平常使用的一般为玻璃基板，玻璃基板可分为石英玻璃基板、高硅玻璃基板、硼硅酸玻璃基板、普通平板玻璃基板。

② 基板的清洗方法

a. 使用洗涤剂法　将基板浸入热的洗涤剂溶液中，以除去基板表面的油脂。然后用流水将洗涤剂充分洗净，再浸入醇中，最后用干燥剂等迅速干燥。

b. 使用试剂、溶剂法　重铬酸钾-浓硫酸洗液浸泡基板，以除去玻璃表面的油脂，也可用丙酮或用异丙基醇等溶剂的蒸气除去基板表面的油脂。

c. 超声波洗涤法　利用在液体介质中传导的超声波的空化作用将基板表面洗净。

d. 离子冲击法　以加速的阳离子射向基板表面，将表面上的污物及吸附物除去。

e. 加热法　将基板在真空中加热至300℃左右，除去基板表面的吸附水。这时真空排气系统最好不用油，以防油的分解产物对基板表面重新造成污染。

(3) 镀膜　采用溶胶-凝胶法工艺制备陶瓷薄膜的镀膜方法很多，一般用的是浸渍提拉法、旋转涂覆法、喷涂法及电沉积法等。

① 浸渍提拉法　浸渍提拉法是将整个洗净的基板浸入预先制备好的溶胶之中，然后以精确控制的均匀速度将基板平稳地从溶胶中提拉出来，在黏度和重力作用下基板表面形成一层均匀的液膜，紧接着溶剂迅速蒸发，于是附着在基板表面的溶胶迅速凝胶化而形成一层凝胶膜。浸渍提拉法所需溶胶黏度一般为 $(2\sim5)\times10^{-3}$ Pa·s，提拉速度为 $1\sim20$ cm/min，薄膜的厚度取决于溶胶的浓度、黏度和提拉速度。浸镀工艺逐渐用于对弯曲表面镀膜，如眼镜镜片，主要增强塑料基体的抗擦伤性。对于瓶体，通过在提拉时旋转瓶体，发展了很多种浸镀方法。很多浸镀工艺还被用于光学纤维涂层，在涂液中拉动可以防止纤维受到机械碰撞。大规模浸镀的缺点：大的窗体玻璃不容易操作，在空气中，难以保证涂液的稳定性。优点：其所需设备简单，容易操作，所以仍被广泛使用。

② 旋转涂覆法　旋转涂覆法是在匀胶机上进行，将基板水平固定于匀胶机上，滴管垂直基板并固定在基板正上方，将预先准备好的溶胶溶液通过滴管滴在匀速旋转的基板上，在匀胶机旋转产生的离心力作用下溶胶迅速均匀铺展在基板表面。匀胶机转速的选择主要取决于基板的尺寸，还需考虑溶胶的基板表面的流动性能（与黏度有关）。薄膜的厚度取决于溶胶的浓度和匀胶机的转速。旋转涂覆法现在已发展到微电子应用领域，例如光学透镜或眼镜透镜。所得涂层的厚度可以在几百纳米到几十微米间变化，即使基体很不平整，还是可以得到非常均匀的涂层。涂层的质量取决于溶胶涂液的流变参数。

③ 喷涂法　喷涂法主要由表面准备、加热和喷涂三部分组成。先将洗净的基板放到专用加热炉内，加热温度通常为 $350\sim500$℃，然后用专用喷枪以一定的压力和速度将溶胶喷涂至热的基板表面形成凝胶膜。薄膜的厚度取决于溶胶的浓度、压力、喷枪速度和喷涂时间。SnO_2 电热膜的制备常采用此法。

④ 电沉积法　电沉积是利用胶体的电泳现象，将导电基板（通常镀上一层 ITO 导电膜）浸入溶胶中，然后在一定的电场作用下使带电粒子发生定向迁移而沉积在基板上。薄膜的厚度取决于溶胶的浓度、电压的大小及沉积时间。WO_3 膜的制备有时也采用该种方法。

(4) 干燥　由于湿凝胶内包裹着大量溶剂和水，需要干燥后才能得到干凝胶膜，而干燥过程往往伴随着很大的体积收缩，因而很容易导致干凝胶膜的开裂，最终影响涂层的完整性。防止凝胶在干燥过程中开裂是溶胶-凝胶工艺中至关重要而又较为困难的一环，尤其对于涂层材料来说。据报道，导致凝胶开裂的应力主要来源于毛细管力，而该力又是因充填于凝胶骨架孔隙中的液体的表面张力所引起的。因此，要解决开裂问题就必须从减少毛细管力和增强固相骨架强度这两方面入手。

目前研究较多且效果较好的干燥方式主要有 2 种。

① 控制干燥　即在溶胶制备中加入控制干燥的化学添加剂，如甲酰胺、草酸等。由于它们的低蒸气压、低挥发性能把不同孔径中的醇溶剂的不均匀蒸发大大减少，从而减小干燥应力，避免干凝胶的开裂。

② 超临界干燥　即将湿凝胶中的有机溶剂和水加热加压到超过临界温度、临界压力，则系统中的液气界面将消失，凝胶中毛细管力也不复存在，从根本上消除导致凝胶开裂应力的产生。

此外，如果实验条件不允许，也可以在环境温度、相对湿度合适的条件下将试样置于空气中干燥，这也是一种较常用且简便的干燥方式。

（5）热处理　为了消除干凝胶中的气孔，使其致密化，并使制品的相组成和显微结构能满足产品性能的要求。有必要对经干燥处理的涂层做进一步热处理。由于各种涂层的最终用途和显微组织、结构的要求不同，热处理过程往往也不同，因而要根据实验目的和要求选择合适的热处理工艺路线。

涂层热处理经常用到的设备主要有：a. 真空炉，较适合用于对表面状况要求较好的涂层的处理；b. 一般箱式炉，使用较广泛，但因涂层热处理时要求升温速率要慢，故要对箱式炉进行适当改装，如附加一台变压器，来降低箱式炉的加热电压，从而减小升温速率；c. 干燥箱，对热处理温度不是太高的涂层来说，可用干燥箱来进行热处理。

6.5　电化学原子层沉积法

6.5.1　电化学原子层沉积法概述及技术发展渊源

6.5.1.1　概述

电化学原子层沉积法（EC-ALD）最先由 Gregory 和 Stickney 提出，也曾被称为电化学原子层外延（EC-ALE），是原子层外延（ALE）和原子层沉积（ALD）的一种电化学延展。原子层外延是通过将化合物组分的气相前驱体脉冲交替地通入反应器并在沉积基体上化学吸附并反应而形成沉积膜的一种技术。电化学原子层沉积基本设计思想是：将电化学沉积和原子层外延技术相结合，用电位控制表面限制反应，通过交替欠电位沉积（UPD）化合物组分元素的原子层来形成化合物，又可以通过欠电位沉积不同化合物的薄层而形成超晶格。

在电化学中，表面限制反应又被称为欠电位沉积（UPD）。当吸附物与基底之间比吸附物与自身之间的相互作用力更强时，就会发生欠电位沉积现象，即一种元素可在比其热力学可逆的电位下沉积在另一种物质上的现象。理论上，在 UPD 电位下，沉积了一层 a 原子的基底上不能再沉积 a 原子，只能沉积 b 原子，如图 6-5 所示。欠电位沉积提供了一种形成单原子层的好方法，且室温下就可进行。

欠电位沉积 UPD 分为还原 UPD 和氧化 UPD。还原 UPD 是 EC-ALD 中原子层沉积的主要过程，在金属的可溶氧化态溶液中，还原欠电位沉积可以得到许多金属。氧化 UPD 是将含有负氧化态元素的前驱体氧化形成原子层。

电化学原子层沉积的具体原理就是将表面限制反应推广到化合物中不同元素的单原子层沉积，利用欠电位沉积形成化合物组分元素的原子层，再由组分元素的单原子层相继交替沉积从而外延形成化合物薄膜。如果将各组分元素单原子层的相继交替沉积组成一个循环（周期、圈），则每个循环的结果是生成一个化合物单层，而沉积物的厚度也将由循环次数也就

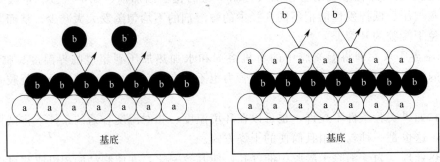

图 6-5　两步 UPD 过程示意图

是化合物单层的层数所决定。

　　因此，EC-ALD 是一种简便、经济、可行的技术，用这种方法制备的薄膜质量优良，且能够达到器件应用级别，EC-ALD 最重要的特征是低温生长、大面积加工方便，尤其是通过调整电化学参数和电解液的组成能够达到对膜厚、形态及组成的可控性。

6.5.1.2　技术发展渊源

　　自 19 世纪以来，与真空条件下的沉积工艺相比，电化学沉积被认为具有易于污染、不易精确控制等缺点，但作为一种薄膜沉积方法仍得以延续下来。在超大集成电路的铜互联中，伴随着铜大马士革工艺（Cu Damascene process）的大规模应用，电化学沉积技术像其他薄膜沉积技术一样洁净的观点开始为人们所接受。

　　电化学原子层沉积源于电化学沉积和原子层沉积的复合。在技术发展初期，公开的文献往往称它为电化学原子层外延（Electrochemical Atomic Layer Epitaxy，ECALE 或 EC-ALE），本章中该技术统称为电化学原子层沉积（EC-ALD）。原子层外延技术（Atomic Layer Epitaxy，ALE）的名称首先在真空热技术中应用，比如分子束外延（MBE）或金属有机气相外延（MOVPE）。与传统的化学气相沉积不同，在 ALD 技术中，每个前驱体被分别引入到基体上，沉积过程是由交替暴露于单个前驱体的基体表面形成的单层逐步生长，并利用惰性气体（氮）去除过量的反应剂和副产物。通过这种序列的方法，可在下一个反应发生之前调整暴露时间以使其完全进行。通过控制基体表面的温度以确保特定的单层而不是多层的生长。在合适的优化实验条件下，所有的表面反应都处于饱和情况而使得生成过程是自控的。因此，通过表面限制反应可交替沉积组成化合物元素的原子层，并可对沉积物的结构进行极好的控制。膜层的厚度可以由沉积循环次数进行精确的控制。

　　类似地，可采用电化学方法通过控制电位而不是温度对沉积物的量和结构在原子尺度上进行控制，欠电位沉积即是此类表面电化学限制反应的一种。在 EC-ALD 中，通过利用欠电位沉积的方式一步沉积一个原子层进而形成化合物。二元化合物的形成涉及到一种元素氧化性 UPD 和另一个元素的还原性 UPD。当第二个组分沉积时，为保持已沉积组分的稳定性，第一个元素的沉积电位应比第二个元素的沉积电位更负。实际上，这种序列沉积常常采用双槽系统或流槽，以便使电极表面交替地浸渍于不同的前驱体溶液。在特定的优化条件下，沉积层倾向于二维而不是三维生长。EC-ALD 要求对实验条件进行精确的设定，比如电位、反应物、浓度、pH 值、持续时间等，它们依目标化合物和沉积基体的不同而有所变化。

　　与其他真空沉积技术和气相沉积方法相比，EC-ALD 是在室温下或在溶剂的熔点以下进行，对于薄膜制备而言，这属于低温。尽管处于低温条件，EC-ALD 沉积物的形成仍是处于平衡条件下，沉积电位应用直到电流为零，其组分和结构是稳定的，表明在应用的电位条件下达到平衡，这使得交换电流的存在和测量成为可能。电化学沉积是一个动态过程，原子沉积和溶解同时进行，测量的电流是沉积和溶解通量的差值。当其为零时，表明已建立平衡，因此，交换电流密度可以作为平衡条件下原子沉积和溶解速率的量度。理想条件下，在高能位置，原子溶解，而在更加稳定位置进行再沉积。这个结果类似于在气相或者真空条件下的热退火或者表面扩散情况下原子的行为。一般的电沉积方法得益于在近平衡电位的沉积。然而，沉积原子倾向于不再溶解，沉积物变得无序化。而电化学原子层沉积在室温和大气压下进行，所形成的材料无需退火处理，一次沉积一个原子层，而其他的沉积方法中，比如化学气相沉积、分子束外延等，薄膜沉积要求基体保持在较高温度，在很多沉积工艺中，为得到一个良好有序的表面，沉积后往往要进行退火。EC-ALD 可以在原子层的尺度上控制沉积层，将来有望与分子束外延等薄膜制备技术相媲美。

6.5.2 电化学原子层沉积法的基本操作步骤

EC-ALD 技术的基本流程如图 6-6 所示，其实验装置由计算机控制的蠕动泵、分配阀、可编程序控制器、流动沉积池和恒电位仪组成。

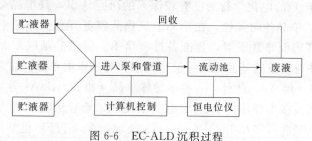

图 6-6　EC-ALD 沉积过程

6.5.3 电化学原子层沉积法的优点

电化学原子层沉积（EC-ALD）技术结合了欠电位沉积和原子层沉积技术，也融合了二者的优点，具体如下：

① 一般使用无机水溶液，避免了有机污染；

② 工艺设备投资小，降低了制备技术的成本；

③ 可以沉积在设定面积和形状的复杂基底上；

④ 没有毒气源，对环境不会造成污染；

⑤ 单层层叠生长，避免了三维沉积的发生，实现了原子水平上的控制；

⑥ 室温沉积，使组分元素间的互扩散降至最小，同时避免了由于热膨胀系数的不同而产生的内应力，保证了膜的质量；

⑦ 每种溶液可以分别进行配方的优化，使得支持电解质、pH 值、添加剂或络合剂的选择能够最大程度地根据元素本身的需要量体裁衣；

⑧ 将化合物的沉积拆分为各组分元素原子沉积的连续步骤，而各个步骤可以独立加以控制，因此膜的质量、重复性、均匀性、厚度和化学计量比可精确控制，同时能够获得更多的机理信息；

⑨ 反应物选择范围广，对反应物没有特殊要求，只要是含有该元素的可溶物都可以，且一般在较低浓度下就能够成功制备出超晶格。

此外，EC-ALD 沉积物的结构与成分受控于表面化学而不是通常电化学中的成核与生长动力学，不同元素的原子层在不同溶液中进行沉积，对各元素的沉积条件（沉积电势、反应溶液浓度等）可分别实行最优化选择，因而与一般的电沉积方法相比，EC-ALD 大大增强了化合物沉积的可控性。

6.5.4　影响电化学原子层沉积过程的因素

电化学原子层沉积法制备薄膜材料要求精确地定义实验条件，如反应电位、反应物浓度、支撑电极、pH 值、沉积时间和可能使用的络合剂，这些参数强烈依赖于被沉积元素和所用衬底，因此 EC-ALD 制备纳米薄膜化合物时，要同时考虑多种因素的影响。

6.5.4.1　基底

基底的选用在电化学原子层沉积技术中占有重要地位：首先，基底与第一个 UPD 层的覆盖率密切相关，而首个 UPD 层对以后的沉积层结构有很大的影响；其次，理想的基底还有利于研究沉积层的表面化学性质，因此基底的选择至关重要。此外，选择基底时还需考虑双电层窗口大小、晶格匹配、表面重组以及清洗难易等因素。

目前使用的基底种类很多，多以单晶为主。单晶基底优点有很多：a. 对单晶金属基底（如 Cu、Ag、Au、Pt）的电化学行为已有较深入的研究认识，且单晶金属基底在 EC-ALD 电位下不易氧化；b. 单晶各向异性，在单晶上沉积薄膜更有利于外延生长的薄膜反映单晶的特性；c. 单晶基底表面非常平滑，且准备过程简单。但单晶基底却非常昂贵，且不能反复利用，因此大多在玻璃或硅基底上镀一层金属来代替昂贵的单晶。目前使用最广泛的是在 Si(100) 或玻璃上镀一层 Au。此外，一些半导体单晶（如 Si、GaAs 等）和化合物也被用来作基底，但是一般来说在半导体尤其是 Si 基底上沉积，会导致沉积物表面粗糙，且成膜质量不高。另外，多晶基底（多晶 ITO-玻璃、Au-玻璃、Au-云母）也常用于 EC-ALD 技术。其中多晶 ITO-玻璃用于形成 ZnSe、CdS 和 CdTe 等，理想状况下，利用晶格匹配较好的半导体作衬底（例如 ZnSb 与 CdTe 晶格匹配可用作衬底）效果较好。

6.5.4.2　溶液（反应物、电解质、pH 值、添加剂等）

EC-ALD 的溶液由不同的溶剂、反应物、电解质、缓冲液及添加剂组成。一般使用的溶剂都是水溶液，因为超纯水较易获得，对各种元素水溶液的电化学行为也有较深入的研究，并且可以减少有机溶剂对环境的污染。

选择反应物时，应考虑如下因素：使用氧化 UPD 还是还原 UPD，其溶解性、氧化态、实用性、纯度及价格等。一般情况下，都使用元素的盐溶液作为前驱体，其优点是纯度高，易处理，杂质元素数量有限，且价钱便宜。同时溶液中反应物的浓度应尽量低，这样一是能获得质量较好的薄膜；二是便于储存、降低成本、减少污染等。因此在 EC-ALD 的研究实验中，所采用的元素前驱体溶液浓度往往只有 $0.02 \sim 0.05 \text{mol/L}$。

电解质是除溶剂、反应物之外的重要组成部分，纯度应尽量高，溶液配置好后需要过滤除杂。通常，用硫酸和高氯酸盐作为电解质往往会得到较好的结果，因为在酸性条件下，质子在很稀的溶液中也存在较高的活度。此外，电解质的浓度决定了溶液的电导率和流动性，从而影响到沉积电位。目前，大部分使用的电解质浓度在 $0.1 \sim 0.5 \text{mol/L}$ 之间。

在电化学反应中，pH 值控制着溶解度、沉积电位以及前驱体的选择，但利用 EC-ALD 的一个好处就是可以对不同的反应物使用不同的 pH 值。但沉积过程中 pH 值的改变还是不可避免带来一些负面作用，如前一种元素沉积层会在新的 pH 值下的剥落及增加了清洗难度。

在传统的电沉积方法中，使用添加剂可以控制沉积层的结构与形貌，添加剂可以使用硫化物、氯化物、丙三醇等有机化合物的配体以及其他微量元素等。但在 EC-ALD 过程中，是利用表面限制反应而非添加剂来控制沉积层的结构与形貌。而在 EC-ALD 中添加剂的主要功能还是利用配位体效应来改变原子层的沉积电位、溶液流动性、pH 值和电导率等。

6.5.4.3 循环时间

研究表明，原子层沉积所需时间是根据溶液浓度和沉积动力学来确定的，为 $10\sim20s$。高浓度的确能够增长原子层的形成速率，但比较浪费，且难以清洗。有研究表明每圈沉积少于一单层比超过一单层要好，因为后者会产生 3D 生长，所以沉积时间短比沉积时间长好，但最好还是让原子层沉积过程尽量接近完整。

6.5.4.4 电位设置

电化学原子层沉积的最简单模型就是选择并设置循环所需的合适条件，大部分元素的起始电位是通过研究元素在基底上的循环伏安图所得到的，但基底上的 UPD 电位并不一定是生长化合物的理想电位。

电化学原子层沉积过程中的沉积电流-时间曲线显示，在循环中使用恒定的 UPD 电位，虽然第一圈的沉积电量与化合物单层的形成保持一致，但接下来却会逐圈降低，一般 $10\sim20$ 圈之后，电流已经可以忽略，而且基本没有沉积物形成。这是因为基底和沉积的化合物半导体之间产生了结电势（接触电阻），消耗了给定的部分电位。同时，这些元素在基底上的起始电位必然有别于在另外一种元素或化合物上沉积。在电化学原子层沉积的初始阶段，原子层在基底上异质生长，由于和基底的晶格失配，必然导致最初的沉积物结构失衡。然而随着半导体薄膜的生长，尤其是 10 个循环之后，基底逐渐从最初与沉积物失配变成连续沉积的化合物同质结构，形成元素原子层所需的电位也逐渐从欠电位接近本体元素的沉积电位，达到一个稳态生长条件，又被称为稳态电位，在此电位下无论循环多少个周期都是同质沉积。所以，形成原子层的电位需要随着半导体膜的生长进行逐步调整，通常会在大约 $20\sim30$ 圈之后得到稳态电位，然后保持恒定地进行后面平稳、均一、有序的单层生长过程。

6.5.4.5 清洗

在电化学原子层沉积循环的每个步骤之间进行清洗是必要的，如果前一个反应物还在的话，清洗不足就会引起前一个反应物剩余和下一个反应物的部分共沉积，导致 3D 生长。而清洗量的具体执行标准则根据电解池大小和实验中反应物前驱体的量而定。理想的电解池具有很好的层流，且反应物和添加剂的浓度都很低，因此很容易清洗干净。清洗液中电解质的含量也要根据清洗过程中的电流来定，如果清洗设在开路下进行，甚至不需要电解质，如果清洗过程中电流微弱，电解质的浓度也需要很低。但迄今为止，所有 EC-ALD 研究实验中清洗和沉积所使用电解质浓度都是相同的。

6.5.5 电化学原子层沉积的研究现状及应用展望

电化学原子层沉积法涉及两种及以上元素的分步交替沉积，每种元素的沉积都包括组分元素溶液的引入、元素沉积、缓冲溶液的引入等一系列步骤。为了得到一定厚度的薄膜，需要进行几十次甚至几百次循环，如果采用手动来交换溶液，工作量很大，且手动沉积过程很难精确控制沉积电位和沉积时间等实验参数。同时，在交换溶液时，电极直接暴露在空气中，容易造成样品氧化及其他人为损坏。因此，20 世纪 90 年代初，Stickney 小组研制开发出了一套 EC-ALD 自动反应装置（图 6-7），以便于反应可控下重复进行，实现几百次上千次循环反应，使实验操作更严谨方便。到目前为止，许多研究小组使用该系统成功沉积了大量半导体化合物薄膜。

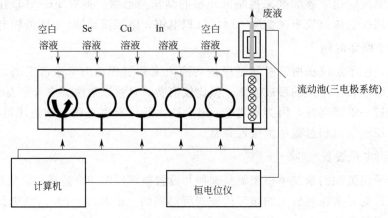

图 6-7　EC-ALD 自动反应装置

电化学原子层沉积技术由于其在薄膜材料制备的独特优势，已经引起国内外很多材料领域专家的重视。目前，已有很多采用 EC-ALD 方法制备半导体薄膜及超晶格的相关报道，主要集中在 IIA 族-VIA 族，如 CdTe、ZnSe、CdS、ZnS、CdS/ZnS 超晶格；IVA 族-VIA 族化合物，如 PbS、PbSe、PbTe；还有 IIIA 族-VA 族化合物，如 GaAs、InAs、InAs/InSb 超晶格；和 VA 族-VIA 族化合物，如 Bi_2S_3。

电化学原子层沉积技术为制备精确计量比的半导体化合物提供了可行性技术，但目前仍有诸多技术难关亟待攻破。

不管是金属基底还是半导体基底，其造价成本高、沉重不易运送等缺点，制约了其在空间技术上的进一步发展。而有机物或聚合物薄膜由于其相对较低的成本、轻便耐用、性能优越的材料特性正在成为空间技术应用研究的重要基底，但有机物或聚合物却因其导电性能的薄弱难以成为电化学研究的基底材料。碳纳米管具有优良的电学和力学性能，视其亚结构和修饰方法的不同，可以使其具有导体性质或半导体性质。将有机聚合物聚酰亚胺与碳纳米管制成复合薄膜材料，一方面可保持聚酰亚胺在极端环境条件下稳定的结构性能；另一方面可增加其导电性，有望最终制得不易老化、高强度、柔软轻薄的特殊基底材料。

由于 Si 的导电性很弱，且极易被氧化成无定形的 SiO_2 层，使得化合物的电沉积变得异常困难，因此目前报道的关于薄膜半导体材料在 Si 基上 EC-ALD 制备的工作不是很多，相较于 n-Si、p-Si 上电沉积半导体薄膜的内容更少，只有一些使用光辅助电沉积技术，如 PbSe 在 p-Si(100) 和 CdTe 在 p-Si(111) 上的沉积。

电化学原子层沉积技术在薄膜制备领域的发展前景广阔。由于 IIA 族-VIA 族和 IIIA 族-VA 族化合物具有较宽的能带，因此它们具有半导体的特性，其中 IIA 族-VIA 族化合物半导体材料在光电转换、辐射检测、发光显示、红外检测及光导摄像器件等领域有着重要应用；同样，IIIA 族-VA 族半导体化合物由于它们在光电和光电化学装置中的广泛应用，近些年来也引起人们的极大关注。虽然目前 EC-ALD 所研究制备的半导体家族大多处于光电材料领域，但是随着对该技术的理解与把握，越来越多的功能性半导体也相继开发。我国杨君友小组已经开始把 EC-ALD 技术用于制备热电超晶格材料并已经在不同基底、不同电解质条件下进行了 Bi_2Te_3 薄膜的 EC-ALD 的制备研究，目的是找到可以提高其薄膜质量和结构性能的重要影响因素，弄清 UPD 沉积机理，最终实现在 Si 基底上制备热电超晶格。

王春明等人也已着眼于采用 EC-ALD 技术制备压电和铁电性质的半导体材料，并计划将 EC-ALD 技术扩展到压电和铁电领域，最终实现用电化学方法系统地制备和表征功能性半导体材料。

6.6 膜厚的测量与监控

膜厚是薄膜的一个重要参数，薄膜的诸多特性往往与薄膜的厚度有关，因此膜厚的精确测量与监控非常重要。薄膜的厚度可以有三种说法，它们是几何厚度、光学厚度和质量厚度。几何厚度表示膜层的物理厚度或实际厚度，物理厚度与薄膜的折射率的乘积就是光学厚度。而质量厚度是指单位面积上的膜质量，当薄膜的密度已知时，就可以从质量厚度转换计算出膜的几何厚度。在理解薄膜厚度的概念时，必须认识到薄膜本身的不连续性、非均匀性以及内部的晶格缺陷、杂质等都会对膜厚的监控和测量造成不确定的因素。所谓膜厚监控就是通过对正在沉积的膜层厚度的动态、实时地精确测量，当膜层厚度达到设计要求时停止沉积的过程。显然膜厚监控中准确判停是其核心要求，精确测量是其基础。正是因为膜厚测量和膜厚监控的这种联系，使得膜厚测量方法和膜厚监控方法存在着很大的相似性，而膜厚测量方法的创新和改进也必会形成新的膜厚监控方法。

膜厚的各种测量方法其所采用的技术或依据的原理不同，其测量精度也不一样。即使对于同一薄膜，使用不同的测量方法可能会得到不同的结果。一般情况下，薄膜厚度的误差控制在 2% 以内，有时可能达 5%～10%。薄膜厚度的监控必须在允许的误差范围之内。

薄膜膜厚监控方法按其利用的物理效应不同分为质量监控法、电学监控法、光学监控法、其他监控法等几大类。质量监控法包括微量天平法、扭力天平法、石英晶振法等直接测量质量的方法和通过测量原子数量间接测量质量的方法；电学监控法包括电阻监控法、电容监控法等；光学监控法包括偏振光分析法、光吸收法、干涉监控法等，其中干涉监控法又包括了目视法、光电极值法、波长调制法、光电极值法的改进方法和宽光谱扫描法、激光全息干涉监控法等诸多监控方法；其他监控法则包含辐射-吸收监控法、辐射-发射监控法、触针法、动量传递监控法、超声波法等方法。

为了监控膜层厚度，首先需要的是对膜厚动态、实时地精确测量。原则上可以有很多测量膜厚的途径，但本质上都需要找到一个随着膜厚的变化而适当变化的参数，然后设计一种在膜层制备过程中监控这一参数的方法。例如，像质量、电阻、光谱反射率和透射率等参数都已被用于各种监控装置。在所有这些方法中，最常使用的有两种：一是通过石英晶体振荡频率来测量沉积物质量参数的石英晶体监控法；二是用测量薄膜的光谱反射率或透射率等光学参数的方法。

6.6.1 轮廓仪法

轮廓仪法是 20 世纪 30 年代初出现的非光学的高精度膜厚检测技术。这种方法既可以测量物体的表面轮廓，也可以测量薄膜的厚度。触针式轮廓仪的工作机理：机械触针在被测物体表面上滑动，仪器对触针的空间位置变化进行传感，将其转换为物体表面的轮廓信息，进而推算出物体表面的轮廓。触针式轮廓仪分辨率高、稳定性好、测试范围很大，被广泛采用。但由于是接触式的测量，触针对薄膜表面易造成伤害，不能测试软膜；此外还需要对薄膜进行二次加工，在膜上做出台阶露出基底后才能进行准确的测量。

6.6.2 石英晶振法

石英晶振法是目前广泛使用的一种膜厚监控方法。其原理就是利用石英晶体片的固有振动频率随着其质量的变化而变化的这一特性，将石英晶片置于真空室中，当晶体表面被镀上膜层，其总质量会发生变化，从而晶振频率也随之改变，测量出频率的变化便可计算出其质量厚度。如果我们已知薄膜的密度，则可进而确定薄膜的几何厚度。

石英晶体具有压电效应，其固有频率不仅取决于几何尺寸和切割类型，而且还取决于石英晶体的厚度 d。

$$f = \frac{N}{d}$$

式中，N 为取决于石英晶体的几何尺寸和切割类型的频率常数。

镀膜时质量增量所产生的晶体频率变化：

$$\Delta f = -\frac{N\Delta d}{d^2}$$

若厚度为 d 的石英晶片厚度改变 Δd，则晶体振动频率变化 Δf，负号表示频率随厚度的增加而减少。

把石英晶片厚度改变 Δd 变换成膜层厚度增量 Δd_M，

$$\Delta m = A\rho_M \Delta d_M = A\rho_Q \Delta d$$

式中，A 为晶体受镀面积；ρ_M 为膜层密度；ρ_Q 为石英密度。

所以

$$\Delta f = -\frac{\rho_M}{\rho_Q} \times \frac{N}{d^2}\Delta d_M = -\frac{\rho_M}{\rho_Q} \times \frac{f^2}{N}\Delta d_M$$

式中，f 为石英晶体的基频；Δf 与 Δd_M 之间是线性关系。

在石英晶片上沉积厚度为 Δd，则相应晶体厚度变化为：

$$\Delta d = \frac{\rho_M}{\rho_Q}\Delta d_M$$

令 $C_m = \dfrac{f^2}{N\rho_Q}$，则

$$\Delta f = -\frac{\rho_M}{\rho_Q} \times \frac{f^2}{N}\Delta d_M = -C_m\rho_M \Delta d_M$$

式中，C_m 为质量灵敏度。当膜厚不大，即薄膜质量远小于石英基片质量时，晶片谐振频率变化不大，C_m 可认为常数。

Δf 与 f^2 成正比，晶体的基频 f 越高，控制灵敏度越高，这意味着晶体厚度要足够小。随着膜层厚度增加，石英晶体灵敏度下降，通常频率变化的最大范围不能超过几百千赫，否则将会产生跳频。为保证振荡稳定和较高的灵敏度，晶体上的膜层厚度增加到一定程度后就要进行清洗或更换。

石英晶体监控法有三个非常实际的优点：a. 装置简单，不需要通光窗口，不需要安排光学系统；b. 信号判读容易，随着膜厚的增加，频率线性下降，没有光学信号常有的摆动，而且与薄膜是否透明无关，并可以记录蒸发速率，很适用于自动控制；c. 对于小于 $\lambda/8$ 的膜层厚度，有较高的控制精度。石英晶体监控法也有诸多缺点：其直接测量的是薄膜的质量而不是光学厚度；不像极值法，具有厚度自动补偿机理；晶体温度必须限制在 120℃ 以下，否则温度系数将变得过大；石英晶体的灵敏度随着质量的增加而降低，限制了在红外多层膜

中的应用。

石英晶体监控法与光学监控法具有一定的互补性，因此，目前的中高档次镀膜设备均同时配备有这两种系统。

6.6.3 目视法

目视法为最简单的光学监控方法，它是利用眼睛作为接受器，通过目视观察薄膜干涉色的变化来监控介质膜层的厚度。其原理可通过双光束分振幅干涉（图6-8）来解释，在折射率为 n_2 的基板上沉积了一层折射率为 n_1、厚度为 d_1 的薄膜，当一入射光从空气往薄膜入射时，由于空气与薄膜界面以及薄膜与基片界面的两个界面的反射光产生干涉，因此反射光会随不同的光学波长以及不同的薄膜物理厚度生成不同的干涉条纹。

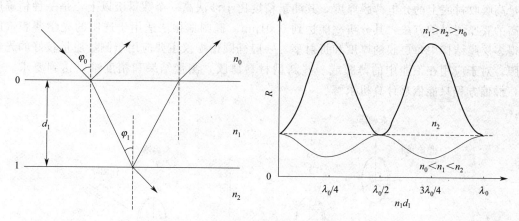

图6-8 薄膜的干涉

对于 $n_1 > n_2 > n_0$ 的情况，当光学厚度 $n_1 d_1$ 为1/4波长厚度时（光程差为 $2nd$ 以及有半波损失），反射有极大值。因此，基片镀膜以后，各个波长的反射光强度就不相等，因而带有不同的干涉色彩，不同的膜厚有不同的颜色，因此可以根据薄膜干涉色的变化来监控介质膜的厚度。这种方法在传统的镀膜工艺中是最常用的。

6.6.4 光电极值法

光电极值法是当前应用最为广泛的光学膜厚监控方法。由于对基于光电极值法的膜厚监控装置进行研究具有重要的现实意义和良好的市场前景，因此得到广大薄膜工作者的高度重视，目前已有多种商品化的设备供人们选用。

极值法的控制原理：薄膜的透射光或反射光强度是随薄膜厚度的变化而变化的，当薄膜的光学厚度在1/4和1/2光学波长厚度时，薄膜的透射、反射光谱会出现极值。利用膜层沉积过程中反射率（或透射率）随膜厚变化的这种规律，通过光电膜厚监控仪检测淀积过程中反射率（或透射率）出现的极值点来监控1/4波长整数倍的膜系，这种方法称为光电极值法。但由于膜系的反射率在接近极值时变化缓慢，使这种监控方法的精度有限。

针对极值法监控精度不高的缺陷，人们做了很多研究和改进。主要的有两个方面：一是对硬件设备的改进，如为了克服由于光源波动及探测器噪声、系统零漂带来的影响，进一步提高系统测试信号的稳定性、信噪比和监控精度，可采用双光路甚至四光路系统测量透（反）射率值来代替单光路透（反）射光强值进行监控膜厚；二是引入过正控制技术以减少因极值点判读不准带来的误差，即有意识地不把蒸镀停止点选在理论计算的极值处，而是选在眼睛或仪器能够分辨的反转值处，故意产生一个一致的过正量，这样就可以大大减少极值点判读的随机误差。

6.6.5　椭圆偏振法

椭圆偏振法在膜厚测量领域占据很重要的地位，是一种非接触测量方法。椭圆偏振法基本原理（图6-9）：起偏器产生的线偏振光经取向一定的1/4波片后成为特殊的椭圆偏振光，把它投射到待测样品表面时，只要起偏器取适当的透光方向，被待测样品表面反射出来的将是线偏振光。椭圆偏振法是研究两媒质间界面或薄膜中发生的现象及其特性的一种光学方法，基于利用偏振光束在界面和薄膜上反射或透射时出现的偏振态的变化，利用检偏器的方位的不同，测量反射光强度随角度的变化，并计算出薄膜折射率和厚度值。采用椭圆偏振法测量高吸收衬底上的介电薄膜厚度，其测量精度比干涉法高一个数量级以上，是一种精确度很高的膜厚测量的方法，其分辨率能达到 0.01nm。椭圆偏振法适用于透明的光学薄膜，能测得多层膜结构中每层膜的厚度和折射率。一般椭圆偏振仪主要应用于测量质量较好的光学薄膜，对于应用在工业中的薄膜或一些新型材料薄膜，测量结果和精度难以达到要求。另外，椭偏方程只能依靠计算机求解。

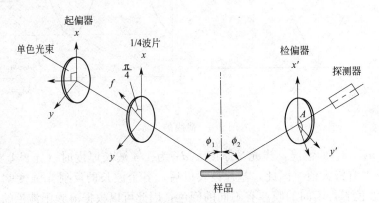

图 6-9　椭圆偏振法测量原理示意图

6.6.6　电容测微法

电容测微法具有精度高、稳定性好、速度快等诸多优点，也是一种非接触测量方法。电容测微仪利用上下两个平板电极测量两个电极之间的变化量以测量样件薄膜的厚度，当被测参数（空气间隙、膜的介电常数）变化使传感器的电容量发生变化，电路输出的调幅信号的幅值亦随之变化，经过精密整流、滤波后，就得到了与被测参数变化相对应的电压信号。

对于光学薄膜来说，最适用的是光学监控法，包括直接观察薄膜颜色变化的目视法，测量薄膜光谱透射率或反射率极值的光电极值法以及测量透射率或反射率对光学厚度的微分法等。光学监控法有着广泛的优点，它可直接测量光学厚度，并能给出薄膜折射率、结构、吸收等附加信息，对某些膜系厚度误差可进行自动补偿，最终完成监控，所以光学监控法也是光学薄膜膜厚监控中使用最多的方法。由于石英晶体监控法与光学监控法具有一定的互补性，因此，目前的中高档次镀膜设备均同时配备有这两种系统。

从膜厚监控方法近些年的发展趋势来看，更多的是技术上的改进，而不是原理上的更新和突破。光学法和石英晶振法仍占主导地位。可以预见，未来几年，膜厚监控技术的发展将会集中在以下几个方面：新型的传感材料及传感器件的开发，或者根据薄膜镀制的实际需要对监控设备结构进行改进；偏振光分析法和宽光谱扫描法算法的进一步开发、应用；对膜层监控精度会要求越来越高，包括运用计算机对镀制过程进行模拟，分析膜厚允许误差，实现误差补偿作用，目的在于提高监控系统的绝对精度。

参 考 文 献

[1] 王力衡，黄运添，郑海涛. 薄膜技术. 北京：清华大学出版社，1991.

[2] 张迎光，白雪峰，张洪林，等. 化学气相沉积技术的进展. 中国科技信息，2005，12：82-84.

[3] 葛柏青，王豫. 激光诱导化学气相沉积制膜技术. 安徽工业大学学报（自然科学版），2004，21（1）：7-10，22.

[4] 杨西，杨玉华. 化学气相沉积技术的研究与应用进展. 甘肃水利水电技术，2008，44（3）：211-213.

[5] 郑伟涛. 薄膜材料与薄膜技术. 第2版. 北京：化学工业出版社，2008.

[6] 宁兆元，江美福. 固体薄膜材料与制备技术. 北京：科学出版社，2008.

[7] 闫洪. 现代化学镀镍和复合镀新技术. 北京：国防工业出版社，2001.

[8] 李宁. 化学镀实用技术. 北京：化学工业出版社，2003.

[9] Gregory B W, Stickney J L. Electrochemical atomic layer epitaxy（ECALE）. Journal of Electroanalytical Chemistry and Interfacial Electrochemistry, 1991：543-561.

[10] Vaidyanathan R, Stickney J L, Cox S M, etc. Formation of In_2Se_3 thin films and nanostructures using electrochemical atomic layer epitaxy. Journal of Electroanalytical Chemistry, 2003：55-61.

[11] 侯杰，杨君友，朱文，等. 电化学原子层外延及其新材料制备应用研究进展. 材料导报，2005，19（9）：8-90.

[12] Venkatasamy V, Jayaraju N, Cox S M, etc. Optimization of CdTe nanofilm formation by electrochemical atomic layer epitaxy（EC-ALE）. Journal of Applied Electrochemistry, 2006：1223-1229.

[13] Banga D O, Vaidyanathan R, Xuehai L, etc. Formation of PbTe nanofilms by electrochemical atomic layer deposition（ALD）. Electrochimica Acta, 2008：6988-6994.

[14] 何俊鹏，章岳光，沈伟东，等. 原子层沉积技术及其在光学薄膜中的应用. 真空科学与技术学报，2009（02）：173-179.

[15] 唐晋发，顾培夫，刘旭. 现代光学薄膜技术. 杭州：浙江大学出版社，2006.

[16] 孔英秀，韩军，尚小燕. 宽带膜厚实时监控过程中膜层折射率的确定方法. 应用光学，2006，27（4）：336-339.

[17] 刘晓元，黄云，周宁平，等. 光学镀膜宽带膜厚监控系统. 国防科技大学学报，2001（01）：23-27.

[18] 廖振兴，杨芳，夏文建. 光学薄膜膜厚监控方法及其进展. 激光杂志，2004（04）：10-12.

第7章

陶瓷材料的制备

陶瓷材料是用天然或合成化合物经过成型和高温烧结制成的一类无机非金属材料。它具有高熔点、高硬度、高耐磨性、耐氧化等优点，可用作结构材料、刀具材料，由于陶瓷还具有某些特殊的性能，又可作为功能材料。

陶瓷材料作为全球材料业的三大支柱之一，在日常生活及工业生产中起着举足轻重的作用。目前，国际陶瓷市场需求最大的建筑陶瓷，其年贸易额达 50 亿美元，并以每年 12%～15%的速度增长。据统计，2002 年仅在欧洲市场工程陶瓷的市场价值为 12.75 亿欧元，美国 13.48 亿美元，2009 年欧洲和美国工程陶瓷的消费已达到 17.05 亿欧元和 16.55 亿美元。由于陶瓷材料存在脆性（裂纹）大、均匀性差、可靠性低、韧性差、强度较差等缺陷，因而其应用受到了一定的限制。但随着纳米技术的广泛应用，纳米陶瓷随之产生，它克服了陶瓷材料的许多不足，并对材料的力学、电学、热学、磁光学等性能产生重要影响，为陶瓷材料的应用开拓了新领域，使陶瓷材料跨入了一个新的历史时期，所以纳米陶瓷也被称为是 21世纪陶瓷。纳米陶瓷膜便是纳米陶瓷材料的大家庭中的一种，其产生于 21 世纪初，具有分离效率高、效果稳定、化学稳定性好、耐酸碱、耐有机溶剂、耐菌、耐高温、抗污染、机械强度高、膜再生性能好、分离过程简单、能耗低、操作维护简便、膜使用寿命长等众多优势，并且对 GPS 信号无任何屏蔽作用。纳米陶瓷隔热膜是 21 世纪航天领域高科技产品，该产品起先应用于美国军事、航空、航天领域，如美国航天飞机表面的蜂窝陶瓷涂层等。

7.1 陶瓷材料分类

7.1.1 普通陶瓷材料

采用天然原料如长石、黏土和石英等烧结而成，是典型的硅酸盐材料，主要组成元素是硅、铝、氧，这三种元素占地壳元素总量的 90%，普通陶瓷来源丰富、成本低、工艺成熟。这类陶瓷按性能特征和用途又可分为日用陶瓷、建筑陶瓷、电绝缘陶瓷、化工陶瓷等。

7.1.2 特种陶瓷材料

采用高纯度人工合成的原料，利用精密控制工艺成型烧结制成，一般具有某些特殊性能，以适应各种需要。根据其主要成分，有氧化物陶瓷、氮化物陶瓷、碳化物陶瓷、金属陶瓷等；特种陶瓷具有特殊的力学、光、声、电、磁、热等性能。

7.1.3 常用特种陶瓷材料

根据用途不同，特种陶瓷材料可分为结构陶瓷、工具陶瓷、功能陶瓷。

7.1.3.1 结构陶瓷

氧化铝陶瓷主要组成物为 Al_2O_3，一般含量大于 45%。氧化铝陶瓷具有各种优良的性能：耐高温，一般可在 1600℃ 长期使用；耐腐蚀；高强度，其强度为普通陶瓷的 2～3 倍，高者可达 5～6 倍。其缺点是脆性大，不能接受突然的环境温度变化。用途极为广泛，可用作坩埚、发动机火花塞、高温耐火材料、热电偶套管、密封环等，也可作刀具和模具。

氮化硅陶瓷主要组成物是 Si_3N_4，这是一种高温强度高、高硬度、耐磨、耐腐蚀并能自润滑的高温陶瓷，线膨胀系数在各种陶瓷中最小，使用温度高达 1400℃，具有极好的耐腐蚀性，除氢氟酸外，能耐其他各种酸的腐蚀，并能耐碱、各种金属的腐蚀，具有优良的电绝缘性和耐辐射性。可用作高温轴承，在腐蚀介质中使用的密封环、热电偶套管，也可用作金属切削刀具。

碳化硅陶瓷主要组成物是 SiC，这是一种高强度、高硬度的耐高温陶瓷，在 1200～1400℃ 使用仍能保持高的抗弯强度，是目前高温强度最高的陶瓷。碳化硅陶瓷还具有良好的导热性、抗氧化性、导电性和高的冲击韧度，是良好的高温结构材料，可用于火箭尾喷管喷嘴、热电偶套管、炉管等高温下工作的部件；利用它的导热性可制作高温下的热交换器材料；利用它的高硬度和耐磨性制作砂轮、磨料等。

六方氮化硼陶瓷主要成分为 BN，晶体结构为六方晶系，六方氮化硼的结构和性能与石墨相似，故有"白石墨"之称。其硬度较低，可以进行切削加工；具有自润滑性，可制成自润滑高温轴承、玻璃成型模具等。

7.1.3.2 工具陶瓷

硬质合金主要成分为碳化物和黏结剂，碳化物主要有 WC、TiC、TaC、NbC、VC 等，黏结剂主要为钴（Co）。硬质合金与工具钢相比，硬度高（高达 87～91HRA），热硬性好（1000℃ 左右耐磨性优良），用作刀具时，切削速度比高速钢提高 4～7 倍，寿命提高 5～8 倍，其缺点是硬度太高、性脆，很难被机械加工，因此常制成刀片并镶焊在刀杆上使用。硬质合金主要用于机械加工刀具；各种模具，包括拉伸模、拉拔模、冷镦模；矿山工具、地质和石油开采用各种钻头等。

金刚石，天然金刚石（钻石）作为名贵的装饰品，而合成金刚石在工业上广泛应用。金刚石是自然界最硬的材料，还具备极高的弹性模量；金刚石的热导率是已知材料中最高的；金刚石的绝缘性能很好。金刚石可用作钻头、刀具、磨具、拉丝模、修整工具。金刚石工具进行超精密加工，可达到镜面光洁度。但金刚石刀具的热稳定性差，与铁族元素的亲和力大，故不能用于加工铁、镍基合金，因而主要加工非铁金属和非金属，广泛用于陶瓷、玻璃、石料、混凝土、宝石、玛瑙等的加工。

立方氮化硼（CBN）具有立方晶体结构，其硬度高，仅次于金刚石，热稳定性和化学稳定性比金刚石好，可用于淬火钢、耐磨铸铁、热喷涂材料和镍等难加工材料的切削加工，可制成刀具、磨具、拉丝模等。

其他工具陶瓷还有氧化铝、氧化锆、氮化硅等陶瓷，但从综合性能及工程应用均不及上述三种工具陶瓷。

7.1.3.3 功能陶瓷

功能陶瓷通常具有特殊的物理性能，涉及的领域比较多，常用功能陶瓷的组成特性及应用见表 7-1。

表 7-1 常用功能陶瓷的组成、特性及应用

种类	性能特征	主要组成	用途
介电陶瓷	绝缘性	Al_2O_3、Mg_2SiO_4	集成电路基板
	热电性	$PbTiO_3$、$BaTiO_3$	热敏电阻
	压电性	$PbTiO_3$、$LiNbO_3$	振荡器
	强介电性	$BaTiO_3$	电容器
	荧光、发光性	Al_2O_3CrNd 玻璃	激光
光学陶瓷	红外透过性	$CaAs$、$CdTe$	红外线窗口
	高透明度	SiO_2	光导纤维
	电发色效应	WO_3	显示器
磁性陶瓷	软磁性	$ZnFe_2O$、$\gamma\text{-}Fe_2O_3$	磁带、各种高频磁心
	硬磁性	SrO_6、Fe_2O_3	电声器件、仪表及控制器件的磁芯
	光电效应	CdS、Ca_2Sx	太阳电池
半导体陶瓷	阻抗温度变化效应	VO_2、NiO	温度传感器
	热电子放射效应	LaB_6、BaO	热阴极

7.2 陶瓷材料的织构

随着高技术陶瓷材料研究的深入发展，特别是高温超导体、高温结构陶瓷和硬磁材料织构研究的进展，织构分析在陶瓷材料中的应用十分活跃，已引起国内外材料科学与工程界广大科技人员的极大关注。例如熔融织构生长、高取向 c 轴织构与近完整单晶高 T_c 超导薄膜的织构研究，已成为控制高温超导体性能的主要研究方面。

在许多情况下，材料的力学性能和物理性能如磁性、超导性、铁电性、热导率和热膨胀等呈现各向异性，织构在这些材料性能的研究中起着极重要的作用。

7.2.1 磁性陶瓷材料的织构

早在 20 多年前，关于磁性陶瓷材料的织构及其对性能的影响已有许多定量的研究报道，如钡铁氧体磁性材料在不同温度下烧结的试样，织构完整性随着烧结温度的升高而增加。

7.2.2 高 T_c 超导体的织构

这是迄今陶瓷材料织构研究中最为重要的例子之一。在 $YBa_2Cu_3O_{7-x}$ 超导陶瓷中，临界磁场呈现各向异性，这种材料沿 $a\text{-}b$ 基面有最大的临界电流密度，尤其是单晶。又如熔融织构生长的高温超导体，沿 $a\text{-}b$ 面有最高的临界电流，还有在适当衬底上沉积的单晶薄膜

或具有高度 c 轴取向的准单晶薄膜，这种材料具有最高的临界电流密度值。目前我国已成功地制得大面积、高临界电流密度的钇系高温超导薄膜，并成功地用于微波器件，性能指标已达到或超过当今世界的最高水平。

7.2.3　氧化锆高温结构陶瓷的织构

ZrO_2 陶瓷是另一类重要的高技术陶瓷材料，由于四方到单斜的相变导致其具有高韧性。这种相变是具有一定取向的马氏体型相变。同时这种从较高对称的四方相到低对称单斜相的相变将产生许多对称等价的相变"变体"（Variant）和因在外加应力作用下导致的有关变体相关联的形状变形，形状变化量与韧化能力和四方相的织构有关。

7.2.4　铁电陶瓷织构

如 $BaTiO_3$ 铁电陶瓷材料呈现各向异性，铁电效应的大小在单晶时呈现各向异性，因此在多晶材料中，它与织构有关。

7.2.5　氧化铝陶瓷材料的织构

金属陶瓷连接如 Cu/Al_2O_3 黏结衬底的力学性能呈现各向异性，例如 Al_2O_3 在 120℃ 和室温之间进行热循环时会导致沿衬底表面的断裂，除与黏结材料之间宏观应力有关外，这种效应与衬底的织构取向密度相关。由于低的结构因子，其基面（0001）反射强度较弱，约为最强衍射峰的 1%，几乎被背景掩盖掉，但在 ODF 分析中却表明它是一种强的基面织构，由取向分布函数回算的极图呈现的（0001）基极织构，极密度约为无织构时的 10 倍。高度织构化的衬底，耐热性较差。目前尚不清楚这类材料织构形成的物理机制，其性能与织构关系也没有完全搞清楚。模型计算表明，强的织构衬底在热循环期间产生较大的热应力，因为 Cu 与 Al_2O_3 之间的热膨胀系数差别较大。

7.2.6　陶瓷涂层织构

近年来金属或陶瓷材料上涂层的织构研究也是相当活跃的。例如 TiC 涂层产生强的纤维织构，其（111）平行于衬底表面。这种面织构随厚度而增加，但有时也随厚度的增加，织构的锋锐度反而降低。涂层的织构对力学性能的影响很大。

在这类陶瓷涂层中还必须考虑金属上氧化物层的生长。在多晶金属上氧化物层的生长是通过取向相关固态反应过程进行的，因此氧化物和金属两种织构是相互联系着。它们对金属或氧的扩散有重要的影响，从而影响涂层的性能。

7.3　陶瓷材料的制备工艺

陶瓷材料制备工艺区别于其他材料（金属及有机材料）制备工艺的最大特殊性在于陶瓷材料制备是采用粉末冶金工艺，即是由其粉末原料经加压成型后直接在固相或大部分固相状态下烧结而成；另一个重要特点是材料的制备与制品的制造工艺一体化，即材料制备和零件的制备在同一空间和时间内完成。

因此，陶瓷材料工艺与其他材料工艺相比，其重要性在于以下方面。

① 粉料的制备工艺（是机械研磨方法，还是化学方法）、粉料的性质（粒度大小、形

态、尺寸分布、相结构）和成型工艺对烧结时微观结构的形成和发展有着巨大的影响，即陶瓷的最终微观组织结构不仅与烧结工艺有关，而且还显著地受粉料性质和特点的影响。

② 由于陶瓷材料的零件制造工艺一体化的特点，而使显微组织结构的优劣不单单影响材料本身的性能，而直接影响着制品的性能，且这种影响并非像金属材料那样可通过后续的热处理工艺加以改善。加之陶瓷材料本身硬、脆、难变形的特点，使得陶瓷材料的性能受微观组织结构，尤其是缺陷影响的敏感性远高于其他材料（例如金属和高分子材料）。因此，陶瓷材料的制备工艺更显得十分重要。

本节主要介绍陶瓷材料制造工艺，主要内容包括制粉、成型和烧结三部分。

7.3.1 粉末原料制备加工与处理

7.3.1.1 粉末的品质对陶瓷性能的重要影响

由于陶瓷材料是采用粉末烧结的方法制造的，而烧结过程主要是沿领料表面或晶界的固相扩散物质的迁移过程。因此界面和表面的大小起着至关重要的作用。就是说，粉末的粒径是描述粉末品质的最重要的参数。因为粉末粒径越小，表面积越大，或说粒度越小，单位质量粉末的表面积（比表面积）越大。烧结时进行固相扩散物质迁移的界面越多，也就越容易致密化。制备现代陶瓷材料所用粉末都是亚微米（$<1\mu m$）级超细粉末，且现在已发展到纳米级超细粉。粉末颗粒形状、尺寸分布及相结构对陶瓷的性能也有着显著的影响。

7.3.1.2 粉末的制备方法

粉末制备方法很多，但大体上可以归结为机械研磨法和化学法两个方面。

(1) 机械研磨粉碎法 传统陶瓷粉料的合成方法是固相反应加机械粉碎（球磨）。其过程一般为：将所需的组分或它们的先驱体物质用机械球磨方法进行粉碎并混合，然后在一定的温度下煅烧，使组分之间发生固相反应，得到所需的物相。即采用球磨的方法将物料细化，得到一定细度的粉料。这种方法虽然易于工业化，但在球磨过程中易引入杂质而造成污染。同时，机械球磨混合无法使组分分布达到微观均匀，而且粉末的细度有限，通常很难小于$1\mu m$ 而达到亚微米级。机械球磨法又分子磨和湿磨两种方法。

(2) 化学法 为了克服机械研磨法的缺点，近年来人们普遍采用化学法合成各种粉末原料。化学法与传统的机械研磨法的不同在于该法通过化学的手段将溶液、气体或固体组分均匀混合，并通过化学反应使颗粒从液相、气相或固相中形核析出来制得细颗粒粉末。根据起始组分的形态和反应不同，化学法可分为以下三种类型。

① 液相法 起始的组分包含在溶液中，通过溶剂的蒸发浓缩析出或溶液中各组分间的反应沉淀析出后再过滤使物质从溶液中析出（如共沉淀法）。

② 气相法 通过气相反应过程使颗粒从气体中析出（如 CVD 法）。

③ 固相法 从固体出发，通过盐类分解或固相物料间的化学反应得到所需组分的粉料（如高温自蔓延合成法）。

液相法使用得较为普遍，此法比较适用于氧化物陶瓷粉料的制备；气相法一般适用于非氧化物陶瓷粉末的制备；固相法适合于单组分氧化物陶瓷粉料的制备。

7.3.2 成型

所谓成型就是将粉末原料直接或间接地转变成具有一定形状、体积和强度的成型体，也称素坯。粉末成型是陶瓷材料或制品制备过程中的重要环节。粉末的成型方法很多，成型方法的选择主要取决于制品的形状和性能要求及粉末自身的性质（粒径、分布等）。

7.3.2.1 成型在陶瓷材料烧结致密化中的作用

陶瓷材料的成型除将粉末压成一定形状外，主要是通过外加压力，使粉末颗粒之间相互作用接触，减少孔隙度，使颗粒之间相互接触点处产生并保存残余应力（外加能量的储存）。这种残余应力在烧结过程中，即是固相扩散物质迁移致密化的驱动力。没有经过冷成型压实的粉末，即使在很高的温度下烧结，也不会产生致密化而形成陶瓷；而经压实成型的坯体，经烧结后即可得到致密无孔的陶瓷。可见成型在陶瓷烧结致密化中的重要作用。

7.3.2.2 干压成型

(1) 成型工艺过程 干压成型即单轴向压制成型，其过程包括：a. 颗粒准备；b. 模具填充；c. 加压成型；d. 脱模等步骤。

(2) 成型素坯性质三要素 成型素坯性质三要素如下。

① 素坯无宏观缺陷如分层、缺角或剥离等现象；

② 素坯应具有足够的强度；

③ 素坯成型密度高、气孔分布窄而单一、内部显微组织均匀。

以上三个要素中第③点取决于粉料自身的性质，第①、②点则与粉料的成型操作有关。要做到这两点，成型时应遵守下列操作三要素。

(3) 干压成型操作三要素 干压成型操作三要素如下。

① 颗粒流动性好。颗粒在模具中能自由流动并达到均匀充填，充填密度高。不均匀充填可导致宏观缺陷及密度不均。

② 素坯中颗粒间有足够粘接强度。

③ 加压时，粉料与模壁摩擦力小。摩擦力大可导致分层及上下密度不均。

上述三要素中，第①、②点取决于粉料本身的性质。第③点则与模具的表面处理有关。成型时模具与粉末接触面要喷洒润滑剂，以保证成型时压力传递和顺利脱模。

7.3.2.3 冷等静压成型（CIP）

干压成型虽然是一种最基本、最简单的成型方法。但由于密度和应力分布不均易产生分层，特别是压力高时尤为显著；又由于干压成型只适用于简单形状，如块状、圆盘状等横截面积大但高度小的样品，而对于长径比大的长棒状或长条状及其他形状复杂的样品则不适用。冷等静压成型方法则能弥补干压成型的不足。

冷等静压成型是将粉末装入可压缩的模具（如橡胶模具）中，排气后密封，将其放入密封高压容器内，然后通过给该容器慢慢加压，在高压流体中的装有粉料的可压缩模具从各个方向上受到相同的压力，从而使成型坯体被均匀压实。这样可大大减少由于模壁与粉料的摩擦而产生的应力分布与密度不均，进而导致的分层、剥离等缺陷，从而提高成型体素坯的质量。冷等静压成型与干压成型相比，除可得到密度均匀无缺陷的成型体及可用于长径比大的和形状复杂的零部件外，还可以实现施加到 $400 \sim 500 \mathrm{MPa}$ 的高压力，从而进一步提高成型体的致密度，为后续的烧结致密化创造有利条件。

7.3.3 烧结

烧结是将成型后的坯体加热到高温（有时还需加压）并保持一定时间，通过固相或部分液相扩散物质迁移来消除孔隙，使其致密化，同时形成特定的显微组织结构的工艺过程。烧结工艺与形成的显微组织结构及其性能有着密切的关系，因此烧结是陶瓷材料制备工艺过程中的一个十分重要的最终环节。当然，近年来也开始对陶瓷材料进行像对金属一样的热处理，以改善性能。

7.3.3.1 常压烧结

常压烧结或称无压烧结就是在大气中烧结，即不抽真空也不加任何保护气氛在电阻炉中进行烧结。这种方法适用于烧结氧化物陶瓷，非氧化物陶瓷有时也通过埋粉面在常压条件下烧结制备。常压烧结时所用电阻炉的关键部件是发热体元件，精密陶瓷烧结温度比传统陶瓷高，一般均在 1300℃以上，常压烧结常用的加热体为 MoS_2、ZrO_2 及 $LaCrO_3$ 等，使用炉温为 1300～1800℃。

通常生产中应根据不同材料的烧结温度，选择不同加热体的电阻炉。如果需要更高的温度，则可以采用石墨加热体，最高使用温度可达 2500℃，但必须在非氧化性气氛或真空中使用。

7.3.3.2 热压烧结（HP）

热压烧结即是同时加温加压（机械压力而不是气压）的烧结方法，加压方式一般都是单轴向加压。热压时的压力不能太高，如石墨模具的最大使用压力为 70MPa，一般热压时的最高额定压力为 50MPa。而冷压成型的压力可达 200MPa，甚至更高。热压烧结的加热方式仍为电辅加热，加压方式为液压传动加载。热压烧结使用的模具多为石墨模具，它制造简单、成本低，但必须在非氧化性气氛（真空或保护气氛）中使用。特殊情况下可使用陶瓷加 Al_2O_3 模具，其使用压力可高达 200MPa，适用于氧化性气氛，但制作困难、成本高、寿命低。值得注意的是热压模具和加热体对气氛的要求必须一致，而不能相互矛盾。因此，一般热压烧结时大都用石墨加热体和石墨模具，使用 N_2 气保护。如在氧化性气氛（大气）中热压烧结，则应选 SJC 或 Mdez 1 加热体，同时用 Al_2O_3 或 ZrO_2 等氧化物陶瓷模具，当然前提是所压的材料必须是氧化物或抗氧化性强的陶瓷材料。

热压烧结的主要优点是加快致密化进程，减少气孔率，提高致密度，同时可降低烧结温度。

7.3.3.3 热等静压（HIP）

尽管热压烧结有许多优点，但由于是单轴向加压，故只能制得形状简单如片状或环状的样品。另外，对非等轴晶系的样品热压后片状或柱状晶粒严重择优取向而产生各向异性。热等静压是综合了冷等静压、热压烧结和无压烧结法三者优点的烧结方法。加压方式与冷等静压相似，只是将其高压容器中的介质由液体换成气体（Ar）。加热方式为电阻加热。样品的表面应加一层耐高温密封不透气的且在高压下可压缩变形的包套，相当于冷等静压的橡胶模具。否则，高压气体将渗入样品内部而使样品无法致密化。粉料可以不经冷成型直接装入包套中，进行热等静压；也可经冷成型之后装入包套，再进行热等静压。经无压烧结或热压烧结的样品也可以再进行热等静压，以进一步提高样品致密度和消除有害缺陷，这时可以不加包套。因气孔率低，开放气孔很少，封闭气孔在热等静压中全消除，但开放气孔仍然保留。

目前的 HIP 装置压力可达 2000MPa，温度可达 2000℃或更高，发热体的选择取决于烧结温度和样品的种类。

热等静压与热压和无底烧结一样，已成功地用于多种结构陶瓷，如 Al_2O_3、Si_3N_4、SrO_2 等陶瓷的烧结或后处理。此外热等静压还可以用于金属铸件、金属基复合材料、喷射沉积成型材料、机械合金化与粉末冶金材料和产品零部件的致密化处理。

7.4 新型陶瓷材料

7.4.1 信息功能陶瓷材料

信息功能陶瓷是指检测、转换、耦合、传输及存储电、磁、光、声、热、力、化学和生物等信息的介质材料。由于这类材料的组成可控和性能多样，应用十分广泛。信息陶瓷主要包括铁电、压电、介电、热释电、半导、导电、超导和磁性等种类繁多的陶瓷，包括作为表面组装技术（SMT）重要基础的高性能片式元件及其材料、压电驱动器与超声微马达、复合与复相功能陶瓷器件、软化学与功能陶瓷薄膜、半导体陶瓷与传感器、微波介质陶瓷、电子封装用陶瓷基片材料等，是电子信息、集成电路、计算机、通信广播、自动控制、航空航天、海洋超声、激光技术、精密仪器、机械工业、汽车、能源、核技术和医学生物等近代高新技术领域的关键材料。近年来，随着现代电子信息技术、新能源技术以及军用技术的发展，功能陶瓷的战略地位日益为各国所重视。

7.4.1.1 电子片式元件及材料

（1）片式电容的发展 电子信息技术的集成化、微型化和智能化发展趋势推动着电子技术产品日益向微型、轻量、薄型、多功能、高可靠和高稳定方向发展。电子元件在组装和运用方式上有四个明显的转化趋势，即插装向表面组装转化、模拟电路向高速数字电路转化、固定式向移动式转化、分离式向集成化转化。表面组装技术的兴起使功能陶瓷元器件多层化、多层元件片式化、片式元件集成化、集成元件模块化和多功能化成为当前的发展总趋势。多层陶瓷电容器（MLCC）已成为高技术主流产品，在新的世纪，它面临着超微型化、超大容量、超薄型化和高可靠、低成本等方面的技术竞争和挑战。

（2）片式电感 作为三大无源元件之一，片式电感（MLCI）在现代电子信息产业中起着十分重要的作用。由于其生产技术难度较大，因此发展进程相对滞后于片容和片阻。与传统的绕线式电感元件相比，片式电感具有体积小、质量轻、有良好的磁屏蔽效果、漏磁通小、可焊性与耐热性好、可靠性高、适于高密度组装等优点。20世纪80年代中、后期以来，移动通信、音像技术、笔记本计算机和大屏幕彩电机芯等技术的快速发展，对片感构成巨大市场需求，有力地推动国际上片感技术的研究与开发。MLCI的发展方向是低烧蚀化、微型化、高频化和复合集成化。

7.4.1.2 电子封装陶瓷基片材料

微电子技术迅速发展，微加工工艺的特征线宽越来越细，集成电路的集成度不断提高，并先后出现了大规模集成电路（LSI）、超大规模集成电路（VLSI），而随着集成度的提高，集成电路IC上的热流也急剧增加，热效应已成为集成电路近一步发展的严重障碍，由此对电子封装技术及封装材料提出了严峻的挑战。

封装技术的核心是基片材料。基片作为电路的支撑体、绝缘体和散热通道，必须有良好的机电性能，要求它有高热导、高电阻率、低介电常数、与Si相匹配的热膨胀系数、低介质损耗、高机械强度、易加工、低成本、无毒、高稳定性、表面光洁以及与电极的相容性等。

目前使用的基片材料主要有陶瓷、玻璃、玻璃陶瓷、树脂等。陶瓷材料因其具有绝缘性能好、化学性质稳定、热导率高、高频特性好及其他优良的性能而具有特殊的地位。

传统的陶瓷基片材料有 BeO、Al_2O_3，近年来又开发了 SiC、AlN 等。

Al_2O_3 陶瓷基片材料研究较早，使用高纯度的原料和流延成型工艺生产的 Al_2O_3 基片表面光滑、制造成本低，因而被广泛使用。但由于它的热导率较低，正热膨胀系数与硅相差较大，较难适应电子技术的更高要求。

BeO 陶瓷基片的热导率比 Al_2O_3 高出 10 倍之多，而且介电常数小，具有良好的高功率及高频特性。但 BeO 粉末及蒸气的剧毒限制了其应用。

SiC 陶瓷基片绝缘电阻为 $10^{12}\Omega \cdot cm$，热导率可达 270W/(m·K)，热膨胀系数与硅接近，但介电常数高（$\varepsilon_r = 40$）、击穿电压低、介质损耗大，不适用于高频高压条件，而且成本高，在制造时还要掺入有毒的 BeO 进行晶界绝缘。所以，它的使用也受到很大限制。

AlN 陶瓷具有高热导率［纯 AlN 理论热导率为 319W/(m·K)］、低介电常数（$\varepsilon_r = 8.8$）、与硅的热膨胀系数（$20\sim500℃$，$4.8\times10^{-6}K^{-1}$）相匹配，绝缘（$10^{13}\sim10^{14}\Omega \cdot cm$）、无毒等特点，是较理想的电子封装材料，应用前景广阔。近二三十年来，在超级计算机、高分辨电视、高速开关以及一些军事用途上，AlN 都显示了巨大的优越性。

目前，阻碍 AlN 陶瓷进一步广泛应用的障碍主要在于：一是成本太高；二是大规模生产的重复性不好。AlN 的流延技术、低温烧结以及金属化等环节都面临着一些亟待解决的问题。

一般，低介电常数的材料延迟时间短，有利于高运算速度的电路基片。目前，Al_2O_3 陶瓷仍是应用较广的基片材料。Al_2O_3 陶瓷具有热导率更高、介电常数较低、与硅的热膨胀系数能更好匹配等优点，是一类更理想的正在积极研制与开发的基片材料。但它是一种以共价键为主、自扩散系数很小的材料，需要在很高温度下烧结。

7.4.1.3　微波介质陶瓷

移动通信系统的核心是介质谐振器型滤波器，其利用电磁波在高介电常数的介质里传播时波长可以缩短的特点构成的微波谐振器。介质谐振器一般由介电常数比空气介电常数高出 $20\sim100$ 倍的陶瓷构成。因此，利用高介电常数的陶瓷材料制作的介质滤波器的体积和质量是传统金属空腔谐振器型滤波器的千分之一，而且频率愈高，介质谐振器的尺寸可以愈小。随着移动通信向高频化方向发展，介质谐振器型滤波器必将继续占据重要地位，成为现代微波通信技术中不可缺少的电子元器件。同时，也正是由于介质谐振器用微波介质材料的研究开发以及新型谐振器结构的不断出现，才极大地推动了现代通信技术特别是移动通信技术以惊人的速度发展。

目前，通信系统中的介质滤波器的结构有两种：一种是采用 $TE_{01\delta}$ 模式的介质谐振器型滤波器。其滤波原理如下：由输入连接器输入的电磁波能量，首先传入输入端的介质谐振器，通过谐振传入相邻的介质谐振器，又经输出端的介质谐振器最终传送到输出端连接器，输出电磁波。在这一连串的谐振过程中，只允许频率与谐振频率接近的电磁波通过，由此可发挥带通滤波器的作用。因为谐振器的 Q 值极高，这种结构的介质滤波器特别适用于厘米波段和数千赫兹以上的微波频段。另一种介质滤波器是利用 TEM 模式介质谐振器型的滤波器。TEM 模式介质谐振器的滤波原理与 $TE_{01\delta}$ 模式介质谐振器大致相同，当电磁波能量经过输入端的耦合电容器注入介质谐振器时，引起一连串的电磁谐振，同样也是只允许频率与谐振腔中接近的电磁波通过。这种结构滤波器的特点是非常小巧，因为把谐振的电磁波所有能量都封闭在介质内，容易实现小型化。因此，这种结构的介质滤波器可用于数百兆赫乃至数千兆赫频段的微波领域，特别是用于移动电话等移动通信系统的高频滤波。

介质滤波器在光通信中也是必不可少的电子器件。例如，利用光缆传送的光信号必须经过光接收器才能转换成所能接受的电信号。在这一过程中，窄通频带的介质滤波器大显身手，它能将同步时钟脉冲信号取出，并通过滤波方法把失真的信号变换为规整的数据信号。介质滤波器主要有两种，即 2.5GHz 介质滤波器和 10GHz 介质滤波器。它们在传送速率分别为 2.5Gb/s 和 10Gb/s 的接收设备中抽取同步时钟脉冲信号。这两种介质滤波器在现代光通信技术中的地位已不可取代。

7.4.1.4 压电信息陶瓷材料

晶体的压电效应是一种机电耦合效应，众多的材料都具有压电性。就材料种类而言，有压电单晶体、压电多晶体（压电陶瓷）、压电聚合物和压电复合材料四大类。下面主要讨论压电信息和铁电体陶瓷材料。

(1) 压电材料

① 压电材料概览　压电材料是实现机械能与电能相互转换的功能材料，在电、磁、声、光、热、湿、气、力等功能转换器件中发挥着重要的作用，具有广阔的应用前景。但从 19 世纪 80 年代人们发现了压电效应这一物理现象之后的 60 多年中，压电效应的研究和应用只限于单晶材料。20 世纪 40 年代中期，美国、前苏联和日本各自独立的制备出了 $BaTiO_3$ 压电陶瓷，50 年代初期，Jaffe B 公布了锆钛酸铅二元系压电陶瓷（即 PZT）。发现 PZT 以来，压电陶瓷得到了迅速的发展，在不少应用领域已取代了单晶压电材料，成为研究和应用都极为广泛的新型电子陶瓷材料。如果把 $BaTiO_3$ 作为单元系压电陶瓷的代表，二元系压电陶瓷的代表就是 PZT。正因为 PZT 良好的压电性，它一出现就在压电应用方面逐步取代了 $BaTiO_3$ 的地位，它使许多在 $BaTiO_3$ 时代不能制作的器件成为可能，并派生出一系列新的压电陶瓷材料，同时各种三元系、四元系压电陶瓷陆续出现。

与单晶相比，压电陶瓷可利用陶瓷工艺制成，具有不可比拟的优点：

a. 制备工艺简单易行；

b. 非水溶性，物理、化学特性稳定；

c. 形状可塑性好，还可按不同需要选择适当的极化轴；

d. 通过对其组成的调节可使其特性按使用目的变化、改善等。

压电陶瓷作为一种新型的功能材料，以其独特的性能得到广泛的应用。一般说来，压电陶瓷的应用可以分为压电振子和压电换能器两大类。前者主要是利用振子本身的谐振特性，要求介电、压电、弹性等性能稳定，机械品质因数高；后者主要是直接利用正、逆压电效应进行能量的互换，要求品质因数和机电耦合系数高。当然对任何具体的应用，都应同时兼顾所使用的压电陶瓷的机械性能、介电性能、铁电性能以及热性能等各种材料特性，经济合理地使用材料。压电陶瓷可广泛应用于电源、信号源、信号转换、发射与接收、信号处理、传感、计测、存储与显示等方面。

② 压电陶瓷　陶瓷是各向同性的多晶烧结体。若组成陶瓷体的每个小晶粒为铁电晶粒，这类陶瓷叫铁电陶瓷。在直流电场作用下，铁电陶瓷各晶粒中的自发极化将沿最靠近电场的可能方向进行排列，因而在总体上出现沿电场方向的剩余极化，外加电场方向就成为陶瓷的特殊极性方向。显然，这种陶瓷不再是各向同性的，因而具有压电性。由此可以看出，陶瓷压电性要有两个条件：一是组成陶瓷的晶粒具有铁电性；二是需经强直流电场处理（人工极化）。压电陶瓷就是经过人工极化处理的铁电陶瓷。

陶瓷的压电性首先是在 $BaTiO_3$ 上发现的，但纯 $BaTiO_3$ 陶瓷又难以烧结，且居里温度不高（约 120℃），室温附近（约 5℃）存在相变，虽经不同掺杂改性，从电性能仍属中等，因而使用范围不大。锆钛酸铅（$PbZr_xTi_{1-x}O_3$，简称为 PZT）是迄今使用最多的压电陶瓷。PZT 是铁电体 $PbTiO_3$ 和反铁电体 $PbZrO_3$ 的连续固溶体，呈钙钛矿结构。$x=0.53$ 附近是 PZT 的四方-三角相界，组分位于该相界附近的 PZT 陶瓷压电活性最强。

为适应不同应用的需要，人们对以 PZT 为主的压电陶瓷进行了广泛的掺杂改性试验。研究表明，掺杂可分为三类：第一类是受主杂质，即取代高价正离子的低价正离子，如 K^+ 或 Na^+ 取代 Pb^{2+}，Fe^{3+} 或 Al^{3+} 取代 Zr^{4+} 或 Ti^{4+}。为了保持电中性，这种情况下陶瓷中将出现氧空位。第二类是施主杂质，即取代低价正离子的高价正离子，如 La^{3+} 取代 Pb^{2+}，Nb^{5+} 取代 Zr^{4+} 或 Ti^{4+}。根据电中性的要求，施主杂质将使陶瓷出现铅空位。因为 PbO 在高温时挥发性强，出现铅空位是保持电中性的方便途径。第三类是变价杂质，如 Cr 和 U 等。

③ 压电复合材料　压电复合材料是由两相或多相材料复合而成的压电材料。常见的压电复合材料是由压电陶瓷（如 PZT 或 $PbTiO_3$）和聚合物（如聚偏氟乙烯或环氧树脂）组成的两相材料。作为一种新型的换能器材料，压电复合材料兼具压电陶瓷和聚合物的优点。与传统的压电陶瓷（或单晶）相比，它具有良好的柔顺性和机械加工性能，克服了易碎和难以加工成各种形状的缺点，且密度 ρ 小、声速 v 低（故声阻抗率 ρv 小），易与空气、水及生物组织实现声阻抗匹配。与聚合物压电材料相比，它具有较高的压电常数和机电耦合系数，故灵敏度高。

压电复合材料还可具有单相材料所不具备的新性能。例如，压电材料与磁致伸缩材料的复合材料可具有磁电效应，磁场通过磁致伸缩产生应变，后者通过压电效应改变材料的极化；无自发极化的压电材料与另一种材料复合后，可具有热释电效应，因为温度变化可由热膨胀引起应变，后者通过压电效应改变极化。由于压电复合材料有这些优点，它越来越得到人们的重视，在医疗、传感、计测等方面得到广泛应用。

复合材料中，某一相被其他相所隔离，则该相称为零维的；某一相在三维空间的 1 个、2 个或 3 个方向上自我连通，则称为一维、二维和三维的。活性微粉分散在连续媒质中形成"0-3"型联结，纤维分散在连续媒质中形成"1-3"型联结，多层薄膜则属于"2-2"型联结。习惯上，把对功能效应起主要作用的组元放在前面，称为活性组元，因此，尽管"0-3"型和"3-0"型属于相同的联结型却是不同的两种复合材料。复合材料中各相的自我连通情况不仅与制备工艺有关，还与各相的体积占有率、形状、尺寸和取向度有关。复合材料的对称性指的是材料各组成相内部结构及其在空间几何配置上的对称特征。正如晶体的点群对称性决定了晶体的物理性质一样，压电复合材料的对称性决定了其物理性质的矩阵形成及所能激发的振动模式。

联结型的设计要使电磁场或应力场集中在能够产生最强烈功能效应的部位，以充分发挥复合材料的优点。对于二相复合材料，有 10 种可能的联结型。其中，最重要的是"1-3"型和"0-3"型压电复合材料。

在"1-3"型压电复合材料中，压电陶瓷相（如 PZT）一维自我连通、聚合物相三维自我连通。"1-3"型压电复合材料最主要特性是：作为压电水声换能器时优值指数特别高，可达相应 PZT 陶瓷的数百至上千倍，目前已得到实际应用。

"0-3"型压电复合材料是另一种常用的压电复合材料，它由均匀分散的压电陶瓷颗粒与聚合物基体构成。与"1-3"型复合材料比较，它的制备方法简便，易于机械加工，易与水或生物组织实现阻抗匹配，宜批量生产。实用的"0-3"型压电复合材料中压电陶瓷粉体为 PZT 或 $PbTiO_3$，体积占有率一般为 0.5～0.7。

（2）信息功能陶瓷与器件的集成化、机敏化 集成化和微型化是 20 世纪 80 年代以来多层陶瓷电容器、高密度封装及陶瓷基片持续高速增长，铁电薄膜异军突起的原因和背景。

兼传感和驱动（执行）于一体的机敏陶瓷（Smart Ceramics）是具有自诊断、自调整、自恢复、自转换和自协调功能的智能陶瓷（Intelligent Ceramics）。实际上，它们大都是多种陶瓷传感元件和陶瓷驱动器的组合系统。这种系统感知外界环境或内部状态的变化，通过本身或外界某种反馈机制，通过改变系统的某些参数，使传感器和驱动器的参数在时间和空间上达到最优值，来适应所发生的变化。若反馈和响应机制是材料本身所固有，称无源机敏性（Passive Smartness）；若需外部附加反馈系统，称有源机敏性（Active Smartness）。由压电复合材料、多层复合传感器组成的机敏蒙皮（Smart Skin）就是一个典型应用实例，它在消震、降噪、吸波、隐形及提高航速方面得到有效应用。

实验表明，对于外界压力变化，机敏材料比发生压力变化的基体更柔顺，其结果是降低了机敏材料表面的声反射。为了说明这一问题，先考虑当一个正压力脉冲作用于传感器时，压力突增产生的电压脉冲作用于放大器和驱动器。如果反馈信号的相位使驱动器沿作用力方向伸长，即传感器进一步压缩，导致放大振荡，这样，做出伸长响应的驱动器就像非常坚硬的材料，因为它的响应动作阻止了由于正压力脉冲而产生的压缩。反之，如果电压反馈的信号调整为使驱动器缩短而不是膨胀，那么机敏材料则又像是非常柔软的材料，这样就减小了作用于传感器的力并部分消除信号反射。

7.4.2 纳米陶瓷膜

7.4.2.1 纳米陶瓷膜简介

纳米陶瓷膜产生于 21 世纪初，是氧化树脂的氧化物，利用光谱筛选的隔热原理，用最先进的纳米技术与优越的喷溅技术制造生产而成。将 1m 的 10 亿分之一的纳米陶瓷物质，均匀涂层在高透明、高品质的聚酯薄膜上，就制成了世界上最先进的能够具有光谱选择性，只筛选可见光的纳米陶瓷隔热膜。纳米陶瓷膜选用了地球上化合物中具有最佳红外反射最低红外吸收的物质，并以此为基础精心设计了光学干涉多层膜系。这类过渡金属族氮化物综合了染色膜的低反光和金属膜的高隔热特性，更加强了陶瓷膜这种光谱选择性，再加上陶瓷本质优良的耐候性、抗氧化性及化学稳定性，使其成为优质高性能的隔热窗膜。从膜的生产技术来看，目前最好的膜生产技术是真空磁控溅射，这种膜没有任何污染，不会散发甲醛和苯等有害物质，不会褪色，对信号有微弱的屏蔽作用。陶瓷膜是金属膜的更高一级的处理，它是把金属膜中的金属进行了处理，把金属的这种特性进行了特殊处理，它们已经失去了屏蔽信号的这种作用。240 层光学微附技术及 ATO 纳米微粒技术造就的纳米陶瓷膜，是将可见光反射率最低和对太阳光中的红外线波段反射最高的纳米陶瓷物质，经过特殊工艺处理而成，使其能够保持最高的可见光透射率的同时，又能提供最高的红外线和远红外线的反射，颜色持久度高达 10 年以上，是高档建筑、汽车的首选产品。

7.4.2.2 纳米陶瓷膜的性能特点

陶瓷隔热膜系列既不是染色膜也不是金属膜，由导电性物质氮氧化物组成，具有独特的分子结构，它是一种性能独特并持久耐用的复合陶瓷膜结构。纳米陶瓷膜的特殊结构使其具有众多优异特性，其具有阻隔红外线、分离效率高、效果稳定、化学稳定性好、耐酸碱、耐有机溶剂、耐菌、耐高温、抗污染、机械强度高、膜再生性能好、分离过程简单、能耗低、操作维护简便、膜使用寿命长、隔热性能好、质量稳定等众多优势，并且对 GPS 信号无任何屏蔽作用。它在能够保持最高的可见光透射率的同时，又能提供最高的红外线和远红外线的反射，颜色持久度高达 10 年以上。另外它还大大改善了雾度的问题，收缩能力也大大加强，施工安装变得非常容易，表 7-2 为纳米陶瓷膜与传统金属膜特性的比较。

表 7-2　纳米陶瓷膜与金属膜的对比

项目	金属膜	纳米陶瓷膜
隔热原理	利用金属对光的反射与散射，达到隔热防晒目的。具有单面透光性，也就是我们通常所看到的汽车贴膜后"里面看到外面，而外面却看不到里面"的"镜面效应"	具有光谱选择性，有选择性地透过可见光的同时，反射紫外线、红外线等对人体有害光线，所以可以形象地将它比喻成"筛子"。高隔热率（总隔热率 73％），高紫外线阻隔率（99％以上）
透光率	高可见光反射率，适度透光率，高"镜面效应"	低可见光反射率，降低眩光，高透光率，低"镜面效应"，视野更清晰，驾驶更安全
氧化	金属层会逐渐生锈氧化	100％无金属，绝不氧化
褪色	金属膜要消除金属粒子的色彩，一般都会添加染料，时间长了出现褪色，隔热效果大幅降低	100％无染料，陶瓷固有颜色，永不褪色；陶瓷超乎寻常的稳定性保证隔热性能始终如一
信息干扰	对车内使用电子产品有信号屏蔽效应，给车内信息通讯造成诸多不便	100％不含金属层，对卫星短波信号（如 GPS）、手机、无线电等设备信号无任何干扰
使用寿命	一般 5 年左右	10 年以上

7.4.2.3　纳米陶瓷膜的应用前景

随着国民经济和现代科学技术的发展，节能和环保受到了越来越多的关注。

建筑物门窗玻璃、顶棚玻璃、汽车玻璃和船舰玻璃对可见光的透过性有较高的要求，但在满足采光需要而使可见光透过的同时，太阳光的热量也随之传递。因此，对室内温度和空调制冷能耗产生很大影响。特别是在夏季，透过玻璃窗进入室内的太阳热构成了空调负荷的主要因素。通常空调的设定温度与负荷具有如下关系：设定的制冷温度提高 2℃，制冷电力负荷将减少约 20％；设定的制热温度调低 2℃，制热电力负荷将减少约 30％。为了节约能源，人们采用了金属镀膜热反射玻璃和各种热反射贴膜，用以反射部分太阳光中的能量，从而达到隔热降温的目的。但是，这些产品存在的在可见光区的不透明性和高反射率问题，限制了它们的应用范围。而且，有的产品隔热效果不佳，有的透光率较低，有的则需要昂贵的设备，工艺条件的控制也很复杂。纳米陶瓷膜出现，为透明隔热问题的解决提供了新的途径，具有广阔的应用前景及市场价值。目前已有不少公司着力于研发应用此产品。

7.4.2.4　纳米陶瓷膜的研究现状

纳米陶瓷膜目前主要采用纳米材料淀积技术，有别于 PET 表面涂布纳米陶瓷，而是将纳米陶瓷材料混合到 PET 基材颗粒，从而使产品性能达到前所未有的稳定。在金属膜的技术上通过纳米陶瓷技术，采用先进的真空磁控溅射工艺，用精微的纳米状陶瓷物质来制造，从而使产品对光进行智能滤光筛选，最大限度阻隔热量，性能大大优于单纯金属薄膜。此外，纳米陶瓷膜的生产还采用了高隔热低反光技术，一方面可以使薄膜有效隔热率超过90％，提高室内舒适度和节省能源；另一方面却没有增加薄膜的反光（通常提高隔热能力的同时，总是要加强隔热膜的反光，这样会使得室内可见光大量损失，并且使得通信信号大幅减弱；强烈的内反光极易干扰视线，引起视觉疲劳）。

7.4.3　生物医学陶瓷材料

生物医学材料是和生物系统相作用，用以诊断、治疗修复或替换机体中的组织、器官或增进其功能的材料。生物医学材料与人类生命和健康密切相关，必须具有良好的生物或组织相容性，对人体组织、血液不致产生不良反应，这是生物医学材料区别于其他功能材料最重要的特征。

生物医学材料学科又是一门多学科交叉的边缘性学科，它涉及材料、生物、医学、物理、化学、制造以及临床医学等诸多学科领域，不仅关系到人类的健康，而且日益成为国民经济发展的新的增长点。目前，临床应用对生物医学材料的基本要求如下：

① 材料无毒，不致癌、不致畸，不引起人体细胞的突变和不良组织反应；
② 与人体生物相容性好，不引起中毒、溶血、凝血、发热和过敏等现象；
③ 具有与天然组织相适应的力学性能；
④ 针对不同的使用目的而具有特定的功能。

按照生物医用材料的成分和性质，可分为医用金属材料、医用高分子材料、生物陶瓷，以及它们结合而成的生物医用复合材料。经过处理的天然组织，由于其来源特殊，另成一类生物衍生材料。根据在生物环境中发生的生物化学反应水平，可分为近惰性的，生物活性的以及可生物降解和吸收的材料。还可根据临床用途，分为骨、关节、肌腱等骨骼-肌肉系统修复和替换材料；皮肤、乳房、食道、呼吸道、膀胱等软组织材料；人工心瓣膜、血管、心血管内插管等心血管系统材料；血液净化、分离、气体选择性透过膜等医用膜材料；组织黏合剂和缝线材料；药物释放载体材料；临床诊断及生物传感器材料；齿科材料等。本章按上述第一种分类方法加以说明。各类生物医用材料的研究情况如表7-3所示。

表7-3 生物医用材料的分类、用途、主要特性及研究进展

类名		主要成分	用途	主要特性及研究方向
医用金属和合金		不锈钢、钴基合金、钛基合金、形状记忆合金以及钽、铌、锆等	主要用于承力的骨、关节和牙等硬组织的修复和替换；心血管和软组织修复及人工器官制造中的结构元件	机械强度高、抗疲劳性能好，但不具有生物活性，长期在生理环境中会因腐蚀而失效，并产生宿主反应，优化整体性质，用离子注入、表面涂层等技术进行表面改性是今后医用金属和合金研究的一个重要方向
医用高分子生物材料	非降解型	聚硅氧烷、聚氨酯、聚乙烯、聚丙烯、聚丙烯酸酯、聚甲醛等	广泛用于韧带、肌腱、皮肤、血管、人工脏器、骨和牙齿等人体软、硬组织及器官的修复和制造	大多数不具有生物活性，与组织不易牢固结合，在生理环境中能被降解，导致毒性、过敏性甚至致癌，并且刚性不足，在硬组织修复中很少应用易降解型；降解产物经代谢排出体外，对组织生长无影响，已成为医用高分子材料发展的重要方向，降解产物的生物学影响和生物吸收能力的研究是近期研究的主要问题
	生物降解型	聚氨基酸、聚乳酸、聚乙烯醇及改性的天然多糖和蛋白质等	在临床中主要用于暂时执行替换组织和器官的功能，或作药物缓释系统和传达载体	
医用生物陶瓷		氧化铝、生物碳、生物玻璃、羟基磷灰石、磷酸钙陶瓷等	主要用于骨和牙、承重关节头等硬组织的修复和替换，以及药物释放载体，生物碳还可以用作血液接触材料	化学性能稳定、强度高、耐腐蚀、生物活性好、与组织结合牢固；脆性和生理环境中的疲劳破坏是其主要缺点，补强增韧和发展多孔生物陶瓷是今后生物陶瓷研究的核心课题
医用生物复合材料		活体组织、金属、陶瓷、高分子等	主要用于修复或替换人体软、硬组织和器官或增进其功能，以及人工器官的制造	与机体具有很好的生物相容性，生物活性高，是最理想的医用生物材料，利用生物工程技术，将活性组元引入人造材料制成具有生理活性的杂化材料是生物复合材料发展的一个重要方向
生物衍生材料		活性生物体组织（自体或异体）	用于人工心瓣膜、皮肤掩膜、骨修复体、血管修复体等	将活性生物组织处理改性成无活性生物材料，其结构与人体组织极为相似，生物相容性好，目前仍处于起步阶段

7.4.3.1　生物陶瓷

作为生物医用材料的陶瓷，可用于制造体内修复器件和人工器官。通常由在生理环境中存在的离子（Ca，P，K，Mg，Na 等）或对人体组织仅有极小毒性的离子（Al，Ti 等）所构成，因此具有良好的生物相容性。

根据在生理环境中的化学活性，生物陶瓷可分为三种类型：近于惰性的生物陶瓷、表面活性的生物陶瓷和可吸收生物陶瓷。生物陶瓷和其他材料所构成的复合材料可被认为是第四类生物陶瓷。近于惰性的生物陶瓷，如三氧化二铝和氧化锆生物陶瓷等，长期暴露于生理环境中不发生或仅发生十分微弱的化学反应，能保持长期稳定；表面活性生物陶瓷，主要是羟基磷灰石生物活性陶瓷和生物活性玻璃陶瓷，在生理环境中可通过其表面发生的生物化学反应与组织形成化学键性结合；可吸收生物陶瓷，如石膏、磷酸三钙陶瓷，在生理环境中可被逐步降解和吸收，并随之为新生组织所替代，从而达到修复或替换被损坏的组织的目的。各种不同种类的生物陶瓷的物理、化学和生物学性质差别很大，在医学领域中有着不同的用途。临床中，生物陶瓷主要用于肌肉-骨骼系统的修复和替换，也可用于心血管系统的修复、制作药物释放和传递载体。

生物陶瓷的种类很多，从外观和形状上看可以是粉末、涂层和块体；从物相结构看可以是单晶、多晶、玻璃或复合材料；它们在修复人体器官时所发挥的功能也不尽相同。

生物陶瓷类型及物相的选择取决于临床应用对其性质和功能的要求。如粉末状的可用于骨缺损的填充，涂层可改善种植体与组织间的界面物性。蓝宝石单晶因为强度高曾用作牙根种植，而 A/W 玻璃陶瓷因其可以与骨键合且具有较高的强度，可以用于脊椎骨替换。惰性陶瓷材料主要是氧化铝和生物碳，其中氧化铝髋关节早在 20 世纪 70 年代就已经用于临床。近年来氧化锆增韧的氧化物陶瓷由于其高强度而逐渐受到重视。

生物陶瓷材料作为无机生物医学材料，没有毒副作用，与生物组织有良好的生物相容性、耐蚀性等优点，已越来越受人们的重视。生物陶瓷材料的研究与临床应用，已从短期的替换与填充发展成为永久性牢固种植，从生物惰性材料发展到生物活性的材料及多相复合材料。

生物惰性材料包括以下两类。

① 纯刚玉及其复合材料类　包括纯刚玉双杯式人工股骨头、其他人工骨、人工牙根等。

② 碳刚材料　作为人工心脏瓣等人工脏器、人工关节材料。

生物活性材料包括以下三类。

① 羟基磷灰石生物活性材料　人工听小骨，即羟基磷灰石听小骨，临床应用效果优于其他各种听小骨，具有优良的声学性质，平均提高病人的听力 20～30dB。在特定语言频率范围提高 45～60dB。微晶与人体及生物关系密切，在生物和医学中已有成功应用，利用 HA 微晶能使细胞内部结构发生变化，抑制癌细胞生长和增殖，有望成为治疗癌症的"新药"。

② 磷酸钙生物活性材料　磷酸钙又称生物无机骨水泥，是一种广泛用于骨修补和固定关节的新型材料，有望部分取代传统的 PM-MA 有机骨水泥。国内研究抗压强度已达到 60MPa 以上，磷酸钙陶瓷纤维具有一定机械强度和生物活性，可用于无机骨水泥的补强及制造有机与无机复合型植入材料。

③ 磁性材料　生物磁性陶瓷材料主要为治疗癌症用磁性材料，植入肿瘤灶内，在外部交变磁场的作用下，产生磁滞热效应，导致磁性材料区域内局部温度升高，借以杀死肿瘤细胞，抑制肿瘤的发展。

生物复合材料包括以下三类。

① HA/PDLLA 复合材料　利用 HA 具有生物活性、X 光显影的特性，并能使聚乳酸增强，目前已将 HA/PDLLA 复合材料制成薄膜、骨板、骨钉等。

② TCP（或 HA）　骨形成蛋白质材料是一种优良的骨增补、骨修复材料。动物实验表明：材料具有良好的生物相容性、较强的诱导形成能力。

③ 二氧化锆相变增韧、纤维增韧生物陶瓷材料。

7.4.3.2　生物医用复合陶瓷材料

生物医用复合材料（Biomedical Composite Materials）是由两种或两种以上的不同材料复合而成的生物医用材料，它主要用于人体组织的修复、替换和人工器官的制造。长期临床应用发现，传统医用金属材料和高分子材料不具生物活性，与组织不易牢固结合，在生理环境中或植入体内后受生理环境的影响，导致金属离子或单体释放，对机体造成不良影响。而生物陶瓷材料虽然具有良好的化学稳定性和相容性、高的强度和耐磨、耐蚀性，但材料的抗弯强度低、脆性大，在生理环境中的疲劳与破坏强度不高，在没有补强措施的条件下，它只能应用于不承受负荷或仅承受纯压应力负荷的情况。因此，单一材料不能很好地满足临床应用的要求。利用不同性质的材料复合而成的生物医用复合材料，不仅兼具组分材料的性质，而且可以得到单组分材料不具备的新性能，为获得结构和性质类似于人体组织的生物医学材料开辟了一条广阔的途径，生物医用复合材料必将成为生物医用材料研究和发展中最为活跃的领域。

其中，陶瓷基复合材料是一种重要的生物医用复合材料。陶瓷基复合材料是以陶瓷、玻璃或玻璃陶瓷基体，通过不同方式引入颗粒、晶片、晶须或纤维等形状的增强体材料而获得的一类复合材料。目前生物陶瓷基复合材料虽没有多少品种达到临床应用阶段，但它已成为生物陶瓷研究中最为活跃的领域，其研究主要集中于生物材料的活性和骨结合性能研究以及材料增强研究等。

Al_2O_3、ZrO_2 等生物惰性材料自 20 世纪 70 年代初就开始了临床应用研究，但它与生物硬组织的结合为一种机械的锁合。以高强度氧化物陶瓷为基材，掺入少量生物活性材料，可使材料在保持氧化物陶瓷优良力学性能的基础上赋予其一定的生物活性和骨结合能力。将具有不同膨胀系数的生物玻璃用高温熔烧或等离子喷涂的方法，在致密 Al_2O_3 陶瓷髋关节植入物表面进行涂层，试样经高温处理，大量的 Al_2O_3 进入玻璃层中，有效地增强了生物玻璃与 Al_2O_3 陶瓷的界面结合，复合材料在缓冲溶液中反应数十分钟即可有羟基磷灰石的形成。为满足外科手术对生物学性能和力学性能的要求，人们又开始了生物活性陶瓷以及生物活性陶瓷与生物玻璃的复合研究，以使材料在气孔率、比表面积、生物活性和机械强度等方面的综合性能得以改善。近年来，对羟基磷灰石（HA）和磷酸三钙（TCP）复合材料的研究也日益增多。30% HA 与 70%TCP 在 1150℃烧结，其平均抗弯强度达 155MPa，优于纯 HA 和 TCP 陶瓷，研究发现 HA-TCP 致密复合材料的断裂主要为穿晶断裂，其沿晶断裂的程度也大于纯单相陶瓷材料。HA-TCP 多孔复合材料植入动物体内，其性能起初类似于 β-TCP，而后具有 HA 的特性，通过调整 HA 与 TCP 的比例，达到满足不同临床需求的目的。45SF1/4 玻璃粉末与 HA 制备而成的复合材料，植入兔骨中 8 周后取出，骨质与复合材料之间的剪切破坏强度达 27MPa，比纯 HA 陶瓷有明显的提高。

生物医用陶瓷材料由于其结构本身的特点，其力学可靠性（尤其在湿生理环境中）较差，生物陶瓷的活性研究及其与骨组织的结合性能研究，并未能解决材料固有的脆性特征。因此生物陶瓷的增强研究成为另一个研究重点，其增强方式主要有颗粒增强、晶须或纤维增强以及相变增韧和层状复合增强等。当 HA 粉末中添加 10%～50% 的 ZrO_2 粉末时，材料经 1350～1400℃热压烧结，其强度和韧性随烧结温度的提高而增加，添加 50% TZ-2Y 的复合材料，抗折强度达 400MPa，断裂韧性为 2.8～3.0MPa·$m^{1/2}$。ZrO_2 增韧 β-TCP 复合材料，其弯曲强度和断裂韧性也随 ZrO_2 含量的增加而得到增强。纳米 SiC 增强 HA 复合材料比纯 HA 陶瓷的抗弯强度提高 1.6 倍、断裂韧性提高 2 倍、抗压强度提高 1.4 倍，与生物硬组织的性能相当。晶须和纤维为陶瓷基复合材料的一种有效增韧补强材料，目前用于补强医用复合材料的主要有：SiC、Si_3N_4、Al_2O_3、ZrO_2、HA 纤维或晶须以及 C 纤维等，SiC 晶须增强生物活性玻璃陶瓷材料，复合材料的抗弯强度可达 460MPa、断裂韧性达 4.3MPa·$m^{1/2}$，其韦布尔系数高达 24.7，成为可靠性最高的生物陶瓷基复合材料。磷酸钙系生物陶瓷晶须或纤维同其他增强材料相比，不仅不影响材料的增强效果，而且由于其具有良好的生物相容性，与基体材料组分相同或相近，不会影响到生物材料的性能。HA 晶须增韧 HA 复合材料的增韧补强效果同复合材料的气孔率有关，当复合材料相对密度达 92%～95% 时，复合材料的断裂韧性可提高 40%。

7.4.4　结构陶瓷及陶瓷基复合材料

7.4.4.1　复相陶瓷

复相陶瓷是由多种组分构成、含有多相的陶瓷材料。早期的工业陶瓷大都是复相的，为了改善其性能，逐步向高纯、单相的方向发展，使陶瓷研究进入新的台阶。例如从普通瓷→高铝瓷→75%Al_2O_3 瓷→95%Al_2O_3 瓷→99%Al_2O_3。20 世纪 70 年代以后，人们发现在单相陶瓷基础上，加入多种组分，以取得多重叠加优势，其性能可有重大突破。复相陶瓷可以是无机-无机、无机-有机或陶瓷-金属复合，也可以是粒子-粒子或粒子-纤维（晶须）复合。常见的有陶瓷-陶瓷复相材料，如 SiC-TiC、SiC-ZrB_2、SiC-Si_3N_4、Al_2O_3-TiC、Al_2O_3-SiC、Al_2O_5-AlON 粒子-粒子系统，其弯曲强度 σ_f 可达 500～1000MPa，断裂韧性可达 4～8MPa·$m^{1/2}$；又如 SiC(W)-ZrO_2、SiC(W)-Si_3N_4、SiC(W)-Al_2O_3、SiC(W)-SiC 纤维-粒子系统，弯曲强度可达 700～900MPa，断裂韧性 6.5～13.5MPa·$m^{1/2}$；又如金属-陶瓷复相材料，例如 Al_2O_3/Al，弯曲强度 750MPa，断裂韧性＞25MPa·$m^{1/2}$；又如多元复合材料，例如 TiB_2-TiC-SiC 三元系统，弯曲强度 σ_f 为 1070MPa，断裂韧性达 6MPa·$m^{1/2}$；最突出的为纳米级复相陶瓷，弯曲强度可达 1500MPa，断裂韧性达 15MPa·$m^{1/2}$，这将成为 21 世纪材料的主要开发方向之一。复相陶瓷具有高强、高韧、高硬、耐磨、耐腐蚀、耐高温等性能，可在航天、汽车、能源、微电子、石油化工等领域应用。在设计复相陶瓷时要注意各种组分在物理性能和化学性能上的相互匹配和制备科学及工艺的合理性。

7.4.4.2　相变增韧陶瓷

陶瓷材料由于具有耐高温、耐腐蚀、耐磨损等优良性能，作为工程材料正日益受到高度重视，但由于脆性问题（韧性、塑性低、强度不高，性能稳定性和可控性差），其应用受到相当限制。因此，近年来人们在改善陶瓷材料的强韧性方面进行了大量研究并取得了一定成果。陶瓷材料强韧化方法主要有纤维法、晶须法、颗粒法、热处理法、表面改性法等。其中颗粒增韧补强法最为简单，下面主要介绍相变第二相颗粒增韧补强。

材料的断裂过程要经历弹性变形、塑性变形、裂纹的形成与扩展，整个断裂过程要消耗一定的断裂能。因此，为了提高材料的强度和韧性，应尽可能地提高其断裂能。对金属来说，塑性功（达 $10^3J/m^2$ 或更高）是其断裂能的主要组成部分，由于陶瓷材料主要以共价键和离子键键合，多为复杂的晶体结构，室温下的可动位错的密度几乎为零，塑性功往往仅有每平方米十几焦或更低，所以需要寻找其他的强韧化途径，相变第二相颗粒增韧补强即是途径之一。传统的观念认为，相变在陶瓷体中引起的内应变终将导致材料的开裂。因此，陶瓷工艺学往往将相变看作不利的因素。然而，部分稳定化 ZrO_2（PSZ）具有比全稳定化 ZrO_2 好得多的力学性能这一事实使人们得到了启发，PSZ 的相变韧化得以受到重视。从而把相变作为陶瓷材料的强韧化手段，并已取得了显著效果。

ZrO_2 从高温冷却到室温要经历如下的同素异构转变：立方（c）→ 四方（t）→ 单斜（m），并伴随有体积效应（发生 t→m 相变时，产生约 5% 的体积膨胀）。一般情况下发生 c→t 相变的温度需要 2600K 左右，t→m 相变的温度需要 1400K 左右。当 ZrO_2 中适当加入其他稳定剂时（如 Al_2O_3，Y_2O_3，MgO，CaO 等），可使其同素异构转变温度大大降低。如果适当控制原料粒径、加热和冷却等因素，则可以使其高温相部分地亚稳于室温，即形成所谓的部分稳定化 ZrO_2，即 PSZ（Partially Stabilized Zirconia）。这种部分稳定化氧化锆（PSZ）及氧化锆弥散陶瓷（ZDC）遇到外力作用时，在裂纹尖端应力场的作用下再发生相变以消耗能量，则可以大幅度地提高韧性和强度，这就是所谓的应力诱发相变（Stress Induced Phase Transformation，SIPT）和相变韧化（Phase Transformation Toughening，PTT）或称为相变诱发韧性（Phase Transformation Induced Toughness，PTIT）。对部分稳定化氧化锆（PSZ）及氧化锆弥散陶瓷（ZDC）的研究所得到的结果都是一致的，即分散于基体中的粒子可以显著改善陶瓷材料的强韧性，但对其机理的解释却各有侧重。

7.4.4.3　高性能多孔陶瓷材料

多孔陶瓷材料是采用特殊工艺，在材料成形与烧结过程中形成颇多孔隙的一类陶瓷产品。一般陶瓷产品的空隙，包括封闭孔隙和开口孔隙两种。而多孔陶瓷的作用，主要是通过开口孔隙来实现其功能。当流体从这些孔隙中通过时，以达到净化、过滤、均匀化等效果，从而应用于各种领域。

依据多孔陶瓷的各种不同应用要求，多孔陶瓷的主要性能指标有孔隙率、孔隙直径、透气度、渗透率、抗折强度、抗压强度等。

7.4.4.4　层状三元碳化物和氮化物陶瓷

最近，一类具有层状结构的三元碳化物或氮化物陶瓷受到了材料科学工作者的广泛重视。它们同时具有金属和陶瓷的优良性能，和金属一样，在常温下，有很好的导热性能和导电性能，有较低的维氏显微硬度以及较高的弹性模量和剪切模量，像金属和石墨一样可以进行机械加工，并在高温下具有塑性；同时它具有陶瓷材料的性能，有高的屈服强度、高熔点、高热稳定性和良好的抗氧化性能；更有意义的是它们有甚至优于石墨和 MoS_2 的自润滑性能。这些化合物可以用统一的分子式 $M_{n+1}AX_n$ 来表示，其中，M 为过渡金属，A 主要为ⅢA 族和ⅣA 族元素，X 为 C 和 N。当 $n=3$ 时，代表性的化合物有 Ti_4AlC_3 等；当 $n=2$ 时，代表性的化合物有 Ti_3SiC_2、Ti_3GeC_2 和 Ti_3AlC_2，简称为 312 相；当 $n=1$ 时，代表性的化合物有 Ti_2GeC、Ti_2AlC 和 Ti_2AlN 等，又称为 H 相，已知属于 H 相的化合物多达 35个以上。Al、Ga、In、Sn、Ge、Pb、S、As 和 Cd 都可以作为平面层的原子。

该类化合物有相似的晶体结构，同属于六方晶体结构，空间群为 P6$_3$/mmc。图 7-1(a) 和（b）所示分别为 Ti_3SiC_2 和 Ti_2AlC 的结构图。从图中可以得出，紧密堆积的过渡金属八面体层被一平面层 A 族原子所分隔，过渡金属八面体中心为碳原子或氮原子。所不同的是：当 $n=1$ 时（如 Ti_2GeC、Ti_2AlC 和 Ti_2AlN），每三层中有一层 A 族原子；当 $n=2$ 时（如

Ti_3SiC_2、Ti_3GeC_2 和 Ti_3AlC_2），每四层中有一层 A 族原子，共棱的过渡金属八面体层被平面层的 A 族原子所分隔；而当 $n=3$ 时（如 Ti_4AlC_3），每五层中才有一层 A 族原子。在它们的结构中，过渡金属原子与碳原子或氮原子之间形成八面体，碳原子或氮原子位于八面体的中心，过渡金属原子与碳原子或氮原子之间的结合为强共价键；而过渡金属原子与 A 族平面之间为弱结合，类似于层状石墨层间由范德华力而结合。这类化合物在结构上有如此特点，使其在性能上综合了金属和陶瓷的众多优点。

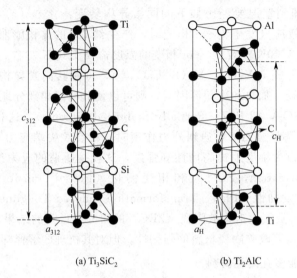

(a) Ti_3SiC_2 (b) Ti_2AlC

图 7-1 Ti_3SiC_2 的晶胞图（a）和 Ti_2AlC 的晶胞图（b）

7.4.4.5 碳纤维复合材料

碳纤维复合材料是 20 世纪 60 年代迅速发展起来的。碳纤维较玻璃纤维具有更高的强度和更高的弹性模量，且在 2000℃ 的高温下强度和弹性模量基本保持不变，-180℃ 的低温下也不变脆。此强度和模量是一切耐热纤维中最高的，是比较理想的增强材料，可用此增强塑料、金属和陶瓷。

碳纤维和环氧树脂、酚醛树脂、聚四氟乙烯树脂等基体结合可组成碳纤维树脂复合材料，这类材料的强度和弹性模量都超过铝合金，甚至接近高强度钢，弥补了玻璃钢弹性模量低的缺点。又兼其密度比玻璃钢小，因此成为目前比强度与比模量最高的复合材料之一。因碳纤维弹性模量高，其复合材料零件允许在极限应力状态下工作，克服了玻璃纤维树脂复合材料只允许在低于极限应力 60% 的条件下使用的缺点。此外在抗冲击、抗疲劳性能、减摩耐磨性能、自润滑性能、耐腐蚀以及耐热性等都有显著优点，因此可以用作宇宙飞行器的外层材料，人造卫星、火箭的机架、壳体和天线构架。用于各种机器中的齿轮、轴承等受载磨损零件，活塞、密封圈等受摩擦件，也可用作化工、容器类。这类材料缺点是碳纤维与树脂的粘接力不够大，各向异性程度较高，耐温性能差等。

用碳或石墨作为基体，用碳纤维或石墨纤维作为增强材料可组成碳碳复合材料，是一种新型特种工程材料。其在性能上具有能承受极高的温度、极高的加热速度和极好的耐热冲击能力，在尺寸稳定性和化学稳定性方面也良好。目前已用于高温技术领域（如防热）、化工和热核反应装置中，在航天、航空中用于制造导弹鼻锥、飞船的前缘、超音速飞机的制动装置。

此外，碳纤维和金属可组成碳纤维金属复合材料，和陶瓷结合可组成碳纤维陶瓷复合材料等，在许多方面都有优异的性能，也是有前途的新型材料。

7.5 世界陶瓷材料的现状与发展趋势

整体而言，自20世纪80年代精密陶瓷业产生后，机械性能的大幅改进，使得陶瓷材料渗透到世界的每一个角落，从洗手间的马桶到太空船驾驶舱的隔热板都可见到其踪迹。而随着近年来纳米科技的发达，陶瓷业也开展出另一个新技术时代，同步进入"纳米陶瓷"的局面，目前估计可以在能源、医疗、IT等产业领域大显身手。纳米化使得陶瓷材料的强度、韧性和超塑性大幅提高，材料的整体强度增加，更具有防污、防湿、耐刮、耐磨、防火、隔热等功能，大大增进陶瓷的应用范围及效能。

(1) 日本陶瓷朝精致高科技化发展 日本陶瓷产业非常兴盛，占了日本所有传统产业的50%，相较于我国台湾，日本陶瓷从业人口的比例相当高。整体来说，日本陶瓷产业的未来趋势，仍以精致的实用设计为主，尤其在三年举办一次的日本美浓国际陶艺竞赛中，历届设计类获奖者几乎都是日本人，而且水准颇高，可见日本在陶瓷设计上水平之高。

除此之外，日本也将工业用精密陶瓷视为决定未来竞争力前途的高科技产业，不遗余力地投入大量资金，生产的先进陶瓷元件已占据了国际市场的主要份额。20世纪90年代，日本首先提出一种称为梯度材料的功能材料，为陶瓷新材料的复合提供了另一条途径。在此基础上，将孔径分布梯度化，就可以制成性能优良的陶瓷膜材料。不断地创新高科技陶瓷材料及应用，使日本在化学工业、石油化工、食品工程、环境工程、电子行业中展现出更广阔的发展前景。

(2) 美国陶瓷多用在精密科技工业 美国Freedonia集团在2007年公布了美国对陶瓷市场需求预测报告，报告中详细分析了美国对陶瓷的需求量将以每年7%的速度增长直至2010年，其中，电子陶瓷元件仍为市场主流。2010～2015年内，氧化铝、氧化钛、氧化锆、碳化硅、氮化硅等涂层、复合制品的生产情况，都会应用在电子器件、工业机械、化工、环境污染防治等领域。而为了提高陶瓷后加工的效率，陶瓷制造朝着节约能源、减少环境污染、提高效率的方向发展，微波烧结、连续烧结或快速烧结等新技术及装备也应运而生。

从2000年开始，美国先进陶瓷协会与美国国家能源部联合资助了为期20年的美国先进陶瓷发展计划，这个计划主要运用在先进陶瓷的基础研究、应用开发和产品使用，共同推动先进结构陶瓷材料的应用发展。目标计划是到2020年，先进陶瓷以其优越的耐高温性能、可靠性以及其他独特性能，成为经济又适用的首选材料，并广泛地应用于工业制造、能源、航天、交通、军事及消费品制造等领域。如目前美国格鲁曼公司（Grumman Aerospace Corporation）正在研究大气层超音速飞机发动机的陶瓷材料进口、喷管和喷口等部件；杜邦公司（DuPont）也已研制出能承受1200～1300℃，使用寿命2000h的陶瓷基复合材料发动机部件；在我国台湾，近年来亦针对抗弹陶瓷进行研发并有重大进展。

(3) 欧洲陶瓷偏向节能与实用性 欧洲的陶艺产业，较偏向于实用性，同时也与绘画、雕刻、建筑一样，注重作品的雕塑与装饰效果，尤其在产业革命后，欧洲各国的工业、经济有了突破性的发展。工业化的生产方式，不仅克服人工制作的问题，也促进了更多元化的制作方式，尤其在德国包浩斯（Bauhaus）设计里，强调艺术与工业的结合，讲求造型的单纯化、合理化，重视实用与美观，使欧洲陶艺出现了新的面貌；而目前受到20世纪80年代末期与90年代简约（简约装修效果图）风气的影响，作品有偏向柔性、个人色彩的趋势。

欧洲各国目前也投入大量资金和人力发展功能陶瓷与高温结构陶瓷两方面，目前研究的重点在于发电设备中应用的新型材料技术，如陶瓷活塞盖、排气管里衬、涡轮增压转及燃气轮转。冷却的部分采用陶瓷材料，能大幅度降低能源与热损耗；陶瓷热交换器则具备了由锅炉或其他高温装置中回收余热的能力，陶瓷管可提高耐腐蚀的能力，增加热交换效率，对许多行业领域的节能发挥了重要的作用。

参 考 文 献

[1] 煜寰. 铁电与压电材料. 北京：科学出版社，1978.

[2] 钟维烈. 铁电体物理学. 北京：科学出版社，1996.

[3] 张学福，王丽坤. 现代压电学. 北京：科学出版社，2002.

[4] 王春雷，李吉超，赵明磊. 压电铁电物理. 北京：科学出版社，2009.

[5] Herbert J M. Ferroelectric transducers and sensors. Boca Raton：CRC Press，1982.

[6] Ikeda T. Fundamentals of piezoelectricity. Oxford：Oxford University Press，1990.

[7] Lambeck P V, Jonker G H. The nature of domain stabilization in ferroelectric perovskites. Journal of Physics and Chemistry of Solids, 1986, 47 (5)：453-461.

[8] Cohen R E. Origin of ferroelectricity in perovskite oxides. Nature, 1992, 358 (6382)：136-138.

[9] Noheda B, Cox D E, Shirane G, etc. Phase diagram of the ferroelectric-relaxor $(1-x) PbMg_{1/3} Nb_{2/3} O_{3-x} PbTiO_3$. Physical Review B, 2002, 66 (5)：054-104.

[10] Guo Y P, Kenichi K, Hitoshi O. Phase transitional behavior and piezoelectric properties of $(Na_{0.5} K_{0.5}) NbO_3$-$LiNbO_3$ ceramics. Applied Physics Letters, 2004, 85 (18)：4121-4123.

[11] Saito Y, Takao H, Tani T, etc. Lead-free piezoceramics. Nature, 2004, 432：84-87.

[12] Haeni J H, Irvin P, Chang W, etc. Room-temperature ferroelectricity in strained $SrTiO_3$. Nature, 2004, 430：758-761.

[13] Scott J F. Applications of modern ferroelectrics. Science, 2007, 315：954-959.

[14] Ahart M, Somayazulu M, Cohen R E, etc. Origin of morphotropic phase boundaries in ferroelectrics. Nature, 2008, 451：545-548.

[15] Liu W, Ren X. Large piezoelectric effect in Pb-free ceramics. Physical Review Letters, 2009, 103 (25)：257602.

[16] Sluka T, Tagantsev A K, Damjanovic D, etc. Enhanced electromechanical response of ferroelectrics due to charged domain walls. Nature Communications, 2012, 3：748.

第8章
玻璃材料的制备

8.1 概　述

习惯上，人们把能够大规模生产的平板玻璃、器皿玻璃、电真空玻璃和光学玻璃称作普通玻璃，而把 SiO_2 含量在85%以上或55%以下的硅酸盐玻璃、非硅酸盐氧化物玻璃（如硼酸盐、磷酸盐、锗酸盐、碲酸盐、铝酸盐及氧氮玻璃、氧碳玻璃等）以及非氧化物玻璃（如卤化物、氮化物、硫系物、硫卤化物和金属玻璃等新型无机玻璃系统）等称为新型玻璃材料。

随着光电子、计算机、激光等近代科学技术的发展及国防工业的需要，玻璃材料和其他无机非金属材料一样，发展非常迅速。功能玻璃是指与传统玻璃结构不同的、有某一方面独特性能的和专门用途的、或采用精制、高纯或新型原料，或采用新工艺在特殊条件下或严格控制形成过程制成的一些具有特殊功能或特殊用途的玻璃，也包括经玻璃晶化获得的微晶玻璃。它们是在普通玻璃所具有的透光性、耐久性、气密性、形状不变性、耐热性、电绝缘性、组成多样性、易成型性和可加工性等优异性能的基础上，通过 a. 使玻璃具有特殊的功能；b. 将上述某项特性发挥至极点；c. 将上述某项特性以另一种特性置换；d. 牺牲上述某些性能而赋予某项有用的特性之后获得的。某些功能玻璃已经得到了广泛应用，而大部分的功能玻璃虽具有广泛的应用前景，但还处于研究开发之中。

新型玻璃材料的开发主要依赖于如 PLD、CVD、PVD、等离子溅射、溶胶-凝胶、材料复合等各种高新技术及其工艺在玻璃制备过程中的巧妙运用，这些巧妙运用赋予玻璃材料许多新的功能特性，使其塑造成具有各种专用功能的特性材料，从而为现代光量子技术提供了更新的材料和器件。

随着材料制备手段的不断提高和发展，新技术、新工艺的出现，玻璃材料的开发日新月异，具有各种新型性能的玻璃不断涌现出来。新型玻璃材料就是采用高纯原料、新型技术、新的制备方法或在特殊的条件下形成的具有某种特殊功能的玻璃或无机非晶态材料，它与通常玻璃相比具有许多明显的特征，主要表现在：a. 玻璃化方面，通常玻璃是在大气中进行熔融而制得的，而新型功能玻璃是采用超急冷法、溶胶-凝胶法、PVD 法、PLD 法、CVD 法以及特种气氛等方法而制得的；b. 成型方面，通常玻璃主要产品是板材、管材、成瓶、成纤等，而新型玻璃材料则是微粉末、薄膜、纤维状等；c. 在加工方面，通常玻璃采用烧制、研磨、急冷强化等方法，而新型玻璃材料则采用结晶化、离子交换法、分子溅射、分相、微细加工技术等新技术；d. 在用途方面，通常玻璃主要用于建筑、容器、光学制品等，而新型功能玻璃主要用于光电子、光信息情报处理、传感显示、精密机械以及生物工程等领域。

玻璃材料以其特有的功能特性可以分为光学功能玻璃、电磁功能玻璃、热学功能玻璃、力学与机械功能玻璃、化学功能玻璃及生物功能玻璃等，如表 8-1 所示。新型玻璃材料是高技术领域中不可缺少的材料，特别是光电子技术开发的基础材料。通信光纤已经作为实现通信技术革命的主角，在现行的信息高速公路中起着其他材料无法起到的作用。在今后的几年内，激光玻璃、功能光纤、光记忆玻璃、集成电路（IC）光掩模板、光集成电路用玻璃以及电磁、磁光、光电、声光、压电、非线性光学玻璃、高强度玻璃及生物化学等功能玻璃将有大幅度的发展，有可能形成很大的商品市场。

本章将首先对几种代表性的新型玻璃材料及其制备技术和工艺进行概述，然后比较详细地介绍几种新型玻璃材料及其制备技术。

表 8-1　新型玻璃材料的分类

功　　能		应用及其他
光学功能	光传输	光纤（光通信、能量传输）
	激光的激振	激光核聚变
	光存储	光盘光存储膜
	光致变色	调节光透过率的光致变色玻璃
	声光效应	光开关
	法拉第旋光	光偏转
	非线性光学	光开关及维持相位的偏转
	聚光、镜头作用	折射率分布镜头
	光波长选择性透过或反射	隔热玻璃、反射或防反射玻璃
	超平滑的基板	光盘基板
电磁功能	光传输	电视摄像管元件
	离子导电	固体电池
	延迟声波	延迟线玻璃
	光电性	PDP 等显示器
热学功能	耐热	耐热材料
	低膨胀	光掩膜基板
	低熔点封接	封装、焊接
力学与机械功能	高弹性模量	增强用纤维（氧氮玻璃）
	高韧性	结构材料
	机械加工性	可机械加工的绝缘材料
化学功能	化学分离及酵母菌载体	微孔玻璃
	熔融固化	放射性废物的固化
	耐碱性	混凝土增强
生物功能	生物活性	人工骨、人工牙根
	人工齿	齿冠

8.1.1　玻璃材料种类

在科学技术高度发展的今天，玻璃已不再是印象中透明易碎的概念，玻璃也由单一的品种向多功能、多用途方面发展，先后出现许多新型玻璃材料。

8.1.1.1　光学玻璃

以其光学性能优异的光学功能玻璃种类最多，用途最广。就其功能而言，光学功能玻璃主要包括光传输功能、激光发射功能、光记忆功能、光控制功能、非线性光学功能、感光及光调节功能、偏振光起偏功能等。其种类和代表性的组成与应用列于表 8-2。

表 8-2　光学功能玻璃的种类

功能	玻璃名称	组成举例	应用及其他
光传输	通信光纤 光波导 微透镜玻璃 红外玻璃	SiO_2 氧化物玻璃 含碱硅酸盐玻璃 铝酸盐、卤化物、硫系物、硫卤玻璃	光通信用光纤 光的分路、耦合 光信息处理 红外窗口、红外光纤
激光振荡	激光玻璃	磷酸盐、氟磷酸盐、氟化物玻璃	激光核聚变、激光加工、激光医疗
光记忆	光记忆玻璃 PHB	Te-O、硫系物玻璃 色素分子掺杂玻璃 掺 Sm^{2+} 的氧、氟化物玻璃	光盘 未来的光盘
光控制	磁光玻璃 声光玻璃		光调制器、光开关 光隔离器、传感器、光偏转
非线性光学	热光玻璃 二阶非线性光学玻璃 三阶非线性光学玻璃	SiO_2，K_2O-PbO-SiO_2（经强外场极化） 高折射率玻璃 半导体、导体掺杂玻璃 色素掺杂玻璃	光分路、光偏转 光倍频等 光开关等
感光及光调节	感光玻璃 光致变色玻璃 电致变色玻璃 热致变色玻璃 液晶夹层玻璃 高分辨面板玻璃	含 Au，Ag，Cu 的氧化物玻璃 Na_2O-Al_2O_3-B_2O_3-SiO_2；（AgCl-AgBr） WO_3，MoO_3 等镀膜玻璃 VO_2 镀膜玻璃	图像记录、化学加工 太阳镜、显示、玻璃窗 调光玻璃窗 调光玻璃窗 调光玻璃窗 高质量显示
选择透过 与发射	高反射玻璃 防反射玻璃 选择透过玻璃		光强度调节 高质量显示 光的调节
偏光起偏	偏振玻璃	针状 Ag，Au，Pt 掺杂玻璃	光隔离器等

以光传输为特征的功能玻璃包括光学纤维（简称光纤）、光波导、微透镜玻璃、透红外玻璃等。光纤是现代通信技术的核心，使通信技术获得了革命性的进步。光波导玻璃是在玻璃板上形成的光的通路，是光集成电路的重要组成部分，也是未来信息技术中不可缺少的元件。微透镜玻璃则是利用折射率分布光纤的透镜作用，用于图像传输等。透红外玻璃主要用于红外激光以及红外光学的窗口材料和红外光信息与激光的传输等。

激光玻璃主要有掺稀土或过渡金属离子的氧化物、氟化物、氟磷酸盐玻璃等，是产生激光的重要材料，也是未来的激光核聚变中首选的激光材料。

光记忆玻璃是构成光盘记忆膜的非晶态物质，主要有 Te-O 系和硫系玻璃等。另外，某些含有低价稀土离子的玻璃可能是室温 PHB（Photochemical Hole Burning）记忆的首选材料。

具有光控制功能的玻璃主要有磁光玻璃、声光玻璃和热光玻璃，可以在光偏转、光调制、光开关以及光隔离等方面得到应用。

非线性光学玻璃主要包括均匀玻璃（包括经过强外场极化的玻璃）、半导体微晶或金属掺杂玻璃以及高分子分散玻璃，它们是未来全光信息技术中的重要材料之一。

具有感光功能的玻璃可以将图像和文字永久性地记录下来，除此之外，在紫外光或短波长可见光等的光照作用下可以发生可逆性颜色变化的光致变色玻璃有望作为显示材料、光存储材料而得到应用。

具有光调节功能的玻璃主要包括光致变色玻璃、电致变色玻璃、热致变色玻璃、液晶夹层玻璃、选择透过玻璃、选择吸收玻璃、防反射玻璃以及视野选择玻璃等，主要用于智能建筑材料。

具有偏振光起偏功能的玻璃是一种将具有一定长径比的针状金属或半导体颗粒均匀、定向分散于玻璃中而获得的光学各向异性功能玻璃，比一些偏光晶体具有更优异的起偏性能，在相干光通信、光电压和光电流传感器中将有广泛的应用。

8.1.1.2 电磁功能玻璃

电磁功能玻璃与光学功能玻璃一样在高技术领域中占有重要的地位，是通信、能源以及生命科学等领域中不可缺少的电子材料和光电子材料之一。电磁功能主要包括导电功能、光电转换功能、声波延迟功能、电子发射功能、电磁波防护功能、磁性等，另外，就电学功能而言，大部分情况是晶态材料优于非晶态材料，器件中起电磁功能的一些元件也大都是晶态。但是，晶态元件的尺寸很小，需要基板给予支撑。这些基板本身不具备特殊的电磁功能，但对晶体材料能否发挥正常的电磁功能起着十分重要的作用，故通常把这类材料也归属于电磁功能材料。所以电磁功能玻璃可以按表8-3进行分类。

表 8-3　电磁功能玻璃的种类

功能	玻璃名称	组成举例	应用及其他
电子导电	电子导电玻璃	V_2O_5-P_2O_5 As-Se-Te	存储开关，图像记录
离子导电 超声波延迟	光电导玻璃 快离子导体玻璃 延迟线玻璃	As-Se-Te, Se AgI-Ag_2O-P_2O_5 K_2O-PbO-SiO_2	电视摄像管元件 固体电池 电视机、录像机的延迟线元件
磁性	逆磁性玻璃 完全逆磁性（超导体） 顺磁性玻璃 铁磁性玻璃	含 PbO 光学玻璃 $Mo_{80}P_{10}B_{10}$, $T_c=9K$ 高温超导微晶玻璃 $(Bi,Pb)_2Sr_2Ca_2Cu_3O_x$, $T_c=106K$ 含稀土金属离子的玻璃 $Co_{70}Fe_5Si_{15}B_{10}$ B_2O_3-BaO-Fe_2O_3 微晶玻璃 SiO_2-CaO-Fe_2O_3 微晶玻璃	法拉第旋转玻璃 高温超导线材 激光玻璃，磁光玻璃 磁头 垂直磁记忆材料 磁温治疗用材料
基板	显示器基板玻璃 太阳电池玻璃 IC 基板玻璃 IC 光掩模玻璃 光盘基板玻璃 磁盘基板玻璃		平面显示器基板 太阳电池基板 IC 基板 IC 光掩模 光盘基板 磁盘基板
电磁波吸收与屏蔽	电磁波吸收玻璃 耐辐射玻璃	CdO-Gd_2O_3-B_2O_3 含 CeO_2 的氧化物玻璃	吸收中子射线
二次电子发射	二次电子发射玻璃	PbO-BaO-K_2O-SiO_2	微通道板

8.1.1.3 热学功能玻璃

热学功能本身虽然难以称为"高性能",但它对于元器件充分发挥其光学、电子学等功能起十分重要的作用。热学功能主要包括耐热性、低膨胀性、导热性以及加热软化性等。表8-4列举了主要的热学功能玻璃。

表 8-4　热学功能玻璃的分类

功能	玻璃名称	组成举例	应用及其他
耐热冲击	低膨胀玻璃 低膨胀微晶玻璃	SiO_2,SiO_2-TiO_2 Li_2O-Al_2O_3-SiO_2	光掩模基板,天体望远镜,热交换器 同上,炊具
加热软化	封接玻璃	PbO-B_2O_3-SiO_2 PbO-ZnO-B_2O_3	电子器件的封接,涂层
隔热性	中空玻璃 加气玻璃		建筑物窗户等

8.1.1.4 力学与机械功能玻璃

传统玻璃以硬而脆、又难以机械加工为特征,其杨氏模量比塑料和一些普通金属的都要大。而有些特种玻璃具有比普通玻璃更高的杨氏模量,有些玻璃具有高强度和高韧性,有些玻璃可以像加工木材一样进行机械加工。这些玻璃就是力学功能玻璃。表8-5列举了力学及机械功能玻璃的名称、性能和主要应用。

表 8-5　力学与机械功能玻璃的分类

功能	玻璃名称	组成举例	应用及其他
高弹性模量	高杨氏模量氧氮玻璃	Mg-Al-Si-O-N	复合材料的增强纤维
高强度高韧性	高韧性微晶玻璃 高韧性玻璃基复合材料	各种微晶玻璃 SiC/β-锂辉石	机械结构材料 发动机部件
机械加工性	云母微晶玻璃	氟金云母组成 (K_2O-MgO-Al_2O_3-SiO_2-F)	机械零件,绝缘材料

8.1.1.5 生物及化学功能玻璃

生物及化学功能玻璃主要包括具有熔融固化、耐腐蚀、选择腐蚀、水溶性、杀菌、光化学反应、化学分离精制、生物活性、生物相容性以及疾病治疗等功能的特种玻璃。表8-6列举了它们一些代表性组成和应用。

表 8-6　生物及化学功能玻璃的分类

功能	玻璃名称	组成举例	应用及其他
熔融固化	放射线废料固化玻璃	硼硅酸盐	放射性废料的处理
耐腐蚀	抗碱玻璃	含 Zr、Ti 的无碱玻璃	混凝土增强纤维
选择腐蚀	化学切削玻璃	SiO_2-Li_2O-CeO_2-$AgCl$-Al_2O_3	精密器件
水溶性	含水玻璃		质子导电材料等
杀菌	抗菌、杀菌玻璃	Ag_2O-Na_2O-B_2O_3-SiO_2	环境净化
光化学反应	自洁玻璃	TiO_2 涂层	无需擦洗的窗玻璃
分离精制	多孔玻璃	SiO_2	高温反应物分离精制
催化剂载体	多孔玻璃	SiO_2	固定化酶
生物活性	人工骨微晶玻璃	MgO-CaO-SiO_2-P_2O_5	人工骨、骨修复
生物相容性	牙冠微晶玻璃	MgO-CaO-SiO_2-TiO_2-P_2O_5	牙根补强、人工牙冠
疾病治疗	磁温治疗玻璃 放射性玻璃 基因工程用玻璃	CaO-Fe_2O_3-B_2O_3-SiO_2-P_2O_5 Y_2O_3-Al_2O_3-SiO_2	癌症的磁温治疗 癌症的放射线治疗 DNA 的回收、精制等

功能	玻璃名称	组成举例	应用及其他
降解性	玻璃缓释肥料 玻璃缓释饲料	含 N、P 的氧化物玻璃 含 Cu、Se 等氧化物玻璃	农用肥料 牲畜饲料

8.1.2 玻璃的制备和加工

除了传统的熔融法以外，为了获得具有某些特殊功能的玻璃或者使玻璃的某些特性更为突出，必须采用一些特殊的玻璃制备技术和加工技术。代表性的特种玻璃制备技术有以下几种。

(1) 溶胶凝胶法 该方法是由溶液出发，经过化学处理，使溶液中析出微细的颗粒，即所谓溶胶化；再将其浓缩，或经过调节 pH 值使溶胶缩聚形成凝胶；最后加热凝胶，使凝胶中的有机物和水分挥发，烧结后获得玻璃。该方法被广泛用于特种玻璃、功能涂层或薄膜等的制备。

最有代表性的是石英玻璃的制备，有两种方法：一种是胶体化学方法，它是将 $SiCl_4$ 水解，或者是将 $Si(OR)_4$（R 为烃基）在碱性催化剂作用下水解，形成溶胶，再调节 pH 值使溶胶胶凝。在此过程中成型成块、膜或纤维，再加热形成块状、薄膜状或纤维状的石英玻璃。另一种是化学缩聚法，是将 $Si(OR)_4$ 在酸性催化剂作用下水解，慢慢地缩聚形成硅氧基聚合物（—Si—O—Si—）而形成凝胶。与前一方法同样，在此过程中成型成块、膜或纤维，再经脱水、加热烧结形成石英玻璃。加水量、反应温度、pH 值、原料浓度、催化剂以及溶剂等因素都对产品的性能和质量等有重要影响。

(2) 气相法 该方法是以气体作原料，或者是将固体原料气化成气体，再加热发生化学反应而制备玻璃或非晶态物质的方法。该方法主要用于光纤预制棒的制造，也用于光掩模基板等的制造。在 SiO_2 玻璃光纤预制棒的制造中是将 $SiCl_4$（原料）液体保持在一定的温度，让原料液体气化，以氧气和氩气作为载气，将 $SiCl_4$ 和氧气、氩气的定比混合气体以一定流量导入加热到 1400～1800℃ 的石英玻璃反应管内，在石英玻璃管内壁沉积石英玻璃微粉。沉积完后，在高温下加热烧结，形成制备光纤用的石英玻璃预制棒。这就是所谓的管内沉积法。除此之外，光纤预制棒的制造方法还有棒外沉积法、轴向沉积法等。

(3) 高速冷却法 该方法主要用于一些难以形成玻璃的物质的非晶态化。与传统的玻璃制造方法一样，该方法首先必须将固体原料熔化，再将熔体高速冷却，防止析晶，使玻璃形成范围扩大，获得一些传统方法难以获得的具有特殊性能的新组成玻璃。例如，将棒状原料烧结体的尖端部分用集束的红外光加热，几分钟加热到原料的熔化温度以上，熔化的原料从尖端一滴一滴落下，再用双辊机高速冷却。高速冷却的方法除双辊法以外，还有射流法、单辊等。主要用于快离子导体玻璃等功能玻璃的制备。

(4) 气氛调节熔融法 在卤化物玻璃的制备中，为了保证卤化物玻璃所特有的光学或其他性能，要制备无氧离子和氢氧根离子的玻璃，必须在氩气、氮气或氨气等气氛中熔制玻璃。另外在硫系物玻璃的制造中，通常采用将原料放在石英玻璃管内、真空封管后再加热熔融制备成玻璃的方法，也可采用从原料处理到熔融精炼全部在氮气气氛中进行的所谓连续熔制法。另外，为了确保玻璃中所含的某些可变价离子的某种价态，需要在氧化或者还原气氛下进行玻璃的熔炼。

(5) 特种玻璃的加工技术 特种玻璃可以通过改变普通玻璃的成分、制备方法获得，有些特种玻璃是普通玻璃或特殊成分的玻璃经过特殊的加工处理之后获得的。形成特种玻璃的主要加工方法有掺杂、超纯化、离子交换、分相与晶化、表面镀膜、极化处理、激活结构、机械拉伸、离子注入以及复合等。

8.2 微晶玻璃材料的制备

8.2.1 概述

微晶玻璃（Glass-ceramics）又称玻璃陶瓷，是将特定组成的基础玻璃，在加热过程中通过控制晶化而制得的一类含有大量微晶相及玻璃相的多晶固体材料。

玻璃是一种非晶态固体，从热力学观点看，它是一种亚稳态，较之晶态具有较高的内能，在一定的条件下，可转变为结晶态。从动力学观点看，玻璃熔体在冷却过程中，黏度的快速增加抑制了晶核的形成和长大，使其难以转变为晶态。微晶玻璃就是人们充分利用玻璃在热力学上的有利条件而获得的新材料。

微晶玻璃的生产过程，除增加热处理过程外，同普通玻璃的生产工序一样。微晶玻璃所用原料不特殊、生产过程简单，但产品却有着优异的性能。因而把微晶玻璃的出现，看成是玻璃工业生产的一个重大进展。

微晶玻璃最初（1955年）是罗马尼亚研制成功的，它是由感光玻璃发展而来。经过紫外线照射并在析晶温度下进行热处理，感光玻璃就变成了光敏微晶玻璃。后来（1957年）美国康宁公司发表了不经紫外线照射、调整热处理温度也能制备微晶玻璃的方法，称为热敏微晶玻璃。

微晶玻璃既不同于陶瓷，也不同于玻璃。微晶玻璃与陶瓷的不同之处是：玻璃微晶化过程中的晶相是从单一均匀玻璃相或已产生相分离的区域，通过形核和晶体生长而产生的致密材料；而陶瓷材料中的晶相，除了通过固相反应出现的重结晶或新晶相以外，大部分均是在制备陶瓷时通过组分直接引入的。微晶玻璃与玻璃的不同之处在于微晶玻璃是微晶体（尺寸为$0.1 \sim 0.5 \mu m$）和残余玻璃组成的复相材料；而玻璃则是非晶态或无定形体。另外微晶玻璃可以是透明的或呈各种花纹和颜色的非透明体，而玻璃一般是各种颜色、透光率各异的透明体。

尽管微晶玻璃的结构、性能及生产方法与玻璃和陶瓷都有一定的区别，但是微晶玻璃既有玻璃的基本性能，又具有陶瓷的多晶特征，集中了玻璃和陶瓷的特点，成为一类独特的新型材料。

微晶玻璃具有很多优异的性能，其性能指标往往优于同类玻璃和陶瓷。如热膨胀系数可在很大范围内调整（甚至可以制得零膨胀甚至是负膨胀的微晶玻璃）；机械强度高，硬度大，耐磨性能好；具有良好的化学稳定性和热稳定性，能适应恶劣的使用环境；软化温度高，即使在高温环境下也能保持较高的机械强度；电绝缘性能优良，介电损耗小，介电常数稳定；与相同力学性能的金属材料相比，其密度小但质地致密，不透水、不透气等。并且微晶玻璃还可以通过组成的设计来获取特殊的光学、电学、磁学、热学和生物等功能，从而可作为各种技术材料、结构材料或其他特殊材料而获得广泛的应用。

微晶玻璃的性能主要决定于微晶相的种类、晶粒尺寸和数量、残余玻璃相的性质和数量。以上诸因素，又取决于原始玻璃的组成及热处理制度。热处理制度不但决定微晶体的尺寸和数量，而且在某些系统中能导致主晶相的变化，从而使材料性能发生显著变化。另外，晶核剂的使用是否适当，对玻璃的微晶化也起着关键作用。微晶玻璃的原始组成不同，其主晶相的种类不同，如硅灰石、β-石英、β-锂辉石、氟金云母、尖晶石等。因此通过调整基础玻璃成分和工艺制度，就可以制得各种符合预定性能要求的微晶玻璃。

8.2.2　微晶玻璃的种类

微晶玻璃的性能，是由晶相的矿物组成与玻璃相的化学组成以及它们的数量所决定的。调整上述各因素，就可以生产出各种预定性能的材料。现在已经研究出了数十种微晶玻璃。

微晶玻璃正在不断地发展。它在国防、航空、运输、建筑、生产、科研及生活等领域作为结构材料、技术材料、电绝缘材料、光学材料等，已获得广泛的应用。

目前问世的微晶玻璃种类繁多，主要有耐热微晶玻璃、耐腐蚀微晶玻璃、结构微晶玻璃、压电微晶玻璃、生物微晶玻璃和建筑微晶玻璃等。通常按微晶化原理分为光敏微晶玻璃和热敏微晶玻璃；按基础玻璃的组成分为硅酸盐系统、铝硅酸盐系统、硼硅酸盐系统、硼酸盐和磷酸盐系统；按所用原料分为技术微晶玻璃（用一般的玻璃原料）和矿渣微晶玻璃（用工矿业废渣等为原料）；按外观分为透明微晶玻璃和不透明微晶玻璃；按性能又可分为耐高温、耐腐蚀、耐热冲击、高强度、低膨胀、零膨胀、低介电损耗、易机械加工以及易化学蚀刻等各种常用微晶玻璃。另外还有如压电微晶玻璃、生物微晶玻璃等大量特种微晶玻璃。表8-7 列出了常用微晶玻璃的基础玻璃组成、主晶相及其主要特性。

表 8-7　常用微晶玻璃的组成、主晶相及主要特性

基础玻璃	组成	主晶相	主要特性
硅酸盐玻璃	$Na_2O\text{-}CaO\text{-}MgO\text{-}SiO_2$	氟锰闪石	易熔融
	$Na_2O\text{-}Nb_2O_3\text{-}SiO_2$	$NaNbO_3$	强介电性、透明
	$PbO\text{-}TiO_2\text{-}SiO_2$	钛酸铅（$PbTiO_3$）	强介电性
	$Li_2O\text{-}MnO\text{-}Fe_2O_3\text{-}SiO_2$	$MnFe_2O_4$	强磁性
	$F\text{-}K_2O\text{-}MgF_2\text{-}MgO\text{-}SiO_2$	四硅酸云母（$KMg_{2.5}Si_4O_{10}F_{12}$）	易机械加工
铝硅酸盐玻璃	$Li_2O(少)\text{-}Al_2O_3\text{-}SiO_2$	β-锂辉石（$Li_2O \cdot Al_2O_3 \cdot 4SiO_2$）	白色不透明
	$Li_2O(少)\text{-}Al_2O_3\text{-}SiO_2$	β-石英	透明
	$Li_2O(少)\text{-}Al_2O_3(多)\text{-}SiO_2$	β-锂辉石＋莫来石	白色不透明、耐腐蚀
	$Li_2O\text{-}Al_2O_3\text{-}SiO_2\text{-}P_2O_5$	β-石英	
	$Li_2O\text{-}Al_2O_3\text{-}SiO_2\text{-}B_2O_3$	β-石英	低膨胀
	$Li_2O\text{-}MgO\text{-}Al_2O_3\text{-}SiO_2$	β-锂辉石。	
	$Li_2O(多)\text{-}Al_2O_3(少)\text{-}SiO_2$	$Li_2O \cdot 2SiO_2$	高膨胀、可用于高强度涂层
	$Na_2O\text{-}Al_2O_3\text{-}SiO_2$	霞石（$Na_2O \cdot Al_2O_3 \cdot 2SiO_2$）	
	$Na_2O\text{-}BaO\text{-}Al_2O_3\text{-}SiO_2$	霞石＋钡长石（$BaO \cdot Al_2O_3 \cdot 2SiO_2$）	
	$Li_2O\text{-}MgO\text{-}Al_2O_3\text{-}SiO_2$	βS 锂辉石	易熔、透明、低膨胀、高强度
	$Li_2O\text{-}ZnO\text{-}Al_2O_3\text{-}SiO_2$	硅酸锌	易熔、高强度
	$Li_2O(多)\text{-}Al_2O_3\text{-}SiO_2$	$Li_2O \cdot SiO_2$，$Li_2O \cdot 2SiO_2$	可光照、蚀刻
	$MgO\text{-}Al_2O_3\text{-}SiO_2$	董青石（$2MgO \cdot 2Al_2O_3 \cdot 5SiO_2$）	
	$BaO\text{-}Al_2O_3\text{-}SiO_2$	六方硅铝钡石（$BaO \cdot Al_2O_3 \cdot 2SiO_2$）	
	$BaO\text{-}Al_2O_3\text{-}SiO_2\text{-}TiO_2$	钡长石、金红石	低介电损耗、耐热、高强度、绝缘性好
	$PbO\text{-}Al_2O_3\text{-}SiO_2\text{-}TiO_2$	钛酸铅	耐热、低膨胀性、强介电性、高强度
	$PbO\text{-}Nb_2O_5\text{-}SiO_2\text{-}TiO_2$	$PbNb_2O_7$	强介电性
	$Na_2O\text{-}Nb_2O_5\text{-}SiO_2\text{-}TiO_2$	$NaNbO_3$	
	$ZnO\text{-}Al_2O_3\text{-}SiO_2$	钙黄长石	
	$ZnO\text{-}MgO\text{-}Al_2O_3\text{-}SiO_2$	尖晶石	透明、耐热、低膨胀
	$BaO\text{-}Al_2O_3\text{-}SiO_2$	莫来石	
	$CaO\text{-}Al_2O_3\text{-}SiO_2$	β-硅灰石（$CaO \cdot SiO_2$）、钙长石	耐腐蚀、耐磨
	$MgO\text{-}BaO\text{-}CaO\text{-}Al_2O_3\text{-}TiO_2\text{-}CeO_2$	钛硅镱铈石（$Ce_2Ti_2 \cdot SiO_2$）等	耐酸、抗冲击、耐磨
	$F\text{-}K_2O\text{-}MgO\text{-}Al_2O_3\text{-}SiO_2$	氟金云母	易机械加工
	$CaO\text{-}MgO\text{-}Al_2O_3\text{-}SiO_2$	透辉石、钙黄长石	

基础玻璃	组成	主晶相	主要特性
硼酸盐、硼硅酸盐玻璃	B_2O_3-BaO-Fe_2O_3	$BaO \cdot 6Fe_2O_3$	强磁性
	PbO-ZnO-B_2O_3	硅锌矿（$2ZnO \cdot SiO_2$）	耐腐蚀
	ZnO-SiO_2-B_2O_3	β-$2PbO \cdot B_2O_3$	耐腐蚀、低膨胀、封接性好
	PbO-ZnO-B_2O_3-SiO_2	α-$2PbO \cdot B_2O_3$	高膨胀封接料

8.2.2.1 硅酸盐微晶玻璃

简单硅酸盐微晶玻璃主要由碱金属和碱土金属的硅酸盐晶相组成，这些晶相的性能也决定了微晶玻璃的性能。研究最早的光敏微晶玻璃和矿渣微晶玻璃属于这类微晶玻璃。光敏微晶玻璃中析出的主要晶相为二硅酸锂（$Li_2Si_2O_5$），这种晶体具有沿某些晶面或晶格方向生长而成的树枝状形貌，实质上是一种骨架结构。二硅酸锂晶体比玻璃基体更容易被氢氟酸腐蚀，基于这种独特的性能，光敏微晶玻璃可以进行酸刻蚀加工成图案、尺寸精度高的电子器件，如磁头基板、射流元件等。矿渣微晶玻璃中析出的晶体主要为硅灰石（$CaSiO_3$）和透辉石［$CaMg(SiO_3)_2$］。据研究，透辉石具有交织型结构，比硅灰石具有更高的强度、更好的耐磨耐腐蚀性。

8.2.2.2 铝硅酸盐微晶玻璃

它包括 Li_2O-Al_2O_3-SiO_2 系统、MgO-Al_2O_3-SiO_2 系统、Na_2O-Al_2O_3-SiO_2 系统、ZnO-Al_2O_3-SiO_2 系统。Li_2O-Al_2O_3-SiO_2 系统是一个重要的系统，因为从这个系统可以得到低膨胀系数的微晶玻璃。当引入 4% 的（TiO_2＋ZrO_2）作晶核剂时，玻璃中能够析出大量的钛酸锆晶核。MgO-Al_2O_3-SiO_2 系统的微晶玻璃具有优良的高频电性能、较高的机械强度（250～300MPa）、良好的抗热震性和热稳定性，已成为高性能雷达天线保护罩材料。Na_2O-Al_2O_3-SiO_2 系统中引入一定量的 TiO_2，可以获得以霞石（$AlSiO_4$）为主晶相的微晶玻璃。由于这类微晶玻璃具有很高的热膨胀系数，可以在材料表面涂一层膨胀系数较低的釉以强化材料。ZnO-Al_2O_3-SiO_2 系统玻璃组成或热处理制度不一样，析出的晶体类型也不一样。在 850℃以下，只析出透锌石（$ZnO \cdot Al_2O_3 \cdot 8SiO_2$），而在 950～1000℃析出锌尖晶石（$ZnO \cdot Al_2O_3$）和硅锌矿（$2ZnO \cdot SiO_2$）。

8.2.2.3 氟硅酸盐微晶玻璃

它包括片状氟金云母型和链状氟硅酸盐型。片状氟金云母晶体沿（001）面容易解理，而且晶体在材料内紊乱分布，使得断裂时裂纹得以绕曲或分叉，而不至于扩展，破裂仅发生于局部，从而可以用普通刀具对微晶玻璃进行各种加工。云母晶体的相互交织将玻璃基体分隔成许多封闭或半封闭的多面体，增加了碱金属离子的迁移阻力。同时，由于云母晶体本身是一种优良的电介质材料，因此云母型微晶玻璃具有优良的介电性能。链状氟硅酸盐微晶玻璃中可析出氟钾钠钙镁闪石（$KNaCaMg_5Si_8O_{22}F_2$）及氟硅碱钙石［$Ca_5Na_4K_2Si_{12}O_{30}(OH,F)_4$］。当主晶相为针状的氟钾钠钙镁闪石晶体时，这种晶体在材料中致密紊乱分布，形成交织结构，分布在方石英、云母及残余玻璃相中，可使断裂时裂纹绕过针状晶体产生弯曲的路径，因而具有较高的断裂韧性（$3.2MPa \cdot m^{1/2}$）和抗弯强度（150MPa）。由于其热膨胀系数高达 $115 \times 10^{-7}℃^{-1}$（0～100℃），可在材料表面施以低膨胀釉，使抗弯强度提高到 200MPa。

8.2.2.4 磷酸盐微晶玻璃

氟磷灰石微晶玻璃已经从含氟的钙铝磷酸盐玻璃以及碱镁钙铝硅酸盐玻璃中制备出来，具有生物活性，现已成功地被植入生物体中。

8.2.3 微晶玻璃的性能及应用

微晶玻璃具有性能优良、制备工艺易于控制、原材料丰富和制造成本低廉等特性，是一种高性能、低价位、应用广泛的新型材料。近年来对微晶玻璃的研究开发和应用十分活跃。微晶玻璃还可以通过组成的设计来获取特殊的光学、电学、磁学、热学和生物等功能，从而可作为各种技术材料、结构材料或其他特殊材料而获得广泛的应用。微晶玻璃具有的优异的性能使这类材料除了广泛地应用在建筑装饰材料、家用电器、机械工程等传统领域外，在军事国防、航空航天、光学器件、电子工业、生物医学等现代高新技术领域也具有重要的应用价值，面临着极佳的发展机遇。因此，具有一系列优异性能的微晶玻璃其应用前景无比广阔。

与其他材料相比，微晶玻璃的主要特性具体表现为以下几点。

① 综合性能优异　熔融玻璃可以得到均匀的结构状态，而且析晶过程能够严格控制，因而可获得具有微细晶粒、几乎没有孔隙等其他缺陷的均匀结构，使得微晶玻璃比一般陶瓷、玻璃具有更好的强度、硬度、耐磨性以及热学性能和电学性能等。

② 尺寸稳定　通常陶瓷在干燥和烧成过程中会发生较大的体积收缩，从而容易产生变形，而微晶玻璃在生产过程中，尺寸变化较小，并且可加以控制。

③ 制备工艺简单　微晶玻璃的生产是以成熟的玻璃制造工艺为基础的，可以制备各种形状复杂的制品。

④ 性能可设计　微晶玻璃适用于广阔的组成范围，其热处理过程也可精确控制，因此晶体的类型、含量以及晶粒的尺寸有可能按需要产生出来，从而使微晶玻璃的性能可以通过组成和结构的控制来进行设计。

⑤ 可与金属或其他材料封接　由于微晶玻璃是由玻璃制得的，它在熔融状态下能够"润湿"其他的材料，因此可用较简单的封接方法和金属等材料结合在一起。

⑥ 原料来源广泛　非常广泛，特别是生产矿渣微晶玻璃时可利用工业废料，有利于环境保护和可持续发展。

⑦ 可替代部分天然石材　烧结微晶玻璃装饰材料具有色泽柔和、结构致密、晶体均匀、纹理清晰及卓越的力学特性和优良的抗蚀性，且不吸水、抗冻性好和无放射性污染，利于生态环境的保护，是天然石材理想的替代产品。

表 8-8 为微晶玻璃的主要使用性能及其应用实例。

表 8-8　微晶玻璃的主要使用性能及应用实例

主要使用性能	应用实例
高强度、高硬度、耐磨等	建筑装饰材料、轴承、研磨设备等
高膨胀系数、低介电损耗等	集成电路基板
高绝缘性、化学稳定性等	封接材料、绝缘材料
高化学稳定性、良好生物活性等	生物材料，如人工牙齿、人工骨等
低膨胀、耐高温、耐热冲击	炊具、餐具、天文反射望远镜等
易机械加工	高精密的部件等
耐腐蚀	化工管道等
强介电性、透明	光变色元件、指示元件等
透明、耐高温、耐热冲击	高温观察窗、防火玻璃、太阳能电池基板等
感光显影	印刷线路底板等
低介电性损失	雷达罩等

8.2.4 微晶玻璃的制备工艺

由于微晶玻璃的品种非常繁多，每一种产品都对应一定的生产方法，所以就使得制备微晶玻璃工艺方法多样化。归结起来微晶玻璃制备方法主要有整体析晶法、烧结法、溶胶-凝胶法和浮法等四大类。

8.2.4.1 整体析晶法

最早的微晶玻璃是用整体析晶法制备的，至今整体析晶法仍然是制备微晶玻璃的主要方法。其工艺过程为：在原料中加入一定量的晶核剂并混合均匀，于 $1400 \sim 1500℃$ 高温下熔制，均化后将玻璃熔体成型，经退火后在一定温度下进行核化和晶化，以获得晶粒细小且结构均匀的微晶玻璃制品。

(1) 整体析晶法的特点 整体析晶法的最大特点是可沿用任何一种玻璃的成型方法，如压延、压制、吹制、拉制、浇注等；适合自动化操作和制备形状复杂、尺寸精确的制品。微晶玻璃是通过受控晶化的材料。在热处理过程中，玻璃经过晶核形成、晶体生长，最后转变为异于原始玻璃的微晶玻璃。因此，热处理是微晶玻璃生产的技术关键。热处理过程一般分两阶段进行，即将退火后的玻璃加热至晶核形成温度 $T_核$ 并保温一定时间，在玻璃中出现大量稳定的晶核后，再升温到晶体生长温度 $T_晶$ 使玻璃转变为具有亚微米甚至纳米晶粒尺寸的微晶玻璃。对于以氟化物为晶核剂的微晶玻璃，由于氟化物在退火冷却过程中从熔体里分相出来，起着晶核的作用，因此，可以不需核化保温而直接进入晶体生长阶段，使玻璃在晶化上限温度保温适当时间，制出的微晶玻璃可达到几乎全部晶化，剩下的玻璃相很少。

整体析晶法可采用技术成熟的玻璃成型工艺来制备复杂形状的制品，便于机械化生产。由玻璃坯体制备的微晶玻璃在尺寸上变化不大，组成均匀，不存在气孔等常见的缺陷，因而微晶玻璃不仅性能优良且具有比陶瓷更高的可靠性。以钢铁工业废渣为主要原料，加入晶核剂（$ZrO_2 + Cr_2O_3$），制得了弯曲强度为 $366MPa$，显微硬度为 $1235GPa$ 的耐磨微晶玻璃。

目前用整体析晶法制备的微晶玻璃体系有：$Li_2O\text{-}Al_2O_3\text{-}SiO_2$ 系统，$MgO\text{-}Al_2O_3\text{-}SiO_2$ 系统，$Li_2O\text{-}CaO\text{-}MgO\text{-}Al_2O_3\text{-}SiO_2$ 系统等。

(2) 成型方法

① 压制法 在 $Li_2O\text{-}Al_2O_3\text{-}SiO_2$ 系统微晶玻璃器皿的制备中，美国康宁公司采用华尔特（Walter）公司先进的微晶玻璃成型机组。他们利用全自动关节臂式挑料机，将熔化好的玻璃料自动挑入各种玻璃模具中，挑料量可控制在 $10 \sim 8000g$ 的范围内。这种挑料机带有计算机控制系统，对玻璃的质量、玻璃的液面和温度自动控制，每分钟需挑料的次数均事先输入程序，使之完全处于自动控制状态下工作。与挑料机相配合的是剪刀机，它具有高度的灵活性，可以自动调节上下高度和角度，每分钟可供料 $8 \sim 40$ 滴，玻璃料进入模具后，由玻璃器皿自动压制机完成成型工作。成型模具可以是多种多样的，最大成型直径可达 $400mm$。微晶玻璃经过自动压制成型后，产品由传送带送入晶化炉进行热处理，核化温度在 $780℃$ 左右，保温 1h，再以 $1 \sim 2℃/min$ 的升温速率升温到 $860℃$ 左右，保温 2h，再退火至室温，这样可制得热膨胀系数小于 $12 \times 10^{-7}℃^{-1}$，变形温度在 $1100℃$ 左右，抗弯强度达到 $1800MPa$ 的优质透明的微晶玻璃制品。压制成型工艺流程图见图 8-1。

② 压延法 压延法生产矿渣平板微晶玻璃是以高炉矿渣、非金属尾矿、热电厂粉煤灰等废渣为基础，掺加硅砂、石灰石、白云石或铝矾土和适当的晶核剂，按一定化学组成的配合料熔化成矿渣玻璃，成型为制品后，经过核化、晶化的热处理过程生长成均匀微晶玻璃结晶材料。矿渣微晶玻璃已问世近半个多世纪，如今已广泛应用在化工、建材、建筑、军工和

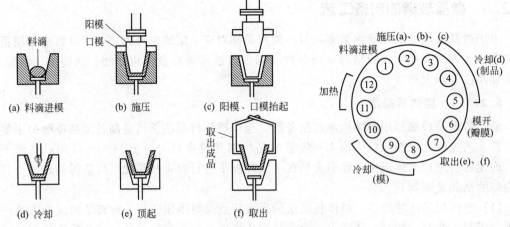

图 8-1　压制成型工艺流程图

机械等工业部门，作为防化学侵蚀、耐热、抗折、抗压和耐磨材料，收到了极为良好的效果。这种新型材料，不仅用途广泛，而且对于工业废渣合理使用、净化人类生存环境起到了推动作用，产生了很好的社会效益。压延法生产微晶玻璃的成型示意图如图 8-2 所示。

早在 1970 年乌克兰汽车玻璃厂就将矿渣微晶玻璃投入了工业化生产，建成了一条年产 $5 \times 10^5 m^2$ 的矿渣微晶玻璃压延生产线。以高炉渣作主要原料，生产出白色和灰色微晶玻璃，其工艺流程为：配料→混合→玻璃熔制→压延→切割→晶化→磨抛→检验→成品→入库。

在白色和灰色矿渣微晶玻璃的压延法生产过程中，经常发现有化学和结构的不均匀性，致使产品外观劣化、甚至会使制品的强度和物化性能下降。所谓化学不均匀性，主要是指在压延制品中存在着杂质，制品表面有色斑或锯齿形的线道，在白色微晶玻璃中还有乳浊原

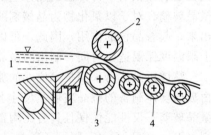

图 8-2　压延法生产微晶玻璃
的成型示意图
1—玻璃液；2—上辊；3—下辊；4—辊道

始玻璃呈交错排列的透明夹层。产生这类化学不均匀性主要原因是 SiO_2 含量偏高，CaO、Al_2O_3、氟化物含量均偏低。如果针对上述情况予以调整，再采用薄层投料方式和适当采用搅拌措施就能明显改变这类化学不均匀性。

8.2.4.2　烧结法

烧结法制备微晶玻璃材料的基本工艺为将一定组分的配合料，投入到玻璃熔窑当中，在高温下使配合料熔化、澄清、均化、冷却，然后，将合格的玻璃液导入冷水中，使其水淬成一定颗粒大小的玻璃颗粒。水淬后的玻璃颗粒的粒度范围，可根据微晶玻璃的成型方法的不同进行不同的处理。烧结法制备微晶玻璃材料的优点在于：

a. 晶相和玻璃相的比例可以任意调节；

b. 基础玻璃的熔融温度比整体析晶法低，熔融时间短，能耗较低；

c. 微晶玻璃材料的晶粒尺寸很容易控制，从而可以很好地控制玻璃的结构与性能；

d. 由于玻璃颗粒或粉末具有较高的比表面积，因此即使基础玻璃的整体析晶能力很差，利用玻璃的表面析晶现象，同样可以制得晶相比例很高的微晶玻璃材料。

8.2.4.3　溶胶-凝胶法

溶胶-凝胶技术是低温合成材料的一种新工艺，其原理是将金属有机或无机化合物作为

先驱体，经过水解形成凝胶，再在较低温度下烧结，得到微晶玻璃。同整体析晶法和烧结法不同，溶胶-凝胶法在材料制备的初期就进行控制，材料的均匀性可以达到纳米甚至分子级水平。利用溶胶-凝胶技术还可以制备高温难熔的玻璃体系或高温存在分相区的玻璃体系。由于制备温度低，避免了玻璃配料中某些组分在高温时挥发，能够制备出成分严格符合设计要求的微晶玻璃。微晶相的含量可以在很大的范围内调节。溶胶-凝胶法的缺点是生产周期长，成本高，环境污染大。另外，凝胶在烧结过程中有较大的收缩，制品容易变形。

目前用溶胶-凝胶法制备的微晶玻璃体系有：$MgO-Al_2O_3-SiO_2$ 系统、$BaO-SiO_2$ 系统、$Li_2O-CaO-MgO-Al_2O_3-SiO_2$ 系统、$CaO-P_2O_5-SiO_2-F$ 系统、TiO_2-SiO_2 系统、复相功能（或纳米晶）微晶玻璃等。

8.2.4.4 浮法

浮法生产微晶玻璃平板基本方法与浮法玻璃普通玻璃在主要工艺上区别不大，最终结晶材料的密度在 $2.8g/cm^3$ 左右。目前虽然国内外已较成熟地运用了烧结法、压延法、压制法生产微晶玻璃制品，但对于平板微晶玻璃外观质量还存在一定的问题。有些制品都要二次加工才能达到用户的要求。

在微晶玻璃的成型过程中特别强调黏度和温度的变化情况，如果压延成型的温度接近结晶温度，这样对于成型过程是极为不利的，甚至无法生产出合格板材。因此寻求新的成型工艺以适合于在不同情况下都能生产出合格微晶玻璃板材仍是当务之急。国内外已有不少研究单位试图将浮法成型工艺引入到微晶玻璃板材的生产中来，国内外有些研究部门已取得了初步成果。这种工艺与普通玻璃工艺相比，原则上区别不大，成型在锡槽中进行，但是困难的是核化和晶化是在锡槽内完成还是锡槽外完成。如果在锡槽内完成，对锡槽的结构要进行改造，拉边器的材料要相应的配套，温度场的变化要求严格，同时要分区规划，完成在锡槽中的热处理过程。

如果玻璃运行时间太慢，在工业生产中显得不经济，如果太快对锡槽和退火窑的长度相应增加了许多，这样一次投资将特别巨大。因此要将这种工艺用于生产实际仍有很多问题有待于进一步解决。但是，这种工艺从理论和实践上是完全可以用于生产平板微晶玻璃的。在工业上的实际运用只是一个时间迟早而已。

8.2.5 微晶玻璃的加工

晶化后的微晶玻璃，有时需要涂上花纹图案，以进行印贴烧结。另外，为了增加强度，可把热膨胀系数比微晶玻璃小的玻璃在高温下涂于微晶玻璃表面，或用离子交换法使构成晶体的碱离子和比其离子半径大的离子进行交换，在其表面上形成压应力。

微晶玻璃的强度比一般玻璃要大好几倍，但对于特殊的场合，这样的强度仍不能满足要求，有必要进一步强化。

8.2.5.1 表面涂层

具有高膨胀系数的微晶玻璃制品表面，如用膨胀系数低的玻璃在高温涂覆一薄层，冷却后将因两者膨胀系数的差，涂层产生压应力，微晶玻璃本体产生张应力，涂层的压应力将提高制品的强度。可以把微晶玻璃强度提高 $2 \sim 4$ 倍。

表面涂层的增强方法，只适用于膨胀系数大的微晶玻璃。对于低膨胀的微晶玻璃一般采用离子交换的方法进行强化。

8.2.5.2 离子交换

离子交换在熔融盐液中进行，也可以在盐的气体中进行。用于离子交换的盐类一般常用的有 KCl、KNO_3、$NaNO_3$、Na_2SO_4、Li_2SO_4 等。离子交换的温度在 $550\sim850℃$，交换的时间为 $4\sim48h$。

低膨胀微晶玻璃放在 650℃ 的 KCl 的蒸气中，经过 24h，就可以在表面产生厚度约为 $100\mu m$ 压缩变形层，抗弯强度达 $294.3\sim392.4MPa$。

8.3 光导纤维的制备

8.3.1 概述

光是直线传播的，过去多年来，人们只能借助于棱镜、反光镜等光学元件改变它的传播方向。而光导纤维则是一种能够导光、传像的玻璃纤维，简称光纤。若干年来，由于光导纤维的出现，用一种类似电缆一样柔软的光导管，可以沿复杂弯曲的通道把光束或图像从一处传到另一处，由于这种光导管的两个端面可以做成不同的形状，就能够改变光源或图像的形状和大小，并且它具有传光效率高、聚光能力强、信息传输量大、分辨率高、抗干扰、耐腐蚀、可弯曲、保密性好、资源丰富、成本低等一系列优点，目前已有可见光、红外、紫外等导光、传像制品问世，并广泛应用于通信、计算机、交通、电力、广播电视、微光夜视及光电子技术等领域。其主要产品有通信光纤、非通信光纤、光学纤维面板、微通道板等。因此，光导纤维的出现，为传递光束或图像提供了一种更为方便的科学的新技术。

研究光导纤维传光传像理论和工艺技术的新科学称为纤维光学。纤维光学所研究的对象是直径为入射光波长许多倍的光学纤维（$3\mu m$ 以上），只有这样，讨论传播光能和图像才能采用几何光学中的基本定律。如果光学纤维的直径小到接近于光波波长时，衍射作用就占优势，要用电动力学波导理论来讨论。纤维光学传光问题是个复杂的问题，为了简化起见，仅讨论子午光线，即沿通过纤维轴的平面传播的光。

很久以前，人们就知道玻璃纤维能够传光，但直到 20 世纪 50 年代后期才得到实际应用。光学纤维可把光从一端独立地传播到它的另一端，因而将很多光学纤维规则地排列成长束状元件（柔软纤维束），就能用于光或像的弯曲传递，将这些纤维规则排列，黏合成块，切成平片，在各种光电系统中能作为具有高的光学耦合效率和很少畸变的传光介质使用；用超低损耗材料制成光纤，可应用于光纤通信。通信光纤是利用光波导原理，由高折射率玻璃芯料和低折射率玻璃皮料组成的复合纤维，代表性的通信光纤有阶跃型、梯度折射率型和单模光纤。通信光纤光纤传输的信息量比普通铜线传输的电信号量高上千倍，在提高通信容量的同时，可以节省大量日趋枯竭的铜资源，所以通信光纤也是一种理想的环境友好材料。目前，通信光纤使用的主要是石英玻璃，要调节纤芯和皮层玻璃的折射率，可以在纤芯玻璃掺入 Ge、P 等提高折射率的成分，或者在皮层玻璃掺入 B、F 等降低折射率的成分。

玻璃是制造光学纤维的基本材料，用以制造光学纤维的玻璃有特定的要求，它必须有高度的光学均匀性和透明性，满足一定的光学常数要求，具有良好的化学稳定性及机械强度等，因而形成了特种光学玻璃发展的一个新领域。

20 世纪 60 年代后期，由于纤维光学得到进一步发展，从可见光波段，发展到红外、紫外波段，从而对光学纤维材料提出了新的要求。以后随即出现了熔石英玻璃光纤、$GeAs_9Te_{10}$、As_2S_3、As-Se-Te 玻璃光纤、激光玻璃光纤、聚光光纤、锥形光纤、微通道板用空芯玻璃光纤等，尤其是近些年研究非常热的光子晶体光纤的结构设计及工艺探索，带动了微结构光纤设计及制造的一场革命。

8.3.2 光导纤维的种类

光导纤维按折射率分布、传输模数、使用方式、芯子材料和涂层材料的不同而分类。

(1) 按折射率分布分类 具有代表性的是阶跃折射率型和梯度折射率型两种。

这两种光学纤维的折射率分布和光在其中的传输形式为：阶跃型光纤即芯子与包层间折射率的变化是阶梯状的，光线的传输是在芯子与包层的界面产生全反射，呈锯齿形前进。光纤传输的许多光线中，有沿着光纤轴向直线前进的光；有不同方向入射，在芯子与包层的界面全反射呈锯齿形前进的光，由于传输长度不同而引起的光程差就产生速度差。梯度型光纤是芯子的折射率从中心轴线开始径向逐渐减小，梯度型光纤中折射率的变化大致以抛物线状分布最佳。

(2) 按传输模数分类 对于能传输多种模式的光纤称为多模光纤，如前所述，光纤传输的模数，取决于特征频率，典型光纤结构种类和光传输形式为阶跃型（多模）、梯度型（多模）以及阶跃型（单模）光纤的材料，作为短纤维束（包括传光束和传像束），以及光学纤维面板的光纤材料都采用多组分玻璃。而对于光通信用光纤材料，一种是以石英为主要成分，用掺杂束控制折射率；另一种是以多组分玻璃为主要研究对象。还有用石英玻璃做芯子，塑料做包层的光纤及全塑光纤。作为光通信应用，要求芯料光吸收最小，以石英光纤较为合适。在跨洋等远距离通信中，石英玻璃光纤的光损耗仍然太大，目前光纤通信在每30～50km需要一个中继站，以便将因光纤的衰减和色散等而减弱或失真的信号恢复到原来的水平。要延长中继距离，必须对光纤的结构、制备条件以及材料本身进行改进。目前所研究的主要有三个方面：一是采用相干光光纤通信；二是采用光孤子光纤通信；三是采用超低损耗光纤通信。前二者是在现有石英系列光纤的基础上，通过改变光纤的结构（采用保偏光纤）或者是利用光纤的非线性光学效应——光孤子进行光信息的传输，以减小光信号的失真或不失真。最后的第三种则是采用其他系列的光纤，即所谓超低损耗光纤，以降低光信号的衰减来达到长距离传输的目的。超低损耗光纤的研究主要有两方面：一是降低现有石英玻璃光纤的瑞利散射损耗；二是探索长波长光纤通信的红外光纤。

重金属氧化物、氟化物、卤化物、硫系物以及硫卤玻璃的红外透光范围都比石英玻璃要宽得多，所以从理论上讲，这些玻璃的多声子吸收损耗将比石英玻璃要小得多，而且在红外区，瑞利散射和 Ulbach 吸收都可以降得很低，所以，用这些玻璃制成的光纤都将具有比石英玻璃光纤小的理论最小损耗，这就是我们所说的红外光纤。

重金属氧化物玻璃的红外透光范围虽然比石英玻璃广，多声子吸收比石英玻璃要小，但是折射率以及 Ulbach 吸收都比石英玻璃的大，所以理论最小损耗不能比石英玻璃低得很多，否则难以成为超低损耗光纤。另外，由于是多组分体系，在光纤的制备和生产工艺上都比石英玻璃困难。除氟化物以外的氯化物、溴化物等卤化物玻璃，其理论最小损耗可比石英玻璃低 2～3 个数量级，但是它们的其他实用性能和生产性能都很差，难以成为实用产品。

作为超低损耗光纤材料研究得最多的是氟化物玻璃和硫系玻璃。以氟锆酸盐为代表的重金属氟化物玻璃除红外透光范围比石英玻璃广、多声子吸收要比石英玻璃小之外，Ulbach吸收和瑞利散射都有可能比石英玻璃小，所以，它们的理论最小损耗将比石英玻璃光纤的要低 2～3 个数量级，有望达到 10^{-3} dB/km 或以下。但是，进入 20 世纪 90 年代以后，由于其研究的不断深入，人们已经了解到要实现超低损耗的目标，在技术上还有待于重大突破。

另外，硫系玻璃作为超低损耗光纤的候选材料也被大量研究，其最低理论损耗比 SiO_2

玻璃光纤低大约一个数量级。但是，在硫系玻璃光纤中存在一种由玻璃结构缺陷引起的、叫作弱吸收拖尾（Weak Absorption Tail，WAT）的光损耗，使得它目前所能实际达到的最低光损耗比其理论最低损耗高出几个数量级，比目前广泛使用的 SiO_2 系列玻璃光纤也高出大约两个数量级。例如典型的硫系玻璃——As_2S_3 玻璃光纤实际达到的最小损耗为 64dB/km（2.4m 处）。但是，按 Reileigh 散射，Ulbach 拖尾和多声子吸收拖尾来预测，其理论最小损耗大约在 10^{-2} 数量级。如果把弱吸收拖尾也考虑为光纤的本征损耗，则 As_2S_3 玻璃光纤的理论最小损耗为 23dB/km。与不考虑 WAT 时相比，两者相差三个数量级。正由于这种 WAT 的存在，降低硫系玻璃光纤光损耗的工作步履艰难。

硫系玻璃中引起 WAT 的原因主要是悬挂键和色心等玻璃的结构缺陷。由于硫系玻璃通常具有较强的共价键性，结构缺陷的存在在所难免，所以过去人们曾把 WAT 当作本征损耗处理。但是，最近的研究发现硫系玻璃中的悬挂键等结构缺陷是有可能消除的。如在 GeS_2 玻璃中加入不同化合物后 Ge 的配位数发生变化。当加入 Tl_2S 时 Ge 的配位数不断增加，最终达到四配位的完全配位，也就是说悬挂键已基本消除。所以，硫系玻璃作为超低损耗光纤材料有必要重新认识。红外光纤除有望作为超低损耗通信光纤之外，在红外激光和图像的传输方面，也有重要的应用前景。如重金属卤化物玻璃和硫卤玻璃等。

8.3.3 光导纤维的主要特性

数值孔径，透光能力（光衰减）、分辨本领、对比度等光学参量是表征纤维光学元件特性的主要参量。

(1) 数值孔径 跟透镜光学一样，数值孔径可以度量纤维的集光本领，光导纤维的结构设计决定了它具有透镜不可比拟的良好的集光本领，也就是说，较大的数值孔径是纤维光学元件的主要特征之一。在各种情况下，一根子午光线射入纤维，在内壁以临界角反射的情况，这个临界角是能在界面上产生全反射的最小角度，因此，可以计算出这条子午光线能够沿着纤维传递的最大容许角 α_{max}，根据折射定律和简单的三角关系得到：

$$n_0 \sin\alpha = \sqrt{n_1^2 - 1} \qquad (8-1)$$

式中，$n_0 \sin\alpha$ 为光导纤维的数值孔径，记作 NA，即

$$NA = n_0 \sin\alpha = \sqrt{n_1^2 - n_2^2} \qquad (8-2)$$

光导纤维的最大优点就是它的集光本领好，集光本领要比最好的透镜还要大好几倍。

为了获得大的数值孔径，芯玻璃的折射率要尽量高，通常在 1.75～1.8 之间，包皮玻璃的折射率要尽量低，通常选在 1.46～1.52 之间。只要内芯玻璃与涂层玻璃两者的折射率选择得当，使 NA 大于 1 是可能的。即只要芯料与皮料玻璃的折射率选择得当，α_{max} 可以等于，甚至大于 90°，捕集光线的能力可达到极大限量。

人们可以在相当宽的范围内选择低折射率的涂层玻璃及高折射率的内芯玻璃，以获得高达 1.2 的数值孔径。但是，不是所有的玻璃都可以任意匹配的，还必须考虑化学稳定性、热学性能、光衰减和成本费用等多种因素，在某些情况下，材料的选择还受到纤维拉制工艺及方法的影响。

(2) 光衰减 光导纤维的内反射（在芯和涂层界面的反射）即使是全反射，实际上反射系数也不等于 1。这是因为芯和涂层界面上混有杂质，使光发生散射。根据波动光学观点，在光导纤维的芯和涂层界面的全反射会存在着光向涂层渗透现象，射到两者界面上的部分能量，一部分向纤维的涂层渗透；另一部分又返回芯料。

光导纤维玻璃芯料本身的吸收影响有效光透过率，如芯玻璃中存在气泡、条纹、结石、

失透以及使光散射的微小杂质也都能降低光的透过率。光线在芯玻璃中经全内反射传递所走的光程，要大于在同长度普通光学玻璃中的光程。因此，常常应用光吸收系数小于 $0.001\sim0.0015cm^{-1}$ 的光学玻璃做光学纤维芯，这样，可显著提高光学纤维的透光率。光通信用光学纤维的芯玻璃的光吸收则要求更高，为获得超低损耗的光学纤维，要采取特殊的制造工艺以减少芯玻璃的光吸收。

在光导纤维中的光衰减作用是一个很复杂的现象，一般情况下，光衰减主要是由纤维的芯玻璃吸收所引起。光导纤维涂层的吸收，以及内芯与涂层界面上由表面缺陷造成的光散射所引起的光衰减，是难以计算进去的。实际上，对于细的光导纤维，更是如此。不过，它通常都可以作为长度函数的指数关系加以考虑。

一般说来，光导纤维的透过率是波长的函数，它首先决定于纤维内芯玻璃的透射特性，其次是纤维涂层玻璃的透射特性。除了非常细的光学纤维以外，光学纤维所透过的光，大部分都从光学纤维的内芯玻璃通过。因此，也就最受纤维内芯玻璃材料吸收的影响，所以，长光导纤维的内芯必须选用光吸收小的玻璃。

(3) 分辨本领 由相关排列而制成的纤维光学元件，当物体成像在光导纤维的端面上时，入射图像就被传递到纤维光学元件的输出端。对于输出像质量评定的一个重要标准就是纤维光学元件的分辨本领。分辨本领是可以分辨的两个目标像之间的最小距离，常用单位长度内所含这个距离的数目，即以每毫米所含线对数来表示，称为分辨率，也称鉴别率。分辨率越高，光导纤维传递图像的性能就越好，被传递的图像就越清晰。

在光导纤维是规则排列，并且光学绝缘也是良好的情况下，光导纤维的分辨率主要取决于光学纤维中心间的距离、排列的形式（正方形排列或六角形排列）和使用状态。

用选配不同的内芯和涂层玻璃材料组合的方法，可以获得各种数值孔径及不同有效光透过率、热光性能、机械性能的光学纤维，分别在紫外（有一定限度）、可见光和近红外光谱区获得所需要的透射。

(4) 对比传递函数 光导成像质量的研究是一个重要而又复杂的问题，因为影响其成像质量的因素很多，上面讨论过的几个主要特性，如透光性能、数值孔径、分辨本领等，都是评价光导纤维性能好坏的几个重要因素。但是，由于这几个量受一些因素，如目标和接收器（例如人眼、照相底片等）的限制，就不能准确地描述光导纤维成像质量的好坏。因此，引入光导纤维的对比传递函数这一物理特性。对比传递函数是光导纤维的一个基本的、综合的特性。对比传递函数 F 可定义为通过光导纤维所传递图像的对比度 $C_{像}$ 和在一定空间频率下入射目标的对比度 $C_{物}$ 两者之比：$F = C_{像}/C_{物}$。

光导纤维成像的对比度首先与试验的空间频率（即像的分辨本领）有关。一般情况下，纤维光学元件的对比传递性能在低频范围内比在高频范围内要好。其次与光学纤维间的绝缘性有关。从前面讨论可知，纤维光学元件的一个基本特性，就是每根纤维都可独立传光，光学纤维之间有良好的光学绝缘，不存在光的相互作用。如光学纤维间光学绝缘不够好，存在光的相互作用，出现了漏光现象，在传递图像的过程中，就会因传递的各像元之间互相作用而使输出像的强度变得均匀，使对比度下降，图像变模糊。"独立传光"的原因很多，主要有以下几点。

① 数值孔径小、入射角小于孔径角的光线，都可以在光学纤维内部经多次反射而传递到出射端，入射角大于孔径角的光线，则将穿透界面，成为漏光。数值孔径小，入射角大于孔径角的光线的数量越大，漏光就越严重。

② 芯料与涂层间界面不是理想的光滑表面，存在有缺陷（如凹凸不平、裂纹、空隙

等），在这些地方，就容易产生漏光。

③ 在传递光能过程中，若存在微小颗粒，就会引起光的散射，散射光很容易成为漏光。

④ 涂层厚度不合适。涂层太薄时，由于衍射效应和边界波的穿透，可以产生漏光，涂层太厚，在涂层内传递的光通量就大，这部分光通量可以和芯料传递的光通量发生相互作用，影响纤维芯独立传光。

因此，要提高纤维光学元件的对比传递特性，就必须减少漏光。

为了避免漏光对光导纤维传像质量的影响，除了使纤维的直径合适（直径小、分辨率高，但漏光现象增加，透过率降低）、排列紧密、全反射的界面完美无缺外，主要采取以下三种办法。

① 尽量提高光导纤维的数值孔径，其值最好大于1。这样，由于入射角大于孔径角的那部分入射光通量所产生的发散光就可以完全消除，使其透过率降低，传递像的质量显著地提高。

② 对光导纤维的端面进行处理，使芯料部分的透过率有所增加，或者至少保持不变，使涂层部分的透过率大大下降。这样，入射在涂层上的那部分无用的光通量所产生的发散光就可以显著地消除，这种方法也能使无用透过率降低，传递像的质量显著提高。

③ 在光导纤维外表面上再涂上一层具有较大吸收系数的第二涂层（双涂层），或者在单丝之间的空隙中插进具有较大吸收系数的黑丝（双涂层，一种工艺措施）。另外光导纤维的涂层材料选用低折射率的光色玻璃，也是一个很好的办法。第二涂层或者吸收黑丝主要起防止漏光、吸收发散光、降低无用透过率的作用。

上面介绍的纤维光学元件的四个主要的参数（数值孔径、透过性能、分辨本领、对比度）是相互制约的，也是相互依赖的。在应用中，可以根据需要，重点对某项参数提出较高的要求。

8.3.4　光导纤维的制备

圆柱形玻璃光导纤维的直径一般在 $10\sim30\mu m$，光通信用玻璃光纤直径在 $100\mu m$ 左右。正因为这样细，所以才能保证其柔软性及可弯性。

光导纤维单丝的拉制方法有棒管组合法、双重坩埚法和化学气相沉积法（CVD 法）等。

8.3.4.1　棒管组合法

棒管组合法是将固态玻璃受热软化进行拉丝的方法。棒管组合法工艺简单，容易控制，为了获得高质量的光导纤维，必须对芯玻璃棒进行光学加工，因而，冷加工费用及原材料损耗量较大。国内有的单位采用拉棒的方法，但芯料玻璃在拉棒的温度范围容易析晶。有的还采用直接浇注制棒的新工艺。此工艺的最大优点是节约原材料，并且，便于小量实验，浇注的次品可以回炉重熔，搅拌均匀后，再浇注成型。浇棒时所使用的模具为两个半圆柱形的长条，底部设有排气孔。所使用的材料为耐热钢或镁铝铸铁合金。此法是先将涂层玻璃料拉制成内径为 $13\sim14mm$、外径为 $16\sim17mm$ 的玻璃管，芯料玻璃浇注成长度为 $200mm$、直径为 $12mm$ 的圆棒。拉制纤维单丝时，将管子洗净、烘干，将芯料玻璃棒套入皮料玻璃管中，管的一端用火焰封好，另一端磨光，接上抽真空系统，用真空胶泥封好后，升温加热，抽真空拉丝。单丝直径根据其用途不同，控制在给定的尺寸。

浇棒时，先将两半圆形模具合拢、预热，再浇入玻璃。玻璃成型脱模后，送入马弗炉中进行退火，以防止玻璃棒炸裂。

浇棒操作与棒的质量有直接的关系（易产生浇注气泡等缺陷），因此，在浇棒时，必须注意如下几点：

　　a. 模子预热到预定的温度；

　　b. 玻璃液的浇注温度要合适，一般是在 1250～1300℃；

　　c. 浇棒时控制流股大小及速度；

　　d. 退火温度适宜，退火温度若过高，玻璃容易析晶；

　　e. 注意模具及退火炉内的清洁，防止玻璃棒表面带上尘土，使其拉丝时易产生析晶，也影响光的透过率。

　　棒管组合法拉丝应主要控制的工艺参数为下棒速度、拉制速度、拉制温度和真空度（一般在 $1 \times 10^{-4} \text{mmHg}$）。

　　下棒速度慢，拉丝直径小，拉丝速度快或拉制温度高，同样使拉丝直径变小。采用真空法，是考虑棒的表面不是理想的光滑表面，且具有弯曲，采用真空可以排除棒管之间的气体，使芯与涂层结合为理想的光滑界面。

8.3.4.2　双重坩埚法

　　双重坩埚法不必把玻璃预先制成棒状和管状（只用块状玻璃），是用两个特制形态的坩埚装成同心圆状，中间部分熔化纤维内芯玻璃，而在外层坩埚熔化涂层玻璃（两种玻璃的中心轴线要吻合），由下而上装好的喷嘴加热拉制出玻璃纤维丝。

　　用双重坩埚法拉制光导纤维单丝是提高原料利用率的一种有效的途径。它只要求把玻璃破碎成块状就能够使用，不存在加工中大量原材料的损耗。双重坩埚法拉制玻璃光学纤维单丝的另一个优点是能够长期而又连续地进行拉制，符合大规模生产的要求，此方法的产量大，质量高，产品的性能稳定，是发展方向。

　　采用这一工艺方法时，由于熔制温度比棒管组合法的温度高，玻璃的选择性挥发，使玻璃中会出现光学不均匀现象。而且，被浸蚀的喷嘴材料混入玻璃，玻璃纤维会出现一系列的缺陷。因此，用双重坩埚法拉制玻璃光学纤维单丝的工艺不易掌握。该方法对玻璃的析晶性能及芯料玻璃和涂层玻璃在拉丝温度范围内的黏度匹配要求均高。另外，坩埚经过较长时间的使用后，坩埚漏嘴容易变形，影响其光导纤维丝的质量，玻璃液中带进的气泡也不易排除。

　　双重坩埚法也称熔融法。坩埚采用双层铂金材料构成，分为上下两部分，上部属于高温区，下部属于低温区。玻璃碎块在上部的高温区中逐渐熔化并排除气泡后，流入下部低温区后，在控制合适的黏度下，由拉丝口拉制出玻璃光导纤维。

　　设双重坩埚的内外嘴直径分别为 $d_内$ 和 $d_外$，内外嘴的直径比 $d_内/d_外$ 以及内外嘴的嘴距 h 的大小，直接影响纤维单丝的内芯和涂层的比例，亦即影响涂层玻璃的厚薄程度。所以，确定合适的内外比例及 h 的大小是决定光学纤维质量的一个关键参数，亦是双重坩埚设计的最主要参数。

　　对 $d_内$，$d_外$，h 的确定，主要根据芯料和皮料的黏度差情况而定。皮料黏度越大，芯料黏度越小，则要求 $d_内$ 小而 $d_外$ 大，h 要大。但是，$d_内/d_外$ 的比例亦不宜太大，太大了易使涂层均匀，一般使 $d_内/d_外$ 在 1/2～1/1.2 之间，而孔距 h 一般在 1～5mm 之间，h 太大了，不容易控制涂层均匀。

　　采用双重坩埚法拉制玻璃光学纤维单丝时，由于工艺控制较为复杂，各工艺因素之间都是相互影响，相互制约，但又相辅相成的，只要掌握了它们之间的关系，就能够运用各参数的变化，拉制出各种不同直径的、透光良好的、粗细均匀的光学纤维单丝。

　　(1) 涂层厚薄的控制　设光学纤维的内芯直径为 d，涂层厚度为 t，则光学纤维涂层厚薄的控制，要求 t/d 处于 $1/15 \sim 1/10$ 范围。

双重坩埚漏嘴结构确定后，虽然涂层厚薄已基本确定，但在一定范围内，仍可通过调节芯料液面高度和涂尽玻璃料的液面高度来调涂层厚薄。芯中液面越高，则流出量也越多，相应地使涂层减薄。

(2) 纤维直径控制 光学纤维直径的大小，主要由拉丝速度 u、拉丝温度 T、液面的温度 T' 等几个工艺因素控制。这几个参数不论如何变化，只要在单位时间内，使玻璃液流出的量等于玻璃纤维拉丝的量，则玻璃光学纤维的直径就能够均匀而稳定。

当拉丝温度 T 和液面高度 L 不变时，拉丝速度 u 越大，则纤维直径越细，当拉丝速度 u 和拉丝温度 T 不变时，液面高度 L 越低，则纤维直径越细；当拉丝速度 u 和液面高度 L 不变时，拉丝温度 T 越低，则纤维直径越细。

一般要适当调整 T、u、L，控制单丝直径达到所要求的尺寸。

8.3.4.3 内沉积法

内沉积法多用于制造超低损耗的光通信纤维，尤其是石英光纤。

本方法是用氧气等作为载气，把主要原料四氯化硅（$SiCl_4$）和控制折射率的一两种掺杂剂（BBr_3、$POCl_3$、$GeCl_4$ 等）携入石英玻璃管中，通过从外边加热，使生成粉末状的石英玻璃和添加氧化物沉积于管的内壁，经熔融而成为透明的玻璃。

采用本工艺时，随着石英玻璃管的旋转，要往复地移动喷灯，几小时之后，降低管压，加热石英玻璃管至 $1750℃$，进行缩棒处理。预制棒拉丝时，端部先局部加热（高频加热、电阻加热或氢氧焰加热等），到达 $2000℃$ 左右，再进行拉丝。

该种光学玻璃纤维的折射率可通过添加氧化物（掺杂剂）予以控制，如在纯二氧化硅（SiO_2）中掺入五氧化二磷（P_2O_5）和二氧化锗（GeO_2）时，折射率就会提高，掺入三氧化二硼（B_2O_3）时，折射率就会降低。

由于内沉积法采用的是封闭的反应系统，所以，能避免有害杂质的混入。又由于氢气不直接参与反应，所以能显著降低 OH^- 的含量。因此，利用该方法既有利于降低吸收损耗，还能高精度地控制光纤折射率的分布，使得梯度型光纤的制造趋向于采用这种方法。现已成为超低损耗光通信用光纤制造的主要方法之一。目前已能制造出接近理论极限的超低损耗的玻璃光纤。

8.3.4.4 外沉积法

外沉积法的折射率和控制折射率原料（掺杂剂）的混合工艺与内沉积法相同。原料在氢氧喷灯中燃烧并产生水解后，在芯棒上就会沉积出粉末状的石英玻璃和掺杂氧化物。经过适当的热处理工艺，再加热至 $1500℃$ 左右，使之玻璃化，冷却的芯棒经研磨成为预制棒，后面的工艺过程与内沉积法相同。

外沉积法的制造工艺过程因不是封闭的系统，又因使用了氢气，所以很容易混入氢氧。这种工艺制造低损耗的光纤，不如内沉积法好。但也能制造出波长 $0.82\mu m$，损耗 $2dB/km$ 和波长 $1.06pm$，损耗为 $2dB/km$ 的光纤。外沉积法比内沉积法的产量能提高几倍。另外，用外沉积法也有很多的优点。

8.3.4.5 轴向沉积法

主要原料和控制折射率掺杂原料的混合工艺与内沉积法相同。内沉积法和外沉积法是产粉末状石英玻璃与掺杂氧化物的沉积层，而轴向沉积法的特点是物料在空间同时聚集（反应原理是在火焰中水解）。由于玻璃状的微粒堆积成为粉笔状的多孔质玻璃，可加热直至玻璃化，后面的工艺过程与内沉积法和外沉积法相同。

由于轴向沉积法的工艺过程也不是封闭的系统，所以它存在的缺点与外沉积法相同。但是，由于预制作在一系列工艺过程中可以连续生产，所以，它能比外沉积法的产品产量又提高一倍多，并具备外沉积法的同样优点。从大批量生产的角度出发，这是一种优点较多的工艺方法。用轴向沉积法生产的光导纤维，控制材料的折射率的分布比较困难，这是今后有待解决的课题。

8.4　光致变色玻璃的制备

8.4.1　概述

玻璃的透光率与玻璃的颜色有关。但是每一种着色玻璃对透光率的调节都是一定的。普通建筑用玻璃和日用玻璃在紫外光或者可见光的照射下，不会产生透光率和颜色的明显变化。人们希望玻璃能随着阳光的强度变化自动调节透光率，从而使室内光线强度随着阳光的变化保持在最佳范围。通过对玻璃本体材料改性，使玻璃的颜色能随着阳光的强弱改变，在普通玻璃成分中引入光敏剂时，当受紫外线或日光照射后，则可在可见光区产生强的光吸收而自动变色，使玻璃的透光率降低或者产生颜色变化，并且在光照停止后能自动恢复到原来的透明状态，从而实现对阳光的调控，这种玻璃被称为光致变色玻璃。例如在普通玻璃组成中添加银和碱金属卤化物，并引入少量的氧化铜或氧化镉等成分制成的玻璃，在强光照射下产生深色效应，光线减弱后玻璃颜色又恢复原状。光致变色玻璃的主要弱点是玻璃的变色受光的均匀性影响，如树、建筑物等的阴影会造成表面明暗不匀的现象。许多有机物和无机物均具有光致变色性能，但光致变色玻璃可以长时间反复变色而无疲劳（老化）现象，且机械强度好、化学性能稳定、制备简单，可获得稳定的、形状复杂的制品。光致变色玻璃主要应用于仪表器械装置（如全息照相、信息存储、光转换开关、光学阀门、显示装置、照相机镜头、紫外线计量器等）、健康保护（如眼镜片、车辆等交通工具的窗玻璃）和建筑物装饰方面。光致变色玻璃的装饰特性是玻璃的颜色和透光率随日照强度而发生自动变化。日照强度高，玻璃的颜色深，透光率低；反之，日照强度低，玻璃的颜色浅，透光度高，与建筑物的日照环境协调一致。但是，对于某些应用，光致变色玻璃的变色速度和褪色速度等性能都有待于进一步提高。

8.4.2　光致变色玻璃的种类及制备

光色玻璃可经长时间反复使用，无疲劳（老化）现象。这种变暗复明的永久可逆性、高机械强度以及良好的化学稳定性等，使光色玻璃的发展十分迅速，已应用于光信息存储和记忆装置等近代技术。光色玻璃纤维面板，可以用于计算技术和显示技术。由于卤化银粒子很小，分辨率极高，可作全息照相记录介质，照相技术中的正负版反转，激光技术中的 Q 开关和用于缩微照相等。此外，还可作各种汽车、航空、航海和建筑物内能自动调节光线的窗玻璃。它具有在可见光区域均匀吸收的中性色调，适合于作驾驶员、野外工作人员、接触紫外线人员和眼疾患者的防眩反射护目镜，称为自动太阳眼镜。由于光色玻璃能吸收紫外和近紫外短波光线，也可用作防辐射材料。

光色玻璃按其组成大致分为两类，即掺有 Ce^{2+} 或 Eu^{2+} 的高纯度碱硅酸盐玻璃和含卤化银或卤化铊的玻璃。目前，实用玻璃多采用卤化银玻璃。基质玻璃为碱铝硼硅酸盐玻璃，除加入卤化银外，还加入某些增感剂（敏化剂）以改变激活（变色）或漂白性能。卤化银玻璃的着色机理一般认为是由原子态银的介稳态色心所引起。

8.4.2.1　卤化银光致变色玻璃

一般来说是在普通的玻璃成分中引入光敏剂生产光致变色玻璃，常用的普通玻璃有铝硼硅酸盐玻璃、硼硅酸盐玻璃、硼酸盐玻璃、磷酸盐玻璃等。常用的光敏剂包括卤化银、卤化铜等。通常光敏剂以微晶状态均匀地分散在玻璃中，在日光照射下分解，降低玻璃的透光度。当玻璃在暗处时，光敏剂再度化合，恢复透明度，玻璃的着色和褪色是可逆的、永久的。含卤化银的铝硼硅酸盐或铝磷酸盐玻璃组成的选择原则是将配合料在高温熔融时银离子和卤素离子溶解在玻璃中，冷却时仍然保持均匀分散的状态，将玻璃在 600℃ 左右进行热处理时可以在玻璃中析出几十纳米级的卤化银颗粒，而玻璃则仍是透明的。析出卤化银颗粒 $Ag(Cl,Br)$ 的玻璃具有光致变色性，当紫外光或短波长可见光照射玻璃时，卤化银晶体着色，使玻璃的透光率降低，光照停止时，玻璃又恢复到透明状态。这一变化可表示为：

$$n\,Ag(Cl,Br) \underset{kT}{\overset{h\nu}{\rightleftharpoons}} n\,Ag^0 + n\,(Cl^0, Br^0) \tag{8-3}$$

Ag^0 表示银原子，当一定数量的银原子聚集在一起时便形成银胶体而使玻璃着色。

卤化银光致变色玻璃的制备方法主要有传统熔体冷却法和离子交换法等。传统熔体冷却方法是先制备出卤化物以离子形式分散于玻璃中的基础玻璃，然后对这种玻璃进行热处理使卤化物以微晶体方式从玻璃中析出来，并均匀地分散在玻璃的无定形介质中。在日光照射下，玻璃中的卤化物微晶体发生分解，形成金属胶粒原子和卤素原子，从而产生着色，降低玻璃的透光度。当玻璃在暗处时，形成的金属原子和卤素原子再度化合成卤化物微晶体，颜色消失，恢复透明度，玻璃的这种着色和褪色过程是可逆的。

离子交换法制备光致变色玻璃是近年来人们为了降低玻璃成本而探索出来的一种新制备工艺。其具体过程是用银离子交换法对本体不含银的基础玻璃在不同的温度下进行分相处理，然后放入硝酸银和硝酸钠的混合熔盐中进行离子交换而形成光致变色玻璃。

8.4.2.2　无银光致变色玻璃

无银的铜、镉卤化物光致变色玻璃可节省银、铂等贵金属，具有较好的经济和社会效益。所以自从 Araujo 研究出以 $R_2O-Al_2O_3-B_2O_3$ 系统为基础成分的铜、镉卤化物光致变色玻璃以来，人们对这类玻璃的光致变色机理进行了较多深入的研究，并取得了较好的结果。Araujo 等人认为，活化晶体相是氧化镉晶体中一价铜离子的固溶体，在二价铜离子产生的同时伴随着光解作用，因此使玻璃变色后呈绿色。在随后的研究中，郑章玉等人提出了含卤化铜光致变色玻璃的变色机理源于 CuX 的氧化-还原反应（$CuX \longrightarrow Cu+X$）；而刘继翔等人则认为，该系统玻璃中光敏剂所处的条件是一个十分复杂的特定结构环境，变色与褪色是由于"亚稳色心"的形成与破坏所致，并且认为"亚稳色心"也不只是单纯的一种。因为通过实验观察到玻璃辐照前在可见光谱区内不存在吸收峰或吸收带，玻璃也呈无色，说明此时玻璃中的铜是以 Cu^+ 形式存在的，又由于 Cu^+ 存在固有的 $3d^{10}$ 结构，不存在 d→d 跃迁，此时也就不存在其他任何色心，因此玻璃无色；辐照后，玻璃变暗呈墨绿色，在 650nm 附近出现一明显吸收带，这可能是由于多种复杂因素共同作用的结果。这些因素主要包括以下几点。

① 辐照后玻璃发生光化学反应使玻璃中的 Cu^+ 向 Cu^{2+} 转化，Cu^{2+} 具有 3d 电子结构，因 $^2E_g \to {}^2T_{2g}$ 电子间的跃迁而在 780nm 处产生吸收带。且由于玻璃结构中除存在 ［SiO_4］四面体外，还存在 ［AlO_4］、［BO_4］ 和 ［BO_3］ 等基团。由于 B^{3+} 对 ［CuO_6］ 配位体中的 O^{2-} 产生作用和影响，使 ［CuO_6］ 八面体结构对称性破坏，又因卤化物的加入，生成 $Cu^{2+}+X^-$

（X 为卤素，如 F、Cl 和 Br）不对称结构的络合物，这些因素导致光吸收位置和强度发生变化，吸收带向短波方向移动，使玻璃呈现墨绿色。

② 在①的基础上，随着 Cu^+ 向 Cu^{2+} 转化的光化学反应不断进行，出现小胶粒 Cu^0。

③ 由于脱离 Cu^+ $3d^{10}$ 轨道的电子一部分可被附近的 Cd^{2+} 捕获，而产生了亚稳态的 $4d5s^1$ 的 Cd 离子，5s 轨道上的电子经辐照发生跃迁，在可见光区产生吸收，即形成了"亚稳态 Cd^+ 色心"。

④ 由于玻璃中存在 CuX-CdX_2 固溶体，如 Cd^{2+} 置换了 Cu^+ 则会产生 X^- 空位，该空位作为电子陷阱可再捕获玻璃中被激发的电子，即形成空穴-电子对的"亚稳态 F 色心"。

于是认为玻璃中存在四种"亚稳态"吸收基因：Cu^{2+}、Cu^0、Cd^+ 和 F 色心，辐照后玻璃变色是由于这四种因素综合作用的结果。

8.4.2.3　光致变色夹层玻璃

光致变色夹层玻璃是以无机玻璃为基础，将有机光致变色材料做成胶片后置于无机玻璃之间而形成光致变色夹层玻璃，这种玻璃在可见光区的透过率能随光线的强弱而自动调节，在视觉上给人以柔和的感觉而达到装饰的效果，同时吸收紫外线而使室内家具和装饰品免受辐照而褪色，所以说光致变色夹层玻璃是将光致变色胶片、装饰物、玻璃结合为一体可获得光致变色装饰效果的夹层玻璃。这种玻璃除了具有光致变色胶片的各种性能外，还可根据装饰物的不同，呈现出不同的装饰效果和实用功能，如可在玻璃中夹纸、锦缎、植物标本、编织工艺品、各种彩色膜片、丝网、金属板等实现装饰效果。

8.5　非线性光学玻璃的制备

8.5.1　概述

非线性光学效应的基本原理是：当激光等强光照射到物质上时，在物质中激发的电位移矢量 D 可表示为电场矢量 E 和物质的极化矢量 P 的函数。即：

$$D = \varepsilon_0 E + P \tag{8-4}$$

式中，ε_0 为真空中的介电常数。极化矢量可以展开为泰勒级数：

$$P = \chi^{(1)} E + \chi^{(2)} E \cdot E + \chi^{(3)} E \cdot E \cdot E \tag{8-5}$$

式中，$\chi^{(1)}$ 为线性响应率；$\chi^{(2)}$，$\chi^{(3)}$ 为非线性响应率，分别为二阶和三阶非线性响应率。二阶非线性光学效应主要有和频、差频、倍频和混频效应等，三阶非线性光学效应主要有三倍频效应和光学双稳态效应等，在应用上一个重要的效应是非线性折射率效应。

所谓非线性折射率效应是指非线性光学材料直接对入射光的频率发生作用的现象。光照作用后的折射率 n 可以表示为一个与光强度不相关的折射率 n_0 和一个以系数 n_2 表示的非线性折射率的函数：

$$n = n_0 + n_2 E^2 \tag{8-6}$$

玻璃等非晶态物质是各向同性的，在宏观上具有反演对称性，从理论上认为是不具备二阶非线性光学效应的。但是，近几年的研究发现通过外场作用，可以在玻璃中观察到明显的二阶非线性光学效应。例如，经紫外光照射并加强电场处理的掺 Ge 石英玻璃光纤的二阶非线性光学效应与典型的非线性光学晶体 $LiNbO_3$ 接近。在其他一些硅酸盐玻璃和碲酸盐玻璃中，经过强外场处理后同样出现了二阶非线性光学效应。由于玻璃态物质在透光性、易成型加工性、溶剂特性、批量生产性等方面明显优于晶体材料，所以只要其非线性光学系数与晶体材料相近，在应用上就有很大的优势。

在半导体量子阱和超晶格材料出现以后，人们的研究主要集中在制备由玻璃骨架形成势垒、由光子激发载流子的禁阻而产生量子尺寸效应的半导体量子点玻璃复合材料方面。载流子的多维禁阻趋向于集中状态密度成一个窄的光谱区，低维结构（因多维禁阻形成）中振子强度的密集应产生具有孤立吸收峰的激子共振以及由于三维禁阻效应而在吸收谱线边部产生蓝移，这些效应只有当量子点大小接近或小于激子玻尔半径时才会发生。这种电子和空穴在三维方向受到禁阻的零维纳米结构非线性光学材料具有异常的光学性能，在超快光学装置中有着潜在的应用前景，有望大大改进供光电装置。特别是在过去几年，光通信和光子器件在 $1.3 \sim 1.55 \mu m$ 激光器材料和装置方面的开发研究引起了人们的极大关注，PbS 量子点玻璃因具有强三维量子禁阻效应和高三阶非线性极化率而被认为是实现 $1.3 \mu m$ 激光发射的较理想材料，成为半导体量子点玻璃的重要发展方向，世界各国纷纷对这种玻璃的制备工艺和获得玻璃的量子点效应展开深入研究，并取得了大量科研成果。然而，由这种玻璃制成的有用装置仍未出现。原因之一是玻璃中存在宽的 PbS 量子点大小分布、较多的空位、S^{2-} 与 O^{2-} 置换而引起的缺陷和较低的量子点浓度，这显然与玻璃的制备工艺与技术有关；原因之二是在激光辐照下，量子点玻璃因光化学过程而产生光暗化效应。光暗化是激光辐照下的光化学过程，在激光辐照过程中及辐照以后，基体玻璃中的离子沉积在生成的量子点上，增大量子点的尺寸，从而减弱量子禁阻效应。这两方面的因素直接制约着光电子器件的发展。因此，含 PbS 量子点玻璃的制备技术与光暗化效应研究仍然是人们关注的热点。

8.5.2 非线性效应的应用

非线性光学材料是指在强光作用下能产生非线性效应的一类光学介质。作为非线性光学材料，其应用主要有以下两个方面：一是进行光波频率的转换，即通过所谓倍频、和频、差频或混频，以及通过光学参量等方式，拓宽激光波长的范围，以开辟新的激光光源；二是进行光信号处理，如进行控制、开关、偏转、放大、计算、存储等。表 8-9 具体列出了非线性光学材料的一些用途。

表 8-9　各种非线性光学效应及其应用

次数	效　　应	应　　用
$1\chi^{(1)}$	折射率	光纤、光波导
$2\chi^{(2)}$	二次谐波发生（$\omega + \omega \rightarrow 2\omega$）	倍频器
	光整流（$\omega - \omega \rightarrow 0$）	杂化双稳器
	光混频（$\omega_1 + \omega_2 \rightarrow \omega_3$）	紫外激光器
	参量放大（$\omega \rightarrow \omega_1 + \omega_2$）	红外激光器
	Pockels 效应（$\omega + 0 \rightarrow \omega$）	电光调制
$3\chi^{(3)}$	三次谐波发生（$\omega + \omega + \omega \rightarrow 3\omega$）	三倍倍频器
	直流二次谐波发生（dc SHG）（$\omega + \omega + 0 \rightarrow 2\omega$）	分子非线性电极化率（β）测定
	Kerr 效应（$\omega + 0 + 0 \rightarrow \omega$）	超高速光开关
	光学双稳态（$\omega + \omega - \omega \rightarrow \omega$）	光学存储器光学运算元件
	光混频（$\omega_1 + \omega_2 + \omega_3 \rightarrow \omega_4$）	拉曼分光

8.5.3 非线性光学玻璃种类及制备技术

人们已经找到了许多非线性光学材料，按其非线性效应来分可以分为二阶非线性光学材料和三阶非线性光学材料，其中二阶非线性光学材料主要有以下几种。

① 无机倍频材料如三硼酸锂（LBO）、铌酸锂（$LiNbO_3$）、碘酸锂（$LiIO_3$）、磷酸氧钛钾（$KTiOPO_4$，KTP）、β-偏硼酸钡（β-BaB_2O_4，BBO）、α-石英、磷酸二氢钾（KDP）、磷酸二氢铵（ADP）、砷酸二氢铯（CDA）、砷酸二氢铷（RDA）等。

② 半导体材料有硒化铬（CdSe）、硒化镓（GaSe）、硫镓银、硒镓银、碲（Te）、硒（Se）等。

③ 有机倍频材料有尿素、L-磷酸精氨酸（LAP）、醌类、偏硝酸铵、2-甲苯-4-硝酸苯胺、羟甲基四氢吡咯基硝基吡啶、氨基硝基二苯硫醚、硝苯基羟基四氢吡咯以及它们的衍生物。

④ 金属有机化合物，如二氯硫脲合镉、二茂铁类化合物、苯基或吡啶基过渡金属羰基化合物。

⑤ 高聚物，如二元取代聚乙炔等具有大π共轭体系的聚合物。高聚物的非线性光学材料的合成及研究已经成为一个热点。

随着光通信的发展，全光学信号处理和光计算机研究工作的不断展开，对各种空间光调制器、全光学开关等提出实用化要求。如光倍频、光学相位共轭等非线性光学技术，将在这些器件中得到更加广泛的应用。这些技术得以实现，器件得以运行的先决条件是制取性能优良的非线性光学材料。

作为一种较好的非线性光学材料，必须满足：

① 有适当大小的非线性系数；

② 在工作波长应有很高的透明性（一般吸收系数 $\alpha < 0.01$）；

③ 在工作波长可以实现相位匹配；

④ 有较高的光损伤阈值；

⑤ 能制成具有足够尺寸，光学均匀性好的晶体；

⑥ 物化性能稳定，易于进行各种机械加工。

一般，从宏观角度来讲，玻璃是各向同性的，具有反演对称中心。而具有反演对称中心的介质，偶阶非线性电极化率应为零，即在理论上玻璃中是不会出现二阶非线性光学效应的，只有压电和铁电晶体才会出现这种效应。然而，20 世纪 80 年代 Y. Sasaki 和 Y. Ohmori 及 U. Osterberg 和 W. Margulis 先后在 GeO_2-SiO_2 玻璃光纤中观察到了激光诱导的二次谐波发生（Second Harmonic Generation，SHG）这一二阶非线性光学效应。1991 年 R. A. Myers 及其同事又在经强电极化的 SiO_2 块体玻璃中发现了 SHG 现象。玻璃中的 SHG 这一奇怪而有趣的现象，引起了各国学者极大的关注。最近几年，各国在这方面进行了许多有益的探索性的研究工作，并取得了一定的进展。

可以设想，随着对玻璃 SHG 效应不断深入的研究，在不久的将来，如果用新型的性能优良的二阶非线性光学玻璃替代较昂贵的非线性晶体成为现实，将会推动全光信息处理、光计算机及激光医学、激光化学等科学技术的进一步发展。玻璃是一种性能优良的非线性光学材料，在大部分光谱范围内高度透明，有高的化学稳定性、热稳定性和较高的三阶非线性系数及快的响应时间等许多优良的特性，从而引起国内外许多专家的瞩目，在集成光学上有广阔的应用前景。

非线性光学玻璃（NOLG）中有一类纳米精细复合材料，由于量子尺寸效应赋予其光学非线性特性，三阶非线性磁化率 $\chi^{(3)}$ 为 $10^{-10} \sim 10^{-7}$ esu，响应时间为亚皮秒到皮秒级，其工作时间短于电子开关的极限值，将成为全光器件的关键材料用于光开关、光平行数字处理系统和光区域多路传输系统。非线性光学玻璃的研究开始于 1983 年，R. K. Jain 等从普通颜色玻璃滤光片的非线性光学特性研究入手，对于 CdSSe 精细微粒掺杂的钾锌硅酸盐玻璃（康宁 C83-68）获得 $\chi^{(3)}$ 值为 1.3×10^{-8} esu。1987 年 J. Yumoto 等观察到这种玻璃具有光学双稳态效应，响应时间为 25ps，适于光开关动作。根据掺杂的不同，非线性光学玻璃可以分为四种：掺金玻璃、半导体玻璃、铋注入石英玻璃、光学复合玻璃。目前，各国在应用领域的研究展开了激烈的竞争，这些领域包括：图像处理、图像识别、图像关联、适应光学、全光开关、光调制、光学存储和记忆等。

自从在玻璃中发现了二次谐波发生这一奇怪现象后，各国学者对其产生机理进行了种种探索，随着玻璃中 SHG 现象的发现及玻璃本身所具有的一系列优良特性，各国在玻璃的二阶非线性光学特性方面的研究展开了激烈的竞争。

目前，主要有三种方法用以在玻璃中产生 SHG 效应：电场/温度场极化法（又称为强电极化法）、激光诱导法和电子束辐射法。相比来讲，第一种方法可以在玻璃中产生较大的二阶非线性光学效应，所以研究得最为广泛。从研究的玻璃体系来看，主要集中于石英玻璃、碲酸盐玻璃、含 Ti 或 Pb 的碱硅酸盐玻璃及微晶掺杂玻璃。刘启明等人也在电子束极化的硫系玻璃中观察到二次谐波产生，并发明 X 射线极化新方法在玻璃中产生非线性极化。

(1) 玻璃中激光诱导的 SHG 一系列实验发现，普通石英光纤用 $1.064\mu m$ 的激光诱导几个小时以后，将会产生有效的二次谐波且最终达到饱和，谐波转换效率为 $3\%\sim5\%$。有些研究人员已经用倍频的绿光成功地泵浦了染料激光器。通过实验还发现，如果在光纤诱导过程中耦合入少量的"种子"谐波光，可提高倍频效率，同时大大缩短诱导时间。

U. Osterberg 认为，石英光纤中的掺杂物（锗、磷等）可引起非中心对称的电荷分布，从而在强泵浦光电场作用下取向，但是实验表明光纤在诱导初期并无二次谐波发生，因而用取向模型解释比较牵强。R. H. Stolen 和 H. W. K. Tom 认为掺杂光纤中存在一些可产生非线性效应的缺陷中心，泵浦光和"种子"光相互作用形成周期性的直流电场，缺陷和俘获电荷在这个电场作用下永久地取向，从而产生二阶非线性电极化率 $\chi^{(2)}$。尽管该模型可解释光纤中 SHG 的定性特征，但要试图作定量描述还有很多困难。孙小菡等人实验发现，石英光纤经激光诱导后，出现了少量的晶体，在强激光作用下，晶体中又出现缺陷，从而打破材料的反对称性，产生有效的 $\chi^{(2)}$。

在掺杂 Ce 或 Ti 的碱铅硅酸盐块体玻璃中也发现了激光诱导的 SHG，铅玻璃大的三阶非线性电极化率 $\chi^{(3)}$ 及在激光诱导过程中产生的光电效应被认为是其产生 SHG 的主要原因。但是 Pb 含量太高时，光电导 σ 增大，降低了 SHG，而 Ti 的加入一方面增大了玻璃的三阶非线性电极化率，另一方面对光电导没有太大的影响，所以 Ti 能够增大玻璃的光诱导 SHG。

微晶掺杂玻璃中光诱导 SHG 的产生与微晶的存在有很大的关系。N. M. Lawondy 和 L. MacDonal 第一次在 GG495、OG550 等商品滤光片中观察到了激光诱导的 SHG 效应，测得的 $\chi^{(2)}$ 有效值为 4×10^{-3} pm/V。他们认为准相位匹配和内部电场的存在打破了对称性，使得二阶非线性效应得以产生。叶辉等人认为在 CdS 微晶掺杂的硅酸盐玻璃薄膜中 SHG 的产生是因为在激光诱导作用下 CdS 微晶的正负电中心移动使微晶粒子沿激光场规则排列，从而破坏了玻璃的反演对称中心，另外微晶的量子尺寸效应也能导致二阶非线性光学效应的增大。偏硼酸钡（BBO）微晶玻璃中 SHG 的产生则是因为 BBO 晶体本身就是一种性能优良的倍频晶体。

综上所述，众多的理论模型可以分为两种：一种理论认为激光束使玻璃中的偶极矩取向，破坏了对称性而产生很大的 $\chi^{(2)}$，但少量偶极矩的存在似乎并不足以说明在实验中所测到的较高强度的绿光，这种理论模型还有待进一步地完善；另一种理论即是认为激光束直接破坏了玻璃的对称性，诱导了大的电荷分离，因而产生较强的空间周期性的直流电场，这种理论正逐渐地被人们所接受。

（2）电场/温度场极化玻璃中的 SHG　在一定条件的电场/温度场作用下，玻璃产生电极化。从微观角度来看，电极化是由于原子（或离子）中的电子壳层在电场作用下发生畸变，以及正负离子的相对位移而出现感应电矩，此外还可能是由于分子的不对称性引起的固有电矩在外电场作用下趋于转至和场平行方向而发生的。在降温同时外加电场不变的情况下，这些极化中的一部分可能保留下来，它破坏了玻璃的反演对称中心，从而使玻璃具有二阶非线性光学效应。

R. A. Myers 和 N. Mukherjee 等人认为强电极化的石英玻璃中 SHG 的产生一方面是由于玻璃在电极化过程中出现非线性基团并沿外电场取向，非桥氧缺陷中心就是一个可能的非线性基团，即非桥氧与杂质离子（Al、Na 等）形成的偶极子在强的外电场作用下产生定向极化，从而打破了玻璃的反演对称性，使玻璃具有 SHG 效应；另一方面由于杂质 Na^+ 在外电场作用下向阴极迁移，这种电荷的分离和俘获在阴极表面处产生了一个大的内部局域直流电场（10^7 V/cm），该电场通过三阶非线性过程产生有效的二阶非线性电极化率 $\chi^{(2)}$。他们实验得到的 $\chi^{(2)}$ 为 1pm/V，是目前所有极化方法得到的 $\chi^{(2)}$ 中的最大值，它与 α-SiO_2 的值在同一数量级，比在光纤中用激光诱导法得到的 $\chi^{(2)}$ 大三个数量级，但是仅相当于 $LiNbO_3$ 晶体 $\chi^{(2)}_{22}$ 的 20%，远未达到实际应用的要求。

H. Nasu 等人用 VAD、Sol-Gel 和熔融急冷三种方法制备出不同 OH 浓度的石英玻璃，实验发现 SHG 强度随着 OH 浓度的增大而增大，他们认为 OH 的分布及 OH 基团周围的微观结构对于 SHG 起主要作用。但他们对 Infrasil 石英玻璃的测试结果却是一个例外，该玻璃的 OH 含量很小，约为 5mg/kg，但与其他每千克含有几百毫克的石英玻璃相比，二者的 SHG 强度几乎相等，这说明 OH 基团并不是导致石英玻璃 SHG 效应唯一的原因。

K. Tanaka 等人较系统地研究了碲酸盐玻璃中的 SHG 效应。对于三元 LiO_2-Nb_2O_5-TeO_2 玻璃，他们认为 Li^+ 的迁移及 TeO_4 基团中的孤对电子沿外加电场周期性地取向，导致强的局域极化，从而产生有效的 SHG。在不含 LiO_2 的 Nb_2O_5-TeO_2 二元玻璃中 SHG 的产生说明 Li^+ 的迁移对于 SHG 的产生并不起主要作用。对于 ZnO-TeO_2 玻璃，随着 ZnO 含量的增大 TeO_4 三角双锥体转变为 TeO_3 三角锥体，出现了非桥氧，在一定程度上使玻璃的中心对称性消失，从而出现 SHG。总之，在碲酸盐玻璃中 TeO_4 和 TeO_3 结构单元对于 SHG 起着重要的作用。

在含有 TiO_2 的硅酸盐玻璃中也发现了有效的 SHG。实验表明，TiO_2 对玻璃的 SHG 起决定性的作用，主要是与 Ti^{4+} 的分布、化学状态及其周围的局域微观结构有关，但是 SHG 与 Ti^{4+} 的定性定量关系还有待进一步研究。

J. M. Dell 和 M. J. Joce 研究发现，玻璃中 Na^+ 的存在使二次谐波（Second Harmonic，SH）强度下降，他们认为 Na^+ 使玻璃的电导率增大，在玻璃内部不能产生一个永久的局域直流电场。

A. Okada 等人用射频溅射方法在 Pyrex 玻璃基质上生成康宁 7059（钡硼硅酸盐玻璃）玻璃薄膜，他们发现以较低的极化温度即可使其极化并产生相位匹配的 SHG。R. A. Myers 等人用火焰水解法（FHD）在 Si 基质上生成 SiO_2 基层状波导，经强电极化后出现稳定的 SH，他们认为各层之间的界面作为电荷俘获位对 SHG 效应起重要作用。

（3）电子束辐射极化玻璃的 SHG　电子束辐射极化方法也称为电子注入法，就是直接用一定能量的电子束轰击样品，使之产生极化。这种方法曾被用以极化聚合物、在 $LiNbO_3$ 及 $LiTaO_3$ 晶体中产生周期性的反向电畴等。

1993 年，P. G. Kazansky 及其同事首次使用这种极化方法在铅硅酸盐玻璃中产生了有效的 SHG，二阶非线性电极化率 $\chi^{(2)}$ 达到 0.7pm/V。他们认为在玻璃表面由于电子束辐射产生了二次电子，从而形成正电荷区，在电子入射到样品一定深度处形成负电荷区，这个内部局域电场通过三阶非线性电极化率 $\chi^{(3)}$ 产生了有效的二阶非线性光学效应。然而，对石英玻璃、钠钙硅酸盐玻璃来讲，这种方法却不能产生 SHG 效应。经强电极化的石英玻璃用电子束辐射后，其二阶非线性光学特性消失，这是因为入射电子与石英玻璃表面的正电荷（在电极化过程中形成）发生了中和反应，非线性消失的区域与电子束的辐射面积及其扩散程度有关。

总之，三种极化方法各有优缺点。激光诱导法需要较长的诱导时间，不利于器件在集成光路中的应用。电场/温度场极化法能够克服这一缺点，并能产生大的二阶非线性电极化率 $\chi^{(2)}$，但却难以形成相位匹配的 SHG。电子束辐射法由于聚焦电子束分辨率高及其对强电极化玻璃的非线性特性具有擦除功能，通过控制辐射方法，可直接在玻璃上形成复杂的具有周期性花样的极化区域，从而产生准相位匹配的 SHG，这是其最大的优点，但 $\chi^{(2)}$ 仍很小，有待进一步地研究。

作为一种二阶非线性光学材料，玻璃因其具有价格低廉、制备简单、易于机械加工及优越的光学性能等优点而备受人们关注，目前，对玻璃中 SHG 效应产生的机理仍没有统一的看法，各国学者只是针对不同的极化方法、不同的玻璃体系提出不同的观点，但也仅限于定性的解释，远没有上升到定量描述的程度。同时，与非线性光学晶体比较而言，非线性光学玻璃最大的缺点是二阶非线性系数小而限制了其在光通信领域的广泛应用。因此，如何有效地提高玻璃的二阶非线性光学系数也是一个迫切需要解决的问题，目前各国学者都在结合材料制备新技术制备玻璃新体系的同时，通过不同的极化技术及其机理研究来提高玻璃的非线性系数。通过机理分析的理论指导，得出要想提高玻璃的二阶非线性光学系数，首先需设计和制备出具有大量结构缺陷、易于在外界条件下发生结构变化的折射率较高的玻璃新体系，同时结合有效的极化方法，才能制备出具有较高二阶非线性系数的光学玻璃，在这方面硫系玻璃由于结构较韧而易于在外界条件下发生结构变化，且具有较大的折射率，因此将是一种具有潜在应用背景的二阶非线性光学玻璃。

8.5.3.1 均质玻璃非线性材料

在均质玻璃中，非线性光学效应是由玻璃结构本身所引起的，而在纳米颗粒弥散玻璃中，玻璃只是起基质的作用。对于均质玻璃，通常折射率越大，则三阶非线性光学常数也越大。表 8-10 列举了一些高折射率玻璃的三阶非线性光学系数，为比较起见，SiO_2 玻璃也列于其中。这些玻璃的特征是：非线性光学效应的产生不伴随有光的吸收，吸收系数接近于0，因此基本上不出现光的损耗。另外，由均质玻璃产生的非线性光学效应的响应速度非常快，可以达到飞秒级。

表 8-10　主要高折射率玻璃的 $\chi^{(3)}$ 值

玻璃组成	$\chi^{(3)}/esu$
SiO_2	2.8×10^{-14}
$Nb_2O_5\text{-}TiO_2\text{-}Na_2O\text{-}SiO_2$	$(0.7 \sim 5.8) \times 10^{-14}$
其他硅酸盐玻璃	$(4.4 \sim 7.5) \times 10^{-14}$
锗酸盐玻璃	$(4.8 \sim 8.0) \times 10^{-14}$
镓酸盐玻璃	4.2×10^{-13}
$Li_2O\text{-}TiO_2\text{-}TeO_2$	$(2.0 \sim 8.0) \times 10^{-13}$
$25PbO \cdot 10TiO_2 \cdot 65TeO_2$	10^{-12}
As_2S_3	7.2×10^{-12}
$As\text{-}S\text{-}Se$	1.7×10^{-11}

玻璃因具有低的光学损耗并易于制成光纤和透镜，一直被用在制备廉价的光学元件。虽然用作激光器基质玻璃的非线性指数值较低，但这些低 n_2 值玻璃（表 8-11）在非线性光学应用方面仍是很有吸引力的。

表 8-11　玻璃材料的线性折射率 n_0 和非线性指数 n_2

玻　　璃	型　　号	$n_0^{①}$	$n_2^{②}/(10^{-16}\mathrm{cm}^2/\mathrm{W})$
石英玻璃	400	1.458	2.73
氟化铍	BeF$_2$	1.275	0.75
硼硅酸盐	BK-7	1.517	3.43
氟硅酸盐	FK-5	1.487	3.01
Nd 激光玻璃	C-835	1.500	5.10
硅酸盐	ED-2	1.570	4.05
磷酸盐	LHG-6	1.532	2.76
氟铍酸盐	B-101	1.340	1.03
高折射率玻璃			
铅玻璃	SF-6	1.805	21.2
钛硅酸盐	FD-6	1.770	31

① 高折射率玻璃（铅、钛玻璃），n_0 值在 $1.064\mu\mathrm{m}$ 处测得，其他玻璃 n_0 值在 $0.6893\mu\mathrm{m}$ 处测得。

②所有玻璃的 n_2 值均在 $1.064\mu\mathrm{m}$ 处测得，参比样 CS$_2$ 的 $\chi^{(3)}$ 为 6.8×10^{-13}esu（$0.532\mu\mathrm{m}$），n_2 为 $8\times10^{-14}\mathrm{cm}^2/\mathrm{W}$（$0.69\mu\mathrm{m}$）。

在高能激光系统中，强光束通过介质传播引起折射率变化，产生自聚焦和自散焦。在这种情况下，要求材料具有低的 n_2 值。从表 8-11 可见，硼酸盐玻璃和硅酸盐玻璃的 n_2 值比参比样 CS$_2$ 低两个数量级，即使是非线性指数较高的铅、钛玻璃，也比参比样低一个数量级。

均质玻璃用作长距离传导的光纤材料是特别有效的。虽然其 n_2 值较低，但光学损耗也低，因而在所有三阶非线性候选材料中，玻璃光纤的指标值是最高的。此外，玻纤的热稳定性和化学稳定性也较其他材料（如聚合物）好。

人们发现，单模石英光纤在反常色散区能保持孤立子脉冲。这些暂时的孤立子来自于自相调制间的相互作用，产生与脉冲交叉的躁频信号和群速色散，引起不同频率的光以不同速率传播。如果不存在任何损耗，孤立子脉冲能保持其形状不变地传播并且不出现通常与群速色散相伴随的脉冲离散或畸变现象。这种孤立子在没有脉冲分束的开关过程中将起着重要作用。

通常要求玻纤有长的相互作用长度，这使得在集成光学系统中使用这些材料遇到困难。同时，长的相互作用长度也减慢了装置的开关时间。因此，在保持玻璃好的光学性能不变的情况下，这方面的研究应集中改善其非线性光学性能。固体材料的非线性光学性能与二阶及三阶极化率有关。对于光学各向同性材料（如氧化物玻璃），由于不存在有序排列的偶极矩，在电场作用下没有偶次极化发生 $[\chi^{(2)}=0, \chi^{(3)}\neq3]$。因此，材料的非线性行为仅取决于三阶极化率。但是，最近发现含 Ce^{4+} 的石英光纤经红外激光（$1.064\mu\mathrm{m}$）照射几个小时后发出长为 $0.632\mu\mathrm{m}$ 的绿光（二次谐波产生或倍频效应）。这就意味着即使非晶态固体也有大的二阶极化率。石英光纤中的倍频效应是人们未曾料想到的。从那以后，许多实验证实了这一令人惊奇的现象并提出了大量模型解释其原因。这些模型分为两类：一类模型假设偶极子占据三维周期结构中利于光束相位匹配的适当位置。认为激光束有时能使玻璃中偶极矩取向改变，因而破坏其对称性，产生二阶非线性极化率。另一类模型假设激光束直接破坏玻璃结构的对称性,并在三维周期性直流场作用下产生电荷分离。石英玻纤中倍频现象的发现为玻璃科学家提供了向未知领域挑战的机会。人们立即要求验证其他玻璃或无定形固体材料是否也可能出现这一现象。

8.5.3.2 含半导体量子点的玻璃复合材料

半导体中的各种非线性效应引起了人们极大的兴趣,这是因为随着全光学信息处理、计算机科学的发展,要求具有三阶非线性极化率大、阈值功率低、响应速率快的各种非线性材料。现已制成能满足上述要求的半导体非线性元件,如用分子束气相外延技术制成的半导体量子阱材料,可以制成在室温下运转的激子型光学双稳器件。其阈值功率仅为毫瓦量级。在光学信息处理应用中,半导体材料将是很有实用价值的非线性材料。将半导体超微粒子结合到玻璃基质中可形成所谓的半导体玻璃复合材料,当微晶体尺寸小于入射光波波长时,由于微晶的量子尺寸效应,将引起玻璃非线性光学特性明显增强。已经证明,半导体玻璃复合材料具有大的三阶非线性效应。

1983 年,Jain 和 Lind 首先研究了含 CdS_xSe_{1-x} 微晶体玻璃复合材料的非线性特性。发现该材料 $\chi^{(3)}$ 值为 1.3×10^{-8} esu。CdS_xSe_{1-x} 是一种半导体合金,通过调节 S 和 Se 比例可以控制材料的禁带宽度。由于它的禁带宽度可调,$\chi^{(3)}$ 值大且制作容易而被广泛地用于制作光截止用滤光片。此后,国外对半导体量子点玻璃复合材料进行了大量的研究工作,研究重点在半导体量子点玻璃材料的制备和量子效应方面。就量子点的化学成分而言,人们对 CdSeS、GaAs、CuCl、CdTe、PbTe、HgSe、PbS、CdSe、CdS、Bi_2S_3、AgI、Ge 等量子点玻璃都进行了研究;就制备工艺而言,磁控溅射法、氧化还原法、气相沉积法、离子注入法、离子交换法、溶胶-凝胶法和熔融法等技术都被用来制备量子点玻璃,这些方法中以溶胶-凝胶法和熔融法使用最普遍。

目前人们的研究兴趣主要集中在制备由玻璃骨架形成势垒,由光子激发载流子的禁阻而产生量子大小效应的半导体玻璃(量子点玻璃)方面。量子点的基本光学性能已在许多理论文献中讨论。载流子的多维禁阻趋向于集中状态密度成一个窄的光谱区,低维结构(因多维禁阻形成)中振子强度的密集应产生具有孤立吸收峰的激子共振以及由于三维禁阻效应而在吸收谱线边部产生蓝移。这些效应只有当量子点大小接近或小于激子玻尔半径时才发生。除 CdS、CdSe 外,人们还发现含 CuCl、CuBr 等的玻璃也表现出量子大小效应。例如,含 CuCl 半导体玻璃中,当微晶体粒径为 27Å 和 38Å 时,可看到尖锐的吸收峰,两种样品的 n_2 值分别为 $5 \times 10^{-8} \, cm^2/W$ 和 $3 \times 10^{-7} \, cm^2/W$。由熔融法经二次热处理而获得的 CdSe 玻璃,在热处理温度 600℃、650℃和 700℃下,析出的微晶体尺寸分别为 26Å、38Å 和 61Å。对于含 26Å 及 38Å 微晶的样品,同样可看到尖锐的吸收峰及由电子-空穴跃迁而引起的蓝移现象。而含 61Å 微晶样品的吸收谱线没有明显的吸收峰。这表明,虽然可由传统熔融方法获得量子点玻璃材料,但用该方法得到的微晶体尺寸有时太大,使得量子禁阻效应减弱甚至消失。因此,人们又开始探索新的材料制备技术。

最近几年,用溶胶-凝胶方法制备量子点玻璃材料已取得一定成功。已将 HgSe、PbS、CdSe、CdS、Bi_2S_3 和 AgI 胶粒结合到石英凝胶中。采用溶胶-凝胶法可获得微晶体含量高、大小和分布得到均匀控制的非线性材料。例如,含 CdS 微晶体的钠硼硅酸盐材料中,CdS 达 8%(质量分数),粒子大小刚好落在量子禁阻范围,由四波混频方法测得的 $\chi^{(3)}$ 值为 6.3×10^{-7} esu ($\lambda = 0.46 \mu m$)。半导体量子点玻璃的应用研究也开展得很活跃,优点有大的非线性极化率、快速响应等。如 CdS 半导体玻璃中晶粒尺寸为 30Å 和 44Å 时,布居弛豫时间为 300fs 和 500fs 以及各向同性等特点使得这些材料成为光学开关合适的候选材料。由这些材料制备的光学开关装置已被成功地演示。半导体玻璃的各向同性也使得这些材料成为图像校偏应用方面最有希望的候选材料。此外，半导体玻璃复合材料不仅是大有应用前景的三阶非线性材料，而且也能成为有用的二阶谐波电光材料。

纳米颗粒弥散玻璃主要是将金属或者半导体的纳米颗粒弥散在玻璃中。近年来研究的主要金属或半导体纳米材料如表 8-12 所示。主要玻璃的非线性光学系数列于表 8-13 中。半导体颗粒弥散玻璃是因光吸收而产生的电子和空穴独立地或以激发子的形式被封闭在颗粒的狭小空间中而引起非线性光学效应的增大，即所谓量子封闭效应。这类玻璃的特征是其非线性光学系数比均质玻璃要大得多，最大的可以达到 10^{-3} 数量级。但是由于它们在产生非线性光学效应的时候伴随有光吸收，所以吸收系数大。响应速度一般在皮秒级以上。

表 8-12　非线性光学玻璃中弥散的颗粒材料

金属(元素)	Al,Ag,Au,Cu,Si,Ge,Se,Te
氧化物	$CuO,Cu_2O,ZnO,SnO_2,MnO_2,MnO$
硫化物	$ZnS,CdS,PbS,Ag_2S,Bi_2S_3,Sb_2S_3,GeS,HgS$
硒化物	$ZnSe,CdSe,PbSe,In_2Se_3,Bi_2Se_3,Sb_2Se_3,SnSe,HgSe$
碲化物	$ZnTe,CdTe,PbTe,In_2Te_3,Bi_2Te_3,CuTe,HgTe$
锑的化合物	$ZnSb,CdSb,Mg_2Sb_3,Cs_3Sb,AlSb,GaSb,InSb$
砷的化合物	AlAs,GaAs,InAs
磷的化合物	GaP,InP
卤化物	CuCl,CuBr,CuI

表 8-13　纳米颗粒弥散玻璃的 $\chi^{(3)}$ 值

玻璃	$\chi^{(3)}$
半导体颗粒弥散玻璃	
CdSe	10^{-6}
CdTe	10^{-7}
CuCl	10^{-6}[①]　　10^{-3}[①]
金属颗粒弥散玻璃	
Au	10^{-7}
Cu	10^{-7}

① 由不同的方法获得的玻璃。

金属颗粒弥散玻璃的非线性光学效应是由局部电场的封闭效应引起的。这类玻璃的特征是，通过一些特殊的方法使弥散颗粒浓度提高，可以获得较高的非线性光学系数，具有皮秒级的响应速度，伴随有光吸收过程，所以光吸收系数比较大。

非线性光学玻璃在未来的全光信息技术中有着广泛的应用前景，例如光开关、光存储、光源、逻辑回路、光放大等。就光开关而言，利用非线性光学材料的光开关速度比其他形式的开关速度都要快得多，非线性光学玻璃将有可能成为实现超高速信息处理技术的关键材料。

采用传统熔融法获得玻璃，制备工艺简单，基础玻璃组成范围较宽，玻璃不易开裂，关键问题是理想微晶体大小和分布的工艺控制，也就是核化与晶化两个阶段的控制。与传统的熔融法相比，溶胶-凝胶法采用金属醇盐为先驱体，混合是在分子级水平上进行的，玻璃的网络结构在室温下可形成，因而可获得微晶体分布相对均匀的非线性光学材料。然而，用溶胶-凝胶法制备量子点玻璃存在的问题也是明显的：一是凝胶在干燥和热处理过程中容易开裂，获得如熔融法那样的多组分量子点玻璃也有困难；二是如烧结温度过低，则难以获得致密材料，材料的缺陷必然较多；而烧结温度过高，微晶体尺寸必然过大，这必然影响量子点的量子禁阻效应。

8.5.3.3　含有机物的玻璃复合材料

一些有机物有很高的 $\chi^{(2)}$ 值。高的二阶非线性及低的介电常数使得一些有机材料比无机晶体具有更高的指标值，可用于二次谐波产生和电控光学开关装置。而共轭聚合物表现出很高的非共振三阶极化率和超快的响应时间。可是，这些材料难以制成要求的形状，而且在环境中不稳定。显然，这些有机非线性材料的缺点可以通过将有机物结合到无机材料中而得以克服。有两种结合方法：一种是将有机物溶解到溶胶-凝胶溶液中，当凝胶形成时，有机分子被无机骨架所捕获，从而获得好的稳定性；另一种是将有机物分散到多孔凝胶中，经干燥和热处理而获得有机-无机复合材料。从理论上讲，Si 复合键的 sp^3 轨道比 C 的 sp^3 轨道有更高的透明度。因此，这些复合材料比有机聚合物材料更优越，而且氧化物的化学稳定性也更好。例如，含 2-乙基聚苯胺的石英凝胶的非线性光学材料，其光学稳定性与聚合物材料相比明显得到改善。由溶胶-凝胶法制得的非线性波导材料含 π 共轭聚合物质量分数达50％，$\chi^{(3)}$ 值为 $3\times10^{-10}\,esu$。

有机改性硅酸盐也可以作为 CdS 微晶体的骨架，形成含微晶体、有机物及无机物的复合材料。现已将质量分数 20％的 CdS 结合到由 PDMS 和 TEOS 制得的有机改性硅酸盐中，这种复合材料的 $\chi^{(3)}$ 值为 $10^{-11}\,esu$，布居弛豫时间小于 25ps。

Schmidt 等人对有机-无机复合材料进行了光电应用方面的研究。激光染料有机改性硅酸盐复合材料的研究表明：激光染料的稳定性和发光强度都得到加强。多组分无机氧化物-有机聚合物非线性材料也可由溶胶-凝胶法制得。如果有机物为 A，无机物为 B，那么可以合成大量的 AB 材料。这将是未来科学研究和开发应用中最有希望成功的方面。

8.6　生物功能玻璃的制备

8.6.1　概述

生物玻璃是指能够满足或达到特定生物、生理功能的特种玻璃。无机非金属材料作为医用生物材料尽管已有较长的历史，但真正把生物玻璃提出作为一种新型无机材料，并将它同生物医学联系在一起，是在 20 世纪 70 年代初期由 Hewch 研究开发而成的。他把易降解的玻璃材料植入生物体内，使其作为骨骼和牙齿代入物，从而开创了一个崭新的生物材料研究领域——生物玻璃和生物微晶玻璃材料。

生物玻璃的研究已达 30 年，现已成为材料学、生物化学以及分子生物学的交叉学科。由于生物玻璃具有人体硬或软生命组织有机联结的特点，在骨科、牙科、中耳等方面，可对人体的伤害部位进行维护治疗，其前景可观。

生物玻璃主要由 Si、Na、Ca 以及 P 的氧化物组成。目前，具有生物活性的玻璃已有一系列，并且人们对这些系列玻璃已积累了大量的模拟人体溶液实验数据。常用的模拟人体溶液有两种：其一是 Tris 缓冲液；其二是离子浓度与人体溶液中含量相近的模拟人体溶液。理论研究发现，当生物玻璃浸在类人体溶液中时，其表面将发生五步系列反应以及在表面建立起双电层和负的 Zeta 电势，从而诱导含碳的羟基磷灰石在生物玻璃表面的沉积和结晶，而羟基磷灰石是公认的在与硬或软组织连接中起关键作用的物质。

除溶液实验外，生物玻璃在动物移植实验中被发现与硬或软组织具有有机联结。基于这些研究成果，已有生物玻璃制品出现在市场上。但是，生物玻璃能否在世界被广泛地应用，能否给人类医疗健康带来又一突破性进展，这一切将取决于科学研究对无机材料怎样与有机体相联结进一步地了解，以及更为广泛地积累动物和人体的实验数据。

8.6.2　生物功能玻璃的种类及发展趋势

8.6.2.1　生物功能玻璃的种类

生物功能玻璃包括生物玻璃及几种具有生物活性的微晶玻璃。

(1) 生物玻璃　它以 Bioglass 45S5 为代表，玻璃成分为 $24.5Na_2O \cdot 24.5CaO \cdot 45SiO_2 \cdot 6P_2O_5$。这一玻璃是人类最早发现无机材料在生物体内能与自然骨化学键合的材料，具有极其重要的历史意义。但是，它的机械强度极低，不能用于负重的部位。目前，Bioglass 主要用于耳小骨或齿槽骨的填充材料等不受力的部位，或者是作为涂层在其他部位得到应用。据报道，用这种具有生物活性的生物玻璃制作的耳小骨由于能与周围的自然骨及鼓膜牢固结合，所以其使用效果比氧化铝等生物惰性陶瓷制作的耳小骨更好。生物玻璃在体内与自然骨形成化学键合的机理是：首先在玻璃表面溶解出 Na、Ca 和 P 等离子，玻璃表面形成一富 Si 的凝胶层，骨芽细胞在增殖过程中，骨胶原纤维可以进入凝胶层内，在此附近，由于 Ca 和 P 的富集同时生成羟基磷灰石晶体。这种磷灰石晶体在与周围自然骨延伸过来的新生骨相遇时，与其中的羟基磷灰石形成牢固的化学键。由于表面的羟基磷灰石层与骨胶原纤维能形成很强的化学键，所以生物玻璃也能通过这一羟基磷灰石和骨胶原纤维层与软组织形成牢固的化学键。但是，由于玻璃表面是一层凝胶，所以比较容易开裂，其结合并不是十分牢固。

(2) Ceravital 微晶玻璃　生物玻璃由于碱金属含量很高，所以它在体内长期溶解出碱金属离子，这有可能扰乱生理环境，并同时形成富硅的凝胶层，对骨与材料间的牢固结合不利。为此，1973 年，Bronmer 等人开发了能与骨组织形成强的化学结合的、命名为 Ceravital 的 Na_2O-K_2O-MgO-CaO-P_2O_5-SiO_2 系统微晶玻璃，其代表性组成为 Na_2O 4.8%，K_2O 0.4%，MgO 2.9%，CaO 34.0%，P_2O_5 11.7%，SiO_2 46.2%（均为质量分数），它是将玻璃中析出　部分磷灰石晶体，而形成的微晶玻璃。其特点是与生物玻璃相比，碱金属的含量大大降低，使碱金属等离子的溶出量大大减少，骨组织与材料结合界面的凝胶层基本不再形成，从而增加了界面的结合强度。这种微晶玻璃被认为是以如下形式与骨组织结合：首先由微晶玻璃溶解出磷灰石，然后通过大食细胞对表面玻璃相的吞食作用，形成一层覆盖微晶玻璃表面的基质层，在此上面形成磷灰石晶体和骨胶原纤维层，由此实现微晶玻璃与骨组织的化学结合。但是，由于这种微晶玻璃的本身强度还不是足够高，所以还只是用于耳小骨等不受力的部位。

(3) Cerabone A-W 微晶玻璃　这是一种在玻璃相中析出磷灰石（A）和 β-硅灰石（$CaSiO_3$，W）两种晶相的微晶玻璃，它兼有很好的生物活性和很高的机械强度。代表性的原始玻璃成分为 MgO 4.6%，CaO 44.9%，P_2O_5 16.3%，SiO_2 34.2%，CaF_2 0.5%（均为质量分数）。由于 β-硅灰石以针状形式析出，起到了增强作用，所以这种微晶玻璃具有很高的机械强度，其强度高于自然骨的强度，是目前发现的唯一一种植入体内后其断裂不发生在界面或材料内部而发生在骨内部的生物材料。根据在模拟体液中进行的实验表明，这种材料即使在体内连续不断地承受 65MPa 的弯曲应力，也可维持十年以上不致损坏，这一应力相当于人体承受的最大应力，考虑到人类需要休息，这种材料在植入体内后使用一生是不成问题的。同时，由于这种微晶玻璃中析出的针状硅灰石晶体是无规则排列的，所以其机械加工性能也很好。目前它已用于人工脊椎、人工脊椎间板、长管骨、肠骨固定物和骨修补材料。它与骨组织的结合机理是：当它埋入体内后，表面在体液的作用下被少量溶解，代之而沉积一层羟基磷灰石，通过这层新形成的羟基磷灰石使材料与骨组织形成牢固的化学结合。目前这种微晶玻璃的唯一缺陷是弹性模量过高，这也是大部分生物陶瓷材料的缺点。

(4)"I lmaplant"微晶玻璃 这是一种微晶玻璃生物活性材料，与上述 Cerabone A-W 的析出晶相一样，所不同的是这种微晶玻璃是将块状玻璃微晶化而制得的。原始玻璃的代表性成分为 Na_2O 4.6%，K_2O 0.2%，MgO 2.8%，CaO 31.8%，SiO_2 44.3%，P_2O_5 11.2%，CaF_2 5.0%（均为质量分数）。由于是将块状玻璃微晶化，β-硅灰石晶体只从表面析出，所以材料内部有可能发生龟裂，不能安心地用于受力较大的部位。目前，已作为颚骨、头盖骨等的补缀材料得到应用。

(5) Bioverit 微晶玻璃 它是由民主德国在 1983 年开发的可进行机械加工的生物活性微晶玻璃，这是因为在玻璃相中除析出了磷灰石晶体以外还析出了无规则排列的片状氟金云母晶体。所以它可以通过机械方法加工成各种复杂的形状，并且加工后强度不降低。其原始玻璃组成为 $Na_2O + K_2O$ 3%～8%，MgO 2%～21%，CaO 10%～34%，Al_2O_3 8%～15%，SiO_2 19%～54%，P_2O_5 2%～10%，F 3%～25%（均为质量分数）。目前已用于人工耳小骨和人工齿根等。但是，它的本身强度稍弱于 Cerabone A-W 微晶玻璃。表 8-14 列出了以上几种生物玻璃和微晶玻璃的力学性能。

表 8-14 生物活性玻璃及微晶玻璃的力学性能

项　　　目	生物玻璃 Bioglass 45S5	微晶玻璃 Ceravital	微晶玻璃 Cerabone A-W	微晶玻璃 I lmaplant	微晶玻璃 Bioverit
密度/(g/cm³)			3.07		2.8
维氏硬度/HV			680		500
抗压强度/MPa		500	1080		500
抗弯强度/MPa	42(抗张)	100～150	215	160	100～160
杨氏模量/GPa	35		118		70～88
断裂韧性 K_{1C}/MPa·m$^{1/2}$			2.0	2.5	0.5～1.0

8.6.2.2　生物功能玻璃的发展趋势

随着人们对生物玻璃研究的不断深入，一些具有高新科技水平的生物玻璃被开发出来，有些产品已经投入市场。

(1)用于治疗癌症的生物玻璃 过去治疗癌症的方法是以切除患处的外科手术疗法为主，但器官一旦切除往往不能再生，化学疗法、免疫学疗法、放射法疗法、热疗法等虽保住了机体，但仍会损害正常细胞，因此，人们一直希望能开发出既可杀死癌细胞，同时又能保护正常细胞的疗法。目前，人们开发出了几种可埋入肿瘤附近，对癌细胞进行直接放射或热处理、只杀死癌细胞而又不损伤正常组织的玻璃材料。

① 放射疗法用玻璃　放射线中β射线射程短，在生物组织中 1cm 以上的距离都不受其影响，也不用担心它使其他元素产生放射性。把可放射β射线化学元素掺入化学耐久性好的材料中，制成β射线源材料。把β射线源材料植入肿瘤附近，就可以达到直接照射癌细胞又可不损伤周围正常组织的目的。例如用这种材料制成直径为 $20～30\mu m$ 的小球，从血管注

入，并留在肿瘤的毛细管内，该小球既可射出 β 射线又能阻断癌细胞的营养供给。由于放射能的半衰期短，放射能急速衰减，因此可不断注入。由于该材料配制时是用非放射性元素，在治疗前要用中子照射并加以放射化处理。适于这种目的的材料有两种玻璃，含钇玻璃和含磷玻璃。

② 热疗用玻璃　肿瘤部的神经与血管都不发达，血流量小，冷却慢，故容易加热。同样道理，由于肿瘤部氧的供应缺乏，癌细胞耐热性差，加热至 43℃ 以上它就死亡。因此，把肿瘤加热至 43℃ 左右的热疗法是一种没有副作用的治癌方法。在肿瘤附近植入强磁体，施加交变磁场，体内深部的肿瘤既被加热同时又无损于正常组织，在强磁体上覆以生物活性优良的外层，则其还可长期埋入体内进行多次热治疗。这种强磁体材料有如下两系生物玻璃，即 LiO_2-Fe_2O_3-P_2O_5 系和 Fe_2O_3-CaO-SiO_2 系。

(2) 生物玻璃人工骨　生物玻璃是一种透明的有生物活性的材料，包括硅、钠、钙和磷，是被证明具有连接骨组织能力的材料。这种生物活性材料被定义为一种能够引起组织间特殊生物反应从而导致移植材料与组织之间骨形成的材料。通过体液循环，在生物玻璃、软组织和骨之间存在着密切的离子交换，从而导致了生物化学的结合。相对于其他的人造移植材料，这种离子交换创造了一种环境，最终导致如正常骨组织的矿物质形态一样的羟基碳酸盐磷灰石（HCA）层的形成。从而能够允许更迅速的骨修复与再生。

① HCA 层　这种生物玻璃最初形成的 HCA 层与人类骨组织的矿物质形态相似，因而被认为是一种自然产生的物质而非人工合成的。伴随着它的形成，胶原的沉积和细胞的分化等组织学行为亦同时发生，从而导致化学性的结合和进一步的缺损的愈合。

② 骨再生　通过氧的动物实验证实，在富于血液供应的软骨下骨植入生物玻璃与自体骨各占 50％ 的混合材料与植入自体骨得到类似的结果。在兔模型中，与羟基磷灰石相比较，生物玻璃微粒确实能刺激更迅速的骨生长，这种修复的组织确实是骨组织，而并非是一些异质的骨加固材料的合成，比如常见的羟基磷灰石颗粒。

③ 骨生长　生物玻璃微粒形式的优势在于其成分能被新骨组织所利用并它合为一体参与骨生长。机体对于生物玻璃的迅速反应及正常骨结构的形成都证明在临床上生物玻璃微粒有利于钙质的沉积。

8.6.3　生物功能玻璃的结构特征及制备

从玻璃生成角度看，生物玻璃大多属于磷酸盐有关的玻璃以及磷酸盐的复合材料，或者是含磷的硅酸盐玻璃以及一些氟铝硅酸盐玻璃；从玻璃组成分析来看，这些玻璃中大多含有双键氧和硅氧键及铝氟键。因此，在某些网络形成体里所占比例较少的生物玻璃中，网络基团为众多的网络外体分开。这类玻璃中多数在结构上具有连续程度较差的网络骨架，仅少数如 MgO-Al_2O_3-SiO_2 系统微晶玻璃具有特别好的化学稳定性。这类少数玻璃的结构中虽然大部分已被晶体占有，但尚有小部分是仍维持较高的化学稳定性的玻璃相，因而不易发生降解反应。

此外，在含磷灰石金云母微晶玻璃中，母体玻璃同样出现分相，这也是促使氟磷灰石形成的必要条件。

实际上，对于生物玻璃材料的研究和当前技术上需要解决的总目标是使玻璃具有既与生物体相适应而又容易发生降解的特性。对于生物玻璃一些主要组成则要求其能参与生物体的代谢而不至于对反应产生阻抑作用，甚至呈现出毒性。表 8-15 列出了各种生物功能玻璃材料的种类、应用和特征。

表 8-15　各种生物功能玻璃材料的种类、应用和特征

材料	生物玻璃类型	应用	特征
非生物活性玻璃和玻璃陶瓷	$MgO\text{-}Al_2O_3\text{-}TiO_2\text{-}SiO_2\text{-}CaF_2$ 系结晶化玻璃	股骨头冠	高强度、耐磨
	$K_2O\text{-}MgO\text{-}MgF_2\text{-}SiO_2$ 系结晶化玻璃	齿冠	可铸造、折射率接近自然齿,美观
	$CaO\text{-}Al_2O_3\text{-}P_2O_5$ 系结晶化玻璃		
	$MgO\text{-}CaO\text{-}SiO_2\text{-}P_2O_5$ 系结晶化玻璃		
	$Li_2O\text{-}Al_2O_3\text{-}Fe_2O_3$ 系结晶化玻璃	治疗癌症	含强磁性晶体,可转变放射性
	$BeO_3\text{-}Al_2O_3\text{-}SiO_2$ 系玻璃		
生物活性玻璃和玻璃陶瓷	$Na_2O\text{-}CaO\text{-}SiO_2\text{-}P_2O_5$ 系玻璃	骨	与骨结合强度低
	$Na_2O\text{-}K_2O\text{-}CaO\text{-}SiO_2\text{-}P_2O_5$ 系结晶化玻璃	骨	含磷灰石,与骨结合
	$MgO\text{-}CaO\text{-}SiO_2\text{-}P_2O_5$ 系结晶化玻璃	脊椎骨、长骨	含磷灰石、硅灰石,与骨结合强度高
	$Na_2O\text{-}K_2O\text{-}CaO\text{-}Al_2O_3\text{-}SiO_2\text{-}P_2O_5$ 系结晶化玻璃	骨、长骨	含磷灰石、金云母晶体,与骨结合,可切削加工
	$Na_2O\text{-}CaO\text{-}Al_2O_3\text{-}FeO\text{-}Fe_2O_3\text{-}P_2O_5\text{-}F$ 系结晶化玻璃	骨	
	$CaO\text{-}B_2O_3\text{-}Fe_2O_3\text{-}P_2O_5\text{-}SiO_2$ 系结晶化玻璃	骨	含磷灰石、氧化铁晶体
	$CaO\text{-}P_2O_5$ 系定向结晶化玻璃	骨	定向高强度
	$CaO\text{-}Al_2O_3\text{-}SiO_2\text{-}P_2O_5\text{-}F$ 系结晶化玻璃	骨填充材料	柔韧
	$CaO\text{-}Al_2O_3\text{-}P_2O_5$ 系结晶化玻璃	齿根	强度高

从表 8-15 不同类型生物玻璃组成中可看出,多数玻璃都含有 CaO 和 P_2O_5,从熔制玻璃的技术角度来讲,一般 P_2O_5 组分都以磷酸盐作为原料引入,以免因 P_2O_5 的大量挥发而使玻璃组成难以控制。通常,作为生物玻璃的原料,要求其纯度有保证,不能含有超过限量或未知的对生物体有害的成分。

高碱和含磷较高的生物玻璃的熔制温度最高为 $1300\sim1350℃$,但以 $CaO\text{-}Al_2O_3\text{-}P_2O_5$ 系统为基础的玻璃,常在 1500℃ 下用铂坩埚熔制。熔制的玻璃视使用要求的不同,可水淬或浇注成型。当玻璃需要微晶化热处理时,一般在 600℃ 左右保温核化,然后在更高些温度(如 700℃)范围内使之晶化。

对 $CaO\text{-}MgO\text{-}SiO_2$ 系统玻璃来说,微晶化可和烧结过程一起进行,例如以已过 350 目筛($44\mu m$)的预制玻璃粉末为原料,压块后,在 1050℃ 下烧结保温 2h,然后随炉冷却。这样即可得到仅存少量闭口气孔的微晶玻璃材料。但是,生物玻璃的制备也不会按经典玻璃制备方法来获得清澈透明的均匀玻璃,特别是不少系统由于 CaO、P_2O_5、SiO_2 的存在,往往容易引起分相而使玻璃混浊甚至失透。因此,在有些情况下,生物玻璃便和陶瓷制备方法相结合。例如,采用陶瓷与富磷玻璃按一定配比混合,然后成型烧结;或者把玻璃先水淬或粉料,磨细后,作为生物活性釉层涂施于基体上;或者也可以用粉体原料配成浆料,涂施于陶瓷基体上,直接烧熔而成为具有生物活性的釉层。

综上所述,生物玻璃在世界各国已引起了许多科学家和研究者的兴趣,他们正在采取不同的材料制备工艺和技术来开展各种应用试验研究,其研究目的是为了从中筛选出一些最有实用价值的材料。这些材料将是安全无毒可靠的,它们既能生物相容,又具有较高的生物活性。

8.7　含金属纳米有序微结构玻璃的制备

金属纳米颗粒,尤其是贵金属金、银纳米颗粒具有特殊的物理和化学性质,这使其在电学、磁学、光学和催化等诸多领域得到了很好的应用,因此对于贵金属的金、银纳米颗粒的制备与研究一直是科技工作者研究的重点。但是，对于金、银纳米金属颗粒有序结构的制备与组装，特别是在玻璃中形成有序纳米结构方面的研究成果有限，尽管金、银纳米颗粒掺杂玻璃的制备研究报道很多，可是这些制备只能使纳米金属颗粒在整块玻璃或玻璃的表面或界面附近析出，不具有空间的有序性。而金、银纳米有序结构在玻璃体内的定向生成正是光电集成，特别是全光集成技术所必需的。本节主要围绕玻璃中金属纳米有序结构的制备方法及其机理进行介绍；基于金属纳米颗粒的表面等离子体共振效应，对玻璃中金属纳米颗粒形貌、尺寸及有序微结构与其偏光、非线性光学性能进行介绍。

8.7.1 含金属纳米颗粒弥散结构玻璃的制备

8.7.1.1 热处理法

热处理方法是研究得最早的一种在玻璃中制备纳米颗粒的技术，最初主要是用来对玻璃进行着色和制备具有光致变色功能的玻璃。研究得最多的是在玻璃中产生胶体金、银和铜。选择合适的基础玻璃，将熔制完成后的玻璃快速成型，先制得含有金属离子的无色透明玻璃，然后在一定的温度下进行退火和热处理，使得玻璃中的金属离子还原、长大为金属纳米颗粒。

对于银纳米颗粒掺杂所采用的基础玻璃多采用硼硅酸盐玻璃，首先将玻璃熔制成型，然后将玻璃在 $500\sim600℃$ 进行热处理，由于热处理过程中基础玻璃将产生分相，而生成富硅氧相和富钠硼相，而卤化银富集于钠硼相中，并长大成适当大小的卤化银颗粒，使之具有光致变色效应。该玻璃经紫外线或短波长可见光辐照后玻璃会变暗，而移去光照后则玻璃将恢复到原来状态，这一过程可由式(8-7) 表示：

$$n\,\text{AgX} \underset{\text{暗处}}{\overset{\text{光照}}{\rightleftharpoons}} n\,\text{Ag}^0 + n\,\text{X}^0 \tag{8-7}$$

式中，Ag^0 为银原子；X^0 为卤素原子。银原子或几个银原子聚集形成的银胶体是玻璃着色的原因。这一过程与照相胶片曝光时的光解反应相似，所不同的是照相胶片光解后，Br^0 与 Ag^0 分离而形成稳定的银胶体。而玻璃比较致密，卤素原子不能扩散离开银原子而仍处于它的周围，因此，当辐照停止后，反应重新向左边进行，恢复到原来的无色状态。

在以银纳米颗粒为主要成分的光致变色玻璃中通常还引入少量的 Cu^+ 作为增感剂，由于它起空穴捕获中心的作用，能提高光解银 Ag^0 的质量浓度，提高玻璃变暗的速率，使变暗灵敏度提高几个数量级。铜在玻璃中的空穴捕获作用，如式(8-8) 表示：

$$\text{Ag}^+ + \text{Cu}^+ \xrightarrow{h\nu} \text{Ag}^0 + \text{Cu}^{2+} \tag{8-8}$$

在紫外线照射时，产生的空穴被 Cu^+ 捕获，使同时产生的自由电子不能与空穴再复合而容易与 Ag^+ 结合形成 Ag^0，因而提高玻璃变暗的灵敏度。

8.7.1.2 离子注入法

采用高能量加速器的离子注入技术在玻璃本体中实现金属纳米颗粒的掺杂，一直是研究的一个重要的方法，其优点是制备过程比较简单直接，可以在玻璃中注入几乎所有的金属元素。缺点是设备复杂、昂贵，因此利用加速器离子注入法在玻璃材料中引入金属纳米颗粒的研究主要集中在日本、美国和欧盟的几个著名实验室。1991 年 Fukumi 在石英玻璃中注入 1.5MeV、$1\times10^{17}\text{ions/cm}^2$ 的 Au^+，在 $700\sim900℃$ 热处理不同时间，观察到 Au 胶粒的生成。Au 胶体颗粒的大小与热处理的时间有关，Au 胶粒平均半径为 $1\sim3\text{nm}$。金纳米颗粒的形成不仅和热处理有关，而且也受玻璃基础成分、注入离子的质量浓度和深度的影响。如在石英玻璃中注入 270keV、1.5×10^{15} ions/cm^2 的 Ag$^+$，注入后银纳米颗粒的半径为 1.5nm，而在 K$_2$O-B$_2$O$_3$-SiO$_2$ 玻璃中注入相同剂量的 Ag$^+$，注入后银纳米颗粒的半径为 1.2nm。在石英玻璃中 Ag 纳米颗粒尺寸大而数量少，而在钾玻璃中其尺寸比较小且数量也少，这是由于 Ag 与基础玻璃中的碱金属发生离子交换之故。Patel 运用高纯的石英玻璃和 BK7 玻璃片为基片，在玻璃基体中引入金属离子前，应用低能的 Ar 离子束来使玻璃产生缺陷（叫作预混合注入），通过预混合技术产生的缺陷，使得纳米颗粒易于结晶。当增加预混合注入离子量的时候，纳米颗粒的尺寸减小。通过精确地控制预混合离子的注入量，利用纳米颗粒的缺陷活化来控制石英玻璃和 BK7 玻璃中纳米颗粒的活化程度，可以精细地控制金属纳米颗粒的大小。许多学者在同一块玻璃中一系列地注入几种不同的元素，并对注入的元素在玻璃中形成纳米颗粒的行为进行了研究。如 Cattaruzza 等发现注入一系列的 Ag 和 S 两种元素离子会导致化学反应，形成核-壳结构的复合纳米颗粒。

8.7.1.3　光热诱导法

(1) 飞秒激光诱导法　利用飞秒（fs，10^{-15} s）激光能够在玻璃中诱导出金属纳米颗粒。飞秒激光经聚焦后的功率密度高达 $10^{14} \sim 10^{15}$ W/cm^2，即电场强度可达 10^{10} V/cm，超过了氢原子的库仑场强。因此，飞秒激光能够在短于晶格热扩散的时间（10^{-12} s）内将能量注入材料中具有高度空间选择的区域，这一高度集中的能量甚至可以在瞬间剥离原子的核外电子。玻璃经飞秒激光照射后产生了许多的缺陷，包括色心缺陷和一些自由电子。将激光引入显微镜系统，通过透镜将激光聚焦辐照到玻璃内部。经过激光辐照后玻璃样品在空气中进行热处理，使得玻璃中的金属原子聚集长大为金属纳米颗粒。如曾惠丹等运用激光和热处理方法，发现在一定功率密度的激光辐照下，经一定温度下的热处理可消除色心缺陷，热处理温度继续升高，光吸收强度逐渐增大，吸收峰位置也有轻微红移，呈现出金纳米颗粒的量子尺寸效应。不同样品在同一温度下热处理，随着激光功率密度的增大，其吸收峰红移，表明金纳米颗粒尺寸增大。改变激光功率和热处理温度可以控制所析出金属纳米颗粒的尺寸。

Jiang 等研究了运用激光对已经析出金属纳米颗粒的玻璃进行退火，基础玻璃组成为 70SiO$_2$·20Na$_2$O·10CaO，在玻璃中掺入摩尔分数 0.01% Au$_2$O 着色。金纳米颗粒的预析出是通过传统的热处理方法或先通过聚焦的飞秒激光的诱导再进行热处理而得到的。运用 Ti 蓝宝石激光对玻璃进行激光照射处理。当运用飞秒激光再聚焦照射含有金纳米颗粒的玻璃时，金纳米颗粒就会溶解、破坏、消失。金纳米颗粒的消失是由于玻璃中的金纳米颗粒吸收了飞秒激光的能量，温度剧烈上升，从而导致金纳米颗粒的溶解和蒸发。这是一个可以重复的析出和溶解的过程，用这种方法也可以控制玻璃中金纳米颗粒大小。

(2) 简单 X 射线光热诱导法　玻璃是热力学处于亚稳态的固体材料，当受到外界强场（光、电或磁）的作用，在玻璃内部很容易诱导出新的电子结构或其他微观结构。研究发现，可以利用简单的 X 射线局部激发诱导玻璃材料中的 Ag$^+$ 及 Au$^+$，然后通过热处理在辐照区域得到纳米颗粒。在普通钠钙硅玻璃中引入质量分数为 0.02% 的 Ag$^+$ 而得到无色透明玻璃，通过射线局部照射使 Ag$^+$ 转化为 Ag，再经过适当的热处理，Ag 扩散迁移并发生团聚，在辐照区域得到大约 4nm 的 Ag 颗粒。同样利用光热诱导法，在 Au 质量分数为 0.005% 的无色透明玻璃上局部得到了尺寸约为 1.8nm 的 Au 颗粒。

8.7.1.4　离子交换法

用离子交换法在玻璃中制备金属纳米颗粒，由于其成本低，制备的过程简单，是近年研究的热点之一。离子交换法一般分 4 个过程：

a. 将金属离子与玻璃表面充分接触，使金属离子扩散进入玻璃表层中；

b. 热处理过程，在一定温度（200～600℃）下的热处理可以使金属离子与玻璃中的碱金属离子进行交换；

c. 金属离子被还原成为原子；

d. 原子聚集成胶体。

离子交换法在玻璃中形成纳米颗粒的扩散工艺一般有 3 种：涂覆法、熔盐浸渍法和金属盐蒸气法。后两种方法工艺简单、速度快，但在制备过程中极易分解逸出有毒和腐蚀性气体污染环境，因此涂覆法用得最普遍。徐建梅等研究了热处理对离子交换法制备光致变色玻璃的影响。热处理主要是影响玻璃分相和金属原子再扩散过程，不同组成玻璃因分相行为和金属原子扩散系数不同，其适宜的热处理制度各不相同。对于分相倾向较小的玻璃宜采用高温直接热处理方法，在略高于 T_f 温度短时间处理；对于分相倾向较大的玻璃宜采用低温预处理的方法，但预处理温度不宜过高。

8.7.1.5 电场辅助法

静电场对玻璃的核化、相变同样具有很大的影响，同时由于对静电场强度、加载时间和加载范围的控制较对温度场的控制更为容易而精确，因而近年来国内外纷纷开始尝试利用静电场控制玻璃体中的成核、生长及相变，取得了许多进展。如同济大学的林健等研究了辅助电场对 $TeO_2-Nb_2O_5-AgCl$ 系统玻璃核化与析晶过程的促进作用。结果发现，辅助电场能帮助玻璃在稍低于核化和晶化温度区域成核和析晶，它可以成为控制玻璃核化和晶化过程的一个"开关"，有可能用以精确控制玻璃中纳米晶体的生长。

8.7.2 金属纳米有序结构在玻璃体内的定向生成技术

在最近 20 年中，含金属纳米颗粒的复合材料因其特有的光学性能，以及在非线性光学领域的潜在应用，已经引起了人们的广泛兴趣。早在 20 世纪 50 年代，人们就开发了一种掺有 Ag 的感光玻璃，通过紫外光辐照产生光化学反应，热处理后在辐照区玻璃表面及近表面处实现光致晶化。1968 年，Stooky 等人发表了第一篇关于在玻璃基质中形成有序银纳米棒结构的文章，因金属纳米粒子的等离子体共振吸收效应，使该玻璃材料具有了光学偏振性能。因此，引起了科技界广泛的关注。事实上，金属纳米颗粒可以通过不同的方式引入玻璃基体中，如热处理方法、离子注入法、离子交换法、光热诱导法和溶胶-凝胶法等，但若形成有序的金属纳米结构仍具有很大的挑战性。

Stooky 等人所报道的具体制备方法主要是采用光敏玻璃组分，将银的化合物均匀分散在玻璃中，添加少量的多价离子如锡、锑等还原成分，从而使银离子在玻璃冷却或热处理阶段被还原成金属银，并沉淀成小的球形银胶粒，再把整块玻璃在适当的温度下拉伸，以使分散的银金属颗粒被拉长，从而形成银纳米棒定向排列的结构。但该法中金属银的表面张力很大，因此玻璃拉伸起来非常困难，很容易造成玻璃断裂。基于卤化银的表面张力远小于金属银，科研人员开始转向以卤化银作拉伸介质的方法来进行制备。该法首先把熔制好的光致变色玻璃片进行析晶处理，生成卤化银微晶，而后在退火点与软化点之间的温度下拉伸玻璃，把卤化银颗粒拉伸成椭球形并沿玻璃的拉伸方向排列。当光致变色产生时，就会在定向的椭球形卤化银颗粒表面上还原出金属银，同样也会产生偏光效应。由于该法必须利用光致变色的光化学反应，同时光致变色玻璃对热处理很敏感，在加热拉伸过程中经常产生混浊和缓慢褪色等问题。为了克服光化学反应方法中存在的问题，20 世纪 80 年代中期，科研人员在总结以往经验的基础上，开发出了拉伸还原制备新工艺，这种工艺改进了光化学反应的制备方法，在玻璃拉伸以后，不采用光致变色反应，而是将之在强还原气氛如氢气气氛、一氧化碳等气体中加热还原处理，使玻璃表面的银离子被还原成单质银，形成针状纳米银定向排布的微结构。这种方法所得到的样品光学性能明显优于前面的几种方法，它具有消光比大、工作波段宽、性能稳定等优点，而且拉伸也比含金属银颗粒的玻璃要容易。因此，这种方法成为现在研究的主要方向。

8.7.2.1 有序纳米银颗粒在玻璃内定向生成的拉伸还原法

(1) 基础玻璃体系　一般所使用的基础玻璃体系为硼硅酸盐玻璃，$Na_2O-B_2O_3-SiO_2$ 体系玻璃具有分相现象，即该体系中的硼氧三角体 $[BO_3]$ 可富集成一定大小，形成互不相溶的富硅相和富硼相。此时 AgCl 微粒可以在富硼相中扩散集聚析出，这种分相有利于在析晶过程中 AgCl 颗粒的长大，这也是常以此作为基础玻璃的原因。但若 B_2O_3 的含量越高，玻璃的分相倾向越大，严重的分相又势必导致玻璃发生乳浊，影响其透光率。所以，在 $Na_2O-B_2O_3-SiO_2$ 三元系统中，选择弱分相区，并加入一定的中间体氧化物 Al_2O_3 来抑制强烈分相的产生，促进微分相玻璃体系的形成。

在基础玻璃的组成中需掺入卤化银，银离子在光照或热处理作用下，很容易从玻璃基体中析出，形成细小的单质银晶核，具体反应过程见式 (8-9)。当其含量超过 1% 时，金属银将使玻璃着色变黄，对玻璃本身的透光性能造成不利影响。而加入 CeO_2，能够充分地抑制这种光致变色反应的发生。因为 CeO_2 对紫外线产生大量吸收，阻碍了光子对银离子的作用，从而具有防止透明玻璃在高能射线辐照下变暗的能力。同时，通过加入微量的稀土元素铈，可以对银元素在玻璃熔化与晶化中起稳定的作用。

$$AgCl \xrightarrow{h\nu} Ag^0 + Cl^0 \tag{8-9}$$

(2) 玻璃的拉伸还原法制备过程　第一，按照所选择的含银 $Na_2O-B_2O_3-Al_2O_3-SiO_2$ 玻璃组分系统配制一定量的原料。将其在研钵中充分混匀后，盛于白金坩埚中，放入高温炉，于 1450℃ 熔融澄清，并保温 4h，使其充分均化。然后将玻璃熔液挤压成型，制成玻璃条。将成型后的玻璃条置于电阻炉中，进行退火处理，消除玻璃基体内部存在的应力。

第二，将退火后的玻璃条放入精密晶化炉中，在析晶温度下保温热处理，以便在玻璃基体中析出一定数量、大小的卤化银微晶粒。

第三，将析晶热处理后的玻璃条置于拉伸炉中，一端固定，然后升温让玻璃均匀受热且软化，然后向下施加一定的外力，通过拉伸应力施加于氯化银颗粒，使氯化银颗粒能够沿拉伸方向发生形变并定向排列。

第四，将上述拉伸后的玻璃薄片，放入密闭的氢气还原系统中进行高温还原处理，使长粒状卤化银颗粒还原为长粒状金属银。

图 8-3 为玻璃拉伸制备示意图。

(3) 热处理形成卤化银晶粒　通过差热分析方法测得玻璃的析晶温度，对玻璃在析晶温度范围内进行热处理，可以获得卤化银晶体颗粒。随着热处理温度的增加玻璃基体中的晶粒大小也逐渐长大，这些晶体颗粒往往存在于玻璃体中的富硼相中，采用能谱测试分析及激光拉曼光谱测试，可以证明这些富硼相中的颗粒就是卤化银的结晶。

(4) 拉伸工艺获得具有长径比的卤化银颗粒　在高温拉伸过

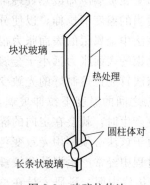

块状玻璃

热处理

圆柱体对

长条状玻璃

图 8-3　玻璃拉伸法
制备示意图

程中，玻璃黏度与弹性模量均随着温度的升高而不断下降。在机械力的作用下，当其受到的外部应力达到一定程度时，玻璃基体中的加热部分沿受力方向发生塑性形变。同时，该应力也会通过玻璃介质作用于其内部的 AgCl 颗粒，使其产生黏性蠕变。据有关资料显示 AgCl 微晶的熔点仅为 470℃左右，因此在玻璃的拉伸操作温度下，AgCl 颗粒会受热形变而成为黏性胶滴。

在拉伸过程中，拉伸温度低，玻璃的黏度高，对卤化银颗粒会产生更大的压力差，从而达到高的拉伸比。但是，玻璃若不能够充分软化，将无法实现卤化银在玻璃中的拉长，这主要有以下两方面原因：第一是在较低的温度状况下，玻璃的黏度大，促使玻璃产生形变所需的应力也随之加大，在较大的应力条件下，玻璃片拉出高温区后极易断裂；同时，为施加大的拉力，在夹持玻璃端的处理也具有很大的难度。第二是玻璃的拉伸速度太慢，使得变形后的卤化银颗粒基本都恢复成原先的球形形状。当然，拉伸温度不能太高，因为玻璃流体的黏度低无法实现卤化银颗粒的变形。

(5) 还原处理获得针状银颗粒　还原处理过程，其实质是利用氢气的强还原性，将存在于玻璃内表面的卤化银颗粒还原成单质 Ag 的过程。需要注意的是：在高温条件下，存在于粒子内部的张应力得以松弛，使粒子整体回缩成球体的趋势大大提高。

8.7.2.2　有序银结构在玻璃中生成的其他制备方法

为了生成针状纳米银颗粒并使它们在玻璃中实现定向排布，迄今为止大多采用玻璃的高温熔融与强制拉伸相结合的工艺，由于玻璃拉伸工艺本身的局限性，限制了产品的尺寸，同时存在针状纳米银颗粒的长径比分布不均、成品率低等弊端。因此，科研人员也在不断地进行着各种方法，以实现针状纳米银颗粒在玻璃中的定向排布。如 Bloemer 等人采用真空电子溅射的物理镀膜方法，在定向摩擦处理后产生平行的亚微米划痕的粗糙表面生长出了基本平行的椭球形金属颗粒，长径比大约为 7∶1，但其光吸收损耗很大，性能不太令人满意。Buncick 也使用了真空电子溅射方法，但其基片表面的处理是采用磁控溅射刻蚀系统，用 CHF 作为刻蚀剂进行的。幸塚广光等人报道了用溶胶-凝胶法在基片表面镀分散有拉长的纳米准勃姆石薄膜，而后金沿此方向生长成为长粒状颗粒。这些都属于直接成膜技术，这种技术的缺点也是很明显，主要是粒子的大小形状难以控制，这种方法目前尚处于探索阶段。另外，赵修建等报道了利用掩模板的线型光栅结构，通过紫外线对光敏玻璃的照射，使得玻璃体内的银核结晶并按照线栅排列，最后在热处理和还原过程中实现纳米银颗粒在玻璃中的定向生成。

8.7.3　含金属纳米有序结构玻璃制备研究的未来发展

含金属纳米有序结构玻璃目前主要应用于光起偏技术领域。光偏振技术是应用光学中一个新的重要分支，在光纤通信、光盘存储、光显示、光散射、光调制、光检测与传感等领域都有极其重要的应用。光起偏材料是光偏振技术实现的基础性材料。历史上先后开发出的偏光材料大致有四大类，其中棱镜型与片堆型偏光材料，由于其体积大、对光束准直性敏感等，已经不适应于当今光电器件集成化的发展要求，其应用范围受到很大的限制。目前，使用比较广泛的是二向色性偏光材料和含银纳米有序结构的偏光玻璃。

二向色性偏光材料主要是将具有二向色性的碘或染料等微小晶粒，通过不同处理方式有规则地吸附排列在透明的有机物高分子薄片上，形成具备偏光性能的一大类型材料。其中透明有机物高分子薄片目前只局限于 PVA 膜，按照处理方式不同可以划分为干法与湿法两大类。干法技术是指 PVA 膜在具有一定温度和湿度条件的蒸汽环境中进行拉伸的方法，属于早期最多使用的方法。该法的局限性在于 PVA 膜在拉伸过程中会形成偏光膜的张力的不均匀，制备的偏光膜色调的均匀性和耐久性不稳定等。湿法技术是指 PVA 膜在一定配比的液体中进行染色、拉伸的方法。它的局限性在于 PVA 膜在液体中拉伸的控制难度较大，因此 PVA 膜容易断膜，且 PVA 膜的幅宽受到限制。当然，随着现代工业控制技术的发展，这些问题得到了极大的改进，现已成为大尺寸 TFT-LCD 液晶用偏光片生产的基本方法。

二向色性偏光材料具有尺寸大、质量轻、易于制成薄片、对光束的准直性要求不高等优点，但由于是采用在有机薄片上吸附具有二向色性颗粒的制备方法，即称之为染色方法（即碘染色或染料染色法），因此即使是性能较高的碘和碘化钾作为二向色性介质，其偏光特性也只能达到 99.9％以上的偏光度和 42％以上的透过率。因此，二向色性偏光材料只适用于高度会聚或发散光束之中的应用，如现在光电显示领域中大量使用的就是有机二向色性偏光片。同时，由于碘分子结构在高温高湿的环境中易于分解，因此二向色性偏光材料的使用条件要求苛刻、其耐久性也较差。即使是现今日本化药公司发明的高耐久性偏光片，其最高使用温度也只能达到 105℃，而且这种偏光片的偏光度与透过率较低，分别是 90％ 和 40％，且价格昂贵。

偏光玻璃除了上述二向色性偏光片所具有的对光束的准直性要求不高等优点外，还显示出高的单体透过率、组合透过率、高消光比、高的机械强度和光损伤阈值等。由于偏光玻璃的特殊优点及重要的应用价值，美国的 Corning Glass Works，Estaman Kodak Company 以及日本的京都大学化学研究所等，都投入了大量的人力、物力和财力进行偏光玻璃的研究开发，并取得了一系列丰硕的成果。偏光玻璃现已成为光隔离器、光纤偏振器、滤光器、光开关及其光传感与探测器件生产中的优选材料。然而，由于偏光玻璃的制备极其繁琐、复杂，造成产品尺寸有限，目前偏光玻璃产品尺寸一般为（5mm×5mm）～（15mm×15mm），美国 Corning 公司能够提供的产品最大尺寸也只达到 34mm×75mm，同时因成品率很低，造成单位价格昂贵，这些局限性都严重制约了偏光玻璃应用领域的进一步拓展。

从微结构组成来看，偏光玻璃是一种含有线状纳米银颗粒且这些颗粒按同一取向定向排布的玻璃基复合材料。偏光玻璃产生光学偏振的原因是线状纳米银表面产生的共振吸收，使银颗粒的本征吸收带产生分裂，即自然光射入偏光玻璃后，沿平行于线状纳米银颗粒方向振动的光被吸收，而垂直于线状纳米银颗粒方向振动的光则通过。因此，偏光玻璃制备的关键是线状纳米银颗粒的生成，以及它们在玻璃中的平行定向排布。随着纳米材料研究领域的发展，特别是利用化学合成方法制备特定形貌金属纳米颗粒取得了许多重大进展，主要原因是化学合成法较为温和，同时具有可控性好、合成产率高、操作简单等优点。同时，为了构筑宏观完整的纳米线平行定向阵列膜结构，纳米材料科学家也做出了巨大努力，开发的相关技术包括：电场定向组装技术，溢流辅助阵列形成技术，化学或生物选择性模板技术，LB 技术以及 BBF 技术。因此，如何探索出一种银纳米线可控合成即实现银纳米线平行定向排列微结构的制备，形成具有偏光性能的金属有序纳米复合材料，应该是未来新型偏光材料开发的一个发展趋势。

参 考 文 献

[1] 干福熹. 信息材料. 天津：天津大学出版社，2000.

[2] 干福熹，等. 光子学玻璃及应用. 上海：上海科学技术出版社，2011.

[3] 程金树，等. 微晶玻璃. 北京：化学工业出版社，2006.

[4] 李启甲. 功能玻璃. 北京：化学工业出版社，2004.

［5］ Sakka S. Glasses as Non-linear optical materials. Proceeding of the International Congress on Science and Technology of New Glasses. Tokyo，1991.

［6］ 刘启明．硫系玻璃光学二次谐波发生特性的研究［D］．武汉：武汉工业大学，1996.

［7］ Jeunhoman L B. Single-mode fiber optics：principles and application. New York：Marcel Dekker Inc，1990.

［8］ 卢安贤．新型功能玻璃材料．长沙：中南大学出版社，2005.

［9］ 沈元壤．非线性光学原理．顾世杰译．北京：科学出版社，1990.

［10］ 卢安贤，张如源．玻璃中的非线性光学原理与材料．材料科学与工程，1993，11（1）：43.

［11］ 贺海燕．卤化银光致变色玻璃．硅酸盐通报，1998（2）：67.

［12］ 刘继翔，沈少雄，陈银兰，等．无银光致变色玻璃变色机理．武汉工业大学学报，1994，16（2）：46.

［13］ 冯晋阳．金、银纳米有序结构的制备及光学性能的研究［D］．武汉：武汉工业大学，2008.

第9章
复合材料的制备

9.1 概　　论

9.1.1 复合材料的定义

材料是社会进步的物质基础，是人类进步的里程碑。复合材料使用的历史可以追溯到古代，最典型的就是用作搭建房屋的草茎和泥土复合材料，以及已使用上百年的由沙石和水泥基体复合的混凝土。19 世纪末复合材料开始进入工业化生产。20 世纪 40 年代，因航空工业的需要，发展了玻璃纤维增强塑料（俗称玻璃钢）；50 年代以后，陆续发展了碳纤维、石墨纤维和硼纤维等高强度和高模量纤维；70 年代出现了芳纶纤维和碳化硅纤维。这些高强度、高模量纤维能与合成树脂、陶瓷、水泥、橡胶等非金属基体或铝、镁、钛等金属基体复合，构成各具特色的复合材料。

复合材料（Composite Materials），是由两种或两种以上不同性质的材料，通过物理或化学的方法，在宏观上组成具有新性能的材料。各种材料在性能上互相取长补短，产生协同效应，使复合材料的综合性能优于原组成材料而满足各种不同的要求。复合材料的基体材料分为金属和非金属两大类。金属基体常用的有铝、镁、铜、钛及其合金。非金属基体主要有合成树脂、橡胶、陶瓷、水泥等。增强材料主要有玻璃纤维、碳纤维、硼纤维、芳纶纤维、碳化硅纤维、石棉纤维、晶须、金属丝和硬质细粒等。

9.1.2 复合材料的命名和分类

复合材料在世界各国还没有统一的名称和命名方法，比较共同的趋势是根据增强体和基体的名称来命名，一般有以下三种情况。

① 强调基体时，以基体材料的名称为主，如树脂基复合材料、金属基复合材料、陶瓷基复合材料、水泥基复合材料等。

② 强调增强体时，以增强体的名称为主，如玻璃纤维增强复合材料、碳纤维增强复合材料、陶瓷颗粒增强复合材料等。

③ 基体材料名称和增强体名称并用，这种命名方法常用以表示某一种具体的复合材料，习惯上把增强体的名称放在前面，基体材料的名称放在后面。如玻璃纤维增强环氧树脂复合材料，或简称为玻璃纤维/环氧树脂复合材料，或玻璃纤维/环氧，而我国则常把这类复合材料通称为"玻璃钢"。

国外还常用英文符号来表示，如 MMC（Metal Matrix Composite）表示金属基复合材料，FRP（Fiber Reinforced Plastic）表示纤维增强塑料，而玻璃纤维/环氧树脂则可以表示为 GF/Epoxy，或 G/Ep（G-Ep）。

复合材料种类繁多，为了便于更好地研究和使用，需对其进行分类。复合材料的分类方法比较多，如按材料的化学性质分类，可分为金属复合材料和非金属复合材料；按性能高低分类，可分为常用复合材料和先进复合材料；按用途分类，可分为包装材料、建筑材料、电工材料和航空材料。这里根据复合材料的基体、增强体、增强体形态及用途对其进行分类。

9.1.2.1　按基体材料分类

① 聚合物基复合材料是以有机聚合物（主要为热塑性树脂、热固性树脂和橡胶）为基体制备的复合材料。

② 金属基复合材料是以金属为基体制备的复合材料，如铝基复合材料、钛基复合材料等。

③ 无机非金属基复合材料是以陶瓷材料（包括玻璃和水泥）为基体制备的复合材料。

9.1.2.2　按增强体材料分类

① 玻璃纤维复合材料。

② 碳纤维复合材料。

③ 有机纤维（芳香族聚酰胺纤维、芳香族聚酯纤维、高强度聚烯烃纤维等）复合材料。

④ 金属纤维（如钨丝、不锈钢丝等）复合材料。

⑤ 陶瓷纤维（如氧化铝纤维、碳化硅纤维、硼纤维等）复合材料。

此外，如果用两种或者两种以上的纤维增强同一基体制成的复合材料称为混杂复合材料。

9.1.2.3　按增强体形态分类

① 连续纤维复合材料作为分散相的纤维，每根纤维的两个端点都位于复合材料的边界处。

② 短纤维复合材料是短纤维无规则地分散在基体材料中制备的复合材料。

③ 粒状填料复合材料是微小颗粒状增强材料分散在基体中制备的复合材料。

④ 编织复合材料是以平面二维或立体三维纤维编织物为增强材料与基体复合而成的复合材料。

9.1.2.4　按用途分类

复合材料按用途可以分为结构复合材料和功能复合材料。目前使用的绝大多数都属于结构复合材料，随着科技的飞速发展，越来越多的功能复合材料得到应用。

结构复合材料主要用作承力和次承力结构，要求它质量轻、强度和刚度高，且能耐一定的温度，在某种情况下还要求有较小的膨胀系数，较好的绝热和耐介质腐蚀性能。

功能复合材料指具有除力学性能以外其他物理性能的复合材料，如具有电学性能、光学性能、磁学性能、声学性能、阻尼性能以及化学分离性能的复合材料。

9.2 复合材料的组成

复合材料是由基体材料、增强体材料以及两者之间的界面组成的，其性能取决于增强体与基体的比例以及三个组成部分的性能。

9.2.1 基体材料

复合材料的基体是复合材料中的连续相，起到将增强体黏结成整体，并赋予复合材料一定形状、传递外界作用力、保护增强体免受外界环境侵蚀的作用。复合材料的基体主要有聚合物、金属、陶瓷和水泥等。

9.2.1.1 聚合物基体

(1) 聚合物基体的种类、组分和作用 作为复合材料基体应用的聚合物的种类很多，其大致可以分为热固性和热塑性两类。常用的热固性树脂有不饱和聚酯树脂、环氧树脂、酚醛树脂等。常用的热塑性树脂包括各种通用塑料（如聚丙烯、聚氯乙烯等），工程塑料（如尼龙、聚碳酸酯等）以及特种耐高温的聚合物（如聚醚醚酮、聚醚砜和杂环类聚合物）。

聚合物是聚合物基复合树脂的主要组分。聚合物基体的组分、组分的作用及组分间的关系都是很复杂的。一般来说，基体很少是单一的聚合物，往往除了主要组分聚合物以外，还包含其他辅助材料。在基体材料中，其他的组分还有固化剂、增韧剂、稀释剂、催化剂等，这些辅助材料是复合材料基体不可缺少的组分。由于这些组分的加入，使复合材料具有各种各样的使用性能，改进了工艺性，降低了成本，扩大了应用范围。

聚合物复合材料中的基体有三种主要的作用：a. 将纤维粘在一起；b. 分配纤维间的载荷；c. 保护纤维不受环境的影响。

制造基体的理想材料原始状态应该是低黏度的液体，并能迅速变成坚固耐久的固体，足以将增强纤维粘住。尽管纤维增强材料的作用是承受复合材料的载荷，但是基体的力学性能会明显地影响纤维的工作方式和效率。例如，在没有基体的纤维束中，大部分载荷由最直的纤维承受；而在复合材料中，由于基体使得所有纤维经受同样的应变，应力通过剪切过程传递，基体使得应力较均匀地分配给所有纤维，这就要求纤维与基体之间有高的胶接强度，同时要求基体本身也有高的剪切强度和模量。

当载荷主要由纤维承受时，复合材料总的延伸率受到纤维的破坏延伸率的限制，通常为$1\%\sim1.5\%$。基体的主要性能是在这个应变水平下不应该裂开。与未增强体系相比，先进复合材料树脂体系趋于在低破坏应变和高模量的脆性方式下工作。

在纤维的垂直方向，基体的力学性能和纤维与基体的胶接强度控制着复合材料的力学性能。由于基体比纤维弱得多，而柔性却大得多，所以，在复合材料结构设计中，应尽量避免基体的横向受载。

基体以及基体/纤维的相互作用能明显地影响裂纹在复合材料中的扩展。若基体的剪切强度和模量以及纤维/基体的胶接强度过高，则裂纹可以穿过纤维和基体扩展而不转向，从而使这种复合材料像是脆性材料，并且其破坏的试件将呈现出整齐的断面。若胶接强度过低，则纤维将表现得像纤维束，并且这种复合材料将很弱。对于中等的胶接强度，横跨树脂或纤维扩展的裂纹会在另面转向，并且沿着纤维方向扩展，这就导致吸收相当多的能量，以这种形式破坏的复合材料是韧性材料。

（2）热固性基体 热固性树脂是由某些低分子的合成树脂（固态或液态）在加热、固化剂或紫外光等作用下，发生交联反应并经过凝胶化阶段和固化阶段形成不熔、不溶的固体，因此必须在原材料凝胶化之前成型，否则就无法加工。这类聚合物耐温性较高，尺寸稳定性也好，但是一旦成型后就无法重复加工。

热固性树脂在初始阶段流动性很好，容易浸透增强体，同时工艺过程比较容易控制，因此，此类复合材料成为当前的主要品种。如前所述，热固性树脂早期有酚醛树脂，随后有不饱和聚酯树脂和环氧树脂，近年来又发展了性能更好的双马树脂和聚酰亚胺树脂。这些树脂几乎适合于各种类型的增强体。它们虽然可以湿法成型（即浸渍后立即加工成型），但通常都先制成预浸料（包括预浸丝、布、带、片状和块状模塑料等），使浸入增强体的树脂处于半凝胶化阶段，在低温保存条件下限制固化反应的发展，并应在一定期间内进行加工。所用的加工工艺有：手工铺设法、模压法、缠绕法、挤拉法、热压罐法、真空袋法，以及最近才发展的树脂传递模塑法（RTM）和增强式反应注射成型法（RRIM）等。各种热固性树脂的固化反应机理各不相同，根据使用要求的差异，采用的固化条件也有很大差别。下面简要介绍几种重要的树脂基体。

① 环氧树脂 环氧树脂是目前聚合物基复合材料中最普遍使用的树脂基体。环氧的种类很多，适合作为复合材料基体的有双酚 A 环氧树脂、多官能团环氧树脂和酚醛环氧树脂三种。其中多官能团环氧树脂的玻璃化温度较高，因而耐温性能好；酚醛环氧固化后的交联密度大，因而力学性能较好。环氧树脂与增强体的黏结力强，固化时收缩少，基本上不放出低分子挥发物，因而尺寸稳定性好。但环氧树脂的耐温性不仅取决于本身结构，很大程度上还依赖于使用的固化剂和固化条件。例如，用脂肪族多元胺作为固化剂可在低温固化，但耐温性很差；如果用芳香族多元胺和酸酐作固化剂，并在高温下固化（100～150℃）和后固化（150～250℃），则最高可耐 250℃ 的温度。实际上，环氧树脂基复合材料可在 −55～177℃ 温度范围内使用，并有很好的耐化学品腐蚀性和电绝缘性。

② 热固性聚酰亚胺树脂 聚酰亚胺聚合物有热塑性和热固性两种，均可作为复合材料基体。目前已正式付之应用的、耐温性最好的是热固性聚酰亚胺基体复合材料。热固性聚酰亚胺经固化后与热塑性聚合物一样在主链上带有大量芳杂环结构，此外，由于其分子链端头上带有不饱和链而发生加成反应，变成交联型聚合物，这样就大大提高了其耐温性和热稳定性。聚酰亚胺聚合物是用芳香族四羧酸二酐（或二甲酯）与芳香族二胺通过酰胺化和亚胺化获得的。热固性聚酰亚胺则是在上述合成过程中加入某些不饱和二羧酸酐（或单酯）作为封头的链端基制成的。用 N-炔丙基作为端基的树脂（AL-600）制成的复合材料，可在 316℃ 时保持 76% 的弯曲强度。这类树脂基复合材料可供 260℃ 以下长期使用。

（3）热塑性树脂 热塑性聚合物即通称的塑料，该种聚合物在加热一定温度时可以软化甚至流动，从而在压力和模具的作用下成型，并在冷却后硬化固定。这类聚合物一般软化点较低，容易变形，但可再加工使用。

① 聚醚醚酮 聚醚醚酮是一种半结晶性热塑性树脂，其玻璃化转变温度为 143℃，熔点 334℃，结晶度为 20%～40%，最大结晶度为 48%。聚醚醚酮具有优异的力学性能和耐热性，在空气中的热分解温度达 650℃，加工温度 370～420℃，以聚醚醚酮为基体的复合材料

可在250℃的高温下长期使用。在室温下，聚醚醚酮的模量与环氧树脂相当，强度优于环氧树脂，而断裂韧性极高（比韧性环氧树脂还高一个数量级以上）。聚醚醚酮耐化学腐蚀可与环氧树脂媲美，而吸湿性比环氧树脂低得多。聚醚醚酮耐绝大多数有机溶剂和酸碱，除液体氢氟酸、浓硫酸等个别强质子酸外，它不为任何溶剂所溶解。此外，聚醚醚酮还具有优异的阻燃性、极低的发烟率和有防毒气体的释放率，以及极好的耐辐射性。

碳纤维增强聚醚醚酮单向预浸料的耐疲劳性超过环氧/碳纤维复合材料，耐冲击性好，在室温下，具有良好的抗蠕变性，层间断裂韧性很高（大于或等于 $1.8kJ/m^2$）。聚醚醚酮基复合材料已经在飞机结构上大量使用。

② 聚苯硫醚　聚苯硫醚是一种结晶性聚合物，耐化学腐蚀性极好，仅次于氟塑料，在室温下不溶于任何有机溶剂。聚苯硫醚也有良好的力学性能和热稳定性，可长期耐热至240℃。聚苯硫醚的熔体黏度低，易于通过预浸料、层压制成复合材料。但是，在高温下长期使用，聚苯硫醚会被空气中的氧氧化而发生交联反应，结晶度降低，甚至失去热塑性。

③ 聚醚砜　聚醚砜是一种非晶聚合物，其玻璃化转变温度高达225℃，可在180℃温度下长期使用，在 $-100～200℃$ 温度区间内，模量变化很小，特别是在100℃以上时比其他热塑性树脂都好。耐150℃蒸气，耐酸碱和油类，但可被浓硝酸、浓硫酸、卤代烃等腐蚀或溶解，在酮类溶剂中开裂。聚醚砜基复合材料通常用溶液预浸或膜层叠技术制造。聚醚砜的耐溶剂性差，限制了其在飞机结构等领域的应用，但聚醚砜基复合材料在电子产品、雷达天线罩等领域得到大量应用。

④ 热塑性聚酰亚胺　热塑性聚酰亚胺是一种类似于聚醚砜的热塑性聚合物。长期使用温度180℃，具有良好的耐热性、尺寸稳定性、耐腐蚀性、耐水解性和加工工艺性，可溶于卤代烷等溶剂中。多用于电子产品和汽车领域。

9.2.1.2　金属基体

金属基体材料是金属基复合材料的重要组成部分，是增强体的载体，在金属基复合材料中占有很大的体积含量，起非常重要的作用，金属基体的力学性能和物理性能将直接影响复合材料的力学性能和物理性能。在选择基体材料时，应根据金属与合金的特点和复合材料的用途选择基体材料。例如，对于航天与航空领域的飞机、卫星、火箭等壳体和内部结构，要求材料的质量小、比强度和比模量高、尺寸稳定性好，可以选用镁合金、铝合金等轻金属合金作基体；对于高性能发动机，要求材料具有高比强度、高比模量、优良的耐高温性能，同时能在高温、氧化性环境中正常工作，可以选择钛基合金、镍基合金以及金属间化合物作为基体材料；对于汽车发动机，要求零件耐热、耐磨、导热、具有一定的高温强度、成本低廉、适合于批量生产等，可以选用铝合金作基体材料；对于电子集成电路，要求高导热、低热膨胀的材料作为散热元件和基板，以高热导率的银、铜、铝等金属为基体，以高导热性和低热膨胀的超模量石墨纤维、金刚石纤维、碳化硅颗粒为增强体的金属基复合材料可以满足要求。

在选择金属基体材料时，还要考虑复合材料的类型。对于连续纤维增强金属基复合材料，纤维的模量和强度远高于基体，是主要承载物体，因此，金属基体的主要作用应该充分发挥增强纤维的性能，基体本身应与纤维有良好的相容性和塑性，而并不要求基体本身有很高的强度，对于非连续增强（颗粒、晶须、短纤维）金属基复合材料，金属基体强度对复合材料具有决定的影响，应选用高强度的合金作为基体。

在选择金属基体时，还应考虑基体材料与增强体的相容性。在金属基复合材料制备过程中，基体与增强体在高温复合的过程中会发生不同程度的界面反应。

目前用作金属基复合材料基体的金属主要有铝及铝合金、镁合金、钛合金、镍合金、铜与铜合金、锌合金、铅、银、钛铝金属间化合物、镍铝金属间化合物等。

结构复合材料的基体可分为轻金属基体和耐热合金基体两大类。轻金属基体主要包括铝基和镁基复合材料，使用温度在 450℃ 左右。钛合金及钛铝金属间化合物作基体的复合材料，具有良好的高温强度和室温断裂性能，同时具有良好的抗氧化、抗蠕变、耐疲劳和良好的高温力学性能，适合作为航空航天发动机中的热结构材料，工作温度在 650℃ 左右，而镍、钴基复合材料可在 1200℃ 使用。

9.2.1.3　陶瓷基体

传统的陶瓷是指陶器和瓷器，也包括玻璃、水泥、搪瓷等人造无机非金属材料。随着现代科学技术的发展，出现了许多性能优异的新型陶瓷，如氧化铝陶瓷、碳化硅陶瓷、氮化硅陶瓷等。

陶瓷是金属和非金属元素的固体化合物，其键合为共价键或离子键，与金属不同，它们没有大量自由电子。一般而言，陶瓷具有比金属高的熔点和硬度，化学性质非常稳定，耐热性、抗老化性好。虽然陶瓷的许多性能优于金属，但是陶瓷材料脆性大、韧性差，大大限制了陶瓷作为承载结构材料的应用。因此，在陶瓷材料中加入第二相颗粒、晶须以及纤维进行增韧处理，以改善其的韧性。用作基体材料的陶瓷一般应具有优异的耐高温性能、与增强相之间有良好的界面相容性以及较好的工艺性能，常用的陶瓷基体主要包括玻璃、玻璃陶瓷、氧化物和非氧化物陶瓷。

(1) 玻璃　玻璃是无机材料经高温熔融、冷却硬化而得到的一种非晶态固体。将特定组成（含晶核剂）的玻璃进行晶化热处理，在玻璃内部均匀析出大量微小晶体并进一步长大，形成致密微晶相，玻璃相充填于晶界，得到像陶瓷一样的多晶固体材料被称为玻璃陶瓷。玻璃陶瓷的主要特征是能够保持先前成型的玻璃器件的形状，晶化通过内部成核和晶体生长完成。玻璃陶瓷的性能由热处理时玻璃产生的晶相的物理性能和晶相与残余玻璃相的结构关系控制。

玻璃和玻璃陶瓷作为陶瓷基复合材料的基体有以下特点：

a. 玻璃的化学组成范围广泛，可以通过调整化学成分，使其达到与增强体之间实现化学相容；

b. 通过调整玻璃的化学成分来调节其物理性能，使其与增强体的物理性能相匹配；

c. 玻璃类材料弹性模量低，有可能采用高模量的纤维来获得明显的增强效果；

d. 由于玻璃在一定温度下可以发生黏性流动，容易实现复合材料的致密化。

玻璃和玻璃陶瓷主要用作氧化铝纤维、碳化硅纤维、碳纤维以及碳化硅晶须增强复合材料。

(2) 氧化物陶瓷　作为基体材料使用的氧化物陶瓷主要有 Al_2O_3、MgO、SiO_2、ZrO_2、莫来石（即富铝红柱石，化学式为 $3Al_2O_3 \cdot 2SiO_2$）等，它们的熔点在 2000℃ 以上。氧化物陶瓷主要为单相多晶结构，除晶相外，可能还有少量的气相（气孔）。微晶氧化物的强度较高，粗晶结构时，晶界面上的残余应力较大，对强度不利；氧化物陶瓷的强度随环境温度升高而降低，但在 1000℃ 以下降低较小。这类氧化物陶瓷基复合材料应避免在高应力和高温环境下使用，这是由于 Al_2O_3 和 ZrO_2 的抗热震性较差，SiO_2 在高温下容易发生蠕变和相变。虽然莫来石具有较好的抗蠕变性能和较低的热膨胀系数，但使用温度不宜超过 1200℃。

(3) 非氧化物陶瓷　非氧化物陶瓷是指不含氧的氮化物、碳化物、硼化物和硅化物等。它们的特点是：耐火性能和耐磨性能好、硬度高，但脆性也很大。碳化物与硼化物的抗热氧化温度为 900~1000℃，氮化物略低些，硅化物的表面能形成氧化硅膜，所以抗氧化温度达 1300~1700℃。氮化硼具有类似石墨的六方结构，在 1360℃ 和高压作用下可转变成立方结构的 β-氮化物，耐热温度高达 2000℃，硬度极高，可作为金刚石的代用品。

9.2.1.4 无机胶凝材料

无机胶凝材料主要包括水泥、石膏、菱苦土和水玻璃等。在无机胶凝材料基增强材料中，研究和应用最多的是纤维增强水泥增强材料。它是以水泥净浆、砂浆或混凝土为基体，以短纤或连续纤维为增强材料组成的。用无机胶凝材料作基体制成纤维增强材料还是处于发展阶段的一种新型结构材料，其长期耐久性还有待进一步提高，其成型工艺尚待进一步完善，其应用领域有待进一步开发。

与树脂相比，水泥基体有以下特征。

① 水泥基体为多孔体系，其孔隙尺寸可由十分之几纳米到数十纳米。孔隙的存在不仅会影响基体本身的性能，也会影响纤维与基体的界面黏结。

② 纤维与水泥的弹性模量比不大，因水泥的弹性模量比树脂的高，对于多数有机纤维，与水泥的弹性模量比甚至小于 1，这意味着在纤维增强水泥复合材料中应力的传送效应远不如纤维增强树脂。

③ 水泥基体材料的断裂延伸率较低，仅是树脂基体材料的 1/20~1/10，故在纤维尚未从水泥基体材料中拔出拉断前，水泥基体材料即行断裂。

④ 水泥基体材料中含有颗粒状的物料，与纤维呈点接触，故纤维的加入量受到很大的限制。树脂基体在未固化前是黏稠液体，可较好地浸透纤维，故纤维的加入量可高一些。

⑤ 水泥基体材料呈碱性，对金属纤维可起保护作用，但对大多数纤维是不利的。

水泥基复合材料主要分为纤维增强水泥基复合材料和聚合物混凝土复合材料。

9.2.2 复合材料的增强体

增强体是高性能结构复合材料的关键组分，在复合材料中起着增加强度和改善性能的作用。增强体按形态分为颗粒状、纤维状、片状、立方编织物等。一般按化学特征来区分，即无机非金属类、有机聚合物类和金属类。高强度碳纤维和高模量碳纤维性能非常突出，碳化硅纤维、硼纤维和有机聚合物的聚芳酰胺、超高分子量聚乙烯纤维也具有很好的力学性能。下面简单介绍几种典型的高性能纤维增强体。

(1) 碳纤维　碳纤维是先进复合材料最常用的增强体。一般采用有机先驱体进行稳定化处理，再在 1000℃ 以上高温和惰性保护气氛下碳化，成为具有六元环碳结构的碳纤维。这样的碳纤维强度很高但还不是完整的石墨结构，即虽然六元环平面基本上平行于纤维轴向，但石墨晶粒较小。碳纤维进一步在保护气氛下经过 2800~3000℃ 处理，就可以提高结构的规整性，晶粒长大为石墨纤维，此时纤维的弹性模量进一步提高，但强度却有所下降。商品碳纤维的强度可达 3.5GPa 以上，模量则在 200GPa 以上，最高可达 920GPa。

(2) 高强有机纤维　高强、高模量有机纤维通过两种途经获得：一是由分子设计并借助相应的合成方法制备具有刚性棒状分子链的聚合物。例如聚芳酰胺、聚芳酯和芳杂环类聚合物（聚对苯并双噁唑）经过干湿法、液晶纺丝法制成分子高度取向的纤维。另一途径是合成超高分子量的柔性链聚合物，例如，聚乙烯。由分子中的 C-C 链伸直，提供强度和模量。这两类有机纤维均有批量产品，其中以芳酰胺产量最大。芳酰胺的性能以 Kevlar-49 为例（杜邦公司生产），强度为 2.8GPa，模量为 104GPa。虽然比不上碳纤维，但由于其密度仅为 1.45g/cm³，比碳纤维的 1.8~1.9g/cm³ 低，因此在比强度和比模量上略有补偿。超高分子聚乙烯纤维也有一定规模的产量，而且力学性能较好，强度为 4.4GPa，模量为 157GPa，密度为 0.97g/cm³，但其耐温性较差，影响了它在复合材料中的广泛应用。最近开发的芳杂环类的聚对苯并双噻唑纤维，其性能具有吸引力，它的强度高达 5.3GPa，模量为 250GPa，密度为 1.58g/cm³，且耐 600℃高温。但是，这类纤维和芳酰胺一样均属液晶态结构，都带有抗压性能差的缺点，有待改善。然而，从发展的角度来看，这种纤维有应用前景。

(3) 无机纤维 无机纤维的特点是高熔点，特别适合与金属基、陶瓷基或碳基形成复合材料。20 世纪中期工业化生产的是硼纤维，它借助化学气相沉积（CVD）的方法，形成直径为 50～315μm 的连续单丝。硼纤维强度为 35GPa，模量为 400GPa，密度为 2.5g/cm³。这种纤维由于价格昂贵而暂时停止发展，取而代之的是碳化硅纤维，也是用 CVD 法生产，但其芯材已由钨丝改为碳丝，形成直径为 100～150μm 的单丝，强度为 3.4GPa，模量为 400GPa，密度为 3.1g/cm³。另一种碳化硅纤维是用有机体的先驱纤维烧制成的，该种纤维直径仅为 10～15μm，强度为 2.5～2.9GPa，模量为 190GPa，密度为 2.556g/cm³。无机纤维类还有氧化铝纤维、氮化硅纤维等，但产量很小。

9.3　聚合物基复合材料

复合材料及其制件的成型方法，是根据产品的外形、结构与使用要求，结合材料的工艺性来确定的。从 20 世纪 40 年代聚合物基复合材料及其制件成型方法的研究与应用开始，随着聚合物基复合材料工业迅速发展和日渐完善，新的高效生产方法不断出现，已在生产中采用的成型方法有：a. 手糊成型-湿法铺层成型；b. 真空袋压成型；c. 压力袋成型；d. 树脂注射和树脂传递成型（RTM）；e. 喷射成型；f. 真空辅助树脂注射成型；g. 夹层结构成型；h. 模压成型；i. 注射成型；j. 挤出成型；k. 连续纤维缠绕成型；l. 拉挤成型；m. 连续板材成型；n. 层压或卷制成型；o. 热塑性片状模塑料热冲压成型；p. 离心浇注成型。

上述 i、j、o 为热塑性树脂复合材料成型工艺，分别适用于短纤维增强和连续纤维增强热塑性复合材料两类。

在这些成型方法中大部分方法使用已较普遍，这里仅作一般的介绍。随着科学技术的发展，聚合物复合材料及制件的成型工艺将向更完善更精密的方向发展。

9.3.1　手糊成型工艺

手糊（也叫裱糊、层贴）成型是以手工作业为主成型复合材料制件的方法。手糊工艺的最大特色是以手工操作为主，适于多品种、小批量生产，且不受制品尺寸和形状的限制。但这种方法生产效率低，劳动条件差，且劳动强度大；制品质量不易控制，性能稳定性差，制品强度较其他方法低。

手糊成型分湿法与干法两种。湿法是将增强材料（布、带、毡）用含或不含溶剂胶液直接裱糊，其浸渍和预成型过程同时完成；干法手糊成型则是采用预浸料按铺层序列层贴预成型，将浸渍和预成型过程分开，或预成型毛坯后，再用模压或真空袋-热压罐的成型方法固化成型。

湿法手糊成型的具体工艺过程是：先在模具上涂一层脱模剂，然后将加入固化剂的树脂混合料均匀涂刷一层，再将纤维增强织物（按要求形状尺寸裁剪好）直接铺设在胶层上，用刮刀、毛刷或压辊迫使树脂胶液均匀地浸入织物，并排除气泡，待增强材料被树脂胶液完全浸透之后，再涂刷树脂混合液，铺贴纤维织物，重复以上步骤直至完成制件糊制，然后固化、脱模、修边。目前约 50%的玻璃钢制品是采用湿法手糊工艺制造的。

(1) 手糊成型工艺的特点 优点：a. 无需复杂设备，只需简单的模具、工具，投资少、见效快，适合乡镇企业；b. 生产技术易掌握，只需经过短期培训即可进行生产，即"一见就会"；c. 所制作的 FRP 产品不受尺寸、形状的限制；d. 可与其他材料，如金属、木材、泡沫同时复合制成一体；e. 可现场制作一些不宜运输的大型制品，如大罐、大型屋面。

缺点：a. 生产效率低、速度慢、周期长，对于批量大的产品不太适合；b. 产品质量稳定性差，受操作人员技能水平及制作环境条件的影响；c. 生产环境差，气味大，粉尘大，需劳动保护。

手糊成型工艺特别适用量少、品种多、大型或较复杂制品。

(2) 手糊成型工艺流程 手糊成型工艺过程有如下工序。

① 增强材料剪裁、胶液配制。

② 模具的清理。

③ 脱模剂涂刷 手糊成型工艺常用的脱模剂分如下三类：第一类聚乙烯醇类（PVA）脱模剂——5% PVA 的水、乙醇溶液；第二类蜡类脱模剂——目前多为进口的专用脱模蜡；第三类新型液体脱模剂——不含蜡的高聚物溶液，对于金属模还可用硅脂、甲基硅油等，木模可用聚醋酸纤维素等。

④ 胶衣层制作 为了解决 FRP 表面质量差（因 UP 固化收缩导致玻璃布纹凸出来），通常在制品表面特制的面层，称为表面层。表面层可采用玻璃纤维表面毡或加颜料的胶衣树脂（称胶衣层）制备。表面层树脂含量高，故也称为富树脂层。表面层不仅可美化制品外观质量，而且可保护制品不受周围环境、介质的侵蚀，提高其耐候、耐水、耐化学介质性和耐磨等性能，具有延长制品使用寿命的功能。胶衣层的好坏直接影响产品的外观质量和表面性能，选择高质量的胶衣树脂和颜料糊以及正确的涂刷方法非常关键。胶衣层不宜太厚或太薄。太薄起不到保护制品作用，太厚容易引起胶衣层龟裂；胶衣层的厚度控制在 0.25～0.5mm，或者用单位面积用胶量控制，即为 300～500g/m²。

胶衣层通常采用涂刷和喷涂两种方法：第一种方法，涂刷胶衣一般为两遍，必须待第一遍胶衣基本固化后，方能刷第二遍。两遍涂刷方向垂直为宜。待胶衣树脂开始凝胶时，应立即铺放一层较柔软的增强材料如表面毡，这样既能增强胶衣层（防止龟裂），又有利于胶衣层与结构层的黏合。涂刷胶衣的工具是专用毛刷（毛短，质地柔软、不掉毛），注意涂刷均匀，防止漏刷和裹入空气。第二种方法为喷涂，喷涂可使胶衣厚度均匀，遮盖率好，色泽均匀，产品表面质量高，采用胶衣机或胶衣喷壶喷涂。胶衣机可将胶衣和固化剂通过泵连续打入枪头混合后均匀地喷涂在模具表面，生产效率高，适合大批量生产。

⑤ 铺层糊制 成型操作包括铺层糊制（表面层制作、增强层制作、加固件制作）和固化。

表面层用表面毡铺层制作。表面层可防止胶衣显露布纹，使表面形成富树脂层，从而提高制品的耐渗漏和耐腐蚀性。将 G_f 为 30g/m² 或 50g/m² 的表面毡按模具表面大小剪裁，铺在胶衣面上，用毛辊上胶，然后用脱泡辊脱泡，要严格不含气泡。表面层的含胶量控制在 90%。

增强层的制作。增强层是玻璃钢的承载层，增强材料为玻璃布或短切毡。先对玻璃布进行裁剪和编号，按一次糊制用量配胶后，转入铺层糊制工序。

糊制工具有玻璃钢专用毛刷、专用毛辊、脱泡辊和刮胶板等；糊制过程是先在模具表面上刷胶（或胶辊上胶），然后用手工将布层（或毡）平铺在表面，抹平后再用毛刷上胶（或胶辊上胶，来回碾压，使胶液浸入毡内），然后用刮胶板刮平、脱泡（或脱泡辊将毡内胶液挤出表面，并排出气泡），再铺第二层，依次铺一层布（或毡）、上一层胶液，重复直到所需厚度。遇到弯角或凹凸块时，可用剪刀将布剪口（或手工撕开毡），然后压平。糊制过程尽可能排出气泡，控制含胶量及含胶均匀性；搭缝尽量错开，搭接宽度 50mm；注意铺层方向与铺层序列。

⑥ 固化　FRP 产品一般要求在室温 15～30℃下固化 8～24h，8h 后即可脱模。如需提高生产效率，在 60～80℃下固化 1～2h 后脱模。产品脱模后进行后处理，在 60～80℃加热1～2h，可提高产品的固化度。

⑦ 脱模　脱模也是手糊玻璃钢工艺中关键的一道工序。脱模的好坏直接关系到产品的质量和模具的有效利用。当然，脱模的好坏还取决于模具的设计、模具的表面光洁度、脱模剂和涂刷效果。手糊产品一般采用气脱、顶脱、水脱等方法脱模。

⑧ 切边与加工。

⑨ 验收。

9.3.2　袋压成型、模压成型、层压成型

干法手糊层贴预成型后的复合材料固化成型，按加压方式的不同主要有以下几种成型工艺：a. 真空袋压成型；b. 气压室（压力袋）成型；c. 真空袋-热压罐成型；d. 模压成型；e. 层压成型。

袋压成型包括真空袋、压力袋和真空袋-热压罐成型法。它是借助成型袋与模具之间抽真空形成的负压或袋外施加压力，使复合材料坯料紧贴模具，从而固化成型的方法。袋压成型的最大优点是，仅用一个模具（阳模或阴模）就可以得到形状复杂、尺寸较大、质量较好的制件，也能制造夹层结构件。根据加压方式的不同可分为真空袋成型、压力袋成型和真空袋-热压罐三种成型方式。

（1）真空袋成型　真空袋成型的主要设备是烘箱或其他能提供热源的加热空间，成型模具以及真空系统。真空袋成型是在固化时利用抽真空产生的大气负压对制品施加压力的成型方法。其工艺过程为：将铺叠好的制件毛坯密闭在真空袋与模具之间，然后抽真空形成负压，大气压通过真空袋对毛坯加压。真空袋应具有延展性，由高强度的尼龙薄膜等材料制成，用黏性的密封胶条与模具粘接在一起，在真空袋内通常要放有透气毡以使真空通路通畅。固化完全后脱模取出制件。

该法工艺简单，不需要专用设备，常用来制造室温固化的制件，也可在固化炉内成型高、中温固化的制件。

本方法适用于大尺寸产品的成型，如船体、浴缸及小型的飞机部件。由于真空袋法产生的压力最多也只有 0.1MPa，故该法只适用于厚度为 1.5mm 以下的复合板材，以及蜂窝夹层结构的成型，前者要求其基体树脂能在较低压力下固化，后者由于蜂窝夹层结构的自身特点，为了防止蜂窝芯子压塌而只能在低压下成型。

在低成本计划规划下，降低材料成本已受到人们的重视，为此低成本的树脂基体材料也应运而生。所谓低成本树脂基体材料是指能在 130～150℃下固化，特别是能在 0.1MPa 即真空压力下固化的树脂基体材料。由英国 ACG 公司研制的 LTM 树脂就是其中的一例，现已用它制造出大型的结构件，如 X39 机翼、DC-10 方向舵都是采用真空袋法制造的。

（2）压力袋成型　压力袋成型是在真空袋法基础上发展起来的，为的是成型一些需要压力大于 0.1MPa，而压力又不必太大的结构件；薄蒙皮的成型和蜂窝夹层结构的成型是该法的主要使用对象。用压力袋固化成型制品，是借助于橡皮囊构成的气压室（压力袋），通过向气压室通入压缩空气实现毛坯加压的，所以也叫气压室成型。压力可达 0.25～0.5MPa，由于压力较高，对模具强度和刚度的要求也较高，还需考虑热效率，故一般采用轻金属模具，加热方式通常用模具内加热的方式。该法与真空袋法一样，具有设备简单、投资较少、易于作业的优点。

（3）真空袋-热压罐成型　这是一种广泛用于成型先进复合材料结构的工艺方法。其工作原理是利用热压罐内部的程控温度的静态气体压力，使复合材料预浸料叠层坯料在一定的温度和压力下完成固化过程的成型方法。当前要求高承载的绝大多数复合材料结构件依然采用热压罐成型。这是因为由这种方法成型的零件、结构件具有均匀的树脂含量、致密的内部结构和良好的内部质量。由热固性树脂构成的复合材料，在固化过程中，作为增强剂的纤维是不会起化学反应的，而树脂却经历复杂的化学过程，经历了黏流态、高弹态、玻璃态等阶段。这些反应需要在一定的温度下进行，更需在一定的压力下完成。

热压罐由罐体、真空泵、压气机、储气罐、控制柜等组成。真空泵的作用是在制件毛坯封装后进行预压实吸胶时造成低压环境，压气机和储气罐为热压罐进行加压的充气系统。罐内的温度由罐内的电加热装置提供，压力由压气机通过储气罐进行气体充压，一般情况下使用空气。复合材料制件工艺过程为：首先按制件图纸对预浸料下料及铺叠，铺叠完毕后按样板作基准修切边缘轮廓，并标出纤维取向的坐标，然后进行封装。封装的目的是将铺叠好的毛坯形成一个真空系统，进而通过抽真空以排出制件内部的空气和挥发物，然后加热到一定温度再对制件施加压力进行预压实（又称预吸胶），最后进行固化。

热压罐成型的重要环节之一是需对叠层毛坯形成真空，并构成隔离、透胶、吸胶和透气系统，以决定叠层毛坯中的树脂流动及其去向、流出量及其控制、夹杂气体及其排出通路和外加压力的均匀分布，这是热压罐的真空封装系统。这种真空系统有利于抽取预浸料中含有的低分子挥发物和夹杂在预浸料中的气体。高分子材料固化以获取均匀理想结构的先决条件是在一定阶段下对其施加压力，以获得致密的结构，然而压力必须在树脂发生相变，即在由流动态向高弹态过渡的区间内施加。压力过早会使大量树脂流失，压力过晚树脂已进入高弹态。自由状态的高弹性会夹杂许多孔隙与气泡，导致结构不致密。热压罐的均匀压力为获取良好的复合材料内部质量提供了保证。为了控制树脂的变化，不少人研究其固化模型，包括流动模型、热化学模型、孔隙模型与内应力模型，并在此基础上建立了专家系统。其要点是树脂在受到温度与压力后，树脂流动方向是自下而上，利用树脂流动黏度与介电特性变化，决定其加压区间。一旦树脂进入高弹态，树脂的黏度急剧上升，其弹性模量也随之上升，即树脂固化度增大，而固化后树脂所含孔隙量与内部热应力则与树脂的结构和致密程度有关，与树脂结构的形成网络有关。结构不致密就可能夹杂孔隙；结构错位或刚性分配不当就可能形成内应力。当然升降温控制不当，尤其是降温速度过快，由于膨胀收缩的不协调也会引起内应力的形成。

虽然热压罐法能源利用率较低，设备投入昂贵，又必须配有相辅的空压机和压缩空气储气罐及热压罐本身的安全保障系统，但由于其内部的均匀温度和均匀压力，模具相对简单，又适合于大面积复杂型面的蒙皮、壁板、壳体的制造，因此航空复合材料结构件大多仍采用本法。但从降低制造成本角度应发展非热压罐成型法，如缠绕法、拉拔法、RTM 法等，尤其是缝编/树脂膜熔渗工艺，由于其成本低、适合大面积结构的成型而受到人们的普遍关注。

（4）模压成型　模压成型是将一定量的复合材料叠层毛坯或模塑料放入金属对模中，利用带热源的压机产生一定的温度和压力作用，使叠层毛坯或模塑料在模腔内受热塑化、受压流动并充满模腔成型固化而获得制品的一种工艺方法。模压成型与热压罐成型的不同之处是成型过程不像热压罐那样毛坯被置于一个似黑匣子的罐子里，它具有良好的可观察性，并且压力调节范围大，结构内部质量易于保证，有精确的几何外形，因而广泛用于型面复杂结构件的制造，如航空发动机的叶片。由本法制成的零件厚度公差可控制在±（3%～5%），挠曲在1mm（1m长度计）之内。本成型方法的难点在于它的模具结构形式的选择，模具各模块协调配合以及零件的脱模取出技巧，因为纤维复合材料的层间剪切强度较低、易于分层。SMC等短纤维热固性模塑料大多采用金属对模的模压成型法制造各种玻璃钢产品。

（5）层压成型　层压成型是将玻璃纤维布等增强材料经浸胶机浸渍树脂后，烘干制成预浸料（常称为预浸胶布或漆布），然后预浸料经裁切、叠合在一起，经专用多层平板压机施加一定的压力、温度，保持适宜的时间层压制成层压制品的成型工艺。这是一种平板模的模压成型。采用这种工艺可高效率地生产各种复合材料层压板、绝缘板、波形板和覆铜（箔层压）板等。

9.3.3　短纤维沉积预成型法

短纤维沉积预成型法是将短切纤维预先制成与制品形状相似的疏松毡状毛坯，然后再浸渍胶液，经压紧、固化而得到复合材料制品。

用短切纤维预成型，通常有两种方法：纤维吸积法和纤维喷积法。

纤维吸积法可在液体（如水）介质中进行，此时短切纤维分散在液体里用搅拌器使之均匀，同时用泵使液体形成循环，利用网模得到预成型毛坯，再进行干燥备用。该法可制出比空气为介质时更厚、更重的毛坯，并且生产效率高，约150kg/h。

吸积法预成型的优点是机械化程度高，质量比较均匀。

纤维喷积法是利用压缩空气流把短切玻璃纤维或事先混合的短切纤维喷射到模型上制成毛坯。纤维喷积法与纤维吸积法相同，截切机构把从纱筒上来的连续长粗纱切断成一定长的短纱。当短纱落至截切机构下面时，空气涡流将它分散成单根纤维并使之悬浮于空气中。通过软管将短切纤维喷向网模。在喷积纤维的同时，常常用喷枪喷出树脂胶液，与纤维混合后一起落到网模上，即后述的喷射成型工艺，它将纤维喷积预成型、树脂喷胶和浸渍在一个过程中同时完成。

用吸积法或喷积法预成型的短纤维毛坯，经进一步浸渍树脂胶液后，便可进行加压、加热固化。浸胶的方法可采用真空吸胶法或RTM法和喷胶法（即喷射成型：纤维和胶液可在枪内混合或枪外混合）完成。对于较大尺寸的制品，可采用真空袋、压力袋、热压罐法加压；尺寸较小的制品，可采用热压机加压固化。

9.3.4　喷射成型工艺

喷射成型是通过喷枪将短切纤维和雾化树脂同时喷射到开模表面，经辊压、固化制取复合材料制件的方法。其模具的准备与材料准备等与手糊成型基本相同，主要改革是使用一台喷射设备，将手工裱糊与叠层工序变成了喷枪的机械连续作业。

喷射成型一般将分装在两个罐中的混有引发剂的树脂和促进剂的树脂，由液压泵或压缩空气按比例输送从喷枪两侧（或在喷枪内混合）雾化喷出，同时将玻璃纤维无捻粗纱用切割机切断并由喷枪中心喷出，与树脂一起均匀沉积到模具上。待沉积到一定厚度，用手辊滚压，使纤维浸透树脂、压实并除去气泡，再继续喷射，直到完成坯件制作，最后固化成型。在喷射成型开始之前，应当先检查树脂的凝胶时间，测定方法是将少量的树脂喷入小罐中，测定其凝胶时间。还必须检查树脂对玻璃纤维的比例，一般控制在（2.5∶1）～（3.5∶1）之间。待胶衣树脂凝胶后（发软而不粘手），即可开始喷射成型操作。如果无胶衣树脂层，应先在模具上喷一层树脂，然后开动切割器，开始喷射树脂和纤维的混合物。第一层应该喷射得薄一些（约 1mm 厚），并且仔细辊压，首先用短的马海毛辊，然后用猪鬃辊或螺旋辊，以确保树脂和固化剂混合均匀以及玻璃纤维被完全浸润。仔细操作，确保在这一层中没有气泡，而且这一层完全润湿胶衣树脂，待这一层完全凝胶后再喷下一层。接下来的每一层约喷射 2mm 厚，如果太厚，则气泡难以除去，制品质量不能保证。每喷射一层都要仔细辊压除去气泡。如此重复，直至达到设计厚度。

要获得较高强度的制品，则必须与粗纱布并用，在使用粗纱布时，应先在模具上喷射足够量的树脂，再铺上粗纱布，仔细辊压，除去气泡。对大多数喷射设备，其喷射速率一般是 2～10kg/min。与手糊成型一样，最后一层可以使用表面毡，再涂上外涂层。固化、修整、后固化及脱模等工序与手糊法相同。

喷射成型对原材料有一定的要求。如树脂体系的黏度应适中（0.3～0.8Pa·s），容易喷射雾化、脱除气泡、润湿纤维而又不易流失以及不带静电等，最常用的树脂是不需加压在室温或稍高温度下即可固化的不饱和聚酯树脂等，含胶量约 60%。纤维选用经前处理的专用无捻粗纱，制品纤维含量控制在 28%～33%，纤维长度 25～50mm。

喷射成型是为改进手糊成型而创造开发的一种半机械化成型技术。国外在 20 世纪 60 年代发展了喷射成型并有成套喷射设备出售，如美国的 VENUS 公司、CRAFT 公司等。

喷射成型有各种各样的方法（设备），这里从胶液喷射动力和胶液混合形式方面进行介绍。

(1) 按胶液喷射动力可分为气动型和液压型

① 气动型（低压型）　气动型是空气引射喷涂系统，靠压缩空气的喷射将胶液雾化并喷涂到芯模上。部分树脂和引发剂烟雾被压缩空气扩散到周围空气中，因此这种形式已很少使用了。

② 液压型（高压型）　液压型是无空气的液压喷涂系统，靠液压将胶液挤成滴状并喷涂到模具上。首先用泵把树脂送入喷枪，利用泵压进行喷射；然后用空压机将树脂罐和固化剂罐加压，在该压力下，将树脂和固化剂压入喷枪进行喷射。因没有压缩空气喷射造成的扰动，所以没有烟雾，材料浪费少。

(2) 按胶液混合形式可分为内混合型、外混合型和先混合型

① 内混合型　内混合型是将树脂与引发剂分别送到喷枪头部的紊流混合器充分混合，即在喷枪内部混入固化剂后进行喷射。因为引发剂不与压缩空气接触，就不会产生引发剂蒸气。但喷枪易堵，必须用溶剂及时清洗。

② 外混合型　外混合型是将树脂与引发剂或分别含有促进剂和固化剂的树脂由喷枪喷出，在喷枪外的空气中呈雾状相互混合。有单独喷射固化剂和喷射含固化剂树脂两种类型。由于引发剂在同树脂混合前必须与空气接触，而引发剂又容易挥发，因此既浪费材料又引起环境污染。

③ 先混合型　先混合型是将树脂、引发剂和促进剂先分别送至静态混合器充分混合，

然后再送喷枪喷出。

一般认为，采用低压、树脂和固化剂枪内混合，而短切纤维和树脂在空间混合较好，并称为低压无气喷射成型。

除喷枪外，各种喷射成型设备基本上是类似的，一般由这几个部分组成：用于输送树脂或固化剂的泵；固化剂压力罐；洗涤溶剂压力罐；增强材料切割器；控制用各种空气调节器和计量器；输送材料的各种软管；喷枪。喷枪的种类很多，最常用的有以下几种：外部混合型、无空气外部混合型、空气辅助内部混合型、无空气内部混合型、两罐系统。典型的喷射成型机有双压力罐供胶式、泵供胶式以及泵罐组合供胶式等。

喷射成型的优点是生产效率比手糊提高 2～4 倍，劳动强度低，可用较少设备投资实现中批量生产；用玻璃纤维无捻粗纱代替织物，材料成本低；制品整体性好，无搭接缝；制件的形状和尺寸不受限制；可自由调节产品壁厚、纤维与树脂比例。主要缺点是现场污染大，树脂含量高，制件的承载能力低。适于制造船体、浴盆、汽车壳体、容器、板材等大型部件。

9.3.5　树脂传递模塑(RTM)、树脂膜熔渗(RFI)

(1) 树脂传递模塑　树脂传递模塑（Resin Transfer Molding，RTM）是从湿法铺层和注塑工艺中演变而来的一种新的复合材料成型工艺。它是一种适宜多品种、中批量、高质量复合材料制品的低成本技术。由于不采用预浸料，大大降低了复合材料的制造成本。制备预浸料需要昂贵的设备投资，操作的技术含量又相当高；为防止树脂的反应又常常需要将预浸料存放于低温条件，因此成本相当高。采用树脂传递模塑工艺时，只需要将形成结构件的相应纤维按一定的取向排列成预成型体，然后向毛坯引入树脂，随着树脂固化，最终制成复合材料结构件。

树脂传递模塑也称压注成型，是通过压力将树脂注入密闭的模腔，浸润其中的纤维织物坯件，然后固化成型的方法。RTM 成型工艺为：模具清理、脱模处理→胶衣涂覆→胶衣固化→预成型坯制造和嵌件等的安放→合模夹紧→树脂注入→树脂固化→启模→脱模→二次加工。主要包括以下方面。

① 预成型坯制造　将增强纤维按要求制成一定形状，然后放入模具中。预制件的尺寸不应超过模具密封区域以便模具闭合和密封。增强纤维在模腔内的密度须均匀一致，一般是整体织物结构或三维的编织结构，以及毡子堆积体和组合缝纫件等。

② 充模　在模具闭合锁紧后，在一定条件下将树脂注入模具，树脂在浸渍纤维增强体的同时将空气赶出。当多余的树脂从模具溢胶口开始流出时，停止树脂注入。注胶过程可对树脂罐施加压缩空气，对模具抽真空以排尽制件内的气泡。注胶时通常模具是预热的或对模具稍加热以保持树脂一定的黏度。

③ 固化　在模具充满后，通过加热使树脂发生反应，交联固化。如果树脂开始固化得过早，将会阻碍树脂对纤维的完全浸润，导致最终制件中存在空隙，降低制件性能。理想的固化反应开始时间是在模具刚刚充满时。固化应在一定的压力下进行，可一次在模腔内固化，也可分两个阶段固化，第二阶段可将制件从模具内取出，在固化炉内固化。

④ 开模　当固化反应进行完全后，打开模具取出制件，为使制件固化完全可进行后处理。

RTM 成型控制的主要工艺参数有注胶压力、注胶速率和注胶温度等。

① 注胶压力　压力是影响 RTM 工艺过程的主要参数之一。压力的高低取决于模具的

材料要求和结构设计，高的压力需要高强度、高刚度的模具和大的合模力。RTM工艺希望在较低压力下完成树脂压注。为降低压力，可采取如下措施：降低树脂黏度；适当的模具注胶口和排气口设计；适当的纤维排布设计；降低注胶速率。

② 注胶速率　注胶速率取决于树脂对纤维的润湿性和树脂的表面张力及黏度，受树脂的活性期、压注设备的能力、模具刚度、制件的尺寸和纤维含量的制约。人们希望获得高的注胶速率，以提高生产效率。从气泡排出的角度，也希望提高树脂的流动速率，但不希望速率的提高会伴随压力的升高。充模的快慢还影响着树脂和纤维结合的紧密性，一般可用充模时的宏观流动来预测充模时产生夹杂气泡、熔接痕甚至充不满模等缺陷，用微观流动来估计树脂与纤维之间的浸渍和存在于微观纤维之间的微量气体的排出量。由于树脂对纤维的完全浸渍需要一定的时间和压力，较慢的充模压力和一定的充模反压有助于改善RTM的微观流动状况。但是，充模时间增加降低了RTM的效率。

③ 注胶温度　注胶温度取决于树脂体系的活性期和最小黏度的温度。在不大大降低树脂凝胶时间的前提下，为了使树脂在最小的压力下使纤维获得充足的浸润，注胶温度应尽量接近最小树脂黏度的温度。过高的温度会缩短树脂的工作期。过低的温度会使树脂黏度增大，而使压力升高，也阻碍了树脂正常渗入纤维的能力。较高的温度会使树脂表面张力降低，使纤维床中的空气受热上升，因而有利于气泡的排出。

RTM成型机一般包括液压泵（如树脂泵、引发剂泵）、注射枪和混合器、清洗装置、真空系统、空压系统和控制系统。RTM机有单组分式、双组分加压式、双组分泵式、添加催化剂泵式等四种注入方式。最简单的RTM机只有一个压力泵，它适用于低反应性单组分树脂体系的压注。树脂需加热到高温下固化，生产周期长。由于是单组分树脂体系，为防止树脂在压力系统中凝胶、固化，每次注射完毕必须清洗。对于高反应活性的树脂体系（如由组分A和B组成），必须选择双泵压注系统。A、B两组分经一个混合头混合后，快速注入到模具内。高反应活性的树脂一旦混合，很快开始固化，典型的固化时间为1~5min。所以，使用高反应性树脂要注意有足够的时间保证在树脂固化之前能将其从混合头内清理出来。在新近发展的RTM设备（如Magaject-Ⅱ）中，组分A和组分B树脂分别放在不同的树脂槽内，由压力泵（齿轮泵或活塞泵）将其泵内树脂压注入管路。当进行注射时，流动的树脂在混合头充分混合后进入模具。当模具充满、压注过程结束后，树脂A、B组分分别回到各自的管路，混合头经溶剂自动清洗后用压缩空气干燥。这种自动化的RTM设备允许使用高反应活性的树脂体系，适用于批量生产。一般情况下，利用手持注射枪或固定注射嘴将经混合头混合的树脂注入模具。带有混合头的组合手持注射枪一般用于压力比较低的压力罐和双活塞泵压注系统。自动固定注射嘴用于注射压力较高的RTM类压注系统。当使用加热模具时，固定注射嘴必须用液体进行冷却。为保证树脂能畅通地注入模具，压注系统在每次注射之后都要用溶剂清洗，然后空气干燥。

RTM模具为上、下模组成的闭合模，除保证制品形状、尺寸、表面精度的基本要求，在注射压力下不变形、不破坏，具有夹紧和顶开上、下模和制品脱模装置，具有合理的压注口、流道、排气口（出胶口）和密封件，模具一般可通电加热。模具常用材料有聚酯玻璃钢和电镀金属（如铝、镍）等。

RTM成型工艺对树脂体系工艺性的要求可概括为：室温或较低温度下具有低黏度（0.1~1Pa·s）及一定的适用期（如48h）；树脂对增强材料具有良好的浸润性、匹配性、黏附性；树脂不含溶剂或挥发物，固化无小分子物放出；树脂在固化温度下具有良好的反应性，且后处理温度不应过高。

RTM 成型的特点是：制品尺寸由模腔决定，制件尺寸精度高，有精确的内外表面，不需补充加工，但工艺难度大，注胶周期长，注胶质量不易控制；制品树脂含量高，模具费用高；操作者不与胶液接触，劳动条件好。适用于具有一定厚度和尺寸要求的制件，如飞机机头实壁结构雷达罩，复合材料汽车保险杠，A320 发动机吊架尾部整流锥等。

为了改善注射时模具型腔内树脂的流动性、浸渍性，更好地排尽气泡，出现了腔内抽真空，再用注射机注入树脂，或者仅靠型腔真空造成的内外压力差注入树脂的工艺，即真空辅助 RTM 工艺，如 Vacuum-Assisted Resin Transfer Molding（VARTM）、Vacuum-Assisted Resin In Jection（VARI）、Vacuum Resin Transfer Molding（VRTM）等。通过使用真空，降低模具内的压力，增加了使用更轻模具的可能性。真空的使用也使模腔内物料的纤维含量更高，树脂对纤维的浸渍更好。

（2）树脂膜熔渗工艺 树脂膜熔渗工艺（Resin Film Infusion，RFI）是将树脂膜熔渗与纤维预制体相结合的一种树脂浸渍技术；它与 RTM 工艺一样，为液体模塑工艺，也是一种不采用预浸料制造先进复合材料结构件的低成本技术。其成型过程是将树脂制成树脂膜或稠状树脂块，安放于模具的底部，其上层覆以缝合或三维编织等方法制成的纤维预制体，依据真空成型工艺的要点将模腔封装，随着温度的升高，在一定的压力（真空或压力）下，树脂软化（熔融）由下向上爬升（流动），浸渍预成型体，填满整个预制体的每一个空间，达到树脂均匀分布，最后按固化工艺固化成型。

RFI 技术是由 RTM 技术发展而来的，但它与 RTM 技术仍有较大的差别。RFI 与 RTM 技术比较，RTM 可在无压力下固化成型，而 RFI 通常需要在能产生自上而下的压力环境下完成。与 RTM 技术比较，RFI 技术具有许多优点：RFI 技术不需要像 RTM 工艺那样的专用设备；RFI 工艺所用的模具不必像 RTM 模具那么复杂，可以使用热压罐成型所用的模具；RFI 将 RTM 的树脂的横向流动变成了纵向（厚度方向）的流动，缩短了树脂流动浸渍纤维的路径，使纤维更容易被树脂所浸润；RFI 工艺不要求树脂有足够低的黏度，RFI 树脂可以是高黏度树脂，半固体、固体或粉末树脂，只要在一定温度下能流动浸润纤维即可，因此普通预浸料的树脂即可满足 RFI 工艺的要求。与热压罐技术相比，RFI 技术不需要制备预浸料，缩短了工艺流程，并提高了原材料的利用率，降低了复合材料的成本。但是，对于同一个树脂体系，RFI 技术需要比热压罐成型更高的成型压力。

RFI 技术通常与缝合技术或三维编织技术结合在一起。在应用 RFI 技术制造复合材料制件时，首先采用织物缝合技术将增强材料按设计要求缝合成预成型体，或者利用三维编织技术直接编织成制件形状的预成型体。在 RFI 工艺过程中，首先将树脂膜或树脂片铺放在涂有脱模剂的底模上，然后依次铺放预成型体、带孔模板、有孔隔离膜、吸胶材料、透气材料等，最后封装真空袋并在热压罐中固化成型。

RFI 成型技术除了能缩短复合材料的成型周期，也能大大提高复合材料的抗损伤能力，如缝合/RFI 复合材料与层合板复合材料相比，其拉伸强度下降约 8%，拉伸模量下降 5%，压缩强度降低 2% 左右，压缩模量降低约 3%。但是它们的 I 型层间断裂韧性 G_{Ic} 提高了 10 倍以上，II 型层间断裂韧性 G_{IIc} 提高了 25%，冲击后压缩强度 CAI 约为原来的 2 倍。

波音-麦道公司在 ACT（Advanced Composites Technology）计划的支持下，开展了 RFI 技术研究，用 RFI 技术制造了一个长 12.19m、宽 2.44m 的大型机翼部件，其碳纤维预成型体是采用先进缝合机（ASM）缝合制造的，树脂采用 3501-6 环氧树脂膜。

美国的 Seeman 发展了此工艺并申请了专利，称 SCRIMP-Seeman's Composite Resin Infusion Molding Process，适合大尺寸复合材料构件的制造。

9.3.6　注射成型

注射成型（RIM，RRIM）是将纤维增强的粒料，从料斗加入注射成型机的料筒受热熔化至流动状态，以很高的压力和较快的速率注入温度较低的闭合模具内，在模具内固化，脱模即得制品。该工艺主要是热塑性塑料的注塑成型。近年来又发展了新的注射工艺。

(1) 反应注射成型　反应注射成型（Reaction Injection Molding，RIM）是集聚合与加工于一体的聚合物加工方法。其基本原理是将两种反应物（高活性的液状单体或齐聚物）精确计量，经高压碰撞混合后充入模内，混合物在模具型腔内迅速发生聚合反应固化成型。

RIM工艺的突出特点是生产效率高、能耗低。该技术始于20世纪60年代末，最早用于聚氨酯材料的加工。自1974年美国大量采用RIM工艺生产聚氨酯制件以来，RIM聚氨酯化学体系经历了聚氨酯→聚氨酯-脲→聚脲的革新。随着RIM技术的发展，RIM工艺已扩展到其他树脂上，如尼龙、聚双环戊二烯、聚碳酸酯、不饱和聚酯、酚醛、环氧等。

RIM机一般由下列主要部分组成：供料系统、计量和注射系统、混合头和模具系统。RIM机最重要的要求是：准确的化学计量、有效的混合及高效率生产。由于化学配比对聚合物性能极为重要，在整个注射过程中计量必须高度准确，由于反应速率快，分子的扩散又很慢，因此混合过程必须短而效率高，这意味着通过计量和注射系统的液体流速要高。供料系统由原料罐和换热器组成。计量和注射一般可采用喷射装置，正位移柱塞泵或轴向/辐射柱塞泵。商用RIM机通常具有控制计量伺服机构，这种控制是通过监控泵的压力或转速而实现的。小型RIM机采用机械杠杆来控制计量。RIM机对混合头的基本要求是能在极短的时间（1～3s）内混合大量（3～7kg）黏稠液体（约1Pa·s），而且能保持混合室内洁净，以便反复循环注塑。碰撞混合是工业RIM机唯一有效的混合方法。在碰撞混合前，原料液体在低压下经过混合头而不发生碰撞可保持料温均匀。注射开始时，混合头从高压循环状态转向注射状态，通过中心活塞的移动或液压驱动阀同时打开喷嘴。冲击混合过程中，反应原料进入有限的混合室中，反应原料在混合室内经受剧烈的混杂运动，通过强烈的剪切和延伸变形达到完全混合。注射结束时，混合头中活塞推出所有残余物料，对混合室进行自清洁，为下一次注射做好准备。模具系统包括流道和浇口、模腔和载模架。

RIM与热塑性塑料注射成型的区别在于成型过程的同时发生化学反应。由于原料是液态，注射压力低，从而降低了机器合模力和模具造价；反应注射成型与一般注射成型比较，不需塑化，因此无塑化装置，注射量受设备限制较少；原料黏度低，注射压力低，锁模力小，故锁模结构简单；由于液态单体在模具中发生聚合反应时放热，故不需外界再提供热能，成型时耗能少。由于成型时物料流动性好，故可以成型壁厚变化和形状复杂的制品，制品表面光洁度也高。

(2) 增强反应注射成型　增强反应注射成型（Reinforced Reaction Injection Molding，RRIM）是短切纤维或片状增强材料增强的RIM，它是在反应注射成型基础上发展起来的，在单体中加入增强材料，即反应单体与增强材料一同通过混合头注入模具型腔（混合头要求纤维应短）制备复合材料制品。增强材料主要有短切纤维与磨碎纤维。短切纤维的长度一般为1.5～3mm，增强效果比磨碎纤维的要好。

结构反应注射成型（SRIM）或铺垫模塑反应注射成型（MMRIM）通常是将长纤维增强垫预置于模具型腔中，再注入反应物，浸渍固化。

RIM、RRIM与RTM一样，均为液体复合材料成型技术（LCM），但由于RIM反应单体的活性大，混合后必须一次注完。

9.3.7 纤维缠绕成型

纤维缠绕成型是将浸渍树脂的纤维丝束或带，在一定张力下，按照一定规律缠绕到芯模上，然后在加热或常温下固化成制品的方法。

(1) 分类 根据缠绕时树脂基体所处的化学物理状态不同，缠绕工艺可分为干法、湿法及半干法三种。

干法缠绕采用预浸纱（带），缠绕时，在缠绕机上对预浸纱（带）加热软化再缠绕在芯模上。干法缠绕的生产效率较高，缠绕速率可达 $100\sim200m/min$，工作环境也较清洁，但是干法缠绕设备比较复杂，造价高，缠绕制品的层间剪切强度也较低。

湿法缠绕采用液态树脂体系，将纤维经集束、浸胶后，在张力控制下直接缠绕在芯模上，然后再固化成型，湿法缠绕的设备比较简单，但由于纱（带）浸胶后立即缠绕，在缠绕过程中对制品含胶量不易控制和检验，同时胶液中的溶剂易残留在制品中形成气泡、空隙等缺陷，缠绕时纤维张力也不易控制，劳动条件差，劳动强度大，不易实现自动化。

半干法是在纤维浸胶到缠绕至芯模的途中增加一套烘干设备，将纱带胶液中的溶剂基本上清除掉。半干法制品的含胶量与湿法一样不易精确控制，但制品中的气泡、空隙等缺陷大为降低。

近年来，对于热塑性树脂还发展了采用热塑性树脂粉末的形式。首先利用静电粉末法将热塑性树脂粉末均匀地涂覆到增强粗纱形成预浸纤维束，然后热塑性预浸纤维束通过绕丝嘴被加热软化缠绕在芯模上，最后再硬化获得制件。

(2) 缠绕规律 缠绕规律指的是绕丝头与芯模之间相对运动的规律，以满足纤维均匀、稳定、规律地缠绕到芯模上。缠绕制品规格、形式种类繁多，缠绕形式千变万化，但缠绕规律可归结为三种：环向缠绕、纵向缠绕和螺旋缠绕。

① 环向缠绕 环向缠绕是沿容器圆周方向进行的缠绕。缠绕时，芯模绕自己轴线做匀速转动，丝束（丝嘴）在平行于芯模轴线方向的筒身区间均匀缓慢地移动。芯模每转一周，丝束沿芯模轴向移动一个纱片宽度。如此循环下去，直至纱片均匀布满芯模圆筒段表面为止。环向缠绕的特点是：缠绕只能在筒身段进行，不能缠绕到封头去。邻近纱片间相接而不重叠，纤维丝束与芯模轴线之间的夹角即缠绕角通常在 $85°\sim90°$ 之间，环向缠绕层用来承受径向载荷。

② 纵向缠绕 缠绕时导丝头在固定平面内做匀速圆周运动，芯模绕自己轴线慢速间歇转动。导丝头每转一周，芯模转过一个微小角度，反映到芯模表面上对应一个纱片宽度。每转一周的纤维在同一平面上，所以纵向缠绕又称为平面缠绕。纵向缠绕的纤维与芯模纵轴成 $0°\sim25°$ 的夹角，并与两端极孔相切，依次连续缠绕到芯模上去。纱片排布彼此不发生纤维交叉，纤维缠绕轨迹是一条单圆平面封闭曲线。纵向缠绕层用来承受纵向载荷。

③ 螺旋缠绕 螺旋缠绕也称测地线缠绕。缠绕时芯模绕自己轴线匀速转动，导丝头按一定运动速度沿芯模轴线方向往返运动。这样就在芯模的筒身和封头上实现了螺旋缠绕，缠绕角为 $12°\sim70°$。芯模旋转速率与导丝头运动速率成一定比例（这里速比为单位时间内芯模主轴转数与导丝头往返次数之比），速比不同，缠绕的花样（线形）不同。

在螺旋缠绕中，纤维缠绕不仅在圆筒段进行，而且在封头上也进行。其缠绕过程为：纤维从容器一端的极孔圆周上某一点出发，沿着封头曲面上与极孔圆相切的曲线绕过封头，并按螺旋线轨迹绕过圆筒段，进入另一端封头，然后再返回到圆筒段，最后绕到开始缠绕的封头，如此循环下去，直至芯模表面均匀布满纤维为止。由此可见，螺旋缠绕的轨迹是由圆筒段的螺旋线和封头上与极孔相切的空间曲线所组成，即在缠绕过程中，纱片若以右旋螺纹缠绕到芯模上，返回时，则以左旋螺纹缠到芯模上。

螺旋缠绕的特点是每束纤维都对应极孔圆周的一个切点，相同方向邻近纱片之间相接而不相交，不同方向的纤维则相交。这样，当纤维均匀缠满芯模表面时，就构成了双层纤维层。

（3）工艺过程　缠绕成型的工艺过程为：胶液配制、纤维烘干及热处理、芯模或内衬制造、浸胶、缠绕、固化、检验、修整、成品。应控制的主要工艺参数有：纤维的烘干和热处理，纤维浸胶含量，缠绕张力，纱片宽度和缠绕位置，缠绕速率，固化制度和环境温度等。

缠绕成型使用的原材料主要是连续纤维的纱或带和胶液，干法缠绕则采用预浸纱（带）。缠绕成型对树脂的黏度和工艺性能及适用期等有一定的要求。含胶量是在浸胶过程中进行控制的，缠绕工艺的浸胶通常采用浸渍法和胶辊接触法。浸渍法是通过挤胶辊压力大小来控制含胶量。胶辊接触法，是通过调节刮刀与胶辊的距离，以改变胶辊表面胶层厚度来控制含胶量。

内衬与芯模。为了使内压容器具有气密性不渗漏，或具有一定耐腐蚀、耐高温性能，一般采用内衬的缠绕制品结构。内衬材料有金属、橡胶、塑料等不同材质。为了便于制件脱模，芯模可设计成可拆（组合模具）、可碎（粉碎模具）、可溶（溶解模具）等形式以便脱模。金属芯模常制成可卸的组合芯模。对于小批量或单件生产的制品，为降低成本，常用金属作骨架、用石膏塑造型面的可卸式组合芯模。

缠绕张力影响着制品的机械性能、密实度、含胶量等。为避免各缠绕层由于缠绕张力作用导致产生内松外紧的现象，应有规律地使张力逐层递减，使内、外层纤维的初始应力相同，容器充压后内、外层纤维能同时承受载荷。

缠绕后的坯件可在热压罐、烘箱或专用的固化炉内固化，固化过程中应不停地转动制件直至凝胶，防止树脂流出而造成分布不均。对较厚的制品，需采用分层固化的固化工艺。

（4）缠绕设备　缠绕成型的主要设备为纤维缠绕机，缠绕成型的辅助设备有纱管及纱架、纤维浸胶（槽）及烘干设备、张力发生器和测量装置、加热固化装置和控制系统。纤维缠绕机按芯模主轴的位置分卧式缠绕机、立式缠绕机、倾斜式缠绕机等。

基本型卧式（链条式）缠绕机主要由带动芯模旋转的主轴传动机构、带动导丝头平行于芯模轴线往复运动的环向缠绕机构和螺旋缠绕机构三个部分组成，从而实现芯模旋转和导丝头两个相对运动。主轴传动机构中，主轴是由一个电动机，通过一个涡轮、齿轮减速机构转动的，芯模直接连接在主轴上。卧式缠绕机常用于湿法工艺，螺旋缠绕线形和环向缠绕线形。环向缠绕机构包括一个与主轴平行的丝杠，一个位于丝杠上的滑块（滑块上安装一个导丝头）和一个换向器。螺旋缠绕机构工作时，由电动机通过减速器使链条主动轮转动，然后链条主动轮带动链条做回转运动，并且通过固定在环形链条上的拨销带动一个四轮小车做平行于芯模的往返直线运动。导丝头安设在小车上。这种缠绕机进行螺旋缠绕时，是由芯模主轴的转动及导丝头（小车）由封闭链条带动做往返运动完成的；进行环向缠绕时，是由芯模主轴的转动及导丝头（小车）沿平行芯模轴线的丝杠带动完成的。为使纤维按一定线形均匀地布满芯模表面，链条的长度及布置、速比的调节及计算是设计及使用链条式缠绕机的关键。

（5）缠绕成型的特点　纤维缠绕成型的主要特点是：纤维能保持连续完整，制件线形可按制品受力情况设计，即可按性能要求配置增强材料，结构效率高，制品强度高；可连续化、机械化生产，生产周期短，劳动强度小；产品不需机械加工，但设备复杂，技术难度高，工艺质量不易控制。

缠绕工艺主要适合成型大型旋转体制件，在化工、食品酿造业、运输业及航空航天等获得广泛的应用。例如，承受内压和外压的压力容器如气瓶、鱼雷壳体等，输送石油、水、天然气和其他流体的化工管道，储运酸、碱、盐及油类介质的大型储罐和铁路罐车，火箭发动机防热壳体、火箭发射管、燃料储箱及锥形雷达罩等军工产品。缠绕成型还可制造异性截面型材和变截面制件。

9.3.8　挤拉成型

挤拉成型是一种连续生产固定截面型材的成型方法。主要过程是将浸有树脂的纤维连续通过一定型面的加热口模，挤出多余树脂，在牵引条件下进行固化。挤拉成型机由纱架、集纱器、浸胶装置、成型模腔、牵引机构、切割机构和操作控制系统组成。典型的挤拉成型工艺由送纱、浸胶、预成型、固化成型、牵引和切割工序组成。连续纤维或织物浸渍树脂后，经牵引通过成型模腔，被挤压和加温固化形成型材，然后将型材按长度要求进行切割。

挤拉成型的主要增强材料是无捻玻璃纤维粗纱、连续纤维毡及聚酯纤维毡、碳纤维和芳纶及其混杂纤维。增强体还可采用双向编织物、编织套或整体的三维编织物等多种形式，从而提高挤拉制品的横向或层间力学性能。热固性基体和热塑性基体均可用于挤拉成型。对于热固性树脂，挤拉成型要求树脂黏度低、浸润性好、适用期长、固化快，常采用不饱和聚酯树脂、乙烯基树脂和环氧树脂等。树脂中可加入内脱模剂，成型时自动迁移到制件表面减少牵引阻力。采用预浸纱织物的干法挤拉成型则省出树脂浸渍工序。固化可分段进行，先在模腔内固化到一定程度，再进入固化炉内完全固化。模腔口型的横截面形式可设计成多种多样，如工字形、角形、槽形、异形截面以及这些截面构成的组合截面等。热塑性复合材料的拉挤已进入实用阶段，主要基体有 ABS、PA、PC、PES、PPS 及 PEEK 等。

挤拉成型的最大特点是连续成型，制品长度不受限制，力学性能尤其是纵向力学性能突出，结构效率高，制造成本低，自动化程度高，制品性能稳定，生产效率高，原材料利用率高，不需要辅助原料，它是制造高纤维体积含量、高性能低成本复合材料的一种重要方法。因此，挤拉复合材料可以取代金属、塑料、木材、陶瓷等材料，从而在石油、建筑、电力、交通、运输、体育用品、航空航天等工业领域得到广泛应用。

9.3.9　离心浇注成型

离心浇注成型是将纤维和树脂置于旋转模的内表面，借助模具转动的离心力将物料压紧，并排出其中的空气，固化后得到制件的方法。离心浇注工艺也可将编织套、纤维毡或织物置于筒状模具内再喷洒树脂形成坯件。小型管件可用编织套，中型罐、槽制件可用纤维毡或织物，大型罐、槽制件可用同时喷洒短切纤维和树脂的方法。该方法具有制件壁厚均匀、外表光洁的特点。

9.4　金属基复合材料

金属基复合材料品种繁多。多数制造过程是将复合过程与成型过程合为一体，同时完成复合与成型。由于基体金属的熔点、物理和化学性质不同，增强物的几何形状、化学、物理性质不同，应选用不同的制造工艺。现有的制造工艺有：粉末冶金法、热压法、热等静压法、挤压铸造法、共喷沉积法、液态金属浸渗法、液态金属搅拌法、反应自生法等。归纳起来可以分成以下几大类：固态法、液态法和自生成法及其他制备法。

9.4.1 固态法

固态法是指在金属基复合材料中基体处于固态下制造金属基复合材料的方法。它是将金属粉末或金属箔与增强物（纤维、晶须、颗粒等）按设计要求以一定的含量、分布、方向混合或排布在一起，再经加热、加压，将金属基体与增强体复合黏结在一起，形成复合材料。在其整个制造工艺过程中，金属基体与增强体均处于固态状态，其温度控制在基体合金的液相线与固相线之间，金属基体与增强物之间的界面反应不严重。粉末冶金法、固态扩散法、爆炸焊接法等均属于固态复合成型方法。

9.4.1.1 粉末冶金法

粉末冶金法是用于制备与成型非连续增强型金属基复合材料的一种传统的固态工艺。它是利用粉末冶金原理，将基体金属粉末和增强材料（晶须、短纤维、颗粒等）按设计要求的比例在适当的条件下均匀混合，然后再压坯、烧结或挤压成型，或直接用混合粉料进行热压、热轧制、热挤压成型，也可将混合料压坯后加热到基体金属的固-液相温度区内进行半固态成型，从而获得复合材料或者制件。

粉末冶金成型主要包括混合、固化、压制三个过程。粉末冶金工艺是：首先采用超声波或球磨等方法，将金属与增强体混匀，然后冷压预成型，得到复合坯件，最后通过热压烧结致密化复合材料成品，该工艺流程如图 9-1 所示。

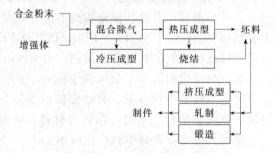

图 9-1　粉末冶金法制备颗粒增强金属基复合材料的工艺流程

粉末冶金法的主要优点是：增强体与基体粉末有较宽的选择范围，颗粒的体积分数可以任意调整，并不受颗粒的尺寸和形状的限制，可以实现制件的少无切削或近净成型。不足之处是：制造工序繁多，工艺复杂，制造成本较高，内部组织不均匀，存在明显的增强相富集区和贫乏区，不易制备形状复杂、尺寸大的制件。目前，美国 Lockheed（洛克希德公司）、G. E（通用动力）、Northrop（诺斯罗普公司）、DEA 公司和英国的 BP 公司等已能批量生产 SiC 和 Al_2O_3 颗粒增强的铝基复合材料。

9.4.1.2 固态扩散法

固态扩散法是将固态的纤维与金属适当地组合，在加压、加热条件下，使它们相互扩散结合成复合材料的方法。固态扩散法可以一次制成预制品、型材和零件等，但一般主要是应用于预制品的进一步加工制造。该方法制造连续纤维增强金属基复合材料主要有两步：第一步，先将纤维或经过预浸处理的表面涂覆有基体合金的复合丝与基体合金的箔片有规则地排列和堆积起来；第二步，通过加热、加压使它们紧密地扩散结合成整体。固态扩散结合法制备金属基复合材料主要有热压扩散法、热等静压法、热轧法、热拉拔和热挤压等。

（1）热压扩散法　热压扩散法是制备和成型连续纤维增强金属基复合材料及其制件的典型方法之一。其工艺过程一般为：先将经过预处理的连续纤维按设计要求在某方向堆垛排列好，用金属箔基体夹紧、固定，然后将预成型层合体在真空或惰性气体中加热至基体熔点以下，进行热加压，通过扩散焊接的方式实现材料的复合化合成型。

热压扩散法的特点是：利用静压力使金属基体产生塑性变形、扩散而焊合，并将增强纤维固结在其中而成为一体。复合材料的热压温度比扩散焊接高，但是也不能过高，以免纤维与基体之间发生反应影响材料的性能，一般控制在稍低于基体合金的固相线以下。有时也为了能更好地使材料复合，将纤维用易挥发黏结剂贴在金属箔上制得预制片，希望有少量的液相存在，温度控制在固相线与液相线之间。对于压力的选择，可以在较大范围内变化，但是过高也容易损伤纤维，一般控制在 10MPa 以下。压力的选择与温度有关，温度高，则压力可适当降低，时间在 10～20min 即可。但是，为了得到性能良好的金属基复合材料，同时要防止界面反应，就要控制温度的上限。

对于热压法制造纤维增强金属基复合材料的条件，因所用的材料的种类、部件的形状等不同而有所不同。对于其纤维的热稳定性好时，可以将基体金属加热到固相线以上半固态成型，这样可以不用高压和不用大型压力机，因而设备规模也就小了，制造成本将有所降低。热压法适用于用较粗直径的纤维（如 CVD 法制成的硼纤维、SiC 纤维）与纤维束丝的预制丝增强铝基及钛基复合材料的制造，或应用于钨丝/铜等复合材料的制造。

（2）热等静压法　热等静压法也是热压的一种，用惰性气体加压，工件在各个方向上受到均匀压力的作用。热等静压法的工作原理即在高压容器内设置加热器，将金属基体（粉末或箔）与增强材料（纤维、晶须、颗粒）按一定比例混合或排布后，或用预制片叠层后放入金属包套中，抽气密封后装入热等静压装置中加热、加压，复合成金属基复合材料。热等静压装置的温度可为几百摄氏度到 2000℃，工作压力可高达 100～200MPa。

热等静压制造金属基复合材料过程中温度、压力、保温保压时间是主要工艺参数。温度是保证工件质量的关键因素，一般选择的温度低于热压温度以防止严重的界面反应。压力根据基体金属在高温下变形的难易程度而定，易变形的金属压力选择低一些，难变形的金属则选择较高的压力。保温保压时间主要根据工件的大小来确定，工件越大保温时间越长，一般为 30min 到数小时。热等静压法工艺有以下三种。

① 先升压后升温　其特点是无需将工作压力升到最终所要求的最高压力，随着温度升高，气体膨胀、压力不断升高直至达到需要压力，这种工艺适合于金属包套工件的制造。

② 先升温后升压　此工艺对于用玻璃包套制造复合材料比较合适，因为玻璃在一定温度下软化，加压时不会发生破裂，又可有效传递压力。

③ 同时升温升压　这种工艺适合于低压成型、装入量大、保温时间长的工件制造。

（3）热轧、热挤压和热拉拔技术　热轧法主要用来将已复合好的颗粒、晶须、短纤维增强金属基复合材料锭坯进一步加工成板材；也可将由金属箔和连续纤维组成的预制片制成板材，如铝箔与硼纤维、铝箔与钢丝。为了提高黏结强度，常在纤维上涂银、镍、铜等涂层，轧制时为了防止氧化常用钢板包覆。与金属材料的轧制相比，长纤维/金属箔轧制时每次的变形量小，轧制道次多。对于颗粒或晶须增强金属基复合材料板材，先经粉末冶金或热压成坯料，再经热轧成复合材料板材，适合的复合材料有 SiC_p/Al、SiC_p/Cu、Al_2O_3/Al、Al_2O_3/Cu 等。

热挤压和热拉拔主要用于颗粒、晶须、短纤维增强金属基复合材料坯料的进一步加工，制成各种形状的管材、型材、棒材等。经挤压、拉拔后复合材料的组织变得均匀，缺陷减小或消除，性能明显提高，短纤维和晶须还有一定的择优取向，轴向抗拉强度提高很多。

热挤压和热拉拔对制造金属丝增强金属基复合材料是很有效的方法，具体做法是在基体金属坯料上钻长孔，将增强金属制成棒放入基体金属的孔中，密封后进行热挤压或热拉，增强金属棒变成丝。也有将颗粒或晶须与基体金属粉末混匀后装入金属管中，密封后直接热挤压或热拉拔成复合材料管材或棒材。

热挤压和热拉拔技术适应于制造 C/Al、Al_2O_3/Al 复合材料棒材和管材等，常用的增强材料为 B、SiC、W 等，常用的基体金属有 Al 等。

9.4.1.3 爆炸焊接法

爆炸焊接法是利用炸药爆炸产生的强大脉冲应力，通过使碰撞的材料发生塑性变形、黏结处金属的局部扰动以及热过程使材料焊接起来。如果用金属丝作增强材料，应将其固定或编织好，以防其移位或卷曲。基体和金属丝在焊前必须除去表面的氧化膜和污物。

爆炸焊接用底座材料的质量起着重要作用，底座材料的密度和隔声性能应尽可能与复合材料接近。用放在碎石层或铁屑层上的金属板作底座，可得到高质量的平整的复合板。

爆炸焊接的特点是作用时间短，材料的温度低，不必担心发生界面反应。用爆炸焊接可以制造形状复杂的零件和大尺寸的板材，需要时一次作业可得多块复合板。此法主要用来制造金属层合板和金属丝增强金属基复合材料。

9.4.2 液态法

液态法是金属基体处于熔融状态下与固体增强物复合成材料的方法。金属在熔融态流动性好，在一定的外界条件下容易进入增强物间隙。为了克服液态金属基体与增强物浸润性差的问题，可用加压浸渗。金属液在超过某一临界压力时，能渗入增强物的微小间隙，而形成复合材料。也可通过在增强物表面涂层处理使金属液与增强物自发浸润，如在制备 Cr/Al复合材料时用 Ti-B 涂层。液态法制造金属基复合材料时，制备温度高，易发生严重的界面反应，有效控制界面反应是液态法的关键。液态法可用来直接制造复合材料零件，也可用作制造复合丝、复合带、锭坯等二次加工零件的原料。铸造法、熔融金属浸渗法、真空压力浸渍法、喷射沉积法等都属于液态法。

9.4.2.1 铸造法

在铸造生产中，用大气压力铸造法难以得到致密的铸件时，常采用真空铸造法和加压铸造法。加压铸造法可按加压手段和所加压力的大小分类，见表 9-1。金属基复合材料制造中，为了使金属液能充分地浸渗到预成型体纤维间隙内，制得致密铸件，常用的铸造法有高压凝固铸造法和压铸法，包括高压凝固铸造法、真空吸铸法、搅拌铸造法和压力铸造法等。

表 9-1　加压铸造法分类

分　类	方　法	压力/MPa	适用金属
加压浇筑法	压铸	50～100	Al,Zn,Cu
	低压铸造	0.03～0.07	Al
加压凝固法	高压凝固铸造	50～200	Al,Cu
	气体加压	0.5～1	Al,Cu
	离心铸造	相当于 1～2	Fe,Cu,Al

（1）高压凝固铸造法　高压凝固铸造法是将纤维与黏结剂制成的预制件放在模具中加热到一定温度，再将熔融金属液注入模具中，迅速合模加压，使液态金属以一定的速度浸透到预制件中，而其中的黏结剂受热分解除去，经冷却后得到复合材料制品。为了避免气体和杂质等的污染，要求整个工艺过程都在真空条件下进行。由于纤维与熔融的金属基体所处的高温时间短，因此纤维与基体之间的界面反应层厚度较小，制得的金属基复合材料性能也不会受到大的影响。此外，这种方法可用于加工形状复杂的制品。如果其温度与压力控制得当，可以制备出其致密性好而又不损伤纤维的金属基复合材料。

（2）真空吸铸法　真空吸铸法是我国设计出的一种制造碳化硅纤维增强铝基复合材料的新工艺。它是在铸型内形成一定负压条件，使液态金属或颗粒增强金属基复合材料自下而上吸入型腔凝固后形成固件的工艺方法。

（3）搅拌铸造法　搅拌铸造法是最早用于制备颗粒增强金属基复合材料的一种弥散混合铸造工艺。搅拌铸造有两种方式：一种是在合金液高于液相线温度以上进行搅拌，称为液态搅拌；另一种是当合金液处于固相线和液相线之间时进行搅拌，称为半固态搅拌铸造法。无论哪种方式，其基本原理都是在一定条件下，对处于熔化和半熔化状态的金属液，施加以强烈的机械搅拌，使其能形成高速流动的漩涡，并导入增强颗粒，使颗粒随漩涡进入基体金属液中，当在搅拌力作用下增强颗粒弥散分布后浇注成型。该工艺受搅拌温度、时间、速度等因素影响较大。同时，还必须考虑增强颗粒与基体润湿性和反应性，防止搅拌过程中基体的氧化和卷入气体。

搅拌铸造法的优点是工艺简单，效率高，成本低，铸锭可重熔进行二次加工，是一种实现商业化规模生产的颗粒增强金属基复合材料的制备技术。但是，由于该方法存在颗粒与金属液之间比重的偏差，因此容易造成密度偏析，凝固时形成树晶偏析，造成颗粒在基体合金中分布不均倾向。另外，颗粒的尺寸和体积分数也受到一定的限制，颗粒尺寸一般大于$10\mu m$，体积分数小于25%。

（4）压力铸造法　压力铸造法是制备颗粒、晶须或短纤维金属基复合材料比较成熟的工艺，包括挤压铸造、低压铸造和真空铸造等。其原理是：在压力作用下，将液态金属浸入增强体预制块中，制成复合材料坯锭，再进行二次加工。对于尺寸较小、形状简单的制件，也可一次实现工件形状的铸造。

对压力铸造法，主要的影响因素有：压力模具和预制块的预热温度、预制块中颗粒的体积分数、颗粒尺寸、颗粒的表面性质、加压速度和浸渗压等。工艺特点是：工艺简单、对设备要求低，压铸浸渗时间短，通过快速冷却可减轻或消除颗粒与基体的界面反应，同时可降低材料的孔隙率，对形状简单工件可实现工件形状的成型。不足是：对模具的要求较高，在压铸浸渗压力作用下预制块容易发生变形，难以制备形状复杂的制件。

9.4.2.2 熔融金属浸渗法

熔融金属浸渗法是通过纤维或纤维预制件浸渍熔融态金属而制成金属基复合材料的方法。其工艺效率较高，成本低，适用于制成板材、线材和棒材等。加工时，可以抽真空，利用渗透压使得熔融的金属浸透到纤维的间隙中，也可以在熔融的金属一侧用惰性气体或外载荷施加压力的方法实现渗透。

制作过程中因纤维与熔融的金属直接接触，它们之间容易发生化学反应，影响制品性能，故该法更适用于高温下稳定性好的纤维和基体金属。此外，由于金属液对纤维的润湿性不好，接触角大，金属液不能浸入到纤维的窄缝和交叉纤维的间隙，因此，用此法制备的铸造复合材料预成型体，其内部$40\%\sim80\%$范围内不可避免地存在大量空洞。即使对纤维进行了表面处理,对金属液也进行一定处理,改善了金属液与纤维的润湿性,也避免不了内部孔洞的生成。

熔融金属浸渗法要求其增强纤维热力学稳定或者经表面处理后稳定,并且与金属液的润湿性要良好,主要有大气压下熔浸、真空熔浸、加压熔浸和组合熔浸几种。一般大气压下连续熔浸用得较多,它是纤维束通过金属液后由出口模具成型,此工艺可以通过改变出口模具的形状,进而制备出不用形状的制品,如棒材、管材、板材以及复杂形状的型材等。

9.4.2.3　真空压力浸渍法

真空压力浸渍法是在真空和高压惰性气体的共同条件下,使熔融金属浸渗入预制件中制造金属基复合材料的方法。它综合了真空吸铸法和压力铸造法的优点,经过不断改进,现在已经发展成为能够控制熔体温度、预制件温度、冷却速度、压力等工艺参数的工业制造方法。真空压力浸渍法主要是在真空压力浸渍炉中进行,根据金属熔体进入预制件的方式,主要分为底部压入式、顶部压入式。

浸渍炉是由耐高温的壳体、熔化金属的加热炉、预制件预热炉、坩埚升降装置、真空系统、控温系统、气体加压系统和冷却系统组成。金属熔化过程和预制件预热过程是在真空或惰性气氛下进行,以防止金属氧化和增强材料损伤。

真空压力浸渍法的工艺过程是:先将增强材料预制件放入模具,基体金属装入坩埚,然后将装有预制件的模具和装有基体金属的坩埚分别放入浸渍炉和熔化炉内,密封和紧固炉体,将预制件模具和炉腔抽真空;当炉腔内达到预定真空度时,开始通电加热预制件和熔化金属基体;通过控制加热过程使预制件和熔融基体金属达到预定温度,保温一段时间,提升坩埚,使模具升液管插入金属熔体,再通入高压惰性气体,由于在真空和惰性气体高压的作用下,液态金属浸入预制件中形成复合材料;降下坩埚,接通冷却系统,待完全凝固,即可从模具中取出复合材料零件或坯料,且凝固在压力条件下进行,无一般的铸造缺陷。

在真空压力浸渍法制备金属基复合材料过程中,预制件制备和工艺参数控制是获得高性能复合材料的关键。预制件应有一定的抗压缩变形能力,防止浸渍时增强材料发生位移,形成增强材料密集区和富金属基体区,使复合材料的性能下降。

真空压力浸渍过程中外压是浸渍的直接驱动力,压力越高,浸渍能力越强。浸渍所需压力与预制件中增强材料的尺寸和体积分数密切相关,增强材料尺寸越小,体积分数越大,则所需外加浸渍压力越大。浸渍压力也与液态金属对增强材料的润湿性及黏度有关,润湿性好,黏度小,则所需浸渍压力也小。浸渍压力过大,可能使得增强材料偏聚变形,造成复合材料内部组织的不均匀性,一般采取短时逐步升压,在30~60s内升到最高压力,使金属熔体平稳地浸渍到增强材料之间的空隙中。加压速度过快,易造成增强材料偏聚变形,影响复合材料组织的均匀性。

该工艺制造方法的优点是:适用面广,可以用于多种金属基复合材料和连续纤维、短纤维、晶须和颗粒增强的复合材料的制备,增强材料形状、尺寸、含量基本上不受限制;该工艺可以直接制备出复合材料零件,特别是形状复杂的零件,基本上无需进行后续加工;由于浸渍是在真空下进行,压力下凝固,无气孔、疏松、缩孔等铸造缺陷,组织致密,材料性能好;该制备方法工艺简单,参数容易控制,可以根据增强材料和基体金属的物理化学特性,严格控制温度、压力等参数,避免严重的界面反应。但是,此真空压力浸渍法的设备比较复杂,工艺周期长,成本较高,制备大尺寸的零件投资更大。

9.4.2.4 喷射沉积法

喷射沉积法（又称喷射铸造成型法）是一种将金属熔体与增强颗粒在惰性气体的推动下，通过快速凝固制备颗粒增强金属基复合材料的方法。其基本原理是：在高速惰性气体流的作用下，将液态合金雾化，分散成极细小的金属液滴，同时通过一个或几个喷嘴向雾化的金属液滴流中喷入增强颗粒，使金属液滴和增强颗粒同时沉淀在水冷基板上形成复合材料。

喷射沉积工艺过程包括金属熔化、液态金属雾化、颗粒加入及其与金属雾化流的混合、沉积和凝固等。喷射沉积的主要工艺参数有：熔融金属温度、惰性气体压力、流量和速度、颗粒加入速率、沉积底板温度等。这些参数都将不同程度地影响复合材料的质量，因此，需要根据不同的金属基体和增强相进行调整组合，从而获得最佳工艺参数组合，必需严格地加以控制。

喷射沉积法主要用于制造颗粒增强的金属基复合材料，在其工艺过程中，液态金属雾化是关键工艺过程，因为液态金属雾化液滴的大小及尺寸分布、液滴的冷却速度都将直接影响到复合材料最后的性能。一般雾化后金属液滴的尺寸为 $10 \sim 30 \mu m$，使达到沉积表面时金属液滴仍保持液态和半固态，从而在沉积表面形成厚度适当的液态金属薄层，便于能够充分填充颗粒之间的孔隙，获得均匀致密的复合材料。

此方法在制备颗粒增强金属基复合材料过程中，金属雾化液滴和颗粒的混合、沉积和凝固是最终复合成型的关键工艺过程之一。沉积是与凝固同步而交替进行，为了使得沉积与凝固顺利进行，沉积表面应该始终保持一薄层液态金属膜，直至制备工艺过程结束。因此，为了能够达到这两个过程的动态平衡，主要是通过控制液态金属的雾化工艺参数和稳定衬底温度来实现。

利用喷射沉积技术制备金属基复合材料具有以下优点：制造方法使用面广，可以用于铝、铜、镍、钴、铁、金属间化合物等基体，可加入氧化铝（Al_2O_3）、碳化硅（SiC）、碳化钛（TiC）、石墨等多种颗粒，产品可以是圆棒、圆锭、板带、管材等。所获得的基体组织属于快速凝固范畴，增强颗粒与金属液滴接触时间极短，使界面化学反应得到了有效的控制，控制工艺气氛可以最大限度地减少氧化，冷却速度高达 $10^3 \sim 10^6 \, ^\circ\!C/s$，这可以使增强颗粒均匀分布，细化组织。此外，该生产工艺简单，效率高。与粉末冶金法相比，不必先制成金属粉末，然后依次经过与颗粒混合、压制成型、烧结等工序，而是快速一次复合成坯料，雾化速率可达到 $25 \sim 200 kg/min$，沉积凝固迅速。但此方法制备的金属基复合材料存在一定的孔隙率，一般需要进行热等静压（HIP）或挤压等二次加工，其制备成本也高于搅拌铸造法。

9.4.3 其他制备法

随着人们研究的深入和对各方面技术问题不断地解决，同时也适应现实应用中制造技术的发展，研究了更新的制造技术，主要包括原位自生成法、物理气相沉积法、化学气相沉积法、热喷涂法、化学镀和电镀法、复合镀法等。

9.4.3.1 "原位"自生成法

金属基复合材料"原位"反应合成技术的基本原理是：在一定的条件下，通过元素与化合物之间的化学反应，在金属基体内"原位"生成一种或几种高硬度、高弹性模量的陶瓷增强相，从而达到强化金属基体的目的。增强材料可以共晶的形式从基体中凝固析出，也可由加入的相应的元素之间的反应、合成熔体中的某种组成与加入的元素或化合物之间的反应生成。前者得到定向凝固共晶复合材料，后者得到反应自生成复合材料。

与传统的金属基复合材料制备工艺相比，该工艺具有以下特点：增强体是从金属基体中"原位"形核和长大的，具有稳定的热力学特性，而且增强体表面无污染，避免了与基体相容性不良的问题，可以提高界面的结合强度；通过合理地选择反应元素或化合物的类型、成分及其反应性，可有效地控制"原位"生成增强体的种类、大小、分布和数量；由于增强相是从液态金属基体中"原位"生成，因此可以用铸造方法制备形状复杂、尺寸较大的近净构件；在保证材料具有较好的韧性和高温性能的同时，可较大幅度地提高复合材料的强度和弹性模量。不足之处是：在大多数的"原位"反应合成过程中，都伴随有强烈的氧化或放出气体，而当难以逸出的气体滞留在材料中时，将在复合材料中形成微气孔，还可能形成氧化夹杂或生成某些并不需要的金属间化合物及其他相，从而影响复合材料的组织与性能。"原位"反应合成所产生的增强相主要为氧化物、氮化物、碳化物和硼化物等陶瓷相，常见的几种为 Al_2O_3、MgO、TiC、AlN、TiB_2、ZrC、ZrB_2 等陶瓷颗粒，这些颗粒的主要性能见表 9-2。

表 9-2　陶瓷颗粒相的性能

陶瓷相	密度/(g/cm³)	热膨胀系数/$10^{-6}℃^{-1}$	强度		弹性模量	
			强度/MPa	温度/℃	弹性模量/MPa	温度/℃
Al_2O_3	3.98	7.92	221	1090	379	1090
MgO	3.58	11.61	41	4090	317	1090
AlN	3.26	4.84	2069	24	310	1090
TiC	4.93	7.6	55	1090	269	24
ZrC	6.73	6.66	90	1090	359	24
TiB_2	4.50	8.82	—	—	414	1090
ZrB_2	6.90	8.82	—	—	503	24

9.4.3.2　物理气相沉积法

物理气相沉积的实质是材料源的不断气化和在基材上的冷凝沉积，最终获得涂层。传统的物理气相沉积在过程不发生化学反应，但经过改进后有时也通入反应气体，在基材上生成化合物。物理气相沉积分为真空蒸发、溅射和离子涂覆三种，是成熟的材料表面处理的方法，后两种也曾在实验室中用来制备金属基复合材料的预制片（丝）。

溅射是靠高能粒子（正离子、电子）轰击作为靶的基材金属，使其原子飞溅出来，然后沉积在增强材料（纤维）上，得到复合丝，用扩散黏结法最终制得复合材料或零件，纤维的体积分数可高达80%。电子束由电子枪产生，离子束可使惰性气体在辉光放电中产生，沉积速度为 $5\sim10\mu m/min$。溅射的优点是适用面较广，且基体成分范围较宽，合金成分中不同元素的溅射速率的差异可通过靶材成分的调整得到弥补。对于溅射速率差别大的元素，可先不将其加入基体金属中，而作为单独的靶同时进行溅射，使在最终的沉积物中得到需要的成分。

离子涂覆的实质是使气化了的基体在氩气的辉光放电中发生电离，在外加电场的加速下沉积到作为阴极的纤维上形成复合材料。在日本曾用离子涂覆法制备碳纤维/铝复合材料预制片。具体过程是，将铝合金制成直径为 2mm 的丝，清洗后送入涂覆室的坩埚内熔化蒸发，铝合金蒸气在氩气的辉光放电中发生电离，沉积到作为阴极的碳纤维上。碳纤维产品都是一束多丝，因此在送入涂覆室前必须将其分开，使其厚度不超过 4~5 根纤维直径，在涂覆前纤维先经离子刻蚀。调节纤维的运送速度可以控制铝涂层的厚度，得到的无纬带的宽度为 50~75mm。

物理气相沉积法尽管不存在界面反应问题，但其设备相对比较复杂，生产效率低，只能制造长纤维复合材料的预制丝或片，如果是一束多丝的纤维，则涂覆前必须先将纤维分开，而这是目前尚未能很好解决的问题。因此，物理气相沉积法目前并未正式用来制造金属基复合材料，但有时用来对纤维做表面处理如涂覆金属或化合物涂层。

9.4.3.3 化学气相沉积法

化学气相沉积法是化合物以气态在一定的温度条件下发生分解或化学反应，分解或反应产物以固态沉积在工件上得到涂层的一种方法。最基本的化学气相沉积装置有两个加热区：第一个加热区温度较低，维持材料源的蒸发并保持其蒸气压不变；第二个加热区温度较高，使气相中的化合物发生分解反应。

作为化学气相沉积用的原材料应是在较低温度下容易挥发的物质，这种物质在一定温度下比较稳定，但能在较高温度下分解或被还原，作为涂层的分解或还原产物在作业温度下是不易挥发的固相物质。常用的化合物是卤化物（其中以氯化物为主）以及金属的有机化合物。

用化学气相沉积法只能得到长纤维复合材料预制丝，大多数的基体金属只能用它们的有机化合物作材料源，这些化合物有铝的有机化合物三异丁基铝，价格昂贵，在沉积过程中的利用率低，因此在早期曾用来做对比试验，并无实用价值。但这种方法可用来对纤维进行表面处理，涂覆金属镀层、化合物涂层和梯度涂层，以改善纤维与金属基体的润湿性和相容性。

9.4.3.4 热喷涂法

按照热源热喷涂法可分为等离子弧喷涂和氧乙炔焰喷涂。尽管等离子弧喷涂的设备比氧乙炔焰喷涂设备复杂，但由于工艺参数和气氛容易控制，因此在复合材料制造上主要采用等离子弧喷涂。

(1) 等离子弧喷涂过程　等离子弧喷涂是利用等离子弧的高温将基体熔化后喷射到工件（增强材料）上，冷却并沉积下来的一种复合方法。具体过程是先将纤维缠绕在包有基体金属箔的圆筒上，纤维之间保持一定的间隔，然后放在喷涂室中进行喷涂，喷涂用基体为粉末，过程结束后剪开取下，便得到复合材料预制片，再经热压或热等静压等二次处理，最终得到型材或零件。

(2) 关键技术　喷涂过程中的关键是得到致密的与纤维黏结良好的基体涂层和避免基体的氧化。喷涂用的基体原料为粉末状，减小粉末的粒度能提高涂层的致密性，但粒度太小，粉末流动不易，难以保证供给速度。因此，粉末直径一般不小于 $2\mu m$，通常为 $10 \sim 45\mu m$。在较高的温度下进行喷涂可以提高涂层的致密性与纤维的黏结强度。但等离子体流离开喷枪后温度急剧下降，并且距离越远温度下降越大，这就需要增加功率来提高等离子体发生区域的温度。向产生等离子弧的氩气中添加 $5\% \sim 10\%$ 的电离电压比氩高的氦气可以达到提高功率的目的。等离子体发生区的温度提高后，等离子体的热膨胀变大，也有利于提高流速。涂层的状态也与喷枪离纤维的距离、粉末供给速度、气氛等有关。喷枪离纤维近，附着效率高，但涂层表面粗糙，纤维容易受等离子体焰流的热损伤和机械损伤。喷枪离纤维远，则纤维损伤小，但附着效率低，涂层质量不均匀性大。粉末供给速度小，涂层均匀性好，但涂覆时间长。为了提高涂层的致密性，减少氧化物含量，喷涂必须在真空中或保护性气氛中进行。

(3) 工艺适用性　等离子弧喷涂法适用于直径较粗的纤维单丝，例如用化学气相沉积法得到的硼纤维和碳化硅纤维，它是制造这两种纤维增强铝、钛基复合材料预制片的大规模生产方法。美国和苏联在航天飞机上使用的，也是最早使用的金属基复合材料——硼/铝复合材料，以及美国的碳化硅/钛复合材料，就是用等离子弧喷涂法制得预制片，然后用热压或热等静压法加工而成的。

对于一束多丝的纤维束，为得到每根纤维上都均匀涂有基体的预制片，在喷涂前需先将纤维铺开成几根纤维直径厚的层，可用压缩空气将一束多丝的纤维吹开。

等离子弧喷涂法不能直接制成复合材料零件，只能制造预制片，且组织不够致密，必须进行二次加工。用该法可以制造耐热和耐磨的复合涂层，例如在铁基、镍基合金中加入 SiC、Al_2O_3 等陶瓷颗粒，可以显著提高它们的耐热性和耐磨性。

9.4.3.5 电镀、化学镀和复合镀法

（1）电镀 电镀是利用电化学原理，在直流电场作用下将金属从含有其离子的电解液中分解后沉积在工件（增强材料，一般为纤维）上。通常将要涂覆的金属作为阳极，使其不断溶解于电解液中。随着金属离子不断向阴极（工件）迁移，沉积在工件上。对电镀的两个基本要求是作为阴极的增强材料（纤维）必须导电，基体金属必须形成稳定的电解液。但是，能用作金属基复合材料增强材料的纤维中只有碳（石墨）纤维能够导电，且其电阻率也较大。铝、镁、钛等金属的电负性大，不能用水溶液电镀，只能用无水电解液；只有铜、镍、铅等金属可用水溶液电镀，因此电镀法还没有在金属基复合材料制造中正式使用，只用来对碳纤维做镀铜、镀镍表面处理。

（2）化学镀 化学镀是在水溶液中进行的氧化还原过程，溶液中的金属离子被还原剂还原后沉积在工件上，形成镀层。这个过程不需电流，因此化学镀有时也称为无电镀。由于无需电流，工件可以由任何材料制成。

金属离子的还原和沉积只有在催化剂存在的情况下才能有效进行。因此工件在化学镀前必须先用 $SnCl_2$ 溶液进行敏化处理，然后用 $PdCl_2$ 溶液进行活化处理，使在工件表面上生成金属钯的催化中心。铜、镍一旦沉积下来，由于它们的自催化作用（除铜、镍外具有自催化作用的金属还有铂属元素、钴、铬、钒等），还原沉积过程可自动进行，直到溶液中的金属离子或还原剂消耗尽。化学镀镍用次亚磷酸钠作还原剂，用柠檬酸钠、乙醇酸钠等作络合剂；化学镀铜用甲醛作还原剂，用酒石酸钾钠作络合剂；此外还需要添加促进剂、稳定剂、pH 值调整剂等试剂。除了用还原剂从溶液中将铜、镍还原沉积外，也可用电负性较大的金属，如镁、铝、锌等直接从溶液中将铜、镍置换出来，沉积在工件上。化学镀法常用来在碳纤维或石墨粉上镀铜。

（3）复合镀 复合镀是通过电沉积或化学液相沉积，将一种或多种不溶固体颗粒与基体金属一起均匀沉积在工件表面上，形成复合镀层的方法。这种方法在水溶液中进行，温度一般不超过 90℃，因此可选用的颗粒范围很广，除陶瓷颗粒（如 SiC、Al_2O_3、TiC、ZrO_2、B_4C、Si_3N_4、BN、$MoSi_2$、TiB_2）、金刚石和石墨外，还可选用易受热分解的有机物颗粒，如聚四氟乙烯、聚氯乙烯、尼龙。复合镀法还可同时沉积两种以上不同颗粒制成的混杂复合镀层。例如同时沉积耐磨的陶瓷颗粒和减磨的聚四氟乙烯颗粒，使镀层具有优异的摩擦性能。复合镀法主要用来制造耐磨复合镀层和耐电弧烧蚀复合镀层，常用的基体金属有镍、铜、银、金等，金属用常规电镀法沉积，加入的颗粒被带到工件上与金属一起沉积。通过金属镀层中加入陶瓷颗粒，可以使工件表面形成有坚硬质点的耐磨复合镀层；将陶瓷颗粒和 $MoSi_2$、聚四氟乙烯等同时沉积在金属镀层中制成有自润滑性能的耐磨镀层。金、银的导电性能好、接触电阻小，但硬度不高、不耐磨和抗电弧烧蚀能力差，加入 SiC、La_2O、WC、$MoSi_2$ 等颗粒可明显提高它们的耐磨和耐电弧烧蚀能力，成为很好的触头材料。复合镀法具有设备、工艺简单，成本低，过程温度低，镀层能设计选择，组合上有较大的灵活性，但主

要用于制作复合镀层，难以得到整体复合材料，同时还存在速度慢、镀层厚度不均匀等问题。

9.4.4　金属基复合材料制造技术的发展趋势

金属基复合材料的应用开发，在很大程度上取决于材料制造技术的难度和成本，因此，研究发展有应用意义的制造技术一直是最重要的课题。表 9-3 列出了金属基复合材料的主要制造方法及适用范围。当前，金属基复合材料的应用正从航空、航天领域大量进入一般工业和民用领域。计算机技术、现代测试技术、新材料技术的完善，使复合材料的制备技术、工艺不断推出，这些工艺本身也在不断交叉融合。金属基复合材料制备技术的发展趋势必将是多学科、多种技术相"复合"的综合过程。

表 9-3　金属基复合材料主要制造方法及适用范围

类别	制备方法	适用金属基复合材料体系		典型的复合材料及产品
		增强材料	金属基体	
固态法	粉末冶金	SiC_p，Al_2O_3，SiC_w，B_4C_p 等颗粒、晶须及短纤维	Al，Cu，Ti 等金属	SiC_p/Al，SiC/Al，Al_2O_3/Al，TiB_2/Ti 等金属基复合材料零件板、锭、坯等
	热压固结法	B，SiC，C(Gr)，W	Al，Ti，Cu 耐热合金	B/Al，SiC/Al，SiC/TiC/Al，Mg 等零件、管、板等
	热等静压法	B，SiC，W	Al，Ti，超合金	B/Al，SiC/Ti 管
	挤压、拉拔轧制法		Al	C/Al，Al_2O_3 棒、管
液态法	挤压铸造法	各种类增强材料、纤维、晶须、短纤维 C，Al_2O_3，SiC_p，SiO_2	Al，Zn，Mg，Cu 等	SiC_p/Al，C/Al，C/Mg，Al_2O_3/Al 等零件、板、锭、坯等
	真空压力浸渍法	各种纤维、晶须、颗粒增强材料	Al，Mg，Cu，Ni 基合金等	C/Al，C/Cu，C/Mg，SiC_p/Mg，SiC_p/Al 等零件板、锭、坯等铸件、铸坯
	搅拌铸造法	颗粒、短纤维及 Al_2O_3，SiC_p	Al，Mg，Zn	SiC_p/Al，Al_2O_3/Al 等铸板坯、管坯、锭坯零件
	反应喷射沉积法	SiC_p，Al_2O_3，B_4C，TiC 等颗粒	Al，Ni，Fe 等金属	零件、铸件
	真空铸造法	C，Al_2O_3 连续纤维	Mg，Al	
	原位自生成法	陶瓷等反应产物	Al，Ti，Cu	
表面复合法	电镀及化学镀法	SiC_p，Al_2O_3，B_4C 颗粒，C 纤维	Ni，Cu 等	表面复合层
	热喷镀法	颗粒增强材料 SiC_p，TiC	Ni，Fe	管、棒等

金属基复合材料作为新兴的材料，具有特殊的优异性能，更由于其可设计性，被认为是具有很大实用价值的先进材料。金属基复合材料要在未来取得进一步的发展，并列入规模生产品种的行列，还有一段艰难的路程。就当前的实际情况来看，颗粒和短纤维增强的复合材料是有生命力的，并已在汽车工业等方面初步获得应用。随着涂层技术的发展，利用先进的涂层制作方法，以金属基复合材料作为涂层材料，在钢或其他金属表面制成涂层，用以提高

材料的表面强度，已越来越受到重视，它在提高性能与节材方面达到很好的结合，具有广阔的应用前景。

9.5　陶瓷基复合材料

陶瓷基复合材料体系有多种不同的制备工艺。纤维增强陶瓷基复合材料的成型是将纤维从陶瓷浆料中浸渍并在拖过的过程中粘挂上浆料，再通过缠绕、剪裁，得到无纺布，然后通过铺排叠层与装模，经冷压成坯料，或者将浸过浆料的纤维直接装模成型。烧结多采用热压方法；晶须增强陶瓷基复合材料的工艺是首先把晶须放入分散介质中用机械方法使其分散，然后加入陶瓷粉料，通过搅拌使晶须与陶瓷粉均匀混合，烘干后进行热压或热等静压烧结；颗粒弥散强化陶瓷基复合材料常用机械混合或化学混合的方法得到均匀的混合料，将预成型后的坯料通过热压烧结、无压烧结、真空烧结或等静压烧结得到致密的复合材料。

9.5.1　纤维增强陶瓷基复合材料

纤维在陶瓷基复合材料中的排列和分布必须符合材料设计要求。热压烧结是最普遍、也是最昂贵的用于纤维增强陶瓷基复合材料的烧结技术之一。热压烧结工艺所制造的陶瓷基复合材料具有非常优良的质量，纤维与陶瓷基体间所产生的热失配也最低。这种工艺曾用于碳纤维、氧化铝纤维、碳化硅纤维和金属纤维增强玻璃、玻璃陶瓷和氧化物陶瓷。20 世纪 70 年代末，采用 SiC、Si_3N_4、Al_2O_3 等高性能纤维和晶须增强陶瓷，在航空航天等领域的应用中取得了较大进展。

连续纤维增强陶瓷基复合材料的制备方法主要包括：料浆浸渍-热压烧结法、化学气相渗透法（CVI 法）、有机先驱体热解法、熔融浸渍法、直接氧化沉积法和反应烧结法等。

9.5.1.1　料浆浸渍-热压烧结法

料浆浸渍-热压烧结法是最早用于制备连续纤维增强陶瓷基复合材料的方法，其基本原理是将具有可烧结性的基体原料粉末与连续纤维用浸渍工艺制成坯件，然后在高温下加压烧结，使基体与纤维结合制成复合材料。

料浆浸渍也称为泥浆浸渍。让纤维通过盛有料浆的容器浸挂料浆后缠绕在卷筒上，烘干，沿卷筒母线切断，取下后得到无纬布，剪裁后在模具中叠排成一定结构的坯件，经干燥、排胶和热压烧结得到陶瓷基复合材料制品。

为了使浆料能够均匀地黏附于纤维表面，浆料中有时还加入某些促进剂和基体润湿剂。浆料中的陶瓷粉末粒径应小于纤维直径并能悬浮于载液中；纤维应选用容易分散的、捻数低的束丝，纤维表面要清洁。在浸渍稀浆的过程中，应尽可能避免纤维损伤，并要保证在工艺结束前完全除去复合材料中的载液、黏结剂和润湿剂、促进剂等残余的液体组分。

热压烧结过程中往往没有直接发生化学反应，而依靠系统表面能减少，使疏松的陶瓷粉体熔接达到致密化。基体粉末的尺寸分布、温度和压力是控制基体疏松、纤维损伤和纤维与基体结合强度的关键参数。

料浆浸渍-热压烧结工艺的特点：与常压烧结相比，烧结温度低且烧结时间短；所得制品致密度高（接近理论值）。缺点：生产效率低，只适应于单体和小规模生产，工艺成本较高；制品垂直于加压方向的性能与平行于加压方向的性能有显著差别；纤维与基体的比例较难控制，成品中纤维不易均匀分布。料浆浸渍-热压烧结工艺主要应用于纤维单向或双向增强陶瓷基复合材料的制造。

9.5.1.2　化学气相渗透法

用化学气相渗透法（Chemical Vapor Infiltration，CVI）制备陶瓷基复合材料是将含有挥发性金属化合物的气体在高温反应形成陶瓷固体沉积在增强剂预制体的空隙中，使预制体逐渐致密而形成陶瓷基复合材料。其增强体通常是由纤维编织成的多缝隙体（预制坯件），使按一定比例配制的反应气体进入反应沉积炉，随主气流流经纤维预制坯件的缝隙，借助扩散或对流等传质过程向坯件内部渗透，并在坯件的表面缝隙内壁附着。在一定条件下，吸附在壁面上的反应气体发生表面化学反应生成陶瓷固体产物并放出气态副产物，气态副产物从壁面上解附，借助传质过程进入主气流由沉积炉内排出。在坯体的孔壁上沉积的固相基体随着过程的进行而不断增密，最终得到纤维增强陶瓷基复合材料。CVI 方法是制备碳化硅陶瓷基复合材料的最理想的制造方法。

化学气相渗透式低温低压成型工艺，可分为等温等压化学气相渗透工艺（ICVI）和温度-压力梯度化学气相渗透工艺（FCVI）。

(1) 等温等压化学气相渗透工艺　等温等压化学气相渗透工艺（ICVI）的特点是：坯件和沉积层内既无温度梯度，也无压力梯度，仅依靠沿着孔隙的扩散过程进行反应气体和产物传递来形成陶瓷基复合材料。

ICVI 工艺的优点为：在一个工艺设备内可同时生产数个尺寸和形状不同的制件；适于制备较薄的、任意形状的制件。其缺点为：致密化速度低（因为仅靠扩散）；不易生产尺寸较厚的工件。

(2) 温度-压力梯度化学气相渗透工艺（FCVI）　将纤维预制件置于四周处于冷态而顶部处于热态的石墨坩埚底部，使预制件的上部与下部之间形成很陡的温度梯度。从坩埚底部中心管道通入反应气体（即源气），压力梯度的作用是造成源气流动的驱动力，即产生强制流动，使源气自下而上渗透预制件，到达上部的高温区发生反应，生成陶瓷基体成分的反应产物，沉积和凝聚于预制件上部纤维周围形成基体，预制件的上部逐渐成为纤维增强陶瓷基复合材料。随着制件上部的致密度增加，热导率增加，高温区随之下移。陶瓷基体形成的沉积区也随之下移，直至整个预制坯体中的空穴被完全填满，最终获得高致密的纤维增强陶瓷基复合材料。

FCVI 工艺的优点：缩短了工艺时间（比 ICVI 工艺时间减少了一个数量级）；可用于制备厚尺寸制件；可同时适应大量预制件；低温（900～1100℃）；陶瓷纤维在工艺过程中不受损伤；近净成型（Near-net-shape Forming）；复合材料可以保持纤维的排布形状与方向，工艺过程中预制件的形状和尺寸几乎不变化；不需施加外压；先驱体是气态，便于控制与调节；适合于制造化学成分简单的陶瓷基复合材料。但 FCVI 工艺制品的孔隙率较高，一般为10%～15%，必要时需用其他一些气态或液态工艺技术进行弥补。

9.5.1.3　有机先驱体热解法

(1) 有机先驱体热解法工艺　通过对高聚先驱体进行热解制备无机陶瓷的方法，称为先驱体热解法，又称先驱体转化法或聚合物浸渍裂解法，它可用于形成陶瓷基体而制备颗粒和纤维（含纤维编织物）增强陶瓷基复合材料。应用高聚物先驱体热解方法制备纤维增强陶瓷基复合材料的工艺过程为：先将纤维编织成所需形状，然后浸渍高聚物先驱体，将浸有高聚物先驱体的工件在惰性气体保护下升温，使所浸含的高聚物先驱体发生裂解反应，所生成的固态产物存留于纤维编织物缝隙中，形成陶瓷基体。为提高热解产物密度，可反复浸渍-热解-再浸渍-再热解，如此循环直至达到要求的基体含量。先驱体热解法的优点是：成型性好、加工性好、可对产品结构进行设计等。先驱体转化法还可用于制备陶瓷纤维、陶瓷涂层和超细陶瓷粉末等。

有机先驱体转化法的工艺过程为：以纤维预制件为骨架，抽真空排出预制件中的空气，浸渍熔融的聚合物先驱体或其溶液，在惰性气体保护下晾干，使先驱体交联固化，然后在惰性气氛中进行高温裂解，重复浸渍（交联）裂解过程，使材料致密化。

(2) 有机先驱体热解法的特点

① 可通过有机先驱体分子设计和工艺来控制复合材料基体的组成和结构。

② 可沿用纤维增强聚合物基复合材料（FRPMC）和碳/碳（C/C）复合材料的成型方法制备纤维增强陶瓷基复合材料（FRCMC）的坯体或预成型体，并可在预成型体中加入填料或添加剂制备多相组分的陶瓷基复合材料。

③ 可在常压和较低的温度下烧成。

④ 能够制造形状比较复杂的构件，且可在工艺过程中对工件进行机械加工，得到精确尺寸的构件（Near-net-shape）。

⑤ 陶瓷化过程中不需添加烧结助剂，在很大程度上避免了因显微结构不均匀而导致强度数据分散和可靠性不高。

⑥ 便于基体与纤维的复合。常规方法难以实现纤维特别是其编织物与陶瓷基体的均匀复合，先驱体法能有效地实现这一过程。

⑦ 所需设备简单、工艺简便、制造成本较低。

有机先驱体工艺适合于制备用碳纤维和碳化硅纤维增强 SiC 陶瓷、Si_3N_4 陶瓷和 Al_2O_3 陶瓷基复合材料。

有机聚合物先驱体选用的原则：单体容易获得、合成工艺简单且价格低廉；聚合物可以溶解于有机溶剂或熔融成为低黏度液体；聚合物在室温下可以稳定保存；裂解过程中出气体少，陶瓷产率高。

陶瓷先驱体需具备的结构特征：先驱体结构近似最终陶瓷组成，不含有害杂质；具有一定的活性基团，适宜先驱体的交联；分子质量适中且分布集中，含较多的支链或环；先驱体结构中无其他有害元素，除氢外，没有或只有少量其他取代基团。

先驱体转化法的不足：先驱体裂解过程中有大量的气体逸出，在产物内部留下气孔；先驱体裂解过程中伴有失重和密度增大，导致较大的体积收缩，且裂解产物中富碳。

9.5.2　晶须增强陶瓷基复合材料

用晶须增强陶瓷基复合材料的原因是：晶须增强陶瓷具有适宜的断裂韧性（5～15MPa·$m^{1/2}$）；晶须增强陶瓷具有较高的强度；晶须增强陶瓷具有高的耐热性。

晶须增强陶瓷基复合材料的制备方法可分为外加晶须（或短切纤维）和"原位"生长晶须两类，它们的复合工艺有显著区别。

9.5.2.1　外加晶须（或短切纤维）制备陶瓷基复合材料的制造工艺

外加晶须（或短切纤维）增强陶瓷基复合材料的制备程序包括：分散晶须（或短切纤维）、与基体原料混合、成型坯件和烧结。主要工艺方法有烧结法、先驱体转化法和电泳沉积法等。

(1) 晶须（或短切纤维）的净化与分散　陶瓷基复合材料所用的晶须（或短切纤维）直径小，一般为 $0.1～0.3\mu m$，长度为 $50～200\mu m$，长径比大（通常为 7～30），具有高的比表面积，晶须之间相互纠结以及晶须之间的物理和化学吸附，导致晶须集聚（Clustering）。晶须内的颗粒状杂质和大块晶体或集聚块团，可能造成复合材料制品的结构缺陷，导致复合材料的性能下降。

在制备陶瓷基复合材料前，首先要净化晶须，为了除去颗粒状杂质防止集聚成块，主要方法是采用沉降技术除去颗粒杂质，或者采用沉降絮凝技术，既除去颗粒状杂质，又可在干燥时不致重新集聚。

晶须的分散方法主要有球磨、超声振动和溶胶-凝胶法。对于某些长径比较大、分枝较多的晶须，首先要通过球磨或高速捣碎的方式减少分枝和降低长径比。晶须分散的关键在于消除晶须的团聚或集聚。为使晶须与陶瓷粉体均匀混合，通常采用湿处理技术，用低黏度、高固体含量的介质使晶须分散。

(2) 压力渗透制坯工艺　压力渗透工艺过程是：首先将晶须（或短切纤维）预成型为增强体骨架。置于石膏模具中，在压力作用下使陶瓷基体浆料充满增强体骨架的缝隙，料浆中的液体经过过滤器排入过滤腔，这样就形成了增强体骨架缝隙填充有陶瓷基体料浆的复合材料的坯件。经过在模具内加压烧结，得到晶须（或短切纤维）增强陶瓷基复合材料。

(3) 烧结法（热致密化工艺）　烧结法的工艺流程为晶须分散、预成型坯件、烧结。烧结的方法主要有热压烧结、热等静压烧结、活化烧结和微波烧结。

① 热压烧结　将分散有晶须（或短切纤维）的陶瓷粉体在常温下压制成具有一定形状的预制坯件，在高温下通过外加压力使其变成致密的、具有一定形状的制件的过程称为热压烧结。热压烧结的模具用石墨材料制作。

热压烧结工艺的优点是：加压有利于制品致密化；成型压力低（仅为冷成型的1/10）；烧结时间短，因而能耗少且晶粒不致过分长大。其缺点为：制品性能有方向性；生产效率低，成本高；只适宜于制造形状较简单的制件，每次制备的件数较少。

② 热等静压烧结　将分散有晶须（或短切纤维）、陶瓷基体粉末的坯件或烧结体装入包套中，置于等静压炉中，使其在加热过程中经受各向均衡的压力，在高温和高压共同作用下烧结成陶瓷基复合材料的方法称为热等静压烧结（HIP）。热等静压烧结工艺的关键是采用金属包套，且使用惰性气体保护。

热等静压烧结工艺的优点是：在高压下可以降低烧结温度；烧结时间短；在无烧结添加剂的情况下能制备出不含气孔的、致密的制品。其缺点是设备昂贵、生产率低。

③ 活化烧结　在活化烧结中，采用有利于烧结进行的物理或化学方法促进烧结过程或提高制品性能，又称为反应烧结或强化烧结，其原理是在烧结前或烧结过程中，采用某些物理方法（如超声波、电磁场、加压、热等静压）或化学方法（如氧化还原反应、氧化物、卤化物和氢化物离解为基础的化学反应及气氛烧结等），使反应物的原子或分子处于高能态，利用高能态容易释放能量变为低能态的不稳定性作为强化烧结的辅助驱动力。活化烧结具有降低烧结温度、缩短烧结时间、改善烧结效果等优点。与其他烧结工艺比较，活化烧结还可以使烧结过程中制品的密度增加，烧结件不收缩、不变形，因此可以制造尺寸精确的制品；活化烧结时物质迁移的过程发生在长距离范围内，因此制品质地均匀，质量改善；工艺简单、经济，适于大批量生产。

活化烧结的缺点是制品密度较低（仅为理论密度的90%左右），因此力学性能较低。活化烧结目前只限于少量陶瓷基体体系，如碳化硅基、氧氮化基和氮化硅基等。

④ 微波烧结　微波烧结是利用陶瓷及其复合材料在微波电磁场中因介质损耗加热至烧结温度而实现致密化的快速烧结技术，其本质是微波电磁场与物料直接相互作用。由高频交

变电磁场引起陶瓷及其复合材料内部的自由与束缚电荷的反复极化和剧烈旋转振动，在分子之间产生碰撞、摩擦和内耗，使微波能转变为热能，从而产生高温，达到烧结的目的。微波烧结的升温速度快（可达 500℃/min 以上），而且可以做到从工件内部到外部同时均匀受热。由于烧结速度快，可以获得高强度、高韧性和均匀的超细结构，进而可以改进材料的宏观性能。微波烧结还具有高效节能的特点。

（4）先驱体转化法　制备晶须增强陶瓷基复合材料的先驱体转化工艺是：晶须与陶瓷微粉和有机先驱物（或其溶剂）均匀混合，模压制成预成型坯件，在一定温度和气氛下使先驱体热解成为陶瓷基体。

先驱体转化法具有成型容易、烧结温度低、工艺重复性高的特点，但制品气孔率高、收缩变形大。

（5）电泳沉积法　电泳沉积工艺是：晶须与陶瓷粉末的悬浮溶液在直流电场作用下，由于质点离解和吸附使质点表面带电，带电质点（晶须和陶瓷粉末）向电极迁移并在电极上沉积成一定形状的坯件，干燥、烧结成陶瓷基复合材料制品。分散介质用水或溶剂；电极材料用金属或石墨。

电泳沉积法适宜于制造薄壁异型筒（管）状和棒状、板状制品；可用于制造层状复合材料和梯度功能复合材料。

9.5.2.2 “原位”生长法制备晶须增强陶瓷基复合材料

（1）“原位”生长晶须增强陶瓷基复合材料的工艺原理　“原位”生长工艺是通过化学反应在基体熔体中“原位”生长增强组元晶须或高长径比晶体，从而形成晶须增强陶瓷基复合材料的工艺。由于陶瓷液相烧结时某些晶相能够形成高长径比晶体，利用这一性质并控制烧结工艺，使基体中生长出这种能起增强作用的晶体，形成自增强陶瓷基复合材料。

“原位”生长晶须增强陶瓷基复合材料的工艺特点是：在烧结过程中晶须择优取向；不必考虑外加晶须存在的相容性和热膨胀匹配问题；不存在处理晶须过程对操作人员健康的威胁；具有制造复杂形状、大尺寸产品的潜力；在烧结中没有收缩。

（2）“原位”生长法制备晶须增强陶瓷基复合材料的性能　一般晶须含量增加，复合材料的弯曲强度和断裂韧性也增加；高温（1000℃和1200℃）下的强度保留率和断裂韧性均较高。

9.5.3　颗粒弥散陶瓷基复合材料

由于颗粒弥散陶瓷基复合材料的增强体和基体原料均为粉料，因此混料方法多采用球磨制得混合料。制造颗粒弥散陶瓷基复合材料的一般工艺过程为：球磨混合料，混合料干燥，采用压制、粉浆烧法、注射、挤压、轧制等方法制成具有要求形状的预成型坯件，最后在适当气氛中加压烧结，得到颗粒弥散陶瓷基复合材料制品。在烧结过程，通过一系列物理、化学变化，改变粉末颗粒之间的结合状态，使制品的密度和强度增加，并使其他物理、化学性能也得到改善。颗粒增强陶瓷基复合材料的烧结方法为常压烧结和热压烧结，热压烧结又包括单向热压烧结和热等静压烧结。此外，还可用先驱体热解、化学气相沉积、溶胶-凝胶法、直接氧化沉积工艺制备颗粒增强陶瓷基复合材料。

（1）原料处理　对原料粉末进行预处理，目的是改变粉末的平均粒度、粒度分布、颗粒形状、流动性和成型性；改变晶型，去除吸附气体和低挥发杂质；消除游离碳和各种外部杂质。原料处理方法包括煅烧、混合、塑化和制粒。

煅烧的目的是去除原料中易挥发的杂质、水分、气体和有机物等，能提高原料的纯度并减少后续烧结工序中的体积收缩。原料粉末均匀混合的主要方法是湿法球磨，其介质为水、酒精或其他有机溶剂。采用球磨混合还具有将粉料进一步磨细的功能，但粉末过细会造成对材料性能不利的簇聚。在磨成一定细度的原料粉末中加入塑化剂（包括黏结剂、增塑剂和溶剂），在制粒机上制出由黏结剂包裹的塑化颗粒，然后将经过上述预处理的颗粒制成要求形状的坯件。

（2）颗粒预成型坯件的制备方法　坯件预成型的方法有粉末压制成型、粉浆浇筑成型、可塑成型、注浆成型、注射成型和热致密化成型等。坯件的主要成型方法见表9-4。

表 9-4　坯件的主要成型方法

成型方法	加压范围	加压温度	模具材料	适用范围及特点
金属模压成型	40~100MPa	常温	高碳钢、工具钢、硬质合金	形状简单，尺寸小，批量大的制品
冷等静压成型	70~200MPa	常温	乳胶、橡胶	形状复杂，尺寸不大的制品和棒状制品
粉浆浇筑成型	常压	常温	石膏	形状很复杂，尺寸大的制品
轧制成型	—	冷轧：常温 热轧：600~1200℃	高硬度铸钢和铸铁、轧辊	薄、宽的带状和片状制品
挤压成型	0.7~7MPa	冷挤：40~200℃ 热挤：800~1200℃	普通钢、高碳钢、工具钢	棒、管及截面积不规则的长条形制品
爆炸成型	压力极大	—	—	尺寸不限，制品密度高，批量小
注射成型	—	—	高碳钢、工具钢	高精度制品，结构复杂制品

压制成型包括金属模压成型（模具材料一般为钢）和冷等静压成型（模具材料为橡胶类），均在常温下进行，后者比前者的压力约高一倍，为 70~100 MPa；粉浆浇筑成型是以石膏为模具，在常温、常压下进行浇筑；注射成型是把熔化的含蜡料浆用注射机注入钢制的模具中，经冷却、脱模、排蜡，得到预成型坯件；轧制成型是利用轧机将塑化的原料泥团连续轧制成片状坯件（厚度在 1mm 以下），一般采用热轧（800~1200℃）；挤压成型也称挤塑成型，它利用液压机推动活塞，将已塑化的泥团从挤压嘴挤出并成型，一般也采用热挤（800~1200℃）；热致密化成型与热压烧结相似。

（3）颗粒弥散陶瓷基复合材料的烧结技术　由于制备颗粒弥散陶瓷基复合材料的原料粉末比表面积大，表面自由能高，并在粉末内部存在各种晶格缺陷，因此处于高能介稳状态。通过烧结使系统总能量降低，达到稳定状态。在烧结过程中，需要添加烧结助剂（体积分数约为 5%~10%）。烧结助剂在烧结过程中形成少量液相，由于液相的黏性流动使颗粒重新分布并排列得更加致密，随着烧结时间增长，细颗粒的表面凸出部分在液相中溶解，并在粗颗粒表面析出。剩余液相充填于颗粒结合成的骨架间隙中，并发生晶粒长大与颗粒熔合，促使制品进一步致密化。

颗粒弥散陶瓷基复合材料常用的烧结工艺有：加压烧结、常压烧结、反应烧结、真空烧结、自蔓延高温合成等。加压烧结技术包括热压烧结和热等静压烧结。热压烧结法烧结温度一般为熔点的 0.5~0.8，烧结时间很短（连续烧结一般为 10~15min），可以得到致密、均匀、晶粒尺寸细小（1~1.5μm）的陶瓷基复合材料制品。图 9-2 表示出热压烧结工艺流程。

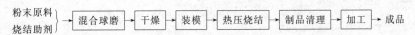

图 9-2　颗粒弥散陶瓷基复合材料热压烧结工艺流程

热压烧结法的优点为：被烧结物料易产生黏性或塑性流动，可充满模腔、减少空隙；成型压力低（仅为冷压的 1/10）；烧结时间短，使晶粒不至于过分长大；可以制得几乎接近理论密度的制品；不同粒度和不同硬度的粉末其热压烧结工艺无明显区别。热压烧结的主要缺点是：需要有模具（一般采用高纯石墨），模具材料损耗大、寿命短；制品精度较低，需要对制品进行二次机械加工以增加尺寸精度；仅适用于制备形状较简单的制品，且不便于批量生产。

热等静压烧结由高压保护气体提供压力，将颗粒与粉末制成尺寸精确的预成型坯件后，在其表面涂覆氮化物包层，这一包层可起到热等静压烧结时包套的作用，因而在热等静压烧结时无需再另加包套。在热等静压炉内先在真空环境（压强为 1.33 MPa）、较低温度（1200℃）下去除有机挥发物，再在较高温度（1700℃）和压力（100～300MPa）下进行烧结。

参 考 文 献

[1] 冯小明，张崇才．复合材料．重庆：重庆大学出版社，2007.
[2] 刘万辉，于玉城，高丽敏．复合材料．哈尔滨：哈尔滨工业大学出版社，2011.
[3] 王汝敏，郑水蓉，郑亚萍．聚合物基复合材料及工艺．北京：科学出版社，2004.
[4] 沈利新，孙珮琼．聚合物基复合材料界面理论的进展．玻璃钢，2011（4）：19-29.
[5] 何小芳，赵运启，张崇，等．纳米氮化硅改性聚合物基复合材料．工程塑料应用，2012（10）：9699.
[6] 马立．RFI 工艺成型两种环氧树脂基复合材料性能比较．宇航材料工艺，2008（2）：269-272.
[7] 沃西原，薛芳，李静．复合材料模压成型的工艺特点和影响因素分析．高科技纤维与应用，2009（6）：41-44.
[8] 沈军，谢怀勤，侯涤洋．纤维缠绕聚合物基复合材料压力容器的可靠性设计．复合材料学报，2006（4）：124-128.
[9] 沃西原，夏英伟．聚合物基复合材料制品的脱模工艺分析．航天制造技术，2004（3）：52-54.
[10] 吴冉，王雅红．Al-Si$_3$N$_4$ 材料浸渗工艺研究．矿山机械，2007（08）：122-124.
[11] 李玲玲．金属基复合材料的制备技术与运用．科技风，2012（12）：60.
[12] 马国俊，金培鹏，王金辉，等．机械搅拌法制备金属及其复合材料的研究进展．热加工工艺，2012（14）：132-135.
[13] 原梅妮，杨延清，黄斌，等．界面反应对 SiC 纤维增强钛基复合材料界面剪切强度的影响．稀有金属材料与工程，2009（8）：1321.
[14] 张发云，闫洪，周天瑞，等．金属基复合材料制备工艺的研究进展．锻压技术，2006（6）：100-105.
[15] 王庆平，姚明，陈刚．反应生成金属基复合材料制备方法的研究进展．江苏大学学报（自然科学版），2003（3）：57-61.
[16] 王春江，王强，赫冀成．液态金属铸造法制备金属基复合材料的研究现状．材料导报，2005（5）：53-57.
[17] 边涛，潘颐，崔岩，等．金属基复合材料的自发浸渗制备工艺．材料导报，2002（1）：21-25.
[18] 孙亦，陈振华．半固态金属基复合材料的制备及流变性研究进展．材料导报，2005（3）：56-59.
[19] 丁柳柳，江国健，姚秀敏，等．连续陶瓷基复合材料研究新进展．硅酸盐通报，2012（5）：1150-1154.
[20] 陈维平，黄丹，何曾先，等．连续陶瓷基复合材料的研究现状及发展趋势．硅酸盐通报，2008（2）：307-311.
[21] 李永利，乔冠军，金志浩．陶瓷基复合材料的制备．中国有色金属学报，2002（6）：1179-1184.
[22] 史国普．纤维增强陶瓷基复合材料概述．陶瓷杂志，2009（1）：16-20.
[23] 柯晴青，成来飞，童巧英，等．连续纤维韧陶瓷基复合材料的连接方法．材料工程，2005（11）：58-63.
[24] 李峰，温广武，宋亮，等．有机聚合物先驱法制备 SiBONC 复合陶瓷．稀有金属材料与工程，2005（s1）：385-388.

第10章
材料的合成与制备新技术

10.1 石墨烯的制备与表征

10.1.1 引言

2004 年，英国曼彻斯特大学（University of Manchester）的物理学家安德烈·海姆（Andre Geim）和康斯坦丁·诺沃肖洛夫（Konstantin Novoselov），首先利用机械剥离法从石墨中分离出了单层石墨烯，并介绍了其准粒子性（无质量的迪拉克费米子），以及场效应特性的检测结果。该发现迅速在全球引发了一场研究石墨烯的热潮。在短短几年时间里，石墨烯的研究与应用得到了蓬勃发展。石墨烯以其独特的二维结构和优异的电学、光学、热学和机械性能，在电子器件、复合材料、储能材料与器件等领域显示出了广阔的应用前景。2010 年 10 月 5 日，瑞典皇家科学院宣布，将 2010 年诺贝尔物理学奖授予安德烈·海姆和康斯坦丁·诺沃肖洛夫，以表彰他们在石墨烯材料方面的卓越贡献。这是对碳材料研究与应用的重要肯定，也将石墨烯的研究推向了另一个高潮。

石墨烯（Graphene）是由碳原子组成的二维结构，是一种可以直接从石墨中剥离出来、由单层碳原子构成的面材料。石墨烯中碳原子的排列与石墨一样，都属于复式六角晶格，在二维平面上碳原子以 sp^2 杂化轨道互相衔接，每个碳原子与最近邻的三个碳原子间形成三个 σ 键，而剩余的一个 p 电子垂直于石墨烯平面，与周围的碳原子形成 π 键。碳原子间相互围成正六边形平面蜂窝结构，在同一原子面上只有两种空间位置不同的原子。石墨烯与石墨不同之处在于，石墨烯在 z 方向仅具有不到 10 个原子层的厚度，这一特性使得它具有与石墨不同的奇特性能。图 10-1 是石墨烯典型的 AFM 和 TEM 形貌和原子结构图。

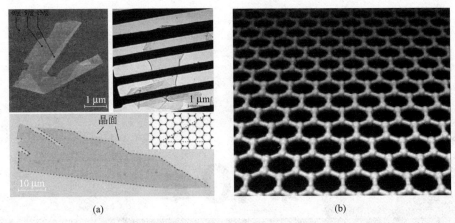

图 10-1　石墨烯典型的 AFM、TEM 形貌图（a）和原子结构图（b）

　　石墨烯独特的二维结构赋予了它许多优异的特性。如前所述，石墨烯的每个碳原子均为 sp^2 杂化，并贡献剩余一个 p 轨道电子形成大 π 键，π 电子可以自由移动，使得石墨烯具有优异的导电性。由于原子间作用力非常强，在常温下，即使周围碳原子发生挤撞，石墨烯中的电子受到的干扰也很小。电子在石墨烯中传输时不易发生散射，迁移率可达 $2 \times 10^5 \, cm^2/(V \cdot s)$。

　　石墨烯具有优异的光学性能。理论和实验结果表明，单层石墨烯仅吸收 2.3% 的可见光，即透光率为 97.7%。结合其优异的导电性，石墨烯薄膜是一种典型的透明导电薄膜，可以取代氧化铟锡（ITO）和掺氟氧化锡（FTO）等传统薄膜材料，既可克服 ITO 薄膜的脆性，也可解决铟资源稀缺对应用的限制等诸多问题。石墨烯透明导电薄膜也可作为燃料敏化太阳能电池盒液晶设备的窗口电极。

　　石墨烯还具有优异的力学与热学等性能。石墨烯是已知材料中强度和硬度最高的晶体结构。其本征强度和弹性模量分别为 125GPa 和 1.1TPa。石墨烯的室温热导率约为 5000W/(m·K)，高于碳纳米管和金刚石，是室温下铜的热导率的 10 倍多。

　　鉴于其优异的物理、化学、力学等性能，石墨烯被称作"明星材料"，并被期望广泛应用于力学增强复合材料、纳米电子器件、光电子器件、储能材料、催化等领域。然而，石墨烯能否在未来获得广泛应用，制备方法是一个重要的突破点。从目前的发展趋势来看，获得廉价、优质以及具有多功能性的石墨烯材料是必要条件。自 2004 年利用机械剥离法获得单层石墨烯以来，近 10 年来人们又开发出了多种制备方法和技术，例如，碳化硅外延生长、化学剥离法、化学气相沉积法和火焰法等，以满足石墨烯的不同应用领域。在本章中，我们将介绍几种常用的石墨烯制备与表征技术。

10.1.2　石墨烯的制备技术

　　石墨烯的制备可以分为"自上而下"法（Top-down Methods）与"自下而上"法（Bottom-up Methods）两种。"自上而下"法是把宏观尺度的石墨原材料，通过物理、化学、机械等方法层层剥离，最后得到层数在 10 层以下的石墨烯。目前常用的方法有机械剥离法和化学剥离法，以及由这两种方法进一步演化出的其他方法。"自下而上"法是把碳氢化合物通过加热使其分解为碳（C）原子，然后通过碳原子的自组装，形成石墨烯层片。该方法可以获得高质量的石墨烯薄膜和粉体等。常用的方法有化学气相沉积（CVD）法、外延生长法和火焰法等。下面分别进行介绍。

10.1.2.1 "自上而下"的制备方法

(1) 机械剥离法 由于石墨层片之间以较弱的范德华力结合，简单施加外力即可从石墨上直接将石墨烯"撕拉"下来。诺贝尔奖的获得者海姆等人即是利用机械剥离法成功地从高定向热裂解石墨（Highly Oriented Pyrolytic Graphite）上剥离并观测到单层石墨烯的。

机械剥离法步骤较为简单，原料石墨可以采用高定向裂解石墨，也可使用天然鳞片石墨。制备方法如图 10-2 所示。

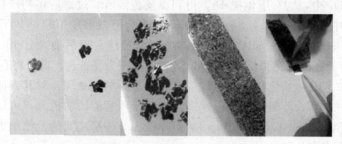

图 10-2 机械剥离法制备石墨烯

① 利用普通透明胶带或其他胶带纸在高定向热裂解石墨或天然鳞片石墨的两面反复撕拉或摩擦。由于石墨层片之间以较弱的范德华力结合，每次撕拉均可将石墨片层的厚度减少。

② 随着撕拉的反复，最终在胶带上得到单层或少层石墨烯。

③ 将粘有石墨烯的胶带放入丙酮溶液中进行超声振动处理，然后将衬底（表面有 SiO_2 的硅基板）放入丙酮溶液中，将单层石墨烯捞出。在范德华力或毛细力的作用下，石墨烯会吸附在基板上。

其他机械剥离石墨法还包括静电沉积法、淬火法等。其中静电沉积法是将高定向裂解石墨通以直流电，并在云母基底上放电以获得石墨烯。通过调节电压的大小，可控制石墨烯片层的厚度。

机械剥离法得到的石墨烯尺寸一般在微米量级，最大可到毫米量级，肉眼即可观察到。该方法的优点是可以制备出高质量石墨烯；缺点是产率低和成本高，不能满足工业化和规模化生产要求。目前，该方法主要在实验室少量制备，用于研究石墨烯的基本性质方面，很难满足石墨烯在诸如复合材料、储能电极材料等领域大量应用的需要。

(2) 化学剥离法 近年来，为了实现石墨烯的大批量生产，降低成本，大量成熟的化学剥离法被发明和发展起来。例如：还原氧化石墨法，超声分散法，碳纳米管纵切法，电化学剥离法等。其中，还原氧化石墨法是目前应用最为广泛的一种制备方法。表 10-1 为还原氧化石墨法制备石墨烯所需的原材料。

表 10-1 化学剥离法制备石墨烯原料

样品名称	规 格	浓 度	质量(或体积)
石墨粉	分析纯		0.2 g
$K_2S_2O_4$($Na_2S_2O_4$)	分析纯		0.5 g
P_2O_5	分析纯		0.5 g
浓硫酸	N/A	18.4mol/L	10~20mL
H_2O_2	N/A	30%(质量分数)	10~20mL
$KMnO_4$	分析纯		1.5g

具体步骤如下（如图 10-3 所示）。

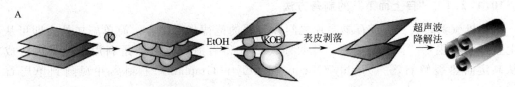

图 10-3　还原氧化石墨法制备流程

① 氧化石墨的制备。将 0.2g 石墨粉、0.5g $K_2S_2O_4$ 和 0.5g P_2O_5 混合加入到 2～4mL 的 98% 的浓 H_2SO_4 中，80℃ 下恒温 4h，得到深蓝色溶液。过滤后将初产物加入到 12mL 的 98% 的浓 H_2SO_4 中，缓慢加入 1.5g $KMnO_4$，使混合溶液温度不超过 20℃，然后 35℃ 下恒温搅拌 2h 后，溶液呈黄褐色。加入 25mL 蒸馏水继续搅拌，2h 后加入 70mL 蒸馏水和 2mL 浓度为 30% 的 H_2O_2，还原未完全反应的 $KMnO_4$，溶液变为亮黄色。即可将石墨氧化完全。

该步骤利用浓酸、强氧化物等化学试剂对石墨进行氧化处理，对其表面和层间进行含氧官能团（如羟基、羧基、环氧基等）的修饰。这些层间官能团的插入，可以使石墨的层间距由原来的 0.335nm 增加到 0.7～1.2nm，从而降低了石墨层之间的范德华力，也增强了石墨的亲水性，便于在水中分散。

② 氧化石墨烯的制备。将上述制备出的氧化石墨经过适当的超声波震荡处理，即可将氧化石墨在水溶液或其他有机溶液中剥离分散，形成层数较少、均匀稳定的氧化石墨烯胶体。

③ 由于氧化石墨烯是绝缘体，表面缺陷和含氧官能团较多，需要将其还原成石墨烯。常见的还原方法有热还原、化学还原和催化还原等。最终得到缺陷较少、性能较好的石墨烯。

还原氧化石墨法制备的石墨烯具有工艺简单、产量大、成本低、容易实现等优点，并且还可以制备出稳定的石墨烯悬浮液，解决了石墨烯不易分散的问题。但该方法的缺点是石墨烯的质量较低，存在一定的结构缺陷（例如，五元环、七元环等拓扑缺陷），以及含氧基团（如—OH）等，这些将导致石墨烯的部分性能损失，使其应用受到限制。

10.1.2.2　"自下而上"的制备方法

(1) 化学气相沉积（CVD）法　CVD 法是一种将气态物质通过化学反应，在衬底上沉积固态薄膜的技术。CVD 法制备石墨烯是目前最具有前景，成本较低，而且相对容易实现大面积、高质量石墨烯的生长方法。

图 10-4 是生长石墨烯的典型管式炉装置示意图。反应装置的主体部分为高温电阻炉，碳源在高温反应区中分解出碳原子，并在金属催化剂基底上沉积逐渐生长成连续的石墨烯薄膜。同生长碳纳米管类似，化学气相沉积法制备石墨烯多采用有机气体（甲烷、乙烯等）、液体（乙醇等）或固体（樟脑、蔗糖等）。

CVD 法制备石墨烯薄膜的具体实验步骤如下。

① 准备甲烷（CH_4）作为制备石墨烯的碳源。镍或铜等金属箔作为催化剂，置于管式炉的加热区中央，密封管式炉。

② 清洗气路后抽到本底真空，通 H_2 100sccm（标准 mL/min）并开始加热到

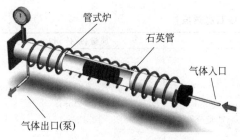

图 10-4　化学气相沉积法制备
石墨烯的装置示意图

1000℃，并在 1000℃下退火 20min。这样不仅可以除去金属箔表面的氧化层，也可使多晶衬底的晶粒尺寸变大，有利于增大石墨烯单晶畴的面积。

③ 通入 50sccm CH₄，并将 H₂ 流量减小到 30sccm，保持整个生长压强在 18～20Torr。

④ 生长 30min 后，关闭 H₂，打开炉盖快速降温。最终在金属催化剂表面形成连续、少层石墨烯薄膜。

从石墨烯生长机理上分类，CVD 法主要可以分为两种。

① 渗碳析碳机制　对于镍（Ni）等具有较高溶碳量的金属基体，首先碳原子在高温时与 Ni 基体形成固溶体；然后在快速冷却过程中，过饱和的碳又从 Ni 基体内析出，通过成核和生长，最后生成石墨烯。渗碳浓度和冷却速率对石墨烯的厚度（层数）至关重要。

② 表面生长机制　对于铜（Cu）等具有较低溶碳量的金属基体，高温下气态碳源裂解生成的碳原子，首先吸附于金属表面，进而成核生长成石墨烯岛，然后通过"石墨烯岛"的二维长大合并，最后得到连续的石墨烯薄膜。当一层石墨烯形成并覆盖在 Cu 金属表面后，会阻碍后续碳原子的沉积。因此，在一定条件下，在 Cu 基底上生长的石墨烯可控为单层。

CVD 法制备出的石墨烯薄膜，与金属（如镍、铜等）基底结合，并不能直接使用。这就涉及石墨烯薄膜的分离转移问题。能否获得大面积连续的石墨烯薄膜，与其转移工艺密切相关。

下面我们介绍一种溶液刻蚀法转移石墨烯薄膜技术，具体操作步骤如下。

① 在生长有石墨烯的铜或镍箔的一面旋涂上一层 PMMA 胶（所用转速为：初转 500r/min，高转 3000r/min）。将涂过 PMMA 的金属基板在 180℃下加热 1min，使 PMMA 固化。

② 将上述样品浸于 0.5mol/L 的 FeCl₃ 溶液中，反应 15～20min。金属基板被溶解掉后，石墨烯会随 PMMA 漂浮在溶液表面。

③ 将石墨烯/PMMA 捞进去离子水中清洗三遍之后用目标衬底将石墨烯/PMMA 平整地捞在其表面，尽量保证石墨烯与目标衬底很好地接触并自然风干样品表面的水溶液。

④ 将样品浸入丙酮溶液中约 30min，以除去表面 PMMA。即可在目标衬底上得到完整的石墨烯薄膜。

(2) 外延生长法　SiC 外延生长法是指在高温下加热 SiC 单晶体，使得 SiC 表面的 Si 原子被蒸发而脱离表面，剩下的 C 原子通过自组形式重构，这样就可以得到基于 SiC 衬底的石墨烯。目前，外延生长法使用的生长基体主要是高质量的 4H-SiC 和 6H-SiC 单晶体。它们的晶胞都是由 Si-C 双层结构堆垛而成，但排列和堆垛的方式不同。4H-SiC 的堆垛方式是 ABCBA……，6H-SiC 的堆垛方式是 ABCACBA……，两种晶胞的晶格常数分别是 c_{SiC} 和 a_{SiC}，如图 10-5 所示。

SiC 晶体的两个极面垂直于 c 轴：其中一极面是以 Si 原子为端点的 Si 平面，每一个 Si 原子都有一个 Si 悬键，另一极面是以 C 原子为端点的 C 平面，每一个 C 原子也都有一个 C 悬键。石墨烯就是在这两个极性面上外延生长的。当 C 平面或 Si 平面在超高真空中被加热到 1000～1500℃时，Si 原子会被蒸发出来，并脱离晶格，剩下的 C 原子则可进一步排列成石墨烯的六角结构。然而在这两个平面中，由于键的对称性不同，生长出的石墨烯有一定的区别，它们的形貌和电学性质也存在一定的差异。

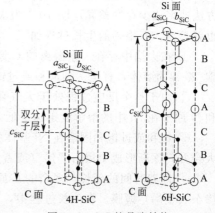

图 10-5　SiC 的晶胞结构

具体方法如下：首先将表面经过氧化或 H_2 蚀刻后的 SiC 通过电子轰击在高真空下加热到 1000℃左右，从而除掉 SiC 表面的氧化物；然后利用俄歇电子谱确定氧化物完全去除后，再将 SiC 升温至 1500℃左右，并保持恒温 1～20min，最终形成二维石墨烯薄片，其厚度由加热温度来决定。除 SiC 外，研究发现，对某些含碳金属进行高真空加热，同样也会在金属表面形成石墨烯。

（3）火焰法　火焰法是一种自蔓延过程，反应物既充当燃料提供反应能量，又充当物料提供反应物，反应一次性完成，具有设备和工艺过程简单、节约能源、速度快和产量高等特点。因此，火焰法制备纳米材料特别适合工业化连续生产。碳氢化合物的火焰可以产生高温和大量的碳原子团簇，在适当的工艺条件下可以制备富勒烯、碳纳米管、非晶碳薄膜以及石墨烯等碳纳米材料。

在本节中，我们将介绍一种简单地利用火焰制备石墨烯薄膜的方法。实验选择 Ni 纳米晶薄膜作为火焰法生长石墨烯的催化剂。催化剂的制备过程为：选取基板为 10mm×10mm 尺寸的抛光硅片，用喷金和脉冲电镀法进行预处理。即，首先在 Si 片上喷一层 50nm 厚的 Au 薄膜，使其导电；然后再均匀地电沉积一层镍纳米晶，作为石墨烯生长的催化剂。具体实验步骤如下。

① 将硅片切成适当的尺寸，依次用丙酮、无水乙醇和蒸馏水超声振荡 5min，使其清洗干净。然后在其表面喷金：用 2mA 电流喷镀 10min。喷金的厚度计算公式为：$d=KIVt$。式中，$K=0.17$；I 为电流，mA；V 为电压，kV；t 为时间。

② 取 $NiSO_4 \cdot 7H_2O$ 75g、$NiCl_2$ 11.25g、H_3BO_3 11.25g 和糖精 1.25g 溶于水中，配成 250mL 溶液作为电镀液。添加 H_2SO_4 或 KOH 调节电镀液的 pH 值至 2.0。

③ 将硅片置于电镀液中，利用脉冲电沉积技术在 Au/Si 基板上沉积 Ni 纳米晶薄膜。主要参数：正向电压 TF=3V，反向电压 TR=1V，占空比为 25：40，电镀时间 40s。根据此工艺，Ni 纳米晶薄膜的厚度可达到每分钟 50nm 左右。

④ 将处理好的硅片置入酒精灯火焰的外焰中（约为火焰上方 5.5cm 处），保持 1min 后取出，即可获得石墨烯薄膜。

采用无水乙醇作为燃料和生长碳源，可得到普通石墨烯薄膜；若采用丙胺等含氮燃料，则可得到氮掺杂石墨烯薄膜。然而由于胺的燃烧温度仅能达到 450℃，不能满足石墨烯的生长温度（700℃以上），因此，在实验上需要选择无水乙醇和正丙胺的混合溶液（体积比为 7：3）作为制备氮掺杂石墨烯的燃料和碳源。

由于火焰环境的复杂性和特殊性，火焰法制备石墨烯与氮掺杂石墨烯的生长方式与其他方法或多或少存在差异。图 10-6 为火焰法制备石墨烯和氮掺杂石墨烯的生长机理示意图。也就是说，石墨烯的生长过程如下。

① 在火焰中存在大量游离的 C 原子和 N 原子，它们在高温下与催化剂 Ni 纳米晶形成碳-氮-镍固溶体，直至达到饱和或过饱和。

② 由于整个反应过程处于大气环境中，当移除火焰装置时，基板的冷却速度很快，C 和 N 原子在 Ni 中的溶解度迅速降低。

③ 饱和或过饱和固溶在 Ni 基体中的 C 和 N 原子开始从 Ni 纳米晶表面析出，并扩散长大合并，逐渐形成单层石墨烯（或者氮掺杂石墨烯）薄膜。

④ 随着时间的延长，多余的 C 原子逐层累积起来，最终堆垛成为多层石墨烯（或者氮掺杂石墨烯）薄膜。在生长过程中，N 原子必然会引入到石墨烯骨架结构中，最终形成 N 掺杂的石墨烯薄膜。

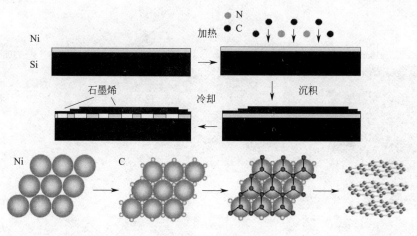

图 10-6　火焰法制备石墨烯的生长示意图

由于火焰中的反应温度较低，并且整个燃烧过程处于富氧环境中，火焰法制备出的石墨烯存在大量的表面缺陷和含氧官能团，使其结晶度远远低于机械剥离法和 CVD 法制备的石墨烯。

10.1.3　石墨烯的表征技术

石墨烯的优异性能源于其独特的二维单原子层晶体结构（横向尺寸可达微米、毫米等量级，而厚度仅为原子量级）。一般认为 10 层以上为石墨，10 层以下为石墨烯。不同层数的石墨烯又具有不同的物理、化学和机械性能，以及不同的应用范围。因此，对石墨烯微结构的表征，特别是层数的测定具有重要意义。本节主要介绍几种典型的石墨烯结构表征技术，包括：光学显微镜、透射电子显微镜、原子力显微镜和拉曼光谱等。

10.1.3.1　光学显微镜法

虽然石墨烯仅一个原子层厚，但在光学显微镜下即可成像。事实上，石墨烯最初被发现时就是在普通的光学显微镜下被分辨出来的。光学显微分析的方法和原理是，先将石墨烯转移到表面有一定厚度氧化层（SiO_2）的硅片上；当氧化层的厚度满足一定条件时，由于光的衍射和干涉效应，在光学显微镜的观察过程中，不同层数的石墨烯会显示出特有的颜色和对比度，如图 10-7 所示。目前，经过大量的实践，该方法已经成为一种比较成熟的，能从宏观上确定石墨烯层数的表征方法。

10.1.3.2　透射电子显微镜法

透射电子显微镜（TEM）或者高分辨透射电子显微镜（HRTEM）是以电子束透过薄膜样品经过聚焦与放大后所产生的物像。由于电子散射或被样品吸收，故穿透力低，必须将样品制备成超薄切片。石墨烯本身满足这些条件，因此可以直接进行透射电镜表征。利用透射电子显微技术对石墨烯进行表征，主要包括两个方面。

（1）层数测定　通过直接观察石墨烯边缘或褶皱处的条纹数来测定石墨烯的层数，或者通过电子衍射斑点的明暗程度来确定石墨烯的层数。例如，单层石墨烯 {1100} 衍射斑点的强度明显高于 {2110}，这是单层石墨烯与多层石墨烯电子衍射花样的最主要区别。如图 10-8 所示。

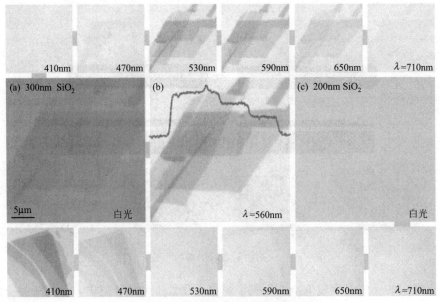

图 10-7　石墨烯的光学显微分析

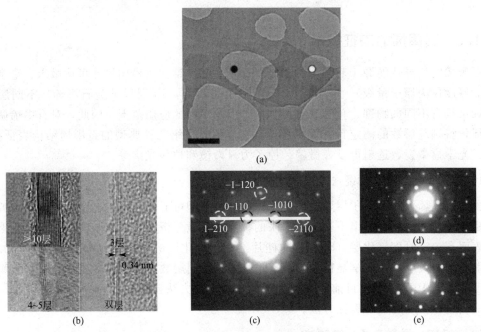

图 10-8　不同层数石墨烯的边缘 HRTEM 图像（a）和石墨烯的 TEM 图像（b）和电子衍射谱[（c）～（e）]

（2）结构分析　采用高分辨电子显微技术可以对石墨烯进行原子尺度的表征，揭示其原子结构与质量等信息，如图 10-9 所示。

10.1.3.3　原子力显微镜法

原子力显微镜（AFM）表征是鉴别石墨烯最直接的证据。采用原子力显微镜，可以直接观察石墨烯的表面形貌，并且测得石墨烯的厚度，从而确定其存在，如图 10-10 所示。同时，可以通过测定石墨烯厚度变化判断其层数信息，即石墨烯的测量厚度除以石墨的层间距 0.34nm，就是石墨烯的层数。然而，由于石墨烯表面存在有吸附物，以及石墨烯与基底的相互作用等因素的影响，所测得厚度比实际厚度大。因此，一般情况下，需要与光学显微镜配合来准确判定石墨烯层数。

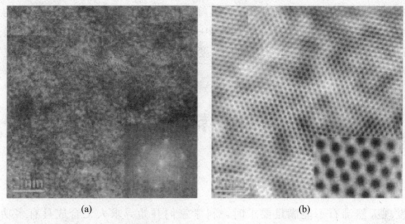

图 10-9 石墨烯的 HRTEM 图像

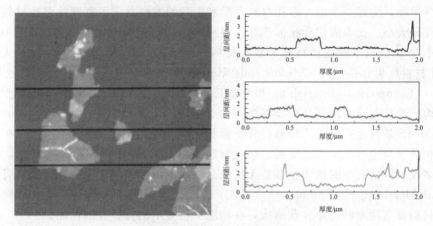

图 10-10 石墨烯的 AFM 图像

10.1.3.4 拉曼光谱法

拉曼（Raman）光谱法是利用光的散射效应对石墨烯的层数和结构进行表征的方法。利用拉曼光谱可以鉴别出单层、双层、多层石墨烯和块体石墨间的区别。图 10-11(a) 为石墨烯与石墨的拉曼光谱对比图（激光波长：514nm）。可以看出，对于位于 1580cm^{-1} 左右的 G

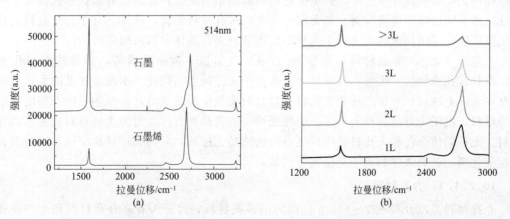

图 10-11 石墨烯与石墨的拉曼光谱（a）和不同层数石墨烯的拉曼光谱（b）

峰和位于 2700cm^{-1} 左右的 2D 峰来说，两者在强度、峰位和峰形上均有所不同。而对于具有不同层数的石墨烯来说，可以通过 2D 峰的峰形、峰位，以及 2D 峰与 G 峰的强度比，来很好地区分层数在 5 层以下的石墨烯，如图 10-11(b) 所示。可归纳出单层石墨烯拉曼光谱的三个特点：a. 2D 峰为单峰；b. 2D 峰的强度远远高于 G 峰；c. 2D 峰的峰位相对于其他层数石墨烯及块体石墨向左偏移。

10.2 多孔材料的合成与制备

10.2.1 多孔材料简介

当人们发现天然沸石不能满足要求时，科学家们开始寻求人工合成具有多功能性的多孔材料。20 世纪初，通过模拟天然沸石的生长环境，科学家们在水热条件下成功合成了首批人工沸石分子筛，为近一个世纪多孔材料科学和工业的发展奠定了基础。多孔材料的孔特征主要包括孔径大小、比表面积和孔体积等。根据国际纯粹和应用化学协会（IUPAC）分类，把孔径大小在 2nm 以下的孔材料称为微孔材料（Microporous Materials），孔径大小在 2～50nm 的孔材料称为介孔材料（Mesoporous Materials），孔径尺寸大于 50nm 的孔材料称为大孔材料（Macroporous Materials）。根据国际分子筛学会（IZA）统计，至今已有 100 多种微孔结构，而具有这些微孔结构类型的各类微孔化合物不计其数。1992 年 Mobil 公司成功合成了 M41S 系列介孔材料，和沸石分子筛相比其孔径得到了大大提高，近 20 年来介孔材料及其相关学科也得到了飞速发展。微孔材料（沸石）、介孔材料和大孔材料，所有这些分子筛与多孔材料的孔壁的组成全都是无机化合物，近年来以配位聚合物，无机有机杂化结构（Porous Metal-organic Frameworks，MOFs）为主体的有序多孔材料也大量兴起，这些新兴的孔材料具有特有的有序大孔结构，在功能上也显示出其特有的性能。

根据孔道排列是否有序可以把多孔材料分成三类：无定形、次晶和晶体。常用衍射法来鉴定材料结构的有序性，特别是 X 射线衍射法。无定形材料没有衍射峰，次晶材料没有衍射峰或只有很少几个宽衍射峰，晶体材料都有其特有的衍射峰，并可将其作为判断其结构的依据。无定形材料结构上长程无序，孔道不规则，孔径大小不均一且分布很宽，在工业上已经被使用多年。次晶材料仅有许多小的有序区域，孔径分布较宽。结晶材料（有序多孔材料）孔径大小均一且分布很窄，孔道由它们的晶体结构决定，且其孔道形状和孔径尺寸可以通过选择不同的结构得到控制。和无定形及次晶多孔材料相比，晶体（有序）孔材料具有许多优势，许多应用领域的无定形多孔材料正逐渐被多孔晶体材料所取代。

无定形（无序）介孔材料，如普通的 SiO_2 气凝胶、微晶玻璃等，具有较大的孔径范围，但具有孔道形状不规则、孔径尺寸分布范围大等缺点。陶瓷、水泥等常见的大孔材料同样存在着以上缺点。有序介孔和大孔材料是材料家族中的新成员，是指在三维上高度有序的系列材料，成千上万（甚至上千万）个孔径均一的孔排列有序，可为无机材料或有机高分子材料。无机固体介孔和大孔材料可以是有序的或是无序的，它们被广泛地应用在吸附剂、非均相催化剂、各类载体和离子交换剂等领域。

10.2.1.1 介孔材料

介孔材料是指孔径在 2～50nm 范围内的多孔材料，可分为有序介孔材料和无序介孔材料。有序介孔材料与无序介孔材料不同，是以美国前 Mobil 公司所合成的 M41S 系列材料

（MCM-41、MCM-48 等）为代表的新一代介孔材料。有序介孔材料孔道有序排列，孔径集中分布，具有高层次上的有序结构，但是从原子水平看，这些介孔材料是无定形的。所以有序介孔材料具有一般晶体的某些特征，它们的结构信息能够由衍射方法及其他结构分析手段得到。

早期合成多孔材料的方法主要是气溶胶法和气凝胶法等，它们的制备过程难以控制，制得的材料孔道形状不规则，孔径分布分散，无法获得有序多孔材料。1992 年 Mobil 公司的科学家们采用纳米自组装技术，首次成功合成了有序介孔材料 MCM-41，他们运用模板剂制备的材料孔道形状规则、孔径集中分布且可调，克服了前期介孔材料存在的缺点。目前，利用纳米自组装技术，采用模板剂合成结构易于调整的多孔材料的方法已成为当今国际上一个研究热点。

有序介孔材料已经成为最常见的介孔材料，是在传统的沸石和分子筛的基础上发展起来的，近年来采用新的制备方法，使得孔径可在大范围内人为控制。它们是利用表面活性剂在水溶液中形成的有序溶致液晶结构为模板，通过溶胶凝胶过程，在有机模板剂与无机物种之间的界面作用力的定向导引作用下组装成一类孔径在 2～50nm、孔径可调且集中分布、孔道结构规则有序的无机多孔材料。有序介孔材料合成的原理是模板机制（Template Mechanism），表面活性剂分子的一端为亲水基，另一端为疏水基（亲油基），所以在水中会形成胶束以降低能量，胶束内部为疏水基外部为亲水基，这些胶束就是介孔材料的模板，无机物种分子会集聚在胶束周围，一段时间后形成凝胶状的空间网络状结构，再经过煅烧或萃取法除去模板剂即可得到介孔材料。

当前有序介孔材料在许多研究应用领域有广泛应用前景，在吸附分离、催化、提纯、生物结构材料、超轻结构材料、半导体及光学器件、计算机硬件、传感器件、药物控释、声学材料等许多研究领域有着潜在的用途，在化学、材料、建筑、信息通信、生物技术、环境能源等很多行业具有重要的应用价值。由于其特有的形成机理，介孔材料的孔径在很大范围内可调，不能被沸石分子筛所取代，因此成为当今热门研究领域之一。

10.2.1.2 金属有机骨架材料

金属有机骨架（Metal-organic Frameworks MOFs）是由含氧、氮等的多齿有机配体（大多是芳香多酸和多碱）与过渡金属离子自组装形成的具有网络结构的 种类沸石材料，也可称为：金属-有机络合聚合（Metal-organic Coordination Polymers）、配位聚合物（Co-ordination Polymers）、有机- 无机杂化材料（Organic-inorganic Hybrid Materials）等。早在 20 世纪 50 年代末，就有科学工作者合成了具有三维网状结构的金属有机骨架化合物，之后也有类似报道，但在当时并没有引起太大关注。随着晶体学及晶体学工程概念的提出及应用，特别是拓扑结构理论在合成配位聚合物中的应用，人们才可以通过合理选择不同构筑单元以及预测晶体生长方式得到所需的具有特定性质的晶体。目前，已经有大量的金属有机骨架材料被合成，主要是以含羧基有机阴离子配体为主，或与含氮杂环有机中性配体共同使用。这些金属有机骨架中多数都具有高的孔隙率和好的化学稳定性。这类材料中的空隙具有各种形状和尺寸，是沸石和分子筛之类的多孔材料所观察不到的。和无机分子筛相似，MOFs 具有特殊的拓扑结构、内部排列的规则性以及特定尺寸和形状的孔道。但在化学性质上，MOFs 不同于无机分子筛，其孔道是由金属和有机组分共同构成的，对有机分子和有机反应具有更大的活性和选择性。而且，制备 MOFs 的金属离子和有机配体的选择范围非常大，可以根据所需材料的性能，如孔道的尺寸和形状等，选择适宜的金属离子以及具有特定官能团和形状的有机配体。由于能控制孔的结构并且比表面积大，MOFs 比其他的多孔材料有更广泛的应用前景，如吸附分离、催化剂、磁性材料和光学材料等。另外，MOFs 作为一种超低密度多孔材料，在存储大量的甲烷和氢等燃料气方面有很大的潜力，将为下一代交通工具提供方便的能源。

10.2.2 介孔材料的合成机理及合成方法

10.2.2.1 介孔材料的合成机理

自从以 MCM-41 为代表的介孔硅基材料被报道以来，人们对于介孔材料形成机理的研究就没有停止过。许多研究者对这种有机表面活性剂与无机离子在分子水平上的自组装技术产生极大的兴趣，提出了一些机理来解释这些有序介孔材料的形成过程。发展至今，人们对其机理仍存在争论，关于合成机制的观点有多种，并提出了多种机理，典型的是液晶模板机理和协同作用机理，如图 10-12 及图 10-13 所示。

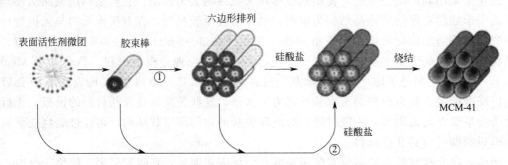

图 10-12　Mobil 科学家们提出的 MCM-41 两种形成机理
① 液晶模板机理；② 协同作用机理

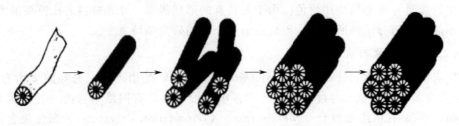

图 10-13　Davis 提出的协同作用模板机理

(1) 液晶模板机理（Liquid Crystal Templating Mechanism，LCT）　根据表面活性剂的相关理论，表面活性剂一端为亲水基，一端为疏水基，它溶于水中时会形成相对稳定的胶束以降低能量，胶束的外表面是表面活性剂的亲水端，胶束内部是表面活性剂的疏水端。根据在水中浓度不同，表面活性剂会依次形成球状胶束、棒状胶束、溶致液晶结构。液晶模板机理认为这些溶致液晶相就是硅基介孔材料 MCM-41 的模板剂，并且这些模板剂是在无机硅源加入之前形成的，无机硅源加入后，无机分子和胶束的亲水端（外表面）之间存在作用力，会聚集沉淀在胶束之间的空隙里，从而形成了孔壁。Mobil 公司的科学家们提出这种机理的根据是他们发现表面活性剂在水中生成的溶致液晶结果和介孔材料 MCM-41 高分辨电子显微镜图像以及 X 射线衍射结果很类似。

(2) 协同作用机理（Cooperative Formation Mechanism）　协同作用机理也认为由表面活性剂形成的溶致液晶结构是介孔材料 MCM-41 合成的模板剂，这与液晶模板机理的观点是相似的。但区别是协同作用机理认为溶致液晶相是在加入无机硅源之后形成的，是在无机离子和表面活性剂的共同作用下形成的。无机分子和有机表面活性剂之间存在复杂的相互作用力，如静电力、氢键、配位键等，在这些复杂的作用力之下，无机分子会在两相界面处发生加速集聚缩聚。同时，无机物种的缩聚反应对胶束形成溶致液晶结构也具有促进作用。这就是 Mobil 公司最先提出的协同作用机理，随后研究人员又对加入硅源后溶致液晶结构的形成过程进行了研究，Davis 和 Stucky 提出的两个机理是其中的代表。

Davis 认为表面活性剂先形成随机排列的胶束，无机硅源加入后，通过库仑力作用和其发生相互作用，聚集在胶束周围。然后这种在无机物种和表面活性剂共同作用下形成的胶束会自发堆积形成有序的溶致液晶结构，同时无机物种也发生缩聚。经过一段时间后，硅酸盐物种聚集到一定程度，再经过煅烧除去模板剂后就形成了硅基介孔材料 MCM-41。

Stukey 对无机硅源加入后溶致液晶相的形成机理作了较为全面的阐述。和 Davis 不同的是他认为表面活性剂预先有序的排列（胶束）不是必需的，但它们可能会参与随后的反应。无机硅源加入后，硅酸盐阴离子会发生聚集，和表面活性剂阳离子发生相互作用。硅酸盐的聚集改变了无机层的电荷密度，表面活性剂的长链会相互接近，无机离子和有机表面活性剂之间的电荷匹配控制表面活性剂的排列方式。随着反应的进行，无机层电荷密度改变，无机和有机组成的物相也会改变。最终的物相由无机分子的聚集程度和表面活性剂的排列状况而定。他的理论的提出吸取了其他模型中的一些观点，在大量的实验结果的基础上对不同条件下生成的溶致液晶相的核磁共振进行研究。

除了液晶模板机理和协同作用机理外，人们还进行了很多的探索。霍启升等提出广义液晶模板机理，Attard 和 Antonietti 等提出液晶模板机理，Inagaki 等提出硅酸盐片迭机理，以及 Monnier 等提出电荷密度匹配机理等。但是所有这些机理都是基于 Mobil 的科学家们最早提出的液晶模板机理和协同作用机理。如图 10-14 所示。

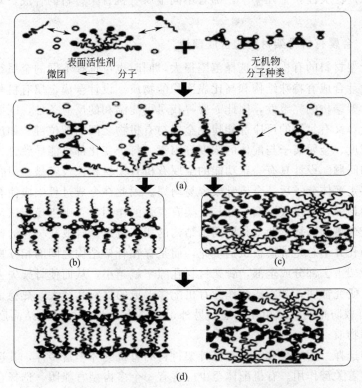

图 10-14　Stukey 提出的协同作用模板机理

10.2.2.2 介孔材料的合成方法

硅基介孔材料合成方法众多，主要有水热合成法、溶胶凝胶法、微波合成法、相转变法、溶剂挥发法等。但目前应用最多的是溶胶凝胶法和水热合成法。

水热合成法合成介孔材料就是在高温高压的条件下，无机物质在有机表面活性剂的导向作用下自组装生成有序溶质液晶相结构，再经过高温煅烧除去有机表面活性剂得到介孔材料。该法操作简单，是分子水平的反应，反应均匀，但反应时间较长。具体过程一般是将有机模板溶解在酸性或碱性水溶液里，加入无机硅源搅拌形成溶胶，然后在高压釜内高温高压的条件下晶化，最后经过干燥过程，再用煅烧或萃取法除去模板剂即得到介孔材料。

溶胶凝胶法合成条件温和，是一种重要的合成无机材料的方法。它的过程是将原料分散到溶剂中，进行水解、醇解等反应生成活性单体，活性单体聚合生成溶胶，溶胶经过陈化后生成具有一定空间的凝胶，在经过干燥烧结等步骤制备出分子纳米级的材料。溶胶凝胶法发生的反应是分子水平的，反应均匀，可以实现分子水平的掺杂，但合成原料常为有机物，价格昂贵，且反应时间较长，需几天或几周，干燥后容易发生收缩。溶胶凝胶法用于制备介孔材料，干燥时纳米级的孔道结构会收缩以至断裂，但近来人们发现在原料中引入小分子有机添加剂可以制备出孔径均一的硅基介孔材料。

10.2.3 金属有机骨架材料的合成方法

金属有机骨架材料是在沸石和金属磷化物的基础上，以配位化学为理论基础而发展出来的纳米多孔材料的新成员，涉及有机化学、物理化学、超分子化学、材料科学和生物化学等多学科，是交叉科学发展的共同产物。自从诞生以来，金属有机骨架材料就以其独特的性能引起各国科学家广泛关注，十几年来，随着不同金属有机骨架材料的合成，对它的研究热潮持续增长。

10.2.3.1 金属有机骨架材料的合成理论

金属有机骨架材料的有机配体选择范围很大，同时也可选择不同的金属组分，因此可以根据不同要求设计合成有特殊结构和高比表面积的物质。设计合成金属有机骨架材料时，最重要的是维持骨架结构的完整性，因此需要寻找尽可能温和的反应条件，既要维持有机配位体的功能和构造，又有足够的反应性能建立金属与有机物之间的配位键。如反应温度、溶剂极性、溶液酸碱度、金属离子与配体的浓度等因素，每个变化都可能导致骨架结构的变化。

(1) 存在的问题　设计具有一定功能的金属有机骨架材料比较容易，但合成过程却是难以控制的。当移走客体分子后，合成骨架容易坍塌。因此在合成过程中应使有机配体和金属离子之间作用力最强，而模板试剂不能与骨架有很强的作用，否则当模板试剂从骨架中移走时，骨架会改变或遭到破坏。两个相同网络结构的相互贯通是合成孔材料的普遍障碍，金属有机骨架材料的孔并不总是被模板试剂填充，而是存在骨架结构之间的相互贯通，一个骨架的孔隙被另一骨架占去部分或全部，骨架材料孔隙率就越小，从而使骨架失去吸附分子或离子的能力。有人研究证明，芳香羧酸作为有机配体形成的材料孔径大，热稳定性高，易形成SBU结构，能有效防止网络的相互贯通。另外，金属有机骨架材料的结晶度一般较差，甚至有时为非晶态物质。

(2) 原料的选择　用于合成金属有机骨架材料的有机配体丰富多样，其选择对构筑金属有机多孔骨架起着关键作用。有机配体至少应含有一个多齿型官能团，选择合适的有机配体包括有机配体所含有的基团、有机配体的分子链长、所含有配位基团的数目等。有机羧酸是配体选择的重要来源，羧基部分负电荷密度大，与金属离子配位能力强，且羧基有多种配位方式，可以形成金属羧酸盐簇或桥连结构以增强主体结构的稳定性和刚性。由于刚性分子如共轭芳香物质比较容易得到稳定的晶态金属有机骨架材料，常用的配体有单、二、三、四羧酸芳香化合物。除此之外，含氮杂环有机配体如联吡啶化合物等也有广泛使用，还可选择含氮杂环与羧酸混合配体。

金属有机骨架材料合成中常用的金属组分有碱金属、碱土金属、过渡金属、主族金属和稀土金属等。金属有机骨架材料的晶体拓扑结构主要取决于金属中心的配位构型，而金属中心的配位构型又取决于中心原子能够形成的配位数。此外，配体提供的孤对电子所占据轨道有时还具有方向性，因此配位键会产生一定取向，即可形成 MOFs 晶体多样的空间构型。另外，金属中心的配位数还受到有机配体大小、齿数及形状的影响。所以考虑晶体骨架结构时需综合考虑金属离子和有机配体的协同效应。

金属有机骨架材料的合成机理一般认为是一个包含了成核、低聚、晶粒的聚集、融化、生长、最后退火的过程。在配体和金属离子浓度较高时，前三个步骤相对较快，在晶粒表面包含了很多没有反应的点可进一步聚合，促使晶粒快速的融化和生长。但是由于小的晶粒，在具有沉降作用的溶剂下通过团聚可以降低它的表面张力，所以这一推动力是不能忽略的。随着时间的推移，配体和金属离子的浓度下降，成核的速率减少，晶粒的生长和退火成主导地位，形成光滑表面的晶体。

10.2.3.2　金属有机骨架材料的合成方法

金属有机骨架材料通常在低温液相中合成，多采用一步法使用纯溶剂或混合溶剂，通过结构单元的自组装形成有序晶体骨架结构。合成过程一般包括混合金属离子溶液和有机配体溶液，在室温下或溶剂热的条件下进行，有时需加入一定的辅助物质（如胺类）促使晶体形成，避免发生沉淀而形成无定形态结构。

(1) 扩散法　扩散法是在室温条件下将一个组分通过膜或凝胶缓慢挥发扩散到另一组分的方法。在扩散过程中需要逐渐加入碱类物质以使配体去质子化，碱的选择可以避免一些空缺的金属位和有机配体的竞争配位。扩散法一般是将金属盐、有机配体和溶剂按一定的比例混合后放入一个小玻璃瓶中，然后将此小瓶置于一个内有去质子化溶剂的大瓶中，封住大瓶瓶口，静置一段时间后即有晶体生成。该方法反应条件比较温和，易获得用于分析的高纯度晶体，容易观测，利于研究反应机理，但是比较耗时，一般需要一星期或数个星期，而且要求反应物常温下即可溶解。

(2) 溶剂热法　溶剂热法是把有机配体、金属盐和溶剂按照一定比例放入密封反应容器中加热，温度一般为 100～200℃，在自身压力下反应。随着温度的升高反应物就会逐渐溶解，一定时间后就可以得到晶体产物。这种方法反应时间较短，解决在室温条件下反应物不能溶解的问题，而且更能促进生成高纯度晶体。这种方法需要调节反应条件，以免反应太快生成沉淀，得不到晶态材料。并且这种方法难以观测反应过程以及研究反应机理。

(3) 微波法、超声法　由于微波辐射可以使溶剂快速升温，微波加热作为加速化学反应的手段已被广泛应用于各个领域。在金属有机骨架材料的合成中，利用微波辐射法可大大节省反应时间。微波法可通过调节不同的温度和反应时间得到比溶剂热法更大比表面积的晶体，但是如果超过最优的反应时间会造成晶体的损坏。

超声法是另外一种辅助反应方法，超声辐射使反应速率加速源自溶液中气泡的形成与猝灭，即超声空化。在超声辐射下，产生很高的局部温度和压力，从而导致极其快速的加热和冷却速度。此种技术相对较新，对于溶剂热法有助于缩短反应时间，但技术路线还未完全成熟。

（4）机械合成法　机械合成法是一种不依靠溶剂的方法，将有机配体和金属盐混合，在球磨机下研磨就可以得到需要的金属有机骨架材料。机械合成法具有操作简单等优点，有的在球磨过程中加入少量液体，总的来说机械化学合成仍处于探索阶段。

10.2.4　多孔材料的应用

由于其大的比表面积及孔体积，多孔材料被广泛应用于催化领域和吸附分离领域中。作为典型的微孔材料，沸石分子筛具有晶态网络状结构。由于其结构特点，沸石具有许多优点，在光电磁工业、吸附分离、催化技术乃至环境保护和生物相关方面具有重要的应用。沸石孔道结构规则有序，但是它们的孔道尺寸都小于 1.3nm，这一点使它们只能用于那些和小分子有关的应用，并不能用于和有机大分子和生物大分子有关的催化与吸附作用。介孔材料的合成克服了沸石分子筛的缺点，而大孔有序材料也是最近科学家们一个重要的研究方向。

10.2.4.1　介孔材料的应用

有序介孔材料自从首次合成以来，就引起科学工作者极大关注，其合成及形貌控制的研究一直是研究的热点，但与此相比，介孔材料应用进展缓慢，大部分仍处在实验室阶段。经过十几年的发展，介孔材料在诸多领域如催化吸附、环保、光电、化学固定及酶分离等领域取得了很大的进展，有巨大应用潜力。

（1）催化吸附　沸石分子筛是石油化工中广泛应用的催化剂，但由于其孔径很小，催化有机大分子反应受到限制，科学家们寻求大孔径有序材料，由此合成有序介孔材料 M41S。介孔材料由于具有规则的大孔道，大的比表面积，为某些较大的烃类分子进行烷基化、异构化等催化反应提供了理想的场所。但介孔氧化硅材料不具有或仅有很小的酸（碱）性，不具有催化能力，常常需要对其进行修饰，或直接采用具有催化性能的非硅介孔材料。由于介孔氧化硅材料比表面积很大，孔道较大，负载的催化剂或具有催化性能的官能团能够高度分散，可大大提高催化效率。

自 MCM-41 系列介孔材料出现以来，人们已报道了金属氧化物、过渡金属及贵金属掺杂的介孔材料，在不同的催化反应中表现了优异的性能。除了对介孔材料进行无机掺杂改性外，利用有机活性剂的改性同样取得了很大发展且前景广阔。有机催化剂在孔径较大的介孔材料中保持固态，易从液相中分离，可以循环利用。对介孔分子筛的改性一般是用有机硅烷进行功能化来引入氨基、烷基、卤素、氰基、巯基等活性基团，进一步改性这些活性基团可生成所需要的功能团，这些杂化的介孔分子筛被广泛应用于酸催化、碱催化、氧化还原反应及其他一些反应中。

介孔材料可调的孔径，均一的孔径及较大的比表面积使其在物质吸附及分离方面也表现出优异的性能。对氧化硅介孔材料进行无机或有机修饰，可用于吸附/分离气体，去除重金属离子，处理水污染及大气污染等。

（2）生物　蛋白质酶能够高效催化各种生物化学反应，具有高效率、专一性及反应条件温和等优点，但稳定性较差，在较强的酸、碱及高温条件下容易失活，所以酶的固定化是酶在实际运用中一项重要内容。介孔材料 2～50nm 的孔径，较大的比表面积，使其成为酶固定化很好的载体，提高酶解效率。介孔材料可调的孔径使其在药物控释方面有极大应用前景。通过调节孔径的尺寸及药物与孔表的作用力，及进一步对介孔材料安全性及生物相容性的研究调查，证明氧化硅介孔材料是一种良好的药物载体。治疗癌变药物一般有较大的毒性，药物控释可针对实际用药部位设计靶向治疗，对非癌变部位实现零释放。介孔氧化硅材料也可作为骨修复及再生材料，由于高的比表面积，羟基磷灰石生长速度快，可加速骨骼的修复和再生。

（3）能源领域 介孔材料以其大的比表面积，开放的骨架结构及大的孔体积在能源储存和转化相关的电化学领域及储氢材料领域扮演重要角色。介孔材料由于具有大的孔道及大的比表面，有利于离子在其中的扩散，是一种很好的电池阴极材料。对介孔碳材料进行非金属或金属及金属氧化物掺杂改性后，可以达到很高的效率及循环使用效率。碳纳米管材料和介孔碳材料也是一种良好的储氢材料。

10.2.4.2 金属有机骨架材料的应用

与传统沸石材料相比，金属有机骨架材料的多孔性，不饱和金属配位点及大的比表面积，使其在化学工业上有大量应用，如气体储存、吸附分离、催化反应、传感器和光电磁功能等。

（1）气体储存 与传统沸石分子筛相比，金属有机骨架材料具有更大的比表面积及孔隙率，孔的几何构型可调控，在气体储存方面有较大应用前景。随着能源环境问题逐渐突出，用金属有机骨架材料储存氢气和甲烷等燃料气引起人们越来越多的关注。

气体吸附与比表面积有关，大的比表面积一般会有高的存储量，但比表面积并不是吸附量大小唯一决定因素，功能性基团的存在起着很重要的作用。通过功能性基团的修饰，增强MOFs和气体之间相互作用是十分关键的解决办法。还可以利用暴露金属位点，加强对气体吸附作用。

（2）吸附分离 金属有机骨架材料具有特有的表面性质和孔结构，不同气体在其表面吸附作用不一样，由此发生的选择性吸附可对混合气体进行分离。吸附剂的吸附量和选择性与被吸附气体、压力、温度及吸附过程等因素有关，金属有机骨架材料可调节的孔径孔体积和可控的表面性质，使其成为单组分气体吸附及混合气体分离的理想材料。由于尺寸形状限制，混合气体通过金属有机骨架材料时，某些成分可以进入孔中，而另外一些成分则不能，由此可实现混合气体的分离。另外，不同气体在金属有机骨架材料表面相互作用不同，某些成分会优先吸附，这样也可实现气体分离。金属有机骨架膜是一种新兴的膜材料，以其特有的性质在气体净化及分离方面有很大发展潜力。

（3）催化反应 科学工作者们最近开始对金属有机骨架材料的催化性能进行广泛研究，发现MOFs可作为催化剂用于许多类型的反应。无机-有机结构的杂合性质和多孔的结构，是金属有机骨架材料有利的特点，可以在孔结构中创造一个或多个催化位点。不仅作为骨架的金属，有机连接体也可以参与到催化中。尽管金属有机骨架材料热稳定性得到了很大的提高，有些甚至达到500℃，但仍然无法和沸石稳定性相比。所以金属有机骨架材料的催化性能常用于低温条件下，无法在高温的炼油或石油化工中使用。

（4）传感器 金属有机骨架材料以其独特的光、电、磁等性能引起人们强烈关注，结合金属有机骨架材料自身的多孔性结构，可以将它们制作成为在实际生活中应用的传感器件。骨架材料的多功能性质因不同客体对其骨架的作用不同而发生改变，通过跟踪多功能性质，可以感应不同的客体分子，由此实现传感器的设计。

（5）药物控释 由于骨架中官能团以及孔结构的可调性质，金属有机骨架材料成为药物控释的理想材料。其对药物的控释是通过有机材料和无机材料的共同作用来进行的。但是金属有机骨架材料孔尺寸通常是微孔范围，限制药物在其中的储存量，因此人们现在正致力于合成介孔范围的金属有机骨架材料。

10.3 智能材料制备技术

10.3.1 智能材料的基本概念与特征

智能材料（Intelligent Materials），也称机敏材料（Smart Materials），是能感知内部状态和环境刺激，进行分析、处理和判断，采取一定的措施进行适度响应，表现出智能特性的材料。智能材料包括形状记忆合金、光致变色玻璃、智能高分子凝胶等单一组成的材料，也包括由两种或两种以上的材料有机地复合并具备感知、驱动和控制功能的复杂材料体系，这些复杂材料体系被称为智能材料系统（Intelligent Material Systems）。在基体结构材料中嵌入传感元件和驱动元件，并采用控制单元对机械或工程结构的状态进行控制，就构成了智能结构（Intelligent Structures 或 Smart Structures）。各类具有智能特性的材料、系统和结构统称为智能材料、系统与结构或智能材料与结构（Smart Materials and Structures），简称为智能材料。

智能材料是在仿生学概念上发展起来的新一代高技术材料，其构想是通过仿生设计，将具有不同功能的材料或器件有机组合，使材料系统或结构具有智能特性和生命特征，因此智能材料具有或部分具有以下功能。

① 传感功能 能感知内部状态和环境刺激，如应力、应变、振动、热、光、电、磁、化学等参量的强度及变化。

② 反馈功能 可通过传感网络对系统输入与输出信息进行对比，并将结果提供给控制系统。

③ 信息识别与积累功能 能识别传感网络得到的信息并将其积累。

④ 响应功能 能根据内部状态和外界环境的变化实时、动态地作出响应，并完成适当的动作。

⑤ 自诊断能力 能通过分析比较系统目前的状况与过去的情况，对系统故障、判断失误等问题进行自诊断并予以校正。

⑥ 自修复能力 能通过自生长、自愈合等再生机制来修补局部损伤或破坏。

⑦ 自适应能力 在外部环境变化时不断自动调整自身结构，相应地改变自己的状态和行为，始终以一种优化方式对外界变化作出适当的响应。

智能材料的基本特征是具备感知、驱动和控制三个基本功能，即三个基本要素，而具备以上所有功能的智能材料是高级智能材料。具有高级智慧特征的智能材料是现代高技术材料最具启发性、最鼓舞人心的发展方向，其研究和应用将导致材料及相关领域发生革命性的变化。

10.3.2 智能材料的构成与分类

智能材料包括形状记忆合金等单一组成的材料以及由两种或两种以上的材料有机复合而成的智能材料系统。智能材料系统一般由基体材料、敏感材料、驱动材料、信息处理器及其他功能材料构成，其基本构成和工作原理如图 10-15 所示。

① 基体材料 起承载作用，一般为轻质材料，如高分子材料、轻质有色金属合金等。在智能混凝土结构中，混凝土为基体材料。

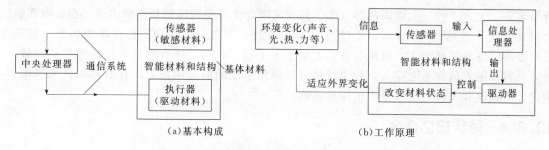

图 10-15　智能材料的基本构成和工作原理示意图

② 敏感材料　担负传感作用，其作用是感知材料结构自身或环境的变化，如温度、应力、压力、振动、位移、电磁场等。敏感材料有形状记忆材料、压电材料、磁致伸缩材料、电阻应变材料、光导纤维等。

③ 驱动材料　在一定条件下产生较大的应变和应力，担负响应和实施动作的任务；驱动材料有形状记忆材料、压电材料、电/磁致伸缩材料、电/磁流变材料等。

④ 信息处理器　是智能材料的神经中枢，对传感器输出的信号进行处理、分析，并作出决策，进而对驱动器件发出控制信号。

⑤ 其他功能材料　包括导电材料、磁性材料、半导体材料等。

智能材料种类繁多，分类方法也很多，若按母体材料的种类或材料的来源来分，可分为金属系智能材料、无机非金属系智能材料和高分子系智能材料。金属系智能材料有形状记忆合金、磁性致伸缩合金等；无机非金属系智能材料有压电陶瓷、电致伸缩陶瓷、电/磁流变材料、电致变色玻璃等；高分子系智能材料有智能高分子凝胶、形状记忆高分子材料、压电聚合物等。

按材料的结构分，可分为本身具有智能特性的材料和嵌入式智能材料。本身具有智能特性的材料包括形状记忆合金、光致变色玻璃、智能药物释放体系等，这些材料本身能感受热、光、pH 值等物理或化学信息，其内部结构、外在形态或材料特性随之发生明显的变化。嵌入式智能材料是在基体材料中埋入传感元件、驱动元件，并集成了控制单元，传感元件检测内部与环境信息，外部控制单元指挥驱动元件执行相应的动作，这类材料有压电陶瓷振动控制结构、光纤智能混凝土等。

10.3.3　智能材料的发展历程与应用前景

由于科学技术飞速发展，人们对所使用的材料提出了越来越高的要求，传统的结构材料或功能材料已不能满足要求。随着仿生学的构想和信息技术融入材料科学，使得新材料的研究向智能化方向发展。智能材料最早由美国开始研究，1984 年美国陆军科研局首先对智能旋翼飞行器的研究给予支持。1988 年波音 737 客机在美国发生灾难性断裂事故，美国因此开始研究具有自我诊断与预警系统的 Smart 飞机。此后，美、日科学家提出了智能材料的概念，美国学者倾向于使用机敏材料，着重于应用研究；日本学者倾向于使用智能材料，力图阐明其哲学内涵。1989 年 3 月在日本筑波科学城召开了"关于智能材料的国际研讨会"，在这次会议上日本学者高木俊宜作了关于智能材料概念的演讲，至此智能材料的概念正式形成。20 世纪 90 年代以来，除美国、日本之外，欧洲等其他国家和地区都开始研究智能材料，我国也将智能材料列入国家自然科学基金和国家 863 计划研究项目。目前国际上智能材料的研究非常活跃，已成为 21 世纪高技术领域的一项重要研究内容。

智能材料的研究呈开放和发散性，涉及材料学、仿生学、化学、信息技术、航空航天、机械装备、土木工程、生物医药等，多学科交叉融合使新型智能材料不断出现，而新型智能材料又带动了相关学科的发展。经过近 30 年的发展，智能材料的研究已由早期的航空航天及军事部门逐渐扩展到重大机械装备、大型土木工程、医药、体育和日常用品等其他领域。可以预料，随着研究不断深入，智能材料将展现出更广阔的应用前景，将对科学技术进步、国民经济建设和人民生活水平产生深远影响。

10.3.4 形状记忆合金

材料在发生塑性变形后，经过适当的热过程又能够回复到变形前的形状，这种现象叫作形状记忆效应（Shape Memory Effect，SME）。形状记忆合金在较低的温度下变形，加热后可恢复变形前的形状，这种只在加热过程中存在的形状记忆现象称为单程记忆效应；某些合金加热时恢复高温相形状，冷却时又能恢复低温相形状，称为双程记忆效应；钛镍形状记忆合金加热时恢复高温相形状，冷却时变为形状相同而取向相反的低温相形状，称为全程记忆效应（如图 10-16 所示）。形状记忆合金的工作原理是，将形状记忆合金加热至某一临界温度（晶型转变温度）以上进行形状记忆热处理，急冷后形成低温马氏体相，然后施加一定程度的变形，再加热到临界温度以上，使晶相反转变，由低温马氏体相逆变为高温奥氏体相（母相）而回复到形变前的形状，或者在随后的冷却过程中，通过内部弹性能释放而返回到马氏体相。形状记忆合金在相变过程中，其刚性、电阻、内摩擦、声波发生数等均发生变化。同时，由于形状记忆合金在加热时收缩，以及在外力场下相态发生变化，产生大的形变和应力，因而可以作为致动器件，使材料系统或结构具有自诊断性和损伤自愈合能力。

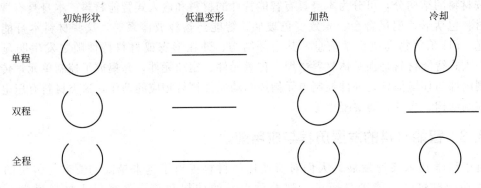

图 10-16　三类形状记忆效应的示意图

形状记忆合金有钛镍基、铜基、铁基形状记忆合金。钛镍基形状记忆合金的伸缩率在 20％以上，疲劳寿命达 10^7 次，阻尼特性比普通弹簧高 10 倍，耐腐蚀性优于目前最好的医用不锈钢，在工程和医学领域的用途广泛。在牙科可用于矫形正畸，在骨科可用作人造关节棒。在航天领域可用于制作无线电通信天线（如图 10-17 所示）。铜基形状记忆合金是形状记忆合金的一个主要类别，其记忆性能仅次于钛镍系合金，相变点可在 $100 \sim 300℃$ 调节，生产工艺简单，成本低廉，可作为热收缩的管接头、热敏材料和驱动器，应用前景广阔。Fe-Mn-Si 基合金等造价低，可用于管接头等，已得到广泛应用。

除形状记忆合金外，还有形状记忆陶瓷和形状记忆高分子材料。形状记忆材料是一类能对环境作出自适应反应的智能材料，也是构成智能结构的感知材料、执行材料，在智能材料与结构的研究占有重要地位。

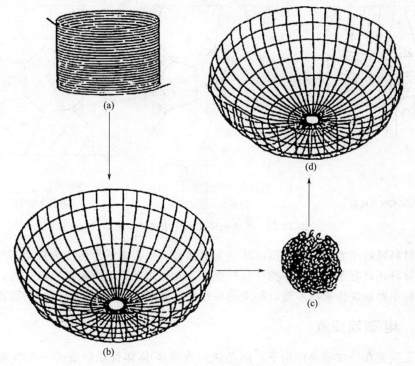

图 10-17　钛镍形状记忆合金折叠式展开天线示意图

10.3.5　压电材料

某些材料在一定方向上受到外力作用而变形时，其内部会产生极化现象，同时在它的两个相对表面上出现正负相反的电荷，当外力去掉后，它又会恢复到不带电的状态，这种现象称为正压电效应。相反，在材料的极化方向上施加电场，材料会发生变形，电场去掉后，材料的变形随之消失，这种现象称为逆压电效应。压电材料是指具有压电效应的一类材料，即当材料被施加压力时有产生电动势的能力，被施加电压时有改变压电元件尺寸的能力。图10-18 为压电陶瓷极化结构示意图。

压电材料主要有压电晶体、压电陶瓷、压电聚合物和压电复合材料等。压电晶体主要有水晶、镓酸锂、锗酸锂、锗酸钛等。压电陶瓷是采用适当的原料进行混合、成型、高温烧结所获得的，由微细晶粒无规则集合而成的多晶体。常见的压电陶瓷材料有锆钛酸铅、钛酸钡、偏铌酸铅、铌酸铅钡锂等。压电聚合物有聚偏氟乙烯（PVDF）、聚丙烯腈（PAN）等。压电复合材料是由压电相材料与非压电相材料按一定方式复合而具有压电效应的复合材料，通常是在有机聚合物基底材料中嵌入片状、棒状、杆状或粉末状压电材料而成。常见的是压电陶瓷（例如锆钛酸铅、钛酸钡）和高分子材料（例如聚偏氟乙烯、环氧树脂）所组成的两相复合材料。

压电材料具有感知和执行功能，将其制成传感元件和动作元件应用于智能材料与结构中，可实现材料损伤自诊断、自适应、减振与噪声控制。例如，将压电材料置入飞机座舱舱壁，当飞机遇到强气流而振动时，压电材料便会发生振动使舱壁振动的方向与原来的振动方向相反，从而抵消气流引起的振动噪音，消除座舱壁和窗框产生疲劳断裂的现象。利用此原理，还可降低桥梁、汽车、潜艇、卫星乃至空间站的振动。

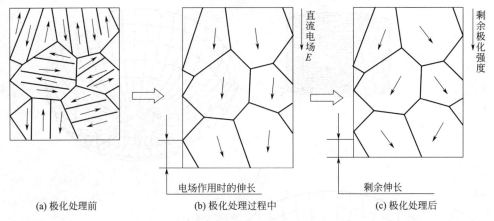

(a) 极化处理前   (b) 极化处理过程中   (c) 极化处理后

图 10-18 压电陶瓷在极化中电畴变化示意

  压电材料可将压力、振动等迅速转变为电信号，或将电信号转变为振动信号，而且新一代的压电材料还具有条件反射和指令分析能力，其作用是其他材料难以取代的，应用于智能材料与结构中可解决传统技术难以解决的一些关键问题，是非常重要的一类智能材料。

10.3.6 电/磁流变液

  电流变液是在外加电场作用下，能迅速实现液体-固体性质转变的一类智能材料，这类材料能感知环境（外加电场）的变化，并且根据环境的变化自动调节自身的性质，使其黏度、阻尼性能和剪切应力都发生相应的变化。按其体系结构分，电流变液材料可分为粒子分散型和均一溶液型两大类。前者是粒径 $0.1 \sim 10 \mu m$ 的固体粒子分散在氯化石蜡油、硅油等绝缘油类中所形成的悬浮式分散液，后者是一些强极性有机及高分子聚合物溶液。电流变液在加外加电场作用下结构的变化如图 10-19 所示。

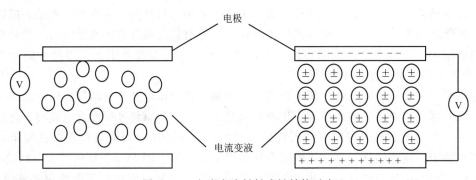

图 10-19 电流变液材料成链结构示意

  磁流变液是一种在外加磁场作用下其流变特性发生急剧变化，并且其变化是连续、快速、可逆、可控的智能流体。磁流变液由磁性微粒、载体液及表面活性剂组成。磁性微粒主要有羟基铁粉、Fe_3O_4、钴粉、铁钴合金及镍锌合金等；载体液一般为硅油、煤油、合成油等；表面活性剂是用于改善磁流变材料的稳定性、再分散性、零场黏度和剪切屈服强度，包括起分散作用的油酸及油酸盐，防止沉降的高分子聚合物等。

  电流变液和磁流变液在汽车工程、航空器、机器人、机械工程、控制工程等领域的用途很广，可用于制造半主动汽车悬架、制动器、液压阀以及汽车、飞机建筑物的振动吸收和阻尼器等。图 10-20 为一种典型的流动-剪切混合工作模式的磁流体阻尼器结构原理图，这种阻尼器主要用于汽车和建筑建构，如汽车的悬架的主动阻尼减震和建筑结构的地震响应或风振响应的控制。

电流变液响应快，剪切强度变化幅度大。磁流变液的剪切强度与磁场强度有稳定的对应关系，磁流变驱动器输出力大、调节范围宽、响应速度快、能耗低。电/磁流变液是性能优良、用途广泛的驱动材料，在智能材料与结构领域的应用前景广阔。

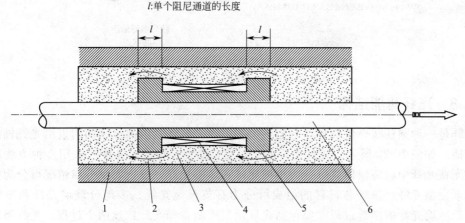

图 10-20　流动-剪切混合工作模式磁流体阻尼器结构原理
1—工作缸；2—阻尼通道；3—磁流变液；4—线圈；5—活塞；6—活塞杆

10.3.7　智能高分子凝胶

具有智能特性的高分子材料种类很多，包括智能高分子凝胶、形状记忆高分子材料、聚合物基压电材料、电/光驱动"人工肌肉"、智能高分子膜、智能黏合剂等。智能高分子凝胶在 20 世纪 70 年代由田中丰一教授开始研究，是具有代表性的智能高分子材料。高分子凝胶是指三维高分子网络与溶剂组成的体系，网络交联结构使其不溶解而能保持一定的形状。智能高分子凝胶为具有敏感/响应特性的高分子凝胶，除了具有普通高分子凝胶的特性外，还能感知 pH 值、温度、电/磁场强度、光强、压力、离子强度等参量的变化并作出响应。利用智能凝胶在外界刺激下的变形、膨胀、收缩产生机械能，可实现化学能与机械能的直接转换，从而开发出以凝胶为主体的致动器、传感器、化学阀、药物控制释放系统、人工触觉系统等。图 10-21 为聚合物胰岛素载体释放药物示意图。

pH 敏感智能凝胶是体积能随 pH 值的变化而变化的水凝胶，包括用亲水性的聚丙烯酸和疏水性的聚丁基丙烯酸酯合成的 pH 敏感凝胶、采用接枝共聚法制备胶原/聚乙烯吡咯烷酮/丙烯酰胺 pH 敏感水凝胶等。温度敏感型水凝胶是能随着外界温度变化而发生溶胀或收缩的水凝胶。温敏水凝胶有高温收缩和低温收缩两种类型。聚异丙基丙烯酰胺是典型的高温收缩型水凝胶，而聚丙烯酸和聚 N,N-二甲基丙烯酰胺网络互穿形成的聚合物网络水凝胶低温时体积收缩，高温时溶胀。电场响应水凝胶由聚电解质高分子构成，在电场作用下聚电解质凝胶可不连续地进行体积相转变。聚吡咯/炭黑复合材料加入到丙烯酸/丙烯酰胺水凝胶内，能在低电压（1V）、中性溶液中快速（5s）作出响应。此外还有磁性响应水凝胶、光敏感水凝胶、压力敏感型水凝胶、特定离子敏感型水凝胶、生物分子响应水凝胶、多重敏感型水凝胶等。

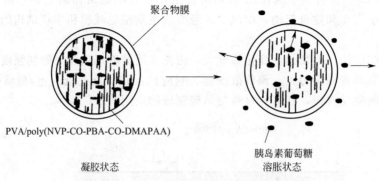

聚合物膜

PVA/poly(NVP-CO-PBA-CO-DMAPAA)

凝胶状态

胰岛素葡萄糖

溶胀状态

图 10-21　聚合物胰岛素载体释放药物示意图

10.3.8　光纤智能结构

光纤是一种圆柱状介质波导，它能约束并引导光波在其内部或表面附近沿光纤轴线方向向前传播。如图 10-22 所示，光纤由纤芯、包层、涂覆层组成。光纤可采用多种方法进行分类，按光在光纤中的传输模式可分为单模光纤和多模光纤，按折射率分布情况可分为突变型光纤和渐变型光纤，按纤芯材料的组成可分为石英玻璃光纤、多组分玻璃光纤和塑料光纤等。石英玻璃光纤的制造过程主要包括光纤预制棒制备和光纤拉丝两个过程。光纤预制棒目前主要采用外部气相沉积法（OVD）、气相轴向沉积法（VAD）、改进化学气相沉积法（MCVD）和等离子体化学气相沉积法（PCVD）制备。制备好的预制棒安放到拉丝塔上拉制成光纤。

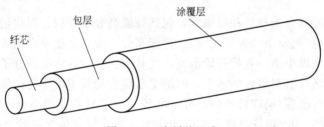

纤芯　　包层　　涂覆层

图 10-22　光纤的组成

光纤可长距离、大容量、低成本传导光信息，给通信带来了一场革命。不仅如此，光纤还被用来开发新一代的传感器。光纤具有直径小、柔韧性好、质量轻、传输频带宽、抗电磁干扰、可埋入性好等优点，光纤传感器可测量温度、应变、振动、位移等多种参量并可实现波分、时分复用和分布式传感，因此光纤已成为制造智能材料与结构的重要信息传输与传感材料。光纤传感器的种类很多，包括光纤光栅传感器、光纤陀螺、光纤电流传感器、光纤水听器等。光纤在智能材料与结构中，光纤光栅传感器被大量使用，其传感原理见图 10-23。

光纤在智能材料与结构中的应用主要是在材料或结构表面粘贴或在基体材料中埋入光纤传感器并构成光纤传感网络，对材料或结构的状态进行监测、对振动实施主动控制等。在航空领域，光纤及光纤传感器用于研制飞行器的自适应机翼、智能蒙皮及进行振动噪声控制等；在航天领域，研究内容包括空间结构的自适应精确控制、主动振动控制、自适应可变桁架等。在大型工程结构方面，光纤传感器用于检测结构的温度、应力、振动、损伤等，对桥梁、隧道、水坝、发电站等进行安全监测。此外，光纤传感系统还可用于电力输送系统、高速铁路、石油输送管道等的安全监测，比如构建智能电网等，在国民经济诸多部门有重要用途，发展前景广阔。

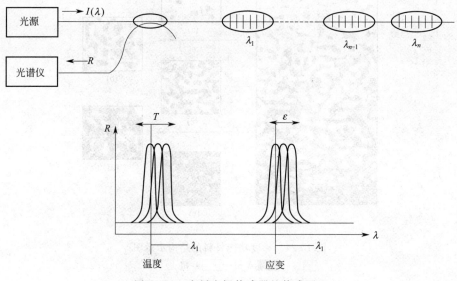

图 10-23　光纤光栅传感器的传感原理

10.4　梯度功能材料制备技术

10.4.1　梯度功能材料的内涵

梯度功能材料（Functionally Graded Material，FGM）是一类在材料构成要素（如组分、结构、织构等）上从一侧到另一侧连续或准连续变化，进而获得性能相应渐变的非均质复合材料。图 10-24 是由 A、B 两种组元所构成的二元梯度材料的典型结构，其成分从一侧到另一侧逐渐变化。它既有单一的 A、B 相组织，又有分别以 A 或以 B 为基、以 B 或 A 为分散相的弥散型复合组织，还有如图 10-24（c）所示的渗流结构，表现为多重组织共存的结构模式。从其定义来看，梯度功能材料也是一种复合材料，但它不同于传统的以两相或多相材料组合而成的均质复合材料，而是一种特殊的非均质复合材料，特殊之处就在于其内部结构是不均匀的而且各构成要素是逐渐变化的，或者说是"梯度变化"的。正是由于这种构成要素的渐变性，所以这种材料被称为梯度功能材料。

实际上，自然界中的许多物质，如贝壳、竹、树木、骨等，其内部组织或结构多是逐渐变化的，与之相伴的功能或性能也因此呈现某种渐变性，因此都是天然的梯度功能材料。以生活中常见的竹子为例，图 10-25(a)是其横断面的结构照片。竹壁组织中布满了维管束，其浓度沿竹厚度方向由外至内逐渐减小。从现代材料的角度看，竹壁实质上是一种非均质的高分子基复合材料，维管束是其中用于增强增韧的长纤维，它沿厚度方向上浓度分布的不均匀性体现出材料内部组成成分的梯度变化。为此，人们进一步测试了竹壁的有关力学参量。将竹壁人为地划分成 9 层，分别测定各层的拉伸强度，结果如图 10-25(b)所示。可以看到，竹壁各层的拉伸强度都不一样，不是一个固定的值，而是逐渐变化的，即也呈现出与结构相对应的那种梯度变化方式。拉伸强度的梯度分布有利于最大限度地发挥维管束的增强增韧作

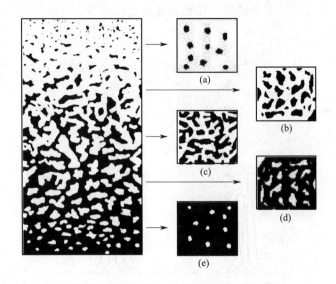

图 10-24　梯度功能材料的结构示意图

■ A 相；□ B 相

用，使结构中的最强单元承受最高的压力。竹子既具有高强度又具有高韧性的特点正是依赖于其内在的这种梯度结构。自然界中这种基于组成成分或组织结构的渐变而获得性能渐变的特性，对于人们设计和构造梯度功能材料有着直接的启示。

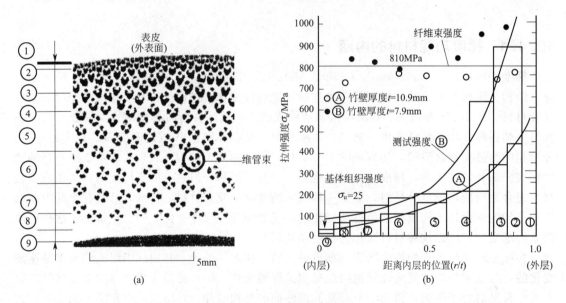

图 10-25　竹壁的断面结构 (a) 及其拉伸强度沿厚度方向的分布 (b)

　　梯度功能材料内部由于不存在组分、结构或性能的突变界面，这就避免了由于突变造成的界面结合差、应力分布不合理、结合部位性能不匹配等问题，有利于最大限度地发挥材料性能，同时也符合以最少材料、最简单结构、发挥最大效能的原则。与传统复合材料相比，梯度材料具有更加广泛的可设计性，能够充分发挥各单一材料的优点，互相弥补不足，梯度复合技术的发展更使其出现了原有单一材料所不具备的崭新性能。

10.4.2 梯度复合技术

对于梯度功能材料的研究主要集中在三方面：一是梯度材料的设计，即通过组成、结构的梯度化设计来提高已有材料性能、发现新功能或寻求潜在应用；二是依据设计物系和材料几何尺寸，改进制备技术或开发复合新技术；三是进行梯度材料的特性评价与应用，并将结果反馈到设计与制备中进一步优化。这其中，梯度复合技术是实现设计结果的重要一环，其发展水平也是梯度材料功能发挥和应用的关键。目前，人们已开发了多种梯度功能材料的制备技术，按物相状态，可分为气相、固相和液相；按反应性质，可分为化学和物理方法；按梯度材料的外观尺寸，可分为梯度薄膜、涂层制备技术与块体梯度材料制备技术。表 10-2 是按反应性质列出的梯度功能材料的主要制备技术。

表 10-2　梯度功能材料的主要制备技术

物相状态	反应性质	制备方法
气相	化学	化学气相沉积法
	物理	物理气相沉积法
		分子束外延法
		等离子喷涂法
		离子注入法
液相	化学	电化学法
		氧化-还原反应法
	物理	激光熔覆法
		喷射印刷法
		颗粒共沉降法
		离心铸造法
		共晶反应法
固相	化学	热分解法
		自蔓延高温合成法
	物理	粉末冶金法
		温度梯度烧结法
		激光倾斜烧结法
		部分结晶化法

(1) 气相沉积法　气相沉积法是利用具有活性的气态物质在基体表面上沉积成膜的技术。它通过改变沉积气相的组分，使沉积物的成分在厚度方向上连续变化而得到梯度薄膜材料。气相沉积法可分为物理气相沉积（Physical Vapor Deposition，PVD）和化学气相沉积（Chemical Vapor Deposition，CVD）两大类。另外，与电子束、离子束、等离子体、激光等增强技术相结合，近年来陆续出现了一些改进型的气相沉积技术。该技术的主要缺点是难以得到尺寸较大的厚膜材料。

PVD 通过加热、溅射、激光熔蚀等物理方法，使源物质（靶材）蒸发，沉积在基体表面上成膜，具有物系选择面宽、组成控制精度高等优点，可广泛用于各种金属及其氧化物、碳化物、氮化物材料的制备。

CVD 是在相当高的温度下，将金属、类金属卤化物气体加热分解、发生化学反应，然后沉积在基体表面上成膜。它可以在形状复杂的工件表面沉积薄膜或涂层材料，而且膜层与基体的结合力强，沉积速率也较快。

图 10-26 是 CVD 装置的原理示意图及利用该设备制备的 SiC/C 梯度材料的显微结构。原料系统由 $SiCl_4$-CH_4-H_2 所构成，$SiCl_4$ 和 CH_4 分别提供硅源和碳源，通过载体气体 H_2 将

$SiCl_4$ 和 CH_4 气体导入腔体，反应后在石墨基体上形成 SiC/C 薄膜。如果控制各种反应源气体的流量和混合比随时间连续变化，那么薄膜的组分也会随之不断变化，进而就可以得到沿厚度方向组成渐变的 SiC/C 梯度薄膜材料。

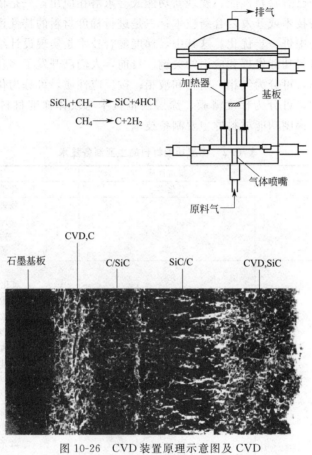

图 10-26　CVD 装置原理示意图及 CVD
制备的 SiC/C 梯度材料的显微结构

（2）等离子喷涂法　等离子喷涂法使用粉末作为喷涂材料，以氮气、氩气等气体作载体，将粉末吹入亚音速或超音速等离子射流中，利用等离子弧将粉末加热熔化，熔融的粉末粒子被进一步加速后以极高速度撞击在基材表面上形成涂层。它通过控制两种或多种粉末材料的送料速率，实现涂层成分的梯度变化，而且沉积速率快、效率高，适合于大面积块材的表面涂覆。特别是因等离子喷涂可获得超高温、超高速热源，能同时熔化陶瓷难熔相和金属相的混合物，比较适合于制备陶瓷/金属体系的梯度材料。

图 10-27 是利用该方法得到的 YSZ/NiCr 合金梯度涂层的显微结构。沿材料厚度方向，YSZ、NiCr 合金的含量逐渐变化。

（3）粉末冶金法　粉末冶金法是制备梯度功能材料的一种最常用、最简单的方法，它是将不同比例的原料粉末或颗粒和少量外加助剂分别混合均匀后，再按设计组分逐层排列，经压实后烧结而成梯度材料。粉末冶金法易于操作，控制灵活，可制备大尺寸材料，但利用该技术制备的梯度功能材料是由一定厚度的组分层所组成的，层与层之间不可避免会存在界面，因此材料整体组分的变化是阶梯式跃变的。

粉末冶金中常用的烧结方法主要有常压烧结、热压烧结、热等静压烧结、反应烧结、放

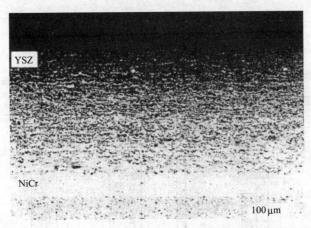

图 10-27　等离子喷涂的 YSZ/NiCr 合金梯度涂层的显微结构

电等离子烧结等。其中，放电等离子烧结是一种远离平衡状态的低温、快速烧结技术，也称脉冲电流烧结或等离子活化烧结，图 10-28 是其设备的结构示意图。该技术通过在样品和模具上施加脉冲大电流，诱发特殊外场作用，除依靠模具的焦耳传热对样品加热外，还利用了样品颗粒间放电所产生的自身发热作用，因而能有效促进扩散、传质和烧结。与传统烧结方法相比，放电等离子烧结具有升降温速率快、烧结温度低、反应时间短等优点，而且通过放电效应可进一步净化颗粒表面并能有效抑制烧结过程中晶粒的异常长大。

　　基于放电等离子烧结技术，利用不同材料对脉冲电流响应的差异性还可实现温度梯度烧结。如图 10-29 所示，将烧结模具加工成梯形，通过合理设计梯形边的斜率来构筑温度梯度场，使梯度材料中不同材料组元处于不同的温度场下，即高熔点材料在高温下烧结而低熔点材料在低温下烧结，就能同时实现不同烧结性能、物性差异悬殊的梯度材料体系的整体致密化。

　　(4) 颗粒共沉降法　颗粒共沉降法是近些年发展起来的一种制备梯度功能材料的方法，它利用不同粒度和不同密度的固体颗粒在稀悬浮液中连续沉降过程中的速度差异来构造梯度材料。该技术的一个显著优势就是能够形成组分或结构连续变化的、具有较大尺寸的梯度材料，可以消除粉末冶金法制备的梯度材料中存在的宏观界面。

　　颗粒共沉降的基本原理是层流状态下的 Stokes 自由沉降公式：

$$U = \frac{D^2 g \left(\rho_{\text{Particle}} - \rho_{\text{Liquid}} \right)}{18\eta} \tag{10-1}$$

　　式中，U 为颗粒的沉降速度；D 为颗粒的粒径；η 为沉降介质的黏度；ρ_{Particle} 和 ρ_{Liquid} 分别为颗粒和沉降介质的密度；g 为重力加速度。

　　由上式可知：粉末颗粒在液体介质中沉降时，同种粉末中颗粒粒径大的沉降快，不同种粉末共同沉降时颗粒粒径大的、密度大的沉降快，而密度低、颗粒粒径小的沉降速度慢。由于具有不同的沉降速度，它们在沉降容器底部开始堆积的时间也不相同。因此，通过控制颗粒粒径、密度以及沉降介质的密度和黏度，就可以实现对粉末颗粒沉降速度的控制，进而获得组分连续变化的梯度功能材料。

　　图 10-30 是颗粒共沉降装置的示意图，利用该方法制备的 Mo-Ti 梯度材料的背散射电子显微结构如图 10-31 所示。从材料的一侧到另一侧，Mo 元素（亮色）和 Ti 元素（暗色）逐渐变化，形成了连续的梯度结构，内部无宏观界面。

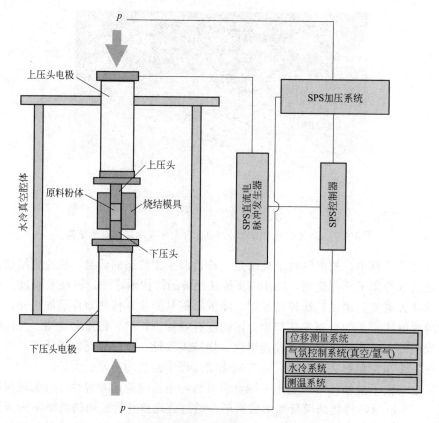

图 10-28　放电等离子烧结设备的结构示意图

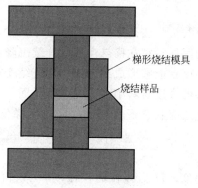

图 10-29　温度梯度烧结

（5）电化学法　电化学法根据电解质溶液的特性和物质发生电化学反应的难易程度不同，利用电解作用或化学反应使溶液中的不同离子同时还原，并沉积在基体表面形成镀层。通过改变加工过程中的电流密度和电解质浓度的变化，使镀层的成分和结构发生相应变化而得到梯度镀层。电化学法可分为电镀、化学镀、电泳、电铸等。

（6）激光熔覆法　激光熔覆法是随着激光技术的发展而产生的一种快速制备方法，其原理是将混合后的原料粉末通过喷嘴喷至基体表面，然后控制激光功率、光斑尺寸和扫描速度加热粉体，在基体表面形成熔池，并在此基础上通过改变粉末成分，向熔池中不断喷粉，以获得梯度涂层。

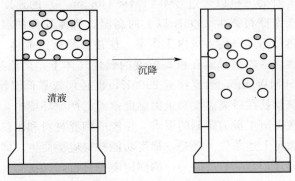

图 10-30　颗粒共沉降装置示意图

清液

沉降

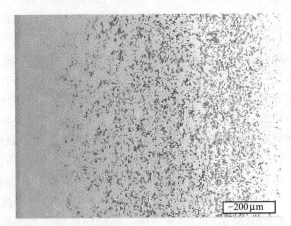

−200μm

图 10-31　颗粒共沉降制备的 Mo-Ti 梯度材料的显微结构

(7) 喷射印刷法　该方法受到了喷墨打印机喷碳印刷的启示，其制备过程是首先将原料粉末制备成稀悬浮液，然后将悬浮液通过打印头的喷孔喷出形成涂层，通过计算机控制悬浮液进入打印头的组成而获得组分连续的梯度材料。喷射印刷法的优点是能够精确控制粉料的喷涂，易于实现自动化，但制备效率偏低。

(8) 离心铸造法　离心铸造法是在铸造过程中旋转模具，利用不同材料组元的密度差异，在离心力的作用下实现对料浆中不同组元之间的分离，使凝固后的组织成分从外到内呈现出梯度变化来制备梯度功能材料。该方法设备简单，生产效率高，成本低廉，并且可大批量生产。

10.4.3　梯度功能材料的应用领域

"梯度化"作为一种新颖的材料设计思想和结构控制方法，成为新材料研究的热点之一，梯度结构及由此带来的特殊效应也越来越为人们所关注。由于其新颖的设计内涵和优异的功能特性，梯度功能材料在航空航天、核能工程、机械工程、生物医学、光电工程、新能源等领域具有广阔的应用前景。

(1) 航空航天　梯度功能材料的设计思想最早是为了满足航空航天领域中高温、大温度落差等极端条件和苛刻环境的需要而提出的，当时的应用背景是解决航天飞机热保护系统中出现的问题，特别是包括航天飞机的机体和推进系统在内的超耐热、抗氧化材料的研制问题。

理论计算表明，当航天飞机以超过 8M（1M＝340.3m/s）的速度在 27000m 的高空飞行时，机头表面与空气摩擦将产生 2000K 以上的高温，机体外侧的温度也在 1700K 以上，这种高温产生的巨大热量不允许传入机内工作室，往往要靠低温流体（如液氢）进行冷却。另外，冲压式发动机燃烧室内壁暴露在极高温度的燃烧气体下，热流速达到 $5MW/m^2$，在空气吸入口甚至达到 $50MW/m^2$，温度接近 2000K，也必须依靠低温流体进行冷却。这样，机体外壳和燃烧室内壁就处在极高温度和极大温度落差的严酷环境中，对使用材料的耐热性能、隔热性能和耐久性提出了极为苛刻的要求，传统的陶瓷材料和耐热金属以及它们二者的复合材料已不能同时满足上述条件。于是，梯度功能材料应运而生，即对于像航天飞机的机体外壳和燃烧室内壁而言，在接触高温的一侧使用陶瓷材料，以提高其隔热性能、耐热性能和高温抗氧化性能；而在低温流体冷却的另一侧，使用金属材料给予其高热传导性和足够的机械强度；同时，使中间的组成成分、显微结构、性能从陶瓷侧向金属侧逐渐变化，减少二者直接结合时内部产生的极大热应力。这类具有缓和热应力功能的梯度材料，就被称为热应力缓和型梯度功能材料。

（2）核能工程 与现已商业化运营的核裂变发电相比，可控氘-氚热核聚变反应所提供的核聚变能是一种清洁、高效的新能源，它通过磁容器约束等离子体并加热到很高温度实现核聚变，因而面向高温等离子体的元件是核聚变反应装置中的关键结构件。此元件的表面要承受来自高温等离子体和氘、氚高能粒子的高速冲刷，而为了使反应堆能够良好地运转，其背面又必须要强制冷却，以使产生的热量及时散发出去。这就要求该元件既要有耐高温性能，又要具备良好的热传导性。钨具有熔点高、硬度大、耐腐蚀性好以及抗等离子体冲刷能力强等优良性能，最希望用作面向等离子体一侧的耐高温材料；而铜具有很好的导热性能，作为背面材料能很好地满足导热和冷却的要求。因此，结合二者优点复合而成的 W/Cu 梯度功能材料，具有良好的耐高温和热传导性能，是面向高温等离子体元件的首选材料。

此外，W/Cu 梯度功能材料还可用作热核反应堆的偏滤器部件材料，能有效解决聚变实施过程中等离子体中杂质祛除、氦灰排除等技术问题，还可将等离子体流出的热流和离子流沉淀在靶板区，从而减少主真空室热负荷以及带电粒子对反应炉第一壁的溅射作用。

（3）机械工程 为提高切削工具的加工速度和工作寿命，通常对工具表面进行涂覆处理以提高其刚度和耐磨性。外硬内韧的梯度切削刀具，如金刚石/SiC、Ti(C,N)/WC(Co)体系等，具有高强度、高韧性、高耐磨性等良好的综合性能，与传统硬质合金刀具相比，其切割效率和使用寿命提高数倍。此外，梯度功能涂层还可广泛用于抛光刀具、微型钻头及地质钻探工具上，能使其冲击韧性和使用寿命得以大幅度提升。

（4）生物医学 人体硬组织（如牙、骨、关节等）所用的替代材料，必须要考虑其与生物组织的适应性和在体内的耐久性。羟基磷灰石是生物活性和生物相容性良好的陶瓷材料，但力学性能一般，在受力作用或生物液体的浸蚀下易脱落、溶解，导致生物活性的降低。钛合金等金属材料具有良好的强韧性，可承受较大变形，但生物兼容性相对较差。因此，基于二者优点复合而成的生物医学梯度功能材料，可作为仿生人工关节或牙齿使用，植入身体后依靠表层的生物活性陶瓷，能够在较短时间内迅速与身体组织形成紧密的生物结合，同时金属材料又能提供较高的支撑强度。

（5）新能源 热电材料是一种能将热能转换为电能的功能材料，提供的是一种绿色、环保的新能源。但传统热电材料，如 PbTe、Bi_2Te_3、SiGe 等，由于自身的性能有限，要想进一步提高其热电品质因子来获得更高的热电转换效率是极其困难的。而且对每一种热电材料而言，它们都被限定在一定的温区内使用（即最大转换效率只对应特定的温域），因此实际环境中热能被利用的效率极低。

热电材料的梯度化是拓宽热电材料的使用温域进而提高其整体转换效率的重要手段。将适用于不同温域的热电材料通过梯度复合的方式构成梯度化热电发电元件，使每一热电材料在各自对应的温域内都保持较高的品质因子，就能在较宽的温度范围内获得更高的热电转换效率。

图 10-32 是在低温域（300～500K）、中温域（500～900K）和高温域（900～1200K）分别选取 Bi_2Te_3、PbTe、SiGe 三种热电材料组合而成的高效、宽温域热电梯度材料及其性能指数。在 300～1200K 的宽温域范围内，该热电梯度材料具有远高于各单一材料的综合热电转换效率。

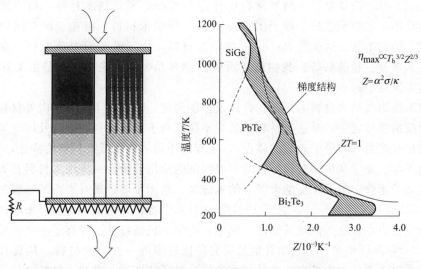

图 10-32 梯度化热电发电元件及其性能指数

(6) 光电工程 梯度折射率光学器件是在透镜、棱镜、滤波片、光纤等表面涂覆多层反射膜或选择透射膜，通过折射率的梯度变化提高耦合效率，简化器件结构，而且具有良好的光电效应并能有效缓和热应力，可应用于大功率激光棒、复印机透镜、光纤接口中。

通过对介电材料、压电材料的梯度化设计，可减少温度对其介电常数、压电系数的影响，提高材料的压电、介电性能和使用寿命，在智能结构和器件中发挥着重要作用。例如，在声呐、鱼群探测器和超声波诊断装置中，如果把超声波振子（压电陶瓷或高分子）、吸收体、耦合材料，通过组分分布的一体化和梯度化设计，可有效解决压电体和测定对象的阻抗不匹配以及超声泄露或反射等问题。

在半导体工业中，硅是制作集成电路的理想材料，但性能有限；而以砷化镓、氮化镓、碳化硅为代表的第二代、第三代半导体，在高温、高功率、高频环境中具有不可替代的应用优势，但制备困难、成本高。如在硅晶片上沉积砷化镓或碳化硅并使其组成、结构、性能连续梯度变化，就既可以发挥它们的各自优势，又能避免界面上晶格常数的不匹配性。

10.5 一维纳米材料的合成与制备

纳米科学和技术是指在纳米尺度上研究物质（包括原子和分子）的特性和相互作用，以及利用这些特性实现特殊应用目的的科学和技术。它使人类认识和改造物质世界的手段和能力延伸到原子和分子级别和领域。纳米科技的最终目标是直接以原子和分子级物质在纳米尺度表现出来的新颖的物理、化学和生物学特性制造出具有特定功能的产品。这可能改变几乎所有产品的设计和制造方式，实现生产方式的飞跃，甚至进而改变人们的思维方式和生活方式。纳米技术是指通过操纵原子、分子级的结构而实现控制材料功能的一项综合技术，包括纳米材料制备和纳米材料加工两部分。普遍认为，纳米材料技术是信息和生命科学技术能够进一步发展的共同基础，将对人类产生深远影响。

纳米材料是纳米科学与技术的基础。纳米材料是指三维空间中至少有一维处于纳米尺度范围（1~100nm）或由它作为基本单元构成的材料，并且还必须表现出新的特性或性能飞跃，两者缺一不可。按维数分，纳米材料可分为三类：a. 零维纳米材料，指三维空间尺度均处于纳米尺度，如纳米微粒、原子团簇等；b. 一维纳米材料，指在三维空间中有两维处于纳米尺度，如纳米管、纳米线等；c. 二维纳米材料，指三维空间中至少有一维处于纳米尺度，如纳米薄膜、超晶格等。我们通常所说的纳米晶、纳米块体材料是由上述基体构成的，也是纳米家族中的一员。

一维纳米结构或纳米材料的制备、合成及性能研究，是最近十几年国内外材料科学研究中最重要的前沿领域之一。对这类材料的研究不仅有利于揭示材料的维度及尺度与其物理和化学性能的相互关系（即量子效应的体现），还有助于理解其他低维材料的特性，在物理学、化学、纳电子学、光学和生物医药等领域有着广阔的应用前景。一维纳米材料具有很多形态与结构，例如纳米管、纳米棒、纳米线、纳米纤维、纳米带等。最有影响的一维纳米材料是碳纳米管（Carbon Nanotubes），它在1991年被日本学者首先发现，在接下来的二十多年时间里成为研究热点，现在人们对其物理、化学、电学、机械特性已经有了一个比较充分的了解。此外，一维ZnO纳米棒、纳米针也是研究得比较多的一种纳米材料，其具有的独特压电性质使之在电子器件方面具有特殊的应用潜质。除了这两种一维纳米材料之外，还有许多无机一维纳米材料被先后制备出来，例如 CuO、TiO_2、Fe_2O_3、WO_3、SiC、GaN、MgO、$GaAs$、$InAs$、Ga_2O_3、BN、WS_2、SiO_2、Si_3N_4、CdO、PbO、Ag、Au、Si、Ge 的纳米线、纳米棒、纳米管，引起了研究人员的广泛关注。由于这些一维纳米材料不同的材料成分及形态结构具有与之相对应的独特的物理学、化学性能，总结其制备与合成方法具有重要意义。

一维纳米材料的常见合成与制备方法有：化学气相沉积法、软化学法、模板法、电沉积法、电弧法、激光烧蚀法等，下面做详细介绍。

10.5.1　一维纳米材料的制备方法

(1) 化学气相沉积法（Chemical Vapor Deposition，CVD）　化学气相沉积法是把含有合成要得到的一维纳米材料成分的化合物或单质气体通入反应室内，利用气相物质在基底（通常表面有催化剂）表面的化学反应形成纳米物质的工艺方法。这种技术适应性强、用途广泛，可以用于制备绝大多数一维纳米材料。其基本过程可描述为：反应气体的产生（原料为气体，或者固态液态原料通过加热变成气态）；反应气体达到基体表面；反应气体在适宜反应温度下在基体表面沉积；反应气体在催化剂作用下发生化学反应，并形核，生长，产生生成物。化学气相沉积法的化学反应类型主要有热分解反应、还原反应、化学输送反应、氧化反应、加水分解、合成反应、等离子体激发反应、激光激发反应等，其具体反应方式由反应的化学路径决定。

化学气相沉积法有如下各种不同的方式。

① 热化学气相沉积（TCVD） 这种方式最为常见，即对反应室施加高温，通过高温激发反应物质发生化学反应，并在基体或催化剂上生成相应的一维纳米材料。

② 低压化学气相沉积（LPCVD） 反应时将反应室的气压通过抽真空使之降到真空或准真空范围，此时反应气体分子平均自由程提高，气体分子的传输速率加快，有利于提高反应速率及反应均匀度，此外有一些化学反应在常压下不易进行则必须采用这种反应方式。和常压化学气相沉积法相比，低压化学气相沉积法由于增加了真空系统，其仪器复杂度及制造成本都相应提高，适合生长一些对形貌结构要求较高的一维纳米材料。

③ 等离子体增强化学气相沉积法（PECVD） 其原理是在反应腔内通过施加高压等手段促使反应气体变成等离子体，从而对反应物产生一定影响。不同于通常的热化学气相沉积法依靠高温的热能提供产生化学反应所需的能量，等离子体增强化学气相沉积法由于通过使反应气体电离，产生活性和能量很高的等离子体，可以有效促进反应的顺利进行，降低反应所需的高温高压等条件，甚至对一些通常热化学难以发生的反应也能使之进行下去，制备出常规手段不能制备的纳米材料。此外等离子体产生的高电压对产物的形貌结构也有一定影响，例如和常规的热化学气相沉积法相比，等离子体增强化学气相沉积法制备的碳纳米管更容易形成阵列，并且其石墨层更倾向于沿轴向排列。

④ 金属有机化合物化学气相沉积（MOCVD） 这种方法通过利用金属有机化合物热分解反应进行气相外延生长，其方式是把含有外延材料组分的金属有机化合物通过反应气体运输到反应室，在一定温度下进行外延反应。这种方式的优点是沉积温度低，但沉积速度慢，设备昂贵。

⑤ 激光诱导化学气相沉积法（LICVD） 在通常的热化学气相沉积系统中引入激光，使激光照射在反应室基体上，诱导其发生化学反应，使反应在相对较低温度下能顺利进行。

采用化学气相沉积法制备一维纳米材料时，影响产物质量的因素主要有以下几个方面。

① 反应物的配比 反应物的配比直接影响其化学反应的类型，因此选定合适的反应物配比最为重要。

② 反应温度 毫无疑问，合适的反应温度才能保证化学反应的正常进行，过低或过高的反应温度都会极大地影响生成产物的质量。

③ 催化剂材料 对于某些一维纳米材料来说，催化剂的材料成分及形貌结构直接影响其产物的质量，例如单壁碳纳米管只有在催化剂颗粒尺寸小到几个纳米的范围才可能得到。

④ 系统气压及气体流速 这两个因素能直接影响产物的生成速率及产物均匀性，在制备某些高质量的一维纳米材料时，合适的气体流速及流动稳定性是不可缺少的。

⑤ 反应物纯度 反应物纯度能直接影响产物的纯度及质量。

⑥ 仪器系统因素 反应系统的密封性、管道材料及气流结构对产物质量也有重要影响。

此外还有物理气相沉积法（PVD）也可用于制备一维纳米材料，与化学气相沉积法相比，物理气相沉积法的最大区别是反应物之间不发生化学反应，而是直接在基体上形核生长，所以这种方法常用于生长金属单质的纳米线，例如 Au、Ag、Si 纳米线等。

（2）软化学法 软化学法有时也叫湿化学法，与传统的高温固相合成的硬化学法相对应，软化学法通过选取合适的溶剂加入反应过程，能够有效降低固相化学反应中的壁垒，在温和的反应条件下缓慢地发生化学反应。这种方法简单可控，成本低廉，对仪器要求低，因而应用极广，已成为一维纳米材料合成的常用方法。软化学法种类很多，常见的有前驱物法、溶胶-凝胶法、水热与溶剂热法。

① 前驱物法　前驱物法是最简单的一种软化学合成法。这种方法基本思路是通过设计出预期结构和组分的先驱物，在软化学环境中发生反应，然后烧结结晶即得到产物。这种方法由于是在溶液中混合，克服了高温固相化学法中合成时反应物之间的混合不均匀问题，能够实现原子-分子级别的混合均匀。此外，前驱物法反应温度低，有利于克服普通高温固相合成法的局限性。这种方法的关键是找到适宜的前驱物，对于难以找到合适前驱物的反应，此种合成方法不适用。而且如果不同反应物在溶剂中溶解度相差过大或者生成物的结晶速度不一样时，该方法也不适用。

② 溶胶-凝胶法　这种方法是由金属有机化合物或者无机化合物混合经过水解缩聚，逐渐胶化，再经过合适的后处理过程得到所需产物的过程。其一般过程是先制备出配方所需液态原料，在液相状态下将这些原料混合均匀，通过水解、聚合等化学反应形成稳定的溶胶产物，溶胶产物经过陈化、胶粒聚合等过程形成凝胶。凝胶经过低温干燥脱去溶剂而成为多孔的干凝胶或者气凝胶。最后经过烧结固化等工序制备出氧化物材料。溶胶凝胶法最突出的优点是能够同时控制产物的尺寸、形貌和表面结构。

③ 水热与溶剂热法　水热与溶剂热法是在一定温度及压强下，在溶液中发生化学反应来进行合成。其特点是化学反应在高压下完成，其高压靠高压反应釜来实现。一般合成程序可归纳为：a. 选择反应物原料并确定其配方；b. 确定配料顺序，将原料混合；c. 将混合好的原料装入高压反应釜，并封釜；d. 将反应釜加热到反应所需温度；e. 经过一定时间反应后，将反应釜取出降温；f. 开启高压反应釜，取出反应物，经过洗涤干燥等后续处理工序后得到反应物。水热反应已经大量用于 ZnO、TiO_2 等金属氧化物的一维纳米材料及零维纳米颗粒的合成，在这种纳米材料的制备中，通常选用聚四氟乙烯罐作为内胆，合成反应温度在 $150 \sim 250 \, ℃$（不能超过 $250 \, ℃$）。和其他软化学法一样，该方法成本低廉、对仪器系统要求低、通过调整原料配方及反应温度、时间可以很方便地制备出各种形貌的纳米产物。水热法还可以在微波环境中进行合成，称之为微波水热法，和普通水热法相比，微波水热法可以促进纳米材料的结晶，而且能合成一些特殊形貌和结构的纳米材料。

(3) 模板法　模板法即通过模板的限域作用，让一维纳米材料在模板孔道内生长，这种方法可以通过调节模板孔道的尺寸和形状，很方便地设计合成出各种形貌、结构的一维纳米材料，往往能得到一些常规方法难以合成的新材料，由于模板法的种种优势，其已经成为制备合成纳米管、纳米线等一维纳米材料的重要方法。根据模板的种类，最常用的主要有径迹蚀刻（Track-etch）聚合物膜、多孔阳极氧化铝膜（Porous Anodic Aluminum，AAO）和介孔沸石等，其他一些模板例如多孔玻璃、多孔 Si 模板、金属模板、生物分子模板以及碳纳米管模板等也常被用于制备一维纳米材料。此外模板法往往与其他合成方法相结合，例如化学气相沉积法、溶胶凝胶法、电沉积法等，只要合理调节模板的表面特性，这些气相及液相合成法中的原料分子能很容易地填充满孔道。模板法的缺点是产物要从模板中分离出来，有时这种后续处理方法比较复杂，提升了成本。

(4) 电沉积法与电泳法　电沉积法是在电解液中加上正负两电极，通过电极之间的电势差来氧化或还原电解液中的元素。这种方法常用来合成金属单质，但自然沉积的形态往往是纳米晶及纳米颗粒，如需得到一维纳米材料需要和模板法相结合。电沉积法的优势是能得到一些难以通过化学氧化还原反应而得到的物质，此外这种方法过程稳定，氧化还原势能连续可调，能方便得到一般化学方法很难合成的含中间价态及特殊低价态的元素及化合物。电泳法是通过正负电极的静电作用，使分散在溶液中的悬浮体形成定向移动，在相应电极上有序沉积，这种方法常用来形成有序的阵列碳纳米管。

(5) 电弧法（Arc discharge）　其基本过程是把原材料作为阳极，阴极作为衬底，制备时在两电极间瞬间加上高压，两电极间产生电弧放电，电弧产生的高温将阳极蒸发，在阴极附近沉积出纳米管等产物。这种方法中的阳极材料、电弧电流及气氛压强都能影响最终产物。电弧法的优点是合成时间短，装置简单。但电弧法反应激烈，过程难以调控，此外产物形貌不规整、质量不稳定、产量偏低。这种方法早期用来合成碳纳米管，后来也用于合成其他材料的一维纳米材料，如 BN 纳米管、SiC 纳米线等。

(6) 激光烧蚀法（Laser Ablation） 此方法与激光沉积法、激光诱导化学气相沉积法比较类似，但同激光诱导化学气相沉积法不同的是，激光烧蚀法中启动反应的能量完全由激光提供，在这种合成方法中，反应室充进一定气体，激光照射在靶材上将其蒸发，蒸发的气体在基底或者反应腔壁上沉积出一维纳米材料，一维纳米产物的成分可由靶材及反应气体的成分来控制。在这种方法中激光能量、腔体压强、气体流速及反应时间等都是影响产物质量的因素。

(7) 物理溅射及沉积法 物理溅射及沉积法是将传统上用于生长薄膜的物理溅射及沉积法，例如磁控溅射、离子束溅射、热蒸发沉积法、激光沉积法等用于生长一维纳米材料。磁控溅射法是通过高压将样品室的气体激发变成等离子体，等离子体在磁场作用下轰击靶材，使靶材成分溅射出来并在基体材料上进行沉积；离子束溅射法与之类似，不同在于靶材被离子束溅射；热蒸发沉积法是将沉积材料加热蒸发，沉积在基体上；激光沉积法是用激光将沉积材料蒸发。物理溅射沉积法一般用来制备薄膜材料，但在特定条件下，通过降低溅射气体的流量，改变基底的温度，对特定的元素或化合物就能生长出一维纳米材料。用物理溅射及沉积法制备的一维纳米材料易于连续生长，但结晶度通常较差。

从以上诸多一维纳米材料的制备合成来看，其发展程度还未成熟，有许多待解决的问题，例如：a. 某种制备方法只能制备特定的几种一维纳米材料，没有通用的制备方法可以制备绝大多数纳米材料；b. 制备的一维纳米材料往往杂质多，相互缠绕，有序化程度低，这些都是有待解决的因素；c. 现有方法难以制备出宏观的一维纳米材料，其长度一般在微米级别甚至纳米级别，制备高定向超长一维纳米材料仍然是很有挑战的工作。

下面以两种最常见的一维纳米材料（碳纳米管与一维 ZnO）为例，详细介绍这两种一维纳米材料的制备与合成方法。

10.5.2 碳纳米管的合成与制备

碳纳米管自从问世以来，已经有数十种制备碳纳米管的方法被报道。

(1) 电弧放电法 其基本原理是：电弧室充惰性气体保护，两石墨棒电极靠近，拉起电弧，再拉开，以保持电弧稳定。放电过程中阳极温度相对阴极较高，所以阳极石墨棒不断被消耗，同时在石墨阴极上沉积出含有碳纳米管的产物。影响因素主要有：载气类型、气压、电弧的电压、电流、电极间距等。该方法的优点是：4000K 的高温碳纳米管最大程度地石墨化，管缺陷少，比较能反映碳纳米管的真正性能。缺点是电弧放电剧烈，难以控制进程和产物，合成物中有碳纳米颗粒、无定形炭或石墨碎片等杂质，碳管和杂质融合在一起，很难分离。图 10-33(a)是电弧放电法制备碳纳米管的设备示意图，图 10-33(b)是碳纳米管的透射电镜图片

(2) 化学气相沉积（CVD）法 该方法是目前生产制备碳纳米管的最成熟、最主要的方法。其原理是：在一定温度下，催化裂解碳氢化合物，并在催化剂颗粒（铁、钴、镍等过渡金属及其化合物）上生长出碳纳米管。通过改变碳氢化合物气体成分、炉温、催化剂等工艺参数控制产物成分。特点是成本低、产量大，但需要提纯。图 10-34 基本装置示意图。按照催化剂的添加等不同形式，化学气相沉积又可以细分为基体法、喷淋法和流动催化法等。常用的碳源包括乙炔、甲烷、乙烯、苯等多种。不同碳源得到的碳纳米管的形貌、性能以及

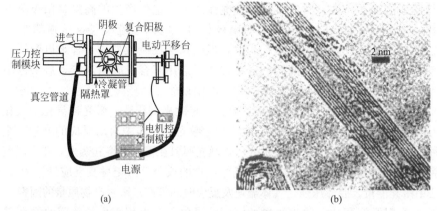

图 10-33　实验装置示意图（a）及碳纳米管透射电镜图片（b）

结构都会存在显著的差异。图 10-35 是碳纳米管的典型 SEM 形貌。

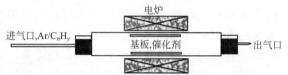

图 10-34　化学气相沉积（CVD）实验装置示意图

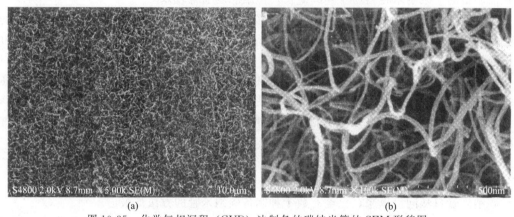

图 10-35　化学气相沉积（CVD）法制备的碳纳米管的 SEM 形貌图
(a) 低倍；(b) 高倍

（3）火焰法　火焰法制备碳纳米管分为气态火焰和液态火焰两种。利用火焰提供用于生长碳纳米管的碳源以及需要的能量。通过在基板上涂覆金属盐或者电沉积 Ni、Fe 等金属作为催化剂，在火焰中燃烧处理得到碳纳米管。这种方法制备的碳纳米管简单易行，但是通常杂质含量高，提纯难度较大不适合大量生产。图 10-36 所示为火焰法制备碳纳米管示意图以及碳纳米管的透射电镜照片。

除了上述列举的方法之外，还有很多方法，例如电解法、球磨法等多种方法均可以用于碳纳米管的制备。尽管碳纳米管的制备方法很多，但是在技术上还有很多地方需要进一步完善，从而得以满足生产需要。

10.5.3　一维 ZnO 纳米材料的合成与制备

ZnO 纳米线材料在高性能晶体管、激光发射器、发光二极管、压电导电材料等领域有

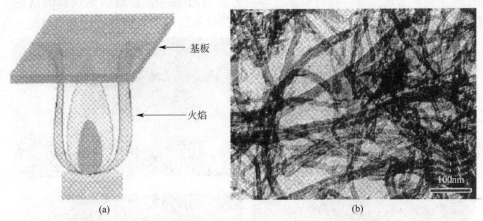

(a)   (b)

图 10-36　火焰法装置示意图（a）与乙醇火焰法中
Ni 合金基板的燃烧产物的透射电镜（TEM）照片（b）

广泛的应用。其制备方法包括气相热化学合成法、模板法、溶液法、电化学沉积、物理气相沉积、化学气相沉积、分子束外延、热氧化等方法。

（1）气相热化学合成法　该方法的制备原理是：在一定气流的条件下，加热 Zn 金属粉末，使其氧化发生反应，得到一维 ZnO 纳米线材料。一般需要纳米催化剂颗粒，生长机制为汽（V）-固（S）、汽（V）-液（L）-固（S）机理。图 10-37(a) 为制备原理示意图。不同操作下，氧气的获得条件会有一定的差异。图 10-37(b) 为该方法制备 ZnO 纳米线的形貌图。

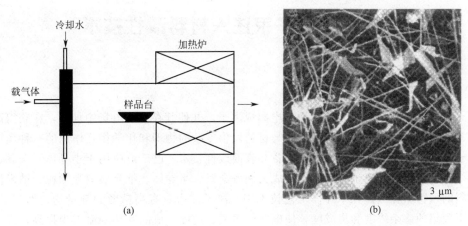

(a)   (b)

图 10-37　气相热化学合成法装置（a）和 ZnO 纳米线形貌（b）

（2）热氧化法　该方法是一种区别于汽（V）-固（s）、汽（V）-液（L）-固（S）等机理的 ZnO 纳米针制备方法。一般实验步骤为：基板材料预处理，电沉积纳米晶、一维纳米材料制备。具体操作过程是：①对基板进行切割、机械研磨、合金绒抛光和化学腐蚀；②在抛光铜基板上利用脉冲电沉积电镀一层 Zn 纳米晶薄膜，晶粒尺寸在 30nm 左右。电镀液 pH 值为 5。脉冲电镀电源频率为 50Hz，占空比为 20%；③在空气中热氧化处理 Zn 纳米晶薄膜 1h 得到 ZnO 纳米针，热处理温度为 380℃，时间 1h。这种方法的特点在于热氧化温度低于 Zn 的熔点，没有添加催化剂，并且基板以外区域没有发现纳米针的痕迹，相反，随着氧化温度的升高，ZnO 纳米针反而会发生熔融转化为 ZnO 纳米颗粒。如图 10-38 所示为不同温度下得到 ZnO 纳米针的形貌。可以发现，随着温度升高，ZnO 形貌纳米针发生显著的变化。

除了上述两种方法之外，还有很多奇特的方法也用于一维 ZnO 纳米材料的制备，每种方法有各自的特点和优势，但是也存在一定的缺陷以及局限性，还有待进一步研究开发。

图 10-38　不同温度下生产的 ZnO 纳米针形貌

(a) 300℃；(b) 400℃；(c) 500℃；(d) 600℃

10.6　离子束注入材料改性技术

10.6.1　离子注入技术简介

离子注入技术是把某种元素的原子电离成离子，并使其在高压电场中加速，在获得高速能量后射入到放在真空室中的材料表面并与材料发生复杂的物理和化学相互作用的一种离子束技术。离子注入技术是一种重要的材料制备和表面改性技术，已广泛应用于半导体、金属、绝缘体等各个领域。高剂量离子注入技术已成为制备金属、半导体、绝缘层纳米颗粒、纳米薄膜等纳米材料的独特新方法。在半导体工艺技术中，离子注入具有高精度的剂量均匀性和重复性，可以获得理想的掺杂浓度和集成度，使电路的集成、速度、成品率和寿命大为提高，成本及功耗降低。离子注入技术与离子刻蚀、电子束曝光技术的结合，促使集成电路的生产进入了超大规模集成电路的新时代。离子注入微细加工技术已成为超大规模集成电路生产过程的关键技术。离子束材料表面改性是 20 世纪 70 年代中期发展起来的重要科学领域，离子束作用于材料表面，既可以改变材料表面成分，又可以改变材料表面的微观结构，既可以形成合金相又可以在表面形成超硬层，其涉及的主要学科有凝聚态物理、物理化学、等离子体物理、真空技术和加速器技术等，因而正在迅速发展成为一门多种学科相互渗透和交叉发展的学科。

离子注入的特点有以下几个方面：

① 注入元素可以任意选取，几乎可以注入所有元素，甚至包括同位素；

② 注入时不受温度的限制，可以在高温、室温、低温下进行；

③ 注入原子不受被注入样品固溶度的限制，不受扩散系数和化合结合力的影响，特别

适合在样品表面附近形成过饱和固溶体；

④ 通过控制注入的能量和剂量，可精确控制掺杂浓度和深度；

⑤ 离子注入的纯度高，横向扩散可忽略，深度均匀；

⑥ 直接离子注入不改变工件的尺寸，特别适合于精密机械零件的表面处理；

⑦ 采用离子注入形成的纳米颗粒被衬底包围着，受到了很好的保护，外界环境对它影响不大，能够保持很好的稳定性。

10.6.2 离子注入纳米颗粒制备

离子注入是一种将纳米尺寸的颗粒镶嵌在衬底近表面而形成纳米颗粒复合材料的最有效、方便的方法，离子注入后使纳米复合材料具有特殊的光学、磁学等特性。早在 1977 年，Arnold 和 Borders 第一次利用离子注入技术在 SiO_2 基底中制备了镶嵌的 Au、Ag 纳米颗粒。然而，在当时像这样的纳米颗粒复合材料，似乎没有太明显的应用，直到 19 世纪 90 年代，离子注入才成为一种重要的研究技术，并被广泛用来制备纳米颗粒复合体系。

在高剂量的离子注入时，根据注入离子的能量大小，可以在衬底表面一定范围内使注入元素达到过饱和状态。当注入剂量高于阈值剂量时，注入原子便超过它在材料中的平衡固溶度（约 10^{16} ions/cm^2），开始成核并随剂量的增大而长大。同时也可采用后期的热退火处理或离子、电子辐照，可以使注入材料成核、生长，来制备颗粒尺寸、形貌不同的纳米颗粒复合材料。当注入剂量很高时（$>10^{17}$ ions/cm^2），颗粒间会发生所谓的"大核吃小核"的 Ostwald 熟化现象，甚至出现连续的一层膜。如图 10-39 所示。

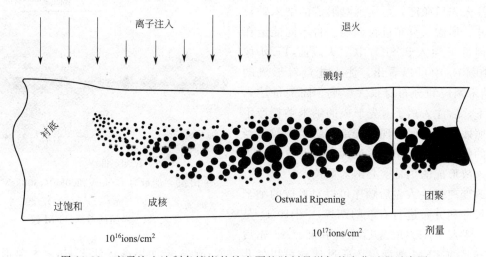

图 10-39　离子注入法制备镶嵌的纳米颗粒随剂量增加的变化过程示意图

目前国际上利用离子注入法形成纳米颗粒主要的研究内容有以下几个方面：用单元素、双元素离子注入形成新型的纳米颗粒并研究其性质，形成的纳米颗粒包括分离的纳米颗粒，合金纳米颗粒，核壳结构纳米颗粒，半导体量子点，磁性纳米颗粒，固相惰性气体元素纳米颗粒等。

10.6.2.1 金属纳米颗粒的制备

离子注入形成的金属纳米颗粒复合物具有强的表面等离子体共振吸收和三阶光学非线性效应。增强的表面等离子体共振吸收和三阶光学非线性效应可以用经典力学和量子力学效应解释。金属电子受到周围介质的空间限制，在光场激发时，大的偶极子力矩可以使电磁场增强。对镶嵌的金属纳米颗粒的研究工作，相当一部分是集中在光吸收性能的研究，大量文献已经报道了金纳米颗粒镶嵌在各种衬底材料的光吸收性能，如 SiO_2，Al_2O_3，MgO 和 CaF_2 等介质。SiO_2 是一种用来做离子注入最常用的材料，很多种金属纳米颗粒的光吸收研究（如 Sn，Cu，Zn，Mn，Ti，Ga，Cr 和 Pb）是通过将金属离子注入到 SiO_2 进行的。对于颗粒尺寸小于 $\lambda/20$（λ 是入射光的波长）时，吸收可以通过电偶极近似方程式即式（10-2）计算得到。对于分散良好的小尺寸纳米颗粒（<20nm），其吸收峰的位置不变，强度随颗粒尺寸的增大、数量的增多而增强。当颗粒尺寸大于 20nm 时，颗粒间的相互作用增强，使得吸收峰红移。当颗粒大于 40nm 时，高阶相互作用和散射出现。另外，颗粒的形状及其与周围环境的相互作用引起颗粒表面电荷的转移或接收，也可以使吸收峰发生红移或蓝移。

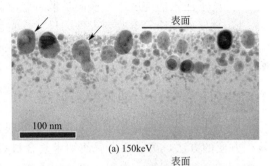

(a) 150keV

(b) 200keV,倾斜20°

(c) 300keV

图 10-40　能量为 150keV，200keV，300keV，$1\times10^{17}\,ions/cm^2$（$Ag^+$）注入 SiO_2 样品的截面 TEM 像

$$a = p\,\frac{18\pi n_d^3}{\lambda} \times \frac{\varepsilon_2}{(\varepsilon_1 + 2n_d^2)^2 + \varepsilon_2^2} \quad (10\text{-}2)$$

通过控制注入离子的能量、剂量、束流强度、注入先后顺序，可实现对形成的纳米颗粒的尺寸、形貌、分布进行调控。将不同能量在相同剂量下注入到 SiO_2 中，从截面 TEM 像（图 10-40）中可以看出，注入能量对形成的 Ag 纳米颗粒和分布有很大影响。高剂量注入条件下，后注入离子对先形成的纳米颗粒产生自辐照效应，从而出现核壳结构纳米颗粒。当形成的颗粒埋得较深时，这种自辐照效应大大降低，故形成的仍是实心纳米颗粒。

改变离子注入先后顺序可以对形成的纳米颗粒尺寸和分布进行有效的调控。图 10-41 是单 Ag 注入、Ag/Cu 先后注入和 Cu/Ag 先后注入样品的 TEM 截面像。通过比较可以发现，Ag 注入后如果继续注入 Cu，先前形成的 Ag 纳米颗粒的尺寸由于后续 Cu 所带来的能量而生长，且颗粒呈单层分布。对于 Cu/Ag 先后注入样品，形成的纳米颗粒尺寸要小的多，且均匀地分布在一定深度范围。这是由于先注入的 Cu 在衬底中形成了大量的宽分布缺陷，成为后注入 Ag 的成核位置，从而使 Ag 的扩散降低而形成宽分布的颗粒。

10.6.2.2　半导体纳米颗粒的制备

在半导体纳米颗粒体系中，颗粒尺寸大小对光学性能的影响尤为突出。随着半导体纳米颗粒的尺寸增长，半导体带隙表现出明显的随尺寸改变关系。当束缚的电子-空穴对（激子）的波函数接近于颗粒的直径时，能级出现在能带边缘，导致分离的电子跃迁和最小带隙的增强。半导体纳米颗粒已经被报道应用于发光二极管（LED）和单电子晶体管。此外，半导体

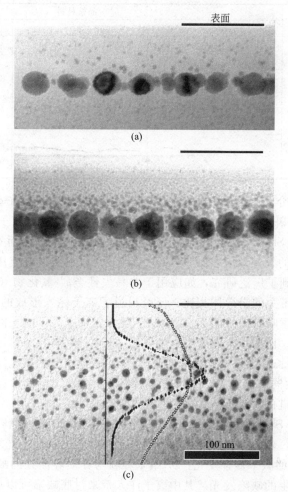

图 10-41　200keV，5×10^{16} ions/cm² （Ag⁺） 注入样品 （a）；
200keV，5×10^{16} ions/cm² （Ag⁺），110keV，5×10^{16}
ions/cm² （Cu） 先后注入样品 （b）；180keV，5×10^{16} ions/cm²
（Cu⁺），200keV，5×10^{16} ions/cm² （Ag⁺） 先后注入样
品 （c） 截面 TEM 像

纳米颗粒还将有望应用于非易失性存储器，纳米晶栅氧化层以及智能温度和光感器件。离子注入技术已被广泛应用于制备各种类型的单元素和复合半导体纳米颗粒，这些颗粒镶嵌在不同的衬底材料中（如表 10-3 所示）。

表 10-3　纳米晶体及其晶核材料

纳米晶体	晶核材料		
	Al₂O₃	Si	SiO₂
CdS	√	√	√
CdSe	√	√	√
CdTe	—	√	√
GaAs	√	√	√
GaN	√	—	—
GaP	√	√	√
Ge	√	—	√

纳米晶体	晶核材料		
	Al$_2$O$_3$	Si	SiO$_2$
InAs	—	√	√
InP	—	√	√
PbS	√	—	√
PbTe	√	—	—
Si	√	—	√
ZnS	√	√	√
ZnSe	—	—	√
ZnTe	—	—	√
ZrO$_2$	—	—	√

(1) 镶嵌在 SiO$_2$ 介质中的 Si 纳米颗粒 自从 1990 年 Canham 在室温下观测到多孔硅发射强烈的可见光后，1993 年 Shimizu-Iwayama 研究小组就采用了离子注入的方法成功地制备了镶嵌在 SiO$_2$ 中的 Si 纳米颗粒，和多孔硅类似，观测到一个强而宽的 PL 峰，其峰位在 750nm 左右。此强烈的发光效应表明 Si/SiO$_2$ 纳米复合材料可以被应用于发光材料中，且别的一些潜在应用也得到了广泛研究，如应用于非易失性金属-氧化物（MOS）存储器和纳米晶栅氧化物。与直接带隙的半导体相比，已经报道了离子注入形成的 Si 纳米颗粒样品获得较大的光学收益，这意味着未来的 Si 纳米晶基-激光器将成为可能。离子注入引进的杂质可以用来调控发光波长，比如，Si 纳米颗粒的发光波长在 800nm，而当被注入的 Er 杂质吸附后，可以在 1.5μm 波长处带来一个很强的来自 Er^{3+} 跃迁引起的发光峰，这表明可以用来制作 Er 掺杂的波导放大器。自从 1993 年首次观察到 Si 纳米颗粒的发光后，报道了很多关于 Si 纳米颗粒以及多孔硅的文献。

关于 Si 离子注入 SiO$_2$ 的发光起源问题一直存在很大的争论，只有很好地理解了这些纳米复合物的发光起源，才能控制和优化在器件应用中的发光特性。光发射机理主要来源于三个方面：a. 量子限制的激子复合发光；b. 纳米颗粒与介质界面处的缺陷发光；c. 离子注入过程中在衬底内部产生的缺陷发光。其中离子注入带来衬底缺陷可以通过后期的热退火处理来钝化或消除。经过近年来大量的研究报道，对 Si-SiO$_2$ 复合材料的发光起源的认识逐渐统一起来，大体上类似于多孔硅，但又不同。量子限制和表面效应是最主要的两种机理。根据量子限制模型，对于 Si 纳米颗粒的尺寸明显小于激子尺寸限度（约 4.3nm），由于离散的电子能级，Si 纳米颗粒往往发射强烈的、具有特定波长的光。实验上得出，量子限制效应下能有效发光的 Si 纳米颗粒尺寸在 6～10nm。对于纳米颗粒尺寸小于 6nm 时，尽管也会观测到很强的发光现象，但发光波长几乎不随颗粒尺寸变化而改变。有一点是值得提出的，和多孔硅不一样，Si 纳米颗粒镶嵌在介质中的纳米复合物的发光现象具有很好的稳定性，不随时间和样品的劣化而消失，因为 Si 纳米颗粒受到周围包封介质的很好保护。

White 等人通过在 SiO$_2$ 介质中注入三种不同剂量的 Si 离子，制备了不同尺寸的 Si 纳米颗粒，TEM 分析表明了三组样品中颗粒的直径分别为 2nm、5nm 和 6nm。随着纳米颗粒尺寸的减小，PL 峰的能量从 750nm 移动到 700nm，PL 峰的强度迅速降低。在低的离子注入剂量样品中，PL 峰强度的降低在一定程度上是由于 Si 纳米颗粒量的减少。相反，吸收峰的突出位置发生在 150～350nm，且与颗粒尺寸密切相关。吸收和发光（PL）之间存在一个较大的斯托克斯位移，这是由于吸收和光发射是来源于不同的机理：吸收主要与量子限制有关，而 PL 受表面态调制。纳米颗粒的表面键态可以在缺陷处形成固定的电子态。如图 10-42 所示。

研究人员将能量为 90keV，剂量为 2×10^{17} ions/cm^2 的 Si 离子注入到高纯非晶 SiO$_2$ 玻璃片中，并经过高温退火制备了 Si 纳米颗粒镶嵌在 SiO$_2$ 介质中的复合材料。PL 谱显示 Si/SiO$_2$ 材料有两个发光峰，分别位于 610nm 和 800nm。结合 TEM 表征得出这两个发光峰分别来自不同的发光中心，610nm 发光峰是由于 Si 离子注入带来的衬底氧空位缺陷发光，而 800nm 发光峰的发光机理较为复杂，是束缚在 Si 纳米颗粒内部的激子复合和位于 Si 纳米颗粒和 SiO$_2$ 介质界面处的界面态复合过程共同作用的结果。这两种复合过程是同时存在、相互竞争的，因此，只有在合适的退火条件下，PL 峰的强度才能达到最大化。

此外，一些研究小组还进行了用离子注入方法形成 Ge 纳米颗粒镶嵌在 SiO$_2$ 介质中的研究。由于 Ge 比 Si 具有更大的激子半径，所以对 Ge 纳米颗粒来说会有更显著的量子限制效应。Ge 离子注入到 SiO$_2$ 衬底后经过热退火处理同样观测到有很强的发光现象，在整个可见光光谱范围内不同波长的 Ge-SiO$_2$ 复合物发光都有报道。但 Ge-SiO$_2$ 复合物存在一个典型的问题就是 Ge 纳米颗粒的尺寸分布往往比较宽。

(2) 化合物半导体纳米颗粒 很多的化合物半导体纳米颗粒可以通过多种元素注入到 SiO$_2$ 和 Al$_2$O$_3$ 衬底中的方法来形成。通过 Ga/N、Ga/As、In/P、Zn/O、Cd/S

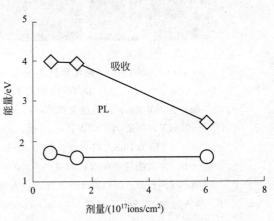

图 10-42 Si 纳米颗粒镶嵌在 SiO$_2$ 衬底中的 PL 峰和光吸收峰的能量随注入剂量的变化而改变

等双元素的注入可能形成 GaN、GaAs、InP、ZnO、CdS 等纳米颗粒。研究这些半导体纳米颗粒的主要兴趣在于其量子束缚效应和强烈的可见光发光性质。量子点的光学带隙会随着颗粒尺寸的减小而增大，使发光波长随颗粒尺寸的减小而变短。图 10-43 为双元素离子注入形成的镶嵌于 SiO$_2$ 介质中 InP、PbS 和 ZnS 三种纳米颗粒 TEM 像。双元素离子注入形成的化合物半导体纳米颗粒的微观结构和颗粒尺寸分布十分复杂，并且产生很多奇特的性能。White 和 Meldrum 研究小组报道了 CdS 纳米颗粒的平均尺寸可以通过改变离子注入的剂量来调控。当纳米颗粒的平均尺寸从 10nm 减小到 3nm 时，光吸收峰向更高的能量位置移动。能量移动的幅度（ΔE）根据量子限制理论和方程式吻合。这是第一个例子证实了量子限制效应促使离子注入形成的化合物半导体纳米颗粒的光学带隙的移动。在 2000 年 Matsuura 等人对镶嵌在蓝宝石（Sapphire）衬底中的 CdS 纳米颗粒的低温 PL 寿命谱测试开展了进一步的研究工作，实验结果显示 PL 峰由两部分组成，一部分来自自由激子发光，具有短的寿命（几纳秒），另一部分来自位于局域态的束缚激子发光，具有长的寿命（几纳秒）。Zn 注入非晶 SiO$_2$ 并退火，样品表面形成了 ZnO 薄膜。而将 Zn/F 离子先后注入到非晶 SiO$_2$ 并退火后，Zn 并没有扩散到样品表面，而是直接在衬底中形成了 ZnO 量子点。这是因为 F 离子注入后把 SiO$_2$ 衬底中的氧替换出来生成 O$_2$ 分子。所以高剂量的 F 离子注入后使样品中富含氧，随着退火的进行这些氧气会与 Zn 量子点相互作用，使 Zn 纳米颗粒被逐渐氧化。由于 ZnO 量子点被衬底所包围，样品的激子发光强度大大增强，缺陷发光得到抑制。以上实验结果进一步说明了离子束合成技术是制备高质量半导体纳米颗粒的有效手段。

尽管近年来已经取得了很大成功，但当前还存在着一些问题在制约着以半导体-纳米颗粒为基础的功能化器件的发展。尤其是半导体纳米颗粒的尺寸分布太宽，发光效率又仍低于通过化学方法合成的纳米颗粒。光发射的强度有望通过形成钝化的核-壳纳米结构来提高。

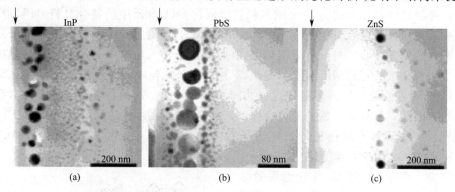

图 10-43　纳米颗粒在 SiO_2 衬底中分布的截面 TEM 像

图 10-43 中箭头指示样品的表面，

（a）为 InP（In：注入能量 320keV，剂量 $7.5×10^{16}$ ions/cm^2；P：注入能量

100keV，剂量 $7.5×10^{16}$ ions/cm^2；800℃退火 30min，气氛 Ar＋4％H_2）；

（b）为 PbS（Pb：注入能量 320keV，剂量 $7.5×10^{16}$ ions/cm^2；

S：注入能量 80keV，剂量 $7.5×10^{16}$ ions/cm^2；1000℃退火 1h，气氛：

Ar＋4％H_2）；（c）为 ZnS（Zn：注入能量 320keV，剂量 $1×10^{17}$ ions/cm^2；

S：注入能量 180keV，剂量 $1×10^{17}$ ions/cm^2；1000℃退火 6min，气氛 Ar＋4％ H_2）

10.6.2.3　铁磁性纳米颗粒

单磁畴、导向性的铁磁纳米颗粒是未来超高密度磁性数据存储材料的代表，如果数据能够记录在单个分离的纳米颗粒上的话，那么其信息存储密度将比目前存储器的存储密度提高1万倍。为了在单个颗粒上能读写比特，颗粒必须是分离且磁孤立的，单磁畴铁磁性纳米颗粒的磁区要大于超顺磁限制，并且矫顽力、磁矩、尺寸、磁化方向和位置必须可控。许多方法正在被应用于制备这一类型的纳米颗粒材料来满足这一系列苛刻的参数要求。目前实验证明离子注入技术是制备铁磁性纳米颗粒的一种有效方法，且在某种程度上已经满足了超高密度磁存储的要求。

离子注入制备纳米复合材料的磁性研究要远远少于非磁性纳米颗粒的光学和半导体性能方面的研究。仅仅报道了一些离子注入制备过渡金属及其合金或氧化物的磁性研究。对于磁性纳米颗粒而已，取向性和颗粒之间的间距很重要。如以嵌在 SiO_2 玻璃衬底中颗粒为例，颗粒是随机取向的，且整体效应上没有择优的磁化方向。然而，在晶体类型衬底中所有颗粒的磁轴呈现出晶体学方向的不同维度。在 1998 年的一个实验研究中，Cattaruzza 等人将能量为 50keV，剂量 $4×10^{16}$ ions/cm^2 的 Co 离子注入到 SiO_2 衬底中来制备 Co 纳米颗粒。通过 TEM 观察 Co 纳米颗粒的平均直径约 3nm，且一个约 90nm 宽的纳米颗粒层分布在位于样品表面附近，颗粒的取向是随机分布的。样品在液氮温度下的磁滞曲线表明 Co 纳米颗粒具有超顺磁性。此外，在 Ni 注入 SiO_2 玻璃衬底中的研究中报道了类似的实验结果。

离子注入到晶体类型衬底中形成的纳米颗粒具有均一的晶体形状和清晰的面状。为了使磁化方向便于调控，纳米颗粒统一排列分布是至关重要。在最近的实验研究中，Honda 等人在钇稳定氧化锆衬底中注入 Fe 离子，注入能量为 140keV，剂量为 $4×10^{16}$ ions/cm^2。将注入后的样品经过一系列热退火处理：第一步在真空下，500℃退火 2.5h；第二步在 Ar＋4％H_2 混合气体下，1000℃退火 1h，随后自然降温；第三步在 Ar＋4％H_2 混合气体下，1100℃退火 2h，然后迅速降温（淬火）。样品经过第一步、第二步热退火处理后，在 YSZ

衬底中可以看到一些很小的 Fe_3O_4 颗粒（平均尺寸 5.7nm）。室温磁滞现象测试得出矫顽力为 120G 和剩磁性 9%。当样品经过第三步热退火处理后，微结构发生了明显的改变，颗粒表现为具有清晰面的小方块形状 α-Fe 纳米颗粒。室温下 α-Fe 纳米颗粒的磁性明显不同于 Fe_3O_4 颗粒的磁性，主要表现在矫顽力为 57G，剩磁性 4%，且 α-Fe 纳米颗粒的饱和磁化强度比 Fe_3O_4 颗粒的强 4 倍。

获得的研究结果表明，实际上离子注入技术在某些方面可以满足单纳米颗粒数据存储器的要求。样品的表面十分平整，且颗粒受到介质环境的保护而具有很好的稳定性。就 Co 颗粒而言，各向异性的磁性纳米颗粒的磁化方向可以通过选择不同类型的衬底材料及其方向来控制。颗粒之间很好地被衬底材料所隔离，因此它们的磁性可以通过后期的再次离子注入来调控。尽管如此，仍然存在一些显著的问题，如何控制颗粒的尺寸分布、间距和分布位置将显得至关重要。

10.6.2.4　纳米颗粒的生长及退火影响

传统热力学退火会使整个纳米颗粒复合材料系统趋向更稳定的状态，总能量保持最低。纳米颗粒间会相互作用产生 Ostwald 效应，即大的纳米颗粒吞并小颗粒而长大。图 10-44 是 Ag^+ 注入到 SiO_2 中形成的 Ag 纳米颗粒在透射电镜中"原位"退火时观察到的 Ostwald 熟化现象。TEM "原位"观察到了 Ag、Ni 纳米颗粒的 Ostwald 效应。在退火的过程中伴随 Ostwald 效应的另一个过程是原子由于热运动的加剧而向衬底和表面扩散。当温度高于熔点时，颗粒也会分解。1997 年美国 Budai 等人发现用亚稳相重结晶的方法可以对纳米颗粒的取向、大小和结构进行调制。这种方法是将离子注入到不同温度的同一种衬底中，低温衬底注入时，其表面因辐照而非晶化，在退火重结晶过程中衬底材料先达到一个亚稳相，同时纳米颗粒在该相中成核生长，继续升温使衬底到达稳定相，而注入离子纳米晶体因熔点不同可能保持亚稳相的结构，也可能融化后在稳定相中重新成核生长。而高温衬底注入时，生成的纳米晶体始终处于稳定相的结构环境。因此在同一种材料的稳定相中出现了两种不同结构、取向和大小的纳米晶粒。这为控制纳米颗粒成核生长及晶体取向提供了一条途径。

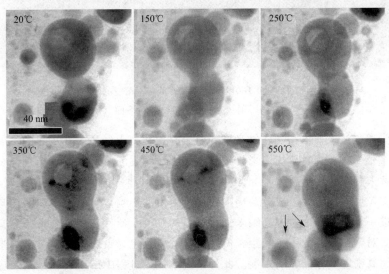

图 10-44　TEM 观察 200keV, 1×10^{17} ions/cm^2（Ag^+）
注入 SiO_2 样品在 20～550℃退火

不同退火气氛和退火温度对纳米颗粒的生长、大小、形态、分布的影响有显著不同，从而大大改变材料的性能。通常而言，退火都会减少注入引起的衬底中的缺陷，提高颗粒的结晶度，加速原子的扩散从而促进颗粒的生长。还原（H_2）气氛退火与在氩保护气氛中退火相比，会抑制原子的扩散，而氧化气氛则会加速原子的扩散，特别是 O 原子与一些不太稳定的原子（如 Cu）相互作用，会将它从合金颗粒中分离出来被氧化或从样品表面蒸发。White 等人研究了 Fe/Pt 离子先后注入到单晶 Al_2O_3 中的样品在不同气氛下退火样品的变化，发现在还原气氛和高真空中退火后形成了沿 c 轴取向的 $Fe_{55}Pt_{45}$ 颗粒，而在氧化气氛中退火后，只形成了 Pt 颗粒而 Fe 被氧化。激光退火会使 Ag 纳米颗粒分解并向衬底扩散，这可能是由于激光辐照使颗粒的温度变得很高造成的。

10.6.3 离子注入并退火制备半导体纳米薄膜

通过金属离子注入可在衬底中引入过量的离子，如果将注入样品进行退火，则注入元素就可能扩散到样品表面。将 Zn 离子注入到石英玻璃或蓝宝石等衬底中并在氧气气氛下 $600 \sim 800°C$ 退火，TEM 研究发现在衬底表面形成了厚度约为 100nm 的 ZnO 纳米薄膜，如图 10-45 所示。半导体薄膜的形成是由于在氧气气氛下，退火使注入元素受表面化学势的吸引逐渐扩散到样品表面，并在表面被氧化而生长成 ZnO 薄膜。这种固相外延生长半导体薄膜方法的特点是薄膜生长速率较低，形成的薄膜质量高、厚度可控，薄膜与衬底结构紧密附着力强、生长设备简单（使用普通退火炉）等。

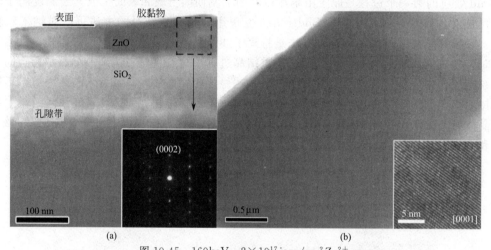

图 10-45　$160keV$，$2 \times 10^{17} ions/cm^2 Zn^{2+}$
注入 SiO_2 样品 $750°C$ 退火后的截面（a）和平面（b）TEM 像

总之，尽管离子注入技术在制备纳米颗粒复合材料研究上经历了几十年的发展，也取得了很大成就，尤其是 20 世纪 90 年代以来离子注入技术已经逐渐成熟，但是仍有许多突出的问题等待科研工作者去解决。如金属、半导体纳米颗粒复合材料的光学性能（如光吸收、非线性、光发射等）受颗粒尺寸、形状、成分及周围环境等因素的影响，颗粒的微观结构与宏观性能之间的关系有待进一步研究，这对提高纳米复合材料的性能及器件应用有着重要意义。对铁磁性纳米颗粒而言，对颗粒尺寸分布、间距、位置分布的调控尤为重要，实现单个纳米颗粒上的数据存储，推动超高密度磁存储器的发展。此外，离子注入过程中产生的一系列效应，纳米颗粒的形成与演变，注入离子的质量、剂量、能量及自身离子辐照等因素对颗粒影响等也需要系统的研究。另外，利用离子注入技术的特点，探索制备新型半导体和特殊结构纳米颗粒，也是值得努力的方向。因此，最主要的两个研究目标就尤为重要：窄化纳米颗粒的尺寸分布和找到有效的方法来控制纳米颗粒的位置分布。目前科研工作者已经成功尝试了很多方法来实现这两个目标，如聚焦离子束技术（FIB）；光刻掩膜板技术（Masking）；非-热促使成核生长技术（如电子束、离子束辐照技术）；低能离子注入技术和原位监测技术等。

10.7　微弧氧化法制备陶瓷薄膜技术

10.7.1　微弧氧化技术及其发展历程

微弧氧化（Micro-arc Oxidation，MAO）是从阳极氧化发展而来的一项较新颖的电化学工艺。它是将 Al、Mg、Ti、Zr、Ta、Nb 等阀金属或其合金置于电解液中作为阳极，利用电化学方法，在材料的表面微孔中产生火花放电斑点，在热化学、等离子体化学和电化学的共同作用下，生成陶瓷膜层的阳极氧化方法。1932 年 A. Gunterschulzet 和 H. Betz 首次报道了在高电场下浸在液体里的金属表面出现火花放电的现象，认为火花对氧化膜具有破坏作用，从而为阳极氧化奠定了初步的理论基础。在随后传统的阳极氧化薄膜制备技术中，人们普遍认为火花放电现象是应该尽量避免的。1969 年，前苏联科学家 G. A. Markov 发现，当在铝及其合金的样品上施加的电压高于火花区电压时，可获得高质量的氧化膜层，它具有很好的耐磨损、耐腐蚀性能。他把这种在微电弧条件下获得氧化膜的过程称为微弧氧化。同时，美国也开始广泛研究这项技术，其中包括一些实际的应用。在该技术的发展过程中出现过多种名称，如微等离子体氧化（Micro-plasma Oxidation），阳极火花电解（Anode Spark Electrolysis），等离子电解阳极处理（Plasma Electrolytic Anode Treatment）和等离子电极氧化（Plasma Electrolytic Oxidation）等。俄罗斯无机化学研究所的研究人员在采用交流电压模式的处理过程中，使用的电压比火花放电阳极氧化所采用的电压高，并称之为微弧氧化（MAO）。到了 20 世纪 90 年代后期，国际上先后有人采用这一技术制备出了具有不同性能的微弧氧化膜。目前，俄罗斯在研究规模和水平上占据优势。从前苏联到今天的俄罗斯，其在该技术的研究与开发应用上一直处于世界领先地位，其他国家如美国、德国在该技术的研究及应用上亦有较高的水平。我国从 90 年代开始关注此技术，在引讲吸收俄罗斯技术的基础上，现在也开始以耐磨、装饰性涂层的形式走向实用阶段。

10.7.2　微弧氧化的原理及放电过程

Al、Mg、Ti 及其合金在金属氧化物电解液体系中具有电解阀门的作用，因此称之为阀金属。将这类金属作为阳极浸入电解液中后，金属表面立即生成很薄的一层氧化膜绝缘层，当阳极电压超过临界值时，绝缘膜上的薄弱环节首先发生微弧放电现象，同时在样品表面产生游动的弧点或火花。空间电荷在氧化物基体中形成，在氧化物孔中发生气体放电、膜层材料的局部熔化、热扩散、带负电的胶体微粒迁移进入放电通道、等离子体化学与热化学反应。有人把气体放电过程看作"电子雪崩"。由于击穿首先发生在氧化膜相对薄弱的部位，击穿后，在该部位又生成了新的氧化膜，击穿点再转移到其他相对薄弱的部位，从而导致形成均匀的氧化膜。每个电弧存在的时间极短，仅有 10^{-6} s，等离子体放电区瞬间压强和温度极高，可达 10^2 GPa 和 2×10^4 ℃。如此高温高压，使火花附近区域内的金属及其氧化物发生熔化，并从放电通道喷发，在水溶液的淬冷作用下，冷却速度可达 10^8 K/s，将放电通道保留，形成多孔结构的陶瓷薄膜，图 10-46 为 MAO 薄膜典型的扫描电镜（SEM）形貌图。这种特殊的成膜过程，对 MAO 薄膜的微观结构、成分和性能有重要影响。

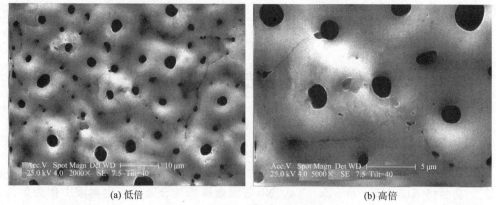

(a) 低倍　　　　　　　　　　　　　(b) 高倍

图 10-46　MAO 薄膜 SEM 形貌图

微弧氧化过程一般认为分为阳极氧化、火花放电、微弧放电和弧光放电四个阶段，如图 10-47 所示，这四个阶段分别对应于图中的第一阶段、第二阶段、第三阶段和第四阶段。

(1) 阳极氧化阶段　当电压为 U_1 时，为氧化的初期，阳极表面会产生大量的氧气，电极体系遵从法拉第定律，电解槽的电压电流符合欧姆定律，合金表面形成一层金属氧化物钝化膜。当极间电压达到 U_2 时，原来在阳极表面形成的钝化膜开始溶解，实际上 U_2 的值和该阳极材料的腐蚀电位相当，在 U_2-U_3 区，随着电压的升高，钝化膜由于气体的析出而变为多孔的结构，在阳极表面形成多孔的金属氧化膜，这时极间电压大部分降在这层氧化膜上。

(2) 火花放电阶段　当电压达到 U_3 时，氧化膜中的电场强度达到了碰撞电离或者隧道电离的击穿临界值，这时氧化膜的局部表面会观察到迅速移动的明亮小火花，随着电压的增加，微小放电火花的数量也相应增加。这个阶段持续的时间很短。

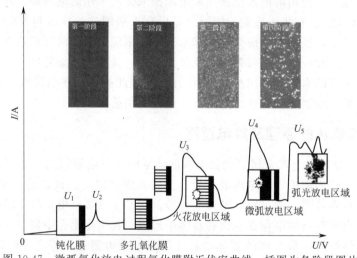

图 10-47　微弧氧化放电过程氧化膜附近伏安曲线，插图为各阶段图片

(3) 微弧放电阶段　当电压达到 U_4 时，碰撞电离被热电离所代替，这时在氧化膜表面产生整体范围的较大的微弧放电，弧点的移动比较缓慢，膜层开始缓慢生长。进入 U_4-U_5 区后，由于氧化膜厚度的增加，部分热电离被大量聚集的负电荷所阻止，在微弧放电的高温作用下，氧化膜局部熔化，并与电解液中的部分元素结合而形成合金，并发出尖锐的爆鸣声。

(4) 弧光放电阶段　当电压超过 U_5 时，将会产生局部较大的弧光放电，这种放电会对膜层产生很大的破坏，在膜表面形成大坑，损坏陶瓷膜的整体性能，导致微弧氧化膜产生热破裂而被破坏。因此这一过程应该尽量避免发生。

10.7.3 微弧氧化装置及其制备流程

10.7.3.1 实验装置

微弧氧化法制备 TiO_2 光催化薄膜的实验装置如图 10-48 所示，一般由 MAO 电源、电解池、搅拌器、温度计和冷凝系统组成。其中电解槽由不锈钢制成，兼作阴极，实验样品作阳极。搅拌系统可提高电解液浓度的均匀性，并及时带走反应时在阳极产生的热量和气泡。冷却系统可保持电解液温度在 $15\sim40℃$，避免 MAO 过程产生的大量热量使电解液温度急剧上升，降低成膜质量。

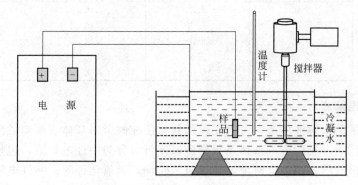

图 10-48　微弧氧化实验装置示意图

10.7.3.2 制备流程

MAO 薄膜的制备过程如图 10-49 所示。首先将阳极基体切割成标准试样。由于试样表面吸附着周围环境中的湿气、尘埃和油污等杂质，形成表面吸附层，而 MAO 是发生在试样与电解液相接触的界面间的强烈反应，为了确保氧化膜的质量，在 MAO 前必须对试样进行预处理，以除去试样表面的杂质。要求试样表面不含任何油脂，无锈蚀等，同时应力求试样表面光滑平整，否则会影响膜层质量，降低 MAO 处理效果，因此需要将试样进行打磨，然后采用丙酮对试样表面进行擦洗除油。预处理后的试样表面要求平整、光亮、无任何油污、无任何杂质。预处理的每一步操作，都要用去离子水清洗。根据不同材质的试样和 MAO 薄膜的需要，配制特定的电解液，进行 MAO 处理。MAO 完成后，同样需要对样品用去离子水进行反复清洗，否则薄膜的微孔中会有大量电解液残留，影响薄膜性能。最后对制备好的MAO 薄膜进行各种表征和性能测试。

图 10-49　微弧氧化工艺流程图

10.7.4 微弧氧化薄膜影响因素

10.7.4.1 电参数

电参数对微弧氧化具有重要的影响。电压 U 和电流密度 J 是微弧氧化最基本的参数，直接影响膜层的形成、结构形貌及性能。另外脉冲电源制备的氧化膜的性能较其他电源都好，主要是频率 f、占空比 δ 等电参数对试样表面放电特征有主要的影响并且容易控制。氧化时间 t 对陶瓷层的厚度也有重要的影响。因此可以通过调整电性能参数来优化膜层的性能。表 10-4 总结了各电参数对膜层的影响。

表 10-4 微弧氧化过程中的电参数对陶瓷层的影响

影响因素	生长速度	平均孔径	微孔密度	粗糙度
U	正比	正比	反比	正比
J	正比	正比	反比	正比
δ	正比	正比	反比	正比
t	反比	正比	反比	正比
f	反比	反比	正比	反比

10.7.4.2 电解液

通过选择合适的电解液体系，可以用微弧氧化法在阀金属基体表面制备出成分、结构和性能各异的陶瓷层。常见的电解液体系根据酸碱度可以分为中性电解液，包括硅酸盐、磷酸盐、碳酸盐和铝酸盐等；碱性电解液，包括氢氧化钠，氢氧化钾等；酸性电解液，通常为硫酸的水溶液。电解液的浓度、成分和 pH 值和添加剂对 MAO 薄膜的成分和性能均有重要的影响。

(1) 浓度 电解液的浓度对 MAO 薄膜的起弧电压、薄膜形貌、薄膜成分和薄膜性能均有明显的影响。如在不同浓度的磷酸钠电解液体系下制备的薄膜性，随电解液浓度的增大，MAO 的起弧电压明显降低，薄膜表面的 P 含量明显升高，氧化膜的厚度和表面孔径明显增大，薄膜的绝缘性能大大提高，膜层的显微硬度也随之提高。

(2) 电解液成分 电解液的成分对 MAO 薄膜的功能特性起重要作用。一般来说，陶瓷膜在处理液中对离子吸附有选择性。如在磷酸盐、硅酸盐和氢氧化钠三种电解液体系中，临界击穿电压值在磷酸盐中最高，在氢氧化钠中最低。这是因为氧化膜表面吸附的带电粒子越多，越容易在氧化膜表面形成杂质放电中心，导致氧化膜发生电击穿现象。而微弧氧化过程的剧烈程度大小，薄膜的孔径大小和微孔的不规则度强弱依次为：磷酸盐、硅酸盐和氢氧化钠溶液。

(3) 溶液 pH 值 溶液的 pH 值对 MAO 薄膜的成分也有重要影响，如在对 Ti 金属进行 MAO 处理时，在不同 pH 值的电解液中，可以制备出不同相结构的 TiO_2 薄膜，如图 10-50 所示。在碱性电解液中可获得单一的金红石相 TiO_2 的薄膜，在酸性电解液中可获得单一的锐钛矿相 TiO_2 薄膜，而在中性电解液中可制备出含有锐钛矿和金红石混晶型的 TiO_2 薄膜。

(4) 溶液添加剂 为制备具有较好机械特性的膜层，可以在溶液中添加氟化物、铬酸盐、钼酸盐和甘油等组分，可以提高膜层的生长速率，改善膜层的耐磨耐蚀性。传统的溶液添加剂一般均为可溶性溶剂，而在电解液中添加不溶于水的化合物颗粒，利用 MAO 过程中氧化物薄膜被放电火花击穿、熔融，并快速凝固的过程，可以将溶液中悬浮的颗粒融合到薄膜表面，同时由于电解液冷却效果，复合颗粒在边界部分与氧化物薄膜发生融合，并伴有界面扩散，形成具有异质结构的复合薄膜。

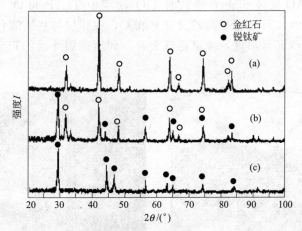

图 10-50　在不同电解液中制备的微弧氧化 TiO_2 薄膜 XRD 图谱

(a) 碱性 (b) 中性；(c) 酸性

　　该方法的优点在于 MAO 过程对添加剂颗粒具有普适性，即大部分性能稳定的化合物颗粒都可以均匀地复合到微弧氧化薄膜表面。在电解液中添加的 YAG：Ce^{3+} 半导体颗粒，经过微弧氧化处理后被均匀地复合在锐钛矿型的 TiO_2 薄膜中；在电解液中添加 Eu_2O_3 稀土氧化物颗粒，可以制备出 TiO_2/Eu_2O_3 复合薄膜，如图 10-51 所示。

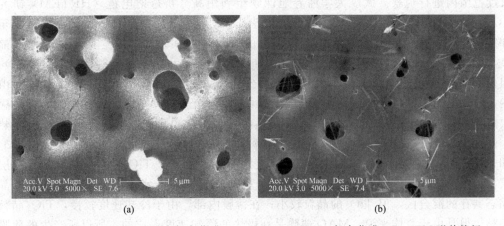

图 10-51　$TiO_2/YAG：Ce^{3+}$ 复合薄膜 (a) 和 TiO_2/Eu_2O_3 复合薄膜 (b) SEM 形貌特征

10.7.5　微弧氧化的微结构特征

　　MAO 薄膜的厚度一般在几微米到几十微米不等，传统意义上，一般将膜层结构沿截面方向由内而外分为过渡层、致密层和疏松层、如图 10-52 所示。过渡层处于基体和膜层的界面处，基底与膜层之间在微区范围内呈锯齿结合状态，因此膜层与基底的结合力牢固。致密层靠近过渡层，层内无大的气孔，因此比较致密，致密层是由高温致密物凝固而成，是 MAO 薄膜的主体部分。最外面多孔的表面层为疏松层，膜层内晶粒粗大，组织疏松，存在许多孔洞，使氧化膜呈现出多孔的形貌。各层之间没有明显的界线，因此膜层的结构相对稳定，与基体结合力牢固，具有优良的机械性能和耐腐蚀性能。

　　膜层的化学成分一般由基体材料和电解液中的元素组成，元素含量的分布遵循扩散理论，即由薄膜内层到外层，基体元素逐渐减少，而溶液元素逐渐增多。图 10-53 为钛基体在 Na_3PO_4 电解液中 MAO 处理 5min，得到的 TiO_2 薄膜中 Ti、P 和 O 三种元素的含量分布图。在图左侧的基体中，Ti 含量最高，没有 P 和 O，在膜层与基体结合的界面处，Ti 元素含量开始下降，P 和 O 元素出现，含量逐渐上升，到达薄膜外层，Ti 元素含量最低，P 和 O 元素含量最高。

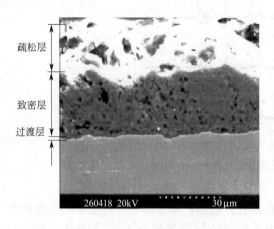

图 10-52　MAO 薄膜截面形貌图

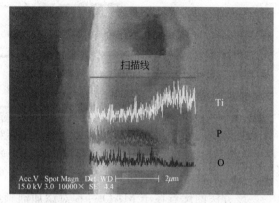

图 10-53　MAO 薄膜截面元素分布图

对于 MAO 薄膜的微观结构特征，之前的研究一般仅限于利用扫描电镜（SEM）在微米尺度范围内进行观察。武汉大学潘春旭课题组利用高分辨透射电镜（HRTEM）研究了 MAO 制备的 TiO_2 薄膜在纳米尺度的微结构特征，研究发现 MAO 薄膜的微结构从表至内呈梯度变化：表面存在一层厚度约 $10\sim20$nm 的非晶态 TiO_2 膜，然后是非晶态 TiO_2 与晶态 TiO_2 的混合区，TiO_2 晶粒直径约为 12nm，如图 10-54 所示；利用 X 射线衍射（XRD）测量出内部基体为锐钛矿 TiO_2 组织，利用谢乐公式计算出平均晶粒直径约 20nm。这种由表至内晶粒逐渐增大的梯度变化是由 MAO 特殊的成膜过程决定的。MAO 成膜过程是熔融态金属氧化物在水溶液的淬冷作用下凝固并结晶的过程。在实验中，由于 TiO_2 薄膜的绝热作用，薄膜由内而外产生了温差梯度，越接近薄膜外层，水溶液的冷却作用越显著，TiO_2 的冷却速度也越大。因此，薄膜表层由于水溶液的淬冷，阻止了 TiO_2 的晶化，形成了一层非晶层。随深度增加，冷却速度降低，开始有少量的 TiO_2 形核长大，生成了由 TiO_2 纳米晶和非晶态共存的混合区，但 TiO_2 的晶粒较小；在薄膜内部，由于冷却速度较慢，TiO_2 晶粒生长完整。但是由于总体来说，MAO 薄膜是在极快的冷却速度形成的，所以所产生的薄膜中的晶粒度在数十纳米以内，为一种纳米晶薄膜，如图 10-54(d) 所示。通过观察 Mg 和 Al 基体的 MAO 薄膜，也观察到了类似的现象，说明 MAO 法是一种全新的制备纳米晶薄膜的方法。

10.7.6　微弧氧化薄膜的性能

（1）力学性能　硬度和弹性模量是涂层的基本微区力学性能，常被用于评价材料的抗磨损性能。LY12 铝合金在氢氧化钠溶液中 MAO 处理 10min，其表面陶瓷膜的硬度和弹性模量最大可分别达到 25GPa 和 300GPa，而 LY12 铝合金基体的硬度和弹性模量分别仅为 2GPa 和 80GPa，陶瓷膜经 $300\sim15$℃热冲击循环 40 次均无裂纹、无膜层脱落现象。对比 MAO 薄膜与表面电镀硬铬涂层的耐磨性能，发现在磨损实验前 20h 内，电镀硬铬层表现出较好的耐磨，磨损量略小于 MAO 薄膜，但 20h 后其磨损表面出现镀铬层耗尽，磨损量迅速

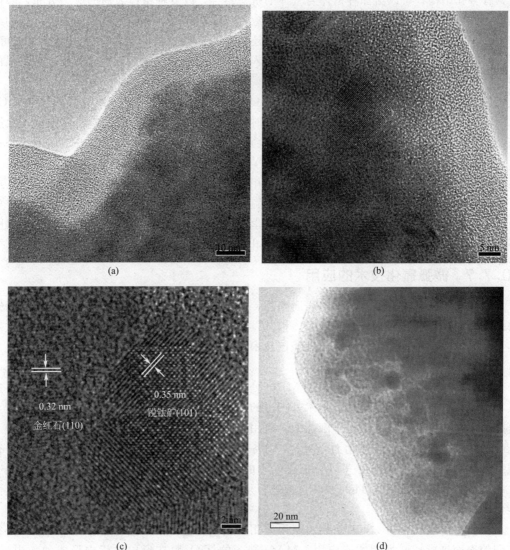

图 10-54　MAO TiO$_2$ 薄膜的 HRTEM 形貌

(a) 低倍；(b) 高倍；(c) TiO$_2$ 晶格条纹；(d) TiO 纳米晶

增加，而 MAO 膜层依然保持原有的磨损量，证明在相同的摩擦条件下，铝合金 MAO 陶瓷层的耐磨性能优于电镀硬铬涂层。对于不同基体，MAO 薄膜的力学性能也有明显差异。

(2) 耐腐蚀性　Mg、Al、Ti 等阀金属均有质量轻、密度小、比强度高和比刚度高等优点，在航空航天、汽车、化工等领域有较大的应用潜力。但它们的化学活性较高，耐蚀性较差。MAO 技术目前已广泛应用于改善阀金属的耐蚀性。潘春旭课题组在前期的研究中，利用全浸和盐雾试验研究了镁合金在磷酸盐系和硅酸盐系的微弧氧化膜层的耐蚀性，研究表明 MAO 薄膜对 Mg 合金基体可以提供有效的保护，使其耐腐蚀性有了极大的提高。同时，硅酸盐系膜层的耐蚀性优于磷酸盐系膜层的耐蚀性。

(3) 生物相容性　Ti 合金由于其良好的力学性能，被广泛用于制作人体硬组织的植入体，但由于其生物惰性，难以与骨结合，因此，迫切地需要在钛合金表面制备结合力强、多孔的生物活性膜。对 Ti 及其合金表面进行 MAO 处理，并在膜层中引入适量的钙、磷元素后，可以表现出很好的生物相容性。将 MAO 应用于医用金属植入体具有如下优点：涂层表面具有多孔结构，可以增加种植体与基体的机械结合，改变种植体表面的应力分布，降低最大应力值，促进种植体内的血液循环，缩短愈合时间；涂层与基体结合强度高；涂层的组织纳米化，不仅可以降低种植体的弹性模量，还可以提高种植体的韧性；涂层元素组成可控，可以将电解液中钙、磷离子通过反应直接进入陶瓷层中，使薄膜富含钙、磷元素，增强薄膜的生物活性。

(4) 光催化性能 将 MAO 法制备的 TiO_2 薄膜应用于光催化，可以克服粉末状 TiO_2 难以回收利用，易于造成二次污染等问题。同时，MAO 技术具有工艺简单、成本低、涂层对基体结合强度高且对环境无污染等优点，目前受到越来越多的关注。通过在电解液中添加半导体颗粒的方法，制备出复合均匀的 $TiO_2/YAG：Ce^{3+}$ 和 TiO_2/Eu_2O_3 复合薄膜。复合薄膜的光吸收率、光生电流强度和光催化效率相对原始 TiO_2 薄膜均有显著改善。利用该方法，可以制备出各种复合均匀的 TiO_2 薄膜，并通过改变添加剂的浓度，调节复合比例，有望成为一种全新的制备复合薄膜的方法。通过化学热处理，对 Ti 基体进行渗氮、渗碳等预处理，再对处理后的 Ti 基体进行 MAO，可以制备出各种非金属掺杂 TiO_2 薄膜。

10.7.7 微弧氧化技术的应用

(1) 铝基发动机缸体及活塞的表面处理 经过微弧氧化处理的铝基发动机缸体和活塞可增强表面耐磨性，使其延长使用寿命。铝基发动机的缸体内壁经微弧氧化后可替代铸铁基缸体，从而大大减轻发动机重量。而且经该技术处理过的活塞表面不积炭，从而使发动机大大节省油耗，增加效率，减少返修次数。

(2) 特种行业钛合金材料 通过 MAO 处理得到的 TiO_2 膜可以在高温、高压、高速重载等苛刻条件下使用。采用这一技术处理过的钛合金表面，不仅对高能射线的抗辐照能力显著提高，而且具有优异的磁电屏蔽能力，可用于电子屏壁板等。

(3) 催化剂载体或光催化剂 MAO 制备的 TiO_2 膜的负载牢固，抗振性好，可进行负载型催化剂的超声催化、光-声联合催化，它的可加工性强，在光催化反应器设计领域有很大的发展空间。微弧氧化 TiO_2 膜可直接进行形貌设计，可有不同的改性方法，使其成为性能优异的光催化材料。

(4) 生物医用材料 生物医用材料多采用钛或钛合金。由于生物相容性的问题，必须在它们的表面进行特殊处理才能应用。MAO 制备的 TiO_2 膜在形成过程中形成的放电通道，可使硬组织植入材料朝内生长，较好地改善与新生骨的机械齿合，并且通过钙、磷离子的引入，可以在钛或钛合金表面形成具有生物相容性的陶瓷膜（羟基磷灰石特性），可提高 TiO_2 膜的生物相容性和骨诱导性，缩短愈合时间。常用于牙科常用的牙托、骨组织内强化丝等。

(5) 现代船体材料 海洋平台表面防护一直是难以克服的问题。海洋中的舰艇中采用的阳极氧化后的铝合金材料，由于它的耐海水腐蚀和耐磨性能较差，因而其实用性不强。但经过微弧氧化处理后的铝合金，它的耐海水腐蚀能力可提高数倍，耐磨性也会有显著提高。

(6) 传感器材料 $MAO-TiO_2$ 膜的绝缘性好，介电常数高，不仅可以用于湿敏和压敏元件，还可以用作传感器材料检测多种气体。例如，TiO_2 可检测 H_2、CO 等可燃性气体和 O_2，特别是用作汽车尾气传感器，通过测定汽车尾气中的氧气含量，可以控制汽车发动机的效率。

10.7.8 展望

MAO 作为一种全新的制备金属氧化物纳米晶陶瓷膜层的技术，具有工艺简单，操作便捷，膜层性能可控等优点，目前已广泛应用于航天、机械、环保、医疗、电子和装饰等领域。相信在不久的将来，随着研究工作的不断进展和深入以及该技术的不断改进和完善，MAO技术一定会体现出更大的技术价值和经济效益，在工业生产和日常生活的各个方面，出现更多的MAO产品。

10.8 阳极氧化法制备 TiO₂纳米管技术

TiO_2是一种典型的过渡金属氧化物材料，具有良好的物理化学性能及化学稳定性。因为具备优良的催化、光电、气敏等性能，TiO_2在环境治理、太阳能电池、传感器等方面得到了广泛的研究及应用。随着纳米技术与材料科学的深入发展，纳米结构的TiO_2特别是具备独特管状结构的TiO_2纳米管（TiO_2 Nanotube，TNT）因为具备众多新奇的特性，引起了广大科学工作者们极大的研究热情。

许多研究结果表明，TiO_2纳米管可以通过模板辅助法、水热法、阳极氧化法等方法进行制备，其中又以阳极氧化法制备的TiO_2纳米管最为引人关注。阳极氧化法制备的TiO_2纳米管呈现整齐有序的阵列式排布，结构独特，并且直接生长在作为基体的 Ti 金属表面，非常适合作为纳米光催化材料。同时阳极氧化的方法非常简单，并可以通过微调其工艺参数来实现制备的TiO_2纳米管阵列的形貌与结构精确可控，因此极其适合大规模的生产与应用。

自从 2001 年 Grimes 的研究小组首次报道了在含氢氟酸（HF）的电解液中阳极氧化 Ti 金属制备出均匀有序的TiO_2纳米管阵列以来，这种具有独特结构的TiO_2纳米材料引起了各国的科学工作者们极大的兴趣。在TiO_2纳米管阵列的形貌与结构控制方面，各国的研究者们做出了很多的研究工作。研究表明，阳极氧化的参数（电压、时间等），电解液体系的各种参数（成分、pH 值等）都对TiO_2纳米管阵列的形貌与结构有重要的影响。

10.8.1 阳极氧化法制备 TiO₂纳米管阵列

阳极氧化法制备TiO_2纳米管阵列，是指在一个含氟化物电解液的两电极或三电极电化学系统中，将纯 Ti 金属片或 Ti 合金片作为阳极，对其进行阳极氧化，在其表面得到排列高度有序的TiO_2纳米管阵列的过程。对 Ti 金属片的表面预处理情况的好坏、电解液体系的选择以及外加电场的选择等，都是影响实验结果的重要影响因素。

阳极氧化法制备TiO_2纳米管阵列的实验装置如图 10-55 所示。

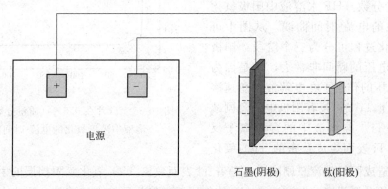

图 10-55 阳极氧化实验装置示意图

阳极氧化实验的装置主要由一个外部输出电源以及一个含有氟化物电解液的两电极电化学体系构成，实验中采用的电源是成都市新都同力电源设备厂生产的 GKDM 型数控双脉冲电源，可以精确输出直流、单脉冲、双脉冲、交流等多种电场，本实验中主要使用它的直流、单脉冲以及双脉冲输出。实验中作为阳极材料的金属 Ti 片（纯度 99.7％）为工业纯钛，作为阴极的是标准石墨电极，电解液主要使用含氢氟酸（HF）0.5％（质量分数）的水溶液、含氢氟酸（HF）0.2mol/L 的乙二醇（Ethylene Glycol）溶液以及含氟化铵（NH₄F）0.27mol/L 的甘油（Glycol）和水的混合溶液等三种电解液体系。实验中所采用的各种化学试剂的纯度为分析纯。

实验中使用工业生产的纯 Ti 金属片（厚度 0.25mm，纯度 99.7％）作为阳极氧化材料，因为工业纯 Ti 的表面比较粗糙，在使用前必须经过仔细的机械磨光以及抛光处理，并进行仔细的清洗，使其表面平整光滑，不含其他杂质。其主要步骤如下。

① 切割块材 将大块的纯 Ti 金属片切割成 10mm×10mm 的小片，使其适用于后续处理以及实验要求。

② 机械打磨 用金相砂纸按粒度大小由粗至细（600♯ ～1500♯）逐步打磨成平整而光滑的表面。

③ 抛光 将经上一步处理过的样品，选用合适的抛光剂进行机械抛光直至镜面。

④ 清洗 将经上一步处理过的样品，分别在丙酮（Acetone）、乙醇（Ethanol）、去离子水（Deionized Water）三种溶液中进行超声清洗，清洗后的样品在大气中干燥备用。

经过上述处理后的金属 Ti 片，就可以用于阳极氧化实验制备 TiO₂ 纳米管阵列。在阳极氧化的实验中，外部电场的输入主要采用了直流、正向单脉冲和换向双脉冲三种，输入电压也各不相同；实验中采用的电解液也有好几种，外部电场、输入电压的不同以及所采用的电解液成分的不同，都会使制备所得的 TiO₂ 纳米管阵列的形貌产生变化，选择合适的实验参数即可实现 TiO₂ 纳米管阵列的可控制备。所有的实验均是在室温下进行的。

实验实例：在含有 0.5％（质量分数）氢氟酸的水溶液中，用 20V 的直流电压阳极氧化 Ti 金属片 1h 制备 TiO₂ 纳米管阵列并对其进行了形貌与结构的表征。下面详细介绍阳极氧化法制备 TiO₂ 纳米管的化学生成过程。

图 10-56 是在 5V 的直流电压下，在 0.5％（质量分数）HF 水溶液中阳极氧化 Ti 片过程中的电流-时间曲线。从图中可以看出，氧化过程可分为三个阶段：阳极电流在施加电压的瞬间非常大，这是因为 Ti 在阳极电压的作用下在电解液中急速溶解，生成大量 Ti⁴⁺；接着阳极电流急剧减小，是因为 Ti⁴⁺ 与溶液中的含氧离子反应，在金属 Ti 表面生成致密的 TiO₂ 氧化

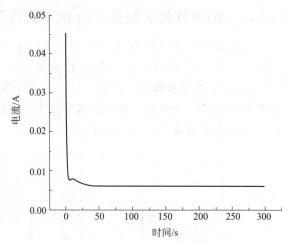

图 10-56　Ti 片在 0.5％（质量分数）HF 水溶液中阳极氧化的电流-时间曲线

膜阻挡层，造成阳极电流急剧减小；随着 Ti 表面致密 TiO₂ 氧化膜阻挡层的生成，膜层会承受急剧增大的电场强度，在溶液中 HF 的作用下，氧化层被击穿溶解，形成大量小孔，并均匀分布于 Ti 金属的表面，大量小孔的存在，使得 Ti⁴⁺ 较容易通过阻挡层进入溶液，同时含

氧离子也较容易通过阻挡层与 Ti^{4+} 离子形成新的阻挡层，因此阳极电流会逐渐增大；最后阶段的阳极电流是因为阻挡层两侧的离子迁移而形成，比较稳定。

图 10-57 是在含有 0.5%（质量分数）氢氟酸的水溶液中，用 20V 的直流电压阳极氧化 1h 后 Ti 金属片表面的扫描电镜（SEM）形貌图。图 10-57(a) 和图 10-57(b) 是阳极氧化后 Ti 金属表面形貌的低倍 SEM 图像，可以看到其表面是一层多孔的薄膜，薄膜上还存在一些残留的氧化物；图 10-57(c) 和图 10-57(d) 是其形貌的高倍 SEM 图像，可以看到这层多孔薄膜的形貌的详细情况，与氧化铝多孔薄膜不同，各个小孔之间是分离而非连续的；从图 10-57(e) 和图 10-57(f) 中可以看到多孔薄膜的截面形貌，可以清楚地看到多根尺寸在纳米级的管状物的存在，因此这层薄膜实际上是由有序排布的多根纳米管构成。

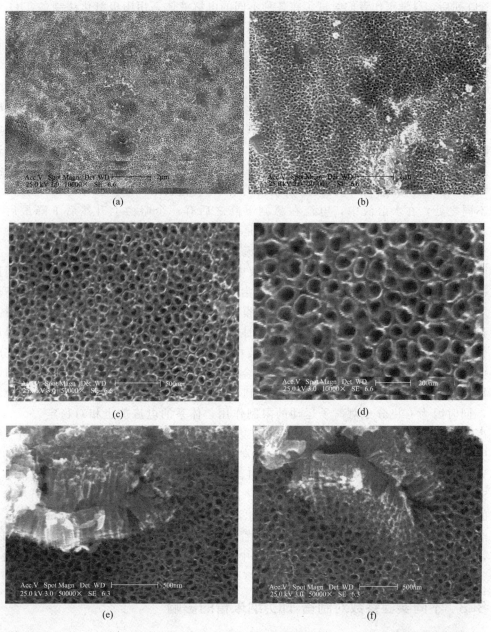

图 10-57　0.5%（质量分数）HF 水溶液中阳极氧化生成的 TiO_2 纳米管阵列形貌

由此可见，Ti 金属片用 20V 的直流电压在含有 0.5％（质量分数）氢氟酸的水溶液中阳极氧化 1h 后，表面生成了一层多孔的氧化物薄膜。从多孔膜表面和截面的高倍的 SEM 形貌图可以看出，这层氧化物薄膜实际上是由排列非常有序的纳米管构成的阵列，这种有序的纳米结构薄膜，通常被称作 TiO_2 纳米管阵列。在本实验条件下，生成的 TiO_2 纳米管管径在 $80 \sim 100nm$，管壁厚度在 10nm 左右，管的长度在 $400 \sim 500nm$。

10.8.2 不同电解液对制备 TiO_2 纳米管的影响

继 2001 年 Grimes 的小组在 HF 的水溶液中阳极氧化 Ti 金属片在 Ti 表面制备出 TiO_2 纳米管阵列后，科学工作者们尝试了在各种不同的电解液体系用阳极氧化法制备 TiO_2 纳米管阵列，其中一个有益的尝试是将水溶液体系变为有机溶液的体系。这里示例 HF/乙二醇的有机电解液体系下 TiO_2 纳米管阵列的制备。实验使用 30V 的外加直流电场，HF 浓度为 $0.2mol/L$ 的 HF/乙二醇电解液，采用纯度为分析纯、浓度为 40％的氢氟酸，阳极氧化时间 1h。

对比 Ti 金属片在 HF 水溶液中阳极氧化过程中的电流-时间曲线，在 HF/乙二醇这种有机的电解液中，阳极氧化过程中的电流-时间曲线与前者有不同之处：在施加电压的瞬间，两者的电流都是非常大，这是因为 Ti 在阳极电压的作用下在电解液中急速溶解，生成大量 Ti^{4+}；随后两者的电流都是一个急剧减小的过程，是因为 Ti^{4+} 与溶液中的含氧离子反应，在金属 Ti 表面生成致密的 TiO_2 氧化膜阻挡层；接下来的过程两者就存在不同之处，在水溶液中，电流在急剧下降之后有一个略微上升然后下降最后平稳的过程，而在有机溶液中电流下降的速率是逐渐降低的，直至达到一个特定的值后一直保持稳定。同时可以看到在水溶液中电流从变化到稳定的过程持续时间很短，大概在 50s 以内就达到稳定阶段，而在有机溶液中，电流从变化到稳定的过程持续时间则较长，一直到 100s 以后才相对稳定。这是因为在水溶液中，各种离子的活动在电场作用下是非常活跃的，Ti 金属表面生成的氧化膜在电化学氧化和电化学腐蚀共同作用下生成大量小孔并最终达到稳定状态的过程用时较短，而且这个过程中由于离子的活动剧烈，体系的电流值也会有波动；在有机溶液中，由于有机分子间的空隙远小于水分子，使得电解液中的离子活动受限制，因此 Ti 金属表面生成的氧化膜在电化学氧化和电化学腐蚀共同作用下生成大量小孔并最终达到稳定状态的过程所用时间也会比在水溶液中长，同时因为有机分子对离子运动的限制作用，体系的电流值也相对稳定。

在这种有机溶液中生成的 TiO_2 纳米管形貌与在水溶液中生成的有许多不同之处：有机溶液中生成的 TiO_2 纳米管形状更加一致，非常接近理想的圆柱形，而水溶液中生成的则形状不太一致，离圆柱形也有一段距离；有机溶液中生成的 TiO_2 纳米管的管径较小，为 $40 \sim 50nm$，管壁则较厚，约为 20nm，水溶液中生成的管径较大同时管壁较薄；有机溶液中生成的 TiO_2 纳米管长度更长，$3 \sim 4mm$，而水溶液中生成的则长度只有 500nm 以下。同时有机溶液中生成的 TiO_2 纳米管阵列中的纳米管排布更加有序，各个纳米管直接也更加相对独立，纳米结构尤其突出，显然比在水溶液中生成的 TiO_2 纳米管阵列的形貌、结构更加理想。

10.8.3 不同实验参数对制备 TiO_2 纳米管的影响

（1）外加电场类型对 TiO_2 纳米管阵列形貌与结构的影响　外加电场的类型对于

TiO$_2$纳米管阵列的形貌与结构有重大影响：直流电场下 TiO$_2$纳米管阵列的形貌最好，TiO$_2$纳米管长度最长；正向单脉冲相比直流电场，相当于变相减少了 Ti 金属承受外加电场的时间，即减少了阳极氧化的时间，因而制备的 TiO$_2$纳米管阵列形貌与前者类似，只是 TiO$_2$纳米管长度较短；方波交流的外加电场引入了负向的电压，也能够制备出 TiO$_2$纳米管阵列，只是表面存在较难去除的氧化物阻挡层，影响观察，同时 TiO$_2$纳米管的长度也更短；换向双脉冲的外加电场下负向电压的作用更加明显，TiO$_2$纳米管阵列的形貌非常差，TiO$_2$纳米管甚至难以独立存在，同时表面的氧化物阻挡层更加厚而致密。

(2) 外加直流电场电压值对 TiO$_2$纳米管阵列形貌与结构的影响 对于使用直流外加电场在同一种电解液中阳极氧化制备 TiO$_2$纳米管阵列的情况，外加电场的电压值直接影响 TiO$_2$纳米管的管径与管壁厚度，TiO$_2$纳米管的管径基本是随着外加电场电压值的增大呈现线性增长趋势，管壁厚度也有变化，但没有明显的线性趋势。

(3) 阳极氧化时间对 TiO$_2$纳米管阵列形貌与结构的影响 时间的长短是阳极氧化实验中的一个重要参数，很多研究表明，只有阳极氧化的持续时间达到一定的值，才能成功制备出 TiO$_2$纳米管阵列，时间太短只能得到多孔的 TiO$_2$薄膜，同时时间的长短也一定程度上决定制备的 TiO$_2$纳米管的长度。在有机电解液中，由于有机分子对离子运动的限制作用，电化学腐蚀的过程比较慢，阳极氧化的时间对于 TiO$_2$纳米管的形貌影响不大。然而最近 Grimes 的研究小组发现，在 60V 的直流电场下，经过长达 120h 的阳极氧化可以制备出管径接近 500nm 的 TiO$_2$纳米管阵列，阳极氧化得到如此大管径的 TiO$_2$纳米管阵列还从未被报道过，研究者表明可能是超长的阳极氧化持续时间导致了如此大的管径。因此可以认为很可能在 HF/乙二醇的电解液中阳极氧化制备的 TiO$_2$纳米管，其管径也会随着时间的增加而增大，只不过这个过程非常缓慢。

(4) 电解液中的电解质含量对 TiO$_2$纳米管阵列形貌与结构的影响 在阳极氧化法制备 TiO$_2$纳米管过程中，电解质含量对产物有重大影响。例如：在所有的电解液中，电场诱导的电化学氧化都在 Ti 金属的表面形成了一层氧化膜；在 HF 含量较低（0.1mol/L）的电解液中，阳极氧化过程中的电化学腐蚀只是在氧化膜的表面腐蚀出了一些痕迹，并没能形成多孔膜并进一步生成 TiO$_2$纳米管阵列，这是因为 HF 的含量太低，导致电化学腐蚀的程度不够；当 HF 含量增加时（0.2mol/L），就顺利地生成了一定尺寸管径（约 40nm）的 TiO$_2$纳米管组成的阵列；当 HF 含量继续增加时（0.3mol/L），可以看到生成了管径较小（约20nm）的 TiO$_2$纳米管组成的阵列，管径远小于在之前的电解液中（0.2mol/L）形成的 TiO$_2$纳米管，这是因为溶液中电解质含量的增大增加了电化学腐蚀反应的剧烈程度，导致孔径小得多的小孔的生成，最终导致生成的 TiO$_2$纳米管管径也小得多；HF 的含量达到较大水平（0.4mol/L）时，生成了管径也是 40nm 左右的 TiO$_2$纳米管组成的阵列，但同时这种纳米管的管壁厚度只有 13nm，远小于 0.2mol/L 电解液中 TiO$_2$纳米管的 21nm，这种情况是因为开始生成的 TiO$_2$纳米管管径也比较小，但组成其管壁的氧化物因为比较高的 F$^-$ 浓度的电化学腐蚀作用被腐蚀掉了一部分，导致管径扩大的同时管壁厚度减小；HF 含量达到 0.5mol/L 以后，也无法观察到 TiO$_2$纳米管阵列的存在，这是因为电解液中过高的 F$^-$ 浓度导致电化学腐蚀的反应过于剧烈，把生成的纳米结构都给破坏掉了，于是导致 TiO$_2$纳米管阵列无法生成。由此可见 HF 含量对生成的 TiO$_2$纳米管的形貌结构都有影响，只有在一定浓度范围内才能制备出 TiO$_2$纳米管。

10.9 静电纺丝技术及其在纳米纤维制备中的应用

10.9.1 静电纺丝技术的发展

10.9.1.1 静电纺丝技术的发展历史简介

静电纺丝技术是指聚合物溶液或者熔体在高压静电场的作用下形成纤维的过程。1934年在 Formhals 发表的一系列专利中对静电纺丝技术进行了详细的描述，而这也被认为是静电纺丝技术的起源。从 1934 年静电纺丝技术正式被报道以来，静电纺丝技术的发展极为缓慢。研究者大多致力于静电纺丝装置改进的研究上，其应用也局限于少量的聚合物纤维的制备。20 世纪 30～80 年代期间，静电纺丝技术并未引起研究者的广泛关注，但仍然取得了一些重要的研究成果。例如 Baumgarten 在 1971 年利用静电纺丝技术制备了直径在 $1\mu m$ 以下的丙烯树脂纤维，这让研究者发现了静电纺丝技术在超细纤维制备上的巨大潜力。到了 90 年代，随着纳米技术的兴起，静电纺丝技术以其特有的优势在纳米技术领域得到了广泛的应用，无论是对静电纺丝技术的理论研究还是实验制备都取得了飞速发展。静电纺丝的对象不再局限于有机聚合物，很多无机物纤维结构的制备也被报道，纤维尺寸也可以控制在几十纳米到几个微米。

在过去的 80 多年时间里，静电纺丝技术的发展大致可以分为以下几个阶段：第一个阶段是对静电纺丝设备研制、物质可纺性研究、静电纺丝的机理研究以及对静电纺丝过程中的各种参数的优化；第二个阶段是对静电纺丝纤维的多样化控制以及其精细结构的调控；第三个阶段是静电纺丝纤维在生产生活中应用以及大规模的生产问题的解决。

10.9.1.2 静电纺丝技术的发展前景

经过数十年的发展，静电纺丝技术已经成为材料科学领域的不可或缺的技术手段。静电纺丝技术的优势在于可以连续高效地制备形貌可控的直径为十几纳米到几微米的有机物、无机物纤维，但是静电纺丝技术发展到现在仍然存在很多的问题需要解决。

众所周知，静电纺丝技术的优势在于制备一维纳米纤维，但是在实际的制备过程中，静电纺丝纤维的尺寸控制需要更加深入的研究。目前一般的有机聚合物或无机物均可以制备成数十纳米的纤维，但是要制备直径在 10nm 以下的纤维具有较大的难度。

除此之外，静电纺丝技术制备纳米纤维的过程中涉及到前驱体浓度、空气湿度、温度等诸多的因素都会对静电纺丝纤维的形貌产生影响，而这些因素的影响又是多样化的，对这些因素的控制对进一步拓展静电纺丝技术的应用领域具有重要意义。

静电纺丝技术是目前最重要的一种纳米纤维制备技术，虽然有诸多的问题需要解决，但是其无疑展现了巨大的应用前景。相信随着相关技术问题的研究深入展开，静电纺丝技术的规模化应用必将成为现实。

10.9.2 静电纺丝技术的过程

静电纺丝的过程非常复杂，涉及了电磁理论、流体力学理论等多种复杂的理论知识。但是仅仅从实验操作上来看，静电纺丝并没有那么的复杂。静电纺丝的过程仍然可以比较简单地阐明。静电纺丝的过程中，电纺前驱体溶液（或熔体）与高压电源连接，接收板接地，二者之间存在很大的电压。

对任何物质进行静电纺丝的过程基本一致。首先在注射泵的作用下，电纺液被挤出注射器，由于表面张力的作用，液滴悬挂在注射器的针尖上。高压电源接通后，电纺液滴受到静电场的作用，在表面产生感应静电荷。由于针头和高压电源的正极接触，液滴的表面布满了带正电的粒子。这些电荷间存在相互的排斥力，力的作用方向与溶液表面分子受到的表面张力相反。在电场电压较小的时候，电场作用力不足以克服分子表面张力，溶液中的带电部分不能够形成喷射流。电压持续增大时，静电斥力持续增长。在这个过程中，电纺液滴的形态也在持续变化，液滴逐渐转变成为锥状，称为泰勒锥，随着电压值的持续增加，泰勒锥变得尖锐。图10-58，即为电纺液在表面张力和电场力作用下逐渐拉长成细条状的过程示意图。当电压达到某一阈值时，锥顶的角度达到临界值49.3°时，溶液表面的分子受到的静电斥力大于表面张力，电纺液滴形成喷射流，喷射流沿着电场的方向加速运动。喷射流起初以直线运行。由于受到电场的作用，带电的喷射流发生弯曲，发生不规则的摆动，运行轨迹类似螺旋状，如图10-59所示。射流在运行的过程中，一方面喷射细流由于内部静电斥力大于表面张力，纤维发生分裂，成为多束极细的纤维；另一方面，电纺前驱体溶液的溶剂不断挥发（熔体没有这个过程），喷射流固化，在接收板上形成纤维状物质。

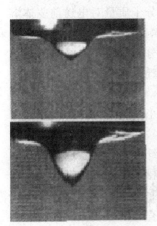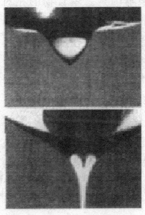

图10-58　泰勒锥形状变化　　　　　　　　图10-59　电纺纤维的螺旋运动

10.9.3　静电纺丝技术的影响因素

近年来，静电纺丝技术有了长足的发展，有数百种有机或者无机材料通过静电纺丝制备成电纺纤维。无论是有机纤维还是无机纤维，聚合物材料都是不可或缺的材料，因此在静电纺丝中首先考虑的就是聚合物可否用于配制电纺前驱体溶液。除了首先考虑聚合物的可纺性因素之外，一方面静电纺丝技术涉及到流体力学、动力学等诸多因素，比较难以控制；另一方面由于静电纺丝的过程一般来说是在开放的大气环境中进行，受到环境条件的制约也非常明显。为了制备直径分布均匀的有序的高质量静电纺丝纤维，对各种可能的影响因素都要严格控制。

静电纺丝过程涉及前驱体溶液的选择和配制。静电纺丝过程由于电纺液射流运动的不确定性而变得相当复杂，环境影响也持续存在。在研究者大量的工作基础上，静电纺丝技术中涉及的主要影响因素可以归为三大类：体系因素、过程因素和环境因素。体系因素主要针对实验药剂而言，主要是指电纺液本身固有的性质，例如聚合物的种类、聚合物的相对分子质量、溶液性质（包含黏度、电导率、表面张力等）等；过程因素则包括溶液的浓度、外加电压的强度、喷头与收集板之间的距离等；环境因素则是最基本影响因素，主要包括空气流速、温度以及湿度等。这些主要的影响因素在电纺过程中起着极其重要的作用，甚至决定了静电纺丝能否顺利进行。本节将对各种影响因素做具体的描述和分析。

（1）聚合物的种类的影响　可用于静电纺丝的聚合物种类非常的丰富，天然的高分子材料、合成高分子材料甚至是蛋白质等组成的生物材料都可以用于电纺。由于聚合物的性质各异，在用于配制电纺前驱体溶液时也必须采取相应措施。对于疏水性的聚合物材料，溶剂一般选择乙醇等有机溶剂，对于水溶性较好的亲水性聚合物材料，溶剂一般就选择去离子水，另外会通过酸或碱调节溶液的导电性等性质。对于不同种类的聚合物材料一般根据电纺目的进行选择。对于天然高分子材料，由于其具有很好的生物相容性，更加适用于生物、医学等领域。对于合成高分子材料，其制备可以人工调控，其结构和组成的可控性和经济性要明显高于天然高分子材料，其性质可以在一个较大的适度范围内调控，其应用领域十分广泛。

（2）聚合物分子量的影响　聚合物选定之后，由于高分子的特殊性，其平均分子量或者重均分子量不同，其性质也会有相应的变化。当然，聚合物材料的相对分子质量并不能直接影响电纺纤维或者说不是影响电纺纤维的根本因素。聚合物的相对分子质量对电纺前驱体溶液的电学和流变学性质影响明显。聚合物的相对分子质量主要是影响电纺液的流变性能、黏度、电导率、介电强度以及表面张力等。通过对这些性质的影响，分子量对电纺纤维的形态和性质产生影响。对于不同平均分子量，存在临界电纺浓度范围，纤维直径随着分子量的增大而增大；平均分子量低到一定程度会有珠状纤维。分子量增大时，一方面电纺纤维的直径会有一定程度的增大；另一方面纤维表面会出现孔状结构，孔的大小也随着分子量的增大而增大。

（3）电纺前驱体溶液浓度的影响　电纺前驱体溶液浓度对电纺纤维的直径、珠粒结构的产生以及纤维形态都有重要的影响。浓度太小时，聚合物分子间的相互缠绕根本无法保证形成稳定的喷射流，不能够得到连续的纤维；浓度较低时，溶液中表面张力处于主导地位，容易形成具有珠粒状结构的纤维；浓度较高时，黏度处于优势地位，有利于形成光滑的均一的连续纤维，但是电纺液离开喷射针头后形成的喷射流的分裂能力下降，纤维的直径会明显增大，纤维的直径分布区间也会增大；浓度太高时，黏度太大，也不能够形成纤维。综合以上可以看出，浓度的影响主要是体现在表面张力和黏度的彼此消长。纤维形态是重要的控制变量，纤维直径同样是我们关注的重点。根据科学家的实验，在可以得到电纺纤维的前提下，纤维的直径随着溶液浓度的增大而增大。Zong 等人研究了浓度对消旋聚乳酸（PDLA）电纺纤维的形貌的影响。研究发现 PDLA 的可纺浓度范围为 20％～40％（质量分数），在可纺范围内，静电纺丝纤维由珠粒结构向光滑的纤维转变，同时纤维的直径也有一定的增加。如图 10-60 所示。

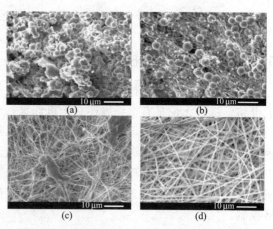

图 10-60　聚合物浓度对纤维形貌的影响，浓度（质量分数）依次为 20％、25％、30％、35％

（4）外加电压的影响　电压是电纺过程中最主要的控制参数之一，只有达到临界电压值后，电纺前驱体液滴才能克服表面张力，前驱体溶液才能形成泰勒锥并喷射出射流。电纺电压高低对电纺纤维的直径和形貌影响十分明显。对电纺液存在临界电压 V_c，只有电压大于它才会使聚合物喷射形成纤维。对同一种聚合物配制的前驱体溶液，浓度越高，临界电压值 V_c 就越大。对于高导电性的前驱体溶液的静电纺丝在较低的电场强度下就能够进行，而对于高黏度、高表面张力的前驱体溶液的静电纺丝在较高的电压下才能进行。一般在静电纺丝过程中，电压增大时，纤维的直径变小。电压的提高导致射流的稳定性会减弱，不利于得到表面光滑、直径均匀的纤维，珠粒结构增多，纤维表面变得粗糙，如图 10-61 所示。关于纤维直径在电压增大时减小，Geng XG，Deitzel 和 Kleinrneyert 等人认为其原因是电压增大，电纺液表面电荷密度变大，静电斥力变大，喷射液流的分裂能力增强，得到更多更细的纤维。同时高电压使喷射流有更大的加速度，有利于纤维的拉伸，也有利于得到更细的纤维。

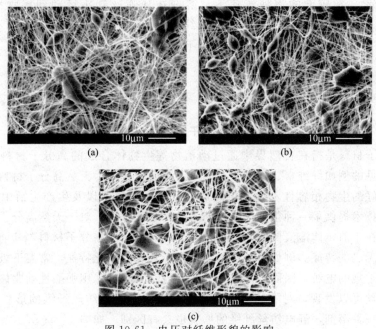

图 10-61　电压对纤维形貌的影响

(a)～(c)电压值依次为 20kV、25kV、30kV

（5）接收距离的影响　接收距离是指喷头针尖到接收板之间的距离，改变接收距离是调节纤维直径和形貌的一种重要方式。接收距离对电纺纤维的影响可以概括为两个方面：其一，在外加电压一定的情况下，接收距离的不同会导致电场强度的变化，此时造成的影响与外加电压对纤维形貌造成影响是一样的；其二，接收距离的变化会影响喷射流的运行距离。若接收距离过小，喷射流在很短的时间就到达接收板，溶剂挥发不完全，会形成珠状纤维。在接收距离过大的情况下，纤维产量会显著下降，接收装置上收集的电纺纤维会明显减少。在电纺前驱体溶液浓度一定的条件下，接收距离适当增大，不仅能够有效减少纤维表面的珠状结构，还可以得到干燥的纤维，能够有效减少电纺纤维间的相互缠结，因此选择合适的接收距离对静电纺丝至关重要。

（6）环境温度的影响　环境温度对静电纺丝纤维的影响也是多方面的。首先环境温度的变化会导致溶剂挥发速度的变化，温度越高，溶剂的蒸发快，射流固化速度加快，更容易得到粗的纳米纤维。其次电纺前驱体溶液在不同的环境温度下的性质不同。温度越高，溶液黏度和表面张力越小，前驱体溶液的流动性越好，射流喷射速度越快，得到纤维直径越大；例如对电纺聚亚氨酯溶液的研究表明，高温下得到的电纺纤维平均直径比室温下得到的纳米纤维的平均直径更粗。

(7) 环境湿度的影响　湿度主要对电纺纤维的表面形貌产生影响。在湿度很低的环境下进行电纺，溶剂的挥发速度很快，很容易得到干燥的纤维。但是过于快速的溶剂挥发也极易造成喷丝针头。湿度增加时，纤维表面的小孔数目和直径相应地有不同程度的增加。纤维表面的小孔形成原因很复杂，现在比较公认的观点认为小孔的形成是微气孔的形成和相分离共同作用的结果。有研究认为微气孔的形成是由于溶剂的快速蒸发，使得射流表面被快速冷却，空气中的水蒸气在纤维表面快速冷凝，纤维干燥后在表面留下印记。相分离则主要是由于温度快速降低、溶剂挥发或非溶剂的增加而导致的热力学不稳定性造成的。

(8) 溶液的流速的影响　电纺前驱体溶液从喷丝针头喷射出来的速度是对静电纺丝的重要影响因素。在较低的溶液流速下，溶剂在从喷丝针头运动到接收板的过程中有足够的时间完成溶剂的挥发，得到干燥的纤维。反之，溶液流速增大，不利于静电纺丝纤维的凝固。流速过小还会导致泰勒锥不能稳定存在，喷射流不稳定，纤维形貌会发生较大的变化。

10.9.4　静电纺丝技术的应用

10.9.4.1　静电纺丝技术制备天然高分子纤维

天然高分子材料是指在自然界中通过动植物等生物体合成的高分子材料，来源十分广泛。实验中常见的例如纤维素、木质素、明胶等都属于此列。天然高分子材料是一种可再生资源，具备良好的生物相容性和生物可降解性，因而在科研以及生产生活中得到了广泛应用。静电纺丝技术提供了一种很好地将其制备成纤维的方法。对于天然高分子材料，静电纺丝的主要难度在于前驱体溶液体系的配置。对于每一种天然高分子材料，其前驱体溶液的配制都有其独一无二的特征。例如明胶的水溶液由于具有凝胶化特征，常温下极易形成胶体状态，无法进行常规的电纺，因而早期在进行明胶电纺时都是采用强酸性前驱体溶液。对纤维素进行静电纺丝可以发现，对不同的溶剂体系，纤维素静电纺丝纤维的形貌会有明显的差异，即使是同一种溶剂，静电纺丝纤维的形貌也会有区别，如图 10-62 所示，这也进一步证明了天然高分子聚合物的前驱体溶液配制的难度和重要性。但这种特性也为制备不同形貌的静电纺丝纤维提供了一种新思路。

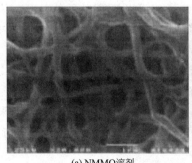
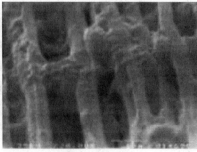

(a) NMMO溶剂　　　　　　　(b) NMMO溶剂　　　　　　　(c) BMIMCI溶剂

图 10-62　纤维素静电纺丝纤维

10.9.4.2 静电纺丝技术制备聚合物纤维

聚合物材料在静电纺丝领域的使用历史是最为久远的。目前有数百种常用的聚合物材料都已经通过静电纺丝技术制备成了纳米/亚微米纤维。从 20 世纪初静电纺丝技术问世以来，聚合物纤维的制备的可行性就被证实了。而伴随着 20 世纪末纳米时代的来临，静电纺丝技术得到高速发展，聚合物纤维的制备也取得了质的飞跃。用于静电纺丝的原材料大多数为线型合成聚合物，例如聚乙烯吡咯烷酮（PVP）、聚乙烯醇（PVA）、聚乙二醇（PEG）、聚丙烯腈（PAN）等。这些聚合物材料具有良好的可纺性，在目前纳米纤维领域常作为基质和其他的难以电纺的聚合物或者作为无机材料的基质混合电纺。聚合物在静电纺丝领域的广泛应用主要有以下两个原因：一方面静电纺丝技术是制备纳米/微米纤维的最简单高效的方法；另一方面静电纺丝纤维具有很大的长径比，比表面积大，纤维形貌易于调控。

除了简单连续的单组分聚合物纤维的制备之外，静电纺丝技术还能够在纤维的组成以及结构上做诸多调控。把不同的聚合物材料混合配制电纺前驱体溶液，由于聚合物性质的不同，纤维会发生明显的相分离，形成复合纤维。由于不同纤维性质的差异以及电纺参数的差异，混合电纺可以制备出均质结构，也可以形成分段结构、芯壳结构、双连续结构等多种形态。图 10-63 显示了三种不同形态的静电纺丝纤维。

 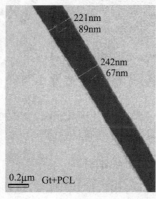 

(a)　　　　　　　　　　(b)　　　　　　　　　(c)

图 10-63　普通聚合物静电纺丝纤维（a）；同轴
静电纺丝纤维（b）和三通道微管静电纺丝纤维（c）

10.9.4.3 静电纺丝技术制备无机物纤维

静电纺丝技术在无机纤维的制备领域中的应用时间并不长，2002 年才首次报道用静电纺丝技术制备无机材料二氧化硅纤维。对于无机纳米纤维的制备和前文所提到的天然高分子材料以及合成聚合物材料的制备方法略有差异。无机纤维的电纺制备中均要用到聚合物材料作为基质，聚合物材料在电纺中作为无机物的载体，无机纳米纤维的制备中首先得到的都是无机物/聚合物的复合纤维。无机物/聚合物的复合纤维在静电纺丝完成后可以作为组分保留下来，也可以通过高温分解、溶解等方法去除。对于无机纤维的电纺制备目前已经有相当成熟的技术了。静电纺丝技术在无机纤维的制备中的应用也十分广泛，包括金属、氧化物、硫化物、碳纳米材料等纤维的制备。除了单一组分的无机纤维的制备，还可以通过在前驱体溶液中添加金属盐或者金属醇盐的方法制备双组分或者多组分的无机纤维。利用诸如同轴针头或者并列针头等特殊装置还可以制备具有芯壳结构或者并行结构的无机复合纤维。图 10-64 显示了多种以 TiO_2 为基体的纤维的扫描形貌图，通过静电纺丝技术可以很容易地对其进行复合掺杂改性，从而得到特殊的功能化纤维。

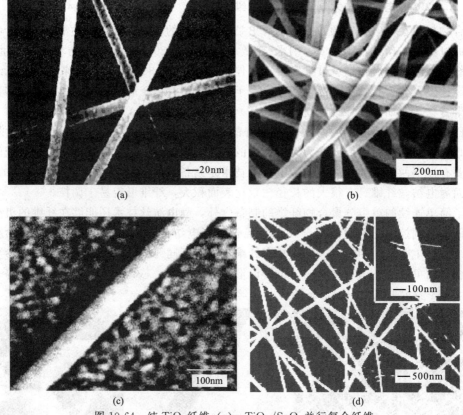

图 10-64　纯 TiO_2 纤维（a），TiO_2/SnO_2 并行复合纤维
（b），Co 掺杂 TiO_2 纤维（c）和 V_2O_5/TiO_2 异质纤维（d）

10.9.4.4　静电纺丝技术制备纤维材料

一般来说，静电纺丝纤维具有很大的长径比，电纺纤维组成的材料也具有很大的比表面积和孔隙率。这些特殊的性质使其在很多领域都有良好的应用前景。另外由于静电纺丝技术独特的制备过程，很容易和有机或者无机物进行复合，其组成和结构都可以进行相应的调节，因此在功能复合材料制备领域，静电纺丝技术具有重要的应用前景。

（1）生物医学材料　纳米纤维在生物医学方面的应用是一个非常热门的研究领域，主要包括组织工程、药物释放、药物载体、人工器官、组织修复、生物吸收降解方面的应用。在生物医学领域，电纺纤维有着巨大的应用潜力。但就目前研究来说，生物医学领域的应用还处在研究开发阶段，需要进一步的探索。

（2）复合材料的增强　用纳米纤维作增强材料可能具有比常规纤维增强复合材料更好的力学性能。复合材料的制备中，增强相的分散问题一直是研究热点。静电纺丝技术在前驱体溶液配制的过程中可以很好地使两相或者多相均匀混合。通过电纺能够很好地解决增强相分散不均匀的问题。

（3）导电纳米纤维　导电纳米纤维的制备大致可以分为两大类：其一，将导电性物质直接通过电纺制备纳米纤维；其二，对普通纳米纤维进行掺杂以改善导电性能，例如在 PAN 纳米纤维中掺杂纳米银离子，实验结果表明，PAN 纤维的导电性大大增强。

（4）分离和过滤材料　电纺纳米纤维由于制备过程的特性，纤维之间相互缠结，形成亚微米级甚至纳米级的微孔薄膜。这种多孔薄膜在俘虏浮质、薄雾方面有突出性能。掺杂不同离子的薄膜在分离领域作用显著。

(5) 模板材料 电纺纳米纤维可以作为模板剂用于空心纳米管的制备领域。在静电纺丝制备纳米纤维后，通过涂覆或者沉积的方法在纤维表面包覆一层其他材料，然后通过加热分解或者用特定溶剂溶解的方法去除中心的纤维物质就可以得到空心的纳米/微米管材料。

(6) 光催化剂 在光催化领域，对光催化剂的比表面积等有较高的要求。利用静电纺丝技术将光催化剂制备成纤维形态，和降解对象充分接触可以有效提高光催化效率。另外，利用静电纺丝技术可以简单地制备复合材料，光催化剂的复合体系可以有效地提升对光的利用效率和光生载流子的分离效率，光催化能力显著提升。目前广泛使用的二氧化钛光催化剂在2003年首次用静电纺丝的方法制备出来，经过近十年的发展，二氧化钛和氧化锌、氧化锡、氧化钒等多种氧化物半导体复合材料用静电纺丝技术制备出来。通过静电纺丝技术实现复合和掺杂改性使二氧化钛光催化性能得到显著的提升。

10.10 自蔓延高温合成技术

10.10.1 自蔓延高温合成技术及其发展

10.10.1.1 自蔓延高温合成简介

自蔓延高温合成（Self-propagating High-temperature Synthesis，SHS）又称燃烧合成（Combustion Synthesis），由前苏联 Borovinskaya、Skhiro 和 Merzhanov 等科学家首先提出，是一种利用反应物间高放热化学反应来加热自身，激发并维持化学反应持续进行来合成材料的技术。在 SHS 过程中，反应物一旦被引燃，便会自动向尚未反应的区域传播，直至反应物反应完全。其基本要素有如下三条：a. 利用化学反应自身放热，完全（或部分）不需要外热源；b. 通过快速自动波燃烧的自维持反应得到所需成分和结构的产物；c. 通过改变热的释放和传输速度来控制过程的速度、温度、转化率和产物的成分及结构。图 10-65 是 SHS 过程示意图，一般将待反应的原料混合物压成块状，利用外部提供的能量（钨丝等高电流等点火源）诱发，使强放热化学体系局部发生化学反应，形成反应前沿燃烧波，此后在化学反应自身放出的巨大能量下使邻近的物料发生反应，结果形成一个以速度 v 蔓延的燃烧波。随着燃烧波的推进，原料混合物转化为产物，待燃烧波通过整个试样，则完成所需材料的合成。

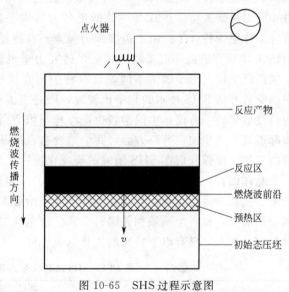

图 10-65 SHS 过程示意图

10.10.1.2 自蔓延高温合成的发现与发展

在 SHS 领域内，一般认为是前苏联科学院物理化学研究所 Borovinskaya、Skhiro 和

Merzhanov 等人首先将燃烧反应作为一种材料合成技术加以研究的。1967 年，他们在研究钛与硼的燃烧反应实验中发现，此反应只要一处被点燃就能以燃烧波的形式自动持续下去，并能形成有用的陶瓷材料。他们将固体粉料之间反应形成的这种燃烧现象称为固体火焰（Solid flame），并且发现很多元素粉体之间都能发生这样的反应，这种反应既可以在固体-固体之间进行，也可以在固体-气体之间进行，而形成的产物则是非常有用的陶瓷、金属间化合物、复合材料等。他们从燃烧学的角度对这些过程和现象进行了研究，并赋予这一有特色的合成过程一个形象的名字自蔓延高温合成。由于当时前苏联与外界信息不畅通，加上前苏联科学家和有关部门认为 SHS 技术在军事领域方面有巨大的潜力，在最初的十来年里，他们一直秘密进行着 SHS 方面的研究。20 世纪 70 年代末期，美国科学家 Crider、Hardt、McCauley 和 Munir 等人开始了 SHS 方面的研究。80 年代中期，日本科学家小泉光惠、小田原修、宫本钦生等开始了 SHS 的研究。他们的工作带动了美国、日本两国在此领域的研究与开发。中国则是在 80 年代末期，由武汉工业大学、北京科技大学、北京有色金属研究总院、北京钢铁研究总院等单位率先开展此领域的研究工作。

到目前为止，SHS 方面的研究工作大体上集中在如下几个方向：点火过程、燃烧过程与机理、材料结构形成机理（结构宏观动力学）、基于 SHS 的制备工艺（粉料、涂层、密实件、块状样等的制备）等。Merzhanov 将 SHS 领域的研究工作内容归纳出一个树形图（图 10-66），其基础是燃烧化学理论与材料化学和技术，树干则是前面提到的几个大的研究方向，众多树枝则表示丰富多彩的具体研究内容。前苏联科学院认为 SHS 技术研究极为重要，为此，专门从其科学院物理化学研究所分离出一个单位对此进行研究，这就是后来知名的结构宏观动力学研究所。该研究所几乎是全方位地开展了 SHS 的研究。在鼎盛时期，有 800 名科研人员在该所从事此领域的研究与开发工作。进入 20 世纪 90 年代，尽管俄罗斯国家整体科研环境不佳，但是其在 SHS 领域研究的总体水平仍然居于世界前列。目前，该所仍然有 400 名科研人员。1997 年，该所更名为结构宏观动力学与材料科学研究所，与所从事的研究工作更为符合了。由于美国国力强大，科技界对基础和学术研究的重视，美国科学家在 SHS 基础研究方面的成果最为扎实，研究力量也最为雄厚。他们研究工作的结果为各国科学家广泛引用。由于国情不同，日本和中国在进行 SHS 研究时都有很强的应用目标牵引。中国学者开展 SHS 技术的起步比较晚，但是发展十分迅速，已取得在国际上具有较高水平的科技成果。一方面，中国学者也积极地与俄罗斯、美国等国家交流合作，使我们的研究工作起点高、进步快；另一方面，我们结合自己的基础和国家经济发展需要开展了有特色和价值的工作，使得我们在 SHS 领域的研究在国际上形成了一定的影响，确立了自己的地位。

总体而言，SHS 技术具有合成速度快、升温速率快、最高温度高、冷却速度快、设备简单、能耗少等特点和优势，在国防工业、冶金工业及民用等现代科学与工业中显示出巨大的应用潜力，是各个领域和各国科学家广泛重视的一种新型材料合成和制备技术，相比传统材料制备技术，具有以下特殊的优势（表 10-5）。

表 10-5　SHS 法和常规方法的各种参数比较

方法	最高温度 /K	烧结速率	燃烧区域宽度	升温速率 /(K/s)	点火时间 /s	点火能量 /(W/cm)
SHS	1500～5000	0.1～15cm/s	0.1～5.0mm	$10^3 \sim 10^6$	0.04～4.0	≤500
常规方法	≤2500	很慢，以 cm/h 计	较长	≤5	—	—

① 合成过程简单、设备简单、周期短，反应一旦点燃不再需要外部能量，能耗少、节能，适合工业大规模生产。

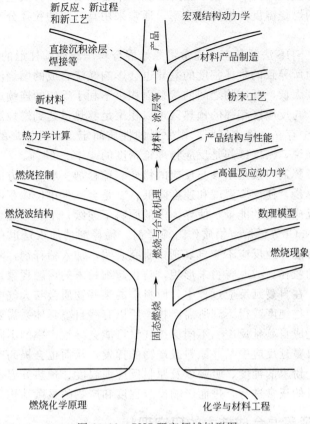

图 10-66　SHS研究领域树形图

② 具有瞬间高温原位合成的特征。由于极高的反应温度和极高的升温速率，杂质易挥发出去，而且大的温度梯度促使产品中可能出现缺陷集中和非平衡相，因此 SHS 产物具有高纯度、高活性和独特的相结构，有利于合成晶型完美的超细颗粒和提高后期烧结过程中的烧结活性。

③ 采用 SHS 合成工艺，能够生产新产品，合成许多元素合成方法不能进行的材料体系。例如 BN、AlN 等氮化物，金属间化合物、亚稳定相、非化学计量比产品等。

④ 在 SHS 反应过程中同时采用其他技术，可以制备出高密度的产品。

正因为 SHS 特殊的优势，自提出以来，世界各国争相进行这方面的研究。迄今为止，由 SHS 法制备的材料涉及电子材料、金属超导体、金属间化合物、陶瓷、复合材料等各个领域。

10.10.2 自蔓延高温合成反应中的影响因素

(1) 原料化学配比　反应物不同的化学配比会导致不同的中间反应，体系绝热温度发生改变，从而释放出不同的热量，导致燃烧波速度变化，甚至燃烧模式及最终产物的物相和形貌也可能改变。例如在 Ti_3AlC_2 的燃烧合成中，当 Al 不足时，会生成 TiC 和 Ti_2AlC，而无 Ti_3AlC_2 生成。并且随着 Al 含量增加，燃烧产物形貌中颗粒材料减少，片状结构逐渐增多。

(2) 原料粒径及形貌　原始粉末的粒径及颗粒形貌也是影响 SHS 反应的工艺参数之一。粉末的大小和形貌直接影响了各反应物间接触面积的大小，从而影响其反应程度。一般来说，小颗粒由于具有极大的比表面积，相对反应速率会加快。而且反应中热量散失的机会较小，从而具有更高的燃烧温度和燃烧波速率。通常采用具有窄的粒径分布的原料，以得到粒径小而均匀的产物。

（3）生坯密度　SHS 法制备中，通常将原始混合料压制成圆柱形的块体进行燃烧合成。因此，不同成型压力所导致的生坯密度的差异也会影响燃烧合成的燃烧波速度、最终产物的粒径和形貌等。密度太低，反应物之间的接触面积小不利于反应的连续进行；密度太高，生坯的传热性能提高，与反应区相邻的预热区难以积聚足够热量达到燃烧温度，有时也难以自蔓延。所以在 SHS 中存在一密度区间，视原料的性质而定。而且生坯的密度也会影响最终产物的粒径。一般来说，密度区间是反应物理论密度的 $40\%\sim65\%$。

（4）稀释剂　稀释剂一般是不参与反应的物质。稀释剂一般有两方面作用：一是吸收燃烧合成反应放出的热量，使反应温度和速度降低；二是会减少单位体积内的原料，从而降低单位时间和体积内反应放出的能量，使坯体内的原料不连续，不利于燃烧波的连续传播。一般采用反应产物或 NaCl 等低熔点物质作为稀释剂。稀释剂的加入量也存在稀释区间，太少达不到要求，太多可能导致反应不能自蔓延。研究表明，加入稀释剂，降低燃烧温度，能有效地减小最终产物的粒径，或改善粉末形貌，防止超细粉末的熔融现象。

（5）保护气氛　在自蔓延反应过程中，原料中的某些物质会与大气中的氧气或氮气等发生反应，从而降低产物纯度或得不到所需产物。所以有些自蔓延体系需要采用在真空或氩气等惰性气体保护下完成自蔓延反应。不同保护气氛可能会导致产率的不同。而保护气氛在某种程度上可以抑制自蔓延反应中某些原料或产物的挥发，从而也会提高产率。

除了以上因素，粉末的纯度、吸潮以及原料反应前温度、预热升温速率及时间等，都会影响自蔓延高温合成的正常进行，进而影响反应程度和产物的显微结构等。

10.10.3　自蔓延高温合成技术的研究现状

自蔓延高温合成（SHS）技术发展至今，合成产物已涉及碳化物、氮化物、硼化物、氧化物及复合氧化物、超导体、合金等许多材料领域，SHS 技术本身也取得了快速发展。Merzhanov 院士将 SHS 技术方面的研究初步分为六个方向，当前 SHS 法制备材料的技术手段已有 30 多种仍然可以归入这六个方向中。

10.10.3.1　SHS 制粉技术

通常 SHS 反应得到的产物是疏松多孔状的，可采用机械粉碎法获得陶瓷、复合材料或金属件化合物的粉体（如 TiB_2 的合成）；若产物含有反应引入的杂质，则可采用湿化学法去除。

通过控制工艺条件，利用 SHS 反应可以得到不同粒度的粉体。如生产磨料时，在 SHS 完成后控制冷却，可以获得大尺寸的颗粒。Smith 以此方法获得了尺寸为 1mm 的 TiC 单晶颗粒和尺寸为 3mm 的 WC 单晶颗粒；生产烧结用的粉末时，在保证转化率的前提下，为了获得尺寸细小的颗粒，通常选择稳态 SHS 和非稳态 SHS 边界的非稳定 SHS 的低温区域。

10.10.3.2　SHS 烧结技术

SHS 尽管过程很快，但在高温下仍然存在一定的烧结。哈萨克斯坦燃烧问题研究所就是利用这一原理，将高放热反应物和沙子等混合，采用 SHS 制备出具有连通孔、同时整体材料具有一定力学性能的过滤器材料，可用于油、污水等的过滤。

10.10.3.3　SHS 冶金技术

自蔓延反应的高温超过产物熔点使其形成熔融态流体，接着采用冶金工艺处理得到铸件，这一方法被称为 SHS 冶金法。它包括两个步骤：SHS 法得到熔体；冶金法处理熔体。通过对熔体进行离心等处理，可以得到密实材料。南京工业大学电光源材料研究所的张树格等利用离心铝热反应技术制造陶瓷内衬复合钢管，得到了较好的应用。李江涛、赵忠民等利用该技术制备了高致密度的氧化铝基共晶复合材料。

10.10.3.4　SHS 焊接技术

SHS 焊接技术是利用 SHS 反应的放热及其产物来焊接受焊母材的技术。SHS 焊接可用来焊接同种和异型的难熔金属、耐热材料、耐蚀氧化物陶瓷或非氧化物陶瓷和金属间化合物。

SHS 焊接工艺要求首先根据母材或接头的性能要求配制粉末焊料。可采用数层混合粉末构成 FGM 焊料。在原料中引入起增强作用的添加剂或降低燃烧温度的惰性添加剂，以构成复合焊料及控制高温对母材、增强相的热损伤。然后加热引发 SHS，同时施加一定的压力进行焊接。

10.10.3.5　SHS 涂层技术

SHS 涂层主要包括气相传输 SHS 和离心 SHS 技术。SHS 气相传输主要用于在不同表面沉积薄涂层（$5\sim50\mu m$），待涂部件和气相传输剂（如碘）在反应腔内进行气相传输和 SHS 反应，结果在待涂表面形成均匀的涂层。离心 SHS 技术是利用铝热反应和陶瓷与铁液之间的密度差，在离心力的作用下在钢管内形成结合牢固的陶瓷涂层。

10.10.3.6　SHS 结合强化致密化技术

将 SHS 这一合成材料的过程与其他密实化技术结合起来，一步完成材料的合成与加工，是 SHS 技术的一个特点和极具潜力的方向。自 20 世纪 70 年代中期以来，自蔓延高温合成致密化得到了广泛的研究，有些工艺已日趋成熟。根据燃烧特点和加压方式，自蔓延高温合成致密化技术可分类如下，如表 10-6 所示。

表 10-6　各种 SHS 合成-致密化工艺的分类

载荷形式	局部点燃蔓延燃烧模式	整体点燃燃烧模式
静载	SHS-加压法 SHS-单向加压法 SHS-等静压法 SHS-准等静压法（SHS/QP）	反应加压法 反应热压法 反应热等静压法 反应准热等静压法 热爆-加压法
动载	SHS-动态加压法 SHS-爆炸冲击加载法 SHS-高速锻压加载法 SHS-脉冲电磁力加载法	冲击波诱发反应固结
特殊加载方式	SHS-热轧法 SHS-挤压法 SHS-离心熔铸	

（1）SHS 气压密实化　如图 10-67 是 SHS 气压密实化装置示意图，它是将 SHS 反应物置于高压气氛中，当 SHS 反应结束后，利用环境压力使材料致密。日本大阪大学研究了这种 SHS 装置，结果发现，由于气氛高压的作用，SHS 产生大量挥发性气体难以排出，导致材料内部残余孔隙大，材料密度<95%。

（2）SHS 液体等静压　SHS 液体等静压装置如图 10-68 所示，它是将反应物料置于特殊的包套中，放置在高压液体介质中，当 SHS 反应结束后，材料在介质高压作用下自动密实，这类装置，只适合制备小试件，实用性差，且设备复杂，投资大。

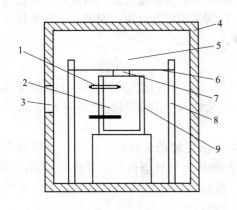

图 10-67　SHS气压密实化装置示意图
1—热电偶；2—反应物；3—观察孔；4—腔室；
5—气体；6—碳加热器；7—燃烧剂；8—多孔容器；
9—石墨坩埚

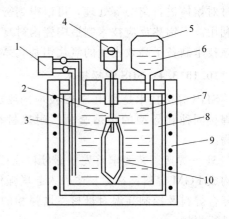

图 10-68　SHS液体等静压装置示意图
1—泵；2—电线；3—点火丝；4—电源；
5—气体；6—贮液器；7—液体；8—腔室；
9—加热设备；10—金属包套

(3) SHS锻压和爆炸压实密实化　美国圣地亚哥加州大学和美国海军研究所研究了这类装置。图 10-69 是 SHS 锻压装置的示意图，它是利用锻压重锤自动下落提供高冲击能使材料致密化。研究表明，该技术制备的材料存在大的宏观裂纹和缺陷结构，尽管能获得大于95％的材料密度，但材料性能不佳。爆炸压实加压速度更快，但同样存在锻压致密化的缺点。

(4) 机械加压方式　自蔓延高温合成结合热压装置是目前国内大量采用的一种机械加压方式的致密化形式，其原理如图 10-70 所示。它是对样品整体加热引发自蔓延高温合成反应后，立即施以高压来实现材料致密化。这类实验主要在热压炉内进行，实际上是自蔓延高温合成热压过程。这种工艺的主要缺点：a. 消耗大量外部能量，丧失了 SHS 优越性；b. 受石墨耐压值所限，不能施加 30MPa以上的压力；c. 材料密实度不高。

SHS 加上机械轴压是自蔓延结合机械压力达到密实化的另一种工艺，制备陶瓷的一种简单且经济的方法，它将 SHS 过程与动态快速加压过程有机地结合起来，一次完成材料的合成与密实化过程。实际过程是：当 SHS 反应刚刚完成，而合成的材料仍然处于红热软化状态时，快速对合成的产物施加一个大的压力，此方法实际上是SHS 过程加上一个快速加压过程（quick pressing），所以称其为自蔓延高温快速加压（简称 SHS/QP）技术。采用此工艺制备了一系列性能优良的先进陶瓷，如陶瓷、叠层材料、梯度材料等。

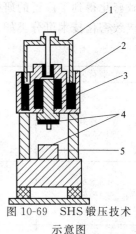

图 10-69　SHS 锻压技术
示意图
1—提升架；2—气压室；3—锻锤；4—模头；5—试样

图 10-71 为自蔓延高温快速加压装置示意图。压力系统为液压工作方式；原坯置于专用模具中，模具与原坯之间由河砂隔开，河砂的作用包括保护模具、传递压力和排放杂质气体3 个方面。反应混合物在电脉冲和点火剂的作用下被引燃以后，在封闭的模具中快速蔓延燃烧，燃烧结束后，立即对合成样施以高压（准热等静压）。在高温下保温一定时间后，得到密实材料。整个 SHS/QP 过程，从点火、自蔓延高温合成、施加压力、保压到卸载等，均

由计算机按照指定程序控制合成。

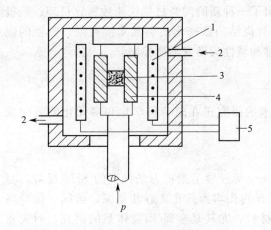 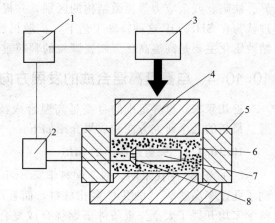

图 10-70　自蔓延高温合成结合热压装置　　　　图 10-71　SHS/QP 系统示意图

1—加热器；2—氢气；3—反　　　　　　　　1—计算机；2—电源；3—液压系统；
应物；4—模具；5—电源　　　　　　　　4—压头；5—模具；6—砂；7—反应物；
　　　　　　　　　　　　　　　　　　　　　　8—点火器

　　传统的陶瓷材料的烧结主要是通过陶瓷颗粒之间的扩散来实现的，其特点是烧结温度高（一般在 1400℃ 以上）、烧结时间长（6h 以上）、耗能大等。而 SHS/QP 技术制备陶瓷及陶瓷基材料耗时短（整个过程只有几分钟），产物密度接近理论密度，与传统的陶瓷烧结有很显著的区别，用传统的扩散烧结机理很难解释，预示着不同的烧结机理。两种烧结方式的比较见表 10-7。

表 10-7　SHS/QP 烧结与传统陶瓷烧结方法的比较

项目	传统陶瓷烧结	SHS/QP 烧结
最高温度	1400～2200℃	最高 3000℃ 以上
保温时间	几小时至几十小时	无需长时间保温
耗时	2～6h 以上	5～15min
耗能	巨大	很少
烧结机理	以扩散烧结机理为主	扩散烧结机理难以解释

　　关于 SHS/QP 烧结的研究较多集中在烧结工艺方面，对这种超快速烧结的机理研究近几年才开始深入。哈尔滨工业大学杨波等人在利用自蔓延高温合成时发现，材料的相、组织特征与燃烧模式、预热温度、反应物的初始状态等工艺参数关系密切。$TiO_2 + C + Al$ 体系在常温下的燃烧方式多为不稳定的螺旋燃烧，随着预热温度升高，燃烧模式发生转变。通过自蔓延高温合成结合快速加压法（SHS/QC）制备了 TiC/Al_2O_3 复合陶瓷。研究了在不同预热温度、不同稀释剂加入条件下制备的 TiC/Al_2O_3 复合陶瓷的相、组织特征。结果表明，随着预热温度的升高，燃烧由不稳定的螺旋燃烧向稳定的平面燃烧过渡，材料易于压实成型且反应充分，但生成的材料组织粗大。反之，生成的 TiC、Al_2O_3 颗粒细小，但加压成型时易出现裂纹。试验测定了该体系的燃烧特性参数，但并未对其烧结机理作出合理的解释。Meyers 等采用 SHS+锻压方法烧结了 TiB_2/Al_2O_3 复相陶瓷，研究了致密化过程中的密度随应力变化关系。武汉理工大学采用 SHS/QP 方法制备了高致密度的二硼化钛陶瓷及 TiB_2/Al_2O_3 复合陶瓷，进而制备出晶粒尺寸不异常长大的致密氧化铝纳米陶瓷。并采用此方法制备出致密的纳米 MgO 陶瓷块体，有效地抑制了传统陶瓷合成过程中晶粒的生长。同

时进行大量的基础研究，研究了该制备工艺下的陶瓷与传统方法制备的材料晶粒大小、晶界、缺陷、残余应力等显微结构的区别，并提出了一种新的陶瓷材料快速致密化机理。该机理认为在 SHS/QP 这种特殊工艺下，扩散机制对烧结的致密化的贡献非常有限，陶瓷的烧结致密化主要是高温高压下陶瓷颗粒的颗粒重排和塑性流动变形所控制。

10.10.4 自蔓延高温合成的发展方向

近几年来，世界范围的自蔓延高温合成技术的研究正在向着科学化和多元化的方向发展。最新的几个研究方向和成果介绍如下。

10.10.4.1 失重条件下的 SHS

20 世纪 80 年代末期，前苏联科学家 Steinberg 等开展了微重力条件下的 SHS 反应，得到了孔隙率高达 97% 的 TiC 多孔材料，而且所有的孔均为开孔。近几年来，美国、俄罗斯科学家均开展了太空失重条件下燃烧合成复合材料、尤其是金属-陶瓷体系的研究，对失重条件下 SHS 反应过程和材料结构形成机理进行了分析。这些工作得到 NASA 和 RSA 的支持。其结果对失重燃烧合成有重要指导意义，对人们从另一个侧面来构思常规条件下 SHS 合成的新途径也有启发。

10.10.4.2 场助 SHS 研究

电场或磁场作用能强化 SHS 过程，实现一般条件下难以反应或反应不完全的反应。Munir 教授从原理、数学模型和试验上对电致激活 SHS 过程进行了系统的研究，表明电场对燃烧波的模式和速度均产生直观的影响，合成了多种很难用 SHS 制备的低放热体系，如 SiC、B_4C、WC、复合体系等。

10.10.4.3 SHS 催化剂与载体

众所周知，SHS 方法极易合成过渡金属碳化物、硼化物、氮化物以及金属间化合物等。Grigoryan 等开展了这些化合物作为催化剂和载体的研究，对有些体系的研究表明，SHS 制备催化剂过程简单、对环境污染小、催化活性高。

10.10.4.4 有机物的 SHS

近几年来，以美国 Pojman 教授为代表的研究组开展了聚合物的 SHS 研究，已经报道了八类有机粉料的 SHS 反应。有机 SHS 反应的特点是燃烧温度较低、燃烧波速度较慢，原始坯料的密实度对燃烧温度和速度有很大的影响。优点是聚合转换快、过程简单、节约能源。毫无疑问，在这一领域的研究将揭示更多新的现象和规律。

10.10.4.5 SHS 产物耗散结构研究

自蔓延高温合成过程是一个远离平衡的不可逆过程，其中出现的振荡燃烧、螺旋燃烧等使产物形成典型的时空有序耗散结构。近年来多位学者在这方面开展了研究工作。非平衡热力学分析表明 SHS 过程总是存在一个负熵流。这是 SHS 产物形成宏观有序的自组织现象的原因。非平衡动力学特征的数值计算和计算机模拟结果表明，体系参数条件改变导致周期、双周期振荡甚至混沌燃烧等耗散结构。

10.11 脉冲电沉积制备纳米晶薄膜技术

金属电沉积技术是重要的表面工程技术之一。1800 年，电沉积银技术最先由意大利

Brugnatelli 教授提出，5 年之后，他又提出电沉积金技术。直到 1840 年英国的 Elkington 提出了氰化镀银的第一个专利，电沉积技术才广泛应用于工业生产，这也是电沉积工业的开始。至今，电沉积技术已经有 160 多年的发展历史。20 世纪中期以来，科学技术突飞猛进，工业高速发展，尤其是汽车、船舶、航空、航天及电子等工业部门对产品表面突出更多的要求，电沉积（含化学镀及转化膜处理）也从一般的装饰防护向高耐蚀、精饰及功能性方向发展。

长期以来，电沉积技术工作者大都着眼于改善镀液成分，采用添加剂、搅拌镀液、移动阴极等方式来改善镀层性能。随着各种不同用途、波形各异的电源相继问世，20 世纪 60 年代中期，曾有人把脉冲电源引入电沉积技术试图提高电沉积速度。虽然在提高电沉积速度方面收效不大，但却发现脉冲电流对改善镀层性能有着显著的效能。1979 年第一次国际脉冲电沉积会议，对脉冲电沉积的理论、应用和设备的发展起到了积极的推动作用，使脉冲电沉积技术更趋成熟。

随着纳米技术的开展及其研究的深入，纳米薄膜、纳米催化剂等纳米材料的优异性能和广阔的应用前景引发了广大科学工作者的极大兴趣。目前纳米材料制备方法的发展趋势是追求获得量大、尺寸可控、表面洁净的纳米材料。电沉积法有着电沉积、电解和电铸方面上百年的理论和实践基础，其过程很容易精确控制，可制备出所需要的晶粒尺寸、合金组成与结构。与共沉积技术结合，还可以制备出纳米复合材料。因此，电沉积法是制备纳米材料最有前途的方法之一。自 1995 年以来，国外一些学者将脉冲电沉积这一古老成熟的技术用于电沉积制备金属单质、金属合金、纳米晶材料、用于提高产品表面性能及对其修饰。但之前我国学术界很少有这方面的报道，2000 年中国科学院沈阳金属物理所的卢柯院士在 Science 发表了"超高强度高导电性纳米孪晶纯铜"一文，引发了国内外采用电沉积技术合成纳米材料的新的发展和尝试。随着研究的深入，电沉积技术这一门成熟的技术，与纳米科技这一新兴的技术相结合，它必将在信息、生物技术、能源、环境、先进制造技术和国防等领域中的材料制备和精饰方面发挥着越来越大的作用。

金属的电解沉积，是通过电解的方法在固体表面获得金属（或合金）沉积层的一种电化学过程。电沉积就是其中的一种。在现今工业生产中，依据电沉积所采用的外电源的电流波形的不同，电沉积大致可以分为直流电沉积、周期换向电沉积、脉冲电沉积等。

10.11.1 脉冲电沉积制备纳米晶的基本原理

随着纳米技术研究的深入，各种纳米材料的优异性能和广阔的应用前景引发了广大科学工作者的极大兴趣。众所周知，电沉积是在含有某种金属离子的沉积液中，将被沉积工件作为阴极，通以一定的电流，使金属离子在阴极表面沉积，形成金属沉积层的一种电化学过程。

电沉积法有着电沉积、电解和电铸方面上百年的理论和实践基础，其过程很容易精确控制，可较方便地制备出所需要尺寸和结构的晶粒。因此，电沉积法是制备纳米材料最有前途的方法之一，随着研究的深入，这一门成熟的技术必将在材料科学中发挥着越来越大的作用。

金属的电解沉积，是通过电解的方法在固体表面获得金属（或合金）沉积层的一种电化学过程，电沉积工艺就是其中的一种。图 10-72 是电沉积工作示意图，以沉积 Ni 为例。电沉积 Ni 板与电源的正极相连，待沉积基板与电源负极相连。

阳极（Ni 板）　　　　　　　　$Ni = Ni^{2+} + 2e$

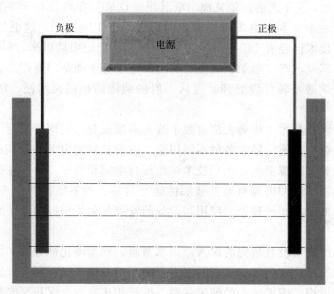

图 10-72　电沉积装置示意图

阴极（基板）　　　　　　　　　　　$Ni^{2+} + 2e \Longrightarrow Ni$

通过不断的反应，金属被沉积到基板上。沉积层的生长包括两个过程：沉积层形核沉积和晶体长大，不同的形核和长大速率决定金属沉积层纳米颗粒的尺寸。

在现今工业生产中，依据电沉积所采用的外电源的电流波形的不同，电沉积大致可以分为直流电沉积、周期换向电沉积、脉冲电沉积等。本实验采取脉冲电沉积方法。

脉冲电沉积所用电流的波形有方波、正弦半波、锯齿波以及它们与直流的叠加等多种形式。实践证明，沉积单种类的金属以方波最好。下面以方波为例，来介绍脉冲电沉积的简单原理。方波脉冲电流的波形，如图 10-73 所示。

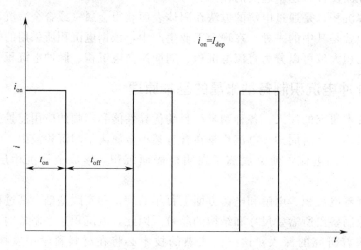

图 10-73　脉冲电沉积中方波脉冲电流波形示意图

它的主要参数有如下几个。

t_{on} 为接通持续时间（脉冲时间），或称脉宽；t_{off} 为关断持续时间（松弛时间），或称脉间；θ 为周期，$\theta = t_{on} + t_{off}$；$j_p$ 为脉冲电流密度；j_m 为平均电流密度，$j_m = j_p \times r$；f 为频

率，$f=1/\theta$；r 为占空比（或称工作比），$r=t_{on}/\theta$；i_{on} 为正向脉冲电流密度；I_{dep} 为反向脉冲电流密度。

脉冲电沉积实质上是一种通断直流电沉积。与直流电沉积不同，脉冲电沉积有 3 个可调的独立参数，即脉冲电流密度 j_p、导通时间 t_{on} 和关断时间 t_{off}，称为方波脉冲参数，三者不同搭配，构成脉冲条件。一般来讲，沉积层的晶核临界尺寸 r_c 由公式 $r_c=\dfrac{s\varepsilon}{Ze\eta}$ 决定，式中，s 为一个原子所占的面积；ε 为边界能；Z 为放电离子的电荷数；e 为电子电荷；η 为阴极过电位。

在脉冲电沉积中，脉冲宽度 t_{on} 一般很短，可以提供很大的峰值电流密度，从而获得较高的过电位条件，提高晶粒成核速度，有利于获得细小、致密的沉积层；在 t_{off} 期间，电极迅速恢复至原状，消除了浓度差极化，且使吸附在阴极上的杂质、氢气泡等脱附，有利于提高沉积层的纯度。目前，脉冲电沉积法已经成为制备金属纳米晶薄膜的一种有效手段，并且较直流电沉积法省去了电沉积后腐蚀处理以生成纳米催化颗粒的麻烦。

在电沉积过程中，结晶结构主要受基体材料表面性质和状态以及电沉积工艺条件的影响。在沉积层形成和生长的最初阶段，沉积层结构是基体表面结构的外延生长，基体金属控制和影响沉积层的结构取向；当沉积层生长到一定厚度以后，其结构主要取决于电沉积溶液和工艺条件。

总之，脉冲电沉积技术具有以下几方面的效能：

a. 能得到致密的、电导率高的沉积层；

b. 降低浓度差极化，提高阴极电流密度；

c. 减小或消除氢脆，改善沉积层的物理、机械性能；

d. 减小添加剂的用量，提高沉积层的纯度；

e. 减小孔隙率，提高沉积层的防护性能。

正因为如此，脉冲电沉积技术所制备的金属纳米颗粒在力学、机械、电磁、热学等方面有着优秀的性能，利于其在各领域的应用。

(1) 力学性能方面的应用 有研究显示，采用脉冲电沉积技术制备的纳米晶 Ni-P 合金（10nm）的杨氏模量基本没有发生改变，这是由于脉冲电沉积技术制备的纳米晶基本是没有空洞的，从而它不会引起材料性能的下降。

(2) 机械、摩擦性能方面的应用 相比于传统的直流电沉积技术，采用脉冲电沉积技术电沉积金属纳米晶沉积层可以显著地改善材料与基体的结合力、抗摩擦性、耐蚀性等性质。

(3) 电传输性能方面的应用 实验表明，Ni 纳米晶的电阻率随着晶粒度的下降而升高，因而脉冲电沉积方法能有效改变纳米晶的导电性能。

(4) 催化性方面的应用 电沉积制备的纳米晶由于具有纳米尺度，因此它具有相对于常规材料所不能比拟的催化活性，它可以用于各种材料的催化前驱，如制备一维碳纳米材料等。

10.11.2 脉冲电沉积制备过程

脉冲电沉积制备过程主要分为两部分：基板的制备与电沉积过程。由于纳米晶电沉积在导电的金属基板上，所以基板需要做抛光、打磨等预处理，基板材料可选用紫 Cu、黄 Cu、导电硅片、ITO 玻璃等。采用电沉积技术主要可电沉积 Ni、Fe、Zn 和 Cu 等过渡金属。下面用一组详细实例说明制备过程。

(1) 基板的制备 实验使用的基板厚度约为 2mm，大小分 2cm×2cm 和 1.4cm×1.4cm 两种的紫 Cu 基板。

Cu 基板要经过切割→用标钉打上字母标识→锉子打磨→砂纸粗精磨→抛光→清洁六个步骤，详细介绍如下。

① 切割 用钢锯将 Cu 板锯成 2cm×1cm 或 1.4cm×1.4cm 的 Cu 片。切割时要避免 Cu 片表面划伤，否则接下来的步骤将十分费时。

② 打标 为防止样品混淆，要在样品背部打上标号。打标所用标钉为 26 个字母 A～Z 及数字 0～9。为防止 Cu 板正表面受损伤，下面垫上滤纸，并在平表面上进行。打标时标钉有字一端抵住 Cu 板背面，用锤子稍用力敲打标钉至标号清晰即可。

③ 锉子打磨 将待打磨面按在锉子表面来回打磨，至四边、八角打磨平整即可，同时也要避免表面划伤

④ 砂纸粗精磨 先在 800# 粒度的水砂纸上进行粗磨，用手捏紧 Cu 板在砂纸上朝一个方向打磨至新划痕完全覆盖原来的旧划痕，再将打磨方向换 90°磨至覆盖原来划痕。完成后换用 1200# 粒度的水砂纸进行精磨，打磨方法和前次一样。

⑤ 抛光 将精磨好的样品用手指甲捏紧按在抛光布上进行抛光，抛光布上浇上三氧化二铝抛光粉的悬浮液。抛一段时间后要在抛光布上浇抛光粉的悬浮液冷却并减少摩擦阻力，一直抛到上次的划痕看不到为止，这时 Cu 板表面光洁如镜。抛光的精度由抛光粉类型决定，三氧化二铬比氧化铝粉精细。

⑥ 清洁 将抛光好的样品用水洗后滴上几滴无水乙醇，再用电吹风吹干，放在事先清洁好的干燥皿中以备实验之用。

(2) 电沉积过程 电沉积不同金属的过程基本相似，只是配方、电参数有所不同，下面详细介绍电沉积 Ni 纳米晶的过程，并给出电沉积 Fe、Cu、Zn 等过渡金属的配方与参数。其中电沉积 Fe、Ni 可用于催化剂制备碳纳米管（CNTs）、碳纳米纤维（CNFs）等一维纳米材料，而电沉积 Fe、Ni、Cu、Zn 也可用做热氧化法制备 Fe_2O_3、NiO、CuO、ZnO 纳米针等一维纳米材料。

脉冲电沉积电源为成都新都同力电源设备厂生产的 TONG LI 牌数控双脉冲电沉积电源，型号为 GKDM 30-15。本实验为保证纳米晶产物的质量与平顺性，都采用双脉冲法电沉积。

首先详细介绍脉冲电沉积 Ni 的实验过程。电沉积 Ni 所使用电解液化学试剂配方见表 10-8。

表 10-8 脉冲电沉积 Ni 电解液配方

配方及参数	数值	配方及参数	数值
$NiSO_4 \cdot 6H_2O$	22.5g/L	反向电压	1V
$NiCl_2$	3.5g/L	导通时间 t_{on}	2.5ms
H_3BO_3	3.5g/L	关断时间 t_{off}	4ms
十二烷基硫酸钠	0.01g/L	频率 f	76.92Hz
正向电压	3V	占空比 r	38.5%

添加蒸馏水至体积为 250mL，pH 值调节至 2.0。所要电沉积的 Cu 基板接电源阴极，电沉积 Ni 时阳极用纯 Ni 板，同时浸没在电沉积液中。电沉积时间按需求而定，例如为制备碳纳米管，电沉积 Ni 纳米晶作为催化剂时，电沉积时间设为 1min，这时候颗粒既比较紧密，又不会连接成片。取出经水洗、酒精冲洗、烘干，放在干燥皿中待用。电沉积完成后，

将电沉积液倒回细口瓶中，密封以备以后使用。

图 10-74　金属基板表面上的 Ni 薄膜形貌

图 10-74 所示为经脉冲电沉积处理后金属基板表面上的 Ni 薄膜形貌，图中右侧为未被电沉积上的原始基板表面。可以看出沉积层表面呈现出微小的颗粒状分布特征。图 10-75 所示为对应沉积层薄膜表面的 X 射线衍射谱，Ni 金属颗粒不同晶面取向衍射峰之间的相对强度为 $I_{(111)}:I_{(200)}:I_{(220)}=100:39:38$，由谢乐公式 $D=\dfrac{k\lambda}{\beta\cos\theta}$（式中，$k=0.94$；$\lambda$ 为入射 X 射线波长；β 为衍射线的半高宽；θ 为掠射角）计算得颗粒的平均尺寸为 36nm。可见脉冲电沉积法在基体表面确实生成了一层纳米尺寸的 Ni 颗粒或晶粒。

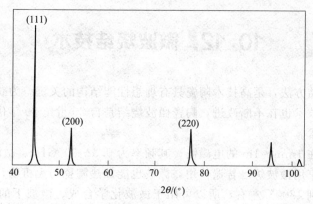

图 10-75　纯镍基板上镀层的 X 射线衍射谱

电沉积 Fe 纳米晶的过程与 Ni 相似，只是配方与电参数有区别，其配方及电参数见表 10-9。电沉积 Cu、Zn 等过程与之类似，这里不一一列举。

表 10-9　脉冲电沉积 Fe 电解液配方

配方及参数	数值	配方及参数	数值
$FeSO_4 \cdot 6H_2O$	22.5g/L	反向电压	3V
$FeCl_2$	3.5g/L	导通时间 t_{on}	2.5ms
H_3BO_3	3.5g/L	关断时间 t_{off}	4ms
十二烷基硫酸钠	0.01g/L	频率 f	76.92Hz
正向电压	10V	占空比 r	38.5%

10.11.3 电沉积参数的影响

不同基板材料上沉积 Ni 对生成的 Ni 纳米晶质量有一定影响，例如，实验选用的阴极基板材料主要有：纯 Ni 板、Al 合金板、Cu 合金板、低碳钢板等。虽然沉积层均为 Ni，但是由于阴极基板不同，导致沉积层的形貌不同。一般来说，沉积层的性能与基体金属的化学性质及晶体结构密切相关。在电沉积过程的初期，沉积层的生长方式为外延生长，即沉积层具有按原基体晶格生长并维持原有取向的趋势，且外延的程度取决于基体金属与沉积金属的晶格类型和晶格常数。由于元素 Ni、Al 和 Cu 都属于面心立方结构，且其晶格常数相差不大（Ni、Cu、Al 元素的晶格常数分别为 0.35238nm、0.36153nm 和 0.40490nm），而 Fe 属于体心立方结构（晶格常数为 0.28664nm），与沉积金属 Ni 具有完全不同的晶格类型，因此其电沉积效果有较大的差异。另外，由前面的公式可知，由于 Cu、Al、Fe 与沉积金属 Ni 的电位不同，其晶核的临界尺寸也不同（$r_{Ni} > r_{Fe} > r_{Cu} > r_{Al}$），从而沉积层颗粒尺寸及催化活性也不同。初步分析认为，在 Ni 基板上电沉积 Ni 时，最容易形成颗粒均匀的 Ni 纳米晶；而用 Al 合金或 Cu 合金作基板时，纳米晶的形态稍差。对于 Fe 基板情况，除了与 Fe 的纳米晶形态有关，可能还与 Fe 的催化性质等因素有关。

电沉积时间的影响。实验发现，在其他条件不变的前提下，采取不同的电沉积时间，基板上的纳米晶产物也不同。在电沉积的初期，沉积金属 Ni 还没有将基板完全覆盖，这时 Ni 纳米晶的质量较差，另外其颗粒大小也不均匀。当电沉积时间为 30min 时，沉积层 Ni 薄膜呈疏松和均匀分布的特征，并可以观察到纳米晶 Ni 催化颗粒。而当电沉积时间超过 120min 时，基体上形成了一层较厚的均匀致密的 Ni 薄膜，虽然薄膜仍然为纳米晶结构，但是其致密度很高，且颗粒之间结合牢固。

10·12 微波烧结技术

正确地选择烧结方法，是高技术陶瓷具有理想性能结构的关键。为获得无气孔和高强度的陶瓷材料，烧结技术也在不断改进，陶瓷微波烧结是自 20 世纪 80 年代中期迅速发展起来的一种新型烧结技术。

微波是指波长在 1mm～1m 的电磁波，其频率为 0.3～300GHz。微波可以加热有机物，用微波烹调食物的家用微波炉已普遍使用，微波也能加热陶瓷与无机物，它可以使无机物在短时间内急剧升温到 1800℃左右，所以可用于微波化学合成、微波下的陶瓷连接及陶瓷的高温烧结。

微波烧结概念由 Tinga 等人于 20 世纪 50 年代提出，但直至 20 世纪 80 年代才受到重视。80 年代中后期微波烧结技术被引入到材料科学领域，逐渐发展成为一种新型的粉末冶金快速烧结技术。进入 90 年代，该技术向着基础研究、实用化和工业化发展，尤其在陶瓷材料领域成了研究热点。目前，我国学者对微波烧结陶瓷的研究主要集中于结构陶瓷，而国外许多大学、研究机构及大公司同时开展了结构陶瓷和电子陶瓷等方面的微波烧结研究。与常规烧结相比，微波烧结具有烧结速度快、高效节能以及改善材料组织、提高材料性能等一系列优点。21 世纪随着人们对纳米材料研究的重视，该技术在制备纳米块体金属材料和纳米陶瓷方面具有很大的潜力，该技术被誉为"21 世纪新一代烧结技术"。

10.12.1　微波烧结的优点

由于微波加热利用微波与材料相互作用，导致介电损耗而使陶瓷介质表面和内部同时受热，即材料自身发热，也称体积性加热，具有传统的外源加热所无法实现的优点。微波烧结模式与常规烧结相比，具备以下特点。

① 烧结温度大幅度降低，与常规烧结相比，最大降温幅度可达 500℃ 左右。

② 比常规烧结节能 70%～90%，降低烧结能耗费用。由于微波烧结的时间大大缩短，尤其对一些陶瓷材料烧结过程从过去的几天甚至几周降低到用微波烧结的几个小时甚至几分钟，大大提高了能源的利用效率。

③ 安全无污染。微波烧结的快速烧结特点使得在烧结过程中作为烧结气氛的气体的使用量大大降低，这不仅降低了成本，也使烧结过程中废气、废热的排放量得到降低。

④ 使用微波法快速升温和致密化可以抑制晶粒组织长大，从而制备纳米粉末、超细或纳米块体材料。以非晶硅和碳混合料为原料，采用微波烧结法可以制备粒度为 20～30nm 的 β-SiC 粉末，而用普通方法时，制备的粉末粒度为 50～450nm。采用微波烧结制备的 WC-Co 硬质合金，其晶粒粒度可降低到 100nm 左右。

⑤ 烧结时间缩短。相对于传统的辐射加热过程致密化速度加快，微波烧结是依靠材料本身吸收微波能转化为材料内部分子的动能和势能，材料内外同时均匀加热，这样材料内部热应力可以减少到最小，其次在微波电磁能作用下，材料内部分子或离子的动能增加，使烧结活化能降低，扩散系数提高，可以进行低温快速烧结，使细粉来不及长大就被烧结。

⑥ 能实现空间选择性烧结。对于多相混合材料，由于不同材料的介电损耗不同，产生的耗散功率不同，热效应也不同，可以利用这点来对复合材料进行选择性烧结，研究新的材料产品和获得更佳材料性能。

微波烧结可降低烧结活化能、增强扩散动力和扩散速率，实现迅速烧结。高纯 Al_2O_3 常规烧结的活化能为 575kJ/mol，而在 28GHz 的微波场下对高纯 Al_2O_3 进行微波烧结所需的活化能为 160kJ/mol，当微波频率进一步提高到 82GHz 时，所需活化能降低到 100kJ/mol。与此同时，Janney 采用示踪原子研究比较采用微波烧结和常规烧结 ^{18}O 在 Al_2O_3 单晶中的扩散速率，结果发现在微波场内部的 ^{18}O 的扩散速率远大于在常规加热试样中的速率。在以上研究的基础上，Janney 认为微波增强扩散机制与以下 3 个因素有关：a. 自由表面的影响；b. 晶界与微波耦合的影响；c. 晶体内部缺陷与微波耦合的影响。微波烧结不仅可适用于结构陶瓷（如 Al_2O_3、ZrO_2、ZTA、Si_3N_4、AlN、BC 等），电子陶瓷（$BaTiO_3$、Pb-Zr-Ti-O）和超导材料的制备，而且也可用于金刚石薄膜沉积和光导纤维棒的气相沉积。微波烧结可降低烧结温度，缩短烧结时间，在性能上也与传统方法制备的样品相比有很大区别，此外，导电金属中加入一定量的陶瓷介质颗粒后，也可用微波加热烧结。

对于陶瓷材料，微波加热的应用主要在于微波焊接和微波烧结，与其他加热方法相比，微波加热有三个显著特点：一是加热选择性，因为只有吸收微波的材料才能被加热，对于复合材料中不同介质损耗的材料有不同的升温效果，可以避免相连的导体和绝缘体部分过热受损；二是材料整体变热，避免材料内部与表面有温差，从而使材料部件内外的结构均匀；三是微波加热更强化材料内部的原子离子的扩散，从而能够缩短高温烧结时间，降低烧结温度，对于高温化学反应，微波能够使反应更加均匀和快速完成。

10.12.2　微波烧结过程中的主要工艺参数

微波烧结的一系列优点，使微波烧结技术广泛地应用于烧结许多精细陶瓷。目前已可采用微波炉烧结技术成功地制备出 SiO_2、Fe_3O_4、ZrO_2、Al_2O_3、SiC、Si_3N_4、Al_2O_3、TiC、BC、Y_2O_3、ZrO_2 和 TiO_2 等烧结体。影响微波烧结效果的因素主要有：所使用的微波频率，烧结时间，烧结升温速度，材料本身的介电损耗特性。

使用高的微波频率对烧结过程有两方面的影响：可以改善微波烧结的均匀性，加快烧结过程。提高频率对改善微波加热的均匀性有一定的作用。一方面由于具有更高频率微波的波长更短，在谐振腔内更容易得到更均匀的微波场，使得微波加热的均匀性得以提高。文献报道了在一非谐振腔中采用 $2145GHz$ 和 $28GHz$ 两种频率对 ZrO_2 进行微波烧结的结果，在 $2145GHz$ 频率下 ZrO_2 试样发生了开裂，而在 $28GHz$ 下 ZrO_2 试样没有发生开裂，这就证明了采用高频率的微波更容易获得高的成品率。另一方面，使用的微波频率越高，在单位时间内样品吸收的能量越多，烧结致密化速度越快。

烧结时间和加热速度对烧结体的组织性能有很大的影响。高温快烧和低温慢烧均会造成组织晶粒尺寸不均匀、孔隙尺寸过大等现象。过快的加热速度会在材料内部形成很大的温度梯度，产生的热应力过大会导致材料开裂。

材料本身的特性也对微波烧结有很大的影响。微波烧结是利用材料对微波的吸收转化为材料内部的热量而使材料升温，因而存在材料吸收微波能力的问题。烧结工艺与具体的微波装置、每一种材料本身特性有关。对于介电损耗高、介电特性也不随温度发生剧烈变化的陶瓷材料，微波烧结的加热过程比较稳定，加热过程容易控制。但是大多数陶瓷材料存在一个临界温度点，在室温至临界温度点以下介电损耗较低，升温较困难。一旦材料温度高于临界温度，材料的介电损耗急剧增加，升温就变得十分迅速甚至发生局部烧熔现象。微波烧结氧化铝精细陶瓷实验表明，氧化铝陶瓷在室温下的介电损耗 $\varepsilon'' = 5 \times 10^{-5}$，而在 $1500℃$ 时为 $\varepsilon'' = 0.1$。

10.12.3 微波烧结在材料研究中的应用

(1) 陶瓷材料的低温快速烧结和材料的微波合成 继陶瓷烧结及陶瓷焊接之后，利用微波合成陶瓷材料粉料的研究也在增多。在材料的合成过程中，使用微波加热，可以使化学反应远离平衡态，也就是说，利用微波可以获得许多常用高温固相反应难以得到的反应产物，而且微波加热有利于反应进行得更完全。

(2) 利用微波加热处理的特殊性进行复合材料微观结构设计 针对微波的加热特点，可以设计和制造特殊的复合材料，在以下几个方面，微波热处理具有优势。

① 组分上：良导体-介质-绝缘体的复合；高吸收相与低吸收相的复合等。

② 结构上：从零维到三维的复合，包括层状、条状以及颗粒状的复合。

③ 不同启动温度的吸收相的组合；例如将低温响应的 SiC 加入到高温响应的 ZrO_2 中可以在各温度段加热。

④ 刚性相与柔性相的复合。

⑤ 大晶粒与小晶粒的复合。

⑥ 晶粒与玻璃相的组合形式。

⑦ 树脂与陶瓷的复合。

通过多坐标的综合设计，可以制备出微观结构可控的新型陶瓷材料。

10.12.4 微波烧结工程陶瓷的应用

微波烧结工程陶瓷有利于提高烧结速率，改善显微结构和性能，并且在节能方面也存在巨大潜力，显示出微波烧结工程陶瓷的良好前景。

由于微波烧结陶瓷过程的复杂性，既涉及材料科学，又涉及电磁场、固体电解质等理论，因此仍有许多技术问题有待解决与完善，概括地说主要有：a. 陶瓷材料介电特性的测量技术及材料介电特性的调控技术，包括各种陶瓷于不同频率和不同温度下 ε 及 $tg\delta$ 值的准确获得；b. 高均匀度，高电场强度，大容积的微波烧结系统设计，目前主要有两种思路，如图 10-76 所示。

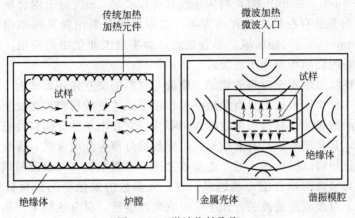

图 10-76　微波烧结陶瓷

其一，采用价格较为低廉的 2.45GHz 磁控管微波功率源，重在微波应用器（如烧结腔）设计，以提高腔内电场均匀性和能量密度，满足实际陶瓷批量快速烧结的要求；其二，采用超高频回旋管微波发生源（如 28～30GHz、82GHz）。因为从陶瓷材料与微波相互作用原理来看，微波频率越高，波长越短，越有利于烧结，这是由于：a. 介质材料的吸收功率与微波频率成正比，吸收功率提高甚至可以实现低介损陶瓷的直接快速烧结（不必采用混合式加热保温结构）；b. 频率越高，波长越短，越有利于烧结腔内场强均匀性提高，然而，这种回旋管超高频微波发生器目前造价较高，工业上能否接受尚需综合考虑；c. 微波烧结工艺过程放大与系统评估，这方面工作及大量基本数据尚待完善。

微波可以从材料部件内部开始加热，并且能够快速升温和急剧降温，微波加热的能量转换效率高，比常用加热方法可节能 50%～70% 还多，微波加热具有非接触性加热并对环境污染少等优点，微波加热使材料受到热效应和场效应（机电耦合等）的双重作用，人们期待可在高温扩散、高温相变和材料的微观结构设计方面，微波能展现其特殊的优点。在注意微波泄漏防护的同时，利用微波电磁场对材料的特殊作用，精确地设计材料的微观结构，将成为今后新型材料研究的一个重要的新领域。

10.12.5　微波烧结技术存在的问题

微波烧结设备是阻碍微波烧结技术工业化的一个很主要的因素，对微波烧结机理的充分认识有助于解决这一问题。目前微波烧结作为工业化应用还存在一系列问题尚待解决，如更大的均匀微波场的获得、低介电损耗材料在室温至临界温度点之间的加热，材料微波参数的获得等问题。

（1）足够大的微波均匀场区域是保证能够烧结合格样品的前提条件　由于 Al_2O_3、ZrO_2 的介电损耗低，为了实现均匀烧结，需要有较大的均匀烧结场区。由于微波本身的特性，在微波炉腔体中的场强往往不均匀，通过合理的设计可以使得在一定范围内微波场均匀，但是目前设计出来的微波烧结炉的均匀场区域（有效烧结区域）还是很小。同时由于微波烧结过程中样品的加热速度非常迅速，不均匀的微波场将导致在烧结样品内部不同的部位获得不同的微波能量，从而导致在样品内部出现很大的温度梯度，最终会导致样品因为温度应力而开裂。如在烧结氧化铝陶瓷过程中陶瓷内部的温度差超过 10℃ 就可能导致烧结样品开裂。国内研究人员通过对微波场的设计获得了较大微波烧结场区域，它们主要有混合场、多模腔场方案、模式互补场。单模腔场的均匀场区域 $\phi < 21\text{mm}$；对于多模腔场，当腔体尺寸为 $500\text{mm} \times 400\text{mm} \times 400\text{mm}$ 时，均匀场区域可以 $< 50\text{mm}$；对于混合场，其均匀场区域可以 $< 100\text{mm}$；另外还存在模式互补场方案，它需要同时采用两只频率相近的磁控管，这样可以获得 $< 300\text{mm}$ 的均匀场区域。尽管如此，为实现工业化中的应用，在获得更大空间区域、均匀性更好的烧结场方面还需要进一步的研究。

（2）介电特性随温度骤变材料的烧结 微波与材料的交互作用形式有 3 种，即穿透、反射和吸收。在这 3 种作用形式中只有最后一种作用形式才能使材料发生介质损耗而将微波能量转换为烧结样品的热能。材料与微波的作用形式与它在电场的介质特性有关。对于实际有损耗的介质来说，其介质常数具有复数形式，实数部分称为介电常数，虚数部分称为损耗因子。通常用损耗正切值（损耗因子与介电常数之比）来表示材料与微波的耦合能力，损耗正切值越大，材料与微波的耦合能力就越强。对于大多数的氧化物陶瓷材料如 SiO_2、Al_2O_3 等，它们在室温下对微波是透波的，几乎不吸收微波能量，只有达到某一临界温度后，它们的损耗正切值才变得很大。对于这些材料的微波烧结，通常采用两种方法来进行：一种方法是加入一些微波吸收材料如 SiC、Si_3N_4 等作为助烧剂，使它们在室温时也有很强的微波耦合能力，达到快速烧结的效果。微波吸收材料的选择不仅要起到辅助烧结的作用，还应起到改善烧结体性能的作用。这使得使用该方法时受到很大的限制。另一种办法是采用常规烧结的方法使粉末生坯预热到一定的温度，此时材料已具有很强的微波吸收能力，然后进行微波加热烧结。在烧结温度不是很高的情况下，还可以采用二次加热技术。国外的专利还介绍了通过两套加热系统进行烧结的微波烧结炉子，其中的电阻加热系统在室温至临界温度以下可作为辅助加热系统。但是这种设计使得整个微波烧结炉结构复杂，而且造价高昂。

（3）微波烧结参数的获得 对微波场而言，不同材料的介质损耗系数是不一样的，即使是同一材料在不同的温度条件的介质损耗系数也不一样。同时不同类型的微波烧结炉由于功率参数不同、场形设计方式不同以及烧结腔体保温性能的差异、烧结材质的差异等都会导致微波烧结参数出现差异，这是目前微波烧结设备还没有应用到实际生产中的主要原因，这些原因都可导致微波烧结设备在设计和使用过程中出现问题，阻碍微波烧结在工业中的应用。

参 考 文 献

[1] Novoselov K S, Jiang D, Schedin F, et al. Two-dimensional atomic crystals. Proceedings of the National Academy of Sciences of the United States of America. 2005, 102 (30): 10451-10453.

[2] Meyer J C, Geim A K, Katsnelson M I, et al. The structure of suspended graphene sheets. Nature, 2007, 446 (7131): 60-63.

[3] 朱宏伟，徐志平，谢丹等. 石墨烯——结构、制备方法与性能表征. 北京：清华大学出版社，2011.

[4] Li X, Cai W, An J, et al. Large-area synthesis of high-quality and uniform graphene films on copper foils. Science, 2009, 324 (5932): 1312-1314.

[5] Hernandez Y, Nicolosi V, Lotya M, et al. High-yield production of graphene by liquid phase exfoliation of graphite. Nature Nanotechnol, 2008, 3 (9): 3582-3586.

[6] 徐如人，庞文琴，于吉红等. 分子筛与多孔材料化学. 北京：科学出版社，2004.

[7] Beck J S, Vartuli J C, Roth W J, et al. A new family of mesoporous molecular sieves prepared with liquid crystal tem-

plates. J Am Chem Soc，1992：10834-10843.

[8] 尹作娟，高翔，孙兆林，等．金属有机骨架的合成及应用．化学与黏合，2009：61-65.

[9] 杨大智．智能材料与智能系统．天津：天津大学出版社，2000.

[10] 杜善义，冷劲松，王殿富．智能材料系统和结构．北京：科学出版社，2001.

[11] 张光磊，杜彦良．智能材料与结构系统．北京：北京大学出版社，2010.

[12] Peter L. Reece. Smart Materials and Structures：New Research. New York：Nova Science Publishers Inc.，2006.

[13] Mohsen Shahinpoor，Hans-Jorg Schneider. Intelligent Materials. London：Royal Society of Chemistry，2007.

[14] Benjeddou A，Kamlah M，Shindo Y. Multi-scale mechanics of smart material systems and structures. Acta Mechanica，2013，224（11）：2451-2451.

[15] Nathal M V，StefkoGL. Smart Materials and Active Structures. Journal of Aerospace Engineering，2013，26（2）：491-499.

[16] Song G，Sethi V，LiHN. Vibration control of civil structures using piezoceramic smart materials：A review. Engineering Structures，2006，28（11）：1513-1524.

[17] 张联盟，程晓敏，陈文．材料学．北京：高等教育出版社，2005.

[18] Zhang L M，Xiong H P，Chen L D，Hirai T. Microstructures of W-Mo functionally graded material. Journal of Materials Science Letters，2000，19：955.

[19] 新野正之．倾斜机能材料的发想及开发动向．工业材料，1990，38：18.

[20] KoizumiM. FGM activities in Japan. Composites Part B：Engineering，1997，28：1-4.

[21] 唐新峰，张联盟，袁润章．具有热应力缓和功能的梯度材料的特性评价技术．材料科学与工程，1993（11）31.

[22] 沈强，涂溶，张联盟．热电材料的研究进展．硅酸盐通报，1998，17：23.

[23] 唐新峰，张联盟，袁润章．梯度功能材料及其新的研究领域展望．高技术通讯，1994（4）：37.

[24] 李耀天．梯度功能材料研究与应用．金属功能材料，2000（7）：15.

[25] 张立德．纳米材料．北京：化学工业出版社，2000.

[26] 鲍桥梁．碳纳米管在电场中的控制生长及其模拟计算与物理化学性能研究［D］．武汉：武汉大学，2007.

[27] Bachilo S M，Strano M S，Kittrell C，Hauge R H，Smalley R E，WeismanR B. Structure-assigned optical spectra of single-walled carbon nanotubes. Science，2002，298，（5602）：2361-2366.

[28] IijimaS. Helical microtubules of graphitic carbon. Nature，1991，354（7）：56-58.

[29] Kroto H W，Heath J R，O'Brien S C，Curl R F，SmalleyR E，C60：Buckminsterfullerene. Nature，1985，318：162-163.

[30] 张通和，吴瑜光．粒子束材料改性科学和应用．北京：科学出版社，1999.

[31] Meldrum A. Haglund R F，Boatner L A，White C W. Nanocomposite materials formed by ion implantation. Adv. Mater. 2001，13（19）：1431.

[32] Yerokhin AL，Nie X，Leyland A，Matthews A，Dowey SJ. Plasma electrolysis for surface engineering. Surface and Coatings Technology，1999，122.73-93.

[33] 钟涛生，蒋百灵，李均明．微弧氧化技术的特点、应用背景及其研究方向．电镀与涂饰，2005，24（6）：47-50.

[34] 杨涵，潘春旭．二氧化钛纳米管阵列及其复合材料的可控备、生长机理与性能研究［D］．武汉：武汉大学，2010.

[35] Yang H，Pan C X. Diameter-controlled growth of TiO_2 nanotube arrays by anodization and its photoelectric property. Journal of Alloys and Compounds，2010，492，L33.

[36] Yang H，Pan C X. Synthesis of carbon-modified TiO_2 nanotube arrays for enhancing the photocatalytic activity under the visible light. Journal of Alloys and Compounds，2010，501，L8.

[37] Mor G K，Varghese O K，Paulose M，Shankar K，Grimes C A. A review on highly ordered，vertically oriented TiO_2 nanotube arrays：Fabrication，material properties，and solar energy applications. Solar Energy Materials and Solar Cells，2006，90：2011.

[38] Gong D，Grimes C A，Varghese O K，Hu W C，SinghRS，ChenZ，DickeyE C. Titanium oxide nanotube arrays prepared by anodic oxidation. Journal of Materials Research，2001，16：3331-3334.

[39] Macak J M，Tsuchiya H，Taveira L，Aldabergerova S，Schmuki P. Smooth Anodic TiO_2 Nanotubes. Angewandte Chemie International Edition，2005，44：7463 – 7465.

[40] Macak J M，Tsuchiya H，Schmuki P. High-aspect-ratio TiO_2 nanotubes by anodization of titanium. Angewandte

Chemie International Edition, 2005, 44: 2100.

[41] Macak J M, Tsuchiya H, Ghicov A, Yasuda K, Hahn R, BauerS, SchmukiP. TiO$_2$ nanotubes: Self-organized electrochemical formation, properties and applications. Current Opinion in Solis State & Materials Science, 2007, 11, 3.

[42] Macak J M, Zlamal M, Krysa J, Schmuki P. Self organized TiO$_2$ nanotube layers as highly efficient photocatalysts. Small, 2007, 3: 300.

[43] Yoriya S, Grimes C A. Self-Assembled TiO$_2$ Nanotube Arrays by Anodization of Titaniumin in Diethylene Glycol: Approach to Extended Pore Widening. Langmuir, 2010, 26: 417-420.

[44] 王策, 卢晓峰, 等. 有机纳米功能材料: 高压静电纺丝技术与纳米纤维. 北京: 科学出版社, 2011.

[45] 师奇松, 于建香, 顾克壮, 马春宝, 刘太奇. 静电纺丝技术及其应用. 化学世界, 2005 (5): 313-316.

[46] Zhaoyang Liu, Darren Delai Sun, Peng Guo, James O. Leckie. An efficient bicomponent TiO$_2$/SnO$_2$ nanofiber photocatalyst fabricated by electrospinning with a Side-by-Side. Dual spinneret Method. Nano Lett., 2007 (7): 1081-1085.

[47] 袁润章. 自蔓延高温合成技术研究进展. 武汉: 武汉工业大学出版社, 1994.

[48] 傅正义, 袁润章. 自蔓延高温合成材料新技术. 武汉理工大学学报, 1991, 3 (13): 26-33.

[49] 刘曰利, 潘春旭. 一维纳米材料的直径可控制备及其生长机理与物性的研究 [D]. 武汉: 武汉大学, 2006.

[50] 郭忠诚, 曹梅. 脉冲复合电沉积的理论与工艺. 北京: 冶金工业出版社, 2009.

[51] 徐瑞东, 王军丽. 金属基纳米复合材料脉冲电沉积制备技术. 北京: 冶金工业出版社, 2010.

[52] 李宁, 屠振密. 电沉积纳米晶材料技术. 北京: 国防工业出版社, 2008.

[53] Lu L, Shen Y F, Chen X H, et al. Ultrahigh Strength and High Electrical Conductivity in Copper. Science, 2004, 304: 222.

[54] 刘曰利, 潘春旭. 脉冲电镀镍纳米晶基板上碳纳米管和碳纳米纤维的火焰法合成. 中国有色金属学报, 2004 (14): 979-984.

[55] Liu Y L, Liao L, Li J C, Pan C X. From copper nanocrystalline to CuO nanoneedle array: Synthesis, growth mechanism, and properties. Journal of Physical Chemistry C, 2007, 111: 5050.

[56] Yu W, Pan C X. Low temperature thermal oxidation synthesis of ZnO nanoneedles and the growth mechanism. Materials Chemistry and Physics, 2009, 115: 74.

[57] Qu N S, Zhu D, Chan K C, et al. Pulse electro-deposition of nano-crystalline nickel using ultra narrow pulse width and high peak current density. Surface and Coating Technology, 2003, 168: 123.

[58] Alfantazi A M, Brehaut G, Erb U. The effect of substrate material on the microstructure of pulse- plated Zn-Ni alloys. Surface and Coating Technology, 1997, 89: 239.

[59] 张光堂, 钟若青. 微波加热技术基础 [M]. 北京: 电子工业出版社, 1988: 240-273.

[60] 胡晓力, 陈楷. 陶瓷烧结新技术——微波烧结. 中国陶瓷, 1995, 31 (1): 29-32.

[61] 金钦汉, 戴树珊, 黄卡玛. 微波化学. 北京: 科学出版社, 1999.

[62] Roy R, Agrawal D, Cheng J, et al. Full sintering of powdered-metal bodies in a microwave field. Nature, 1999, 399 (6737): 668-670.

[63] 马金龙, 童学锋, 彭虎. 烧结技术的革命——微波烧结技术的发展及现状. 新材料产业, 2005 (11): 30-32.

[64] Das S, Mukhopadhyay A K, Datta S, et al. Microwave sintering of titania. Transactions of the Indian Ceramic Society, 2005, 64 (3): 143-148.

[65] 刘韩星, 欧阳世翕. 无机材料微波固相合成方法与原理. 北京: 科学出版社, 2006.

[66] Rybakov K I, Olevsky E A, Krikun E V. Microwave sintering: fundamentals and modeling. Journal of the American Ceramic Society, 2013, 96 (4): 1003-1020.